谨以此书

——献给全世界的地球人类同胞们,并使同胞们得知一个真实的自我

宇宙·智慧·文明

大起源

The Origin: Universe, Wisdom & Civilization

D. 桑吉仁谦 ／著

（自绘图 01　人类是宇宙中的流浪者）

中央民族大学出版社

图书在版编目（CIP）数据

宇宙·智慧·文明大起源／桑吉仁谦著．—北京：中央民族大学出版社，2009.7

ISBN 978-7-81108-510-5

I. 宇… II. 桑… III. ①宇宙—起源—普及读物 ②生命起源—普及读物 ③人类—起源—普及读物 IV.P159.3-49 Q-49

中国版本图书馆 CIP 数据核字（2009）第 115483 号

宇宙·智慧·文明 大起源

作　　者	D.桑吉仁谦
策　　划	朵　朵
责任编辑	晓　默
装帧设计	布拉格
出 版 者	中央民族大学出版社
	北京市海淀区中关村南大街 27 号　邮编：100081
	电话：68472815（发行部）　传真：68932751（发行部）
	68932218（总编室）　　68932447（办公室）
发 行 者	全国各地新华书店
印 刷 者	北京宏伟双华印刷有限公司
开　　本	787×1092（毫米）　1/16　　印张：33.5
字　　数	630 千字　　插图：138 幅
印　　数	1-3000
版　　次	2009 年 10 月第 1 版　　2009 年 10 月北京第 1 次印刷
书　　号	ISBN 978-7-81108-510-5
定　　价	58.00 元

版权所有　翻印必究

略说宇宙中的"一揽子事"

· 作者自序 ·

在中国老百姓的生活中曾流行过一句时尚的话,叫做"菜篮子工程"。其实,它不是老百姓的生活用语,是政府关注民生、提高人民生活水平的一项政策。

我写完这本书的初稿,着手写自序,想到的第一句话就是"宇宙中的一揽子事"。"菜篮子"关注的是油、盐、酱、醋、米、面、肉诸如此类的最基本的生活内容,我这本书关注的也不外是宇宙中的一些基本问题,特别是人类的一些基本问题,比如人类究竟是怎么起源的,进化论"猿变人"的观点为什么是错误的?远古文明中为什么留有那么多神秘的遗迹。它们不是地球人类创造的吗?宇宙是怎么起源的,宇宙的起源与人类的起源没有任何连带关系吗?人类的智慧是怎么形成的,地球动物们为什么没有智慧?善与恶是确认人性的标志吗?人类除此还有什么品质属性?等等。通过探讨这些问题,解答这些疑惑,建立起与目前流行的起源假说完全不同的宇宙人类学,以此来改变地球人类早已习惯了的定势思维模式,显现一个宇宙和人类起源的真实历史。要实现这个目标,谈何容易,至少要把"宇宙中的一揽子事"理顺,本书基本上做到了这一点。

至于写作动机嘛,我可以这样说:好奇和生的神圣使命是我研究"一揽子事"的动力,独立的思考和拓荒性创作是我写这本书的原因。读者朋友们也许不相信,由于好奇和生的神圣使命引出的这"一揽子事"耗掉了我十六个年华!在一个人的一生中有几个十六年啊?可我就这样走过来了。

现在,这本书已基本成形,出版社就要把它介绍给你了。如果你有兴趣不妨读一读,可你千万不要以为她是一本读起来很吃力的学术专著,也不要把它当作一本普及性的读物,它的通俗性会使你的阅读不会太吃力,它的原创性和整体思想会使你耳目一新。如果它调动起了你相关的知识和经验,引起你的思考,或者你也有和我相同或相近的思考,那就更好,我们可以找一些机会,坐下来聊聊。

一切因一个"缘"字引起;一切也因这个"缘"字而发扬光大。

此序权当是本书的开场白吧!

Contents

前　言 ··· I
绪　论 ··· 001
　　一、由"生日蛋糕"说起 ··· 001
　　二、"人的问题"或"人是什么" ·· 005
　　三、本书的构成和主要观点 ·· 013
　　四、主要的方法论原则 ·· 020

第一部　地球人类的由来 ··· 021
第一章　人类起源假说回顾 ·· 023
　　一、创世说 ·· 023
　　二、进化说 ·· 026
　　三、海洋说 ·· 029
　　四、外星说 ·· 030
　　五、多元说 ·· 035

第二章　历史与人类起源假说的局限 ··································· 037
　　一、历史学科的缺陷 ·· 038
　　二、科学假说的回避 ·· 043
　　三、真理的隐与显 ··· 053

第三章　进化论留给我们的疑问和思考 ······························· 055
　　一、未经"试验"的科学假说 ·· 055
　　二、"退化器官"的问题 ·· 056
　　三、从猿到人的几个环节 ··· 057
　　四、恐龙与猿猴的生存能力 ·· 063
　　五、"夏娃"理论 ··· 065
　　六、"自然选择"与"生存竞争" ······································ 066
　　七、牙齿与智慧的关系 ·· 068
　　八、美国的进化论"议案" ··· 069

第四章 人类并非起源于地球·············071
一、立体的三维历史构成·············072
二、地球人类的外星籍特征·············077
三、遥遥无期的"天地情结"·············082
四、天人思想的由来·············091

第五章 人类的适应性进化与进化论的得失·············094
一、人类的适应性进化与种族的形成·············095
二、人类的宇宙生物生理特征·············105
三、进化论的地位与得失·············114

第六章 人类的三大品质属性·············116
一、"三性"是宇宙高级智慧生物的本质属性·············117
二、人类拥有不同凡响的世俗性品质·············117
三、人类同时拥有令人刮目的本性品质·············122
四、人类还拥有潜藏很深的天性品质·············128
五、性:"三性品质"的自然体现·············135
六、神仙之道:人类的文化超越·············139
七、人类是地球上的"暂住者"·············144

第七章 太空移民计划·············150
一、被地球"囚禁"的人类·············150
二、迁徙目标的选择与期待·············152
三、人类天性的狂热发作·············157

第二部 人类文明的循环·············159

第一章 "前文明"存在的两种可能性·············161
一、数亿年间的"元文明"遗迹·············162
二、千百万年间的"断代"遗迹·············165
三、数十万年间的"前文明"遗迹·············167
四、新的结论·············172

第二章 地球人类的"灭顶之灾"·············179
一、重新认识"灾变论"·············179
二、宇宙环境灾变的实证分析·············184

三、地球环境灾变的实证分析…………………………187
　　　四、社会环境灾变的实证分析…………………………196
　　　五、戈壁与沙漠：社会灾变的物证………………………200
第三章　神话与宗教的起源……………………………………204
　　　一、走出双重灾变的人类………………………………205
　　　二、幸存者的教诲与神话的起源………………………210
　　　三、宗教的神圣使命……………………………………224
第四章　"中央文化地带"与旧石器时代……………………241
　　　一、"中央地带"和"中央文化地带"…………………241
　　　二、从"中央文化地带"到石器时代…………………244
　　　三、"中央文化地带"的几个发展阶段…………………248
第五章　"中央文化地带"的传说和遗迹……………………253
　　　一、"东方乐园"与"西方仙乡"………………………253
　　　二、岩画：冰河期的"石头书籍"………………………263
　　　三、卐字符号："前文明"的旋涡星系图………………274
　　　四、《山海经》的佐证……………………………………284
　　　五、石头建筑："前文明"灾变的见证…………………294
第六章　东西方文化的源渊……………………………………299
　　　一、西方以人为本的思想源渊…………………………300
　　　二、东方的文化符号与符号文化………………………303
　　　三、东西方文化的差距究竟有多大……………………323
　　　四、东西方文化的交融与宇宙文明……………………327
第七章　无限使命………………………………………………331
　　　一、文明的成长标准……………………………………331
　　　二、文明的循环机制……………………………………340
　　　三、文明的发生与发展…………………………………346
　　　四、人类的神圣使命……………………………………348
　　　附：地球人类史前文明史（纲要）……………………353

第三部　宇宙智慧的起源………………………………………359
　　上篇："双母子"宇宙起源………………………………361

第一章　认识的新起点 ……………………………………… 362
一、宇宙认识论简史 …………………………………… 362
二、"大爆炸"假说的缺失 …………………………… 363
三、必然性和可能性 …………………………………… 366

第二章　"道"与"双母子" ……………………………… 371
一、中国古代的神话宇宙学 …………………………… 371
二、儒家和道家的宇宙生成记 ………………………… 375
三、宇宙的"三极状态" ……………………………… 379
四、旋涡星系的生成 …………………………………… 388
五、行星、卫星及类太阳系的生成 …………………… 392
六、星系的生成与演化 ………………………………… 397
七、宇宙的存在状态 …………………………………… 402
八、宇宙的未来 ………………………………………… 404

第三章　几个相关问题的解释和观测实证 ……………… 408
一、几个必答的疑难问题 ……………………………… 408
二、原生态星系生成的实证 …………………………… 419
三、宇宙存在状态的实证 ……………………………… 421

第四章　黑洞的生成及其功能 …………………………… 425
一、黑洞的预言及发现 ………………………………… 425
二、黑洞的类型与功能 ………………………………… 428
三、黑洞扬尘 …………………………………………… 432
四、黑洞的观测与初步验证 …………………………… 433
五、黑洞的社会属性 …………………………………… 437

第五章　"双母子"生成原理 ……………………………… 441
一、"道生一"的内涵 ………………………………… 441
二、"双母子"原理 …………………………………… 442

下　篇：智慧生成原理 ……………………………………… 445

第六章　太阳生命系统及其推论 ………………………… 447
一、中国传统的人类生成观 …………………………… 447

二、弥漫着Z物质的Z星球……………………………………448
　　三、恒星波及太阳系生命系统…………………………………454
第七章 智慧生成原理………………………………………………463
　　一、智慧生物生成的可能性……………………………………463
　　二、智慧物质的构成……………………………………………466
　　三、智慧生成的动因……………………………………………468
　　四、智慧生成的标志……………………………………………471
　　五、智慧生成的三要素…………………………………………475
第八章 智慧的神秘世界……………………………………………478
　　一、意识与潜意识………………………………………………478
　　二、记忆与遗忘…………………………………………………482
　　三、睡眠与梦……………………………………………………488
第九章 智慧类型的根源性及天才…………………………………494
　　一、智慧与肉体的互根性………………………………………495
　　二、智慧类型的倾向性根源……………………………………496
　　三、天才与智慧的开发…………………………………………498
　　四、智慧科学的尴尬……………………………………………500
第十章 智慧资源及现代文明………………………………………505
　　一、智慧的资源与类型…………………………………………505
　　二、科学、美学、哲学及"双母子"效因………………………508
　　三、人性的极限与社会控制防线………………………………513

参考书目……………………………………………………………519
图片来源……………………………………………………………527
后　　记……………………………………………………………529

绪　论

人类及"人的问题"

由"生日蛋糕"说起／"人的问题"或"人是什么"——对人的定型——人类与动物的区别——人类的来源与归宿——人自身的构成／本书的构成和主要观点／主要的方法论原则

一、由"生日蛋糕"说起

在讲述"人类"这个既古老又沉重的话题的时候，我想到现代人类生活中的一个细节，即现代人都是有生日和"过生日"的礼俗的。这个风俗的形成不拘限于哪个民族，所有的人类都重视自己出生的这个重要的日子，所有的人类同样重视"过生日"的礼俗，这似乎是人类共有的。

一个人从出生到死亡，要过很多次"生日"，每过一次"生日"都是要吃甜蛋糕；可是我又想，一个人可以有自己的"生日"，还在有生之年连续地"过生日"，作为个人所依赖的人类群体有没有"生日"呢？假如有，它在什么时候？怎么"过生日"的呢？

这似乎是个比较古怪的问题，但它并不违背生活的逻辑：既然作为人类群体成员的个人有"生日"，并且按部就班地"过生日"，那么由无数个体组成的人类为什么就没有"生日"呢？他们为什么不按人的一般需求"过生日"？人类的"生日"由谁组织"过"？

这的确是一个不成问题的问题。正如《中外大预言》一书中所言："人就是问题，问题就是人。"[1]对这句断言的内涵你不妨仔细想想，人的个体出生一月后要过"满月"，一年时要过"生日"，人类个体把自己的出生看得非常重要；但作为群体的人类既不知道自己出生在何时，也不知道纪念"生日"这一重要的时刻。在人类的个体与群体之间出现如此大的文化反差，难道这不是问题吗？尤其是不是"人的问题"呢？

当然，我们必须明确起来：个人的问题和人类的问题是不一样的。个人在"过生日"这一重要事件上的"问题"是：为什么不在出生的当天吃蛋糕却在出生后一年的纪念日里吃蛋糕？为什么"生日"蛋糕不是苦的、酸的、涩的或是辣的，偏偏却是甜的呢？为什么从出生第一年开始年年吃"生日"蛋糕，不吃不行吗？等等。这些就是个人的"问题"，我把个人的"问题"称之为"小问题"。我对个人的这种"小问题"的理解是：人在出生的当天不能吃蛋糕，是因为他没能力吃蛋糕，也品尝不出蛋糕的酸甜苦辣，所以个体的人在出生当天就没有遗留下吃"生日"蛋糕的习俗。那么，为什么在出生周年时吃"生日"蛋糕，而且要吃甜蛋糕呢？这是因为人在出生时过于痛苦和紧张。为了缓解和消除这种痛苦和紧张，就以甜性的食物来中和体内的情绪，消除记忆深处的痛苦经历，以示他在出生时很轻松、很甜蜜，不留任何不愉悦的出生经历和记忆。

进一步的"小问题"是：个体的人们只要吃下甜性的生日蛋糕，就一定能缓解紧张，消除痛苦的情绪吗？答案似乎是相反的！因为第一，个体的人所处的年龄不一样，生日蛋糕的滋味也会不一样，比如一个小学生和一位耄耋老人品尝生日蛋糕的感觉就会不一样。第二，人们所拥有的生活经历不一样，品尝生日蛋糕的滋味也会不一样，比如一个英雄式的亮点人物和一个劳改犯吃生日蛋糕的滋味就会大相径庭。第三，人们的价值观不一样，品尝的蛋糕滋味也会不一样。比如一位科学家和一名虔诚的信教徒所品尝到的生日蛋糕的滋味就会不一样，如此等等。

总之，个体的人"过生日"，吃蛋糕，这一礼俗本身与个体的人的生命和生活直接相关；生日蛋糕只是某种象征，吃这种带有文化象征意味的生日蛋糕，才是它长期存在和延续不断的真正原因。

相对个人的"小问题"，人类的"问题"就没这么简单明了好理解。

首先，人类患上了整体性"健忘症"，记不得自己种类的"生日"在何时、何地，如何出生，因何出生。其次，因为人类"生日"的模糊性，也就没遗留下人类整体过"生日"的礼俗，虽然人类有现行的诸多节日，但跟他的"生日"丝毫不相干。再次，在人类整体的"生日"问题上只能用假设了。假如人类曾经有过"生日"纪念活动的话，那么，人类用于庆典的这个"生日"蛋糕既不是可食的食物，更不是甜腻的食物，而是人类自己记录和留传下来的历史。

历史就是历史，历史怎么能演变成人类的"生日"蛋糕呢？这话听起来有点滑稽，其实你只要仔细一琢磨，这话却很有道理。

人类的各种神话传说，用文字写成的信史，就是一盘鲜活可口的"大蛋糕"，它与个人的生日蛋糕的主要区别只在于：个人的生日蛋糕是专门的食品店里订做的

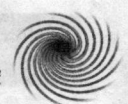

或从商店里买来的；而人类的生日"大蛋糕"却是人类用自己的社会实践和辛勤劳动创造的，他们舍不得自己享用，就把它记载下来，留传下去。还有，个人的生日蛋糕是以出生者自己为主体，兼及亲朋邻友共同品尝的；而人类的这块"大蛋糕"并非以出生者为主体来品尝，是与这个生日"大蛋糕"根本不沾边的后生们从这里那里搞些蛋糕的切片来品尝或评价的。人类个体和群体在"生日"这个问题上的异同表明：我们对于人类个体的生活和风俗是熟知的，是可以观察和研究

图1 人类在银河系的位置

银河系大约有 2000 亿颗星体，1000 多亿颗恒星，如果用光速穿越银河系，需要 10 万光年。从 15 世纪到 20 世纪初，人们一直认为太阳就是银河系的中心；1917 年，天文学家沙普利通过对银河系内天体分布的分析，确认太阳并不位于银河系的中心，而是处于相对来说比较靠近银河系边缘的地方，纠正了以往的错误认识。

宇宙·智慧·文明

的；而对于人类群体的生活我们却是陌生的，甚至一无所知。

这是个定律吗？不！它只是一条公理，适应于人类的个体与群体生活。比如我们要研究一个古代的名人和现实生活中的凡夫俗子，我们不难介入他的生活，不难对他的生平做出评价。这是因为，人类个体的生死时间与生活状况是明确的，我们可以借此材料研究他的生、他的死、他的生活、他的业绩以及他的个性、爱好和婚情状况，只要他是个具体的人我们就可以做到这一点。但是我们对人类的群体就无能为力。比如我们要研究世界上生活着的某个民族，我们只能接触和了解到一些现成的材料，看到他们现实的生活，我们却不能明确它成形的准确时间，不知道它的种族来源，尤其不知道它在整个人类史上的地位和作用，因为现在的小民族不一定在"史前"也是小民族，现在的大民族不一定在"史前"也是大民族。人类的历史就像一个万花筒，瞬息万变，让你眼花缭乱，茫茫然不知所措。

我们还说人类的先祖们遗留下来的这块历史"大蛋糕"，它的形成年代究竟有多长呢？我想大概有两种计算的方法：一种是现成的计算方法，另一种是非现成的计算方法；前者是目前的地球人类共认的，后者却是我个人的看法。我们先说地球人类共认的现成的方法：自从发现人类第一块头骨化石至今，人类已有300多万年的历史了。假如我们把人类的先祖们制作历史这个"大蛋糕"的上限确定在人头骨化石出现的确切年代，那么，人类制作这个"大蛋糕"的时间也就有了300多万年，假如我们以最现代的DNA测试方法来确定制做这个"大蛋糕"的具体年代，那么，"夏娃说"的历史年代20万年左右，这块"大蛋糕"的成形年代至少也在20万年左右。假如我们进一步缩小这个范围，以人类历史上出现神话传说时代为据确定制作"大蛋糕"的年代，起码也在万年以上；如果以信史的记载为凭，确定它的年代，那么这个"大蛋糕"的制作至少从5000年以前某个时期就开始了。按现成的这种计算方式，从300万年到5000年以上，这个时间差的悬殊太大了，大得令人不可思议。至少我们会问：人类从诞生到神话产生之前的这段时间"飞"到哪里去了？我们的祖先们在这段时间里干些什么？数百万年的人类生活为什么没留下一点痕迹？等等。

下面，我们不妨再尝试一下非现成的方法，我以为人类历史的这个"大蛋糕"的制作是"前不见古人，后不见来者"。这不是故弄玄虚，不着边际。目前，我们发现了2.5亿年前印在岩石上的人类足印；发现了5亿年前的三叶虫和踩死三叶虫的穿着凉鞋的人类足印；甚至我们在南非还发现了距今有20亿年的金属球和同样有20亿年历程的核反应堆；还有4万年前制作的"星图"，3万年前的洞穴壁画，160万年前的精细石器、4000

大讽刺吗？

所以，我简单总结了一下：人类先祖们累代制作的这个历史"大蛋糕"，用前一种检测的方式来衡量，它的绝大部分是用猿猴们的粪便做成的，真正出于人类之手的可食的成分还不足三百万分之一；而用后一种检测的方式来衡量，虽然它的时间跨度有数亿年，但它却是出自人类之手的文明遗物，不仅可食，而且它在时间链条上的表现是惊人的一致。如果允许我形象一点描述的话，用后一种方式制作出来的历史"大蛋糕"，虽实体不存，但"大蛋糕"的渣子却洋洋洒洒，从20亿年前洒到了现在！这似乎是个不争的事实，作为研究人类的历史科学不得不正视它的客观存在。

二、"人的问题"或"人是什么"

当然，关于人的问题和人类的来源，我们不能仅仅用"生日"和"生日蛋糕"这类话题搪塞过去，实际上那也是不可能搪塞过去的事。我们现在所经历的是人类历史上较为辉煌的科学时代，既然处在科学时代，就要用科学的眼光和科学方法来解决这一问题，正如一位西方学者所说的那样：我们不能仅仅用个体的人的研究来替代对整体人类的研究。应该是以人类的研究成果来论说人的实体存在（大意）。② 这是因为个体的人的生命是有限的，他所经历的也是明确的，而人类的"生"与"死"却是一片茫然；如果不能让这"一片茫然"的人类问题明显起来，个体的人的性质和来源也全

图2　古埃及红铜像：伊西斯哺育荷鲁斯

年前的彩电和2000年前的计算机，等等。所有这些人类文明的遗迹算不算是历史"大蛋糕"中的合理成分呢？如果我们要将这一切人类的文明遗迹统统装进"大蛋糕"的盘子里，那么，人类历史的这个"大蛋糕"的制作年代就不是用现成的方式计算出来的300万年以上，而是2亿年到20亿年以上。

这个严酷的现实，能使习惯于公理的现代人类接受吗？

更具讽刺意味的是：用科学的现成方式计算时间的大部分并非人类的，是类人猿和猿猴的；而用非现成方式计算的时间历程中的文明遗迹却是人类自身的，与猿猴类绝无干系，这难道不是对目前的人类学研究和人类起源说的莫

 宇宙·智慧·文明 大起源

是一片茫然。这是一个简单的逻辑常识。

那么,"人的问题"究竟是些什么问题呢?古今中外的学者们是如何看待"人的问题"的呢?本文又会提出什么样的观点和看法?

下面,我们分几个小问题来了解一下。

首先,让我们简要地重温一下,人类的生活状态和呈现形式。

我们人类生活在这个地球上由来已久,虽然我们还弄不清我们的真实来源,但我们熟悉自己的文明史。根据西方学者们制定的文明标准,西方文明的历史上限在距今5000年左右,东方的中华文明自认为也有5000年文明史,但西方人只承认3000多年的文明历史,这是我们大家所熟知的历史常识。

在我们人类的文明历史中,我们的生存和生活状况是这样的:我们的远古的先祖们最先发明了用石头和棍棒加工而成的工具。发明了可以御寒避风的石洞,同时也发明了火。在这个基础上,狩猎的生活开始了,原始农业诞生了,先祖们用兽皮制作成最初的衣服,用木棒和石头、泥土搭建起最初的房屋,并且用火烧制出最初的泥陶用具,为了表明它的使用功用和所有权,在泥陶的表面刻上某种符号,于是,人类的文明就这样向我们走来。

这之后,人类的呈现状态是这样的:以家族的血缘关系为纽带形成不同的氏族;以若干民族为基础形成较大的部落,再以此部落为基础形成部落联盟或最初的"方国"。大小不等的"方国"也还不能算作严格意义上的国家,于是通过战争手段,将大小不等的"方国"兼并成最初的国家。我们人类的文明发展到国家形态之后,这种文明的形态一直保持到了现在。所不同的是,我们的居住条件越来越好了,衣服越来越美了,工具越来越多了,食物越来越丰盛了,人的文明素质也越来越高了。现在,我们人类的生活状况和远祖们相比优越多了,我们人类的大多数,已不再为生存而苦恼,而是为金钱、权力和更高的享受而奋斗。因此,我们目前的每一个人类成员都在拼命地工作,发疯地积累,超现实地享受。我们这样做的目的不仅仅是为了"眼前利益",也不是被动地受某种外力的压制,我们的所作所为都是自愿的创造。我们自愿吃苦、自愿拼搏、自愿发挥出自身的所有潜力,从而实现我们所预想的目标,达到我们心中暗藏的那个最终目的。

其实,我们的这一切努力又都是没有目标和目的的,因为我们人类的欲望无穷,小目标实现了又冒出大目标,大目标实现了又出现更大的目标,人类的这种目标意识没有穷尽,所以我们人类的努力和拼搏也就没有终结的时候。

为了实现我们人类确定的某些任务和目标,我们不仅在努力和拼搏,我们还在深深地痛苦着,劳累着,思考着,动作着。我们毕竟不是整齐划一的某种生物产品,我们都是些不同的个体组成,作为个体我们又具有个体间的巨大差异性。因为存在这种差异性,我们每个人

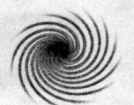

The Origin: Universe, Wisdom & Civilization

的生存状况、生活状况、奋斗目标以及实现某种愿望的情形都不一样。同样处在一片蓝天下,有人生活得很好,有人生活得很不好,甚至很艰难。这种好与不好的生活状况又激发了人的另一种激情,那就是竞争或斗争,用达尔文的话说就是"自然选择,适者生存"。达尔文的进化论认为,在地球上的生物界充满了这种"选择"和竞争,人类是地球生物之一种,所以也充满了竞争与斗争。且不论达尔文的进化论用在人类社会生活中是否合适,只说人类间的生存竞争和斗争这一点是合乎情理的。人类经过竞争和斗争,强者更强,弱者愈弱,这就叫"优胜劣汰"。又因为"优胜"者为维护自身利益,确定一些规范或制度,使这种"优胜"的成果固定下来,从而导致出现不同的社会阶层,剥削、压迫、统治者和被统治者、贵族阶层和弱势群体就在这个基础上产生出来,直到现在,我们人类生活的社会结构就这样形成。

看得出,我们人类的生存和生活状况并不那么理想,在很多时期和很多方面是非常残酷的。我们的很多人类成员因为饥饿和疾病,早早离开人世,很多强壮的青壮年人,为了某种利益和信仰,极早地牺牲了自己宝贵的生命;我们的一些民族同胞,因为失去了土地和权力,被别的民族赶尽杀绝,有些不同政见者和信仰者,也没有好下场,不是被剿灭就是被暗杀;国家之间的竞争和征服也同样频繁,短则十多年、几十年,长则数百年,

A国就会变成B国,或者AB国就会演变成C国,而国家演替的背后却是大量人类同胞的生命和鲜血,它们或者筑成国家的"墙基",或者成为保卫国家的"护城河"。尤其令人惊叹的是,我们的人类社会发展到今天,屠杀人类同胞的战争手段更加先进和超前,你可以看不见一兵一卒,就能倒在现代战争的"屠刀"之下,甚至到死都不知道敌人究竟是谁。这也许就是现代文明带给我们人类的最大困惑。

即便如此,我们人类的繁衍还是以几何速度在增长。根据世界人口发展史,现代文明时空范围内的世界人口发展大致如下:旧石器时代估计有100万人,新石器时代达到1000万人,青铜器时代达到1个亿,工业革命时期达到10个亿,21世纪中后期,专家估计能达到100个亿!①

我们地球人类在参差不齐的社会发展过程中,有着如此惊人的繁殖能力,这也是我们人类自身产生出来的最大问题之一。

人类极少数的富有者拥有绝大多数人类的财富,而绝大多数处于贫穷者的人类为少数富有者服役或称臣膝下;人类为财富、权力和享受可以不择手段地残害或屠杀自己的同胞,以致人类经过长时期树立起来的道德旗帜频频被少数人拔除,使有序的人类社会常常处于无序状态;甚至今天的人类文明已经能够克隆出人自己,如果成批的克隆人出现在

宇宙·智慧·文明 大起源

我们今天的地球上，那么人类自然生存的生理序列就被彻底打破。今后的人类社会生活将会是怎样，没有谁能预测到。人类未来生活的迷茫状态同样会是我们百思不得其解的谜团之一。

其次，"人的问题"或"人是什么"的疑问油然而生。

鉴于我们人类目前的生活状态和人的呈现形式，我们不禁要问："人是什么？""我们是谁？""人类为什么会是这样？""人类的未来又会怎样？"等等。虽然我们面对着自己，面对着不同肤色的同胞如此这般地发问，然而我们找不到一星半点的答案。即使是我们人类中的"圣人"、"智者"，对于以上疑问的回答也是千奇百怪，莫衷一是。

比如西方最早的以研究和关注"人"为主的哲学家苏格拉底，"他把人定义为：人是一个对理性问题能够给予理性回答的存在物。"亚里士多德说人是"理性动物"；索福克洛斯说人是"被缚的普罗米修斯"；柏拉图说人是"堕落的灵魂"；斐洛说人是"逻格斯的形象"；奥利金说人是"天主的肖像"；阿奎那说人是"理性的存在"；帕斯尔说人是"思考的芦苇"；斯宾诺莎说人是"实体形式"；尼采说人是"意志力"；海德格尔说人是"符号性的存在"；卡西尔说人是"异化的本质"；舍勒则说人是"精神的化身"；布洛赫也说人是"乌托邦的存在"。"波埃修斯第一个从本体观的角度提出了完整的人的定义。他在自己的一篇神学论文中写道：'人是一个具有理性本性的个别实体。'"《哲学人类学》一书的作者巴蒂思塔·莫迪恩说："从这些定义中我们可以看出，人是一个包含截然相反的对立面于一身的奇迹；人是一个堕落的或未实现的神；一种不成功的绝对价值或绝对性之虚空；一个无限的尚未实现的可能。由于这些原因，我认为将人定义为一个'不可能的可能'是没有错误的。"⑤金陵神学院院长丁光训主教认为："上帝的创造永无止境，创造的进程悠悠漫长。'上帝的创造既未完成，世界和人就是上帝创造工程在进行中出现的不同程度的半成品。'世界既有美好的一面，也有灾祸的一面；人既有智慧和美德，又有腐败和罪恶。人是半成品。就是说，人不是废品，毫无价值和尊严；也不是成品，绝对完美和圣洁。换言之，人既不是天使，也不是野兽，既不是魔鬼，也不是上帝。'人是半成品，其使命

自绘图02　无限大循环

是参与上帝的创造，上帝创造工程的帮手。在帮助这工程的同时，使自己越来越从半成品变成成品。'"⑥与此"半成品"说相近的还有莫迪恩。他在论述了人的诸多外在现象之后得出这样的结论："人的活动的这四个特征（指人的肉体性、精神性、优越性和超越性——作者注），我们能够发现两个与人的存在相关的重要结论。第一个结论是：人是一个具体化了的精神，因为只有如此才能实施那些同时具有物质性和精神性的活动；第二个结论是：人是一个开放的、未完成的、朝向无限的谋划。因为只有一个开放的、未完成的谋划才能像人这样不断地超越自己。"⑦当然，还有马克思的"人的本质是一切社会关系的总和"的著名论断。以现代生物进化理论为基础的"科学人类学"对人的定义："人类属灵长目，在自然界生物发展阶段上居最高位置。其特点为：具有完全直立的姿态，解放了双手，复杂而有音节的语言和特别发达、善于思维的大脑，并有制造工具、能动地改造自然的本领。恩格斯指出：'劳动创造了人本身。'所以可以说人即是社会性劳动的产物。"⑧

没有必要再罗列下去，古今中外的思想家们对于人自身的认识是如此不同。难怪舍勒在他的《人在宇宙中的地位》一书中说："人是一种如此广阔、如此丰富、如此多样性的存在者，任何一种定义都表明它自身是非常有限的。人所具有的方面太丰富了。"⑨

正因为如此，自从柏拉图提出"认识你自己"的命题后，人类认识自己的过程本身就构成了人类学的重要内容之一。

卢梭曾经这样说："我认为，所有人类知识中最有用的最落后的是对人本身的了解。"⑩蒙田也说过："世界上最重要的事情就是认识自我。"⑪卡西尔说："认识自我乃是哲学研究的最高目标——这看来是众所公认的。在各种不同哲学流派之间的一切争论中，这个目标始终未被改变和动摇过；它已被证明是阿基米德点，是一切思潮的牢固的不可动摇的中心。"⑫海德格尔高度概括，说得更全面，他说："没有任何一个时代像我们的时代这样，有如此纷繁复杂的关于人的概念，像我们这样成功地以如此引人入胜和有效的方式提出关于人的知识。然而另一个现实也不容忽视，这就是没有任何一个时代像我们的时代这样对人是什么的认识如此之少，人呈现的面貌从未像现在这样具有争议性。"⑬

也就是说，迄今为止的哲学和科学，对于人自身的认识仍然处于"众说纷纭"的多元状态，甚至处于猜臆般的假说状态。人类对人自身的认识，为什么会处于这种状态呢？我总结了一下，大致有两个主要原因：

原因之一：迄今为止，对于人类自身的认识观念还处在仁智各见的零碎状态中。人既是一个自然存在、也是一个文化存在，我认为更重要的还是一个既有思维能力又有创造能力的文化存在者。仅

 宇宙·智慧·文明 之起源

就这一观念中，我们不难看出他的神秘性和复杂性。所以，"对于我们来说，人的旨趣在于其全面性，而不在这一或那一方面。抛开各种专业化学科（人类学、语言学、生理学、医学、心理学、社会学、经济学、政治学）所做出的努力不谈，它们往往都限制了个人的整全性，从某种功能和某种特殊冲动的角度来思考人的问题。于是，关于人的知识就成为破碎的了，我们往往将其中的一部分误认为是全部。我们应该对这种错误引以为诫。"⑭莫迪恩也谈到同样的问题。他说："但正如海德格尔所说的那样，科学家、哲学家和神学家所做出的无数慷慨激昂的研究结果从其根本上来看都是误导性的。笛卡尔、斯宾诺莎、休谟、康德、黑格尔和马克思，以及20世纪的存在主义者，新实证主义者和结构主义者对人之神秘的解答是不能令人满意的。尽管其在某些方面不乏启发和建设意义。科学家对此给出的解答更不能令人满意，在许多情况下，他们只能对这种和那种器官，对这种功能和那种行为给出精确的答案，但从总体上来看，他们对人的真实本性或基本来源和最终命运却只字不提。"⑮这就是说，迄今为止，我们人类对自身的认识还处在零星的，或是局部的水平上，还没有达到整体的或是整合层次上的认识，这就是人类对自身的认识"众说纷纭"、"莫衷一是"的主要原因。

原因之二：人类认识自身的观念是在不同的认识背景条件下产生的，背景不同，人类认识自己的程度就会不同。

卡西尔在他的《人论》中论述古希腊哲学时说到："因此，在斯多葛主义那里，就像在苏格拉底的概念中一样，自我质询的要求是人的特权和他的主要职责。不过这个职责现在是在一个更广的意义上被理解了；它不仅有一个道德的背景而且还有一个宇宙和形而上学的背景。一定向你自己提出这个问题，并且要这样盘问自己：我与我身上被称为统治一切的理性的这一部分有什么样的关系？一个与他自己的自我，与他的守护神和睦相处的人，也就是能与宇宙和睦相处的人；因为宇宙的秩序和个人的秩序这两者只不过是一个共同的根本原则的不同表现和不同形式而已。"⑯很显然，卡西尔是在论证人与宇宙秩序的共同性这一点上提出了道德背景、宇宙和形而上学背景的。他试图证明，人类内在的秩序与宇宙秩序在根本性或原则性上是共同的、一致的，而在人与宇宙的关系中，人处于主动地位，从而证明人具有内在的"批判力，判断力和辨别力"。一旦自我获得了它的内在形式，这种形式就是不可改变和不能扰乱的。'一个球体一旦形成就永远是圆的并且是真的。'"⑰

换句话说，卡西尔的意思是人通过获得宇宙精神从而完成自我的内在形式，这种内在形式反过来说也就是希腊哲学中倡导的宇宙秩序或宇宙精神。卡西尔只是把"宇宙背景"作为完善自我的一个先决条件，谈论的仍然是人的自我塑

造。然而，我所感兴趣的正是卡西尔的关于"三个背景"的说法。我认为，卡西尔所谓的"道德背景"是人类社会生活中最基本的也是最世俗化的内容，"形而上学的背景"也只是人类理性所能达到的最高境界的内容。而"宇宙背景"就不同了，宇宙本身是一种客观存在，宇宙的秩序也就是宇宙自身运动的基本规律，人类的理性只能认识它的一些皮毛、不可能认识它的全部。所以，宇宙总是神秘的、永恒的、没有止境和始终的。而迄今为止的一切关于人的探讨，实际上都是在最贴近人类社会生活的道德背景和形而上学背景中展开，它们根本就没有触及到"宇宙背景"这个"大银幕"，这也就意味着迄今为止的一切关于人类起源、人类来源和人类本质的理论，都是源自地球本身，与地球之外的大宇宙关系不大，或者干脆没有关系。在这一点上，笔者明确看出了过去相关理论的巨大局限和错误，特别是"众说纷纭"、"莫衷一是"的根本性原因。依笔者之见，地球环境是人类选择和生活的理想居地之一，但人类的起源和最终归宿都不在地球上，而是在被我们的主流理论一再忽视了的广阔的大宇宙之中。

再次，"人的问题"究竟是些什么"问题"？对此我们应该明确起来。

我们知道，关于"人的问题"和"人是什么"的论著汗牛充栋，难以细说；但是我们同样也很清楚，一些很有希望解答这一疑问的论著，要么依附于某种专业理论，难以卒读，要么陷入哲理深渊中不能自拔，一本砖头厚的书读完了竟然不知所云，至少在我读到的相关论著中，从未看到过关于"人的问题"的一个简要的清单，我时常望着这些大著发问："人的问题"究竟是些什么"问题"？问的次数多了，自然也就产生了一些想法，试着把"人的问题"整理一下，起码找出几个"问题"来便于讨论。

从目前的情况看，研究人的专门学科有很多，人类学、语言学、生物学、生理学、医学、心理学、社会学、经济学、政治学、宗教学等等，但总起来看，研究"人的问题"的主要方式可以划分为三大类，即神学、哲学和科学。神学充分吸取神话的内涵和营养，从"上帝造人"的宗教神话中解答"人的问题"，认为人类是上帝仿照自己的形象造出来的，人类是神创的产物。哲学的范围应该包括历史、考古等人文学科，它从文献的角度进行考证，从地下的实物信息中深入挖掘，并以哲学的智慧进行深度论

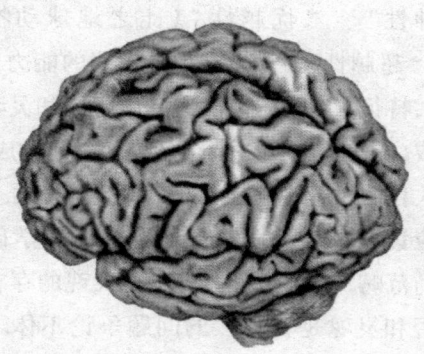

图3　这是一个正常的人脑，人的智慧就从这颗大脑里生成。

 宇宙·智慧·文明 大起源

证，无论怎样努力，哲学范畴内的研究只能在事实基础上做出一些判断和进行适度的推论，它在人类的源头上，特别是对于"人的问题"或"人是什么"的疑问依然束手无策。现代科学兴起之后，生物进化理论似乎解答了这一千古疑问。可是，生物进化理论也只是依托于人与地球动物具有生理方面的某些相似性这一点展开它的理论。实际上，人类与地球动物之间仍然横亘着无法逾越的巨大鸿沟，进化论产生以来，新的疑问不断，质疑多多，一些关键性的环节至今没有着落。因此科学的认识也只是一种理论上的假设，没法定论。鉴于这样一种尴尬的局面，我想把"人的问题"罗列出来，进行针对性的研究和攻关，非常有必要。

那么，"人的问题"究竟是些什么"问题"呢？拣最主要的说，我认为有以下四个大"问题"：

1."我是谁"、"人是什么"的问题，实际是对人类的定型问题，也就是人类所具有的性质问题。到目前为止，这个问题尚未得到解决，即使有很多论著，那也只是对"人性"进行了一些探讨，是世俗性很强的较浅层次的东西，尚未深入到人的骨髓中。

2.人类与地球动物为什么有着如此大的差别？人类有意识、有智慧、能创造、生活在自己创造的文化环境中，地球动物为什么不具备这些条件和能力？为什么靠本能被动地生活？

实际上，这是人类与地球动物最具本质区别的一个问题，也就是人类的意识起源、智慧来源以及创造能力的问题。目前，对这个问题虽有一些解释性论著，但都很勉强，对于人类的意识和智慧的来源依然无法阐释清楚。

3."人从何而来？""向何处去？"

很明显，这是关于人的起源或来源以及人类的最终归属的问题。对这个问题，神学和科学似乎都有自己的解释，但都不能服人。各种歧议和争论都是由此产生。比如"上帝造人"的"创世说"，在科学倡明的今天已经不可信；而人类由低等动物进化而来的"进化论"，其理论的大厦已经是摇摇欲坠，看起来也支撑不了多久。至于哲学类的解释，犹如哲学自身的抽象和笼统一样，只见迷茫的笼照，不见清晰的脉理。

4.人的肉体性与精神性为什么相依存又相矛盾呢？人的灵魂真有吗？灵魂果真不死吗？

这个问题实际就是人自身的构成问题。莫迪恩讲，人具有"肉体性"、"精神性"、"优越性"（比之地球动物）、"超越性"（即人有超越自我的能力）四大特征；一般的说法人是由躯体和灵魂构成。无论人有四大特征还是"二元构成"，人自身的构成与他的来源相距甚远，它应该是体质人类学、心理学、神学研究的范畴。古今中外对于人的灵魂的存在与否和灵魂是否死亡的问题争论不休，目前似乎也无法产生什么结论。

除此，在"人的问题"中还有种族

的来源，人种的进化，"世界末日"以及史前人类文明的来源等诸多问题，这些问题比之前面的"四大问题"，略微小一些，浅显一些，但也是绝对不可忽视的"问题"。我之所以把它们罗列出来，是因为它们同样在困扰着我们的思维，同样是我将要研究和破译的历史谜团。

三、本书的构成和主要观点

本书的结构构成

依据上文中的诸多疑问和提出的各种问题，本书分作三部分内容：

第一部：通过对人类起源学说的梳理，明确指出现有历史学科的巨大局限性和人类进化学说的严重缺失、提出人类鲜明的外星籍特征和人类作为宇宙高级智慧生物的三大品质属性。

第二部：从历史的"三维空间"大视界探讨"前人类"、"前文明"存在的可能性以及"前人类"、"前文明"被毁的种种可能性；从而提出一种崭新的人类历史观和文明成长标准。

第三部：宇宙的起源与人类的起源交相成辉。宇宙起源于"双母子"的生成之中，人类起源于Z星球。认为人类在地球生活中，只有文明的创造史和文明的毁灭史，并不存在人类起源史，如果有起源，那只是每次文明被毁后的起源。

本书的主要观点和核心内容如下：

1. 本书质疑：现代三大主流观点

迄今为止，地球人类坚信的是：我们人类是猿猴中分化演变的，猿类、黑猩猩、猴子都是我们人类的亲族；我们生活其上的这个大宇宙，是在140亿年前发生大爆炸膨胀形成的，至今，宇宙还在加速地膨胀，数不清的河外星系都离我们远去；而我们人类自己确认的历史只有五六千年，之前的"史前"人类还没有进入文明的社会生活之中，还属于原始的、野蛮的或愚昧的人类。以上现行的主流观点，分别属于人类起源论、宇宙起源论和文明起源论；这些理论的创立者，分别是达尔文、爱因斯坦和伽莫夫、格林·丹尼尔等。20世纪初，是这些主流观点的创立期，20世纪中后期至今，是这些主流观点的流行或发展期。

以上主流观点，在整个20世纪几乎占据压倒性优势，在世界的每一个角落都得到普及，比如世界绝大多数国家的大中小学教材，都是以上述的主流观点为基本骨架建立起来的；目前世界上多如牛毛的研究机构都是围绕以上三大起源论在作文章，等等。然而对上述的三大主流观点也不是每个人都顶礼膜拜、信服透顶的，异样的声音此起彼伏，不绝于耳。实际上，上述的三大主流观点也不是没有任何可挑剔的完美体系，它们在创立之初，都是以一种理论或科学假设提出，在这种假设的基础上进行理论的论证，特别是寻找相应的证据。即便如此，三大主流观点自身的瑕疵遍布全身，漏洞百出，越往后越是捉襟见肘，难以自圆其说。

针对三大主流观点的这种现状，我坐了十多年的"冷板凳"，对三大主流观点提出了若干质疑，其中最主要的如：

自然科学的局限，历史学科的严重缺失，进化论对人类身份的低俗化处理以及化石断代的缺环；宇宙大爆论的难以自圆其说；人类起源的无根基性推论，特别是人类智慧起源中存在的巨大的鸿沟。上述三大主流观点都难以跨越；人类文明起源的无标准化和文明起源标准的西方化倾向等等。客观地说，对三大主流观点提出的质疑，有一部分是人类群体中的很多精英人物提出的，我只是作为一个综合者，分类理条，归入我的某些篇章之中；还有一部分和大部分，是我在研究中提出的，由此产生了我"破"与"立"的愿望。

既然在社会上有这么多异样的声音，我也有诸多不同的看法，为何不进行一番思辩，建立一套更为合理的观点和理论呢？人类思想的发展规律是"不破不立"，只有把那陈旧过时了的旧堤坝破除了，让坝里的水流动起来，新的观点才有可能确立，否则"破"也难，"立"就会更难。

鉴于这样一种认识，我在质疑上述三大主流观念的合理性和科学性的同时，建立起了一套东方式的相应观点。

当然，我所"立"的相应的观点，并不一定完全正确，特别是能否经得起科学检测和科学试验的考验，但我仍对它很自信，至少我所"立"的观点，能囊括人类所有的文化存在，能解释所有神秘文化出现的历史和社会原因，特别是能自圆其说。因为这些理由，我认为我的质疑是直指三大主流观点的要害，我所建立的相应的观点是符合自然和社会发展现状的。

2．本书建立：东方式三大起源体系

有"破"必须有"立"。

"破"往往显得容易，但"立"却艰难；因为"破"只是质疑，而"立"却意味着新的创造和确立。我在严厉质疑现代三大主流观点的同时，建立起了我认为是更合理更科学的东方式的宇宙观、人类观和文明起源观。分述如下：

（1）人类并非起源于地球，更不是从猿猴中演变而来。流行两千多年的"神创论"是模糊了人类的真实的起源，将人类的起源神意化；而新创立的科学的人类进化论又走向"神创论"的反面，将人类与地球普通动物相提并论，将人类的起源进行低俗化处理。至于目前流行的"外星说"，既没有彻底的"破"，也没有"立"，它只是一种说法而已；"海洋论"也只是一种假想，"多元论"实际没有真正接触到人类的起源问题。

依据"双母子"宇宙起源和智慧生成原理，人类起源于太阳系的火星。一方面，火星在太阳系生成之初，是占据着太阳系的"生命轨道"的；另一方面当火星被太阳系的"恒星波"推出"生命轨道"之后，远离太阳温暖，没有了孕育生命的基本条件；而在火星上已经创立了火星文明的人类逐渐从火星迁徙到地球上来。

（2）人类在地球上创造的地球文明并

The Origin: Universe, Wisdom & Civilization

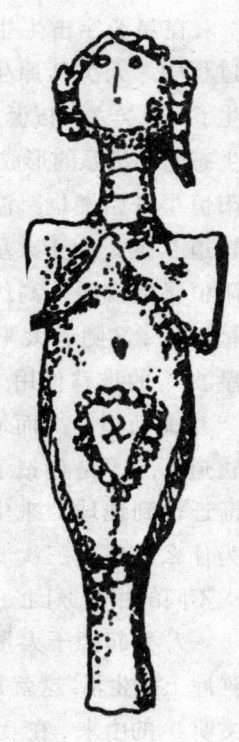

图4 特洛伊废墟发现偶像，其特殊处在于她的阴部有"卍"字纹符号，这就意味着人类的生育过程与宇宙的生成过程具有相似性原理。

非五六千年的现代文明，而是有过三次辉煌的地球文明。

大约在20亿年前至2.5亿年前的巨大时空中，人类曾在地球上创造了"元文明"。虽然目前还无法确知"元文明"的创造时间以及文明的性质，但"元文明"的存在是没有什么疑问的。

大约在20万年至4万年之间的历史时空中，人类在地球上创造了"前文明"。有关"前文明"的考古发现有很多，甚至很多"前文明"的文化思想和文化符号都延伸到现代文明的内容之中；只因我们的历史学科的局限和人类思想的狭隘和固执，还不能把"前文明"的存在纳入到现代文明的理论体系中来，然而"前文明"的存在，在本书陈述大量的实事，并贯穿于本书的整体思想构架之中。

大约从4万年之前至今，人类曾有过"伊甸园"和"西方乐园"的安乐，也有过"中央文化地带"发生核战的残酷和"女神时代"的艰难；几次大洪水之后，由"女神时代"繁衍和延伸下来的人类又被灾难几乎毁灭，然而又有"诺亚方舟"中的人和伏羲兄妹等这样一些人类的个体存活下来，现代文明的创立就从这些侥幸存活下来的人类始祖开始。

人类在地球上创造的这三次文明，都是有据可查和有考古发现的，并非空穴来风；而三次文明之间巨大的"断代"或空档，可能是宇宙灾变形成，或是地球灾变和人类自行的社会灾变造成。

（3）人类自身的生理特点与智慧物质构成以及在地球上留下或正在创造的文明遗迹表明，人类是源自地球之外的文明星球。而人类起源于地球之外的外星球的理由恰好与宇宙起源密切相关。

依据中国古代的宇宙起源模式，宇宙是由混沌宇宙、星云宇宙和荒漠宇宙三种形式构成。混沌宇宙是一种无始无终的物质存在，由于构成它自身的微粒物质的缓慢运动和冷热变化，形成最初的物质团块和冰山，然后由这些物质团块和冰山在偶然的一个空间中相遇，形成最初的自旋，并从自旋中生成位居中心的恒星，它即是"双母子"生成原理。"双母子"之后被拉进太阳系的各大行星，都是被太阳恒星的引力所获，大的物质

宇宙·智慧·文明 大起源 ■ 绪论

015

宇宙·智慧·文明 大起源

团块形成行星，小的物质团块形成卫星。太阳系的太阳恒星、九大行星和160多个卫星，都是在"双母子"引力作用下形成的。我把这种恒星带动行星和卫星的小星系称之为"原生态星系"。

比原生态星系大的星系也是在"双母子"引力作用下通过"碰撞"形成，所不同的是在原生态星系之中的"黑洞"中能生成恒星来，而大星系的源生态是星系之间碰撞形成，没有充裕的混沌宇宙物质，因而由原生态星系碰撞成的大星系中间，一直存在着巨大的黑洞，星系有多大，黑洞就有多大，我把这种大星系称之为"再生星系"。

再生星系的最初形态，是具有美丽旋臂的旋涡结构，然后发展演变成棒旋星系、椭圆星系和不规则星系。每一个再生星系由于它的生成顺序不同，年龄结构也不同。一般来说，居中的或接近黑洞的恒星年龄最大，然后是旋臂根部的天体年龄适中，旋臂外围散开去的天体和原生态星系是最年轻的。比如银河系中，我们的太阳系在猎户座较外围的位置上，因而在银河系中，太阳系还是较为年轻的原生态星系。

老化恒星系统被黑洞吞食，或自行爆炸后形成荒漠宇宙，荒漠宇宙的形成必然导致星云宇宙的内敛和膨胀，我们目前正处在荒漠宇宙的膨胀期。也就是说，星云宇宙的膨胀是由荒漠宇宙的出现和新星的生成出现的，而非大爆炸后一直膨胀不止形成的。

在星云宇宙生生灭灭、不断生成的过程中，人类从原生态的太阳星系中诞生了。人类之所以诞生于太阳系，是和原生态的小星系的形成与成长有关系；当太阳恒星开始燃烧，温暖到行星的"生命轨道"时，由于火星和地球条件与被太阳恒星的温暖，高级智慧生物首先从火星诞生；又随着太阳恒星的成长和"恒星波"的推移作用，火星被逐渐推出了"生命轨道"，而地球逐渐移入"生命轨道"，于是创造了火星文明的人类逐渐迁徙到地球上来生活。这就是地球上为什么出现过三次文明，地球动物与人类不同的根本原因。

人类起源于火星，至少有两次迁徙到地上来生活，这就是"元文明"和"前文明"的由来；在"元文明"和"前文明"之间横亘着两个大断代，据我的考察和研究，就是因为地球上发生了巨大的灾变，而灾变之前，"元文明"和"前文明"的人类早已预测到，并提前回迁到火星上去生活。因此，在地球文明的中间留下了巨大的空白。

（4）宇宙高级智慧生物的智慧是由能生成智慧物质构成的特殊的"Z物质"生成，而非从低级到高级发展演变而来。

从目前发现的宇宙新物质和不确定物质存在的情况看，在人类形成的火星上具有浓厚的能够生成智慧物质构成的"Z物质"，人类在生成中大量吸收了这种"Z物质"，因此生成了目前的这种生物类型。而地球动物们是"后起之秀"，

加之地球上很少拥有能够生成智慧物质构成的"Z物质",因而地球动物们就形成了目前这种靠爬行、游动和飞翔生存的生物类型。

从古生物考古发现的情况判断,地球动物曾有过三次大的循环,即5亿年之前、6500万年之前和现代生物体系。而人类几乎在地球第一代生物生成之前就迁徙到地球上生活了很长时间,20亿年前的核反应堆的发现就是证据。人类第二次迁徙到地球上生活,大约在20万年至10万年之间;期间,人类经历了多次毁灭性打击,但终归未能彻底毁灭人类;现代人类就是人类第二次迁徙到地球上来之后的后裔,是经历了千难万险才幸存下来、发展至今的。从这个角度说,人类不是地球土生土长的"土著"生物,而是迁徙到地球上居住不走的"侵略者"。

然而,从发展的角度论,人类也只是地球上的"暂住者",在不很久的将来,一旦地球资源耗尽,或发生什么毁灭性的灾害,人类又会迁徙到别的星球上生活。

人类从火星上诞生至今,在地球与火星之间几经迁徙:下一个迁徙的星球在哪里呢?目前的航天技术正在考察下一个迁徙目标,我们对此满怀信心,拭目以待。

(5)人类起源于火星的另一个证据是,人类的大脑物质是呈粉红色的,而火星表面物质是铁红色,两种物质的颜色相近。这不应是巧合,而应该是"铁证如山"的有力证据之一。

不仅如此,人类大脑物质的颜色和地球动物大脑的颜色基本一样,这同样证明在太阳系生物系统中,构成大脑的都是同一个物质,即"Z物质"。只因人类和地球动物在诞生的星球上"Z"物质的分布不一样,人与地球动物的大脑构成就有了差别。

当然,人类大脑的颜色与火星土壤的颜色有无内在联系,我想在探索火星的过程中就会有所发现。

(6)人类起源于火星的又一证据是人类智慧的起源。从智慧生成的"三要素"来判断火星的生存条件比地球差很多,因为求生的强烈欲望,才使具有智慧生成潜能的人类起动了潜在的智慧产生的可能性物质构成,开启了最初的智慧。随着人类智慧的诞生,人类的智慧生成体系逐渐完善起来,这就是智慧生成的基本原理,即需要、实用和审美三要素体系的最终完成。

地球环境远远优于火星。地球动物们就是依赖于优越的地球环境而无忧无虑地生活着,因此在主观上也没有启动和开发智慧之类的可能性要求,地球动物们没有智慧的根原由此也可得到见证。而人类从条件恶劣的火星迁徙到环境条件十分优越的地球上来,凭他们在火星上拥有的智慧,可以轻松自如地在地球上生活。从这个角度来说,人类迁徙到地球上之后是大大地懒惰甚至是堕落了。目前的科技水平还比较低的原因,恐怕同优越的地球环境与人类的懒惰直接相

宇宙·智慧·文明 大起源

关。比如世界上的好多民族在"自给自足"原始农业状态下能高枕无忧地生活数千年甚至上万年，就是典型的例子。

（7）由于人类对地球环境的依赖和开发，形成了不同地区的不同文明模式和不同文明程度的人类群体。住在生存条件艰苦环境中的人群，他们对智慧开发的欲望很强烈，因而能出现很杰出的科学家、政治家、企业家等等；而居住在生存条件优越地方的人群，总是生活得"无忧无虑"，满足自得，相比他们对智慧开发的欲望就淡薄一些，杰出人物出现的概率也会少很多。

"条件决定论"曾经是被人们批判的对象，但是不带任何学术偏见和政治主张公正地评价，人类智慧的开发程度与之生活的环境条件有着密不可分的内在联系。即便在今天的现实生活中，居住在条件艰苦环境中的人群基本有两种发展趋向，要么一直"穷下去"，不求进取，要么奋起拼搏，做出正常人想不到的优异成绩来。在这两种发展趋向中，往往是后一种占据主流。

（8）因此，人类文明程度的评价标准不是西方学者所谓的"三大件"，而是人类的智慧开发程度和综合运用的水平。

凡是制造了一件石器、木器或铁器的单个工具，都是人类的行为，它里面包含着人类的智慧，因此它们是人类文明的成果，这一点，在现代文明的标准和框架中是无法容纳的，这恰恰说明目前流行的西方文明标准的巨大偏颇和局限性。

人类的文明是由单个器具的发明、复合工具的制造、综合思想的产生和文明模式的形成这样一些由低到高、由小到大，由简单到复杂的发展变化过程。因此，以智慧开发为衡量的文明标准才符合人类这种高级智慧生物的本质属性，西方人奉行文明"三大件"只表明文明发展的某种程度，并不能真正衡量出人类智慧的开发与利用的水平，因而是不可取的。

（9）星云宇宙既不是"静态的"，也不是没完没了膨胀不休的，而是通过自身能量的消胀和相互的引斥力，是生成性的。潜藏在星系之中的巨大的黑洞就是宇宙天体的"母亲"。没有黑洞"母亲"，就不会有难以计数的恒星天体，也就无法生成宇宙中最基本的原生态星系和再生星系。

同样的道理，人类与人类的智慧都是生成性的。人类生成于父母的"合子"之中，人类的智慧生成于需求实用和审美的原理之中，没有生物的生成，就不会有人类，没有智慧的生成，就不会有人类的文明，更谈不上进步和发展。

因此，从天到地再到人，生成是宇宙世界中的一切有机物和无机物运动的根源，也是我们所感知的世界之所以是这样一个世界的根本原因。

生成是没有穷尽的。因此，人类的发展和宇宙的演变也是没有穷尽的。

3. 本书发现：三大基本原理

本书在阐述以上观点的基础上，发现了关于宇宙起源、智慧生成和文明成长

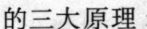

的三大原理：

"双母子"原理

中国古代道家哲学始祖老子在《道法经》第四十二章中说："道生一，一生二，二生二，三生万物。"其实，老子的道论就是中国古代宇宙生成原理的雏形。以太阳系这一原生态星系的生成为例来阐述，它的生成原理是这样的：在无始无终的混沌宇宙中形成了很多物性相反的物质团块，有两个物性相反的物质团块在偶然的一块时空中相遇，形成了最初的自旋，这即是"道"。"道"在自身的运动中形成了原生态星洞，星洞中被固定的混沌物质成为恒星的基础物质，它从原生态星洞中生成，这便是"一"；"道生一"实际就是俩行星母体生成了它们共同的儿子——恒星。之后"双母子"俘获了地球行星，此为"一生二"，又俘获了火星，此为"二生三"；火星之后，万物生成了，此为"三生万物"。

简言之，"双母子"原理就是由行星母体生成恒星，然后所有俘获的行星围绕恒星运转的自封闭星系生成原理。

这一原理，不仅在原生态星系的生成中适用，在再生星系的生成中同样适用。因此，可以认为是宇宙天体和星系生成的最基本的原理。

智慧生成原理

智慧的生成是由生成智慧的两方面要素共同合作而成；智慧的生成首先依赖于智慧的物质构成的先在物质条件和合理的结构构成；其次，拥有智慧物质构成先在条件的智慧生物，面临艰苦环境中强烈的求生欲望，然后设法满足欲望，这一过程就是智慧生成的开始。但作为智慧的生物，他不仅仅停留在满足某种生理需要的最初阶段，他将这种不断重复的生理需求变成自己的某种创造，从而将不断重复满足需要的主动权掌握在自己手里，变成自己随心所欲的创作，而这种创造不仅实用，而且还能使人愉悦或快乐。

由智慧生成的这一过程，我们就可以发现智慧生成的原理，这就是：需要、实用和审美的完美统一。只要是人类需要的，无论迟早，它都会变成相应成熟的智慧实体；只要是人类创造的智慧实体，它既实用又很美观；这就是人类智慧生成的基本原理。

文明成长原理

人类在地球上创造的文明是人类智慧的转化形式，是智慧的结晶。这表现为实物、文化遗迹和实用的技术或文化；只要是依赖于自然物，并将自然的某些要素创造和转化为实用物品或精神文化的，都是人类创造的文明成果。

因此，文明成长的基本原理就是由单个发明创造组合或转化为复合实物用品或工具，再由复合型实物用品或工具整合成更为复杂的实物用品或工具，而更多被整合的实物用品或工具演化为某种文化模式。一旦形成某种文化模式，它也同时可以被确定为某种性质的文明。

由此，我们可以推知，人类的文明

宇宙·智慧·文明 大起源

是一种由小到大，由少到多，由简单到复杂的连续的创造过程，多层次、多样化是衡量文明进程的具体标准，而智慧是一切文明成长的总根源。

四、主要的方法论原则

方法论实际就是思想论、思维论，没有恰当的方法，也就不可能产生相应的思想。本书坚持以下的方法论原则：

1. 大胆求证，不盲目崇尚学术权威。本文以为，目前的研究领域有三种倾向：一种倾向是以解读、注释权威学术思想为主，使高深的理论尽可能地通俗化，从而达到普及的目的。第二种倾向是以批判某些主流思想和学术观点为主，从不同角度的批判态度中达到深度认识的目的。第三种倾向是在批判的基础上建立起新的理论框架和学术思想，有破有立，而且以立为主，引起学界的讨论和争鸣。本书采取第三种学术倾向，有破有立（第一、第二部亦破亦立，第三部以立为主），挑战主流观点和权威思想，弘扬中华古文明中积极而科学的思想，并且以此为根基建立起东方式的宇宙起源和人类起源学说。这是本书最基本的方法论原则。

2. 综合视界，追求无学科境界。由于人类历史和科学的局限性，目前的研究视界只局限于有限的地球；本书克服这一缺陷，将研究的视界延伸到宇宙。因此，本书回避了地球视界的缺陷，坚持"宇宙视界"的优势。

除对视界的选择，本书还注重运用综合的方法，使各学科理论和知识交叉交融为一体；在批判的基础上积极地吸纳；扬弃十分有限的历史考据法，直接采用论说的方式。

3. 无倾向"朝向事情本身"。以某种理论为依托的研究是有倾向性的研究；研究的倾向性本身就带有某种偏见的局限。因此，本书采取无倾向的研究和论述态度，不纠缠于学术是非，"面向事情本身"，坦率地表达自己的观点和研究成果。

注释：

① 贾珍编：《中外大预言》，内蒙古人民出版社，1998年
②⑦⑨⑬⑭⑮ 巴蒂斯塔·莫迪恩：《哲学人类学》，黑龙江人民出版社，2005年
③［意］马西姆·利维巴茨著：《繁衍》（世界人口简史），北京大学出版社，2006年
④⑪⑫⑯⑰ 恩斯特·卡西尔著：《人论》，上海译文出版社，2004年
⑤ 参见《哲学人类学》
⑥ 王治河、霍桂桓、谢文郁主编：《中国过程研究》，中国社会科学出版社，2004年
⑧《辞海》（缩印本），上海辞书出版社，1980年
⑩ G. 埃利奥特·史密斯著：《人类史——译者话》，社会科学文献出版社，2002年

第一部
地球人类的由来

　　达尔文的进化论认为人类起源于地球，并且像地球上的普通动物一样从简单到复杂、从低级到高级地发展演变。其实，本书认为，人类并非从地球普通动物中演变而来，人类就是人类，它来自生成他的那个文明星球。人类在地球生活中只有来源而没有起源。这从人自身和人类与地球动物的对比中得到强有力的证明。目前的地球人类之所以在人类起源或来源方面认识有偏颇，其主要原因是人类迄今的历史科学和自然科学本身有局限，甚至存在严重的缺陷，这便极大地影响了人类在认识自身方面的广深度和准确性。

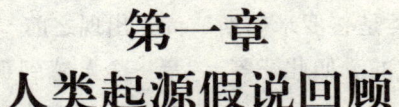

第一章
人类起源假说回顾

创世说／进化说／海洋说—水陆动物的对比—填补化石空白—海洋性反祖现象／外星说—存在的可能性—外星人在地球上的活动—扎伊尔的火星人—外星人与母猿杂交说／多元说

有关人类"生日"的话题，科学的说法其实就是人类的起源问题。

人类起源的问题，既古老而又新鲜。有史以来，人类就对着自己奇怪地问："我是谁？"之后，就有一些圣哲大贤们从宗教的角度、哲学的角度探讨人类起源的问题。数千年来，这种疑问和探讨从未停止过，因此这是个非常古老的问题。反过来说，疑问了数千年，探讨了数千年，至今仍旧没弄清人类究竟起源于何时，如何起源，为何起源，即使目前流行的"进化论"也只是一种假说，一种声音，它的求证的征程似乎还很遥远，甚至渺茫无际。假如有一天，突然又冒出一种强劲的声音来，"进化论"立刻就会成为历史和古董。从这个意义上说，人类起源的问题又很新鲜。

无论古老还是新鲜，在阐明我的观点之前，非常有必要回顾一下有关人类起源的假说。

概括地说，在人类起源问题上较有影响力的假说主要有以下几种：

一、创世说

这一假说是由《圣经》这样的宗教典籍和各民族的神话传说构成，说法各异，神秘玄虚，但它却是人类对自身起源的最早的假说或猜想。

比如在我国的汉族神话中，素有盘古开天辟地，女娲"抟土造人"的说法。近些年，在山西、河南等地发现"女娲庙"以及女娲"抟土造人"的遗址。[①]

"苗族的创世神话说，人类的始祖和雷公、老虎、龙等都是枫树孕育的蝴蝶妈妈生的；高山族的创世神话说，最初的人类是鹅卵石变的；南非布次曼人的创世神话说，第一批人类是蛇转化的；西非纳戈人的创世神话说，地上的人类是天神奥洛隆生育的；南非瓜纳诺人的创世神话说，人类是月神的血凝成的；北美阿兹特克人的创世神话说，人类是从地洞里钻出来的；大洋洲的柯迪亚克人说，人类是海石的大

宇宙·智慧·文明 起源

泡囊孕育的；澳大利亚土著人的创世神话说，人是善神毛拉捏就的蜥蜴变的；希腊的创世神话说，人类是普罗米修斯按照天神的模样用土做成的。如此等等，枚不胜举。"②

以上世界各地区各民族中流传的有关人类起源或形成的神话，归纳起来是这样几种物质转化而成："用土做的"，这似乎有任何生命源于土最终又归于土的意思，抑或是"以土为生"的古代农业民族，是尊崇"土"的思想的具体表现；由"蛇"、"蝴蝶妈妈"、"蜥蜴"这些动物演变而来的，这种说法从民间的方面迎合了进化论的某些观点，但它们又不是进化论的有机组成；由某种物质演变而成，诸如"鹅卵石"、"血"等。无机物变人这有点难以理解，有机物如"血"，是否可以理解为人自身的"精液"之类？还有就是由神创造的说法比较普遍，但这种"神创说"只是具体民族的"神"创造的，范围很狭小，人类普遍共认的可能性也就同样小；最后还有一种比较奇的说法，如"海面上的大泡囊孕育的"，这"大泡囊"究竟是什么？很难弄清楚，再如人类是从"地洞里钻出来的"，这种说法同样奇怪难解，中国古典文学中"孙悟空"是从"石头"中生出来的，这只涉猎一个具体的人物形象，很好理解，如要整个人类都从"地洞中钻出来"，这就有点莫名其妙，叫人很难理解了。

在世界各地各民族的创世神话中，影响最大、最典型的当属《圣经》的说法。根据《圣经》的记载，在宇宙万物尚未出现之前，上帝早就存在着。因为上帝一个人感到孤单寂寞，身边又没什么依靠，就突发奇想开始创造世界。在后来的基督教史中，上帝创造世界的说法有几种："二元创世说"，是说上帝只进行了两次大的创造活动，就完成了创世的全过程。首先，上帝创造了无机界，即无生命实体，在此基础上才创造了有机界，也就是一切生物和生命。"三元创世说"：即上帝首先创造了天（尘世之外的世界），接着创造了地（作为世界的中心），最后创造了人（和上帝相似的人）。除此还有"六元创世说"。也就是摩西的上帝在六天之内创造了世界万物的说法，即"头一日"上帝在空虚、混沌和黑暗中创造了光，"神说：要有光，就有了光"。上帝并把光分为明与暗、昼与夜。第二日，上帝从水中分出空气，并把空气称为天，"事就这样成了"。第三日，上帝让旱地从水中露出来，并让青草、果树等从旱地上长出来，"事就这样成了"。第四日，上帝创造出天上的光体、星辰，并且"定节令、日子、年岁"，让"光摆列在天空，普照在地上"，"事就这样成了"。第五日，上帝造出水中鱼类和各种有生命的动植物，造出天上的飞鸟，各从其类，"事就这样成了"。第六日，上帝创造出各类牲畜、昆虫、野兽，并让它们各从其类；上帝说："我们遵照着我们的形象，按着我们的样式造人……

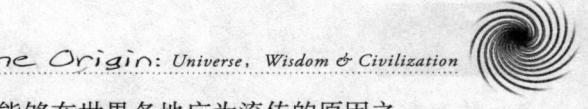

事就这样成了"。第七日,"天地万物都造齐了",上帝就"歇了他一切的工,安息了"。③

"六元创世说"就是《旧约全书·创世记》的主要内容,是整部基督教的奠基工程,在此基础上才有了《新旧约全书》以及之后的基督教。

总之,上帝创世说的影响随着基督教的教仪和西方文化精神,波及全球的每一块地域,无论人们信不信基督教,但都知道上帝在六日内创造了我们生活的这个世界,这种理念和信仰的力量是无穷的,它在越来越强烈地影响着我们的思想和日常生活。

本文的意图并非评价基督教以及上帝创世说的因果关系,而是要问询两个最基本的问题:上帝是谁?上帝为什么要照着自己的形象创造人类?对于第一个问题,我想在后文中有机会进行专门的论述,它的独特的创见性会使你产生耳目一新的感觉。关于第二个问题,《旧约全书》的"创世记"中就已经说清楚了,我们不妨摘引如下:"神说:我们要照着我们的形象,按着我们的样式造人,使他们管理海里的鱼,空中的鸟,地上的牲畜,和全地,并地上爬的一切昆虫。"根据《旧约全书·创世记》中的这一说法,第一,上帝是按自己的形象创造了人,上帝的模样就是人的模样,人的模样也就是上帝的模样。上帝与人始终是融为一体的,这一点在和其他民族的创世说相比,有着明显的区别,也许这就是"上帝创世说"

能够在世界各地广为流传的原因之一。

第二,上帝造人的目的是什么呢?按他的说法就是让人去管理陆地和空中的一切生物,使它们的生活不再混乱,井然有序。上帝在让人管理地球上的这一切生物的同时,把这些生物当作地球上的财富"赐给"人类,"要生养众多,遍满地面"。看起来,上帝造人的目的既明确又单纯,上帝造人去管理地上的一切生物,并将这一切生物赐给人类作为人类的物质财富。上帝给人这等好事,人类怎能不膜拜上帝呢?

第三,从《创世记》中可以看出,上帝在造人前,陆地、海洋和空中早有生

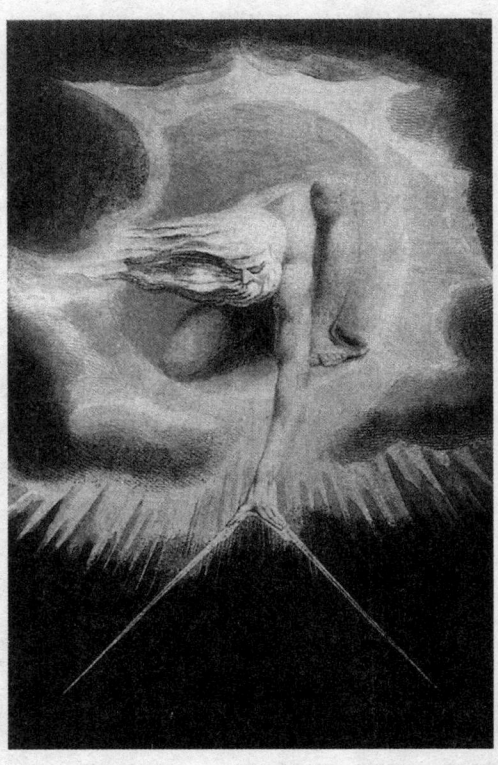

图5 威廉·布拉克(1757-1827)绘制的《造物主》形象

物存在，上帝先造了地上的一切生物然后才造了人；上帝造一切生物是因为不愿让地和空中闲着，让这些生命去生长、去活动。而上帝造人的动机似乎是突发奇想，出于偶然。假如上帝没创造出地上和空中的一切生物，也就没必要创造出人类来；人类的创造完全是为了管理那些生物，所以人的创造和诞生似乎不是计划内的事，是被动的、临时需要的创造。"上帝创世说"中的这一现象说明上帝创造人类的偶然性、随意性以及不严肃性，这就为人类最终负有"原罪"的思想打下了基础。因为人类是上帝随意创造出来的，想不到在之后的生活中却成了上帝的对立面，不听他的话，以致犯下了不可饶恕的"原罪"。

二、进化说

"进化说"是19世纪以来关于人类起源的科学假说。这一假说，从提出、建立到发展，大概经历了三个大的发展阶段：第一阶段为准备期。进化论诞生之前的人类起源假说依然以"上帝创世说"为主，原因是"与人类机体有关的知识发展缓慢，时间上也较晚。它的一切重要研究领域，如胚胎史，是1828年由贝尔创立的，而另外一个同样重要的研究领域细胞学，是1838年才由施莱登创立起来的。而解答'一切问题中的问题'即'人类起源'这个大谜的时间更晚。"也就是说，要正确解答人类起源这个"一切问题中的问题"，首先要解决一些基本问题，诸如"胚胎学"、"细胞学"等，

在此基础上才有可能解答人类起源这个"问题中的问题"。随着西方资本主义的发展，像"胚胎学"、"细胞学"这类自然科学也有了长足的进步，这就为后来的生物进化学说打下了坚实的学科基础。比如"人类起源于猿"的观点虽然在19世纪初就已提出，但没有相关学科的理论支持，这一观点也只是一种观点而已，引不起人们足够的重视；直到创立了"胚胎学"、"细胞学"等学科，生物进化理论才有了相关理论的支持，进化论也才被人们逐渐所接受。

第二阶段为建立期。在"人类起源于猿"的这一假说的建立中，有三位科学家是功不可没的。早在1809年，法国博物学家拉马克首先提出了"人类起源于猿"的观点。"拉马克是'物种起源学说'的奠基人，他目光远大，早在1809年就已正确认识到'物种起源学说'的普遍意义。人作为高级进化的哺乳动物，和所有其他哺乳动物一样都起源于一个共同的祖先，而哺乳动物与其他脊椎动物在生物的谱系上也起源于一个更为古老的共同祖先。拉马克用科学的方法证实了人类起源于猿猴的过程，他们是与人类亲缘关系最近的哺乳动物。"拉马克提出"人类起源于猿"的观点后过了50年，即直到1871年，达尔文"他才首次在《人类的起源与性的选择》一书中巧妙地阐明了他的这一结论。在此期间，他的朋友赫胥黎在1863年出版的那本著名的《人类在自然界的位

The Origin: Universe, Wisdom & Civilization

图6 这是一幅人类进化模拟图。按进化论，人类即从猿类演变为现代人的。其实，本书认为，这幅模拟图是真正的模拟图，地球人类并不存在这样的进化过程。

置》的小册子里，已经敏锐地讨论了'起源论'的这一重要结论。赫胥黎根据古生物学的研究结果，并参照比较解剖学和个体发生学的方法，指出，'人类起源于猿猴'是达尔文必然得出的结论，对人类的起源不可能再有其他科学的解释。"看得出，赫胥黎对拉马克的观点和达尔文的解释非常自信，竟然得出了"对人类起源不可能再有其他科学的解释"的近乎绝对的结论。足见这三位同时代的科学家在建立"人类起源于猿"这一人类进化假说上的坚定信念。拉马克首先提出这一假说，达尔文用他的进化理论解释了这一假说，赫胥黎从古生物学的角度，搜集证据，进一步论证这一假说的科学性。三位科学家发挥各自的优势，从不同的角度共同建立和完成了人类起源的新假说，否定了各种"创世说"的神话，从而使人类起源的研究由"神创"进入了科学的轨道。

第三个阶段为发展期。"人类起源于猿猴"的进化论，自19世纪建立以来，自然成为了人类起源的主导性假说，不仅在自然科学领域中继续着它的研究，而且这一假说走出科学的神殿，进入了各类教科书中，成为现代人类必须拥有的基础知识。19世纪后直到20世纪前半叶，几乎很少有人敢怀疑它的真实性。即使到了21世纪初，人类所有的成员几乎都知道和拥有这样的知识，少数怀疑的人虽然存在，但进化论通过一百多年奠定的基础是牢固的，迄今还没有谁能推翻它。不过，在20世纪后半叶到21世纪初这段时间里，对进化论的反对声越来越多，也越来越高，提出质疑的并非普通老百姓，大都是人文科学家和自然科学家。进化论在它的发展过程中遇到的这种挑战，从科学务实的角度论也是正常的，有一些质疑的异样的声音也不无道理，笔者就是其中的一员。这就要求我们更加慎密地思考和研究，最终我们还是要服从于难以雄辩的事实，让事实来证明一切。

总之，进化说从提出到现在，已有两个世纪，其代表人物是达尔文。下面我们就达尔文关于人类起源学说中的重

027

要观点归纳梳理一下，以便在之后的文字中更好地进行讨论。

在建立进化说的三位科学家中，有一个很奇妙的巧合：拉马克在1809年首次提出了"人类起源于猿"的观点，后来成为这一假说代言人的达尔文就出生在1809年的英国。达尔文开始学医，因为他讨厌医学的解剖学，就到剑桥大学改学神学。后来，英国政府派遣"贝格尔"号军舰到南太平洋考察，他的老师极力推荐达尔文当了"贝格尔"号军舰上的博物学家，随舰到南太平洋进行科学考察。此次科学考察，长达五年，可以说是达尔文研究生物进化理论的一个良好的开端。正如达尔文自己所说："当我以博物学者的身份参加贝格尔号皇家军舰航游世界时，我曾在南美洲看到有关生物的地理分布以及现存生物和古代生物的地质关系的某些事实，这些事实深深地打动了我……归国以后，在1837年我就想到如果耐心地搜集和思索可能与这个问题有任何关系的各种事实，也许可以得到一些结果……从那时到现在，我曾坚定不移地追求同一个目标。"② 结果，他在1859年出版了《物种起源》，1871年又出版了《人类的由来》这本巨著。达尔文在他的这两本划时代的巨著中阐述了这样的一些基本原理：认为生物最初从非生物进化而来，现代生存的各种生物，都有着共同的祖先，在进化过程中通过变异、遗传和自然选择，生物从低级到高级，从简单到复杂，生物的种类也由少到多。当他出生的那一年，法国博物学家拉马克首次提出进化论之后，达尔文进一步完善和阐释了这一观点，指出生物进化的主导力量是自然选择，生物经常发生的细微的不定变异，通过累代的选择作用，比较适合于当时外界环境条件的个体可以生存，并逐渐累积有利的变异发展成新种。比较不适合的就不能生存或不能传种。这就是达尔文著名的生物进化规则：物竞天择，适者生存。达尔文在《人类的由来》一书中，进一步阐述"物种起源的一般理论也完全适用于人这样一个自然的物种。"③认为人的物体是从某些结构上比较低级的形态演进来的，人的智力、社会道德、感情的心理基础等精神文明的特性也是像人体结构的起源那样，可以追溯到较低等动物的阶段。达尔文的这一进化理论，不仅把地球生物的进化纳入了科学研究的轨道，还把人类起源的假说从神学的"创世说"神话中矫正过来，同样纳入了科学研究的领域。

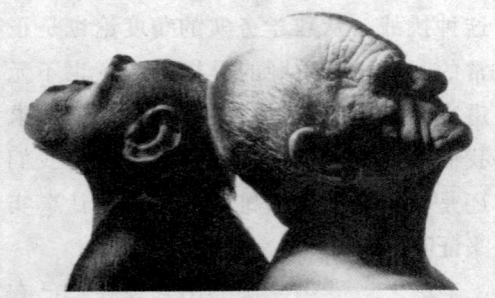

图7 这是美国的生物化学副教授迈克尔·J.贝希专著《达尔文的黑匣子》一书的封面，图中将达尔文与一只猩猩组合在一起，对比之下意趣横生。

三、海洋说

假如说，进化论是从猿猴和猩猩这类灵长类动物的比较中得出了人类起源的结论的话，那么"海洋说"同样是从某些海生动物的相似性比较中得出了人类起源于海洋动物的结论。只不过"海洋说"的研究规模和影响力度都不能和进化说相提并论，它只是一些个别的研究结论，或者只是人类起源的一种底力不足的假说。整体地看，"海洋说"也完全可以归入生物进化论的范畴之中。

这种说法归纳起来，大致有以下三种：

1. 水陆动物对比后的一种说法。比如法国巴黎首都医院的一位叫米歇尔·奥当的医生，主持了一项妇女在水中生产的实验后，写了一本叫《水与性》的书。该书中，他对人类、类人猿和海豚做了一番比较："类人猿不喜欢水，而刚出世的婴儿则能够在水中游泳"；"类人猿不会流泪，而海豚和其他海洋哺乳动物则会流泪。人是唯一以流泪的方式表示某种感情的灵长目动物"；"人奶酷似海豚乳汁，而不像类人猿的乳汁"；"人与海豚皮肤下都有脂肪层，而类人猿没有"；"与海洋哺乳动物一样，人体绝大部分是光滑的，唯独在游泳时露出水面的头部才长头发"；"雄性类人猿从后面与雌性类人猿进行交配，而海豚等大多海洋哺乳动物，则是面对面地进行交配"；"'人和海豚'一样，相互之间是通过声音交流复杂信息的，而类人猿则不是"等等。通过以上比较，米歇尔·奥当医生得出结论："现代人类与其像猿类，倒不如说像豚类。"⑧很显然，米歇尔·奥当医生的这一研究结果仍然是从哺乳动物的相似性比较中得到，虽然他以"海洋说"为名，其实质与猿像人、因而人类是由猿猴演变而来的结果没有本质的区别。如果一定要找出一点区别的话，进化说把古猿作为人类演化而来的前身，海洋说则把豚类作为演变人类的前身，仅此而已。

2. 填补化石空白的一种说法。

最近，英国人类学家哈代提出一个新观点：人类起源于大海。

"人们过去一直认为，人类的远祖古猿是生活在热带森林里的。而科学家们发现，距今400万年至800万年是一般化石资料的空白时期。因此，古人类学家无法确定地描绘这一时期人类祖先的模样。为了揭开这个谜，哈代在研究中发现，所有灵长类动物体表都长有浓密的毛发，而唯独人类皮肤裸露；灵长类动物都没有皮下脂肪而人类却有厚厚的皮下脂肪。人类不同于灵长类动物的特征为什么都存在于海豹、海豚等海洋哺乳动物的身上呢？

"哈代还发现，人类在潜水时也会和水生物一样，产生相似的潜水反应，肌肉收缩，动脉血流减少，呼吸暂停，心跳也变得较为缓慢。而且人类屏息潜水时间远远超过其他陆生动物。哈代认为，如果人类祖先不曾生活在大海之中，人类怎样获得这样高超的潜水本领呢？因此，他提出化石空白时期的人类不是

 宇宙·智慧·文明 大起源

生活在陆地，而是生活在海洋中。"⑩

哈代的这一"新观点"是针对"化石资料的空白时期"提出来的，他想填补的正是这个"化石的空白时期"，只是凭借人类与海洋生物的相似性特点提出。所以，我觉得为填补"化石空白"而提出一种海洋起源的说法也未尝不可，问题是它依然是个"化石空白"的时期，依然拿不出说服人的证据来。

3. 在"返祖现象"的说法中，海洋性返祖比陆地性返祖更强烈。

"生物进化史告诉我们，在人类进化过程中，有一种返祖现象，就是在某些现代人身上会出现远祖的某些特征。令人惊奇的是，出现鱼人的机会远远高于毛人。"该书列举了沙特的"鱼婴"，中国广西一男童身上长满鱼鳞，秘鲁的"鱼人"，美国一妇女自称为"美人鱼"等事例来证明这种说法，并称"笔者随便翻了手头几年的资料，报道有关鱼婴、鱼人的就有 8 例，同期报道毛婴、毛人的有 32 例（我们所不知道的世界各地报道鱼婴、鱼人的肯定还要多得多）。有人将毛婴称为返祖现象，那么这些鱼婴、鱼人与其说是畸形所致，倒不如说是一种典型的返祖现象更为确切。"⑪

从以上引文中不难看出，具有海洋生物特征的人类个体不能不承认他也同样是一种返祖现象；因为具有陆地动物特征的人类个体之所以称其为返祖现象，是从猿猴变人的假说中演化而来，以此为据则具有海洋生物特征的人类个体自然也是一种返祖现象，它的前提应该就是"海洋说"。可惜的是它仅仅是一种"返祖现象"，发生在人类的个体中，这种以个体取代人类整体的说法似乎也站不住脚，更不可能成为人类整体起源的假说。

总之，海洋说也只是一种新起的比较性说法。按照进化论的观点，一切生物都源于水，人类自然也是源于水的，既然如此，则"海洋说"也就没有了更加新鲜和原创的意义。它的提出只是一种说法，一种思路，一种不可或缺的参照；从这个角度论，海洋说也不无存在的道理。

四、外星说

"外星人"这个形象在我们的现实生活中频频出现在科幻小说、电影之类文本和媒体中，他与地球人类的起源似乎不沾边。想不到在 20 世纪乃至 21 世纪初叶，"外星人"逐渐拉近了和地球人类的距离，以致成为地球人类起源的假说之一。

人类的起源与外星人密切相关，甚至是外星人的直接后裔，这一观点对地球人类无疑是个心理上的震撼。

人类源于外星说，可以分这么几个方面加以说明：

1. 外星人存在的可能性与争论

我们地球人类要说人类源于外星，或是与外星人密切相关，那么，要证明这一观点的正确性，首先得证明有没有外星人这个前提。根据"天文学家们估计，在望远镜所及的范围内，大约有 1020 颗恒星。假设 1000 个恒星当中有一颗恒星

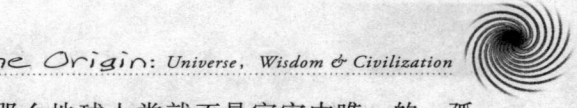

有行星，而1000颗行星当中有一颗行星具备生命所必需的条件，这样计算的结果，还剩下1014颗。假设在这些星球中，有10‰颗星球具有生命存在需要的大气层，那么还有1011颗星球具备着生命存在的前提条件。这个数字仍是大得惊人。即使我们又假定其中只有1‰已经产生生命，那么也有1亿颗行星存在着生命。如果我们进一步假设，在100颗这样的行星中只有1颗真正能够允许生命存在，仍将有100万颗有生命的行星……毫无疑问，和地球类似的行星是存在的，有类似的混合大气，有类似的引力，有类似的植物，甚至可能有类似的动物。然而，其他的行星非要有类似地球的条件才能维持生命吗？""也许，我们的后代将会在宇宙中发现连做梦也没有想到过的各种生命，发现我们在宇宙中不是唯一的，也不是历史最悠久的智慧生物。"⑫

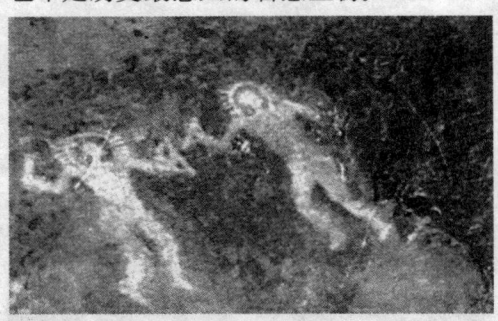

图8 壁画中的外星人形象

按照天文学家们的这种假设和计算，在我们所知的宇宙星球中，至少在100万颗行星上有生命存在的可能！这种可能，既叫人高兴又叫人担忧。高兴的是，假如在宇宙中还有其他生命形式的存在，那么地球人类就不是宇宙中唯一的，孤立无援的，人类在宇宙中有很多伙伴、朋友和同类，有何不好呢？但是反过来一想，又令人担忧。假如宇宙星球上的其他生命都比人类先进、智慧，他们一但发现了地球人类，将地球人类沦为他们的俘虏怎么办？将地球人类灭绝了又能怎么样？因为生命形式的不同，星球生存条件的差异，星外生命的品性是否与地球人类相同，很难说准。尽管我们地球人类对星外生命的存在喜忧参半，但是外星是否存在生命仍然是学者们争论的焦点。有一派学者认为："既然我们人在居住的地球是个最普通的行星，那么，有智慧的生命就应当广泛地存在和传播于宇宙中。另一派却说，尽管生命可能在宇宙中广为存在和传播，但能使单细胞有机体变成人的进化过程所需的特定环境出现的可能性是极小的，因此在地球外存在智慧生命就不大可能了。"⑬科学发展史上的这种争论是正常的、有益的，而且在科学上每有大的突破和成就，这种争论也是不可或缺的。"为解开此谜，1987年10月，世界上有69名著名科学家联合发出呼吁，要求对外星智慧生物进行世界性的探索。"⑭也许这就是科学争论的最终趋向和地球人类揭开宇宙生命之谜的必然之路。

2. 外星人在地球上活动的种种迹象

有关这方面的报道和说法有很多，本书选择较为典型的三个例子说明外星人在地球上的活动情况。

宇宙·智慧·文明 大起源

"1991年,俄罗斯《工人论坛报》报道:'1950年3月28日,有3架飞碟在法国东南部小城迪湟市着陆。这3架飞碟把一支4男2女组成的'外星探险队'送到了地球上。这6名外星人自称是犹摩星球人,

图9 1950年在墨西哥城附近发现的小外星人

他们的祖籍星球叫'犹摩行星',距离地球15光年远。他们登陆地球的使命是:融合于地球人中间,进而充当研究人类的犹摩星球'密探'。与此同时,这些登陆地球的犹摩星球人还借助邮政手段同世界一些国家的科学家进行接触,用法文、西班牙文、英文乃至俄文给他们写信。"⑮看得出,这些外星密探到地球上登陆,目的是要了解和研究地球人,说明这个"犹摩星球"的外星人比地球人类先进得多,他们能把"外星探险队"送到地球上来进行探险活动,而我们人类虽也有宏大的宇宙探险活动,但迄今为止还没有发现一个有生命存在的星球呢。

不仅如此,"前些年,在巴西的原始森林里,探险家们曾发现了600多个被外星人劫去做实验的人(男女老少都有)。许多被劫持过的人声称,外星人对他们的身体各部分进行了仔细的检查,有些人的皮肤、头发、血液等被拿去做标本,有些人在体内还埋下了微型实验装置。有些外星人甚至直接同地球人性交,进行混血实验。矢追纯一在《外星人的秘密》一书中说,巴西达米拉索市警备保险公司警卫安东尼奥.菲列依拉.卡尔洛斯,就曾被逼与一红发女外星人交配,生下一男孩取名阿塞莉亚。当地报纸对此事进行了报道。"⑯

看了这段文字,我感觉外星人在地球上的活动有点肆无忌惮!他们不仅强迫地球人成为他们的实验品,还与地球人性交,进行混血试验。这种事真的在地球上发生过吗?如果真有此事,你做何感想!?

还有一例:"1997年初,《韩国日报》报道:最近,有报道说,在以色列北部农

图10 一起飞碟坠毁事件中找到的没有生殖器的外星人尸体

村阿长地区发现了一具外星生物体。据称，在最初发现时，生物体有胳膊、腿、眼睛，但没有耳朵。待警方赶到时，该生物体随着几次爆炸声而被破坏，仅剩下残骸。

"这个生物体长约5厘米，属解体的一部分，并从内向外流出类似磷光的物质。目前，残骸已被送入实验室，分析和研究仍在进行中。"[17]

出现在以色列北部农村的这个外星人案例，是否被地球人发现后采取了自毁的极端手段？要不为什么自行爆炸呢？更让人奇怪的是，这个外星人的自毁或自行爆炸，

女人来自金星》。该书认为，因为男女来自不同的星球，他们在地球上相遇，相爱，相互组成家庭共同生活在一起。可是因为他们的起源背景不同，在地球上的共同生活也经常出现冲突和矛盾。约翰·格雷想说明的是，男女之间根本不可能消除差距，他们只能在矛盾中生活。

无独有偶，在20世纪、科学家们的确找到了生活在地球上的火星人。

"1988年，瑞典有家报纸报道说：'1987年4月，温斯罗夫与另外6名科学家前往非洲考察风土人情时，竟意外地发

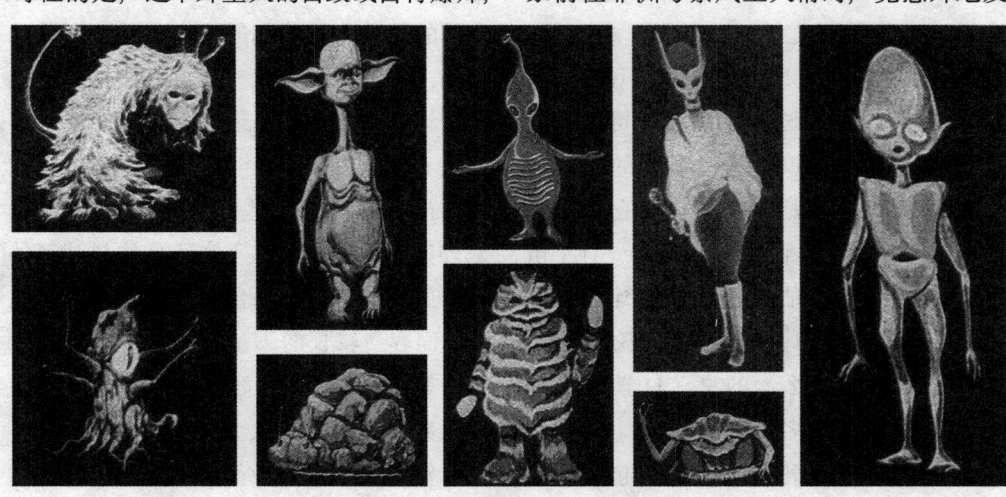

图11 人们看到并描画出来的形形色色的"外星人"

与那个地区的"人体炸弹"形式何等相似，好在这个外星人只是毁了自己，并没有伤及地球人类生命。这倒令人想起"一人做事一人当"的豪侠气概，这位外星人的胸怀和修养要比地球人大得多，也深厚得多。

3. 驻扎在扎伊尔境内的火星人

美国一位著名的哲学博士约翰·格雷，写了一本畅销书叫《男人来自火星，

现了一个外星人后代居住的部落。它在扎伊尔东部的原始森林里，几乎与世隔绝。开始，他们受到了冷遇和敌视，经过努力，外星人终于接待了他们，并领他们参观了当年乘坐的飞机——一艘银色的半月形的已锈迹斑斑的飞船残骸。据温斯罗夫说，这批外星人当年有25人，他们是为了躲避火星上流行的病毒于1912年移民地球

033

的……这些外星人及其后代皮肤黝黑，眼睛为白色，但没有眼珠。他们相互间说的是非洲土语，但与科学家们交流时却用流利的英语和瑞典语。这些火星人及其后代，对圆的图形特别欣赏，他们居住的房屋、屋内的摆设、使用的工具、佩戴的饰品大都呈圆形。他们至今仍珍藏着太阳系和火星的详细图，并掌握着宇宙航行知识，不过他们已没有任何工具可以返回火星。当结束对这个部落的采访时，火星人及其后代再三表示，希望地球人不要干涉他们的生活，只要没有外人骚扰，他们将永远在地球上生活下去。"[18]

这一发现和报道非常逼真、可信。有"火星人"在地球上生活着。可是真有这样的事吗？假如这些科学家的发现和这家报纸的报道是真的，那么它就不是件猎奇的事件了，它导致对人类、对宇宙生命都要重新评估，还要重新建立一套有关宇宙生命的知识体系。令人不解的是，地球上发现了这么大的事，科学界特别是人类学界差不多没什么反应，这种状况就使人对这等报道不得不引起本能的反应和怀疑。

4. 人类是外星人与母猿杂交的后代

这种说法日渐增多，我选了两种例子，应该是比较典型的。

美国学者苏拉米·莫莱以"破译"《圣经》著称，他在《破译〈圣经〉续集》中这样写道："天体物理学家圣·费里德堆伊尔因发现碳原子和氧原子的共振而获得声望。他与其同事计算了生命所必需的所有蛋白质可能在某个偶然事件上形成的可能性后说：'这是一种小得不着边际的可能性，即使整个宇宙由汤构成的也不行'。因此他认为，生命可能起源于这个地球，以世俗的生命理论中也不能够得出关于生物进化的解释，需要地球以外的基因来驱动这个进化过程。而柯尔得则声称，生命一定是由一个垂死的文明世界用宇宙飞船送到这里的，且恰好首先是送来了遗传物质。"[19]也就是说生命起源于地球是不可能的，生命基因的唯一来源只能是来自外星球，而且这个外星球已进入消亡阶段，文明的外星人将他们的生命基因送到地球上来，在地球上延续。"1988年法国人类学家诺贝德博士在巴黎的一次记者招待会上宣布说，在8000年前，外星人同地球人的祖先进行了交配，至今约有一半人类是外星人的后裔。"[20]他还具体描述了外星人后裔的特征：绿色和淡褐色眼珠，优美的面容，较长的脚趾，头发金红，反应敏捷等。言之凿凿，如真的一般。

另有一种说法认为："最初的人类根本就没有我们今天所认为的那种'人类父亲'。人类的'父亲'可能就是外星人。而所谓的'母亲'实际上就是地上的母猿。因此，人一方面作为物质生命体，具有动物性的欲求和局限；另一方面，作为精神生命体又具有一种潜在的特异能力。"[21]这一说法实际说了两个问题：第一，人类是外星人与母猿交合后的后裔；第二，人类的"母系时代"就是"母猿时代"，人类根本就没有地球"父亲"。

因为人类是外星人与母猿交合后的后代，所以在人类身上既有母猿遗留和遗传给的物质属性，又有外星人遗传给的精神属性，人类实际就是这两种属性的结合物。

这种说法的问题在于：既然在人类的源头上没有"父亲"，那么作为母猿的"母亲"从何而来？猿类动物是体内授精产生的，没有公猿哪来母猿？再者，把母猿作为人类的"母系氏族"时代的说法不符合人类历史的一般常识。在这个问题上，说实话，科学也是处于迷茫状态：不信，却有一些科学家说长道短；相信吧，又没有十分可靠的证据。在信与不信之间，科学干脆不明确表态，而且坚持传统的经典说法。科学的这种态度在某种情况下多少维持了自己的一些体面，但科学的这种不冷不热、不痛不痒的态度，也使自己显得非常尴尬，至少显现出地球人类目前的科学技术还很落后或是还有很大的局限性，它不可能解决面对的一切问题，回答人们提出的一切疑难。

五、多元说

这是新近的现代人类起源的假说。对此，中国社会科学院院士吴汝康先生有一段简明扼要的论述："有两种对立的假说。一种假说是一个地区出现的最早的现代人扩布到各地，代替当地人而成为现代各人种，这是单一地区起源说。另一种假说是本地区的现代人由本地区的早期智人以至直立人连续进化而来，各地区之间有基因交流，这是多地区起源说。这两种假说，过去主要是在少数古人类学家之间争论，一般认为这两方面的资料很少，很难得出肯定的结论。""1987年，情况突然改变了……"吴老先生说的"情况突然改变了"，指的就是分子生物学的最新研究成果。"美国加州大学伯克莱分校的生物化学家艾伦·威尔逊教授通过对世界许多妇女线粒体DNA的研究指出，今天的人类大约都与20万年前的一位妇女有关。这个女性生活在肯尼亚和埃塞俄比亚交界的大湖地区。而且他还指出，她和今人之间相隔约1200代。法国分子生物学家热拉尔·吕科在寻找人类男祖，以研究男性系列继承下来的Y染色体，也得出了跟威尔逊同样的结论，即'亚当'和他的新娘'夏娃'一样生活在约20万年前的东非。"这就是当代学界比较流行的"夏娃论"和"亚当说"，也就是人类起源于单一地区的假设的进一步印证。"然而美国伊利诺斯大学和密执安大学的科学家对此种看法提出了异议。他们认为，现代人的确进化自非洲的一个部落，但其进化过程并非是20万年前，而至少是100万年。他们说，如果夏娃之说可以成立的话，那么世界上一切与夏娃无关的人类祖先就都已绝种了。但从对古人类化石的分析结果看，事实并

图12 各地拍摄到的UFO照片

非如此。科学家们在对100万年前的古人类化石研究后发现，它们的特征与亚洲现代人极其相似，这就意味着今天的非洲人是百万年前亚洲祖先的后裔。"⑧与此相呼应，"美国亚特兰大市默立大学遗传学家华莱士，通过对全球800名妇女血液中的遗传因子DNA的分析，得出和威尔逊不同的结论说，10万年前人类的第一个始祖母出现在亚洲，而不是非洲。具体地点在东北部和中部。"⑨综上所述，单一地区说的科学根据就是生物化学和遗传学在人类起源问题上的参与和研究，让古今人类共有的女性线粒体DNA引出的一条"阳光大道"。但是，这一科学的方法还不完善，首先，20万年前的这位女性始祖究竟是生活在非洲还是亚洲，目前仍在争论之中，不能确定；其次，古人类始祖出现的时间是20万年（14万年至29万年的平均数）还是100万年前，也还没有明确下来；再次，"夏娃说"认为那位非洲始祖母带着她的后代扩散到世界各大洲，她们没有和当地土著居民进行遗传交流，直接取代了当地的土著居民。这个"取代"的过程也是个科学论证的难题，"夏娃"们是如何"取代"了当地土著居民的？单一起源说也难以回答。至于"区域起源说"或多元起源说，虽也是一种假说，但在同一地区发现的人类各时期化石没有连续性，数量也很少，多元论面临的最大困难就是缺少证据。所以，迄今为止的现代人类起源多元说也还处在建立各自的理论阵地阶段，有这种假说，但还找不到确凿的事实证据。

注释：

① 根据2005年6月18日中央电视台10频道"走近科学"栏目报道，神话专家孟繁仁经过20多年的研究，证明"女娲补天"并非虚无缥缈的虚构之事，女娲实有其人。他在河北、山西等地区进行多次实地考察，发现了女娲庙、女娲氏居住的山洞以及当地人崇拜女娲的风俗。据孟先生的研究，女娲氏是母系氏族时候的民族领袖，她补的"天"其实就是她的子民们居住的山洞。因为自然灾害，山洞被震裂，女娲用石灰泥弥补了山洞的裂缝。至于炼五彩石，就是炼当地的彩色石头。到了东汉时，女娲氏补天的故事在《淮南子》里记录了下来。孟先生认为，女娲氏的传说到东汉时用文学的手法写出来，自然有了很多想象和夸张的成分。其实"天"字下边是一个叉开腿伸展两臂的"人"；"人"上一横就是"天"。而女娲补的"天"就是把洞的裂缝夸张了。之后，据地质学家进一步考察，认为古人说的"天塌地裂"就是指地震和陨石对地球的撞击。地质学家们在女娲传说地区找到了一些陨石坑，证明了这一说法。他们共同的结论是：神话是历史的影子，实有其人，而非纯粹虚构。

② 高强明编著：《人类之谜》，甘肃科学技术出版社，2005年

③《新旧约全书》，中国基督教协会，1989年

④⑤⑥ 恩斯特·海克尔著：《宇宙之谜》，山西人民出版社，2005年

⑦ 达尔文著：《物种起源》，商务印书馆，1997年

⑧ 达尔文著：《人类的由来》，商务印书馆，1983年

⑨⑩⑮⑯⑰⑱㉓㉕同②⑪ 扬言主编：《世界五千年神秘总集》，西苑出版社，2000年

⑫⑬⑭ 王彤贤 刘晓梅著：《宇宙之谜》，京华出版社，2005年

⑲⑳ 苏米拉·莫莱著：《破译〈圣经〉续集》，中国言实出版社，2002年

㉑ 候书森编著：《古老的密码》，中国城市出版社，1999年

㉒㉔ 扬东雄主编：《智者的思想》，国防大学出版社，2002年

第二章
历史与人类起源假说的局限

> 历史学科的缺陷——二维空间的学科——三方面的缺陷与不足／历史学科结构性不合理／科学假说的回避——科学技术的有限性——进化论的缺环难以弥补——达尔文回避了什么／真理的隐与显

从人类起源的诸多假说中，我们不难看出这样一个事实：迄今为止的地球人类，对自身的起源还不能确定和最后确认："神创论"统治人们2000多年，"进化论"取而代之，"进化论"的提出还不足200年，又有"海洋说"、"亚当夏娃论"等假说相继诞生，虽然后起者还没有取代"进化论"的历史地位，但是我们可以感觉到"进化论"岌岌可危的困难境地。

是什么因素导致了人类起源假说的不确定性呢？从当前决定社会行为的一些主要因素看，那就是政治、经济、科技、军事等。在现今人类生活的领域中，政治是一种不可忽视的强制力量，人类的和睦、社会的安定等问题，都与政治直接相关。但从科学研究的角度论，政治只能给创造性的研究活动提供一种环境，或是提供相应的制度保证，它与研究本身没有多大关系。除政治因素外，就是经济的因素。经济在人类生活中无疑也是一种强大的物质力量，但在科研领域中，经济的主要作用是提供后勤支援，提供研究的设备，它与研究本身似乎没有直接的关系。科技呢？它在人类生活中表现为一种综合的文明与进步，是人类文明的一种标志，它与人类起源的假说有着一定的亲缘关系，而且这种"亲和"的力度越来越显明，比如"夏娃论"就是生物化学与遗传科学的直接结果，但目前的科技也还不能彻底解决这个问题。至于军事，与我们讨论的这个话题就更加遥远了。

如此说来，还有什么因素能成为人类认识史上的障碍呢？深思再三，得出一个连我自己也不太乐意接受的结论，那就是：历史与科学的缺陷与局限。前者说明，迄今为止的历史学科与科学是不完善的，有很多缺陷和不足；后者是说，因为前者的缺陷与不足，极大地限制和影响了历史学科与科学本身的进步。

人类起源的问题本身就是人类文明史上的一大难题，多少世纪以来有多少科学家在试图攻破这个难题，可是人类的文明史已经有数千年了，这个难题至今仍是个难题，虽然各种假说不断出现。

 宇宙·智慧·文明 大起源

既然如此，我们不从人类共有的这个"难题"出发解决问题，为什么要把责任推给历史学科和科学本身呢？下面，我们从两方面来讨论一下这个问题。

一、历史学科的缺陷

历史既然是一门专门的科学，它会有什么缺陷呢？提出这样的问题是比较容易的，然而我们关注的是提出这个问题的具体理由。

最主要的理由有三个：

理由之一：迄今的历史学科只是狭小的二维空间的科学。这一点我们仅从"历史"这个名称本身就可以看出它的端倪来。

我们知道，"历史"二字不是汉语的创造。在中国古代，"历"和"史"是分开用的，它们的所指不同，所能也不同。汉代许慎著的《说文解字》中说："历，过也，传也。"葛剑雄等著《历史学是什么》解释说："'过'是指空间上的移动，'传'则表示时间上的移动。"① 实际上，"历"的原始意义就是用来"确定年月，确定季节"，是"历法"的意思。《大戴礼记·曾子天圆》说："圣人慎守日月之数，以察星辰之行，以序四时之顺逆，谓之历。"② 实际上，"历"者就是"经历"、"经过"，记录年月日和节气的书。"史"呢？在甲骨文中就有。它的最早的含义就是一种特殊的官职，比如"史官"就是。许慎在《说文解字》中说："史，记事者也，从又持中。中，正也。"《字源》说："光光的一竖像一条棍，字典当它一个部首用，也就读作棍。

棍子穿过一个圆圈或是方形的中心就成中央的中，也有穿过一口的，那是史所执的中。"③ 史"即保持中正的态度用右手纪事。"④ 看得出，在中国古代，"历"是观察天象、记录年月日和节气的书；"史"是记录、保管各种文书档案的史职的官员，它们本不是一个职，也不具有相同的意思。至到20世纪初，梁启超等人从日本引进了"历史"这个名称，从此，"历史"就成了记录和研究人类过去生活的专指。主要包括：过去曾发生的事；对过去事实的记载；历史学科。

为什么说，"历史"这个名称本身只具有二维空间学科的特性呢？一方面，"历"代表了曾"经历过"的时间，是纵向的延伸；另一方面，"史"体现的是当时的相对空间，是"事"的横扩面；这两方面结合成一体，就是"长"与"宽"，或"纵"与"横"的结合体，它们只能代表二维空间的两个项，所以历史也就是只具备二维空间的学科。

理由之二：迄今的历史学科至少有三方面的缺陷和不足。

第一，限定性。按现有地球人类习惯的说法，历史首先是个线性的时间段。这个时间段的划分标准就是从有文字记载开始算起，以此为据。西方的文明史就有六千多年，中国的古文明号称五千年。这六千多年和五千年就是地球人类有文字记载的"历史"，我们也把它习惯地称之为"信史"，也就是可以信赖的人类文明史。"历史"或"信史"之

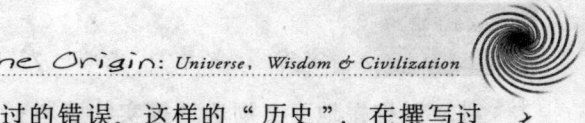

前的人类生活史，我们不称为"历史"，而称之为"史前史"。一般来说，"史前史"是没有文字记载的人类生活史，它不仅不能进入人类的"信史"，也不能称它为人类的"文明史"。这个限定或划分的缺陷在哪儿呢？在于人类"历史"的有始和有始之前的模糊史、乃至无史。人类"历史"既然是"有始"的，为什么还要探讨史前史？"有始"以来的"历史"划分就把"历史"限定在了非常狭小的"历史"文献中，我们称之为"历史"的东西实际就是文献考证史。举个例子说："历史"就像一团数量有限的胶泥，你可以把它塑造成英雄，可以捏成无数的小人儿，甚至还可以从那团胶泥中发现和考证出不同于其他常规成分的物质因素，但无论怎样塑造、怎么考证和发现，胶泥（历史）的数量是有限的，它的构成也是有限的。所以我把现行的"历史"科学称之为文献史和文献考证史。凡是在古文献中多少有些记载的，无论它真实与否，我们一概相信；凡是文献中没有依据，但在民间有传说，有神话故事，我们一概按"荒谬"或虚构处之，不予理睬。"历史"科学的这种划分和限定是否是一种严肃的学科缺陷呢？我认为是这样。因为一方面，所谓的"历史"在古国时代实际就是帝王将相的政治史、家庭史，"历史"是为他们服务的。所谓的"以史为鉴"者，就说"历史"是为政治服务的，它起到鉴别、镜照的作用，以便使帝王贵族们不再重犯古人犯过的错误。这样的"历史"，在撰写过程中是有严格选择的，凡与帝王贵族们较有利的都取之、保留之，反之则弃之。不仅如此。在各国的古史中都存在种族歧视和民族间的褒贬问题，如中国古史中的"南蛮北狄"等。总之，各国各民族的古史都是单一民族的政治史或家庭史，把这样的"历史"再用时间框定起来，"历史"的天地就狭窄了，差不多就成了一种"小圈子"里的学问。

第二，偶然性或盲目性。

目前的"历史"无疑是一种变相的文献史，它的单一性和局限性束缚了史家们开放性研究的可能性；于是，作为"历史"学科孪生兄弟的考古学诞生了。

考古学自古有之。古时的考古只是在现成的器物、金文和遗址等方面做文章，没有将探索的手伸进地层深处去挖掘。19世纪以后，以现代科技手段为依托的考古学真正诞生了。准确地说，19世纪只是现代考古学的奠基世纪。20世纪考古学进入发展的黄金阶段。出现了一些重大的考古发现。国外的诸如死海发现的《旧约全书》古卷本；埃及图坦卡蒙墓的发现；阿尔卑斯冰冻人的发现；玛雅象形文字的出土；拉斯科洞穴壁画的发现等等。中国的考古学是从20世纪的初叶开始，由安特生等国外的早期考古学家引进，经历将近100年的发展，也有很多重大发现，诸如河南安阳遗址、陕西兵马俑、四川的三星堆文化等等。

现代考古学是以"历史"文献为基

宇宙·智慧·文明

础，以挖掘地下文物遗址等实物资料研究人类历史，可以说是对于限定死的"历史"学科是个最有力的助手。不仅如此，"历史"学科在"史前史"的研究中"寸步难行"，然而考古学却弥补了"历史"学科的这一不足。它挖掘出很多史前遗物，以此为依托研究人类在史前的历史文化和生活状况。在这一点上，考古学发挥了它最显著的学科优势，加之考古学借助的都是现代科学中的尖端技术，在测量、识别和深层的综合开发技术方面更加优越于"历史"学科。所以现代考古学的发展前景应该比"历史"学有优势，甚至可以远远超越"历史"学科，成为综合历史学的主导部分。

尽管如此，刚刚起步不久的考古学仍然存在许多不足，比如考古学所依赖的碳-14技术，自从1949年由美国芝加哥大学的威法拉·利比发明以来，有了很多改进，但它测量的年代弹性依然很大。目前，我们的考古测定通常使用碳-14测定法，但碳-14测定法很不稳定，年代越远差距也就越大。在人类化石测定方面有的误差达到几万年或几十万年。例如元谋猿人170－100万年，相差70万年；蓝田猿人115－75万年，相差40万年。还有，关于人类起源的研究时间并不算长。在20世纪初叶的时候，一些学者认为，人类大约出现在4000年以前，后来经过考古发掘，把这个年代逐渐高移1万年、2.5万年，结果定为4万年。再往后，美国的考古学家又提出10万年说，现在又提出450万年说。这种大动荡的本身也说明一些问题。

目前的考古学在测定年代技术方面存在这样的不足，除此还有两个方面也是考古这一学科先天性的缺陷。一个是它的盲目性或偶然性，也就是说，考古发掘的工作有些是有目标的，比如古都的遗址、墓葬等，都是有文献记载，考古学家们有大致的区位目标，然后进行发掘；更多的古遗址、故物的发现并没有明确目标，有很多遗址和墓葬都是在挖地、修房子、拆迁时偶然发现的，有些是发洪水冲出来的。考古工作中大量存在的这种偶然性给考古工作本身带来了很大的盲目，恰如一首古诗说的那样："踏破铁鞋无觅处，得来全不费功夫。"考古工作就有这样的特点，这特点同时也是考古发掘的缺陷，或是先天性不足。

第二个缺陷和不足是"以偏赅全"。比如在某地偶然发现了一片人骨化石，或猿类化石，这一化石就可以成为这一地区若干万年人类或猿类存在的证据。比如考古发现了拉玛古猿化石，就把人类进化的上限确定为1000万年以前，从古猿进化到能人用了400－150万年左右时间，能人进化到距今150万年－20万年左右成了直立人，类人猿进化到距今20万年－5万年成了早期智人，早期智人进化到距今5万年－2.5万年成了晚期智人等等。人类由古猿进化而来的这个过程，实际就是人类形成的传统模式，而在这个传统模式的每一个环节中都存在一个证据不足或化石缺失的问题。为什么证据不足？因为化石数量太少，为什么有些环节的化石缺失呢？因为迄今还没有这方面的发现。既然考古发现的化石量太少，有些环节的化石还缺失，为什么人类由猿到人的这个模式形成了呢？这个问题，除了有"理论先行"的嫌疑外，最主要的原因就是"以偏赅全"、"以一当十"，先把人类演变进化的理论框架搞出来，证据慢慢再发掘、再考证、再发现。考古学界面对如此重大的责任愁肠满腹，不知从何弥补这些缺陷和不足。而古生物学家、古人类学家以及古史研究者们早已画出了人类演变进化的草图，他们就等着新的考古成果，特别在以上环节中缺失和不足的那些方面，只要有新发现，他们的草图就变成实在了，古史的工作和古人类的研究也就完满了。可惜在很多时候，这种"等待"就像"等待戈多"一样，是一种无望的企盼。

第三，平面化。前文已经论及，目前我们的"历史"只是一种二维空间的学科，二维空间是最基本的也最富平面化的一种空间，在这样一个有限的空间里进行长时段的"起源"研究，特别是没有其他学科做参照的古史研究，我想这样研究出来的成果跟它本身的空间一样，既狭小又有限。比如我们古代的天文学，是以地球为中心建立起来的，最古的宇宙学说就成了"地心说"，后来，人类思维的视点超越了地球，上升到太阳系了，相应地就产生了"日心说"；再后，

人类对"日心说"也不满足了，把思维的触觉延伸到了宇宙深处，这样就产生了现代天文学上的"无中心说"。人类认识宇宙的这个过程就是不断超越平面，不断调整人类视野的过程，假如没有这种调整，我们的目光仍然紧紧盯在地球的演变上，那我们就不会有现在这么辉煌的收获。

探索宇宙世界如此，探索人类起源的历史也应该如此。假定我们把人类起源的假说锁定在地球生物的这个层面上，那么我们得到的只能是地球生物发展中人类这个支系的演变和进化。最早的"神创说"是因为当时的科学不发达，这一点我们可以理解；后来建立了"人类是由

图13 世界各地出现的千姿百态的麦田圈。研究表明，这些图案都不是地球人类所为，是大自然的恶作剧，或是外星智慧生物所为。

041

 宇宙·智慧·文明 大起源

猿猴演变而成"的假说，这一假说如一股清风，吹散了千余年来"神创说"的迷雾，为人类的起源建立起了一个新的视点；进化论之后，出现了"海洋说"、"多元说"乃至"外星说"。前两种假说仍然没有摆脱地球生物圈，仍然在地球生物的演变进化中寻找新的空间；唯独"外星说"打破了人类数千年以来的思维模式，第一次把人类起源的探测器伸进了地球之外的宇宙深处。从科学的角度论，这种开放的思维和研究方向对不对呢？当然是没有疑问的。然而在实际的探索和研究中，把人类的起源延伸到地球之外的宇宙星系中的做法，传统和经典是不予理睬的。这说明了什么？说明人类在长期的探索中形成的平面化思维是非常顽固、非常稳定的，你要加强它的厚度，延续它的长度，传统和经典都会非常喜欢。一定也有很多的同行们来捧你的场；假如你要否定这种平面化的传统思维，甚至超越这种平面化，那你无疑就会遭到四面八方的冷眼，没有人会理睬你。这就再清楚不过地表明，人类太渺小了，人类的思维空间和探索的视野同样狭小得可怜，加之人类恪守传统、崇尚经典的特征，要改变根深蒂固的平面化思维方式谈何容易！

理由之三：历史学科的结构不合理。

这个理由与现行"历史"学科的平面化倾向有关。我们知道，最早的历史并不是单纯记载人事、保存文献的学科，最早的历史中内容很庞杂，哲学、医学、农牧业、手工业、艺术、经济、文化应有尽有，是原始文化的一种混沌状；后来，随着科学的发展和社会的进步，原生的混沌状历史开始分化，各学科都从历史中分离出来，成为独立的体系，历史的"血肉"逐渐被抽空，以至历史也成为一个专门的学科。原生历史的这种瓦解过程，实际就是社会进步的过程，文明程度不断提高的过程，也是学科建设不断走向精细的过程。对于历史发展的演变的这个过程，我们并没有吹毛求疵之意，然而历史学科越单一、越专业，就越会走向平面化，以致失去承载其他学科的能力。历史学科的这种演变过程，其最终将导致历史学科自身的结构失去平衡，其中包括它以往可以容纳的学科结构、自身的智能结构以及指导它的思维结构。这些方面的不平衡就使以后的"历史"越往前走其前景越狭窄，乃至走进"历史"自己设定的死胡同里，不能回头。

这种可能性难道不真实吗？我们只要稍稍看一眼目前的历史书就可知一斑。民族史方面的书，我们每年不知要出版多少本，但是新颖独特的有几本？大都是一些重复之作；国家史书更是畅销，但你所看到的国家史书中有多少不重复的内容呢？再看世界史的书，汗牛充栋，数不胜数，但这类书除了版式设计、印刷、纸张的不同，除了名称和叙述格调的不同，在内容方面究竟有多少新鲜的东西？一句话，目前出版在市场上流行的大多的

史书都是千篇一律，似乎这些书已经走到了它们的尽头，除了重复再没有多少新的内容。这样的"历史"状况怎能不引起我们的忧虑呢？

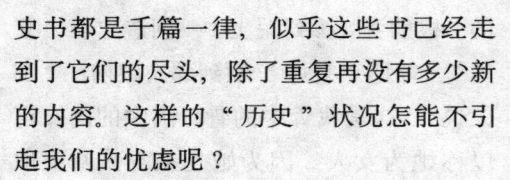

所以，历史学科的结构问题，应该引起我们的注意和足够的重视，这是历史本身的需要，也是我们所企盼的。

二、科学假说的回避

科学是研究自然、研究人类社会和思维发展规律的知识体系，它的基础是人们的生产生活实践，它的知识体系是对人们的社会实践经验的概括和总结。千百万年来，人们在生产着、生活着、实践着，科学也在不断地总结着人们的经验，不断充实着自己的知识体系，不断提高着人类的文明水平。实践与科学伴随着人类进步的脚步，相互依托，互相促进，奏响人类文明的凯歌。

科学技术不仅在人们的社会实践中具有举足轻重的核心作用，在研究人类自身起源的过程中，也是一支不可忽视的中坚力量。

还在古代的时候，由于社会生产力水平低下，人们在研究人类起源时，总是以畅想式的思想内涵取胜，或是以宗教假说为宗，科学技术在这一研究过程中的作用不是很明显的。比如在"神创说"的年代，一切事物都是神创造的，人也是神创造的，除了神谁还有能力创造这一切呢？包括当时非常幼弱的科学也是无能为力的。在这种状态下，科技屈服于思想，而思想的内涵高于一切。随着科学技术的长足发展，人们对"神创说"提出了诸多质疑。首先打破这一认识僵局的是天文学。"大约在公元140年，古希腊著名天文学家托密勒在总结前人天文学说的基础上，提出了'地球中心说'，认为地球是宇宙的中心，太阳、月亮、行星和恒星都围绕地球运转。在后来的1000多年中，托密勒的地球中心说一直在欧洲占统治地位。到16世纪，波兰天文学家哥白尼经过40多年的辛勤研究，于1543年提出了'日心说'，认为太阳是宇宙的中心，地球和其他行星都围绕太阳运转。他把宇宙的中心从地球搬到了太阳，把人类居住的地球降低到了普通的行星地位。从而开始把自然科学从神学中解放出来，并且动摇了神权对于人类的统治。""1584年，意大利哲学家布鲁诺在伦敦出版的《论无限宇宙和世界》一书，十分明确地提出了宇宙无限的理论。他指出：'宇宙是无限大的，其中的各个世界是无数的。'他认为，在任何一个方向上，都展开着无穷无尽的空间，任何一种形状的天空都是不存在的。任何的宇宙中心都是不存在的。""随着天文学的发展，人们通过望远镜观测发现，太阳系的直径是120亿公里，地球同整个太阳系比较，不过是沧海之一粟；银河系拥有1500亿颗恒星和大量星云，直径约10万光年，厚约1万光年。太阳系同它比较也不过是沧海之一粟，总星系已经发现的星系有10亿个以上，距离我们有几十亿光年到100多亿光年。银河系

043

 宇宙·智慧·文明 大起源

同其相比较也好比是沧海中的一颗'沙粒'。目前,大型天文望远镜已能观测到100多亿光年以外的天体,但是还远没有发现宇宙的边沿。因此,多数天文学家认为宇宙是无限的,是没有边界和没有中心的。"⑥天文学认识上的这个曲折过程,实际就是以思想内涵取胜的宗教思想与逐渐成熟起来的天文学科技进行的一次较量,经过2000多年的漫长"战役",科学终于战胜了宗教,人们终于看到了一个清晰的宇宙世界。今天的人们已经知晓,地球不再是宇宙的中心,太阳系也不再是宇宙的中心,比之浩大无边的宇宙世界,地球只是在宇宙中飘浮的一粒尘埃,实在是微不足道。

和天文学的曲折发展一样,在人类起源的认识方面,经历了同样曲折的发展过程。我在前文中已经介绍了人类起源的各种假设,如果我们把这些假说按出现的时序和假说中的科学内涵分个类的话,人类在自身起源的认识方面大致经历了两个大的发展阶段:

第一个阶段为神学认识阶段。这个阶段始于各种神话传说,特别像《圣经》这样具有完善思想体系的宗教起到了主体和主导作用。《圣经》认为,我们生活的这个地球、星辰是神创造的,地球上的一切无机物和有机物都是神创造的。人自然也是神创造的。神在创造人的时候,先是按上帝的形象创造了"亚当",神看着"亚当"一个人孤单、寂寞、无助,就乘"亚当"睡着的时候,取下他的一根肋骨,掺到泥土中,创造出了"夏娃"。神把"夏娃"领到那人跟前。"那人说:'这是我骨中的骨,肉中的肉,可以称她为女人。因为她是从男人身上取出来的。'因此,人要离开父母,与妻子连合二人成为一体。"⑥人类自从神的创造中诞生以后,就开始了人类苦难的历程:亚当和夏娃被安置在伊甸园,受蛇的引诱偷吃了禁果,开启了人类智慧,神因此而惩罚了人类,用洪水将人类文明毁灭殆尽,只留下诺亚这个"义人",造方舟躲过了死难,等洪水退去,诺亚重新开始建立新生活,生了很多孩子,诺亚把他的孩子们疏散到世界各地。现在的人类,就是诺亚的孩子们的后裔。《圣经》编排的人类起源犹如一个漫长的传奇故事,有板有眼,有根有据,1000多年中是西方人确信无疑的事实,也是西方文化发展中位居灵魂的东西。

除《圣经》中影响颇巨的"神创说"之外,在东方各民族中也有自己民族坚信不移的"创世记"。汉族有盘古氏开天辟地、女娲氏抟土造人的神话传说;即使像土族这样的少数民族也有他自己民族的创世神话;在《土族格萨尔·阿布朗创世记》中说:天神派同样具有神性的"阿布朗"到世上来创造人类及其生活,他通过"梦"和龙部落的三个女儿生了好多孩子,然后把这些孩子疏散开去,各自建立自己的生活基地,如此一代代地繁衍生息,就有了人类及其人类的生活,等等。⑦

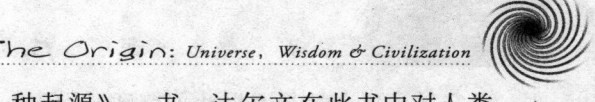

总之，人类起源假说中的神学认识阶段是很漫长的，大致经历了将近2000年的时间。至到19世纪，"进化论"诞生后，人类的神学创世神话才算宣告结束。

第二阶段：现代科学认识阶段。

这个阶段的酝酿期是在18世纪，而"进化论"假说的确定是在19世纪中叶。

18世纪，瑞典的生物学家林耐，在总结前人积累材料的基础上，创立了生物分类学。林耐在给动物分类时，把人和猿作了比较，发现人和猿都有二心目、二心室，都是胎生，都有两对门牙，胸部都有一对乳房。人与猿的这种惊人相似性，使他毫不犹豫地将人、猿、猴归入一目，名曰灵长类，即都是灵敏的高等哺乳动物。林耐的人、猿同类的划分为之后的进化论奠定了科学的思想基础。

19世纪初，法国博物学家拉马克提出了由猿变人的理论。他假设，由于猿类生活条件的变化，它们下到地面寻找食物，必须用前肢摘取食物，用后肢直立行走，久而久之，手足这种分工就确定下来，渐渐进化成一种新的物种，最后演变成原始人。

林耐的人、猿同类论和拉马克的由猿变人，成为18世纪至19世纪初进化论思想的有力基石，它不仅第一次打破了"上帝造人"的宗教神学假说，而且为进化论学说的最终成形铺平了道路。

继拉马克的《动物学哲学》之后，1859年，英国生物学家达尔文发表了《物种起源》一书。达尔文在此书中对人类起源只提到一句："人类的起源和历史也将由此得到许多启示。"当时，古生物学家赫胥黎立刻响应达尔文的"启示"，集中搜集和研究了前人发现的人类头骨化石，找到从猿到人的桥梁，继而提出：人类"是和猿类由同一个祖先分支而来。"⑧ 1871年，达尔文的《人类起源与性的选择》出版，它不仅阐述了人、猿同祖的进化理论，而且具体指出人类是在新生代第三纪末由冰河时期高度发展的类人猿进化而来。从此确立了人猿同祖的进化学说，成为人类起源假说中现代科学认识阶段的一座里程碑。

达尔文之后的100多年间，现代自然科学得到突飞猛进的发展，科学探索人类起源的现代科技也有了新的突破。从大的方面说，主要有两项技术值得高度关注：一个是碳-14测定法；另一个是人类基因工程的排序。

"C14是一种活跃的放射性同位素，产生于大气之中，能够被植物的光合作用所吸收，并通过食物链传递到动物身上。因此，几乎所有有机物中都包含有C14。有机体死亡以后，它就开始以一个稳定的速率进行衰减，每5730年减少一半。因为活着的有机物中的C14一直可以得到补充，数量始终是恒定的。所以，C14技术就为确定古代遗址中的有机物的年代提供了一个十分可靠的分子钟。"⑨

与C14测定技术晚50年出现的人类基因图谱，是研究人类起源方面的又一

 宇宙·智慧·文明 大起源

大突破。"人类基因组计划首席科学家、美国国家人类基因组研究所所长弗朗西斯·柯林斯博士2003年4月14日在美国华盛顿隆重宣布,人类基因组序列图绘制成功,人类基因组计划的所有目标全部实现。由美、英、日、法、德、中六国科学家经过13年的努力,共同绘制完成了人类基因组序列图,在人类揭示生命奥秘,认识自我的漫漫长路上又迈出了重要一步……因为人类基因组计划中国协调人杨焕明说,基因组序列图首先在分子层面上为人类提供了一份生命'说明书',不仅奠定了人类认识自我的基石,推动了生命和医学科学的革命性进展,而且会为人类的健康带来了福音。"⑧上世纪80年代,美国科学家就是通过研究世界各种族女性的遗传物质DNA,提出了人类的一个共同老祖母是在20万年前生活在非洲的结论。之后,相近的结论不断问世,这就是目前在人类起源方面比较流行的"夏娃说"。

尽管如此,在科学认识人类起源方面仍然显得"心有余而力不足"。科学在人类生活的这个环境中似乎已经达到了登峰造极的地步,但面对人类史前的无限黑暗,面对人类未来的不可预测,特别是面对宇宙生物由此进化而来这些重大的课题,目前,地球人类的科学技术还是很落后、很软弱的,至少它还不能很好地解决人类面临的这些重大课题,科学探索的脚步还处在"初试锋芒"的试探阶段。究其原因,我想主要有三个方面:一方面,目前人类的科学技术还不发达,还没有足够的技术能力来解决一些人类共同面临的重大课题。另一方面,人类现有的科技能力,在某些领域非常先进,某些层面上科技向实用方面的转化比较突出,但现有科技的综合利用程度不够,科技向星外神秘世界的延伸和探试就更是"纸上谈兵"了。第三个方面,自然太博大了,宇宙太浩瀚了,而生息在宇宙"尘埃"(地球)上的人类又太渺小,太微不足道,和无边无际的宇宙世界几乎没有可比性。在这种状态下,即使人类的科学比现在发达十倍、百倍,也无法解开人类史前生活的黑暗迷雾,无法正确地揭示出人类起源的奥秘。这即是科技能力尚很薄弱的有力证据之一。

正因为如此,目前的地球人类在研究和探索人类自身的起源,犹如探索宇宙世界的浩瀚无边、高深莫测,总是留下一些科学探试中的遗憾,包括科学自身的缺陷和科学家的有意"回避"。

那么,在目前人类探索自身起源的假说中有些什么不足和缺陷呢?还在"历史"的初期,人类社会的生产力低下,科技水平不高,出现长期统治人类思想的"神创说"也是情有可愿的;如今人类的科学技术水平相对发展了很多,很多技术在古代是没有的,在这样强势的科学研究条件下还会有什么不足或缺陷呢?我的这种说法是否有点"鸡蛋里挑骨头"的嫌疑,自己无能,还嫌别人做的不好?凡此种种的疑问吧,肯定会提出不少,但我还是要郑重地说:科学的人类进化假

说仍然存在不少漏洞，它回答不了一些关键的问题。所以说，人类是"由猿进化而来"的进化学说依然不可足信。

理由何在？主要有以下几点：

1. 地球人类的科学技术是有限的。

我们知道，人类的科学技术是建立在广泛的社会实践和实践总结出的经验基础之上的，科学的作用一方面将它总结、概括、抽象，形成自己特有的知识体系；另一方面将这些成果转换成实际应运中的实用技术。人类从最早的石器开始，逐渐发明、创造和完善了科学的知识体系，但是我们要说，人类迄今的科学知识体系仅仅是数千年的人类社会实践经验的总结，它只适应于相应的社会形态和生产发展水平，没有可能超越人类当时的社会发展水平。关于这一点，我们可举一些自然科学家的遗憾来说明。

《自然科学之谜》一书中载："俄罗斯《共青团真理报》刊登了斯韦特兰娜·哈卜利茨卡娅、斯韦塔·库金娜的文章，认为在20世纪以来，三个看来不可动摇的科学理论——关于生命的起源、人的来源和爱因斯坦的相对论——越来越受到质疑。一些科学家认为，人是从猴子变来的和光速无法超越的说法站不住脚。"[①] 为什么呢？我们可以做些具体分析。

先说爱因斯坦留给我们的遗憾。

爱因斯坦是家喻户晓的大科学家，他"因对光电效应的解释，而获得诺贝尔物理学奖"。但我们都知道，他在宇宙学方面也创造出了光辉的篇章。

要说爱因斯坦留下的遗憾，我们还得从他创立的"静态宇宙模型"谈起。"宇宙学原理还认为，三维空间的均匀各向同性是在任何时刻都保持的，爱因斯坦觉得其中最简单的情况就是静态宇宙，也就是说，不随时间变化的宇宙。这样的宇宙只要在某一时刻均匀各项同性，就永远保持均匀各向同性。爱因斯坦试图在三维空间均匀各向同性，且不随时间变化的前提下，求解广义相对论的场方程。场方程非常复杂，而且需要知道初始条件（宇宙最初的情况）和边界条件（宇宙边缘处的情况）才能求解。本来，解这样的方程是非常困难的事情，但是爱因斯坦非常聪明，他设想宇宙是有限无边的，没有边自然就不需要边界条件。他又设想宇宙是静态的，现在和过去都一样，初始条件也就不需要了。再加上对称性的限制（要求三维空间均匀各向同性），场方程就变得好解多了。但还是得不出结果。反复思考后，爱因斯坦终于明白了求不出解的原因：广义相对论可以看作是万有引力定律的推广，只包含'吸引效应'，不包含'排斥效应'。而维持一个不随时间变化的宇宙，必须有排斥效应和吸引效应相平行才行。这就是说，从广义相对论场方程不可能得出'静态'宇宙。要想得出静态宇宙，必须修改场方程。于是，他在方程中设了一个'排斥项'，叫做宇宙项。这样，爱因斯坦终于算出一个静态的、均匀各向同性的、有限无边的宇宙模型。"[②] 在这个时候，

047

宇宙·智慧·文明

爱因斯坦应该是非常自信的。可是随着河外星系"红移"的发现，爱因斯坦精心设计的静态宇宙模型很快被否定。为此，爱因斯坦一再宣布放弃"宇宙常数"项，自己也非常愧疚地称这是他"一生中最大的错误。"

爱因斯坦的聪明是无可挑剔的，他把非常复杂的问题简单化了，而且处理得也还满意。但是在爱因斯坦的大智慧的深暗处，他似乎巧妙地回避了什么。比如宇宙的"边界"问题，他设想是"有限无边"的，"边界"这一复杂的问题就被轻易地放过了；宇宙又因是"静态"的，"初始条件"也就放行不论了。但是要求解"静态宇宙模型"的方程，仅有"吸力"是不行的，他就加进去一个对立面"斥力"，这样就使宇宙的力场达到了某种平衡，宇宙就以"静态"的模型建立起来了。然而爱因斯坦的聪明毕竟是一种地球人类有限的聪明，毕竟是一种人为的因素所致，它与不断"膨胀"中的宇宙模型是相背的，这就使爱因斯坦遗憾终生。

诸如此类的遗憾和迷茫，在科学巨匠牛顿身上也发生过。牛顿是一位卓越的物理学家、数学家、天文学家和神学家。在他之前，"由伽利略开始的工作，至牛顿集其大成。牛顿证明：物体靠相互吸引而运动的假说已足以解释太阳系中一切庄严的运动。结果，就形成了物理学上的第一次大综合，虽然牛顿自己也指出万有引力的原因仍然不得而知"。⑬牛顿发现了"万有引力"，但他不知道这种"引力"的来源，所以他从一个神学家的角度借助"上帝的第一推动力"⑭让宇宙星体们运动起来，这就是发生在"科学巨匠"牛顿身上的迷茫。

"协同学"的创始人赫夫曼·哈肯说："常常是个别的伟大发明家和科学家改变了世界面貌。爱因斯坦在本世纪创立的相对论，完全改变了我们对空间和时间的概念。而海森堡和薛定谔建立的量子理论，则为我们展示了原子世界的全新图景。克里克和沃森发明双螺旋体是遗传信息的载体。研究者和有抱负的科学家沉没在各种研究刊物的浪涛中。我们被来自各方的新知识和新发现的洪流所淹没。全世界每天有17000种书籍和文章问世。乍看起来科学像是一种静止和完备的东西，而更仔细地观察，就会发现它出于难以置信的运动之中，或更明确地说，处于进化之中，处于不断前进的状态之中。"⑮

哈肯的意思是说，科学在表面上是现出一种静止和完备的假象来，让人们坚定不移地相信它，实际上，在科学知识的生产过程中，科学是极不确定的因素，所以他才说是处在进化和前进状态之中的。一方面，知识的更新和科学的试验和验证使科学知识体系本身处在"不安定"的运动状态之中；另一方面，不确定因素不仅在科学领域中经常发生，即使在日常生活中也是普遍存在着的。美国密歇根大学的博士、教授亨利·N.波

拉克著有一本书，叫做《不确定的科学与不确定的世界》，就是专门论述不确定因素的。所以无论在科学界还是在日常生活中，产生不确定因素是一种正常状态，它既是人类进步的一种标志，也是地球人类思维受到"地球引力"和某种限制的具体表现。从这个角度理解达尔文，理解爱因斯坦以及他们的理论缺陷和某种"回避"，就容易接受了。

2. 进化论的缺环难以弥补。

大科学家牛顿发现了万有引力，但他不知道这力从何而来，为什么会产生这样的力，无奈之机，只好求助上帝的力量；爱因斯坦以他的聪明才智解决了宇宙的"初始"问题、"边界"问题，但他不能让宇宙呈现静态，只好加上排斥的"宇宙常数"项，这样在他的宇宙学说中宇宙的"静态模型"才得以形成，但很遗憾，它与宇宙的实际不符，当哈勃望远镜发现了星系"红移"后，他的"静态宇宙模型"就被否定了。牛顿和爱因斯坦是世界顶尖的大科学家，他们在拥有重大发现的同时也拥有不可避免的失误和遗憾，这似乎是一种天意，一种无奈，实际上它恰巧又是人的局限和科学的有限。

牛顿和爱因斯坦如此，作为进化论领军人物的达尔文又如何呢？下面让我们再看看他的具体情况。

达尔文提出的以自然选择为基础的生物进化论学说，主要有以下论点：

（1）认为生物最初从非生物发展而来，现代生存的各种生物，都有着共同的祖先，在进化过程中，通过变异遗传和自然选择，生物从低级到高级，从简单到复杂，种类由少到多，这是生命起源和对生物分化，形成的基本观点。

（2）自然界的动、植物都具有很强的繁殖力，但其数量总是保持相对稳定。达尔文认为，这是生物进行激烈的生存斗争的结果。每一种动物，为了繁殖和生存，为了争取食、光线和空间，为了抵御外来侵略，必须进行生存斗争。在斗争中取胜者，就拥有了繁殖和生存的机会，斗争中失败者就被无情地淘汰。物种就是在这种生存斗争中进行自然选择，经过物种变异的有效积累，逐渐形成新的物种，实现生物的进化。这就是自然选择，适者生存、不适者淘汰的生存原理。

（3）生物进化的基本规律如是，人作为高级进化的哺乳动物，和所有其他哺乳动物一样都起源于一个共同的祖先，而哺乳动物同其他脊椎动物在生物的谱系上也源于一个更为古老的共同祖先。正因如此，人与灵长类的猿猴有许多共同点，人类就是从一支灭绝了的古猿进化而来。对于达尔文的这一观点，赫胥黎赞赏道："人类起源于猿猴，是达尔文主义必须得出的结论，对人类的起源不可能再有其他科学的解释。"⑯ 按照达尔文的这一结论，古人类学家们就将从猿到人的进化历程排列了出来：

古猿，人类的直接祖先，迄今有两支古猿化石，一支是生活在距今约1000万年前的拉玛古猿；另一支是距今约400

 宇宙·智慧·文明 大起源

多万年的南方古猿；古猿从400万年前进化到距今150万年前，形成了"能人"，称之为"能人"阶段；能人进化到距今20万年前，出现了直立人。直立人进化到距今5万年前，形成早期智人；早期智人进化到距今2.5万年前就成了晚期智人；晚期智人就已成为现代人类的雏形，也就是历史意义上的"原始人"。

这是从古猿进化到现代人类的一个传统模式，也就是按照达尔文的演绎结论和考古发现排列出来的。从理论的角度看，这个排列是完美无缺的，从1000万年前的古猿到现代人类的形成，一路看来，无懈可击；但是从达尔文之后的考古发现和科学论证看，由猿变人的这一结论似乎又不能成立，至少在这个排列中有一些严重的缺失，至今无法弥补。

从以上的进化排列中我们知道，由猿到人的进化大概经历了五个大的发展阶段：古猿——能人——直立人——早期智人——晚期智人。其中前两个阶段的化石已有，恰巧少了中间环节的化石，即类人猿的化石无法找到。关于这个环节的缺失，不仅是现代诸多科学家提出质疑，就连"狂热"的达尔文主义者赫胥黎也有所发觉。"现在，社会中的大多数人都已自然地接受了达尔文在其《物种进化论》中提出的观点，即一切物种都是进化中生存发展的，人类则是由猿猴转化而来的，根据英国生物学家赫胥黎的发现，人在由猿类的进化过程中，有一个缺环，那就是在人与猿之间，有一个类人猿的过渡阶段。但是，从现在的考古成果看，尚没有找到这方面的有力证据。"⑰

"日本人类学家认为，按照传统进化论的模式，人类进化的顺序是：猿——类人猿——猿人——类猿人——人。在这个进化的长链中，缺了重要的一环——类猿人。这段时间约20万年。英国人类学家则进一步认为，从古猿到猿人这中间缺了重要的一环，即类人猿，这个缺环时间竟长达400万年。这些缺环意味着什么呢？意味着从猿到人的学说存在缺陷。中国学者胡优莘就明确指出，猿类同人类相比，无论是体质特点、生理特点、智力特点，还是与同类中内部相互关系的特点，两者之间的差距都十分遥远。人类不可能直接源于猿类，中间必有其他动物。所以，至多只能说两者有亲缘关系。美国学者威廉·阿尔曼等也指出，人类祖先是猿的说法是片面的。人类的祖先应是与猿有重大区别的另一种直立行走动物。

科学家们无论怎样论说和评价，化石缺环的问题依然像东非大裂谷一样横挡在我们面前。对此我们不能仅听理论家的假说，不能盲目地迎合科学技术，应该看事实。"⑱

以研究神秘文化著称的李卫东博士，在他的著述中有一段相关的统计和论说，我们不妨再看看他的说法。

"关于古人类化石证据的有限，不需要我做统计，学者们早有详细统计和论述。'1995年初，中国科学院古人类

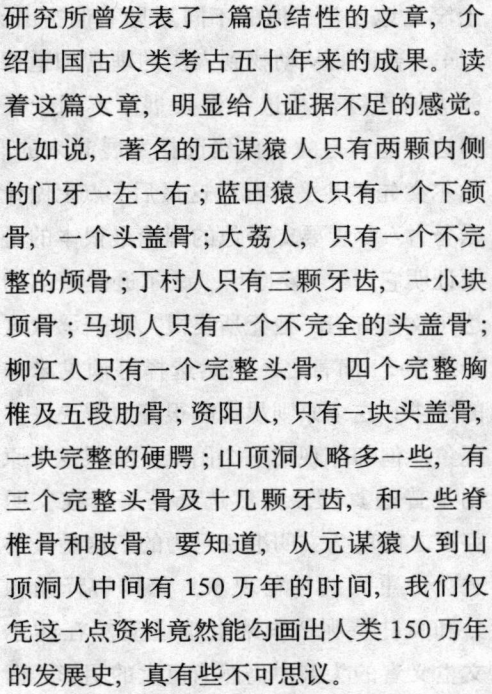

研究所曾发表了一篇总结性的文章，介绍中国古人类考古五十年来的成果。读着这篇文章，明显给人证据不足的感觉。比如说，著名的元谋猿人只有两颗内侧的门牙一左一右；蓝田猿人只有一个下颌骨、一个头盖骨；大荔人，只有一个不完整的颅骨；丁村人只有三颗牙齿，一小块顶骨；马坝人只有一个不完全的头盖骨；柳江人只有一个完整头骨、四个完整胸椎及五段肋骨；资阳人，只有一块头盖骨、一块完整的硬腭；山顶洞人略多一些，有三个完整头骨及十几颗牙齿，和一些脊椎骨和肢骨。要知道，从元谋猿人到山顶洞人中间有150万年的时间，我们仅凭这一点资料竟然能勾画出人类150万年的发展史，真有些不可思议。

"国外的古人类研究同样存在这个问题。《化石》杂志1995年第一期曾报道，埃塞俄比亚的斯亚贝巴举行了一次记者招待会。会上科学家展示了大约450万年前人类祖先的化石，命名为南方古猿。其证据：头骨后部一小块，耳骨和牙齿的一些碎片。1856年，德迪赛尔多夫城附近的尼安德特河谷的一个山洞里，人们发现一块不完整的前骨和几根腿骨化石，从此，尼安德特人就成了早期智人的代名词，虽然后来又有少量发现，但证据仍不充分。

"事实上，关于人类进化体系中化石的不完整，早在19世纪英国的赫胥黎就曾指出过，人类不能直接从猿进化而来，中间存在一个巨大的化石空白区。

至今的考古也同样证实，从所谓的新人之后有四万年的化石空白，这四万多年里，进化中的猿迁到另一个星球上去进化了吗？实际上，不但是人类，几乎所有的生物都没有进化中期的化石，为解决这种尴尬，科学家们只好提出'突变学说'，即生物的进化不是逐渐完成的，而是在一个特定的情况下突然发生的。但这也是假说，而且更没有证据。"[19]李博士的这一番考察和述说难道还不够清楚吗？人类进化理论的基础就是建立在这样薄弱的一些零星化石碎片上，而且它们还不完全是人类的化石，是猿类的化石，这说明什么问题呢？前面是古猿化石，后面是现代人类中间出现一道巨大的鸿沟，把前后两部分截然隔离开；这就好比在两山之间要搭一座桥，桥还没搭建起来，我们说两山之间的道路已经畅通无阻了。这样的假说能成立吗？它只能是一种虚拟的假设，并非可信的现实。

3. 达尔文"回避"了什么？

"达尔文并不是把人类交换挑选出来单独地加以省略。他的省略包括了对普遍进化论来说还要重要得多的问题。生命的起源，准确的人类祖先，还有（最主要的是）人类的智力。这些问题全部被达尔文有意识地回避了，并不是因为他的疏忽或缺乏兴趣。应该指出的是，直到今天，这些问题还没有完全解决。"[20]

也就是说，达尔文发现了生物进化的一般规律，但他把这种生物进化的一般性规律套用到人类进化方面来，试图

宇宙·智慧·文明 大起源

证明生物进化过程中的"连续性"和"共同性",从他出版《人类的由来》一书到现在,他是达到了预期的目的。但是达尔文最致命的理论缺陷却是他"有意地"回避了人类智力的来源和精神进化的问题。作为人类学研究划时代的课题,他对人类只作了生物解剖学方面的研究,回避了最为本质的智力进化,这就使达尔文的人类进化学说很难令人信服。

对此,达尔文在《人类的由来》一书中也强调:"这部著作唯一的目标就是考虑,首先,人类是否像其他物种一样,是从某种先在的形式起源的。"哈伊姆·奥菲克评论道:"达尔文在选择主题和论述时,显然是要试图建立和发展从动物到人的进化连续性的思想。达尔文似乎竭尽全力地表明,人类特征还没有特殊到他的某些细节或痕迹在动物身上看不到的地步。为了说明这一点……与动物的显著区别就是人没有尾巴,然而,那些与人类最接近的类人猿,也没有这个器官,这个器官的消失不只关系到人类。的确,《人类的由来》一书在处理人类进化的问题时,重点放在解剖学和性别选择上,在这两个领域中,人们能容易看到人类与动物的共同特点。其次,强调的是道德感和情感,尤其是情感的表达,集中在伴随这些精神现象的本能和神经生理学过程,而不是集中在认知的含义上……达尔文对人类精神进化的研究最起码给一个人留下了印象,他不是别人,正是他忠实的合作者,自然选择的共同发现者华莱士本人。华莱士罕见地发泄了他的不同意见。他指出:'……要证明从动物到人类的理智和道德能力的连续性和进步性发展,不同于证明这些能力是凭借自然选择发展起来的;达尔文先生几乎没有在这最后一点上做什么努力,尽管要支援他的理论最根本的是要证明它。'"爱德华、威尔逊是著名的达尔文研究者,他无所畏惧,公开承认这个困难:'简言之,自然选择可预见未来的需求。这个原则尽管能很好地解决许多现象,但却体现出一个困难。如果这个原则是普遍真理,自然选择是怎样在文明存在之前就为文明准备智力的?这是人类进化中重大的神秘现象,怎样解释微积分和莫扎特呢?华莱士难道显然在达尔文主义者的头脑中仍然有巨大的阴影,也许仅次于化石记录的断代,在当代人研究人类进化中,它是遗留下来的最重要的谜团之一。'"㉑

相信和膜拜进化论,但不清楚进化论究竟解决了人类起源中的什么问题,特别是那些关键问题,这既是地球人类盲目崇拜"科学"的悲哀,也是达尔文主义者们必然的失败的原因。换句话说,若想证明进化论的正确,必须首先要科学解释史前文明存在的原因,解释人类智慧的起源与地球动物为什么没有智慧的原因,关于这一点,达尔文的进化论无能为力,至少在目前是这样。达尔文为什么要回避人类起源中的这些关键性问题,进化论为什么受到越来越多的质疑和挑战?原因也就在这里。

三、真理的隐与显

从历史学科的设置，缺失到自然科学的局限，我们似乎悟出了这样一个道理：真理不是大路上随便就能捡到的石子，也不是聪明人们必然收获到的智慧的果实；真理之所以是真理，最根本的原因是它万分地腼腆，不轻易抛头露面，总是躲躲藏藏，和幼稚天真的地球人类玩着"捉迷藏"。正如古罗马哲学家马可·奥勒留·安东尼在他的《沉思录》中所说的那样："每一个灵魂都不由自主地偏离真理。"地球上即便有很多的智慧，但他们对于真理的身影还是不曾见过，"仁者见仁，智者见智"，每个人都有自己的一套真理观，这就是我们现在的真实状况。

假如宇宙起源的真理或人类起源的真理是A，那么迄今为止的地球人类认识到的真理是B或C，甚至是W或X，根本没接近A。请看下图：

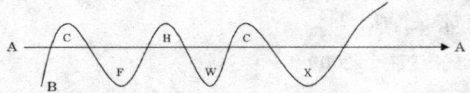

从这个简单的示意图中我们不难看出，A是客观存在的，而且在天地间也只有一个A，但我们地球人类的认识曲线性地发展，总是接近不了A。比如古希腊的科学家认为地球是宇宙的中心，哥白尼认为太阳是宇宙的中心，爱因斯坦通过严密的计算，宇宙是动态的，但他要把动态的宇宙变为"静态"的宇宙，加上了他后悔终生的"宇宙常数"等等。都在围绕着A进行思考，但他们思考的结果并非A。在人类学中也一样，世界各民族都有关于人类起源的传统，包括西方的宗教在内，有说人是泥土创造的等等。进化论却认为人类是从低级动物中演化而来；还有前述的"海洋说"、"外星说"等等。五千年的人类历史证明，人类在不间断地、一代接一代地探求真理，试图接近真理，然而至尊却也很"狡猾"的真理，总是闪烁其身，不让地球人类看见它的真面貌。

那么，人类经历数千年的探求，为什么总是接近不了真理，总是和真理擦肩而过呢？我简单梳理了一下，大致有这样几个原因：

1. 相关经验和知识积累不足。比如没有世界各民族广泛流传的传说，就不会有宗教的"神创说"，同样，如果没有生物学方面的突破，也不会有进化论的诞生等等。相关知识的有效积累达到一定丰度之后，才会出现新的技术和思想进步，这是无疑的。但这种积累和突破不一定能接近真理，或它们本身就是真理，这即是原因之一。

2. 科学文明水平不高，发现不了很多奥秘。比如在没有遗传学之前，人的生成是很神秘的，因而各种传统和神话都可以产生，并取得人们广泛的信任；在没有天文望远镜的时候，天体、星云和宇宙的状况人们一无所知，所以神也同样可以造出一个浩瀚的宇宙世界来。

科技文明的水平越低，人类离真理的距离就会越远。

3. 由于传统思想观念的影响，人们无法超越已知的世界。比如爱因斯坦的"错误"就是最典型的例证。本该是一个动态的变化着的宇宙世界，他一定要让它"静"下来。这种"静"的思想就是源自传统思想，爱因斯坦虽然聪明绝顶，但也未能摆脱传统思想的无形约束和影响。

4. 刻板、僵化和世俗味十足的学术风气，限制或阻碍了人们接近真理的可能性。这一点无论在发达国家还是落后地区，表现的都一样。凡是有主流思想或权威人士在世，否定它或超越他的新思想就受到极力的压制，至少是不让这种新颖的思想轻易面世。历史上很多先进的超前思想，往往经过数百年之后，才被后来的人们重新"发现"，原因就在于这种刻板、僵化和世俗味十足的学术氛围在阻止有思想的人接近真理，认为已有的就是真理，不需要再发现新的真理。

直到今天，这种败坏至极的学术氛围，还在世界各地十分流行。

5. 从以上的几条原因中我们就知道了人类的极其渺小和宇宙世界的无限博大。因为宇宙世界的无限博大，使我们极想得到的 A 真理藏匿不见；又因为人类自身的极其渺小和人类世俗生活的观念太重，即使真理 A 从我们头顶飞过，或是被某人发现，我们的社会和历史都会毫无觉察，甚至把真理当作谬谈来嘲笑。

因此，可以毫不客气地说，无论什么时候，只要以上的诸多原因存在着，地球人类接近并获得真理的可能性就极小。人类的这种进步和缺陷是源自人类自身，在以后的论述中我还会多次谈论到这个话题。

注释：

①②④ 葛剑雄　周筱赟著：《历史学是什么》，北京大学出版社，2002 年

③ 约斋编著：《字源》，上海书店影印出版社，1986 年

⑤⑥⑦ 恩斯特·海克尔著：《宇宙之谜》，山西人民出版社，2005 年

⑧ 达尔文：《物种起源》，商务印书馆，1997 年

⑨ 中国文物报社编：《大考古》，济南出版社，2004 年

⑩ 王玉仓著：《科学技术史》，中国人民大学出版社，2004 年

⑪ 车纪坤　李斯编著：《自然科学之谜》，京华出版社，2005 年

⑫ 王彤贤　刘晓梅编著：《宇宙之谜》，京华出版社，2005 年

⑬ W.C. 丹皮尔著：《科学史》，广西师范大学出版社，2003 年

⑭ H.S. 塞耶编：《牛顿自然哲学著作选》，上海人民出版社，1974 年

⑮⑯ 赫尔曼·哈肯著：《协同学》，上海译文出版社，2001 年

⑰ 苏米拉·莫莱著：《破译〈圣经〉续集》，中国言实出版社，2002 年

⑱ 高强明编著：《人类之谜》，甘肃科学技术出版社，2005 年

⑲ 李卫东著：《人有两套生命系统》，青海人民出版社，1997 年

⑳㉑ 哈作姆·奥菲克著：《第二天性》，中国社会科学出版社，2004 年

第三章
进化论留给我们的疑问和思考

进论论的试验证明问题／"退化器官"问题／由猿到人的中间环节／恐龙绝灭和猿猴保留的问题／"夏娃"理论／"自然选择"与"生存竞争"／牙齿与智慧的关系／进化论"议案"

人类的"历史"是有局限的历史，人类进化的学说是有所回避的学说，它们共同反映出来的一个带有倾向性的问题即是人的局限性。人从人自身的生活状态看，特别是人与动物的对比中评价人自身，那可以说人是非常了不起的，是天底下最聪明最厉害的高级智慧生物；假如人把自己的视角调整一下，站在月球上看人类，那他就一定会说：哦，渺小的人类啊，你究竟藏身何处，我只看见蔚蓝色的地球，为什么就看不见你们呢？假如把人的视角再移远一点，移到银河系的某一个星球上，到那时，他就会茫茫然对天发问：天哪，你说的人类是生活在宇宙的哪一个星球上？仅仅我们的银河系就有上亿颗恒星，我们需要多少光年才能找到他们生活的那个星球的踪影呢？虽然这也是一种假想，但它可以说明一点，那就是：我们人类在自身看来是非常伟大的，但在宇宙中却微不足道。

也许是人类天生的这种有限性，他在他的一切文明活动和价值创造中也是有局限的，比如论述人类起源的进化论学说就给我们留下了这样深刻的印象和疑问。

一、未经"试验"的科学假说

对于人是由猿猴变来的这个观点，"达尔文主义的反对者们认为，这种理论没有得到试验论证。谁都一次也没有观察到一种生物是如何突变为另一种生物的，常常有人辩护说：一种生物演变成另一种生物是一个漫长的过程，需要数十万年或数百万年。但是，如果没有证据的话，理论终归是一种理论。许多年来，科学家一直在寻找达尔文所描述的介于猴子和人之间的一种'中间'物质。目前发现了大量动植物化石，但没有发现这种'中间链环'。经过仔细研究后发现，所找到的介于猴子和人之间的'中间'形式并不是这种'中间链环'。如所谓的'非洲南方古猿'和'腊玛古猿'，是已知种类的猴子，爪哇人就根本不存在，尼安德特人是普通的人。"[①]

问题1：如果找不到横亘在人与猿之间的这个"中间"物种，是否可以说，迄今发现的"古人类"化石全部是古猿的化石？也就是古代动物化石呢？

很显然，考古学家们依照达尔文的进化理论在寻找人类最早的祖先化石，这是"理论先行"的典例。一般来说，任何理论都是建立在大量的感性材料基础之上的。达尔文的《物种起源》主要研究生物进化的一般规律，而《人类的由来》是在这一理论基础上"试"着进行的一项"试验性"很强的理论探索，这是达尔文自己的意思。也就是说，达尔文把生物进化的一般性规律拿来套在人类起源的个案研究上进行的一次"试验"。仅从生物进化角度说，这一"试验"应该是成功的，但人类不是一般生物，人类是生界最富智慧、最具创造力的高级智慧生物，他在生理结构上可能与其他动物有相似性，但他在意识、智慧、语言、创造力等精神方面绝不可和其他动物相提并论。这一点既是达尔文和达尔文主义的难点，也是这一理论假说难以成立的根本原因。假如不是这样的话，我们完全可以按照达尔文的观点，进一步深化和推广他的理论，既然猿猴能演变成人类，那么苍蝇能变成蝴蝶吗？前者的理论已经存在着，后者的创生理论能否再演变出来？

问题2：一般的生物进化和人类进化本属两个不同的范畴。达尔文先出版的《物种起源》是一般的生物进化论，在拉马克等人的感召下，又出版了《人类的由来》。达尔文出版第二部著作的事实，是否暗示着一般的生物进化和人类的进化是两回事？

二、"退化器官"的问题

进化论的另一个理由是"人有退化了的器官"，"退化了的器官"在达尔文的著述中称之为"残留器官"。达尔文指出："高等动物的一切物种都有某些结构表现着一些残留的状态，不在身体的这一部分，就在身体的那一部分，例外是没有的，人也不在这条之外……残留的器官，有的是绝对的没有什么用处的，例如雄性四足动物的乳房，又如反刍动物中从来不发展到穿破牙龈的门牙"等。达尔文还列举了人的"额角上用来伸展双眉的那条肌肉"、"用来挥动耳朵的一条引起身体表面的肌肉"、"男人身上的短毛"和"女人身上的茸毛"、"在文明比较发达的一些人的种族里，看到尽头的那几只臼齿或智齿"、消化道的"盲肠阑尾"、"尾骨"及其相连的"几节脊椎"、生殖系统的男性"前列腺"等。达尔文认为，这些人体残留器官的存在，一个原因是"废而不用"，所以也就"不用则废"，既然是废的，为什么还要继续存在下去呢？达尔文说："残留之所以存在，一般要凭借遗传，那就是说，凭借一性所取得的一些部分或结构，通过遗传，被局部的，或在较差的程度上，分移到了另一性的身上。"②

了解达尔文的这些论述，我觉得都

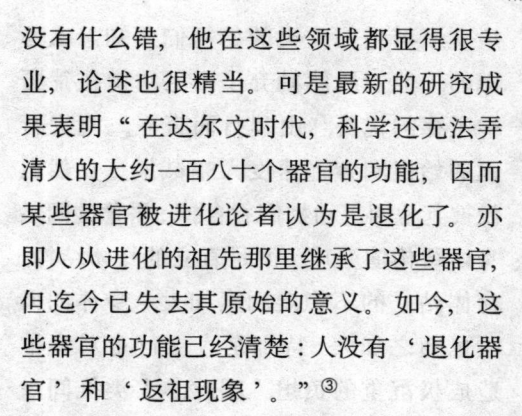

没有什么错，他在这些领域都显得很专业，论述也很精当。可是最新的研究成果表明"在达尔文时代，科学还无法弄清人的大约一百八十个器官的功能，因而某些器官被进化论者认为是退化了。亦即人从进化的祖先那里继承了这些器官，但迄今已失去其原始的意义。如今，这些器官的功能已经清楚：人没有'退化器官'和'返祖现象'。"③

问题3：既然人的某些器官是由"退化"演变而来的，那么这种"退化"就应该继续进行下去，不应该中途终止；为什么像尾骨这样的"退化"器官却中途终止了而不继续"退化"下去呢？这种"退化"到一定时候突然终止"退化"的原理是什么？

的确，科学的力量是无穷的，只要它证明了什么。比如有学者说，人的最小的脚趾是"退化"的对象，包括人的最末端的一对短肋骨。按照这种"退化"和"残留"的理论，凡是人身上短小、薄弱的器官或肌肉都是"多余"的，"废而不用"的，都将面临着"退化"的趋势。如此看来，人的生理存在就是一个难以理解的悖论：人类从猿猴状态演变成人的状态，实际就是由甲物演变成了乙物，其变化的性质不是表面的，而是根本性的变化。由猿变成了人类，这还不够，人的生理器官还在继续"退化"。照人类在生理上的这种演变历程看，人科动物中的人类是个特例，他的生理结构是不稳定的，永远处在动态和变化之中，甚至他随时都有可能演变成乙物或丙物的可能，否则他决不会从猿猴状态演变成人类的。对此状态，有学者解释说："人是从古猿进化而来的，人的体质形态在进化过程中发生很大的变化。但发展成现代人后，形态结构已经基本上定型，变化就很小，如身高有微小的增加，牙齿的数目在减少……现代人的进化，主要表现在体外进化和精神进化两方面。"④既然如此，我们要问：是什么力量改变了猿猴的生理结构而变成了人？又是什么力量使"变化很大"的进化征程稳定了下来，转而变成了"精神"方面的进化？还有由猿变成的人类，如果出现某种变化条件，下一步他将会变成什么样的生物？

问题4：从进化论的角度看，人类是个极不稳定极富变化的生物种群。由猿到人是人类质变的第一步；下一步人类由人会变成什么生物呢？

三、从猿到人的几个环节

按照经典人类学的说法，人类在由猿到人的转变过程中，大致经历了这样几个重要环节，它们对人类的最终形成起到了关键作用。

1）直立行走。"从世界范围看，直立人在20多万年前到170万年前的漫长时代里，体质特征变化不是很明显，而在距今20到30万年这段时间里，形态上更为进步的人类开始突然出现，这至少说明人类的演化并非匀速。这种进化在生物学上称为间断平衡，即一个物种在很长时间里形态相当稳定，然后在很

短时间里突然向前迈进了一大步。这种进化轨迹像是阶梯而非斜坡。"⑤ 这段文摘说明两个问题：A.直立人在将近150万年的漫长时间里体质变化不大；B.到了距今20至30万年时形体出现突然变化。这种长期不变和突然改变是什么特别因素导致的呢？有人特别地说，它是生物学上的一种"间断平衡"的理论而已。

问题5：仅凭古猿的几颗牙齿或一个头盖碎片就能确定人类体质的变化吗？而且古猿在近期因"突变"而直立起来的这个"突变"具体指什么？

另外，根据研究，人类的始祖从四足爬行到直立行走也是付出了惨重代价的。四足动物的优势就在于爬行，那样它们有速度、有利于用前爪捕食，平稳的身体结构对脊椎没有任何压力，因而四足爬行动物几乎不存在椎间盘突出这类

疾病。可是，人类的始祖们不知怎么考虑的，他们居然抛弃了四足动物在荒野中生存的优势，由爬行而直立。直立行走的始祖们奔跑速度大幅减缓，竟然也没被其他四足动物们吞食掉；平稳的四足身体结构演变成了两足直立的身体结构，身体站立的不稳定因素加大，身体的风险也随之加大；特别是直立行走对脊椎造成极沉重的负担，因此，人类椎间盘突出之类疾病频频上身。人类的始祖们在与猛禽野兽们生活在一起的时候，智慧还没出现，他们为什么要避利而取害，削弱自己生存的能力呢？

问题6：南极的企鹅是直立行走的，澳大利亚的袋鼠也是半直立的生物，它们为什么没有因为直立而演变成其他动物？为什么解放了的双手没有学会劳动？

按照生物自然进化的学说，这又是什么看不见的力量改变了他们的形体，导致了猿类变异的历程呢？

传统的解释，主要有两个因素，一个是气候因素，另一个是劳动。果真是这两个因素导致了人类始祖的直立行走吗？我们具体再做些分析。

关于气候因素，有一个"东边的故事"。我们不妨听听这个"故事"的具体内容。

"许多科学家相信人类的起源地在非洲，他们努力在非洲寻找使猿类直立的环境变迁因素。查理德·利基等人类学家讲述过一段发生在非洲的'东边的故事'。1500万年前，非洲大陆东部下

自绘图04 进化中的人类

面的地壳沿着红海经过今天的埃塞俄比亚、肯尼亚、坦桑尼亚等一线裂开，结果使埃塞俄比亚和肯尼亚的陆地隆起，形成海拔270米以上的大高地。过去从西到东的一致性气流被破坏了，隆起的高地以东成为少雨的地区，连续的森林覆盖断裂成一片片树林，形成一种片林、疏林和灌木地镶嵌的环境。1200万年前，持续的地质构造力量使这里的环境发生进一步变化，形成从北到南的一条大裂谷，构成一道阻碍动物群东西交往的屏障，并促进了富于镶嵌的生态环境的发展。这种变化对人和猿分道扬镳的进化是关键性的。西部的猿继续在湿润的树丛环境中过着舒适的日子，东部的猿则要在开阔的恶劣环境中寻找新生活，后者大部分灭绝，少数幸运地得到一种新的适应，它们的后裔成功地走进石器时代，并把这段'东边的故事'一直演绎到辉煌的地球文明。"⑥我对科学家们演绎出来的这个"东边的故事"感到不可思议。同一物种，因为环境条件发生了微妙的变化，一部分保持原貌，另一部分却变成了新的物种，这可能吗？假如有这种可能的话，诸如此类的"故事"，我们完全可以在现代人为的试验条件下对猿类进行一番试验，让同一群猴子分成两部分，让它们自然地演化，看它们之中能变出什么怪物来，是否还可以演变出不同于现代人的新人类来呢？

问题7：按照"东边的故事"这种说法，只要气候变冷，变得艰苦，就能迫使同属同种的动物们都能直立起来。想必人类的始祖们不是纯一色的物种生活在一起，肯定还有相近或别类的物种和它们共同生活在一个大环境中的。可是，只有人类的始祖们直立了起来，其他灵长类的旁系祖先们为什么就没能直立起来呢？比如今天的猴子和黑猩猩们还如以前爬行寻食，这是为什么？

关于劳动，辞书中是这样定义的：人们使用工具改造自然物使之适合自己需要的有目的的活动。劳动专属于人类，是人类区别于其他动物的本质特征，是人类社会存在和发展的最基本条件。⑦这个定义出现在现代人的书本中是没有什么错，但是在人猿还未分离的时候，人祖也还没变成人，它们照样是猿类动物，它们是怎么学会现代人类定义的"劳动"的？它们当时的那种活动或行为也能算作"劳动"吗？假如可以算的话，"西边"的猿类们没有工具，"东边"的猿类们哪来的工具？是谁送给它们的工具？

换个角度或方式说，我们把"劳动"定义为广、狭两种类型。狭义的劳动应该是现代人类有意识、有工具、有目的的活动，这无需细论；广义的劳动除人类之外的一切生物都应该具备。比如走兽觅食，飞禽筑巢，虫类制造陷阱等，这些活动都需要付出体力，遵循一定的"技术"规则，即使它们的这些活动完全靠本能完成，也应该有它们各自的"目的性"，否则它们就不可能生存和繁衍下去。假如这种广义的"劳动"论成立，至少

宇宙·智慧·文明 大起源

灵长类动物都拥有这样的"劳动"能力。可是为什么，作为人祖的"东边"的猿通过这种广义的"劳动"直立了起来，和人祖同源同根的"西边"的猿们就没有在这种"劳动"中直立起来呢？

问题8：劳动使猿直立了起来，劳动是人猿分道扬镳的分水岭，甚至"劳动创造了人本身"，这些命题是否存在着巨大的逻辑漏洞？是否需要进一步深化和阐述？

2）毛的退化。

古猿身上原有的毛发是怎么退化了的？有人说，古猿从"东边的故事"中就自行拔去了身上的毛，变成了没毛的人类的；也有人说，古猿大面积地脱毛与使用火有关；也有学者说，人类头上的毛发保留下来的主要原因是有狮子般的雄性气质，易受到女性的青睐等等。

说实话，原始人类的"脱毛"是个非常浩大的工程。像现代人类，想脱去脸上的毛，只要摸些药水就可以脱了，女性爱美，想脱去身上的汗毛也不是难事，美容院之类地方就可以解决。可是在原始人时代，既没高科技，也没什么药水药膏之类，要整齐划一地脱去身上的毛发谈何容易，那是绝对不可能的。仅凭有些学者所说的"拔掉身上的毛"就变成了人类，有这么简单吗？第一，原始的祖先还处在猿的阶段，它们拔了身上的毛怎么过冬？特别是它们为什么要拔去自己身上的毛？是什么力量迫使拔去它们身上的毛？第二，拔了身上的毛就可以遗传一个无毛无发的人吗？它从身上除去毛发，可从遗传物质中又怎么除去毛发的基因呢？假如古猿脱毛的工程是从使用火开始，那么古猿身上的毛就应该因火而退，一根不留；可是现代人身上并不是没有一根毛，人的头发、眼毛、眉毛、胡须、腋毛、阴毛，包括不太生长的汗毛，这些毛为什么没有退去？是谁留下了这些既实用又审美的毛发？它们恰到好处地留在了该留的地方，不多不少，不偏不移，进化学说对此做何解释？

问题9：灵长类动物有很多种，唯有人类始祖一支脱去了身上的毛，其他灵长类动物身上的毛为什么至今未脱？有人辩解道：人类的始祖用火之后，开始吃熟食、吃盐，这是脱毛的主要原因。其实，所有的动物都需要盐，如牛羊类食土盐，这个观点似乎不成立。另外，伴随人类的宠物都吃和人类一样的熟食，它们身上的毛为什么没有脱去的迹象？

3）面部进化。

人类面部的进化要比其他部位精细得多。首先，人类的面部是个平面的"仪器盘"：五官的形状和搭配都是在这个平面上，各得其位，各司其职。它与相近的动物面部器官比，嘴的开裂度没有动物大，牙齿没有动物多，也不比它们锐利，鼻子的嗅觉没有它们灵敏，长相却比它们好看；眼睛的视力不比它们看得远，且有夜盲现象；而且人有眼白，它们没有；耳朵没有它们大、长，听力也没有它们那么遥远。单个的比，人的五官都是"退化"

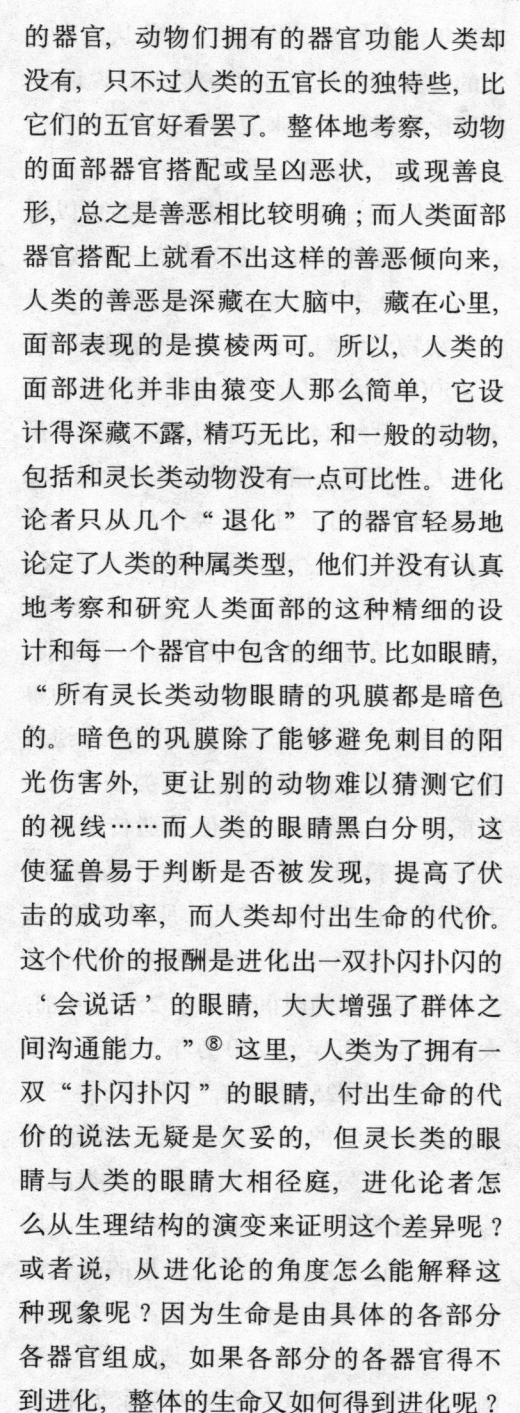

的器官，动物们拥有的器官功能人类却没有，只不过人类的五官长的独特些，比它们的五官好看罢了。整体地考察，动物的面部器官搭配或呈凶恶状，或现善良形，总之是善恶相比较明确；而人类面部器官搭配上就看不出这样的善恶倾向来，人类的善恶是深藏在大脑中，藏在心里，面部表现的是摸棱两可。所以，人类的面部进化并非由猿变人那么简单，它设计得深藏不露，精巧无比，和一般的动物，包括和灵长类动物没有一点可比性。进化论者只从几个"退化"了的器官轻易地论定了人类的种属类型，他们并没有认真地考察和研究人类面部的这种精细的设计和每一个器官中包含的细节。比如眼睛，"所有灵长类动物眼睛的巩膜都是暗色的。暗色的巩膜除了能够避免刺目的阳光伤害外，更让别的动物难以猜测它们的视线……而人类的眼睛黑白分明，这使猛兽易于判断是否被发现，提高了伏击的成功率，而人类却付出生命的代价。这个代价的报酬是进化出一双扑闪扑闪的'会说话'的眼睛，大大增强了群体之间沟通能力。"⑧这里，人类为了拥有一双"扑闪扑闪"的眼睛，付出生命的代价的说法无疑是欠妥的，但灵长类的眼睛与人类的眼睛大相径庭，进化论者怎么从生理结构的演变来证明这个差异呢？或者说，从进化论的角度怎么能解释这种现象呢？因为生命是由具体的各部分各器官组成，如果各部分的各器官得不到进化，整体的生命又如何得到进化呢？

问题10：假如进化论者能够证明人类面部的头发、眉毛、胡须不能进化，其他部位必须脱毛进化的道理，那我们也就闭口无言了。问题是：能吗？

4）语言和脑进化。

在产生语言之前，应该先有脑的进化。大脑脱离猿类动物的原始态，启开智慧，开始向人类方面转化，语言才有可能产生。人类在研究大脑方面，对化石类只能是复原它，然后注重它的容量的大小；对现代人类的大脑研究可以从解剖学的角度来认识。古今结合，认为人脑进化的主要因素有两方面：一方面是脑容量变大就显得聪明，另一方面脑的沟回多而且细腻，人就变得聪明。可是这些研究成果在肯定的同时又被无情地否定。比如以脑容量大小论，像马、象、鲸之类大型动物的脑容量比人大，应该比人聪明，但它们没有人的智慧，这就是说，脑的大小不决定聪明。那么脑的沟回多又会怎么样呢，请看李卫东博士的一段论述："随着人类脑科学的进一步发展，人类似乎终于发现了自己大脑的优秀之处，那就是人的大脑沟回多，故而聪明……可是，没过多久，科学家在无意中发现，海洋中海豚的大脑沟回一点也不比人少，甚至比人还要多。如果仅按大脑沟回的多少来评选地球动物的优秀者的话，我们相信，其结果不一定是人类，而是某一种意想不到的动物。"⑨这就是说，大脑容量大和沟回多都不是人类聪明的主要原因，那么人类的聪明是来自大脑的什么特殊物质，

宇宙·智慧·文明 大起源

抑或是大脑之外的某种物质？"终生致力于人的大脑研究的科学家诺贝尔奖获得者约翰·埃克尔思认为，达尔文的学说有严重缺陷，因为他没有解释人的意识和思维是如何产生的。另一位诺贝尔生物学奖获得者爱伦斯特·切因认为，由于偶然巧合而产生突变的发展和生存观没有任何证据，与事实也相矛盾。著名的分子生物学家匹尔克·登顿也对进化论进行了反驳……"⑩

问题11：进化论者似乎也承认，低等动物也有初步的"符号化"的意识功能，所以人的智慧的进化是在此基础上开始的。可是，动物们拥有的只是先天性的本能化了的"意识"，它与人类高度发达的智慧是不能相提并论的。人类不仅拥有高度发达的意识体系，而且拥有智慧和创造。进化论者为什么回避从猿到人的这个智慧演化从何而来的问题，专论胚胎、遗传和性选择这类一般生物进化的理论呢？

自然还有语言的进化。语言是人类用来沟通和交流思想感情的基本工具。人类不仅创造了自己的特殊语言，而且为了保留语言的精华，还创造了文字，发展了科学思想。试问：人类的语言在人类进化过程的哪个阶段产生的？是怎么产生的？它与古猿为保持种群的一致性发出的简单"信号声"有必然联系吗？根据美联社2002年8月14日报道："德国莱比锡马普人类演化研究所的科学家，从有关基因变异的分析中考证，人类是20多万年前突然开口说话的。"⑪从人类进化的角度能找到这种"突然开口说话"的理论根据和动力来源吗？

5）进化数据的荒诞性。

我们在任何一本历史书中都可以看到有关人类起源和历史文明的一些数据："在7000多万年前，出现了最早的灵长类动物，他们也正是人类所属的种群。在4000多万年以前，从灵长类中进化出了猿类；大约1400万年以前，出现了最早的人科动物—腊玛古猿；而在大约300万年以前，终于产生了人类。从此，地球的历史进入了一个崭新的阶段。"⑫又："我们发现的最早的石器证据是250万年前，最早的直立化石证据是400万年前。由于远古的化石很难保存，一般认为事件发生的年代要早于化石的时间。遗传基因证据显示，黑猩猩和人类是700万年前同一祖先的分支。但是遗传基因难以分析古猿的直立，一般估计是在700万年前到400万年前之间。所以许多人取500多万年这个数据。我们同样可以估计人类制作石器的时间要早于250万年前，大体在400万年到250万年之间，如果取中值则是325万年前。"⑬又："三年前，加州大学的科学家通过对一种特殊基因的研究发现，提出了整个人类的遗传基因均源于20万年前的一个女人，即夏娃……这意味着世界上最早的现代人都是由生活在非洲的一个小部落进化而来，后来又分散到世界各地。"⑭"美国亚特兰大市默里大学遗传学家华莱士，

通过对全球 800 名妇女血液中的遗传因子 DNA 的分析，得出和威尔逊不同的结论说，10 万年前人类的第一个女祖母出现在亚洲，而不是非洲。具体地点在东北部和中部。"⑮ 还有："人类自产生以来至今约有 50 万年，而有史时代最古者不过 8000 年，只占人类全部历史的六十分之一，其余 59 分即 49 万年的长时间无异于漫漫长夜，有史时代不过其破晓 10 余分钟而已。有史时代的史料可以说是汗牛充栋了，而史前时代却全无记载留给我们后来的人类，人类学既是全部人类史，何能不着重于这未有的 59/60 呢？"⑯

以上摘录了这么多有关历史数据的文字，目的只有一个，即这些科学数据的稳定性能和反差究竟有多大呀。我们不妨再概括一下：

灵长类动物出现在 7000 万年前—猿类出现在 4000 万年前—人科动物出现在 1400 万年前—最早的直立化石出现在 400 万年前—人类大约出现在 300 万年前—最早的化石出现在 250 万年前—夏娃女祖大约出现在 20 万年前—亚洲女祖大约出现在 10 万年前—而人类的文明最早出现在 8000 年前。

我读着这些与人类起源直接相关的数据，感觉好像在玩一种数字游戏。第一，这些数字像长有腿，随意地跳跃，一跳就是几十万年，或几百、几千万年，而且一个数据到另一个数据的悬殊也是几十万年、几百万年。凭借科学得来的数据，忽上忽下，跳跃不止，这样的跳跃怎么能叫人容忍得了呢？第二，文明史和史前史的反差有天壤之别，难以置信。从人科动物出现到现代文明，是 1400 万年至 8000 年的比例。在这个时间反差中，前者足以能使一团星云演变成星球，而作为生命的人类却成熟不了，演变不成；后者在自然中却是短暂一瞬，但人类一出现在地球上就立刻进入了高度的文明！这种大白大黑的反差现象科学能做何解释？人又怎么敢于相信？形成这种大反差的依据是什么，动力是什么？如此这样"忽悠"不定的科学，我们能给它多少信任的目光呢？

问题 12：从以上数据中我们不难看出，人类的史前史实际上是灵长类动物史或是猿猴史，而不是人类史；我们明知"此山没有虎"，为什么"偏向虎山行"呢？难道这真是地球人类的固执和狭隘吗?!

四、恐龙与猿猴的生存能力

恐龙灭绝了，猿猴为什么保留了下来？这又是一道自相矛盾的科学命题。

苏拉米·莫莱说："同时令人生疑的是，在 6400 万年前，地球上大量繁殖横行一时的恐龙突然全部灭绝了。对恐龙灭亡的原因，现代科学家认为，主要是因为地球遭到了小行星的冲击而造成地球气候突变，恐龙的生存环境遭到了极大破坏，因而灭绝。但奇怪的是，与恐龙生活在同一时期同一环境中的猿类却没有灭绝。由此看来，科学的推断是有疑问的，至少是不完善的。"⑰

 宇宙·智慧·文明 大起源

我认为也是这样。人类为了证明某种观点，圆说某种理论，东拉西扯，牵强附会的事多着哩！比如在上文中，科学找到了灭绝恐龙的原因，可又放纵了猿猴类偷生的可能；假如恐龙灭绝的原因是真实的，小小猿猴又怎能躲过这样的灭顶之灾呢？即使这样荒谬的理论，有人也还能想入非非地找到一些奇怪的理由来保护它。一位叫马尔斯的科学家说，在这次灭顶之灾发生后，猿猴们得到了外星人的保护，它们并与外星人结合创造了现代人类。类似这位科学家的这种说法荒诞不荒诞？恰在恐龙绝灭之时，外星人匆匆来到地球上保住了猿猴们，使它们免遭灭顶之灾，还和它们结合，生育出人类来。试问：外星人怎么知道地球上发生了灭顶之灾？即使知道又为什么偏偏要保护住野生的猿猴们呢？外星人就那么先进，像走村串户说来就来？既然外星人那么先进，他们为什么要和野性的猿猴们结合在一起创造出人类呢？……诸如此类的问题可以一直问下去，可是问那么多也没意思；因为恐龙灭绝和猿猴"岿然不动"这两个结论本身就是自相矛盾的，问那么多不就更显得荒诞了吗？

科学的质疑、怀疑和反驳是建立在重证据的科学思维基础之上的，不是信口雌黄，我们对它应该负责到底。一般在相对条件下，任何科学的结论都是相对的，没有绝对的事；但在一定时间内，一种科学的结论还是能站得住脚的。这就是科学的相对论。你绝对相信，不持任何怀疑态度，那可能就会走向盲目的科学崇拜甚至愚昧；但你不相信相对条件下的科学结论，也是没有道理的。人类生活在这个地球上，就像"瞎子摸象"，一点一滴地从认识事物局部开始认识事物的整体，而某一事物的整体对于更大的事物来说又是更加细微的局部。人类的认识活动就是从这种细微的局部和相对意义上的整体逐渐积累提高的，不仅步履艰难，而且任重道远。比如从"神创说"到达尔文的"进化论"应该是历史的一大进步，但从整体观念论，"神创说"只是人类起源认识中的一个小局部，进化论同样是这个认识链条上的一个小局部，即使把它们相加起来也不是人类起源的整体。假如有一天，地球人类完成了对人类起源这个整体的认识，那也没啥了不起，它对于宇宙起源以及在宇宙中的位置这个大整体来说，人类起源这个整体又成为宇宙整体中微不足道的一个小局部，甚至是看不见的一个小段落。人类的认识活动就是在这种循环中不断得到提升和发展的。所以有时候科学研究中出现一些自相矛盾的事也是难以避免，问题在于对它应该有一种科学的态度和正确的理解。

问题13：科学总是以权威的面貌出现在人类面前，在地球文明这个层面上属于正常。可是，我们从上文中得知离现实越近越具体的科学可信度越强，离现实越远的科学它的可信度就越弱，这似乎是个不成规律的规律。问题是我们的

习惯势力很强大，定势思维和惯力也不弱，一旦说出口的结论似乎就不能轻易更改，这是否也是一种科学的态度呢？

五、"夏娃"理论

"分子遗传学用于研究人类的种族来源，最先得出结论说现代人类起源于非洲。也就是尼安德特人灭绝了，北京猿人也灭绝了。欧洲人也好，亚洲人也好，都是黑人的后裔，一个变白，一个变黄，亚洲人到了美洲，又变棕。"对于人类起源于非洲说，"即便在美国，也有人类学家不同意这1000个非洲夏娃带着遗传密码到欧亚各地'播种'的观点。沃尔波夫就有一种'区域起源说'，意思是现代非洲人起源于非洲，现代欧洲人起源于欧洲，现代中国人起源于亚洲。在某种程度上基因不流动乃是人群联结起来，而基因的流动乃是通过人群之间交流的方式进行的。沃尔波夫在研究欧洲早期现代人的头骨时，没有发现非洲人的形态特征，却找到了与尼人联系的证据（大鼻子）。尼人并没有绝种，现代欧洲人便是尼人的后代。"⑱

前文其实是"一元说"和"多元说"的一个概括。在人类起源问题上，学界争论不休，传统与现代，一元与多元交织在一起，至今也还没有一个共认的说法。不过，依靠DNA检测，说人类起源于20万年前非洲的一个女祖的说法越来越多，有些学者似乎是默认了这种起源说，著述立说都以十分肯定的口气坚持这种观点。实际上我们对"夏娃"理论做一些适当的分析，也就会避免盲目崇拜的问题。

"夏娃"理论的核心是："(1)具有现代人特征的人类最早出现于非洲。(2)这批现代人向世界各地扩散，取代了各地的猿人或尼人。(3)来自非洲的现代人祖先没有和当地人类发生融合或基因交流。"⑲这也就是说，现代人类的直接祖先就是通过DNA检测确定的非洲的那个"夏娃"，她们像是些疯狂的机器人一样，把世界各地的原住人群统统赶走，杀光，只留下她们繁衍后代，现代的白种人、黄种人都是她们的后裔。这怎么可能呢？虽

自绘图05 女神时代

065

宇宙·智慧·文明 大起源

然，人体细胞的线粒体 DNA 多元性分析属新技术、新手段，但它也不是万能的，只要这种生物技术和历史结合，就把历史上遗留的一些难题扫个净光，这似乎是不可能的事。因为（1）这种高新的生物技术所涉猎的是人类共性的物质和异性物质间的比照，但在今人中这种纯粹的试验对象已经不可能有了。自从人类有了迁徙，就有了基因的交流和融合，人类的血脉已不是原始人种的那种纯粹，而是变成了混血。所以通过这种生物技术解决人类的源流问题，现在似乎还不大可能。（2）生物技术只能确定人类体内遗传的共同物质 DNA，但它不能检测出人类的历史文化和精神状态。人类在最显著的特征上是一种精神动物或文化的生物，"夏娃说"单凭一种遗传物质的检测来结论一个复杂的特别是属于精神方面的历史文化问题，恐怕有失偏颇。而且，"线粒体 DNA 的测定也并不全无问题。比如日本遗传学家对伯克利小组的测定方法持批评态度。一位日本遗传学家对人类和黑猩猩的线粒体 DNA 测定，得出人和猿在 80 万年前分化的荒谬结论。一位美国科学家对世界各人种 700 例血样中的线粒体 DNA 测定，获得了现代人起源于东南亚的结论。"[20] 另外，美国科学家"在对 100 万年前的古人类化石研究后发现，它们的特征与亚洲现代人极其相似，这就意味着今天的非洲人是百万年前亚洲祖先的后裔。"[21] 同样都使用高科技手段，同样都从现代人的角度追溯远古人类的足迹，但他们得出的结论又是何等的悬殊。这说明什么？说明这种高新的生物技术也不是全能的，它也不是没有问题。（3）按照"夏娃"理论，或者说"夏娃"理论能够成立的话，以下的问题它也无力回答：

问题 14：既然人类的非洲女祖怀着"播种"世界的愿望扩散到了世界各地，那么，她们是通过什么方式，借助什么工具扩散到世界各地的？她们和当地原始居民没有交流、融合，直接取代了他们，这个过程又是怎么实现的？靠武力还是别的什么方式？以非洲黑人为女祖的他们，在欧洲是如何变白的？在亚洲又是如何变黄的？这种变化除了气候影响说之外，从人类学和体质人类学方面还有什么特别的理论依据？

六、"自然选择"与"生存竞争"

"达尔文认为，在自然界里有一种发展过程，复杂的生物是由不复杂的生物产生出来的。这里一方面是生物的遗传特性——基因型，另一方面是动物或植物同有的完成状态——表现型之间的互相影响起着根本性的作用。达尔文认为遗传性能够自发地变化，这就是突变。我们现在已能证明传递遗传特性的基因的这种突变。这个变化属于微观性质。"[22]

问题 15：这是《协同学》的创始人赫尔曼·哈肯的一段十分微妙的评论。哈肯认为，遗传突变是一种"微观性质"的突变；既然是"微观突变"，突变说怎样圆说它的理论呢？举例说，由于人

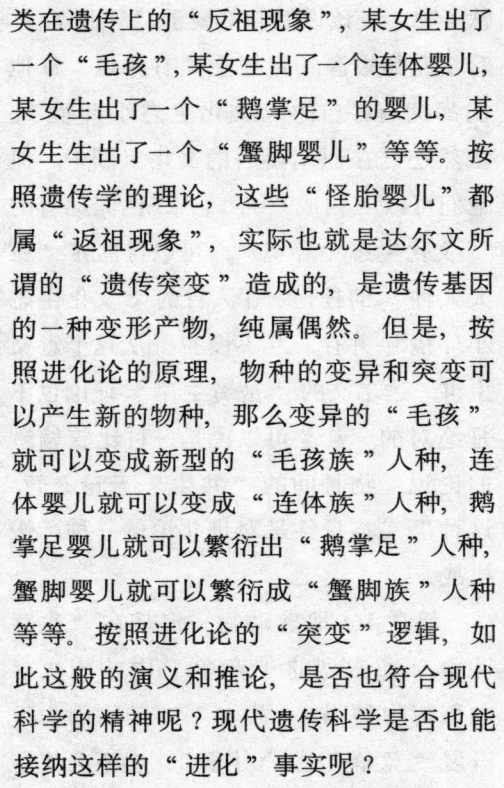

类在遗传上的"反祖现象"，某女生出了一个"毛孩"，某女生出了一个连体婴儿，某女生出了一个"鹅掌足"的婴儿，某女生出了一个"蟹脚婴儿"等等。按照遗传学的理论，这些"怪胎婴儿"都属"返祖现象"，实际也就是达尔文所谓的"遗传突变"造成的，是遗传基因的一种变形产物，纯属偶然。但是，按照进化论的原理，物种的变异和突变可以产生新的物种，那么变异的"毛孩"就可以变成新型的"毛孩族"人种，连体婴儿就可以变成"连体族"人种，鹅掌足婴儿就可以繁衍出"鹅掌足"人种，蟹脚婴儿就可以繁衍成"蟹脚族"人种等等。按照进化论的"突变"逻辑，如此这般的演义和推论，是否也符合现代科学的精神呢？现代遗传科学是否也能接纳这样的"进化"事实呢？

哈肯从"协同学"的角度提出的一个更加尖锐的问题是：地球动物一定要经过"生存竞争"或"斗争"才能生存下来吗？

哈肯说："在严密的考察下，只有适者才能生存的这个理论存在着许多难以理解的问题。根据这一论点，使人感到不解的是，为什么世界上会有那么多不同的物种，难道它们都是最适者吗？""大自然确实设下无数妙计，击败了适者生存这个论点。首先，不同物种之间的竞争，当然只有在它们共同生活的一个领域中才会发生。显然，生活在被海洋隔开的各大洲上的陆地动物之间不可能存在竞争。例如，在澳大利亚演化出一个与其他国家完全不同的动物圈，比方说，有袋类动物，袋鼠仅是其中一例。即使各个物种所居很近，它们却常能创造出新的生活环境来。例如鸟类，它们因长着完全不同的喙而开发了不同的食物来源。于是，有些鸟类通过建立'生态小环境'而不需要在相互之间展开激烈的竞争。在这个范围内，我们当然可以说，它们在各自的专门领域中是最适者，因为它们是具备这种特殊能力的唯一物种。""在激烈的生存竞争中，一个特别有趣的例子是共生现象，其中不同的物种相互帮助，而且甚至只有这样大家才能生存。大自然给我们提供了大量的例子。蜜蜂依靠花蜜为生，同时也四处奔波传播花粉，为使植物更加茂盛而操劳；一些鸟飞到鳄鱼张开的嘴中，清理鳄鱼的牙齿；蚂蚁把蚜虫当'乳牛'。""但是，我们决不能看这些细枝末节而忽视全貌。通常决不只是两三种动物相互竞争或共生。事实上，大自然过程是牙磕牙似的紧密联系着的，大自然是一种高度复杂的协同系统。"㉒

是啊，进化论的核心即是自然选择和适者生存，前者是物种变化和新物种产生的原因，后者却是物种之所以能够延续下来的原因。但是，按照"协同学"的一些观点，世界上的物种并不完全是"适者生存"，或是经过转化的"生存斗争"和竞争才能延续，很多物种间具有"合作"、"共生"和"协调"的

宇宙·智慧·文明

关系，它们之间并非是竞争和斗争关系，而是在"共生共荣"的共同环境中延续着各自的物种。

同样的事实，在人类种族进化过程中，人类之间也并不完全是竞争和斗争关系。如果说，黄种人、白种人、黑种人是经过竞争和斗争生存下来的"适者"的话，那么除了这"三大人种"，还有很多"不适者"，仍然生活在我们这个地球上，他们与"三大人种"之间事实上保持着一种"共生"关系。另外如人类的家庭成员之间，亲朋好友和同学之间，民族成员之间，"老乡"之间，甚至在"国人"之间，都有一种"共生共荣"的关系，并非完全处在竞争和斗争之中。

当然，生存竞争和斗争的事实是客观存在，但"共生共荣"的现实也不可否认。假如我们要进一步地探究下去，动物界和人类之间为什么能够"共生共荣"呢？这个原理，"协同学"已经回答了，那就是动物界的"生态小环境"的形成和拥有、人类间的"文化生态环境"形成和拥有，才使动物与人类之间都可达到相对意义上的"共生"。比如，我将在后面专门论述的人类种族进化问题中有一些明显的事例，目前的"三大人种"自然是"适者"，他们应该生存在这个地球上，可被"边缘化"的一些小种族为什么至今还没有被生存规则淘

汰了呢？应该说他们都属于"不适者"呀？究其根源，我想主要有两点：1) 他们都拥有各自的"文化生态小环境"，虽然还处在原始落后的文化氛围中，但他们可以"自成一统"；2) 他们拥有的"文化生态小环境"，可以与世界"三大人种"的任何一个人种的"文化生态小环境"并存，互不侵犯。从这个意义上讲，达尔文的"适者生存"理论也不是绝对的，甚至可以说是一种比较偏激的论说。物种间的"共生"无论久暂，这种事实本身就是对进化论的一种严峻挑战。

问题16：地球动物一定是在"生存斗争"和激烈的"竞争"中才能生存和繁衍物种吗？"共生"的动物因为不开展"竞争"和"斗争"，会不会使它的物种灭绝，从地球上消失了呢？

问题17：现代人类在遗传上出现的"返祖"现象，因为他们"不适"被淘汰；然而，人类的遗传母体属猿类，它们的遗传基因"突变"之后，竟然产生出比它的母体高一级的高级智慧生物来，为什么这些"突变"高于猿类的新物种没有被淘汰，其遗传的原理是什么？

七、牙齿与智慧的关系

"英国人类学家利奇曾在所著《社会人类学》中，批评了一些人类学教材，说它们以昆虫学家采集蝴蝶标本的方式讲述'人'这个复杂的'故事'。利奇

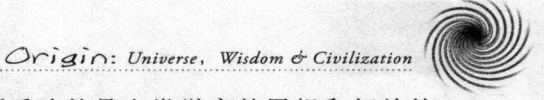

的意思是说，要让人理解人类学，不能简单地罗列概念和事例，而应想法子让学生和爱好者感知学科的内在力量。"㉓

由利奇的批评，我想到了达尔文的学说。达尔文的进化论讲的是从低等动物到高等动物，再由高等的猿猴演变为人类的传奇故事，实际上正如利奇所言，达尔文先生是把猿猴的标本拿过来当人类的标本研究。难道不是吗？比如"研究人类的身体变化，主要的证据来自牙齿和骨骼的化石，而前者的地位很高，因为它表现出了进化的矛盾色彩。人类学家说，古人类的牙齿越锋利，他生活的年代就越久远。越古老的人类，越需要依赖锋利的牙齿来与其他动物搏斗，来咀嚼粗糙的食物。"㉔瞧啊，这难道不是把人类当作凶猛的食肉野兽来研究吗？猿类是不是这种凶猛的食肉动物，我不太清楚，但在人类学家们的眼中，原始的人类就是凶猛的食肉动物。

"随着人类的智力的发展，他们可以用人造的工具和武器来代替自然赐予的身体器官，于是牙齿越来越不需要被动用，变得越来越脆弱。牙齿的弱化过程，也是脑容量增大、脑结构复杂化的过程。随着时间的推移，人与自然界之间'斗争'的能力越来越依靠智慧。人类学家将这种后生的智慧定义为'文化'。"㉕

上引的这本书是介绍人类学的专著，它所反映的是人类学家的思想和相关的人类学知识。可是，我又要发问：

问题18：牙齿的弱化和智力的增长有必然的联系吗？牙齿不常用了智力就一定能增长或脑容量就一定能够增加吗？以进化论为依托的人类学家们对这一问题的回答一定很专业，但我只看重这样的事实：牙齿只是骨骼系统中的一部分，而脑却是人体软组织和神经系统中的重要组成部分，按照系统论的说法，它们只是不同的子系统，并不存在谁决定谁的相互依存关系。

问题19：牙齿弱化与智慧有什么必然的联系？尤其是人类所拥有的智慧，是从那个茹毛饮血式的食肉野兽的什么地方生长出来的？以"科学研究"为生的人类学家们，仅仅用一个"随着时间的推移"这样含糊的句子就能替代这一严肃的生理生成过程吗？

八、美国的进化论"议案"

"至于达尔文的进化论所受到的挑战就更加凶猛，更加厉害了。早在1925年，美国的斯科普斯因教授达尔文的进化论而受审；1999年8月，美国堪萨斯州教育委员会投票通过决议，将进化论从国民教育课中删除。而提出这种议案的，美国有13个州。有的还建议同时教授'创世说'（即上帝创造世界说）。由此可见，科学与宗教的争论还在继续着。"㉖

宇宙·智慧·文明 大起源

看得出，这是进化论与创世论之间展开的持久战中的一个片断。仅我所知，美国在20世纪20年代，就有37个州提出取消进化论课程，到了20世纪末，竟然还有13个州提出这种议案，堪萨斯州竟然投票通过取消进化论课程。美国在目前的世界各国中并非是一个落后得连科学都不尊重的纯宗教国家，他们竟然从国民教育中取消进化论，值得我们深思。至少，进化论也没能百分之百地"征服"创世论，甚至进化论的诸多漏洞竟成为创世论者攻击的目标，发生在20世纪西方社会中的"猴子审判"事件，也只是"打了个平手"的官司，足可证明这一点。这说明，一方面进化论并非天衣无缝的完美理论，它没有压倒一切的力量来结束这场争论；另一方面，创世论中的说法也不一定都是虚构的想象和神话传说，它也具有一定的历史真实性。

鉴于这样一种无结果的争论，我的最后一个问题是：

问题20：科学的理论是建立在试验基础之上的，达尔文关于人类进化的理论是建立在什么样的试验基础之上的？他有过这样的试验吗？既然是没有试验基础的理论假说，进化论又有什么理由说创世论是纯粹的神话传说和虚构呢？

注释：

①③⑩ 车纪坤 李斯著：《自然科学之谜》，京华出版社，2005年

② 达尔文著：《人类的由来》，商务印书馆，1983年

④ 杨东雄主编：《智慧的思考》，国防大学出版社，2002年

⑤⑲⑳ 中国文物报社编：《大考古》，济南出版社，2004年

⑥⑧⑪⑫⑬⑰ 李振良著：《宇宙文明探秘》，上海科学普及出版社，2005年

⑦ 《新华字典》，商务印书馆，2001年

⑨ 李卫东：《人有两套生命系统》，青海人民出版社，1997年

⑭㉑ 杨言主编：《世界五千年神秘总集》，西苑出版社，2000年

⑮ 高强明编著：《人类之谜》，甘肃科学技术出版社，2005年

⑯ 林惠祥著：《文化人类学》，商务印书馆，2000年

⑱ 何兆雄编著：《源》，海洋出版社，2003年

㉒㉓ 赫尔曼·哈肯著：《协同学》，上海译文出版社，2001年

㉔㉕㉖ 王铭铭著：《人类学是什么》，北京大学出版社，2002年

㉗ 麦瑞尔·戴维斯著：《达尔文与基要主义》，北京大学出版社，2005年

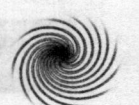

The Origin: Universe, Wisdom & Civilization

第四章
人类并非起源于地球

立体的三维历史构成／地球人类的外星籍特征／遥遥无期的天地情结——远古岩画中的宇航图——斯通亨格石圈传递的信息——纳斯卡地画为什么要飞——石雕人像的企盼

关于人猿同祖的学说，史学界的主流还是认可的，不但认可，而且通过多种渠道找证据，以便使它成为定论。但毕竟，人猿同祖也只是一种具有严重缺陷的假说，怀疑者多多，反对者也多多，包括："达尔文的斗犬"（赫胥黎的自称）赫胥黎教授也承认这一假说中无法弥补的缺环。也许，这就是目前地球人类科学的现状；在证据不足的情况下，先把理论框架推出来，然后一边寻找证据，一边巩固理论的地位；当人们苦苦寻觅找不到证据的时候，当人们对这种理论的假设失去信心的时候，这种假说便进入"半信半疑"或直接否定的阶段。每在这种时候，科学是很难看的，历史也是非常的尴尬，丢弃这一假说吧，于心不忍，那是多少人在多少年通过艰苦劳动积累起来的一座丰碑；继续坚持旧说吧，否定的声音此起彼伏，新的假说也不断涌现，"丰碑"的基础愈来愈感到不稳固，有时候还摇晃得非常厉害。对这种状况，该怎么办好呢？历史与科学都处在了两难之地。

照实地说，现代科学之所以存在"难看"和某些方面的"回避"现象，不是说科学本身没能力，而是人类的科学认识水平还没有达到不"回避"任何问题的地步。所以，对于目前地球人类的科学水平，我们只能说它还是有限的科学，还没有达到能解决一切问题的全知全能的境地。而"历史"就不同于科学，虽然它也是科学的范畴，但对历史的评价就比较苛刻了：至少是目前的人类历史，它不仅显现出很大的局限性，而且在学科构成上是有着严重缺陷的，这一观点我在上文中已有论述。但还不够，仅指出历史的局限和缺陷，不给它重新建立一套较为完善的结构体系，这种批评就不是善意的具有建设性的批评，而是成为了无理的指责和狭隘思想的吹毛求疵了。

那么，如何重建历史学科较为完善的结构体系？又如何在这种新的历史学科框架中认识人类起源的问题呢？本章重点讨论一下这个问题。

宇宙·智慧·文明 大起源

一、立体的三维历史构成

通常我们对于历史的认识就是"过去说过和做过的事情的记忆"。美国历史学家贝克尔说："我们承认有两种历史：一种是一度发生过的实实在在的一系列事件，另一种是我们所肯定并且保持在记忆中的意识上的一系列事件。第一种是绝对的和不变的，不管我们对它怎样做法和说法，它是什么便是什么；第二种是相对的，老是跟着知识的增加或精练而变化的。"① 贝克尔说的第一种历史就是实在的原始的生活本身，第二种历史则是文字的可变的历史。一个是不断发生着的历史，一个却是用文字固定下来的凝固了的历史。意大利哲学家、历史学家克罗齐说得还干脆，他说"一切真历史都是当代史"，② 他认为对一切过去历史的研究，都是我们当前精神的活动。无论把历史分作真实发生着的，凝固成文字的还是直接当作当代精神活动的，我认为这样的历史都是"小历史"。因为人类已拥有的"信史"本身和人类的起源时间相比较，那只是沧海之一粟，没有可比性。如果我们把全部的精力和心血都放在这种小历史上，翻来覆去地考证、研究，似乎没有太大的意味。我们应该建立一种大历史，一种全面的综合的并且是立体化的大历史，不仅从时间上开拓它，而且在空间方面也扩展它，使它更加广阔，更加深远，更具说服力。

一种较为完整的人类史应该是时空的同时延伸和拓展，而非单纯的线性编排。目前的历史划分，只有信史和史前史，信史无疑是有文献记载并且可以信赖的历史，而史前史的范围没有细分，凡没有文献记载的人类活动史都可以装到里面去。除此还应该有未来史，即对未来发展的预测和展望。这样，我们常说的历史就成为过去、现在和未来构成的"三段史"。

对于这种三段史的认识，法国学者科凯在他的《话语符号学》中说："只有现在是被经历的，过去和将来是视界，是从现在出发的视界。人们是根据现在来建立过去和投射将来的。一切都归于现在。历史之难写，正在于它与我们的现在有关，与我们现在看问题的方式以及投射将来的方式有关。只有一个时间，那就是现在。"③ 科凯的这段话说得有点过头，或者说他只说对了一半。他把"现在"所经历的作为历史的主体，把过去和未来只当作现在的"视界"，这就未免有点偏颇了。我们研究历史，当然要从"现在"出发，但毕竟历史不是"现在"，我们面对的历史只是古人们遗留下来的一大堆符号文化，或是掩埋在地层深处的文物遗迹，我们考证它、研究它，从中发现我们所未经历的，未认识的，从而建立起一种新的、日渐清晰的历史秩序。这一点"现在"能做到，但它不是"现在"。

"现在"对历史有些什么作用呢？那就是研究历史的方法和态度。从方法的角度说，它与社会和科技发展水平相

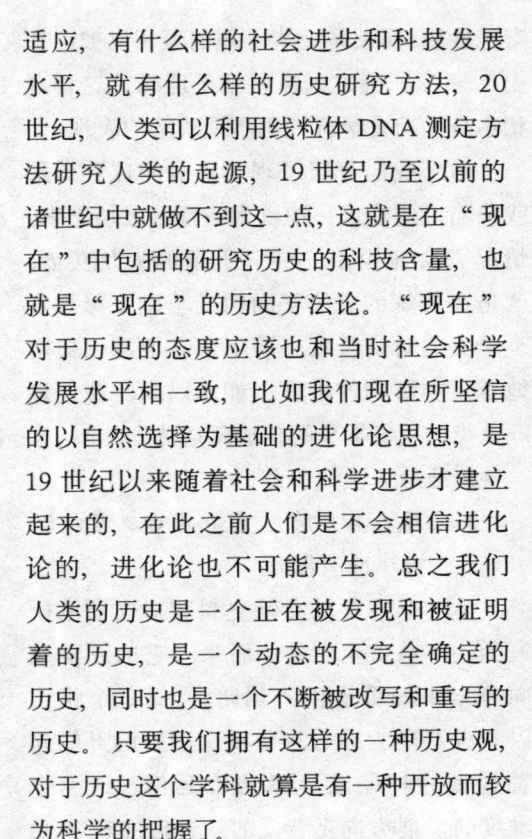

适应，有什么样的社会进步和科技发展水平，就有什么样的历史研究方法，20世纪，人类可以利用线粒体DNA测定方法研究人类的起源，19世纪乃至以前的诸世纪中就做不到这一点，这就是在"现在"中包括的研究历史的科技含量，也就是"现在"的历史方法论。"现在"对于历史的态度应该也和当时社会科学发展水平相一致，比如我们现在所坚信的以自然选择为基础的进化论思想，是19世纪以来随着社会和科学进步才建立起来的，在此之前人们是不会相信进化论的，进化论也不可能产生。总之我们人类的历史是一个正在被发现和被证明着的历史，是一个动态的不完全确定的历史，同时也是一个不断被改写和重写的历史。只要我们拥有这样的一种历史观，对于历史这个学科就算是有一种开放而较为科学的把握了。

不过，仅有这样一种对历史的认识观还不足以建立一种新的历史观的框架。在拥有"三段论"历史观的同时，我们对历史的内涵应该有一种更深层次的认知，那就是进一步放大"三段论"的维度，看看我们的大历史应该建立在什么地方较为合适。

可以这样说，我们人类的历史"前不见首，后不见尾"，无限延伸着的两头是无限的朦胧和迷茫，唯有与我们的现实生活接近的这段"信史"才显现出比较清晰的轮廓来。如果我们要进一步地追问：人类历史的"首"部有"始"吗？"尾"部会有"终"吗？对此我们还没有足够的理由和勇气来作答，只是想象着、思辨着。偶尔，考古的铁锹碰撞出一点火星或几束火花，照亮幽暗中十分有限的一方空间，然后历史的天空像归于迷茫的深远和深远的迷茫之中，一切又归于死寂和无。有限的人类仍然看不到历史天空的首和尾。事实上，人类历史的"首部"是无限的深远与暗，人类历史的"尾部"也是无限的深远与暗，唯有穿插在它们中间的一小段人类文明的"信史"闪烁着光明，与两头无限的深远与幽暗形成鲜明的对照。然而人类文明的这段闪烁着光明的历史至多还不到一万年，比之深远无底的"首"与"尾"，简直就像不存在一样。因为它的"首"是有数百万年，数千万年，乃至数亿年；它的"尾"也许比它的"首"更漫长。

从这个角度看，真正的历史是一种什么状态呢？历史的两头是无限的黑暗，只有中间有一小段光明。仅就这段"光明"论，由于历史的局限和诸多缺陷，在这段"光明"中又有着昏暗的朦胧。人类迄今的历史科学在干什么？就是在清理光明中的黑暗；通过清理，让那些朦胧和黑暗的地方重新闪烁出光明来。

由此可见，历史就是光明与黑暗的错综交织，就是凭借着光明在向深远的黑暗的推进，就是与漫漫黑暗的较量和斗争。如果打个不太恰当的比喻的话，迄今的历史科学就像是一只发光的大手，它借助那一点光亮，从这里那里伸向那无

宇宙·智慧·文明 广起源

限的深远。它究竟从那深远的黑暗中摸到些什么，继而捞到些什么？沙子、尘土、古尸还是光明的种子？不能排除，人类文明的大手什么都可能摸得到，有可能什么也捞不到，包括人类诞生的那个星球，那一小块养育了最初生命的绿色的地盘以及时间源头上的第一声"滴嗒"。

我们把人类现有的历史，从短暂的信史扩展到了无限的深远和黑暗的史前史、未来史。如此以来，我们是否给自己的研究加大了难度，抑或是制造了不必要的紧张？

恰恰相反。

我们知道了人类的根系有多深，踪迹有多远，才能认清人类的真面貌：同样，我们了解了历史的天空究竟有多高，有多宽，才能建造起一种相应的大机制。如果没有这一系列的"知道"和"了解"，我们凭什么建立一种大历史？凭什么对现有的历史学科说三道四？

具体地说，传统的历史是以文献史料为主，线性地贯穿下来，如编年体，以纵线为主，然后横向地拓展成史，如民族史、国家史。传统历史的结构特点即是由纵横交织而成的二维平面构成，犹如一面编织有精美图案的织毯，它的纵向面是民族史、国家史，它的横向面是世界史。传统历史构成的这种平面化特点，极大地限制了人们的思维，约束了人们善于探险的手足，除了已有文献的考证，不敢有任何的

奇思妙想，哪怕是一些合理的假想也被"历史"学家们嗤之以鼻，不予理睬。这种现状本身是历史学科带有严重缺陷的表现。

如果我们克服了现有历史的这种局限或缺陷，建立起一种较为完善的大历史来，情况就会完全不一样。所谓的大历史者，就是在传统的二维平面构成基础上再添加一个大的时空维度，即宇宙环境演化史对地球人类影响的维度。如此以来，我们地球人类的历史学科的构成就成为：

1. 地球人类文明史；
2. 地球人类史前史，包括考古及考古史；
3. 宇宙环境演化史。

第一个维度以文献史料和对文明的研究为主，从古至今延伸而来，它的趋势是向着未来的希望和"黑暗"；第二个维度以考古发现为标志，紧接文明史的开端向着远古的神秘或"黑暗"延伸。这两个维度的发展方向是背反的，各自接着"光明"的茬口向着反方向的"黑暗"推进，开拓各自的光明的前程。第三个维度是面向广阔的宇宙空间的，这似乎有点出人意料。但是我是这样认识的，我们现有的文献史料和文明史基本上是以帝王贵族政治制度史为主体编写而成的，而且在各个时期的文献史料和评价中充满着太强的政治倾向和民族偏见，我们没有理由全盘接受，我们对地表中历代的文化堆积认识不清，不可能全部挖掘出来，我们只能在这里发现这样一种文化遗存，在那里又发现那样一种文化类型，从我们发现的这些新材料来研究确定某一段历史得出某种结论，

The Origin: Universe, Wisdom & Civilization

过一段时间，偶然又发现第三种文化遗迹，之前的结论又被否定。我们目前的历史就是在这种状态下运转着，循环着。一个以文献史料为依托，做着梳理和考证的工作，另一个以考古和技术为依托，发现着什么，然后把它复原一番。平面、平谈、平凡。假如我们在这两种历史功能的基础上再添加上宇宙环境演化史或宇宙人类变迁史，把二维平面的历史学科立体化，成为三维一体的历史学科，这样以来，地球人类的历史学科不就更趋完善了？我们从二维的平面构成跃升为三维立体构成，历史的所视空间无限开阔，人们认识的历史天空也无限开阔，在探索和研究历史的征程中，不仅多了一个思路，一种手段，而且增添了一套全新的知识体系，何乐而不为呢？

当然，习惯于传统思维的人们不一定接受这种新的结构调整，或许会这样发问：你增加一个宇宙环境演化史或宇宙人类变迁史，跟我们地球人类有什么关系？那是天文学家的事业，不是历史学科的有机组成。是的，按传统的思维模式，有关宇宙的历史跟地球人类的历史没有直接的关系。但是，你是否承认：6000万年前的恐龙是宇宙演变的牺牲品，人类的起源和人类的历史为什么就和宇宙没有关系呢？举个最简单的生活中的例子：你昼起夜眠，自己劳动养活自己，你以为这是你自己的事吗？恐怕不是。你睡眠是因为太阳落山了，昼尽夜来；你劳动收获是因为植物得到光的照耀；你企盼着天晴、下雨，希望看到大圆的月亮，河流一样的星系，都不是你自己的事，而是你之外的宇宙世界提供给你的。你活动，建造住房，从生到死的生命历程，都是在地球这个行星中完成的，而地球是宇宙世界中的一颗微不足道的行星，它虽然小，但也是宇宙世界的有机组成，也是按宇宙的运行规则在运行。从这个角度说，人类并不是单纯生活在地球上与宇宙世界没有关系的高级生物，人类的历史也不仅仅是人类自身的历史，它还是环境的历史、宇宙演变过程的历史，至少它是建立在三维空间之上的具有整体功用的宇宙环境演变史的一个有机组成部分。假如我们把历史的认识提高到无限空间的高度，从高处俯视，高屋建瓴，一览群山，则我们的历史观念，包括对历史文明和人类的起源都会产生新的思考视角，我们不再被十分有限甚至十分可怜的文明史所局限，我们会自觉地克服历史的不足，弥补上历史的严重缺陷，建立一个完善而又科学的历史学科，从全面而又综合的角度开展我们的研究工作。

假如你觉得以上的论述还不够清楚，那么我可以举一个历史的例子继续阐述我的大历史观点。我们知道，在现代文明的源头上，有很多文明的古迹，有很多神秘文化，我们目前的历史对它是怎么看待的呢？把神话传说当虚构的故事看待，排除在历史的大门之外，把诸多的神秘文化，诸如建筑、石雕、岩画等，基本排除在现代人类文明的范围之外，当作

大起源——第一部 地球人类的由来

075

 宇宙·智慧·文明 大起源

"外星人"的创作看待。我们为什么把这么多本属人类的远古文化当作"不可信"的怪物，阻挡在历史学科的大门之外呢？既然历史学科不能容纳它们，还有哪个学科能容纳得了它们？现今的那些远古神秘文化像一些弃儿，一部分可怜兮兮寄居在文学的门下，好像它们应当是文学的产儿；一部分寄居在古代建筑学的门下，似乎它们又是建筑学的前身；还有一部分仍处在荒山野地里，关顾它们的只有个别古文化爱好者和考古学者。假如我们现行的历史学科不是偏狭的，有局限的，甚至有严重缺陷的话，我们为什么不能容纳这些本属历史文化的远古神秘文化呢？为什么不把它们当作"历史"的有机组成，当作人类在另一个特殊的时空中创造的文明财富呢？正因为我们现行的历史学科体系有着严重的不足和缺陷，才出现了目前这种历史学科不能容纳历史文化的奇怪现象。

所以，地球人类现在需要强化的不是自身非常有限的小历史的研究和精心雕琢，而是要建立起一种较为客观的完善的大历史体系，以立体多维、综合全面的大视角研究人类的历史和人类的起源。只有这样，我们才有希望突破目前的小视野、小历史，创造和构筑成一种大历史条件下的大文化、大起源观来。

美国新史学的代表人物鲁宾逊曾预言道："历史观念是常常在变化的，因而将来会有一种新的观念发生，这是十分可能的。历史无疑的是'一个果园，这个园子里面种着不同的树木，而且结出各种味道不同的果子'。"①鲁宾逊预料将会有新的历史观出现，这话是说对了；但他比喻的"园子"我觉得又太单薄了，历史只呈现出一些"果味"，没有五谷杂粮怎么成呢？所以，我趁构建大历史框架的机会，给他的"果园"做些补充：鲁宾逊所谓的"果园"只是我们地球人类现有的文献史料和文明史，它就像"果园"成熟的土地，只要勤耕，总会长出果树来的。但是，社会在发展，历史在进步，我们仅仅拥有这么成熟的土地远远不够，我们还需要不停地拓荒，开垦出新的土地以便让我们发展和进步中的人类享用。这开垦或拓荒是什么意思呢？那就是不断延伸人类史前史的考古。历史和考古在学科形式上是分离的，其实它们就像一对兄妹，是不能分离的；历史需要考古发现来延伸，而考古又需要历史"老大哥"提供参照和印证，给"小弟弟"指点迷津，给予帮助。考古依托已有的"果园"向四面拓展，历史又因考古的不断拓展而扩大自己的"果园"；它们相依为命，互相支持，原有的"果园"就越变越大，不仅能生长各种味道的"果子"，还可种植出各种味道的五谷杂粮来。

当然，不断扩展着种植面积的这个"果园"，能否长出庄稼，能否有大的收获，还要靠"果园"之外的"大气候"。如果天不下雨，日照不够，或是发生什么天灾，"果园"里不但长不出各种果实来，也不会有什么收获。这个"大气候"

犹如宇宙环境的演变对于地球人类的影响一样，它既是"果园"不可缺少的决定性因素，也是人类历史学科中不可或缺的主要成员。

二、地球人类的外星籍特征

被誉为"人类学之父"的英国人类学家、民族学家、民俗学家爱德华·B.泰勒曾这样说："谁要了解人类如何到达现在的生活状态和生活方式，就应当先明确知道：人们是不久前才到达地球的外来者呢，还是地球上的固有民？他们是一出现就分成各种不同的种族并具有现成的生活形式呢，还是在许多世纪的长时期中，才逐渐形成这些种族及其生活形式？"③泰勒的意思是说，你要研究人类的起源以及人类现在的生活状态，首先要弄清楚人类是一种外来的生物还是地球上土生土长的生物。泰勒是"最具影响力的进化派"经典作家，他就这样开始了他的《人类学》著作，自然也追从着进化论的学说。我摘引了泰勒的这段开场白，目的是要采用他的第一个观点，即"人们是不久前才到达地球的外来者"这一说法，虽然我采取了跟他完全不同的立场。

的确，人类是由猿猴演变而来的这种观点，经过包括泰勒在内的人类学家和历史学家们的大力宣扬，已经达到了家喻户晓的地步，然而"人们是不久前才到达地球的外来者"这种观点，既不是历史的内容，也不是人类学家们研究的对象。我之所以把这一话题纳入到"历史"的研究中来，是因为我刚刚扩展了"历史"有限的地盘和空间，试图从大历史的视角来研究这一问题。

在没有充分展开这个话题之前，我们还不能冒然地说，人类就是不久前才到达地球的外来者，而只能说人类有可能是在历史的某个时候才到达地球的外来者。人类不是地球上土生土长的"固有民"，也不是由猿猴演变来的，人类来自地球之外的某个星球，这个观点是明确无误的。然而，这个观点的提出意味着什么？意味着叛逆，意味着"独出心裁"、"标新立异"，还意味着"滑稽可笑"以及相应的风险。要知道，在

自绘图06 人类"到达"地球

宇宙·智慧·文明 大起源

人类学和史学研究中提出这样叛逆味十足的观点不是闹着玩的，它会影响我们的文明历史，影响我们地球人类已有的价值观、世界观，影响我们的传统思维，自然也影响到人类学家、史学家们正常的工作。因为迄今为止的人类学家和史学家们从没把"外来者"当回事，"外来者"只是科幻小说最拿手的表现题材，UFO迷们所谈论的热门话题，除此之外的人们只把它当作笑料看待。对于这样一种处于"边缘"的文化现象，正统的学者们都不予正眼，我却要把它拿来当作历史的主题处理。

这难免会引起某种不必要的误会。为了避免误会和不适应人类的心理特征，我想首先从地球人类所具有的"外星籍"特征谈起。

我在前文中已经论及历史学科的缺陷与现代科学的有意回避，特别是自然进化理论存在的严重缺环，说明的一个核心问题就是，在有限的现代科学条件下产生的人类进化理论，不但证据严重地缺失，而且其理论也是回避了人类进化过程中的一些本质问题，可以说是不能完全成立的。相反，在我们现有的人类历史文化中有着大量的有关"外来者"的文化遗存，由于我们地球人类历史的缺陷和科技水平的有限，对这一文化遗存的认识不足，甚至干脆不认识，这就为我们提出人类是"不久前才到达地球的外来者"的观点提供了有力的文献事实根据和社会文化基础。鉴于这样一种认识

状况，我们先假设：人类是"不久前才到达地球的外来者"这一观点成立，那么它有两种"到达"的可能性，两种地球之外的"来源"，还可能提供两种类型的相应的证据。

在两种可能性中，第一种是外星人存在的可能性。这一点，我在第二章的第四节人类起源"外星说"中已有论述。根据天文学家们的预测，在我们所知的宇宙星球中，至少在100万颗行星上有生命存在的可能性。这就意味着除了地球之外的若干行星上都有生命存在，地球人类是其中的百万分之一。如果"星外生物"和"外星人"存在的假设可以成立，那么"外星人"迁往地球和"到达"地球的可能性也就存在。20世纪以来，有关"外星人"、"天外来客"、"外星人后裔"之类报道越来越多，神秘的"外星人"飞行器"UFO"的活动也越来越频繁，这是否真正意味着"外星人"探测地球生命的活动也越来越频繁？《破译"圣经"续集》的作者苏拉米·莫莱借用一位天体物理学家的口说："生命不可能起源于这个地球，从世纪的生命理论中也不能够得出关于生物进化的解释，需要地球以外的基因来驱动这个进化过程。而柯尔得则声称：生命一定是由一个垂死的文明世界用宇宙飞船送到这里的，且恰好首先是送来了遗传物质。"①科学家们的这种说法是否也不完全是主观臆测，他们有他们各自的科学试验依据。还有像"外星人密探"在地球上活动的说法，

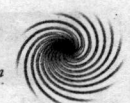

"外星人"劫持地球人强行做试验的说法,"外星人"和母猿杂交形成人类的说法,等等等等。我想都不是没有原由的胡说八道。即使在科学界,在地球之外广大的宇宙中是否存在智慧生命的问题上也是分成对立派,长期以来争论不休。这一切越来越靠近我们生活的文化现象,我们不能将它置之不理,在某种意义上它不仅是一种可能性,而且成为一种令人可依赖的存在。

第二种就是迁徙"到达"地球的可能性。这种可能性的前提是,迁徙到地球上来的是星外人类,一定拥有非常发达的外星文明,当他们生活的星球能量耗尽,接近垂死(这是目前流行的说法),或是别的什么原因,在那个星球上难以继续生存下去,他们就乘坐像地球人类的宇宙飞船一样的宇宙运输工具,把那个文明星球上的人类逐步转移到他们早已勘探好的地球上来。在这种前提条件下,他们的先行工程也不一定很顺利,不会不出差错。也许在用光年计算的时空迁徙中,有一部分外星人类迁徙"到达"了地球,他们就成了我们现代人类源头上的直接祖先;另有一些人类,不是迁徙到地球上来,而是迁徙到了别的行星上,也许他们成了我们地球人类经常看到或感觉到的"外星人"?!

另外,迁徙"到达"地球上的外星生命不止是人类曾经生活过的那一个星球,还有其他星球上较为先进和发达的外星生命,也在不同的时间内迁徙"到达"地球,他们因为不能适应地球生存条件,逐渐从地球上消失了,按达尔文的自然选择理论就是"适者"生存了下来,"不适者"被地球的环境淘汰了。

有关"外星人"迁徙"到达"地球的可能性方面,还可以举两个例子。一个是对于银河系"文明星球"存在可能性的科学测算:"银河系的年龄大约120亿岁,前20亿年不可能出现生命,因为还没有第二代恒星,缺乏生命所必须的重元素。如果银河系平均每年诞生10个恒星,同时也有10个恒星死亡,那么以后100亿年间已有1000亿颗恒星死亡。这1000亿颗已经过世的恒星之中,有没有出现过文明的星球?我们已经估算过,文明星球诞生的几率是3000亿分之一,那么银河系中存在一个失去的文明的可能性只有三分之一。"②这也就是说,至少在银河系120亿年的漫长岁月中,曾经存在过星球文明,当他们的星球走向死亡时,他们一定会有向外星球迁徙的活动,其中地球应该是"外星文明"迁来居住的理想目标之一。

另一个例子是地球人可能迁往外星生活的可能。假设我们太阳系的核心太阳的寿命为100亿岁,它已经走过了50亿岁,再走50亿岁,太阳核心的氢已耗尽,产生的辐射能不足以支撑压在星核上的物质。于是星体收缩,太阳变成一颗"红巨星",它的引力转化成热能,体积增大一倍,将地球两极的冰雪全部融化,海拔低于60米的地区全部淹没,然后海洋被蒸发掉,地球生命被摧毁,继之地表

宇宙·智慧·文明 大起源

的岩石也熔化成岩浆，以致不断膨胀的太阳把地球人类会吞食掉！那么，地球人类面对太阳系的自毁会采取什么措施呢？毫无疑问，地球人类肯定就会迁徙到别的星球上重建生活。当然，地球人类迁徙的前提条件依然是具备这样的科技能力。从现在看，这一能力还不具备。

以上两个例子一正一反，说明一个观点：只要宇宙广阔的星系中存在着文明的星球，只要这些文明星球都具有在宇宙间迁徙的科技能力，那么一旦哪个文明星球发生生存危机时，迁徙到别的星球上生活的可能性是没有任何疑问的。

因此之故，在宇宙生命的频繁迁徙过程中，"外星人""到达"地球的可能性就很大；迁徙到别的星球上成为今天我们所称的"外星人"的可能性也不能排除。但更多的可能是，迁徙到地球上的人类一直企盼着原生星球上的同胞们继续迁来，当他们的企盼一直未能实现，以致形成原初的"天地情结"和以后的"天人文化"，我是倾向于这种可能性。

两个来源的说法，也是从目前的地球文明中引发的。一个来源是火星，迁到地球上生活的叫"火星人"。我在第一章第四小节"外星说"中对"火星人"的发现报道作了较为详细的摘录。他们自称是来自火星的，离开火星的原因是为了躲避火星上发生的病毒，"到达地球"的时间在1812年，总共来了25个人，先后死去22人，现在有50人。他们还保留着一艘锈迹斑斑的半月形飞船残骸，

"到达"地球时就乘坐着这艘飞船，目前飞船已锈残，他们已没能力返回火星了，他们和发现他们的瑞典科学家们说英语、说瑞典语，平时他们说非洲土著语。他们还珍藏着太阳系和火星的详细图，并掌握着宇宙航行知识。当瑞典科学家们离开时，他们再三表示希望地球人不要干涉他们的生活，只要不骚扰，他们将永远在地球上生活下去。

科学家们对地球"火星人部落"的发现，说明火星曾经是"外星人"的家。火星上曾有过宇宙生命，这还需要宇宙科学的进一步证实，我在第三部中做专门论述。

第二个来源是银河系之外，欧洲就居住着来自银河系之外的"外星人"后裔。"在此，也使人联想起了欧洲的一群'外星后裔'。他们来自各地，但具有相似的外貌：尖尖的下巴，阔大的嘴唇，翘起的鼻子，且都智商极高，精力充沛，活泼好动，喜欢捉弄人。近年来，他们加强横向联系，多次在英国湖区集会，公然向社会各界宣布，他们是来自银河系之外的外星人的后裔，作为外星人与地球人的媒介，任务之一是当外星人再度来临时，不要再发生不愉快的事件。言之凿凿，令人不能不信。由上可知，说人类源于外星人不是空穴来风，也不是'几个神经不正常的人向壁虚构'。"[⑥]另据法国人类学家诺尔德博士在巴黎宣布，8000年前，外星人同地球人祖先交配，至今约有一半的人类是外星人的后裔（详见第二

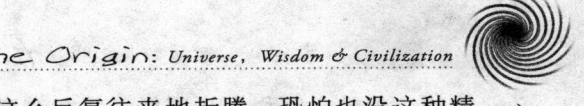

章第四节"外星说")。看来,在我们生活的地球上,"外星人"的活动频繁不说,"外星人"的来源也是不同的。生活在欧洲的这些"外星人后裔"竟然敢于公开自己的身份和来到地球的具体任务,公开集会,还"横向联系",目的是还要接纳"到达"地球的"外星人"。

另外,从"火星人"部落到欧洲"外星人"后裔,以及具有"外星人"遗传特征的地球人类的"一半",他们似乎与地球人类没多大区别,假如"外星人"真的存在,地球上有这些"外星人"生活的事实也是可信的。特别是地球人类在迁徙"到达"地球的过程中,有一部分"外星"人类没有迁徙到地球上,而是迁徙到别的星球上去的可能性也是可以信赖的。

两个事实证据来自太空。

一个是来自金星的"城市废墟图"。"据最近俄国太空船拍下的一组照片显示,金星上有着上万个貌似倒塌城市的废墟,仔细研究这些废墟图,可能推测这些城市以马车轮形状建成,中间轮轴是大都会所在,可能还有一个庞大的公路网,把所有的城市连接在一起,一直通达向着它的中央。"®宁维铎先生解释说,地球人类可能发现了毁灭性灾难,于是逃离地球到金星上去建造了这座城市,后来地球上的灾难过去,恢复了正常,人类又从金星迁徙到地球上来。宁先生的这种解释也是一种说法。不过,以我之见,金星离地球也不是毗邻的村庄,这么反复往来地折腾,恐怕也没这种精力。有一种可能,那就是金星上曾经有过生命活动,或许也就是人类曾经生活过的星球,因为生存条件恶化,他们不得不迁徙离开。于是,他们就迁徙到了提前考察好的地球。因为金星上"城市废墟"的存在,这种可能不是没有。

第二个证据也是由宁维铎先生提供的。"1988年,美国和苏联在地球轨道上又同时发现了一颗来历不明的卫星。这颗卫星外观像钻石,表面有很强的磁场保护。据法国天文学家佐治·朱拉博士说:'我深信这颗我们从来未见过的卫星是来自另一个世界,迹象表明它又旅行了很长时间才到了我们地球,经初步估计,大概已有5万年的历史。对这一异常巨大的人造卫星各国都在找原因……'""又据记载,1955年12月18日,美国和苏联天文学者同时发现了围绕地球旋转的一个小月亮,后来查明它不是'月亮',也不是流星,而是一艘宇宙飞船爆炸后的残骸。但当时地球上人类并没有发射过人造卫星,这残骸到底是哪个时期的人类发射的呢?"®按宁先生的分析,还是地球人类逃离地球时遗留下来的飞船残骸。我不敢这么肯定,只能猜测,这颗"钻石卫星"和宇宙飞船残骸可能与人类迁徙"到达"地球的活动有关。因为它们不是现代人类的产物,但它们的存在又表明制造和发射这颗卫星,这个宇宙飞船的宇宙生命的文明程度又非常高,地球人类既然能从别的星球上迁徙"到达"

地球，他的文明程度也不低，因此有可能是地球人类迁徙到地球后遗留下来的，或是在迁徙途中出了什么故障，未能"到达"地球，从此一直在宇宙间游荡。

三、遥遥无期的"天地情结"

我们振臂呐喊：说"外星人"的确存在，我们可以拿出如上的发现和一些来自科学途径的证据；我们还可以说，UFO 的活动频繁，"雪人"、"野人"等频频显身，欧洲麦田里出现的神秘图案，20 亿年前出现的核反应堆等等，都证明了现代人类所不能解释的一种神秘文化的客观存在。这些神秘的文化现象，现代人类所不能的，只有现代人类之外的"外星人"才有可能做到。我们的报纸、刊物、相关的研究论集都这么报道，这么说，但相信者无几。大多数人都处于"半信半疑"的摇头状态，说不清是怎么回事。究其原因，这些报道和文化宣传都是从一种猎奇的角度做这件事，都是一些"边缘化"的媒体在做宣传，所以引不起人们足够的重视。

其实，我们地球人类只要认真、严肃、正儿八经地做这件事，郑重其事地将这种神秘文化纳入到大文化、大历史中来研究，我相信地球人类的理智还是会接受的，至少不把这种神秘文化当作茶余饭后的"笑谈"对待。

所以，我们仅例举一些不着边际的文化现象还不够，更多的事实证据还应该从历史文化中找寻，用历史文化的真迹来证明这种神秘文化的可信性。

图 14 这是一个典型的宇航头盔。

盖山林先生认为这是"太阳神的面具"。其实它并非"太阳神面具"，而是一个戴着"前文明"宇航头盔的"前人类"成员，他的面部只有两眼和嘴，其他都是宇航头盔上的装置。

我想从历史文化中例举四个方面的证据来进一步证明人类源自外星球的事实。

1. 远古岩画中的宇航员图像以及它的象征意义。

"很多岩画上都有类似身着宇航服装的人物形象或近似于现代飞行器一类的图案。在人类文明还处在萌芽阶段，生产力落后，技术手段陈旧，绝对造不出密封式头盔，决不会超越时代去造这样的探空设备，更何况这些宇宙人模样又是出现在人迹罕至的山石上。今天，人们对这些岩画中所表达出来的真正含义仍似懂非懂，因为，这些难以置信的岩画成了人类文明史上的一个谜团。

"1933 年，驻扎在沙哈拉的法军中尉布伦南带领一支侦察队进入了塔里西山脉中的一个无名峡谷。在这荒无人烟的峡谷石壁上发现了大量壁画。1956 年，人们对壁画进行了专门的考察，发现画

图15　这应该也是一种装置性头盔，不是面具。

中记述的是一万年前的景象。其中有不少画画的是'圆头'人像，画上的人有一个巨大的圆头，厚重笨拙的服装，有两只眼睛，却没有嘴巴和鼻子。过去一直不明白这些画的意思，直到人类发明了宇宙飞船以后才发现，这些圆头人像与现在戴着宇航帽盔和穿着宇航服的宇航员有着惊人的相似。

"在墨西哥的帕伦克，传说是当年玛雅人的居住地，这里有不少的坟墓，墓碑上都有雕刻画。其中有一幅刻在玛雅僧侣棺上的浮雕画非常出奇。画中描述的是一个男人的形象，他弯身向前，双手握在一些把手或旋钮上。他似乎是坐在一个正在飞行的飞船座舱里，排气管

图16　这两幅岩画，是一种特制的头盔，或者是"前文明"的一种飞行器。

火花直冒，人们几乎可以觉察到那人面前的一块控制板，也可以看到一个火箭式导弹的头部。边上雕刻着太阳、月亮和灿烂的群星。而其中最引人注目的是双手握在飞行器的凸出部分——大概是操作杆或把手。但是古代的墨西哥根本没有任何种类的飞行器，更谈不上宇宙飞船了。这就是这幅画的奥秘所在。

"在澳大利亚发现的一些岩画中，有的石头上就雕有'光的儿子'，这些'光的儿子'们，头戴着像是密封的宇航帽，帽子上还有像天线一样的东西，身上穿着臃肿的宇航服。"

"在中亚西亚的一幅岩画壁画上，还画了一个火箭的形象，画面上有紧绷的双臂和怪物的躯干的图案，象征着一股奇特的力量在支撑着火箭，火箭外侧还有一个人，鼻子上挂着一种东西，好像是呼吸用的过滤器或防毒工具。

"在内蒙古阴山山脉的岩画中，有许多面容奇怪的，类似人头的画面，有些人头画面的头上还戴着头盔，很像宇航员；在这些画面的周围，还刻有许多天体的形象。有人分析这可能就是原始人所崇拜的'神灵圣像'，这些画面是否在告诉人们，这些形象是来自其他星球的？

"在我国四川珙县发现的'珙人悬棺'旁的岩画上，也有一幅像是穿了厚重宇航服的宇航员的岩画，在两肩上竖着像天线一样的东西。

"……贺兰山岩画有一个突出特点，就是有近五分之三的岩画是人物画，因

083

此可以毫不夸张地说这是形形色色的人物像绘画馆。岩画中的人物面部奇特，许多人面像画面简单，多数人面像有眉毛鼻子和嘴，而偏偏缺少一对眼睛，这可能与作画民族的习俗和信仰有关。在这些变化多端、诡谲神秘的岩画中还发现了一幅装饰奇特的宇宙人形象。这个宇宙人形岩画在贺兰山北侧第六号地点，离地1.9米，面迎西南方向，高20厘米，宽16厘米，磨刻法制作。这是一幅惟妙惟肖形态逼真的身着宇航服的天外来客。这位客人的装饰与我们今天地球上身着宇航服的宇航员相比，几乎是如出一辙。

他头戴一顶大且圆的密封式头盔，双腿直立，依希可以看到右手提着件东西，给人一种飘然而至之感。

"……类似这样的岩画，在世界各地还有许许多多，这种现象恐怕仅用幻想和偶合是解释不通的。如果这都是原始人亲眼见到的外星人宇航员，把他们的形象刻在石头上的话，那么这说明外星人的遗迹已经遍及了整个地球，可是这些外星人是什么时候到地球的？他们是怎么来的？为什么又走了呢？为什么后来没有再发现他们来过呢？这都是值得人们深思和研究的问题。"[①]

这段文摘有点长，但你不难发现这段文摘组织得很好，材料翔实全面，还有作者的提示。通过这段文摘，我们可以看出远古岩画中出现的宇航员形象，据专家们说是地球人描绘出的外星人，也许是原始地球人类亲眼目睹后的描绘。但我不这样认为，这些岩画的年代大多都在万年以上，或几万年、十几万年不等，在那个时候，正在冰河期或冰河期末期，人类还没有从漫长的灾难中走出来，哪有什么创作岩画的闲情逸致？所以我认为，这些岩画的创作者就是先后"到达"地球的地球人类自己或他们的后代。具体理由有三：

第一，它是唯恐忘却的记忆符号。人类乘坐着飞船，穿着宇航服从那个原生星球上迁徙"到达"了地球，但在当时的地球上并不存在任何文明，"到达"地球的人类文明从零开始。因此他们的

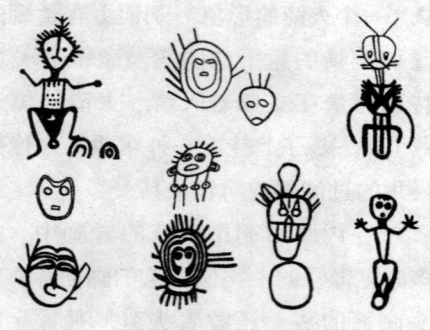

图17　乌海市苦沟岩画。在传统的观念中，我们把这些岩画都当作"太阳神"、"巫师"等形象看待。其实，你若仔细观察，这些图画都很怪异，其中有几个图案只有头像，是宇航员的不同头盔装置；有三个较为完整的人像，他们或全副武装，或脚下踩着像"风火轮"似的装置，全面而较为完整地展示了人类的"前文明"的风采。当然，他们身上的这些装置，是属于"前文明"的文明成果，还是人类初到地球时的情形，现在还无法断定。但可以肯定的是，这些图案决非"面具"、"太阳神"形象，而是简化至极的"前文明"成果。

飞船和宇航服都成了闲置的古董。放的时间越久这些外星文明的古董破损和锈蚀的就越厉害，地球人类唯恐连一点印象都留不下，把外星文明的成果毁于一旦，就把火箭、飞船和身着宇航服的宇航员的形象和工作时的情景雕刻到岩石上，以便提示人类记忆——地球人类的这一行为，大概就是现代人类至死不忘本的"故乡情结"和情感起源的有力根据。

第二，它是迁徙人类"到达"地球的具体方位标志。可以想象，人类从前一个文明星球上计划迁徙的时候，面临着很多困难，其中最大的一个困难即是他们不能一次性完成迁徙任务，只能是乘坐多个宇宙飞船，分次分批地迁徙，在这种迁徙计划完成过程中的一个重要规则是，先前"到达"地球的人类必须做出某种标志，以便使后来者容易辨认方位和迁徙的人类取得联系。因为在迁徙过程中各飞船"到达"的地点不同，所以这种标志的方位也就不同。但有一点是相同的，那就是所有岩画标志的图示中都有火箭、宇宙飞船和身着宇航服的宇航员的形象。只要"到达"地球的人类看见这个标志，就知道在这里有他们先前"到达"的同胞，他们就有在地球上会合的可能了。

第三，作为一种教育后代的"星球文化"。人类从那个文明星球上迁徙到地球，除了他们乘坐的运输工具什么也没有，一切需从零开始。在这种情况下，他们把仅有的外星文明的成果雕刻到岩石上，时时教育后代，并表明人类是从何而来。当然，除了飞船和宇航员形象在一些岩画中还有一些现代人读不懂看不明的内容，想必那些岩画上传授的外星文明的知识相对就多一些。按照地球人类现在的逻辑，这种推理也是合理的。

2. 斯通亨格石圈所传递的信息。

"公元前3100年，那里距现在已有5000多年了。从那时起到现在一直存在着的一个不解之谜，那就是位于今天的英格兰的石圈。

"石圈是一片由巨石组成的宏伟建筑。石块的人为分布，形成了一圈一圈越来越大的圆周，圆周与圆周之间留有一定的空隙。石圈的历史可以追溯到公元前3100年前后，可以肯定，当时已有聪明的祭祀者和天文学家对天象进行过观测。他们已经意识到，月亮、太阳和某些星星在天空中的升降起落遵循着一定的时序……最让人惊奇的是，石器时代的建筑规划者已具备抽象思维和科学思维的能力。对此，人们过去一直没有认识到。这些石器时代的智者，斯通亨格的规划者们，他们到底是谁？眼光为什么这样深远？还有，他们这样做的目的是什么？难道仅仅为了确定一年中的历法吗？不，肯定不是。""更令人惊奇的是，当时已有人了解太阳的构造，中心是太阳，然后依次是水星、金星、地球以及其他行星。天文学家迈克·桑德斯确信，石圈是一个缩小的太阳系模型。当然它显示的不是椭圆形轨道，而是平均的轨道距

宇宙·智慧·文明 大起源

离。这里第一圈的中心代表是太阳，第二圈环绕的是水星，第三圈是金星，第四圈是地球，再外一圈是火星，接着是火星与土星之间的有数十万的石块组成的小行星带。最后，不应该忽略的是更外一圈的'脚跟石'，它表明了木星的平均轨道距离"，"这只是单方面的推测。究竟是谁在古老的岁月向我们传达这样的信息呢？……然而直到现在，我们还没有弄清楚是谁在向我们传达这样的信息以及数据后面隐藏的东西。"⑫上文中还介绍，20年前，英国的一位天文学家在计算机里输入了7140种不同的可能性解释，最后得出的结论是：石圈的作用仅仅是作为行星和星际天象的观测台。

"斯通亨格石圈"的存在，给了地球人类无限的遐想，人们可以猜测它是这个意思，也可以猜测它是那样的意思，总之说法会有很多种的。但我认为它是太阳系模型的说法似乎是目前最为合理的解释。科学家们由此发出疑问：石器时代的祖先们怎么知道太阳系的模型图呢？它们在向我们传达着什么信息？它的设计者是谁？等等。其实，科学家们的这些疑问把疑问的对象搞颠倒了，不是它向我们传达什么，而是它向宇宙的"外星人"传达着什么，向尚未迁徙的地球人类的伙伴们诉说着什么，或者是仍在迁徙中的外星人传达着什么，这才是"斯通亨格石圈"的真义所在。

为什么这么确定呢？因为地球人类从原生星球文明中迁徙来，一直存在着一种"天地同胞"的"思念情结"，尚未迁入地球的那些人类同胞死活不明，但作为"到达"地球的人类安全着陆了，但思念和期盼的心绪一直不改。总想着有一天，尚在原生星球的那些同胞们驾着宇宙飞船突然降临到他们面前。出于这样一种奢望和期盼，地球人类就将以前的星球文明知识利用起来，用地球上当时能找到的最显赫的建筑材料——巨石垒筑成太阳系的模型，并表明地球在太阳系的位置。或在石圈中还有什么更重要更先进的设置，现在的我们已经看不到了。这样，如有继续迁往地球的人类同胞一旦从高空看到它，就有具体的方位了。从这个意义上说，"斯通亨格石圈"也就具有了像岩画那样的标志性作用。

岩画的工程相对小，从高空看见这种标志的机率也低，"斯通亨格石圈"的工程量大，也显得笨拙，但从高空看见它的机率相对就高，而且它还明确显示出他们这里居住的就是从太阳系迁徙来的居民。

这种可能性究竟有多大呢？具体比值不好确定，但这种可能性是绝对存在着的。后文中将会进一步阐明这一观点。

图18 这很像接受设备

图19-1 他不是"舞者",而是个三只脚的飞行器。这与下图詹宁斯·弗雷德描画的太空飞行器很相似。

3."纳斯卡地画"为什么要"飞"?

"纳斯卡荒原是秘鲁南部纳斯卡镇附近的一片干旱荒原。这地区一度是纳斯卡印第安人的故乡。15世纪,纳斯卡文化为印加帝国吸收,随后由于西班牙人入侵,差不多完全消失。但在那斯卡河畔有一座包括六个尖塔的庙宇遗址,足以证明过去这里曾有一个重要的文化存在,可惜这类线索极少留存。

"1926年,秘鲁的一些考古人员上到山顶上发现这个奇观,他们居高临下,忽然见到在许多绵长的模糊线条在荒原上纵横交错,是他们在平地上看不出来的。研究人员经过考察,发现这些线条是清除在地上石块后露出浅黄色泥土而造成的。泥土露出来,日久逐渐变成与荒原表面其他地方一样的紫褐色。因此,那些线条只有从高处才能看得出来。

"最初的一种说法,认为这些线条是纳斯卡人的道路。但在20世纪20年代后至30年代初期,考古学家利用飞机多次在荒原上空飞越考察,发现大批分布很广的复杂记号,此说从此被推翻。除了线条,机上考察人员还看到许多巨大长方形和其他几何图形,以及许多种动物的优美线条画,包括猴子、蜘蛛、蜂鸟甚至鲸,也有花朵、手掌和螺旋形图案。每个长约1米至183米不等。这样的线条显然不是道路。

"虽然有些线条长达数公里,但不论它们越过哪一种地形,或甚至伸展到山顶,其直线的偏差在1公里内不过1-2米。究竟纳斯卡人在荒原上留下这样的记号来干什么?这些线条绝不是艺术品,因为当时纳斯卡人不可能由高空俯瞰欣赏。"

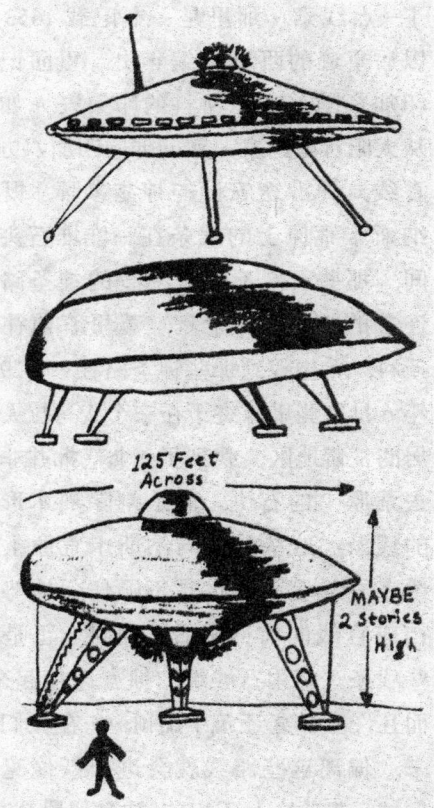

图19-2 詹宁斯·弗雷德多次看见并描画的太空飞行器。与UFO照片图形很相似。

宇宙·智慧·文明 大起源

"最使学者们感到兴趣的并不是线条如何造成，而是线条有何用途。"于是，美国的考古学家认为是"用以观察天文"的，法国的数学家赖歇认为是个"巨型日历"；美国的天文学家霍斯通过计算机演示，找出一个长方形图案针对着一个星系团；还有人认为"纳斯卡地画"，是印第安人的灌溉系统和道路标志，"对天国的想象和憧憬"、"民族图腾"等。

"1977年，英国电影制片人莫里森亦加入这项研究……莫里森则发现了一点线索，那里是一本记载1653年以后事迹的西班牙编年史，里面记载印加帝国首都库斯科的印第安人如何从太阳神殿出发，踏向伸向四面八方各直线，到沿途安设的神龛参拜。既然纳斯卡荒原上的线条在一堆堆石头之间，那些石堆不就是笔直的神圣路径连接的神龛吗？于是，莫里森前往库斯科，希望找到那些神圣路径……1977年6月，莫里森终于在一个艾马拉人聚居的荒僻地区，找到了一个整批并非移去荒原上的石块，而是割除灌木形成的线条。这些线条与纳斯卡荒原上的线条一样笔直，也是不顾任何地势阻挡成直线向前伸展的。同时，正是这些线条，将用石堆筑的神龛连接起来，而且许多神龛还筑于山顶……在他们看来，偏离这些路线就会进入妖魔鬼怪领域。艾马拉人还相信，神龛位置越高，其中神灵越神威……"⑬

图20　这幅岩画和图19-1比较相似，看似一种怪异的动物，其实它不是动物。下面的长方形物体只有窗户似的空隙和三条腿，踩在它背上的只有两条腿，其他都相同。旁边有个头盔装置。应该说，它们就是旁边这戴宇航头盔的"宇航员"乘坐的宇宙飞船或类似的运输工具。画面上的图只是个"示意图"，在岩壁上不可能工笔画似的描绘出来。

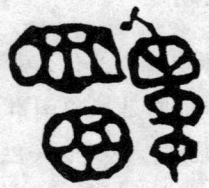

图21　这图由"三大件"组成，左上方的图案没有腿，可能收敛住了；左下方的如"车轮"，但仔细看，它并非车轮，倒是很像现在的光碟；而右半的那个装置，是个"接受器"或"天线"之类的器械。如果把这三件整体地看，左上方的似是"宇宙飞船"，其余两件是里面的设备或配套的主要装置。

图22　这是一幅非常有趣的岩画。一架宇宙飞行器停留在地面上，而一头雄悍的雄鹿以敌视的态度试图去抵那个飞行器。画面上"前文明"与地球生物之间的敌对构成了生动的一幕，令人震撼。

图23　这是乌林乌苏岩画。图中的图案形象很怪异，但组合复杂。这样复杂的组织物体是动物图案组合吗？不可能。它也许是"前文明"的飞行器或大型武器装备，或是人类"到达"地球时的"宇宙飞船"。

秘鲁南部荒原上的"纳斯卡地画",考古界的普遍看法是"飞机场"、"天文学定线"、"巨型日历"等,总之与天文有关。

其实,"地画"的内涵与它的名字直接相关。据史学界考证,印第安人是在旧石器时代从中国北方通过白令海峡迁徙去的,他们应属中国北方蒙古人种;再以他们的文化特征看,他们应是古代中国北方鲜卑人的一个分支(参看拙著《鲜卑文明》)。假设印第安人是鲜卑分支的观念成立,那么用鲜卑母语作为民族语言的土族语就应该能破译"纳斯卡"的印第安古语。按土族语解,印加帝国首都"库斯科"是"桥"的意思,那里一定建有人工的桥和天然的桥而得名,或是那里的印第安部族善于筑桥而得名。而"纳斯卡"就是"飞翔"或"飞"的意思。这个突破非常有意义:印第安人为什么把"地画"称之为"飞"或"飞翔"呢?

在写作本书之前,我的确不明白它的用意,现在似乎豁然开朗,明白了其中的奥秘。"纳斯

图24 这是阴山天神神格面具岩画。在这一组岩画中,最上面的左边是头盔,右边有较为完整的佩戴齐全的人形。中间部分大都于宇宙飞船之类飞行器的造型有关;最下边的图案是典型的宇航员头像。

图25 这幅岩画图案很有意思:两个人类的成员刚刚从飞行器中下来,"到达"地球上,飞行器还在空中悬浮着;而他们"到达"地球后的第一个遭遇竟是一只受了惊吓的大鹿。也许,这幅岩画所表达的就是人类刚刚"到达"地球的情形。

图26 这两组是白岔沟岩画。专家认为它们是"太阳的圆形和射线十人的面部五官=太阳神"。如果右边的众多图案是这样的话,那么左边的图案绝对不是。左边的图案实际是两部分组成:一个戴着宇航头盔的人的头部和一个简化了的飞行器的组合。它的寓意是否在说,人类是从右边的某星球上来的?

图27 这个画面构图很特别,两个直立的人在匆忙地前行,而另一个同样形象的人在他们头顶飞翔。他们的进行方向是一致的,都朝前行。在现代人类的和现代文明中,我们找不到这样的案例;但这幅岩画表现的却是在现代文明中所没有的,他们是刚刚"到达"地球的人类吗?或是"到达""地球"后匆忙察视地球环境的人类呢?

"卡地画"的真义就像前述的岩画和"斯通亨格石圈"有着相近的意思,也是"到达"地球的人类对原生星球上的同胞们做出的一种标志。在它复杂的各种图形中,除了地球上能认出的动植物图形外,应该也包括原生星球文明中的某种共认的图案或符号,这样既能表明他们曾经有过的共同文化,也能表现出他们居住的地方特有的一些动植物形象。与前述的岩画和"斯通亨格石圈"所不同的是"纳斯卡地画"大,开始它是面对原生星球上的同胞们的一种信号,希望他们在迁往地球的空中能看见他们,到他们这里来生活,或带他们到别的更加理想的星球上去生活之类意思。日久年深,他们的这种希望几乎破灭了,于是"纳斯卡地画"的线路就成了他们这个"到达"地球的部族祈祷"飞"向天空的宗教场合了,虽然它的原意在其中,但对后人来说只有一种宗教思想和宗教仪式在起作用——从这里,我们至少也能看出一点原始宗教起源的根由来。

4. 石雕人像的千古翘盼。

在复活节这座孤岛上发现了600多尊大型的石雕人像,全都是整块的火山岩雕凿成的。"这些人面巨石像大多整整齐齐排列在四米多高的长形石台上,共约有100座石台。每座石台一般安放4—6尊石像,个别的多达15尊。石像高约7-10米,重达90吨,最高的有30多米,数百吨重。这些巨石像都是长脸、长耳朵、双目深陷,浓眉突嘴,鼻子高而翘,一双长手放在肚前,面朝无边大海昂首凝视着,神色茫然。"⑭考古学家在岛旁发现了"采石场",还发现了中国的象形文字以及峭壁上雕刻的月牙形船。有人认为,这些巨石雕像是外星人所为,也有学者认为,这些石雕像与墓

图28 这些伫立在复活节岛的"巨人头像",大多都整整齐齐排列在4米高的长形石台上,奇异的是他们同时深深凝望着太空深处,似乎在企盼着什么。

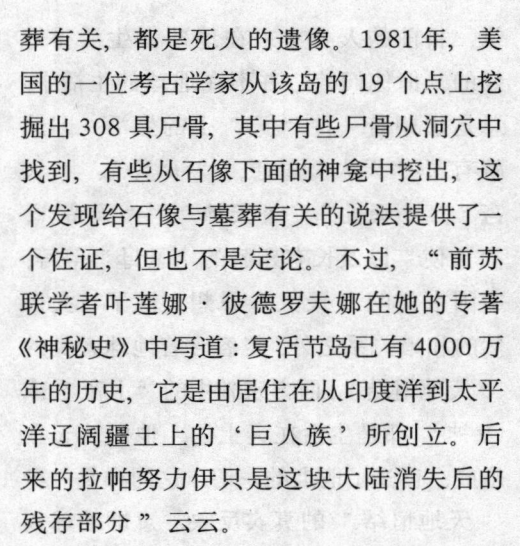

葬有关，都是死人的遗像。1981年，美国的一位考古学家从该岛的19个点上挖掘出308具尸骨，其中有些尸骨从洞穴中找到，有些从石像下面的神龛中挖出，这个发现给石像与墓葬有关的说法提供了一个佐证，但也不是定论。不过，"前苏联学者叶莲娜·彼德罗夫娜在她的专著《神秘史》中写道：复活节岛已有4000万年的历史，它是由居住在从印度洋到太平洋辽阔疆土上的'巨人族'所创立。后来的拉帕努力伊只是这块大陆消失后的残存部分"云云。

复活节岛的历史究竟如何，我并不感兴趣，我感兴趣的是岛上颇具神气的石雕像。这些石雕人像，面朝天穹，充满期待和希望。他们朝着天穹在期待什么？又希望什么？是在期待迁徙中"失散"的同胞们归来，还是希望原生星球上的同胞们从宇宙的某地看见他们，把他们从地球上拯救出去呢？从他们企盼的专注神情看，他们在地球上的生活很糟糕，因而也显得很痛苦。他们凝望和企盼的这种神态，活脱脱刻划出他们内心深处的情感世界，他们似乎连一分钟都不愿待在地球上，只要有可能就会立刻离开地球飞上天空去。石雕人像的这种神态和内心世界，令我们怎么也不敢相信达尔文的人类进化理论在人类起源问题上的真实性，一种由低等动物演变而来的人类怎么会有这样急切的想望宇宙生活的心情呢？哪怕一星半点的表现有吗？猩猩和猴子们会有人类这种深沉和凝重的宇宙意识和宇宙情结吗？它们在不算短暂的生命历程中有过几次如此凝重地翘首企盼宇宙深处的机会呢？达尔文虽然专门地研究过动物的表情和情感世界，但他从未把探索的视野延伸到这个领域里来。也许这里就是进化论最怕进入的地方或是进化论根本想象不到的人类精神无限延展和无限神秘的一个"暗区"吧！

四、"天人"思想的由来

从上述遍布世界各地的岩画、神秘的石圈、纳斯卡地画和复活节岛的石雕人像显示出一个共同的思想倾向，那就是它们与宇宙深处的某星球有着某种密切的联系；这种联系不是地球人类探索宇宙的那种好奇心理，不是崇拜虚无的宇宙和天体的那种联系，更不是因为自然的神秘造成的恐惧心理，从而强迫人类祈求天空的那种联系；而是由上述的"天地情结"形成的一种永久的企盼。这种企盼的表征就是大量的岩画、石圈、地画、石雕人像。它们虽然都是定格或凝固的历史文化遗迹，但在它们诞生之初，却是活生生的充盈着地球人类情感和思念的活体，甚至可以说是当时的地球人类"朝向"宇宙深处的一张海报、一份公告，或是一封企盼信，它告诉仍在宇宙深处那个原生星球上的人类同胞们，你们是怎么回事呀，怎么还不见来？在我们老家的那个原生星球上发生什么重大事故了吗？你们快点行动起来吧，别在乎那些不值钱的坛坛罐罐，赶快迁徙到地球上来吧！我们已经"到达"了地球，

宇宙·智慧·文明 大起源

为了迎接你们的到来，我们按照你们可以理解的方式做出了诸多的标志，只要你们看见了它就知道我们在什么地方。快点来吧，我的爷奶姑舅们！快点来吧，我们的骨肉同胞们！为了我们的家庭和种族得到延续，你们把生的机会让给了我们，可是你们迟迟不见到来，我们怎么能安心地生活下去呢?!同胞们啊，快点来吧！我们想死你们了……人类是富有感情的智慧生物，他们根据现有的科学技术能力和宇宙运输工具，有一批或数批的迁徙者已经"到达"了地球，然后再也不见后来者。不管在以后的岁月里有没有迁徙的人"到达"地球，但已经"到达"地球的人类盼望亲人同胞归来的心不死，于是就出现了以上诸多形式的神秘文化遗迹。按照现代人类的习惯说法，这些文化遗迹并不那么神秘，它们只是已经"到达"地球的地球人类企盼与原生星球上的亲人们"团圆"的一种标志，仅此而已。当地球人类的这种企盼渐渐落空，甚至没有一些指望之后，这些标志着"天地情结"的神秘文化也就随时间变成了古人们遗留下来的古迹。它们只是在这里那里矗立着，翘望着，企盼着，创造了它们的古人已经永远地故去，后生们只知道一些传说，后来有一部分传说变成了今天的神话。

这似乎是一种揣测，但它符合人类这种高级智慧生物的基本特性。人类除了富有智慧，也不乏感情，"天地情结"成了地球人类与"天"的一种永恒的情

缘。目前的人类本来在地球上生活得好好的，但他们的心并不在地球的生活中，总是想望着一种"天"上的生活，因此就有了"天人"思想，"天堂"、"天宫"、"天仙"、"天神"、"天帝"、"天使"以及长有翅膀的"圣母"等等。中国古代的"天人"思想，除了与大自然的和谐关系之外，也容含着地球人类的"天地情结"；西方宗教中的"上帝"或"神"都是生活在天上的，他们从天上施威，创造了地上的一切，这同样是一种"天地情结"的真实反映，意即地球人类的真实身份是宇宙的孩子，他们是从宇宙的某个原生星球上迁徙到地球上的，因而说是由天上的"上帝"创造了地球人类的故乡，地球却是人类选择求生的一个普通星球而已。因此，有一些哲学家、科学家称"宇宙为家"，不说"地球为家"；将探索宇宙称之为"回归宇宙之家"，原因也就在这里。

有一些"人从天降"的神话传说非常有意思。北美印第安人的一个神话说，人类的祖先最早是由天上掉下来的一个

图29 秘鲁纳斯卡地画中的"蜘蛛图"。

神人（女子）生的两个孩子。⑮中国的普米族"有一则创世神话《久木鲁的故事》，讲了普米族的来历：在天刚分开，万物刚产生的时候，天上降下一个名叫吉泽仁玛的女神做大地上的人种。她住在一个石洞里，并与洞边一个名叫巴窝的石人结为夫妻，生儿育女，从此大地上有了人类。后来繁衍成氏族部落群，即为普米族和摩梭人的祖先。"⑯布朗族的神话中说："人是从天上漏下来的。"⑰土族在《格萨尔·创世史诗》中描写，最初的人是从天上掉下来的一个小孩，他钻在一个靴子里"从天而降"。⑱"德昂族著名的创世史诗《达古达楞格莱标》中说人类来源自天上，世上本无人，一天狂风刮下一百零二片树叶，变成了人，并互为夫妇，繁衍了人类。"⑲怒族神话中也说人是"天上飞来的一群蜂变成了女人"，后来与虎、蜂、马鹿、麂子等动物交配形成的，⑳等等。我后面将要说到，神话和传统原本在正史里算不得真实的历史，因而不作为人类的历史看待。但是我们在后文中会越看越明白，神话既然是人类智慧的产物，它并非凭空捏造或纯粹想象出来的"故事"，因为神话穿越了漫长的历史时空，难免在传承过程中"变味"或夸张，但一些"核心"的内容和信息是变不了的，它从远古传承至今，为我的一些研究和考古发现所证明。因此，一个民族的神话中说"人是从天上掉下来的"，我们可以不信，但多个民族的神话中都反映了同样的主题，那我们就不得不重视，不得不研究，如果还执意坚持一些对神话传说的偏见，那就是我们的大脑过于逻辑化，过于狭隘了。

注释：

①② 编辑组：《西方哲学原著选读》，商务印书馆，1984年
③ 葛剑雄　周筱赟著：《历史学是什么》，北京大学出版社，2002年
④ 何兆武主编：《历史理论和史学理论》，商务印书馆，1999年
⑤ 爱德华·泰勒著：《人类学》，广西师范大学出版社，2004年
⑥ 苏米拉·莫莱著：《破译〈圣经〉续集》，中国言实出版社，2002年
⑦ 李振良著：《宇宙文明探秘》，上海科学普及出版社，2005年
⑧ 高强明编著：《人类之谜》，甘肃科学技术出版社，2005年
⑨⑩ 宁维铎著：《地球家园的千古之谜》，民族出版社，2004年
⑪ 郭伟　薛亮编著：《历史地理之谜》，京华出版社，2005年
⑫⑬ 车纪坤　李斯编著：《自然科学之谜》，京华出版社，2005年
⑭ 远近编著：《谎言与预言》，四川科学技术出版社，1998年
⑮⑯⑰⑲⑳ 转引自陶阳、牟钟秀著：《中国创世神话》，上海人民出版社，2006年
⑱［德］施劳德记录，李克郁翻译：《土族格萨尔》，青海人民出版社，1994年

宇宙·智慧·文明 大起源

第五章
人类的适应性进化与进化论的得失

　　人类的适应性进化与种族形成—对地球环境的初步适应—人类种族大家庭—人种进化与种族形成／人类的宇宙生物特征—分布与适应—各器官功能—优胜者／进化论的地位与得失—生命意识的正确性—"适者生存"的普遍性—进化论的错误

　　现在，我们可以明确地说，人类并不是由猿猴演变而来，人类是来自某个文明星球的宇宙高级智慧生物（详见第三部）。由于人类曾经生活的那个文明星球，遵循天体运行的一般规律，耗尽了自身的能量，濒临在死亡的边缘上，抑或是别的原因，将导致人类无法继续生存，智慧的人类早就预测到这种可能的结果，在它尚未发生之前，通过先进的宇宙运输工具，分次分批地迁出那个文明星球，先后"到达"了地球，从而成为地球生命中最为重要的组成部分。另有一些未迁出的人类同胞未能"到达"地球，或许他们就在那个星球上绝灭了，或许他们就成为地球人类念念不忘的"外星人"。

　　那么，人类是在什么时候"到达"地球的呢？这个具体时间现在还不好确定。从上文中所说的"火星人部落""到达"地球的时间看，是在1812年，离我们很接近。从欧洲的"外星人后裔"推敲，虽没说具体"到达"时间，感觉似乎也不遥远。再从外星人与母猿杂交成人类的观点看，又似乎很遥远，几十万年、几百万年，甚至几千万年，都说不准。还有一个重要的参照（将在后文中评述），就是考古发现20亿年前的核反应堆的情况判断，人类"到达"地球的时间似乎又非常非常的遥远。无论人类"到达"地球的时间怎样不确定，但以下几点是确定无疑的，那就是：人类"到达"地球的时间有先有后，不是一次性"到达"的，而且"到达"地球的宇宙高级智慧生物也不止是人类一支，也不止是来自一个文明星球；人类"到达"地球之后，也曾有过一个漫长的适应过程，达尔文"适者生存"的地球生物规律对这一阶段的人类也非常适应，人类也是遵循了地球生物进化的这个规律；但是适应了地球生存环境和地球生活的人类毕竟不是从地球上起源的，他与地球上的一般生物没有一点关系。

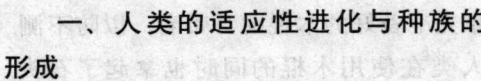

一、人类的适应性进化与种族的形成

《人的条件》的作者如是说,"阿基米德支点"从"地球中心"论移到了"日心"论,然后再移到"无中心"论。"只是到了现在,我们才确立了'宇宙人'的我们自己,确立了作为这样一种人——其世俗性不是依据实质,而是依据活的条件所确定,因而根据推理不能仅仅在猜测中,而只能在实际的事实中克服这些条件的我们自己。"①

对于《人的条件》这本书的叙事风格,我并不喜欢,因为它太绕弯子,容易把人弄糊涂;但它所谓的"宇宙人"这个名称,我却非常喜欢,它的意思似乎在说,由于地球人类认识水平的不断提高,地球条件越来越不能限制地球人类的活动了,地球人类的等级和品位也由原来的"地球人"提升为后来的"宇宙人"。这个"提升"好哇!从"人的条件"的角度说,"地球人"不仅要严格遵循地球生存环境的一般规则,而且其地位也和地球上的一般生物没有区别,反正都是从低等动物演变而来,和地球动物平起平坐,没有高贵和尊严之分。然而人的地位一旦跃升为"宇宙人"则情况就完全不同了:"人类的许多自然性质,如力学、物理、化学、生物等特征与这个宇宙的特性相吻合,人体组织的组成元素及其含量在一定程度上同地球地壳的元素及其丰度具有的相关关系,就表明人是宇宙演化、环境变革的产物。人类必选择适当的宇宙才能存在,而且只能出现与存在于宇宙演化的这一阶段。"②

这不就把问题说得明明白白了吗?人类是由宇宙演化而来的,他要选择适当的宇宙才能生存。人类自从选择了地球,并"到达"地球之后,就开始了漫长的适应性生活和地球环境中的进化过程。

1. 人类在地球环境中的初步适应

人类初次"到达"地球,他们首先要做的事就是让身体各部位适应地球的生存环境。比如对地球上的气候有没有反应,温度是否适应他们的身体条件,昼与夜的轮回与春夏秋冬的季节变化是否对他们的身体有影响,特别重要的一点还是对地球生物环境的了解。比如地球上的植物系统和他们曾经生活的那个文明星球上的植物比,有何区别;动物系统比较复杂,大型的小型的,空中的海水中的,应有尽有,它们的生活习性如何,有没有人类一样的智慧?除了动植物环境,还有水呀、土呀、阳光呀这些生命必需的无机物元素的分布和存量如何,能否满足他们在地球上的生活需要等等。了解新的地球生存环境和食物资源,这是人类适应地球的第一步,犹如长期生活在北极冰天雪地的人突然来到赤道附近建立新生活一样,熟悉环境是适应环境的开始。

凭借人类在上一个星球文明中开创的聪明和智慧,人类对地球环境的熟悉很快就完成了。原来地球上的温度偏高或偏低,气候变化多端,风雨冰雪的循

 宇宙·智慧·文明 大起源

环很快，地球上的植物种类繁多，在一定时间内有荣有枯；地球动物几乎都没有智能，更没有智慧，它们全凭本能在地球上生活，地球上供它们生活的食物资源也很丰富。不过地球动物中有一些性情特别凶恶的，它们专以小动物为食，开始的时候人类也曾成为它们的腹中食。在地球动物靠本能生活的因素里，人类是占不了什么便宜的，好在人类拥有它们所不具备的智慧，人类唯独在这一点上能和地球动物相抗衡。除了陆地上的动植物分布，在地球的上空也有很多种飞行的动物，它们的行踪诡谲，生活习性一时不好掌握。除此，在陆地洼陷的地方有大量的成片的水，水中也有无数种动物，它们的生活比天上飞行的动物还神秘，一般不露出水面，连它们的影子都看不见。当然，除了地球表面上这些有生命的动植物，地球的表面还不平坦，有很多的川原、洼地、峡谷，还有丘陵和高山，有寸草不长的荒地，有森林，还有河流，有艳阳高照的温暖舒适的地方，也有冰天雪地的寒冷地带。凡能看见和感觉到的这一切，构成了人类在地球生活中的新环境，新家园。人类在睁大眼睛熟悉这些环境构成的同时，也试探性地构筑属于自己的生活家园。

木棍，也许是人类最先拿起来的防身和使用的工具。假设人类在小心翼翼熟悉生活环境的一个瞬间，有猛兽突然袭击过来，此时的人类随手拿起的恐怕就是现成的木棍。以后，人类就将一些事先准备好的木棍随身带着，以防不测。人类在使用木棍的同时也拿起了石头，这种物质在他们诞生的那个星球上也有很多，使用起来很顺手、很方便。只是质地不同，形状各异，他们就选择一些质地坚硬、形状也差不多的石头，相互砸磨，以便使他们用起来更顺手、更方便。在这个过程中，火产生了，石器工具产生了。

虽然，"到达"地球的人类来自一个高度文明的星球，并且熟练地使用宇宙飞船之类宇宙运输工具，但他们在那个文明星球上不一定使用火，也不一定使用石制的工具。"到达"地球之后，这一切都成为新的发明和新的创造，人类在地球上的生活差不多是从零开始。

"到达"地球的人类还观察到，生活在地球上的动物，有的住山洞，有的在树上筑巢，晚上就到它们固定的山洞和巢穴里去睡眠。一到白天，地球上的动物们从这里那里走出来，要么摘食树上的果食，要么捕食小动物，要么舔食长在地面上的草。人类学地球动物们的动作，也采食挂满枝头的果食，这便是采集时代的开始；一到寒冬，没有果实可采食，就学大型肉食动物，也捕食一些小动物，这即是狩猎生活的开始。刮风下雪没处御寒藏身，也学动物们找个现成的山洞住进去，这大概就是人类"洞穴"生活的开始。

人类"到达"地球后，有了这样一些初步的了解和初期的适应，生活的序幕就这样拉开了。在这个时期，人类就

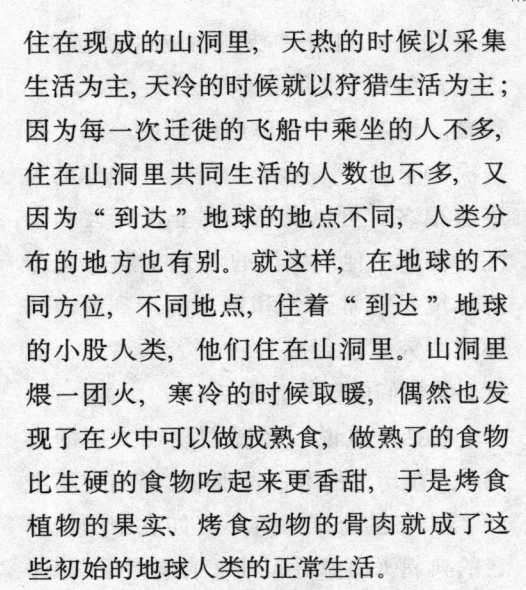

住在现成的山洞里，天热的时候以采集生活为主，天冷的时候就以狩猎生活为主；因为每一次迁徙的飞船中乘坐的人不多，住在山洞里共同生活的人数也不多，又因为"到达"地球的地点不同，人类分布的地方也有别。就这样，在地球的不同方位，不同地点，住着"到达"地球的小股人类，他们住在山洞里。山洞里煨一团火，寒冷的时候取暖，偶然也发现了在火中可以做成熟食，做熟了的食物比生硬的食物吃起来更香甜，于是烤食植物的果实、烤食动物的骨肉就成了这些初始的地球人类的正常生活。

初步适应了地球环境的人类，住在山洞里，靠采集和狩猎生活的时间过了很长一段时间。在这段时间里，食物匮乏的时候有，食物剩余的时候也有，随着山洞人口的不断增加，收获和贮备食物就成为了人类最重要的事情。因为在地球上生活，人类的生存时间缩短了，生老病死这些他们不曾体验过的麻烦事接踵而至，年长的人一旦老去，或有了疾病，就无法独立生活，必须靠别人来养活，供给他食物，这就需要有一定量的食物贮备，否则老幼残弱之辈就会饿死、冻死、病死。而年轻健康的人们不忍心自己的同胞们发生这样的意外，因为"到达"地球的人类本身就不多。于是他们就拼命地采集和狩猎以便使住在山洞的这个人类的小集体生活得好一点，至少不被饿死和冻死。地球人类的伦理思想就从这个时候开始萌芽了。

又过了很长时间，人类贮藏在山洞里的多余的果实，在一个春天里发芽，长出植株来了，这使过着采集生活的初民大吃一惊，地球环境中能使植物的果实重新复制出相同植物的事太奇妙了，它使聪慧的人类突然开悟，就将所有剩余的植物果实都埋进地里去，没过多久就长出了成片的植物来，这又是地球人类第一次尝试的栽培农业，也是栽培农业的起源。

和栽培农业的情形差不多，住在山洞时的初民们先是把动物的骨肉存放起来，可是过不多久就腐烂掉，他们感觉吃腐烂的食物很不好受，于是他们就把狩猎来的多余的动物不杀死，养在山洞里，有时候猎获的小动物很多，山洞里无法容纳，就把它们放出山洞，由专人看管———这是人类饲养和畜牧动物的开始。

人类在山洞里的原始生活过了很久很久，最初的几个人或十几个人繁衍成了一大伙人。人类的数量增多了，山洞里容纳不下，就开始在别的地方找山洞。可是在有限的地区内，没有那么多可供人类生活和居住的山洞，这时，人类就开启智慧，学鸟类在树上筑巢一样开始在地面上构筑住房———这是人类走出山洞，开始学习建筑的开端。

为了识别各种动植物，辨别能吃和不能吃的食物，以及发现一些动植物的药物治疗效用，这是人类最早的医药科学的起源。人类在适应地球生活的过程中

 宇宙·智慧·文明 起源

总结出了一些初步的经验；为了把这些宝贵的经验发扬光大，让所有的人都知道，都能记住，而且传至后代，就用一些特殊的符号把它记载下来，或是表示出来，最初是在各自生活的山岩上、树干上，然后在一些特制的物品上，这就是人类最初的符号的来历以及后来的文字起源的基础。

2. 人类的种族大家庭

人类在适应地球环境、建立初步的地球文明生活的过程中，作为地球生物进化的总规律在人类身上也开始发生作用，这就使人类由适应地球生活环境进入到地球生物自然进化的过程，也就是地球生物要在地球上长期生存下去必须要经历的一个选择过程。"因为我们知道，地球上的万物，宇宙间的一切事物都是在有规律运转，发展、更换交替进行着，它们都有自己的周期。寓生于死，由生而死，由死而生，大自然就是处于这样的进化、演变之中。当地球上的各种条件适应人类生长时，他们就会大量繁殖、发展；当条件不适应人类时，他们就会在地球上灭绝或外迁。"③这就是地球生物们所遵循的自然选择，适者生存的总规律，人类虽源自外星球，但要在地球环境中长时期生活下去，也不例外要遵循这一总规律，并在遵循这一规律的条件下才能超越地球动物，也才能成为强者。

人类从适应地球环境到进入物种进化的过程，决非从地球高级动物中分化出来一支进入进化演变那么简单，人类

的进化是在自身种族的筛选中完成的。人类从前一个文明星球中迁徙"到达"地球，既不是一个单纯的种族，也不是一次性完成的。人类"到达"地球的种族有很多，可以说是一支非常庞大和杂乱的群体，他们生活的"前文明"星球的环境是非常强大和繁荣的，到了地球环境中究竟能否成为一个"适者"，这就要看他们自身的造化了。

概括一点说，在我们现代文明的史书中，在历代的考古发现中，曾有过不少"类人"的奇怪人群。比如在中国最古老的典籍《山海经》中，在《太平御览》与彝族史诗《梅葛》中，在希腊神话和各地的原始森林中，都有关于这类人群的记载和考古发现。实际上历史上传闻的各种奇怪的特异种族，并非神话虚构，也不是哪个民族远古的图腾近亲，实实在在，他们都是人类的种群，是从地球之外的文明星球上迁徙来的，"到达"地球后，他们除了适应地球的生存环境、一无例外地都进入了"适者生存"

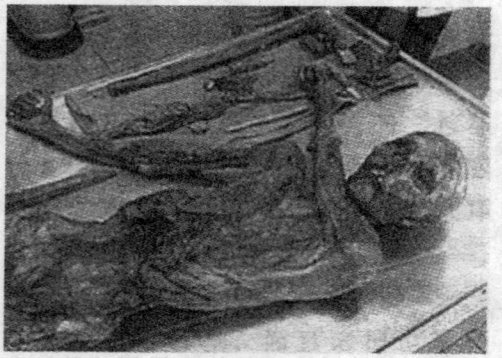

图30 在阿尔卑斯南部发现的5300年前的"冰人"。

的生存竞争和自然选择的地球生物生存的总规律之中。

为了使我们的论述显得清晰一些，不妨将人类种群中有代表性的一些特异种族开列出来，使我们对他们的形象的主要特征有所了解，进而加深对人类种族形成过程的认识。

在高明强编著的《人类之谜》这本小书中，对于"特异人种"概括出这样一些种族来：

竖眼人 也叫"纵目人"，在彝族的《梅葛》史诗中有记载，在《华阳国志》中也有明文记载："周失纲纪，蜀先称王。有蜀修蚕丛，其目纵，始称王。死，作石棺石椁为纵目人冢也。"

独眼族 也称"一目人"。《山海经》载："一目国，在其东，一目中其面而居。"有关"独眼人"的考古发现：1989年，日本考古学家富齐塔在南太平洋的一个小岛上发现了一个独眼人的头盖骨。一个拳头大的眼窝位于头骨中央。富齐塔说："这不是化石，而是40年代还活着的人的头骨。"1991年秋，前苏联阿塞拜疆军事学院的一批学生，在巴库附近接连遇见了"独眼巨人"。"独眼巨人满身覆盖黑毛，有一只红色巨眼，如石榴那么大，生在额头下"。

巨人族 希腊神话中有泰坦巨人族。"他们身体高大健硕，远望似一个个铁塔，且野蛮无礼，凶狠无比。"在墨西哥、马来半岛、尼日利亚都发现有"巨人族"存在，他们的特征：身高有3米多，大嘴巴、小眼睛、塌鼻子、浑身长毛。复活节岛的石雕人像据研究都是"巨人族"所为，同时也是"巨人族"的形象雕刻。

小人族 据考证，在美国内布拉斯加村、安第斯山脉一带、哥伦比亚、委内瑞拉、非洲等地都有发现，在中国的古籍中也有"小人国"记录。据说"小人族"就是指生活在喀麦隆、加蓬和刚果接壤的赤道森林中的俾格米人，他们"皮肤黝黑，身材短小，成年男女均在1.2—1.4米之间，常年生活在1米多高有2米见方的树叶窝棚里，以狩猎为生"。

卵生族 《山海经》记载：南方"有卵民之国，其民皆生卵"。据说，1990年，前西德人类学家劳沃费兹博士和他的10个同伴在婆罗洲的原始森林里，发现了一群原始部民……经过一段时间考察，弄清了，原来女部民怀孕6个月后便会生下一枚大蛋来，再进行3个月的孵化，9个月完成整个生育过程。这时，做母亲的就和现代人一样，用自己的乳汁哺育婴儿。

短尾族 《太平御览》上记载："尾濮国，一名木濮，汉魏以后，处今云南郡西南千百里郊外。其人有尾，长三四寸。欲坐则穿地为穴，以安其尾，尾折便死。居木上，能食人，又啖其老者。唯识母不识文。"

"据香港四海通讯社1985年一则消息说，在西藏和印度阿萨密之间，有一片辽阔而人迹罕至的地方，叫巴里析力区域，那里居住着一支奇人种，他们每个人都拖着一条猩红色的已退化的短尾巴。经人类学家考证，他们属于阿拉伯尼坦斯人。"

恐龙族 "1993年春，法国科学考察队在非洲扎伊尔有了一个可与三脚人相媲美的重大发现，他们发现了一个恐龙人部落。这些原始人以咕哝及嚎叫等简单音节来相互沟通，人人背上长着凸出在外的脊椎，很像恐龙的脊。有些脊椎骨突出脊外几十厘米之多，孩子们也不例外……考察队长拉旦博士解释说："我们最不希望成群结队的科学家及记者涌去该部落。这些人从每个角度看都是真正的史前人，我们必须保护他们免受外界的影响。"

鸵鸟族 "相传，在非洲的某个地方生活着一支'鸵鸟人'。他们个个敏捷如猴，能在树林间奔腾跳跃，且能在地上行走如飞。"他们的"脚趾只有两个，且比我们其他族类的脚趾几乎要长一倍，而脚掌却要短得多"。"这个鸵鸟族人现在以游牧为主，辅以采集、狩猎，生活很艰苦。"

鸳鸯族 1991年，印度尼西亚的一个科学考察队，在婆罗洲的原始森林地区"发现了一群奇特的人。他们的头部像白人一样，皮肤白晰、细腻，而整个身子像非洲的黑人一样，油光发亮，皮肤看起来比较粗糙。这个部族共有150多人，迄今尚处在狩猎阶段"。

腹语族 "在南美的亚马逊河流域生活着一个民族，叫卡拉维族。这个民族的所有成员，长相跟其他民族一样，

图31 西德人类学家沃费兹博士组织的探险队，在印尼婆罗洲的原始森林里发现的"鸟人"。

但是有一点不同……卡拉维人讲话嘴巴不动，声音是由腹部形成，通过鼻孔发出。"

绿肤族 "……在非洲的一个人迹罕至的原始森林中，发现了一个与世界上其他人种都不同的部族。这个部族的男女老少从头到脚皮肤像绿色的小四脚蛇一样呈绿色……因为他们的血管中流动的血不是红色，而是同皮肤一样的绿色。"他们还停留在部落阶段，住天然山洞，全部族有3000多人。

蓝肤族 "在智利安第斯山脉的一个空气稀薄的偏僻山谷里，人们发现了一个与绿肤族可称兄道弟的部族——蓝肤族。这个族的男男女女皮肤都是浅蓝色，宛如身体表面涂抹了一层浅蓝色的颜料一

图32 在西班牙宠诺斯村发现的绿色小孩

样。然而,他们身体健康,采集、狩猎,生活跟其他族类无异。"

除了上述的十多个特异人种之外,还有三足人、蟹足人、人头鸟身人、蛇身人面人、狮身人面人、马头人面人、羊身人面人、鹰头人身人等组合更为奇特的人类"近亲"种类。"1684年,法国人类学家F.柏尼埃首次提出了划分人种的设想。在三个多世纪里,成百上千的学者做过划分尝试,最少的是二分法,最多的是三十分法。"说明在刚刚划分人种的时候,人的种族是很多的,远不止上述的这些特异种族。

3. 人种的进化与种族的形成

那么,现代意义上的人种或种族是指什么呢?"是指那些具有区别于其他人群的某些共同遗传特质的人群。这些共同的遗传体质特征是在一定的地域内,在漫长的人种形成和发展过程中逐渐形成的,是对自然环境长期适应的结果。"在种族形成的这个现代定义中,我们完全可以解释人类在地球环境中长期适应和逐步进化的全过程。

首先,我们要明确,人类的进化过程不是从某种地球动物演变进化成人类的,人类的进化是在人类自身的庞大种群中进行和完成的。这一观点从头到脚区别于传统的人类进化理论,是本书的主要观点之一。

如上所述,人类不是从地球动物演变进化而来,这一传统假说的主要理论依据即是物种的遗传变异。在达尔文时代,遗传变异这种现象是存在的,但物种为什么会发生遗传变异,猿类的遗传基因中本无后来人类智慧的基因基础,猿的基因为什么演变成人呢?直到现在,这种物种变异产生新的物种的说法依然没有科学的理论根据。另外,人猿分离的几个关键环节如直立行走、手的解放、脑容量的增大等,只是一种说法,没有科学的试验证据,不足为信。因这几个关键环节的自然演变,不是环境恶劣了就能做到,也不是猿类想这样做就可以这样做,它一定有着某种内在的动力或动机在起作用,按照现代人类的理解,一定就是人类初始的某种意识或智慧的萌芽在推动着由猿变人的这些关键环节的完成。可是迄今为止,尚未发现灵长类有意识或猿猴类动物有智慧的迹象。这

宇宙·智慧·文明 大起源

就表明，人类起源于猿猴的假说不仅有着严重的过渡型人类环节的缺失，而且就由猿到人的几个技术型的环节也是连贯不起来的，没有任何试验证据做支撑。

因此，我们可以肯定地说，人类不是由猿猴演变而来的，人类在地球上的存在似乎与猿猴们没有多大关系。人就是人，人类就是人类。他自成体系，是在宇宙间不断流动的一种宇宙高级智慧生物，他的诞生地是宇宙的某一个星球，或是那个星系的一颗十分成熟完美的星球上培育出来的，目前地球上的人类就是从那个文明星球上迁徙而来，人类在地球上的生活犹如他在上一个文明星球上一样，是受星球环境条件限制的。所以，人类"到达"地球之后无疑要经受地球生物进化规律的制约，在这一点上人类和地球上的普通动物是平等的。

从目前的研究结果看，地球上的普通动物在地球多变的复杂环境中诞生了很多种类，却也灭亡或消失了很多种类，这种诞生和消亡的内在机制就是地球生物进化的普遍规律，适应者生存了下来，不适应者被无情地淘汰，大自然就是以这样的方式掌握和管理着地球生命的命运。

自从人类"到达"地球之后，人类庞大的种群同样进入了自然进化的这一循环之中，适应地球生存环境者都将自已的种族繁衍发展了下来，不适应地球生存环境者逐步被驱除出地球的生物圈中，成为地球表面的尘埃或"另类"。虽然人类不是猿猴变成的，但人类接受地球生物普遍遵循的生存规律，并按适者生存、自然选择的原则进化自己的种群，使优者得胜、适者生存，拙劣者和不适应者均被淘汰，这既不矛盾，也没有什么不对。人类现在的种族就是从人类庞大的种群中自然选择或筛选出来的，这个观点千真万确。

其次，人类种族的最终形成并不是生活区域和气候环境的影响造成，而是人类庞大的种群长期进化的结果。如在上文中所例举的"巨人族"消失了，"独眼族"、"纵目族"也消失了，三足人、蟹足人、人头鸟身人、蛇身人面人、狮身人面人、羊身人面人等都消失不见了。这些早已消失了的人类种族都是真实存在，我们因为对他们不了解就认为他们都是些"怪胎"或是在古籍中的传说人物。说实话，在古代的各种典籍中，把这些特异人种都当妖魔鬼怪对待，即使在现代史学和人类学中，这些特异种族也没有什么正当的位置，一般都按"变异"、"返祖"或猎奇的对象看待。其实，在人类的学说中把这些特异种族排除在人类种族之外的做法是错误的，正是由于这些特异种族的不适应或被淘汰，才使现代人类的种族较为完整地保留和发展了下来，假如没有这些人类种族的参与进化或被淘汰，现代的几大人类种族还能保留到现在吗？还能是现在这样一种人种的分布格局吗？似乎是不可能的。

在上述的一些人类种群中，有些种族例外。如人头鸟身人、羊身人面人等

怪异的种族，这些种族的记载大都在古籍中，现代没有遗传。如在我国的《山海经》中就有很多种类，埃及古文化中也有类似的文化存在，还有像希腊神话和各民族的神话传说中都有。那么，这类怪异的人类种族是不是在历史上真实存在过呢？我认为他们也都是曾经真实存在过的人类种族之一，所不同的是他们的形象怪异，不与人类同。这有两种情况：一种情况，他们的形象与古代民族信仰的动物神和图腾有关，如狮身人面人、鹰头人身人就是这种情况。但更多的怪异形象的存在似乎不是这个原因，而是一些科学家猜想的在人类的源头上曾经有过"人兽杂交"阶段的产物，这自然是第二种情况了。这种猜想真实吗？有多少可信度？我认为这种猜想也是一种真实的存在。因为人类刚刚"到达"地球之后，对地球生物的情况并不熟悉，他们在适应环境的过程中曾经个别地和地球生物们发生性交的可能性也不能排除，只要有了这种接触，生发一些怪异组合型的人种来也不是没有可能。这种经验不仅在上古时期，即使在现代的一些偏僻地区，偶尔出现一些人头人手羊身子的怪物，也不是什么希罕事，人们早知道这是某某人和某某羊"爱情"的杰作。由于这种现象在现实中存在，推而远之，在遥远的古代，人类的一些"孤独者"、"失恋者"们干出这种丑事也不无可能，一旦有这种怪物出现，那便是新闻，好奇者决不会放过记载的机会。大概古籍中出现第一种情况的几率比神话形象的几率高，所以这类怪异人种也应该是一种真实存在。

关键的问题在于：人类种群的自然进化是一个漫长的过程，他要经受各种生存考验，并在特别恶劣和艰难的环境中也能生存下来，这才是最重要的。"巨人族"消失了，无疑跟他们庞大的体形有关。一般来说，在地球环境中，过于庞大的生物生存下去十分艰难，如恐龙就是例子。"巨人族"和现代人类比，体格要高出两倍，这样的身体趴在地上干活，种庄稼实在是太困难了。复活节岛上为什么有那么多巨大的石雕人像？我想那正是"巨人族"不适应农活和畜牧，专以雕刻巨石像为生的见证。随着那一块大陆的淹没，"巨人族"也就从地球上消失了。再如，"独眼族"的消失跟他们的"独眼"有关。现代人类有两只眼睛，随时关顾着自己的两侧，以防遭遇不测，被自己的同胞或是被其他大型动物暗算，"独眼族"只有一只眼，而且还在面容中央，他们怎么能防护自己的安全呢？所以"独眼族"被淘汰也是自然的正确选择。

至于那些怪异的人种，偶尔出现，不普遍，也没有连续性，他们的消失如同一些生命的正常死亡一样，没有什么特别的理由。

再次，现代人类的胜出和进化的继续。1735年，瑞典博物学家林耐在给地球动物分类时，把人类的种族分为四种；即白种、黄种、黑种和红种。林耐之后

宇宙·智慧·文明 大起源

的分类学家们又有划分出五种的，在前四种的基础上加上"棕种"。一般情况下，我们都说，现在世界上有"三大人种"即白种、黄种、黑种。应该说这三大人种就是人类种群经过长期的自然选择后从人类庞大的种群中胜出的佼佼者。他们之所以能胜出，这与他的身体条件直接相关。如他们在地球环境中劳作时体形比例合理，不甚高也不偏低，身体结构功能稳定，合适而安全，比如上身与下肢的比例合适，上肢不过长，手指灵巧易动，不像爪那样生硬，双目、双耳、双鼻孔，既利于防身、远视、远听，也利于体内呼吸的畅通；大脑聪慧，富于创造性，语言从口出，不在腹中嘀咕等，都是现代三大人种在身体条件方面优于其他种族的表现。因为有这么多优势，大自然在选择时自然要照顾到优势人种的繁衍，这样，目前地球上通过进化和自然选择，筛选或沉淀下来的优秀种族遍布全球，这既是自然选择理论的巨大胜利，也是适者生存原则的具体体现。

那么，现代三大人种的胜出就意味着人类进化的终止吗？不是。严格地说，人类的进化不可能一次性完成，他和地球生物的进化一样，是要经历由低到高、由繁到简的漫长的螺旋式循环过程，假如"巨人族""独眼族"之前的进化是人类进化过程中的最基本的一次筛选的话，那么，现在面临的是较高一个层次上的进化，比如前述的"小人族"、"卵生族"、"短尾族"、"恐龙族"、"鸵鸟族"、"鸳鸯族"、"腹语族"、"绿肤族"等种族，经科学考察他们还生活在地球上。他们的存在说明人类种族的进化还没有进入人们想象的某种高级阶段，虽然他们已被优胜人种驱赶到了边远偏僻地区，但他们仍然生活在地球上，并没有离开地球环境，也没有被地球的环境所淘汰，比之"巨人族""独眼族"，他们在地球环境中生存的优势还稍大一些，还不能立刻被地球环境所灭绝。所以说，地球人类的种族进化还在继续中，还没有完成初级或接近中级的进化，这是我们应该明确承认的最基本事实。

总之，今天大家共认的白种、黄种和黑种这"三大人种"，都是从外星文明迁徙"到达"地球的人类种群中经过长期的自然选择筛选出来的，是原有人类种群在进化过程中的沉淀，是人类种群中的"优胜者"和地球环境的"适者"。这个结论非常重要，它与传统的种族理论大相径庭，甚至是传统学说的背反。但是，必须要声明清楚：不能因为它不是传统种族理论的进一步延伸就认为它是"出格"的，或是错误的。恰恰相反，人类的种族进化正是在达尔文"适者生存"理论的无形下通过种群内部的优势竞争实现的，这似乎更符合地球生物进化的普遍规律，那种由猿变人的进化论，才是对地球生物进化规律的不遵和逆反呢！

二、人类的宇宙生物生理特性

毫无疑问，我们要研究木本植物，就不能拿一些草本的植物来当木本植物研究，要研究骏马就不能以老鼠来代替。同样，我们要研究人类的基本生理特性，也不能拿普通动物的生理特性来代替人类的生理特性。人类毕竟是人类，动物毕竟是动物，这两种生物不仅有着渊源上的不同，在生理特性方面也有着天壤之别。

以往对人类生理特性的研究，都是以传统的模式为基础，注重研究人类与动物之间如出一辙的共同点，以此来证明人类源于动物界这个不争的事实，比如从胚胎学的角度研究人类与动物在胚胎方面的共同点；解剖学从生理结构方面研究人类与动物在这方面的相似性；遗传学从基因传承方面研究人类与动物的高度一致性，分类学从动物谱系角度把人类与灵长类分为一个种属的尝试等。所有这些研究人类的相近学科都有一个共同的出发点，那就是从不同的学科角度证明一个观点；人类源于动物界，与动物有着高度一致的生物生理特性。自达尔文发表进化论以来，这种"同向性"的研究工作从未停止过，研究的专题细小到了不再能细小的地步，但研究仍在继续。

我不是对传统的这些科研工作诉说什么，或者挑剔什么，我没有这样的资格，也没有这样的兴趣。我想说的只是一句话，有关人类与动物同源同根的"同向性"研究似乎走进了一条狭小的暗道，路子越走越窄，最终恐怕连出口都没有。我的意思是，这些传统的研究工作是否需要来一次方向性的回转，或是学科研究方面的"回头看"？因为迄今为止的人类学研究，只有齐头并进地朝前走着，从来还没有回转头来朝后看过；前面的路越走越狭窄了，而真正的阳光大道却在身后。

也许，专家学者们不一定能认同我这种浅见。为了避免误导，造成难以收场的不良后果，不妨我先当个"先头兵"，回头试着走几步：要是我遭遇的尽是坑洼、陷阱，甚至不幸，大家就可以我为鉴，不再回头当牺牲品了；要是前途还可以，至少不能把人陷进去，那我就希望有志同道合者跟上我来，让我们共同上路。

要说"回头看"的事，其实也不难，让我们从反方向的角度重新审视一下人类与动物之间的本质区别不就清楚了吗？传统一直是在走"正道"，我们反其道而行；传统一直是在寻找共同点，我们试着找一些不同点。

要回头寻找人类与动物之间的不同点，我想可以从这样几个方面作比较：

1. 从地球生物的分布看，人类与动物适应地球环境的情况不同

地球上的普通动物，对气候、温度、土壤、湿度的地理环境非常挑剔。斑马、鬣狗、狮子生活在非洲干旱与半干旱的大草原上合适，移至沙漠地带它们就不能活；骆驼只能生活在大沙漠中，北极熊只能生活在北极，企鹅只能适应南极的冰天雪地，如果调换一下它们的生活环境，它们就有可能立刻绝种。所谓的人类的

"近亲"猿猴猩猩类，也只能生活在低海拔的密林中，让它们到高原上尝一尝冰雪的滋味，它们恐怕也不能活。有些动物喜热，有些动物喜冷，有些动物在干旱炽热的环境中活蹦乱跳，移至潮湿寒冷的环境它们就会死；有些动物在低洼潮湿的环境中生活自如，放到干旱高海拔的地方就没命。有些动物飞上天就有了用武之地，有些动物入了水也能自由自在，如果颠倒一下位置，它们都活不过一小时。也就是说，地球动物在地球环境中并不是普遍能适应，都能生存下去，它们的这种特殊的适应性或适应地球环境的特殊条件就决定了地球普通动物的巨大局限性和有限性。

相对地球上的普通动物，作为宇宙高级智慧生物的人类就大不一样了。毋须多言，首先，我们人类分布在地球环境的每片土地和每一个角落，凡是动物能生存的地方人类都能生存，动物不能生存的地方人类照样能生存下去，比如环境条件最差的北极和南极，都有人类的足印，天气最热的赤道也是人类的聚居区，其他温带就更不用说了。人类的这一优势表现出高度的一致性。

其次，在人类种群的进化过程中已经"胜出"的白种人、黄种人、黑种人，他们都有各自的生活领地，白种人以欧洲为主，黄种人以亚洲为主，黑种人以非洲为主；假如我们颠倒一下环境，让非洲人到亚洲来生活，让亚洲人到欧洲去生活，让欧洲人到非洲去生活，即使有这种"大颠倒"的生活，人类也只是对地球不同的环境"稍有不适"罢了，决不会立刻毙命，更不会影响他们的后代。可以说，地球上的任何环境的置换都不会影响人类的生活。

再次，人类在干旱条件下能生存，在潮湿地区也照样生活着，在水中可以畅游，在天上也可以借助机械力量来去自如，人类的巨大耐力，地球动物们恐怕望尘莫及。一般说，人在没有食物的特殊环境中最多活20天左右，可是2005年印度地震的废墟中挖出一个幸存者，她竟然被活埋在废墟下活了62天，这样的奇迹动物们就没有能力创造。

纵观人类与动物适应地球环境的情况，人类要比地球动物优越无数倍。人类能生活的地方地球动物生活不了，地球动物不适应的环境中，人类却生活得很

图33 人面鱼化石、人面蜥蜴化石

106

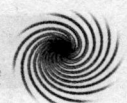

滋润。这说明，地球动物对环境的适应性是极差的，虽然它们都是地球本土的"土著"和"主宰者"，但是它们的这种近乎苛刻的生存条件决定了它们的普通性和一般化，甚至可以说地球动物就根本没有资格和人类比试什么，它们的生存局限太大了。而人类就完全不同，人类能适应地球中的任何环境条件，比如进化论者说，古猿在东非的分裂是因为环境条件发生了变化，一部分活得很好，另一部分也就是人类始祖的那一支差不多灭绝了。古猿这样脆弱的适应能力，是怎么演变成人类的呢？简直不可思议！所以，人类作为宇宙高级智慧生物，他们不仅在精神方面具有绝对优势，即使在生理或身体的适应性方面，也远远超越了地球动物。人类的这种极强的环境适应特性决定了人类的宇宙生活特征，他们来到地球是这样优秀，如果迁徙到别的星球上生活，照样是生存的强者。

2. 从生物的生理特征看，人类与动物各器官的功能没有可比性

以往的研究从多方面证明，人类与动物界的诸多共同点以及相似性，说明人类是由低等动物进化而来，到灵长类出现，人类的"真相"就已萌芽，所以人类才从猿猴类中分离出来，经过诸多奇迹般的演化，最终变成了人类云云。其实我们从以往的科学研究中看到的只是人类与动物相同的一面，而另一个不相同面从未见识过，这就使我们的科学研究出现一些偏差，说明目前的科学也是很有局限和偏颇的。

说实话，人类身上的任何器官都比动物身上的器官多出好几倍的功能。如：

头颅 动物的头颅轮廓不鲜明，形状各异，是横向呈现，与其躯体相平行，除了它是身体的一部分之外，没有更多的功能；人类的头颅就不同，它是竖向直立，与人的躯体相一致。人的头颅呈偏平状，轮廓清晰，与连接的脖颈的比例合适，面部各器官与头颅的位置也十分恰当。人的头颅的这种呈相、造形恰好是佩戴各种帽饰的胚模，生活时可以戴便帽，可以在头上缠绕、盘辫，战争中的人可以戴防护帽、宇航员可以戴宇航帽，有特别生活习俗的如非洲等地，头颅还可以作为顶运工具使。总之，地球动物的头颅只是头颅，除了身体的一部分，别的用途几乎不可能；人类头颅的造形既是智慧的"仓库"，又是胚模，可适用于各种头饰的佩戴，当然不戴任何头饰呈光头也无妨。

再看呈现在头颅上的这些复杂的器官：动物没有单独的头发，它的眼睛、鼻子、耳朵、嘴，除了本身单纯的功能外，别无他用；人类的这些器官就不一样了。

头发 是保护大脑和智慧的，因为脑颅部分只有一层头骨和头皮，容易受寒；头发也可以成为各种头饰的铺垫，使一些坚硬的头饰不至于把头弄痛，一些易滑的头饰不至于滑落，头发做成一定的造型，可美容美身，既能体现人的个性，也是人体整体造型的重要组成部分。

宇宙·智慧·文明 大起源

眉毛 它的最基本的功用是阻挡住额上的汗流，让汗流分流到两边的脸颊上去，不让其渍湿眼睛，影响正常的视力；眉毛的这一功能从一个侧面反映出人类就是靠劳动和汗水生活的智慧生物，地球生物就不具有这样的眉毛功能。眉毛的另一个功用是美容的作用，它是额间风景的一道分界线，它的粗细长短浓疏直接影响面容的美容效果。

眼睛 是人体中最有透明性的器官，一般称它为"心灵的窗口"。眼睛的第一功能是视觉效果，它是人与外界取得联系并建立某种视觉关系的重要器官，但人的眼睛的视觉能力不如一些动物，如鹰的眼睛从几千米的高空能看见地上的一具死尸，人眼就不具备这样的能力。人的视力不如动物，但它的对称性前视的造型以及夹在中间的矮鼻梁，又为它佩戴各种镜饰创造了条件。它佩戴上普通镜饰是一种装饰，佩戴上特殊镜饰就是对视力功能的加强和延伸。所以，人的眼睛的视力不如某些动物，但人比动物们看得更远，更清晰，比如人眼对准天文望远镜，就可以看到数亿光年远的天体，这对地球动物们而言，连神话都不是，干脆无法想象。除此，人的眼睛也是美容中的核心部分，一对闪闪发光的大眼睛可以决定一张面孔的美丑；眼睛还有排泄体内一些毒液的作用，通过哭的方式排泄出来。

鼻子 首先是人类面部的一道"中轴线"，从中劈下，使人的面孔产生立体感，产生对称性美；鼻子的曲与直，在古代的相面术和方术中很有讲究的，一般分鼻头、鼻梁、鼻根三部分。鼻头大、鼻梁直、鼻根粗或长都有一些特别的说法。鼻子的主要功用是人体的"呼吸器"，但人类的鼻子与动物们的鼻子大不相同。人类的鼻子的造型约占面部"半径"的三分之一强，不过高、不过低、不过长，也不过短，恰巧又是佩戴各种鼻饰器具的模型，比如防毒面具的核心部分就是鼻子，下海或上天戴的器具主要也在鼻子部分。人类鼻子器官的这一特殊功用，就是为人类在各种不同的星球、不同的气候环境中生存创造的，它也属于多功能器官，而动物们的鼻子要么过大过长，如象鼻，要么过短过小，如猩猩、猴子的鼻子。所以动物们的鼻子就没有人类的鼻子的功用多。

嘴 动物的嘴比较厉害，它除了进食，还可以咬东西，相当于人类的手的功能。人类的嘴的功用还是比动物多：一个功用是进食的器官；另一个功用是说话的器官，这个功用动物干脆没有；还有一个功用就是配合面部佩戴嘴饰或面具的器官，这个功用动物们也做不到；除此还有美容、亲吻、表达一些特殊情感的功用，这些动物也不完全具备。人类的嘴是在面孔排列中位置最下的一个器官，那就意味着先用眼睛看，再用鼻子嗅，最后才用嘴吃或说。这种垂直的面部器官排列在动物们的面孔中是不多见的；动物们不需要佩戴面具和面饰，人类却需要。人类的

108

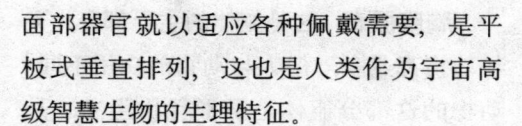

面部器官就以适应各种佩戴需要，是平板式垂直排列，这也是人类作为宇宙高级智慧生物的生理特征。

耳朵 动物的耳朵要么很大很长，要么很短很小，耳的听力功用也不一样，有的动物能听到很远的动响，有的却没这种功用。人类的耳朵功用还是比动物们多，听觉能力这是最基本的功用；装饰或佩戴耳饰功用，这是动物们所没有的；对称性美以及耳朵极其精美的造型，动物们也不能比。据进化论者说，耳朵的某些造型是动物退化器官的遗留或正在退化消失的部分，我认为这种说法欠妥。人类耳朵的造型和那些优美的曲线与"退化"无关，它是作为宇宙高级智慧生物佩戴各种耳饰和耳机时易于镶嵌和抓扣的具有共用效果的"机关"，如耳机在人的耳朵极容易抓扣住，在动物们的耳朵上就无法固定。目前，人类对耳朵曲线的认识还不够，它的原始设计的所有功用也还没能利用起来，要是与造物主的原意完全吻合，人类的耳饰还可以改进很多，至少可以更简练些，功用更多些，效果更好些。

下巴 动物们没有下巴，或是有一些只适应于地球环境的不规则下巴，它们只是动物头部的组成部分，除此没有一点用处。人类的下巴可就不一样了，可以说它是人类面部垂直分布中最为完美的一部分，它呈现为一种略微上挑的对勾状，不但非常有力地控制住了人的面孔各器官，而且还是各种面具、各种头饰最有力的"挂勾"。人类要是没有下巴这个特殊的"挂勾"，很多文明的器具就无法固定在头部，你装饰、你要穿戴宇宙服，困难就大了。也就是说，人类的下巴若是没有这种特殊功用，人类就和地球上的普通动物相差无几了。

脖颈 动物们的脖颈要么很长，要么很短，要么很粗，要么很细，总之是它们适应地球特殊环境的结果。动物们的脖颈和其他器官一样，除了支撑头颅、连接自己身体别无用处。人类的脖颈同样是特殊的，支撑头颅和连接躯体的功用已具备；除此它的粗细高矮，它与头颅与躯体的比例都是恰到好处，正符合作为宇宙高级智慧生物的人类的需要。因为人类要穿戴各种服饰，没有脖颈这个恰到好处的特殊的环节，穿戴服饰不美不说，也不稳固。所以，人类的脖颈是头颅和身体间最好的中介或过渡，同时也最适应于作为宇宙高级智慧生物的人类的各式佩戴和服装。

述说了人类头部器官的功能，接下来再看看人类的躯体和四肢与动物们有些什么不同。

肩胛 躯体的这一部分动物身上都有，但人类与动物的肩胛功用是不同的。动物的肩胛一般不突出来，紧贴胸背部分的曲线呈括号状，这样的肩胛完全是为了生理构造上的需要，使上肢的顶端能够更为贴切地支撑住躯体，和胸背部分融为一体。人类的肩胛与动物比，就完全不同。首先，它不是为了支撑平行的

躯体而设计，它与支撑人的躯体几乎没有关系。人类肩胛的主要功用有三个：一个是为了固定住两边的上肢，它是人类手功能最好的"支架"，起到了"支架"作用。而且这个"支架"的设计非常先进，它能使人的上肢前后左右上下活动，同时可以做身体周围的一切工作，完成各种复杂的体外的操作程序。看得出，这个"支架"完全是为了人类手的劳动或复杂的体外活动而设计。另一个功用是为人类特殊的着装而设计。人类的肩胛是个直角，是方形的，为什么要这种特殊造型呢？那就是为了各种着装方便而设计。在日常生活中，穿便装，肩胛就把人的上衣撑住，不下落；战士们穿盔甲，也是肩胛把那些沉重的盔甲撑住，宇航员穿宇航服，还是肩胛把那套连成一体的沉重的服装撑起来。假如人类的肩胛不是直角，不是方形的，那就要另当别论了，至少它的存在跟人类的宇宙生活没有多大关系，跟穿戴那么复杂的服装没有多大关系，这是可以肯定的。第三个功用就是"扛"东西。动物们的肩胛什么东西也扛不了，因为它们的生存中就不需要这样的环节，但人类需要。人类的肩胛不仅是一个非常完美的"支架"，各种着装的"支撑架"，还是扛东西的一个很理想的"工具"，随便什么东西，放在肩上，既稳又方便，随人而行。要是没有肩胛这种"工具架"，人要搬运任何东西，只能是手提了。即使你要把东西背在背上，也还需要"工具"的勾抓作用。

胸腹腰背 这是躯体的主干部分，人与动物都具备，但人与动物的功用不同。动物的这部分躯体是呈平行状竖立，是一个较为复杂的五脏六腑的大容器，构成躯体的主干，除此再没有别的功用。人类的这部分躯体除了"容器"和构成躯体的主干部分之外，还有他用。人的胸腹腰背部分是呈竖立状而扁平的，与动物的这部分相反。这种构成的好处就在于躯体部分着装的方便和大面积的承载量。人的胸腹面是基本平整，腰背面是平整的，这两个面是人体构成中最大的面，也是各种着装最大的面，它们的优越之处就在于与整个身体的和谐性以及各面承载装备的宽容性，比如为宇宙航天员们身背沉重的氧气桶和胸腹前挎饰各种小仪器提供了方便条件。相比地球动物们，它们的躯体部分比人的还要大，但这两个"面"毫无用处，没有人类的这种特殊的结构优势。

四肢与手脚 人的上肢是为了活动和劳动创造的，较大的手掌和较短的手指就像一把多功能的"工具"，其中的"十八样工具"俱全，正是人的这种特殊的手型，灵活而多用，创造了人类一切文明。动物的手臂只是支撑躯体和抓提食物、刮挖洞穴用的，它再没有别的功用。人的下肢是支撑躯体的，大小腿长短匀称，上粗下细，着装方便，行走快捷灵便，脚趾短小，呈斜线型，脚掌宽大适度而较长，中间凹陷，既适合穿各种鞋子，也适应行走一定的路程。和地球动物比，

动物没有下肢一说,是后腿,没有脚趾一说而是脚爪,它的主要功用是支撑躯体的后半部分然后就和前腿配合,驱动身体奔跑,别无他用。

毛发和皮肤 动物没有毛发的区别,它们浑身是毛,没有皮肤的巨大差别,除了毛皮就是鳞状皮肤。动物的毛皮主要是保护身体各部分和取暖散热用的,鳞状类皮肤还有滑行或水中游动无阻的功用。人类的皮肤和毛发是具有不同的功用的。人类有毛与发之别。眉毛,它是阻挡额上汗水的,睫毛,是阻挡尘渣入眼的;髭须,阻挡鼻涕入口的;颊须是头发的延伸部分,也是体现雄性的重要标志之一;腋毛,是腋窝部分的衬垫;阴毛,是阴部接触时的衬垫。除了这些又长又粗的有特殊功用的体毛之外,还有茸毛或汗毛,它是保护皮肤表层和排泄体内汗液的通孔。人体的发只有头发,前已论及,即主要是保护大脑和衬垫各种头饰用的。人的皮肤大部分为什么是光滑无毛的?进化论者认为是逐渐退化了的,是用熟食后自然退化了的,也有"古猿们拔去了自己身上的毛"的说法,总之认为是在由猿到人的演变过程中退除的。其实,人的皮肤光洁无毛的终极原因还是因为人类是宇宙高级智慧生物,它是由一种特殊的人类才拥有的智慧物质所致(第三部),而不是在进化中退化了的。要是退化说成立的话,要么全退一根不留,要么一点不退。而退的地方退,不退的地方不退,这种现象进化论恐怕说不清它之所以如此退化和进化的理由。

最后,还有一个直立行走的问题。人类的直立行走的行为方式,据进化论说是环境逼迫直立、劳动需要直立等,这种说法都没有任何试验证明,似乎没有多少说服力。比如南极的企鹅们在冰地上一直是直立行走的,还有袋鼠、熊类、猩猩等,都有直立行为,它们是因为什么原因直立了起来?既然直立了起来,为什么没有学会劳动和创造?为什么没有向人类的方面转化呢?所以是一种乏力的学说。

人类的直立行为方式,本来就是他自身固有的行为方式,不存在哪些人为的条件和哪些条件下奇迹般的演变过程。但是,这样说似乎又有些强词夺理的味道,没有任何原因,人类为什么要直立行走?的确,人类的直立行走也一定有它直立行走的具体原因。以我的看法,还是那句老话:人类的直立行走完全是为了适应宇宙复杂生态环境而形成的,是作为宇宙高级智慧生物生存的需要而形成的。更深入一点说,就是由于人类起源的那个星球的特殊环境条件中形成的。人类在他起源的星球上早已形成了直立行走的姿态,迁徙到地球上生活后仍然采取直立行走的姿态。比如普通的动物只能适应在地球环境中生存,爬行觅食是它们最便捷的行为方式,而人类不仅要在地球中求生存,他同时还要在其他不同于地球环境的星球上生存,这就要求人类这种宇宙智慧生物不宜爬行,而

111

适应于直立行走。因为爬行没有身体的高度，着陆面积大，行动相对不便；直立行走，就克服了爬行的缺点，站的高看得远，着陆面积只有两个脚掌，身体的其他部位都离开地面处在空间中；更重要的一个原因，直立行走是最适合穿戴各种服装的。作为宇宙高级智慧生物的人类不一定在别的星球上生活也穿地球上的这种服装，肯定要换穿适应那个星球环境的服装，这就需要有一种较好的着装条件，否则人类就适应不了其他宇宙星球上的具体生活。简单一句话，人类采取直立行走的生活方式，这本身就是人类作为宇宙高级智慧生物在宇宙各星球各种复杂环境中生存的需要，是他一开始就形成的行为方式。因为人类还在外星生活的时候，该星球的生存条件没有地球好，人类原初的着装类似宇航服式的直板连接而成，这种又直又硬的服饰可以挡住巨大的沙尘和风对人的侵袭。日久天长，本来不是完全直行走的人就直立了起来，而且外星生活中的特殊服装和佩饰将人体及其器官塑造成了现在的样子。人类来到地球上生活后，地球的生活环境特别优异，人们就"丢盔卸甲"，穿上了分层分段的绵软而舒适的服饰。外星的祖先们矫正好了身体，地球的人类们却在享受着身体。

3. 从人类与动物的生存意识看，人类是绝对的优胜者

从上述的一般比较中我们不难看出，即使在生物的生理特征方面，人类的生理优势远远多于地球普通动物。概括地说，人类生理上的各器官的功用比动物多，这个"多"的主要原因是，人类不同于地球普通动物，他需要着装，需要在宇宙各星球上适应生活，当然还需要装饰美容。人类的这种特殊的生理特征既是作为与宇宙间的高级智慧生物所必须，又是人类在宇宙间生存的生存意识的具体体现。比如，地球普通动物在地球环境中生存，它靠的是本能，而不是智慧。靠本能生存，有一些相应的生活技能就足够，所以每种动物繁殖、觅食

图34 古希腊神话传说中说，在一万年前的古希腊南部，曾经生活着一个上半身似人，下半身似马的奇特民族，他们具有一定的社会文明，后来被掠夺者视为嗜血怪兽赶尽杀绝。诸如此类的人类种族，在地球环境的生存竞争中明显没有族群优势，走向毁灭是他们的必然之路。

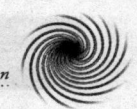

和保护自身的功用是比较全面的，有些动物在某些方面不全面，显得比较单薄，大自然在另一方面给它弥补上，至少使它拥有繁殖后代、觅食生活和相对保护自己的能力。有些肉食动物的牙齿特别厉害，消化力强，奔跑速度也不赖，如果没有这样一些谋生的"技能"，它们就无法生存下去，而一些草食动物恰好又是肉食动物的猎捕对象，它的眼力强，听力很强，嗅觉也很好，警觉性特高，高耸的耳朵和相距甚远的眼睛就是为它们高度的警觉性设计的，一旦发现敌情，它们奔跑的速度比敌人还要快，这样它们才有逃生的机会，才有可能不被敌人所灭绝。地球普通动物拥有的这些谋生的"技能"搭配很恰当，至少每个动物都拥有一个强项，强项太多，由生物组成的食物链缺失，生态就失去平衡；强项若不均匀，生物们的食物链也不能继续和延伸，生态同样会失衡。每个动物只有一两种特别的谋生"技能"，这就是适合地球生物的需要和食物链的正常秩序。人类就不一样了。人类是靠智慧生存的宇宙高级生物，而不是地球上的普通动物，从上述的比较中我们可以看出，人类若是靠本能生活的地球动物，那么他现有的所有器官的功用都没有地球动物的"技能"强，如人类的牙齿，能和虎牙、狼牙、鳄鱼牙相提并论吗？不能。人类的手臂能和爬行动物的爪子比吗？人类的奔跑速度、体型和凶猛程度能和大型爬行动物比吗？更不能。也就是说，人类要靠本能求生存，

那无疑就是地球动物的"盘中餐"，没有任何希望成为地球动物的"主宰者"和"管理者"。侥幸的是，人类是靠智慧生存的宇宙高级智慧生物，而不是靠本能生存的地球普通动物，这就决定了人类生理属性的限制和突出。造物主给了人类一颗智慧的大脑和一双灵巧的富于创造性的手，这是人类所拥有的绝对优势，还有直立行走、身体光洁无毛、体型结构适宜着装等，也是人类独具特色的优势，地球动物们没有。造物主限制人类的是哪些方面呢？那就是地球动物们所具有的"强项"和"技能"。比如奔跑速度，人不如动物；眼力、听力、嗅觉力，人类不如动物，体力也不及大型动物等。也就是说，地球动物们所没有的，却是人类的绝对优势；地球动物所拥有的"强项"和"技能"，人类只具备一半或少于一半的能力。这就表明，地球动物只适宜在地球环境中生存，不适应于在更多的星球上生活；而人类恰恰相反，既可以在地球环境中生活，也可以在宇宙的其他星球上生活，因为人类拥有这种在广泛的宇宙星球上生活的能力。

除了生活技能上的这种差距，人类与动物在生活意识方面反差更大。比如人类的生活，无不与宇宙有关。天阴下雨，这是"天气"的事，人类很关注；天旱无雨，同样是"老天爷"的事，人类要苦苦求情；庄稼丰收是"老天爷"所赐，灾难频繁同样是"老天爷"所为；求神拜佛最终把祈祷指向天空，战争瘟疫同

113

宇宙·智慧·文明 大起源

样是"灾难星下凡"。古代的帝王或名人们出生，都是受某种天的感应而受孕，称之为"天子"，平凡百姓们一命呜呼了，同样要灵归西天的极乐世界。宗教认为，地球是人类一切苦难的总根源，而天堂（宇宙）却是通向极乐世界的最终归宿。终生修理地球的老农民有了钱，地上的灯红酒绿可以不享受，可要买张机票在天上"游一游"，西方的富翁们挣够了地球的钱，财富滚滚，他们不想着继续扩大事业，却要花费巨资在宇宙中"游"几天，过一把"天上的瘾"。即使在日常生活中，人们祈求什么，先要祈求"老天爷"；恐惧害怕了也要喊"老天爷"，兴奋惊奇了也要大声呼喊"天哪"。看起来，人类与宇宙的情份并不薄，人类无论干什么，首先要面对天，然后才面对事和物。天为上，地为下，这既是天地本来的位置，也是人类的自觉的一种文化意识。不仅如此，人类最早的文化就是从"仰观天象"开始的，最早拥有的知识也是有关天文历法方面的；而人类研究地球和研究人类自身起源，只是近现代的事，所有这一切现象表明，在人类的生活意识中首先拥有的是"宇宙意识"，然后才逐步积累"地球意识"。而地球普通动物只有"地球意识"，却没有"宇宙意识"，这又是人类与动物之间不可逾越的一道屏障。比如地球动物只关心自己生活的地盘有没有食物、有没有危险之类纯属本能的意识，除此，地球动物们从不抬头"观天"，本来也

没有"观天"的自觉意识。比如与人类最近的猩猩、猴子，谁见过它们"观天"的优美姿态？谁研究出它们所拥有的哪怕是一星半点的"宇宙意识"？没有！不但没有听到过、看见过，就是连想也不敢往这方面想。

因此，从以上的比较中，我们可以得出一个基本的结论，那就是：地球动物是地球地理生物链条上的一些"轮回者"，它们生于地球，死于地球，最终也不会离开地球迁徙到别的星球上去；而人类首先是宇宙的高级智慧生物，他迁徙"到达"地球之后，暂时地适应了地球的环境，凭他的智慧主宰或统治了地球。但人类的生理特性表明，人类只是地球上的"天外来客"，是地球上的"暂住者"，终将有一日，人类还是会离开地球迁徙到别的星球上去生活的，这一点从人类的生理特性就能看出一斑。

三、进化论的地位和得失

通过以上的分析和比较，我想对于进化论学说再也不需要更为严谨的解释和批判。在本章结束之际，我只想补充说明三点。

1. 地球生物由低级向高级、由简单到复杂的演进学说也许是正确的。因为在这方面不仅牵扯很多相关的学科，实际上也有很多现成的研究成果，尤其有当代最尖端的高科技的直接参与，我就不需要谈太多"外行"话了，恕不重复。

2. "物竞天择，适者生存"不仅是地球生物发展的普遍规律，同时也是宇

宙生物应该遵循的铁律。地球上的普通动物逃不脱如来佛伸出的这个"巨掌";作为宇宙高级智慧生物的人类,自从"到达"地球后,也是按照这一规律,先是适应然后进入种族进化的"优胜劣汰"过程,筛选出人类种群中的"三大"优胜者,淘汰一些不适应在地球环境中生存的"拙劣者",这样就形成了现在人类的状况和三大种族的世界性分布。

从地球人类在地球环境中的适应情况可以推知,"自然选择,适者生存"作为生物发展规律,在宇宙其他有生命的星球上也应该是普遍适应的。无论在宇宙的那个星球上,只要有生命存在,就必然具有生命存在的一般环境和条件,这种环境条件纵然不同于地球的环境条件,但它毕竟还是生命的依赖。其中就有一个生命与环境条件相对应的问题,特殊的星球环境养育出特殊的生命形式,特殊的生命形式也是依赖于特殊的环境条件,这是相辅相成的,不会有什么大的差错。所以说,进化论的这一普遍的生物发展规律,在宇宙有生命的星球上也应该是一条铁律。它的这一地位神圣而不可动摇,是天地共有的,无人能撼动。

3. 进化论在人类起源方面的延伸是一种根本性的错误。一方面,达尔文在《人类的由来》一书中也自白,他只想"试一试"。作为科学,"试一试"是可以的,但成为一种不恰当的定论就是错误的。另一方面,自达尔文的著作发表100多年来,世界上有多少科学家都在不停地研究、寻找,至今还是找不到从猿到人的那个关键至极的化石,这也许是考古学还不够发达之故,但从笔者的角度来评估,这种"试验"首先是一种错误,之后漫长的寻找和研究历程似乎也是不恰当的。"类人猿"这个关键的过渡性环节只是一种理论推测,它本来就不存在。因为我们现在所拥有的最古老的化石是猿猴变成灵长类的化石,根本不是现代人类的化石;现代人类的化石最早的也只是几万年前的一些零星发现,也还不能十分地肯定在古代灵长类化石与现代人骨化石之间应该有的"过渡型",类人猿化石根本就不存在,我们还在竭尽全力地寻找,还在坚守疑问多多的这块进化论阵地。也许,这是地球人类自身的某种缺点在起作用,或是不发达的科学技术无法揭开这个谜。总之,我坚信进化论学说在人类起源方面的延伸和试验是一种历史性的错误,历史最终将会证明这一点。

注释:

① 汉娜·阿伦特普:《人的条件》,上海人民出版社,1999年
② 吴仪生主编:《环境科学概念》,当代世界出版社,2002年
③ 侯书森编著:《古老的密码》,中国城市出版社,1999年
④ 以上均摘自高强明著:《人类之谜》,甘肃科学技术出版社,2005年
⑤ 朱泓著:《体质人类学》,高等教育出版社,2004年

宇宙·智慧·文明 大起源

第六章
人类的三大品质属性

"三性"是宇宙高级智慧生物的本质属性／人类的世俗性品质——劳动——生活——欲望——竞争——创造／人类的本性品质——嗜杀——自私、嫉妒、占有欲——破坏／人类的天性品质——原始记忆——好奇性——遨游太空的梦想——享乐／性与"三性品质"——文明性行为——快乐、占有，创造原则——体现／神仙之道——人类的文化超越／人类的最佳位置：宇宙世界

前一章，我们从地球环境的角度重点探讨了人类在地球上的适应性进化过程；本章从人类自身的角度重点讨论一下人的三大品质属性以及相关的问题。

毋庸质疑，在我们人类的思想发展史上，对于"认识你自己"和"人是什么"的问题讨论了数千年，终因宗教对人的问题的神秘化处理，"人是什么"似乎还没有走出这个疑问的怪圈。因此，马克斯·舍勒断言：

"在人类知识的任何其他时代中，人从未像我们现在那样对人自身越来越充满疑问。我们有一个科学的人类学、一个哲学的人类学和一个神学的人类学。他们彼此之间都毫不通气。因此我们不再具有任何清晰而连贯的关于人的观念。从事研究人的各种特殊科学的不断增长的复杂性，与其说是阐明我们关于人的概念，不如说是使这种概念更加混乱不堪。"[①]

舍勒的这段话，很概括地表明了迄今为止的人类对自身认识的状况。人究竟是什么？是神的创造物，是理性的动物，是符号化了的生物，是自然属性加社会属性的混合型动物？据卡西尔的《人论》，自从达尔文的进化学说诞生以来，哲学对人的问题的讨论主题终于稳定了下来，人在自然中有了自己的位置，似乎这是一种非常了不起的事情。其实，到现在为止有关"人"的认识的理论多如牛毛，但"人"究竟是什么，还没有一个恰如其分的说法。本章回避迄今为止有关"人论"的一切思想和言论，新辟蹊径，着重阐述作为宇宙高级智慧生物的人类的基本品质属性，从中提出一种对于人类的全新认识。

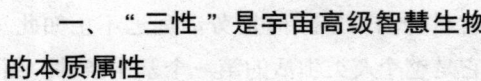

一、"三性"是宇宙高级智慧生物的本质属性

我们说，人类并不是仅仅以"善"和"恶"来区分的地球生物，古代中国的哲学家和古希腊的哲学家们几乎在同一时期进行了关于"善"与"恶"的人性假说，直到今天，这种假说的影响还在持续，如果略有不同的话，中途有人做了些手脚，把"善"与"恶"中和了一下。这样，在古代思想家们的人性假说中出现了三种情况：人性善、人性恶、人性既不善也不恶，如同一张白纸，即自然说。古人对人性做出如此的判断，在当时是先进的，但从今天的角度看，这种判断极不准确，也不全面。后来，人们又从社会学的角度对人的本质属性进行了科学界定，认为人类是自然属性和社会属性的"总和"，随着社会的发展和科技的进步，人类的社会属性占据主体主导地位。因而马克思就得出这样的结论："人的本质就是一切社会关系的总和。"马克思的这一结论无疑是对人类社会属性的高度概括，从人类社会发展来看，马克思的这一结论是科学的、经典的。但是我感觉这样的科学结论还不够，至少它是不全面、也不准确的。

为什么说从古至今的哲学和社会科学对于人类属性的界定是不准确、不全面呢？因为"善"、"恶"论者只是从社会伦理的角度来判断人类共有的属性，人类除了伦理的一面还有其他面，古代哲学由于当时的思想局限，没有顾及到人性的其他领域，这是可以理解的；现代的思想家们从社会学角度对人性进行了重新界定，突出了人类的社会属性，这也没有什么不对，但是人类的社会属性只是人类生活方式的一个共有特征，是人类在地球生活中特有的一个群居方式的概括，它并不是人类最内在最本真的共有属性，甚至它与人类的宇宙智慧生物属性毫不沾边。从古至今的思想家们对于人类属性的界定是不全面、不准确的，主要原因就在于他们的出发点不同。他们仅仅从地球人类的角度来界定地球人类的属性，这从地球生活的范围看，是勉强过得去的，但从宇宙智慧生物的角度说，就很不恰当，也不准确。

其实，人类作为宇宙高级智慧生物，他在地球生活中表现出三种不同的本质属性，这三种属性不是和古人们的认识没有关系，而是远远超出了古人的认识范畴，成为人类较为全面和准确的人性概括。

二、人类拥有不同凡响的世俗性品质

人类的世俗性是人类作为宇宙高级智慧生物最基本的属性。在这里，我们不能把"世俗性"当作日常用语中俗得不能再俗的对应词，人类的世俗性品质指的是人类所具有的一种最基本的通过劳动创造出自己生活的品质，人类以此为依托来劳动，创造和开展一切社会活动。正是依赖于这样一种品质，人类无论迁徙到哪个星球上去，都会有房子住、有饭吃、有衣服穿，有多种多样的工具可供使用。人类的这一基本品质就是人类赖

117

宇宙·智慧·文明 大起源

以生存的手段，就是人类之所以高于地球动物的最本质的品质属性。

世俗生活中的人们对于"世俗性"的理解就是老百姓的日常生活，就是喜怒哀乐，就是"分久必合，合久必分"，就是科学对立面的不规范、不文雅、不高贵、不合思维。正如宗教教义中所认为的：一切事物具有两种形式，把天上的形式称为神圣，把人间的形式称为世俗。可以说，人间一切事物的形式都是世俗的形式，或者就是以人文的面貌呈现在我们面前的就是世俗。对人类"世俗性"的表面现象和世俗的成果有这样一种最基本的认识，我觉得没有什么不恰当。但是我这里所谓的"世俗性"不仅仅是指一些现象，而是特指人类的一种基本品质。概括地说，人类的世俗性品质主要表现在：

1. 劳动　劳动是人们改变劳动对象使之适合人类自身需要的有目的的活动，这对于人类的世俗性品质来说，仅仅是它的丰富内涵的一部分。在人类的社会生活过程中，劳动同时是人类社会存在和发展的最基本条件。因为"劳动是相对于人体的生理过程而言的，每个人的自然成长、新陈代谢及其最终的死亡，都受到劳动的制约，劳动控制着人的整个生命历程，可以说，劳动即是人的生命本相。"②恩格斯对劳动的表述更清楚："政治经济学家说：劳动是一切财富的源泉。其实劳动和自然界一起才是一切财富的源泉，自然界为劳动提供材料，劳动把

材料变为财富。但是劳动远远不止如此。它是整个人类生活的第一个基本条件，而且达到这样的程度，以致我们在某种意义上不得不说：劳动创造了人本身。"③是啊，劳动不仅是"生命本身"，劳动还"创造了人本身"。劳动对于人类来说，是人类求得生存和发展的第一条件，也是人类之所以成为人类的第一先决条件。假如没有劳动这种人类的世俗性品质，人类的生计就没有着落，生活、发展、繁荣更谈不上。正如美国学者汉娜·阿伦特所说："人必须生活在地球的条件下，必须生活在劳动、工作、行动的条件下……"④她列出的人类在地球环境中生存的第一条就是劳动。因为劳动是一种有意改造自然的活动，劳动既创造了财富，养活了人类自己，劳动同时也促进人脑的进化，使人类在劳动过程中变得更加聪明，劳动经验更加丰富，这一点，我们从有史以来的社会发展史中就可以证明劳动带给人类的聪明与智慧。还在原始时期，人类只会用木棍、石器；当人类经历了漫长的原始生活之后，开始使用铜器、铁器，以致出现器械、机器；发展到现在，人类就以知识为资本了。人类社会的这个发展过程，实际就是一个漫长的劳动过程，同时也是通过劳动开启人类智慧的过程。虽然人类是宇宙中的高级智慧生物，但他到地球条件下生活，还是需要通过劳动来开发自己的智慧。劳动是人类这种宇宙高级智慧生物所具有的最基本的活动形式，是人类谋求生存的最基

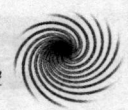

本的手段，也是开发人类智慧和提高创造世俗生活能力的最基本的渠道，假如没有了劳动，人类就不会创造出世俗生活的内容，也就不能称其人类了，他和普通的地球动物没有了区别。所以，劳动是作为宇宙高级智慧生物的人类与普通的地球动物之间的一道分水岭。

2. 生活 生活是什么？生活就是人类在生存过程中的各种活动。比如个人有个人的活动范围：吃饭、睡觉、劳动、工作、闲聊、娱乐、运动等；国家有国家的活动范围：制定政策、治理社会、管理机构、设定法律、出国访问、树立形象、发展经济、繁荣文化等等。无论是个人的小生活还是国家的大生活，它作为人类世俗性的一种品质或具体表现，是人类特有的一种生存方式，而且只有人类才具备，地球动物们就不具备。举例来说，人类的生活是在具体的劳动、工作条件下形成的，是一种文化性活动，有计划有目的的活动。人类的生活不仅体现在自身的各种社会活动中，还体现在人类之外的各种活动之中，比如研究自然、保护动物等。所以在人类的生活方式中充满了人文的气息，用卡西尔的话说，人是一种符号性动物。"人不再生活在一个单纯的物理宇宙之中。语言、神话、艺术和宗教则是这个符号宇宙的各部分，它们是组成符号之网的不同丝线，是人类经验的交织之网。"⑤相对人类，地球动物就没有这种"符号宇宙"，它们也不可能生活在"符号"的世界里，地球动物的

生活是纯本能的活动，是本能活动的延伸和停止，它们除了谋食、繁殖后代、搭建巢穴以及本能的防卫和进攻，没有别的生活内容。而人类的生活是物质生活与精神生活的综合，是一种宇宙高级智慧生物才可能创造和拥有的有文化品位的生活。简括地说，人类与地球动物生活的区别在于：人类通过有意识的劳动，创造了人类自身之外的物质财富，人类的生活就是靠人类自己创造的物质财富支撑着，离开了人类自身的创造物，就不是人类生活了。而地球动物的生活来源就是自然本身的资源，地球动物创造不了什么，它们就靠自然固有的物质资源活着。一旦自然的物质枯竭了，地球动物也就随之灭亡。所以人类是靠创造新的物质财富来构建自己的生活，这种生活方式即是有意识的创造性生活方式；而地球动物依赖于固有的自然资源生活，它们的这种生活方式就属纯粹的本能性生活了。

3. 欲望 这是人类特有的一种心理。人类有很多种类的心理活动，欲望是其中较为普通的一种。老人有，孩子也有，男人有，女人也有，黄种人有，白种人、黑种人也有，无论在什么条件下，人类的欲望是不会灭绝的。

欲望从心理的角度说，它是生命的根基。有了欲望，人们才有生活的信心，才会有创造的冲动，也才有今天这样一个生气勃勃的世界和悲欢离合的人生。如果在人类的日常生活中没有欲望这一基本品质，生活就会是一潭死水，生命

119

宇宙 · 智慧 · 文明

也就没有什么内涵可言。欲望就像一台动力充足的发电机，它在推动着生活的进程，催促着人们创造的信念和冲动。

从社会生活的角度说，欲望又像现代一个贪得无厌的孩童，它什么都想要，把什么都想据为己有。它的占有欲太强，特别对于人间的财富、权力、美色，它的大口一直张开着，从来不会有满足感。正是人类社会的这种欲望的无限制的膨胀，才导致人类世界高高低低的阶层，贫富不均的人群，悲欢离合的声音，硝烟弥漫的战争。

人类本是宇宙世界中具有大智慧、大胸怀的高级智慧生物，因为来到地球，创造了地球人类的生活，就被这种没有穷尽的黑色欲望搞昏了头，于是乎就把地球人类的生活弄得像一个无限膨胀的气球，让它没有止境地膨胀下去。这样膨胀的结果会使什么呢？无疑，那将导致人类自身的覆灭，即使不覆灭，也会被这种具体的、小圈子无限膨胀的欲望弄个半死不活，离井背乡。人类假如要面临这样的严重后果，那就意味着他将离开地球，迁徙到别的星球上去生活，因为被人类无限膨胀的欲望践踏得千孔百疮的地球再也不会容纳人类的存在了。

人类是有着巨大欲望的高级智慧生物，他与地球动物的区别在于：地球动物往往满腹就可以安然无恙地休息；如果有一点欲望的话，大型肉食动物将吃剩的食物守候到第二天享用，有些草食动物为过冬贮备一定的食物，仅此而已。而人类就不一样了：人类是"生年不满百，常年千岁愁"，考虑的是千秋万代的事。所以人类的欲望就没有止境，他不仅仅想满足眼前或几十年内的生活，而是想占有千秋万代的生活。人类的这种没有穷尽的欲望，一方面极大地刺激了人类的劳动和创造活动，另一方面也刺激了人类本性品质中的自私和占有欲望，这就把普通的地球动物和作为宇宙高级智慧生物的人类严格区别开来。

4.竞争 这是地球生物所普遍遵循的一条规律。你要生存，必须进入到竞争的行列里来。这就是地球生物生存的规则和地球生命必须经历的秩序。地球动物的竞争除了资源的争夺主要表现在选择配偶等方面，比如到了交配季节，雄性动物首先要进行竞争角逐，和相龄的雄性动物们决斗，决斗的胜者就可以拥有很多的配偶。地球动物的这种竞争规则，不是谁专门制定执行的，是一种自然本能，是动物们天生就有的斗争意识。这种竞争和斗争意识，使地球动物一直得到了强者的基因遗传，淘汰了劣种的遗传，保留了种群的健康发展。

地球人类的竞争不仅表现在选择配偶和遗传方面，而是突出表现在社会生活之中。人类以社会生活为主，社会生活所体现的不仅仅是生理方面的优势，更主要的是文化和智慧方面的优势，所以人类的竞争主要表现在个人的劳动能力、工作能力、思考能力、创造能力等方面。人类竞争的活动首先是从个体开始，然

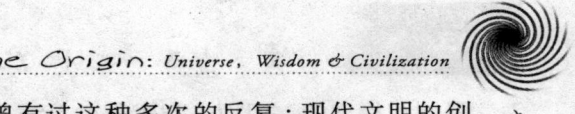

后延伸到一定群体势力之中，再后就是民族的、国家的、人种方面的竞争。在人类历史的有限范围内，大多的情况就是"东方不亮西方亮"、"你刚演罢我上台"，世界文明在交错互补中不断向前发展。其实，从竞争的角度说，人类文明的这种交替发展的态势也正是东西方文化"明争暗斗"展开竞争的结果。国家与国家，民族与民族，种族与种族之间就形成大范围的竞争格局，犹如在一定生活环境内个人之间的竞争一样。人类竞争的最大收获就是促进了科学技术和经济文化的快速发展，竞争是一种规则，是人的一种本能，争强好胜的心理人人都有，而这种不同范围、不同层次的多方面展开的竞争，促进了各项事业的繁荣和发展。因此可以说，竞争是人类世俗生活中不可或缺的一项最基本的动力品质。

5. 创造　这是人类生活中极富挑战性的一种品质，这种品质只有人类才有，地球动物是不会有的。

创造就意味着创立新的事物。人类初次"到达"地球的时候，地球上什么都没有，除了自然还是自然，没有一点人文的气息，是人类在逐渐适应地球环境的过程中，创造了人类文明。这个文明的创造，也许带有很浓郁的外星文明气息，只是因为自然灾害或人类自身的某种原因，被彻底毁灭了。然而人类并没有因为文明的毁灭而灭绝，人类还有若干"幸存者"，从这里那里又站立起来，重新创造地球文明。也许，人类的地球文明曾有过这种多次的反复；现代文明的创建就是我们非常熟悉的从"石器"开始，然后进入铜石器、铁器、机械、信息这样一个过程。如今的地球人类文明已经达到了很高的发展水平，但比之较前的文明还略差几逊；比之今后人类企盼的那种文明境界，似乎还差得甚远。然而现代文明的发展速度是飞快的，只要不发生世界大战之类灾难，不遭遇行星撞击地球之类意外，人类企盼的未来是非常非常的辉煌！

人类的这一切文明成果是怎么取得的呢？无疑就是靠创造。创造是人类与动物最本质的区别，是人类赖以生存的根本法则；创造给人类留下了数不尽的文明成果，创造还会像奔驰在草原上的骏马，继续为人类更加辉煌的明天创造更高层次的财富，更加辉煌的文明。

综上所述，人类的世俗性品质远不止这几个方面，它还包括物质生活的方方面面，精神生活的角角落落，包括人与地球环境，与地球的相对空间之间的密切联系。人类的世俗性品质实际也就是人类生活的所有方面，它是人类在地球生活的主体、主旋律、主渠道；地球文明的繁荣昌盛靠的是人类的世俗性品质，地球文明向宇宙空间的延伸也是靠人类的世俗性品质。可以说，世俗性品质是衡量人类文明水平高低的一个仪器盘，它有最低层次的衡量标准，那就是地球生物生存的水准；但它没有最高发展水平的限制，它向高空的发展是没有任何

121

限制和标准的,因而人类世俗性品质的发展和延伸也是没有穷尽的。

三、人类同时拥有令人刮目的本性品质

所谓"本性"者,就是人类固有的品质,或者说就是人类固有的属性和特性。假如人类的世俗性品质是人类聪明才智在地球文明中的充分发挥,那么人类所具有的这种本性品质是天生就有的,从娘胎里带来的。虽然它在人类世俗性品质面前有所克制,有所收敛,但毕竟它是一种客观存在,它也需要不时地显露它的真身,渲泻它的能量,以示它的客观存在。

人类对于本性的认识,早就有过,只是和我所说的"本性"的内涵有别。在历史上,人类对于"本性"的认识是从伦理观念出发的。最早的观念认为人性是"善"的,人性就像一张白纸那样纯洁无瑕;随着社会生活的介入,在"善"这张白纸上描绘上了一些图画,涂上了一些华丽的颜色,从而使人性才有了预料不到的变化,有成为名画的,有成为名著的,也有涂满了污浊之色而不堪入目的。总之,人性开始是"善"的,是纯洁无瑕的,人性变坏或变恶的直接原因是因为后天的社会生活造成的。这是关于人性"善"的说法,比如在中国的"三字经"中,第一句就是"人之初,性本善"的说教。

在中国古代,"性本善"说教的最早创建者是孟子,他提出了中国思想史上第一个"性善论"模式。比如他说:"尽其心者知其性,知其性则知天矣。"(《尽心上》)也就是说,发挥人的思虑能力则可以体现自我的先验善性,而领悟到这种道德本性是天然具备的,是人性的自然之道,孟子的这一思想对于后世儒学的影响很大,"简单概括他的人性论思想,即道德起源于人的先天本性,也是人区别于禽兽的本质属性;人生价值首先在于保持这种人之为人的类本质而避免沦于禽兽,现实人生价值的根本途径则是对先天的道德禀赋善加存养,使之成为后天现实的道德品质而见于道德实践。"⑥

战国后期的儒学集大成者荀子,以孟子"性善论"为批判对象进一步提出了"性恶论"学说。荀子认为,人的自然本性是"生而好利"、"有疾(嫉妒)恶","有耳目之欲,有好声色","骨体肌理好愉快(安逸)",好逸恶劳,不讲"辞让"。(《荀子·性恶》)这些非道德的本性是与生俱来,天生就有,不是后天影响的结果。实际上这也就是人的世俗性品质的具体表现。他批判孟子的"性善论"的肤浅就在于将人"性之伪"当作了"性善",被伪装了的"性伪"所蒙骗。其实,人性本来就是恶的,因为"性恶"才有了道德伦理,以此来纠正和修养人类"性恶"的本性。荀子的"性恶论"学说,是中国古代人学思想史上的一大"亮点",它的深刻性就在于他并没有把他的学说停留在一片对人性的赞美声中,而是深入到人性的本源和本质之中,

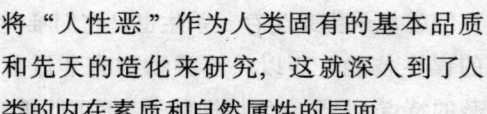

将"人性恶"作为人类固有的基本品质和先天的造化来研究，这就深入到了人类的内在素质和自然属性的层面。

与荀子的"人性恶"思想接近的还有西方的《圣经》。《旧约全书·创世记》中记载："耶和华见人在地上的罪恶很大，终日所思想的尽都是恶。耶和华就后悔造人在地上，心中忧忧。耶和华说：'我要将所造的人和走兽，并昆虫以及空中的飞鸟，都从地上灭除，因为我造他们后悔了。'"①于是，耶和华安排人间唯一的一位"义人"挪亚，造一艘方舟逃生，他就发动了那场史无前例的"大洪水"，把地球上的一切生命，包括他们创造的文明都一水冲毁，不留一点文明的痕迹。

《创世记》的这段话暗含着两层意思：第一，人与地的关系。耶和华说："人在地上学坏了，罪恶很大。"说明人类原也不是生活在地上的，人类是来自地之外的某个文明星球，到地上生活后，"地上充满了强暴"。神看不惯人在"地"上的这种本性的泄露，就发誓要将人类从"地"上灭除掉。包括"地"上的其他生物。《创世记》中暗含的这个古人类信息多么了不起！虽然神以为人是神创造的，但神又看不惯"人在地上"的行为，这就表明人类并非源自地球，人类是从外星球迁徙来的。

第二，人的本性是恶。神造了人类，神又后悔造了人类。为什么？就因为人类"终日所思想的尽都是恶"。那么，神灭了作恶多端的人，人类从此就不恶了吗？神留住了挪亚和他的一家人，因为挪亚是个"义人"，"唯有挪亚在耶和华眼前蒙恩"。那么，以挪亚为源头的现代人类又如何呢？是不是"在地上"的行为就检点了很多，变得善良了起来？并没有。以挪亚为源头的现代人类阴谋、杀戮照旧；即使神已灭除了"恶"的人，但挪亚这个"义人"的后代们照旧"恶"到底，这就是人类的本性。

按照《创世记》的说法，"人在地上的罪恶很大"。那么，"人在地上"罪恶为什么很大？还是《创世记》回答了这个问题。《创世记》记载当挪亚躲过大洪水的灭顶之灾之后，从"方舟"中走出来，挪亚为耶和华筑了一座祭坛，拿各种净洁的牲畜、飞鸟献在坛上为燔祭。耶和华闻那馨香之气，就心里说："我不再因人的缘故诅咒地（人从小时心里怀着恶念），也不再按着我才行的，灭各种的活物了。地还留在的时候，稼穑、寒暑、冬夏、昼夜就永不停息了。"②这里又有一个非常重要的观念，挪亚借助神的力躲过灾难后，给神筑建了一座祭坛，献上净洁的祭物。直到这时神才饶恕了地，同时也饶恕了人。虽然"人从小时心里怀着恶念。"从《创世记》中可以看出，神对人是从来没有什么好感的，因为神知道"人从小时心里怀着恶念"，这个"小时"我可以理解为人"生来"就"怀着恶念"，而且这种"恶念"是从娘胎里带来的，或说是天生的。人有这样根深

 宇宙·智慧·文明 大起源

蒂固的恶念，所以神对人才是不信任的，虽然神发誓以后"我不再因人的缘故诅咒地"。

《创世记》的这段话里还有更深刻、更隐蔽的一层意思："地还留存的时候"、"我不再……"说明神其实很清楚，"地"在某一天的某一时刻可能会消失掉，所以"地还留存的时候"、"我不再诅咒地了"。我诅咒"地"的理由是因为人，而"人从小时心里怀着恶念"，这是人的本性，无法改变。这里神不仅把人的无法改变的本性透露了出来，而且把"人"与"地"的存在关系和消失的远景也暗暗表达了出来。

从人类历史的古代典籍中我们找到了很多有关"人性恶"品质的理论依据，但在现实生活中又如何呢？我们就拿跟人类最亲近的地球普通动物作以简单比较：地球动物很自然地形成一种"食物链"，在这个"链条"的顶端是一些大型的肉食动物，比如狼、老虎、狮子、豹子，包括鬣狗、鳄鱼等，它们都是人人共知的凶残的杀手，它们在地球动物中可以自由自在地走动，可以任意地猎取一些弱小动物，而且它们狩猎的手段是那么的残忍，只要咬住对方的脖子，即使比它们大的动物也会立刻毙命，然后用利齿撕裂了吞食。够凶残吧？但是，地球动物中的这些凶残的杀手比之人类的"恶"来还相差甚远。地球动物们的凶残完全是为了生存，从这类动物的本性来说，杀生也不是它们的有意所为，没什么罪过。

它们就靠杀生来生存，杀生也是它们唯一的谋生技能。所以，这类动物有个最显著的特点，只要它们填饱肚子，不再肌饿，它们就会"目中无猎物"似的在各类动物中安睡，它们决不会因为有杀生的技能而滥杀无辜。这使那些被猎食的对象们也有片刻的安慰。然而人类就不同了。人类捕杀地球动物，并不一定是为了饥饿和生存，很多时候都暴露出"恶"的贪婪本性，可以捕杀无数的地球动物。比如那些只是为图得象牙而捕杀大量大象的杀手们，比如开着越野车，端着机关枪射杀羚羊的杀手们，是否都是因为饥饿和为了生存呢？绝对不是。他们是为了谋得更多的利益而大量杀生的。甭说捕杀这类珍贵动物，就是面对老鼠这种小动物，人类的凶残本性也要比猫科动物超出几十倍，甚至几百倍。猫们捕食老鼠是它们处在"食物链"中"食"与"被食"的链条上，猫饿了捕食一只老鼠后就会停止继续捕猎，等再饿才去捕食其他老鼠。但是人呢就不一样，人为了一只老鼠尾巴五角钱的低廉价格，可以捕杀无数的老鼠，他们只要老鼠尾巴，而把老鼠的尸体扔了。我曾见过有人背了一麻袋老鼠尾巴去卖钱的骇人场面，你可以想一想，一麻袋老鼠尾巴是多少个老鼠的生命呢？你能说捕杀这么多小生命的人类的成员仅仅是因为饥饿或迫不得已才这样做的吗？你能这样评价人的本性吗？!

"有意思的是体型越大的动物，在人类面前越显得不堪一击。""如今只有

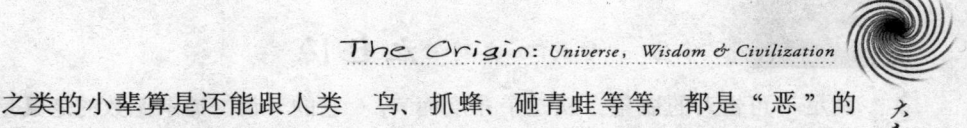

老鼠、蟑螂之类的小辈算是还能跟人类打成平手。""不过情况很快就会改观，我们将造出善打地道战的机器蛇，钻入鼠洞把它们一网打尽，我们也能造出避孕药剂的机器蟑螂让落入温柔陷阱的蟑螂情侣断子绝孙。"又"据史家估计，现在全球濒危物种大约占到全球物种的10%，平均每小时就有一个物种被贴上死亡的标签。所以有人说，地球上第六次物种大绝灭已经开始，所不同的是前五次物种大绝灭缘于天灾，而这次大灭绝始于人祸。"②

怎么样，听到以上的人类声音，我们有何感受？假如不是出于人类天生的本性，他会使蟑螂们"断子绝孙"吗？能将老鼠们"一网打尽"吗？而且第六次地球生物大绝灭会"始于人祸"吗？人啊人，人在骨子里就是"恶"的，人的本性是天生的，真所谓"江山易改，本性难移"。

人的本性品质是从"小时"就"心怀恶念"，是从娘胎里带来的，它作为人类的世俗性品质的对立面，是对人类世俗性品质的一种抵消和反动，只要人类的世俗性品质在起作用，人类的本性品质也不会改变和绝灭，它一直会伴随地球人类的生活始终。

那么，人类的本性品质主要表现在哪些方面呢？

1. 嗜杀：这是最直观的人类"恶"本性品质。比如一个人从小的时候开始就身不由己杀生，用脚踩揉地上的蚂蚁、打鸟、抓蜂、砸青蛙等等，都是"恶"的表现行为。因为小孩的这种"恶"不是家长教育的结果，而是一种自生的不自觉的品质。长大成人后，杀生就不是什么稀奇了，是人类正常生活的有机组成部分。比如"亚马逊河流域，每年有2400万头动物被猎杀；西非的科鲁普每年有275吨野生动物肉从自然保护区运出。"③ 2005年以来，全球性禽流感中不知杀死了多少飞禽，一个地区动则几十万只，甚至几百万只，全世界在一天内会有多少飞禽被人类杀死。杀生，是人类本性品质中最自然的事。不仅杀动物，即是人类自己对自己，也是"杀字当头"。20世纪的两次世界大战中死去多少无辜的人。死就死，也无所谓，反正人类的繁殖能力非常强。19世纪初，全世界共有10亿人，到了21世纪初，全世界的人口已增加到了60亿，据估算，人类若不采取有效措施，本世纪末的世界人口可能超过150亿。人类的繁殖如此之快，杀几个人有什么大惊小怪的。在我们的生活中，人们不是经常说：死吧，死掉一大批人，让我们宽宽松松生活吧！我始终弄不明白：人们为什么一定要诅咒别人死，自己总希望活下来呢？这不是人类固有的本性品质是什么？

前面已经作了比较，地球上的猎杀性动物，只是为了生存才杀生，而人类是为了某种无法达到的欲望而杀生；动物的杀生是有限的，它们决不会在填饱肚子的情况下滥杀无辜，而人类正好相反，人类的杀生不是为了填饱肚子，而是为了

 宇宙·智慧·文明

满足不可告人的欲望。从这个角度而言，人类属于"嗜杀"性生物；一方面，他杀生的方式是人类式的靠智慧和某些器械来屠杀，而非靠本能；另一方面，人类杀戮的欲望没有止境，他不仅要屠杀地球动物，如果需要，他同样会屠杀人类同胞。比如阿道夫·希特勒，就是一个屠杀人类同胞的"典范"。

有关这方面的研究成果有很多。著名的心理分析学家弗洛伊德，从人的"死亡本能"出发，建立了"侵犯性和破坏性学说"；他的同行、著名的心理分析家、社会哲学家和作家艾利克·弗洛姆，修订了弗洛伊德的"死亡本能"的概念，撰写了一本专门的书，叫《人类的破坏性剖析》，他把人类固有的恶意侵犯、破坏性和残酷性品质，剖析得淋漓尽致，有兴趣的朋友可以借一本读读。此外，还有古今中外的有关论述"战争"的理论，实际上这种理论就是如何屠杀人类同胞或"屠杀"人的理论或学说，它的最为本质或核心的东西就是如何保持自我的强大和优势，从而屠杀弱者或战胜弱者。地球人类有这样的学说和理论，用以屠杀人类自己，地球动物们既没有这样的意识，也没有这样的本事，至多它们为保卫自己的领地打打群架而已。

2. 自私、嫉妒、占有欲：人类为什么会有"嗜杀"的本性品质呢？归根结底就是因为人类是一种自私的、嫉妒性很强的、占有欲无穷的高级智慧生物。如前文中列举的，人类猎杀大象是为了得到它的牙齿，捕杀无数的老鼠是为了得到它的小尾巴，这是人类贪婪的一面。为了不传染某些疾病，人类大量屠杀飞禽走兽，其屠杀行为达到惨不忍睹的程度，这是人类自私的一面。为了保全自己，可以任意地屠杀其他地球动物。而人类社会自古流传至今的战争，既是人类嫉妒品质的体现，也是贪婪、自私和占有欲品性的具体体现。人类屠杀地球动物，可以一次屠杀数十万、甚至数百万；而通过战争手段屠杀自己的同胞，则一次可以屠杀数千万之众！比如第一次世界大战死亡的人数是4千万，第二次世界大战中介入的人数达到2亿多人。就我所知，这只是个保守数字，真正死亡的人数比这还要多出很多。

从以上的简述中我们不难看出，地球人类为什么这么"嗜杀"成性？究其根本原因，不外是人类固有的嫉妒、自私、贪婪、占有欲等本性品质在起作用。比如古代西方的特洛伊战役不就是为了占有一个女人发动的战争吗？被费洛姆描述为具有"恋尸症"的希特勒发动世界大战的一个最基本的动机不就是为了日耳曼人"统治"世界的贪婪本性吗？如此等等的事例不胜枚举，它们说明一个最基本的事实，那就是人类"嗜杀"的本性品质源自它先天就有的贪婪、自私、嫉妒和占有欲等本性品质的共同作用才形成的，如果没有后者，也就不会产生前者，它们就像孪生兄妹或连体婴儿那样共同组成人类的恶本性品质。

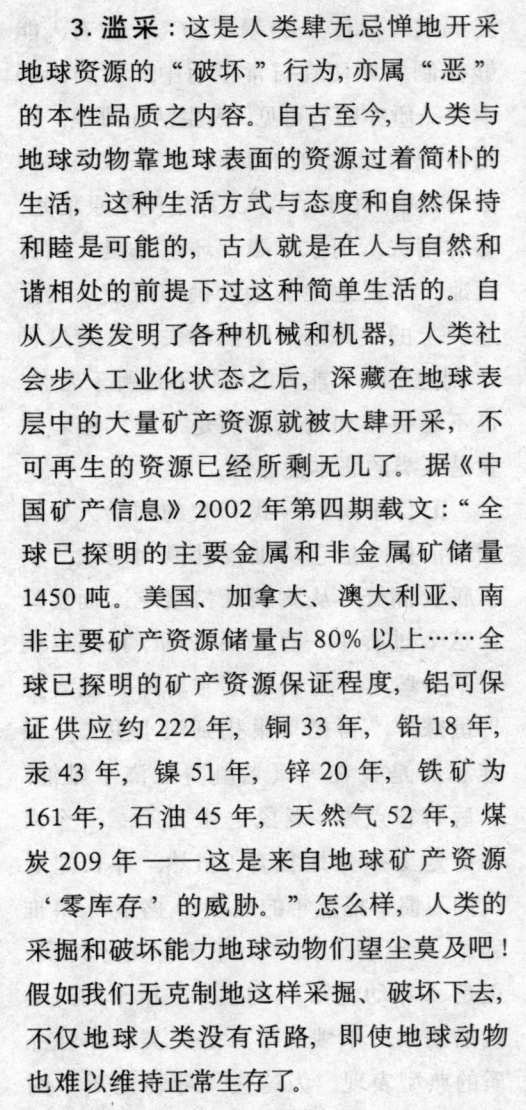

3. 滥采：这是人类肆无忌惮地开采地球资源的"破坏"行为，亦属"恶"的本性品质之内容。自古至今，人类与地球动物靠地球表面的资源过着简朴的生活，这种生活方式与态度和自然保持和睦是可能的，古人就是在人与自然和谐相处的前提下过这种简单生活的。自从人类发明了各种机械和机器，人类社会步入工业化状态之后，深藏在地球表层中的大量矿产资源就被大肆开采，不可再生的资源已经所剩无几了。据《中国矿产信息》2002年第四期载文："全球已探明的主要金属和非金属矿储量1450吨。美国、加拿大、澳大利亚、南非主要矿产资源储量占80%以上……全球已探明的矿产资源保证程度，铝可保证供应约222年，铜33年，铅18年，汞43年，镍51年，锌20年，铁矿为161年，石油45年，天然气52年，煤炭209年——这是来自地球矿产资源'零库存'的威胁。"怎么样，人类的采掘和破坏能力地球动物们望尘莫及吧！假如我们无克制地这样采掘、破坏下去，不仅地球人类没有活路，即使地球动物也难以维持正常生存了。

4. 排泄：也是人类"恶"本性品质的具体表现。人类要大量采掘、收获，要维持正常生活，自然会有很多的排泄。如果人类以文明生物的角度出发，对排泄行为也限定一些文明标准的话，我们的地球环境就会"干净"很多。"环境污染全球化"的状况也就不会出现。可是现如今，人类的环境状况又如何呢？"温室效应"、"酸雨"、"臭氧洞"等人为破坏造成的严重环境后果，今天的人类已经是"回天乏术"了。比如"温室效应"带来的三级巨大冰冠和冰川的溶化，已经使一些低海拔"岛国"面临着"末日威胁"，全世界第一个由于海平面上涨淹没其国土而逼迫迁移的图瓦卢是人类"末日威胁"的榜样和前奏，之后又有如"基里巴斯、库克群岛、瑙鲁和西萨摩亚等低地岛国也面临着同图瓦卢一样的威胁。"[11]这说明什么呢？说明人类的本性品质就是"各人自扫门前雪，不管他人瓦上霜"。只要个人私欲实现了，对别人、对环境关心的人几乎没有。比如我们目前面临的"三大环境效应"（温室效应、酸雨、臭氧洞）有一个共同点，就是"无国界"。啥叫"无国界"？就是造成这"三大环境效应"的责任没有一个国家主动承担，都推说是全人类的事，"全人类"又会怎么造成这种恶果呢？毕竟还是有一些"罪魁祸首"的。但在目前，这些"罪魁祸首"们——都逍遥在法网之外，"三大环境效应"的责任没有一个人、也没有一个国家主动出来承担。这就是人类，就是人类"恶"本性品质的最有力的证据。

5. 破坏：费洛姆说："'人类还有一种特有的侵犯，就是恶性侵犯，也就是破坏性，这种破坏性是人类特有的，而且并不是来自本能'的人类嗜杀，往往

宇宙·智慧·文明 大起源

并不是为了生物学上的目的或社会学上的目的，他为杀而杀，这种嗜杀的欲望是他的性格的一部分，是他的一种热情（激情）。"② 同样的道理，人类因嗜杀而要达到的一个目的即是满足自己的私欲、占有欲、征服欲以及贪婪欲；另一个目的却是破坏对方的所有，包括对物质的破坏和对精神文明成果的毁灭。比如在二战期间，日本帝国主义侵犯中国，他们对所占地区的人民采取"抢光、杀光、烧光"的"三光"政策，对该地的文化遗迹，要么掠为己有，要么砸碎烧光。他们的恶本性品质在异国的土地上格外地张扬，格外地猖狂，不达破坏的目的决不罢休。之前的"八国联军"火烧圆明园，更是人类恶本性品质的典型表现。因为圆明园这一人类文化的古迹，侵略者不可能掠为己有，既然不能掠为己有，那你也别享用这份人类的文化遗产，干脆一把火烧了谁也别拥有。这就是人类恶本性品质中的嫉妒心牵引导演出的一个历史悲剧。

古今中外一无例外，凡是恶心迸发的侵犯者，都将杀戮、破坏作为首选行为，所到之处，一片废墟，很难将有价值之物保留下来。犹如非洲荒原上曾经出现过的"人蚁之战"，大型的红蚂蚁成灾，铺天盖地如潮水般涌来。只要红蚂蚁经过的地方，树木没了皮和枝叶，老虎、野牛之类大型动物瞬间都变成一堆白骨。人性中的恶本性品质也无须教导，天然生成，一旦迸发出来，就像非洲成灾的红蚂蚁，只许"施暴泄愤"，没有人能够控制。即使在日常生活中，人类的恶本性品质亦随处可见：人生活在哪里，就把砍伐的斧头伸向哪里，把杀戮的屠刀戳向哪里，用不了多久，那里便草原荒芜、森林消失、河水干涸、环境恶臭、满目荒凉，不仅地上的动物销声匿迹，乃至连天上的飞禽也从眼前消失。具有这种"制造荒凉"能力的生物不是狮子老虎，也不是豺狼和鹰鹫，而是人类，或者说就是人类的恶本性品质。

记得小时候，我和我的同龄人曾将蜜蜂活抓，把它从细腰处揪为两截，扔了屁股部分，从胸腰处挤蜜吃，而蜜蜂在这个过程中一直是活着的；我们也掏了不少鸟巢，无端地把雏鸟摔死或者把鸟蛋踩碎，再把鸟巢扔到河水里去。最难忘的是我在一只老鼠身上浇了煤油，然后将它点燃：老鼠逃生无门，一个火球在地上疯张地狂奔！虽然，年长之后我们习惯于把童年的这些"捣蛋"事推辞给"年幼无知"，不予深究；其实，正是"年幼无知"的童年人所干的这类残酷的事，杀戮的事，是人类恶本性品质的典型表现。为这些"年幼无知"时所干的事，迄今我都不能原谅自己，尤其在写作本书的过程中，那些事就像是些恶梦，一直萦绕在我的脑际，久久不肯散去。

四、人类还拥有潜藏很深的天性品质

人类的天性也是人类最基本的品质属性之一，传统哲学中有"天命"之类

说法，我这里并不指"天命"。天性也是人类固有的一种基本品质，它是指人类生来就有的一种宇宙意识。假如我们要把人类的世俗性品质称之为生活和创造的意识，把本性品质称之为"恶"和反动的意识，那么人类的天性品质就是一种高迈而又深远的宇宙意识。

"古希腊把命运、宿命、天命当成'控制诸神和人类'的最高世界原则。而在基督教教义中取而代之的是有意识的天命，它不是盲目的，而是能见的，它像父权的统治者那样领导着世界政府。这种观念的人神同性特征是显而易见的。通常与'人格化上帝'的观念有关。"⑬天命即是一种最高也最富权威的象征，是人所不能抵抗的天意。人间最高的神就是天神或上帝，他们都是属于"超人"范围的人格化力量和最高权力象征。除了上帝和天神之外，国王们都以"天之子"为名来统治他的国民，似乎地球上的凡夫俗子们是无法统治人类的，只有上天派来或是某天神下凡变成人类成员的具有"神性"潜在素质的"天子"、"天之子"才有可能统治地球的一隅或一国，这就是人间的这些"天之子"为什么总是把自己的身份与"天"联系在一起的原因。

同样，"现代的文明人同未开化的野蛮人一样，遇到了幸运的事情，如在生命危险时被救，重病得到治愈，彩票中了头奖，久盼得子等，通常都会强烈产生对天命的信仰和对仁爱天父的信赖。相反，一旦出现不幸的事情或一个盼望已久的愿望没有实现，平白无故地遭到严厉的伤害或遭遇令人愤慨的不公正的事情，这时'天命'就被忘却了，智慧的世界统治者是在睡觉或者拒绝给别人赐福。"⑭不仅人间最高统治者的"天子"、"天之子"，即使民间的凡夫俗子，他们的遭遇都与"天命"相关，是"天命"使他们高兴、信赖、信心百倍，也是"天命"使他们倒霉、背运，无可奈何。"天命"光顾的仅是"好运"、"红运"，如果"天不作美"也就没治了。

以上是人类对"天命"的最世俗化的认识。认为人间的最高权威者并不是具体的人，而是处在冥冥之中的"天"；"天"让你当官你就能当官，"天"让你暴富你就能暴富，"天"若不作美，你就跟着倒霉。"天"决定地球上的一切，"天"也同时决定人间的一切。在世界各民族的民俗中，为什么有那么多"拜天"、"祭天"的仪式和风俗呢？原因之一大概就在于此。

其实，"天命"思想起源于人类的"天性"品质。

我们说，人类的"天性"品质是天生固有的一种品质，那么它必然与我们所谓的"天"有关。"天"是什么？"大约归纳起来，有五类观念，都混在天的一字的名辞之中：(1)天是指有形象可见的天体。(2)天是指形而上的天，纯粹为抽象的理念。(3)天是指类同宗教性神格的天，具有神人意志相通的作用。(4)天是最高精神结晶的符号。(5)天是心理升

129

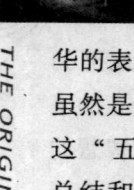

华的表示。"⑮南怀瑾先生总结和概括的虽然是先秦对"天"的这种内涵，其实，这"五类观念"也就是"天"本身的总结和概括。"天"在地球人类的世俗观念中就是具体的天体，或抽象的天，或被神化的天，或是一种精神符号，或是表示人的某种心理。纵观人类对"天"的认识和人类生活的实际，首先人类对"天"的崇敬是一种精神或心理上的需要。人类生活在一个具体的星球上，在这个星球上的一切，人类都有所了解。人类很清楚地知道，地球对于人类的生活影响力比之"天"来相差甚远，"天"总是虚空着，表现出一种"无"有状态，其实地球和人类生活中的一切神奇现象都出于这个"天"中。"天"是一切的源。"无"可在神秘莫测的冥冥之中决定人间的"有"，"无"的神秘无人可知，唯有"天"知。所以"天"即是"无"，"无"也可以说是"天"。依赖于这种虚无的"天"，同样给人一种神秘的力量，这种神秘的力量也是说不清道不明的，但在暗中起着作用。这是人对"天"的一种精神企盼和心理需要，有它无它大不一样。

其次，人对"天"的这种精神需求进一步升华，便出现一位被神化了的"天神"、"上帝"或神。神是一种超人存在。神的力量无限大，神的能量无比大，神能做到人类做不到的一切，神还能创造人类想不到的一切。神的这种超人、超越自然存在，对于渺小的地球人类来说，无疑是一种侥幸。只要人类不断地祈求于神，得到神的力量关照，那人类也是无所不能，超脱于尘世之上的。完全被"神格化"了的"天"以具体的"神"的面貌出现，人对它的信仰和信赖也就越具体越强烈了。

再次，"天"的另一种形象就是抽象，就是茫茫无际的神秘和漫漫无垠的虚无。这种"神秘"给人以无穷的力量，这种"虚无"同样能给人以无穷的遐想。地球人类在具体可触摸的地球上一旦走投无路，就把希望的目光投向那深不可测的宇宙深处，也就是投向"天"的虚无之中。"天"的虚无能给人类什么呢？自然还是虚无。但来自上"天"的这种虚无和地球上人们认为的虚无是有着质的区别；前者能给人一种"虚无"的无穷力量，后者只能给人以空虚。所以人们总是毅然决然地放弃地上的空虚，而要依赖于"天"上的虚无。

既然人类对于"天"有着这种说不清的冥冥之中的依赖和信仰，那么人与天究竟是一种什么关系呢？按照中国道家的说法，那就是"同源关系"。

"道教在人天关系上主张天人同源，天人同构，天人相应。根据这一人天观，人的存在并非只是作为单个个体孤立生存着，而是存在于相互依存、相互制约的天一地一人大系统中。天中有地，人中有天地，地中有天。正如《阴符经》所说：天地、万物人之盗；人、万物之盗。之盗既定，之材既安。"⑯道家的这种"天人同源，天人同构，天人相应"的哲学主张，恰是人类作为宇宙高级智慧生物的最好注解。人类如何与"天"同源呢？那就只能是人类生于"天"，生于"天"者方可谓与"天"同源，否则人类是由地球上的普通动物演变而成，何谓"天人同源"、"天人同构"呢？因为人与"天"是同源的，所以世俗的"天命"观也就是人类生来就有的"天性"品质。

人类的"天性"品质是与生俱来的，是人类固有的品质之一，这一认识我们再不可动摇。人类"天性"品质的主要内容包括以下三个方面：

1. 原始记忆的形象化特征

人类对"天"有一种最原始的记忆。打个比喻说，人类与"天"的关系就像是一对久别的母子，人类这个"地球之子"对于"天母"的形象，只有一种隐隐约约的印象，"天母"具体长什么样，何时与"天母"辞别，在"地球之子"的印象中已模糊不清，但"天母"的存在是真实的，"天母"在"地球之子"的印象中如梦幻般隐显的景致是可信的，是不可磨灭的。具体表现为人类远古的"女神"形象。比如在中国的古史中，大多的部族都是由母系氏族发展而来；《史记·五帝本纪》中五位太古的统治者及后裔神农氏、轩辕黄帝、高阳颛顼、高辛帝喾、尧、舜、禹，他们的生母都是通过天地感应受孕的女神，实际也就是"天母"，而他们是"天之子"。如伏羲氏之母华胥在"感履基帝灵威仰之迹，有虹绕之而生伏羲"（《拾遗记》）。"黄帝母曰附宝。之郊野，见大电绕北斗枢星，光照野，感而怀孕，二十四月，生黄帝于寿丘"（《竹书纪年》）等等。因为"天"是"天子"之"母"，所以在地球人类的历史源头上首先是"知母不知父"的母系氏族社会，之后出现的即是"女神崇拜"、"女阴崇拜"，以至诞生了老子的"女性哲学"。

我们打开《老子》一书，书中的"玄牝"、"谷神"、"天地母"、"阴柔之水"之类表示"母性"的词扑面而来。

"谷神不死，是谓玄牝，玄牝之门，是谓天地根。绵绵若存，用之不勤。"

"无名，万物之始；有名，万物之母。"

"天下有始，以为天下母。既得其母，以知其子；既知其子，复守其母，没身不殆。"

这里，老子把"道"具体化身为"谷神"、"玄牝"、"水"等颇具女性气质的形象，认为世间万物都是有"母"生养的，其"母"之器，曰"谷神"、曰"玄牝之门"，万物都是从这里生出

图35 青铜纵目人，商朝，四川成都三星堆出土。有学者猜想这是西方的犹太文化遗迹，其实本书认为，这是"前文明"的某种头盔装置，比如头盔上装置的微型望远镜。

宇宙·智慧·文明 起源

来的，所以才称其为"万物母"、"万物母"又怎能说不是"天母"或"天"的具象化身呢？老子为了表明人事万物与"天"的密切关系，才将"无"比喻为"母"，让"天母"生养出世间万物，生养出人类来，然后再来个"复守其母"，"母"、"子"团圆。这大概就是老子的"女性哲学"中最为根本的地方。

不仅在中国的古代，在西方的《圣经》中照样有"圣母"的故事，其故事的构架与中国古代圣人诞生的情形不相上下。

"童贞女马利亚从圣灵怀为孕。她的未婚夫约瑟发现后想私下解除婚约。此时，上帝的使者在约瑟的梦中显现，告诉他尽管娶马利亚过门。马利亚怀的孕来自圣灵，生子后要取名为耶稣，因为他将拯救罪恶中的百姓。于是约瑟听从天使吩咐，娶马利亚为妻，并在儿子出生前，不与马利亚同房。"[17]

耶稣是上帝之子。耶稣的出生也是"童贞女"马利亚"从圣灵怀了孕"，不是人间的凡胎。"拯救"人间罪恶百姓的耶稣，通过"童贞女"的中介，将"圣灵"（"天"的精华）转化为"救世主"，这个故事的源头依然在"天"上，不在地下。"天"是什么？具体说就是"童贞的马利亚"，这就如老子的"谷神"一样，都是"天"的代名词，"天"的具象化处理。

通过以上的简单分析，我们就能看出中西古文化源头上的"女性崇拜"和"女神崇拜"，虽然在形式上有所区别，但它的内涵都是完全一致的，那就是：人类古代的"女神"实际就是人类最原始的对于"天母"妈妈的原始记忆。因为对"天"的记忆的抽象化和模糊性，"天"就逐步转化为了具有巨大的生养能力的女性母亲："女神"由"天"到"天母"的转化，实际就是人类对于"天"的原始记忆的具象化过程。今天在我们人间的女神谱系中为什么有那么多"女神"形象和女神崇拜形式呢？它的最初根源就从这里出。"天"是一切"女神"的"老祖母"，然后就按时代的顺序往下排列、按女神的地位往细小处分化。

2. 好奇心的无限延展

好奇心也是人类的天性特征之一。人类"到达"地球后，对地球上的一切都感到好奇，地球上的动物们为什么是千奇百怪的？植物又为什么大小粗细不一致？水为什么往低处流，云雾为什么往天上飘？响雷为什么还伴随着闪电？云雾为什么会变成雨雪？凡此种种自然现象，对于刚刚"到达"地球的人类来说是非常好奇的事。因为在地球环境中有了这么多的好奇的事，人类才开始对这些不熟悉、不了解的事物感到兴趣，才去琢磨和研究它。人类开始发明火，并使用火；发明工具，并使用它；发明制服动物的方法，并开始饲养和畜牧；发明采集和栽培的方法，并进入原始农业，我想这一切发明与创造，都是从最初的好奇心开始。

好奇心就是人们对于不了解、不熟

察天象的具体记录，它们都是远古人类好奇心的真实记录。进入文明古国和现代文明之后，人类的好奇心理越来越强烈，人类对"上帝造人"和"猿猴变人"的探讨以及"地心说"与"日心说"的理论演进都是人类好奇心牵引出来的大话题。如今人类的好奇心越来越细，也越来越远，细到纳米技术的产业化和人类基因组织的线性排列，远到对宇宙100亿光年的时空穿越。然而人类对周围事物的认识才刚刚开始，不了解、不熟悉，或者不知道原因的事物太多，它们都是人类的好奇心的广博资源对象，只要人类的世俗性生活不结束，人类的好奇心也就不会有终止的一天。

图36 撒哈拉沙漠中多次出现"圆头怪"。研究者认为这幅图案实际上是一个头戴宇航盔，身穿太空服的外星宇航员。

悉的事物感兴趣，从而引发研究的过程。好奇心对于人类来说，不止是发生在地球上的新奇事，人类特别感兴趣的还是深邃无底的宇宙中的事。比如在地球环境中，太阳按时升起按时落下，月亮时圆时缺，星辰却像河流一样，只有在夜间闪烁，天空是蓝的，云又是洁白的，诸如此类的"天文现象"对于人类的诱惑力更大，探讨和研究的信心也就越大，。正是在这种好奇心的诱惑下，人类才开始对于宇宙世界全方位的观察和研究。比如在巴比伦的泥板文字中，在中国的甲骨文中，记载最多最频繁的还是有关天文的知识和观

图37 布须漫岩画：戴羚羊面具的人物。其实从全身结构看，这些人并不像现代的地球人。

好奇心是人类的一种天性特征，它与动物的惊讶、惧怕不一样，地球动物看见一些不曾看见过的事物，就会惊讶得愣怔起来，具体表现为一种本能的警觉和立刻逃生的愿望。而人类的好奇心不是这样，它首先是在一种非常平静的心态下产生，好奇的对象物给他的是一种从未有过的新奇和刺激；这种新奇和刺激往往能引发人的"揭秘"心理，要"揭秘"就必须进入思考和研究。因此可以说，好奇心是人类进入创造时期的前期准备，是人类不需要任何培训和学习，天生就有的一种素质。至于好奇心的强与弱、大与小，因人而异，但在整体上，人类都具备这种积极向上的品质特征，它是人类天性的有机组成部分，是人类先验的内在素质。

3. 遨游宇宙世界的梦想

无论是对于"天之子"的模糊记忆还是作为"地球之子"的好奇心理，人类天性的施展地在宇宙，天性的魂灵即是翱翔于漫漫无际的宇宙之中。

人在很小的童年时期，还没学会走路，就想着在天上飞；还没有进入成熟时期，天天做梦也在天上飞；进入成年人行列后，"天上飞"的欲望和梦幻被世俗的生活所拖累，但是一进入老年，"天上飞"的幻觉又频频出现。直到人死，废弃的身体虽不能进入"天国"，但死人的灵魂一定要送入通往"天国"的征程中，这是死了的人的生前愿望，也是活着的人对于死人应尽的义务。人的一生就是这样，从开始发问"我从那里来"，然后经过应有的生命历程，就把人送入冥冥的"天国"之中，其实仔细琢磨，从人类的"魂归天国"的最终归宿就可以回答"我从哪里来"的"世纪之问"。

梦想在宇宙世界中翱翔，这是人类天性最典型的标志。人总是梦想着飞，无论有没有"飞"的能力，但这种思想是客观存在的。比如在中国古代，有个"绝地天通"的典故，说的是在远古时候天下混乱，人与神都混杂不分，人人都与天沟通交往。颛顼帝上任后，首先治理这一混乱现象，让掌管此职的官吏断了普通人与天沟通的交通，限定只有天子或帝王们专职的巫觋才有权利与天交往，这样颛顼帝就断绝了平民百姓与天交往的权利，把这种权利垄断起来，成为王室的专用。这就叫"绝地天通"。在我国古代《尚书·吕刑》、《山海经·大荒西经》和《国语·楚语》中都有记载。"绝地天通"后人类只能存有飞翔的梦想，但不能"飞"了。不能"飞"又不能让人尽兴，那怎么办？那就虚拟出一个"飞"的世界来，在这个虚拟的世界里飞。如在中国的古代，就有"飞天"壁画，它是古人"飞"的心相；眼下，科幻电影、科幻小说、科幻的动画都能达到这种效果。于是，天性单纯的儿童和青少年，整天浸泡在这种虚拟的"飞"的世界中，飞啊飞，总是飞不够。可是人一到成年和老年，为什么就没有这种"飞"的欲望，至少是减缓了这种欲

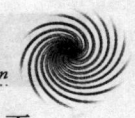

The Origin: Universe, Wisdom & Civilization

图38 甘肃金塔寺石窟东窟中心柱上的飞天像。(北魏)飞天是中国石窟艺术中的一大景观,佛教中以神仙的飞翔形容人类的飞天梦,其实在天空中飞翔是人类天性品质的形象化展示。

望的膨胀呢?原因很简单:成年人和老年人都被人类的世俗生活所累赘,吃不饱,穿不暖,没处落脚,这些现实的世俗生活就像一座座山,压住人类的天性禀赋,让你根本没有"飞"的心情,甚至让你想都不敢想一下。所以"人到中年"之后也就是人类天性覆灭的开始。

当然,我们必须要声明清楚:人类天性中有关"飞翔"的特质,并不像人类的世俗性生活那样具体和诱人,也不像人类的本性品质那样"恶贯满盈",它是一种长期被压抑、被世俗生活所冷落的品质特征;因为它的存在是真实无疑的,但它在世俗生活中的具体使用却是非常有限。天性品质的这种特质往往被世俗性品质讥讽为"想入非非"的不实际行为,除非人类生活的星球发生了灾难和存在的危机,"飞"的品质才能起作用,才能显示出它的威力来,除此的漫漫岁月中,人类普遍地实现"飞"是不可能的。所以它才被冷落,才受到社会各方面的重压。

虽然人类普通飞翔生活的梦想是不可能的,但人类对飞翔的探索,特别是对太空和外太空的探索是不会终止的,最普通的比如低空的飞机等飞行是不会终止的;再高一级的比如绕地卫星、绕月卫星和对太阳系各大行星的探索是不会终止的;更高一级的比如对银河系的探索更不会放松。人类实现普遍的飞行生活是不可能的,但人类对太空的探索也不会终止,这就是人的天性使然。

由此可知,在现代文明条件下,人类之中只有很少很少的人才有"飞"的机会和可能,如飞行员、航天员,而绝大部分的人类是没有条件和能力"飞翔"在宇宙世界之中的,这一点毫无含糊。即使到了高度发达的宇宙文明阶段,所有的人类都能实现"飞翔"也是不可能的,除非地球上的人类每10人有一架超级文明条件下制造的"航天飞船"。假如地球人类的文明达到这样的高度,那么在人类好奇心的积极鼓励和促使下,地球人类恐怕都"飞"到外星上生活去了,地球的空间就会大量地腾挪出来,成为地球动物们真正的乐园。

五、性:"三性品质"的自然体现

我们断定,人类具有世俗性、本性和天性品质,在上文的论述中,为了论述的方便,我将它们分别开来单独地论述。其实,人类所具有的"三性品质",既不是独立存在的,也不是各自单独发挥着作用。假如我们把人类的"三性品质"放到现实生活中,一一对证的话,那么我们在性

宇宙·智慧·文明

爱、权力和财富这三种现代人类生活中最为重要的方面都能找到相应的答案和突出的表现。下面我们就以性爱为例来说明"三性品质"所具有的综合表现。

性是人类本身所具有的本能或特质，一般指男女异性之间通过性器官的交融行为达到某种愉悦的状态。人类性行为的这种特质，地球普通动物都具备，但地球动物的性行为和人类的性行为是有着本质区别的。地球动物的性行为，大多都是季节性的，比如春秋季发情、交配，冬春季生育等。不仅如此，地球动物的性行为大多是为了纯粹的繁殖种类而进行的一种本能性活动，应该说是纯本能的行为。动物通过这种有限的纯本能驱动的性行为，达到繁衍后代和延续种类的自然目的。和地球动物比，人类的性行为就完全不同。并非说人类的性行为中没有本能的繁育后代和延续种类的自然目的，也不是达尔文所描述的纯动物式的"性选择"或通过雄性竞争获得"性选择"的权力，而是说在人类的性行为中体现出来的，是纯人类的性行为方式，而不是纯动物式的性行为方式，具体体现在：

1. 文明的性行为方式：在地球动物的交媾中没有回避、没有制度的约束，更不具有审美的性行为意识，它们在荒山野谷中，或在人类面前，随着季节性的性欲冲动，随时随地都可进行，它们不知道羞耻，没有任何约束，为了自然进化的需要，至多在雄性之间展开一番交

配权利的竞争，然后一切都在自然的秩序中进行。人类的性行为就不同于地球动物，在人类的原始阶段，就已实行"对偶婚"制或一夫一妻制。据史家们说，人类在实行"对偶婚"之前，也曾有过很长一段时间的"群婚"制，等等，我对这种说法难以接受。人类是一种高级智慧生物，在他的形体中先天性地就具有一种人类的文明意识，这种意识并非哲学上争论不休的"先验论"，也不是"性意识论"或"唯心论"，而是人作为人的本质属性。人类的这种先天性本质属性要求人类要过文明生活，这种文明生活的创造者就是人类本身创造的基因，就是人类固有的智慧，因此，即使在现代文明的源头上，人类也不可能曾经拥有过动物式的"群婚"制或"群居生活"方式。人就是人，人类就是人类，他因他的本质属性所规定，自古至今过的就是纯属人类的生活，决不可能与地球普通动物的生活习性相混同。比如，在现代文明的源头上，人类的生活方式就是"神"的生活方式或"半神半人"的生活方式，这种生活方式其实就是地球人类在"前文明"延续下来的一种生活方式，确切地说"神"的生活方式就是"前文明"与现代文明之间的一种过渡形式，它既是"前文明"的"终结"，又是现代文明的源头。在这样的文明生活条件下，出现了一系列的"神话"和"神话人物"，他们的生活能力要比现代人类强，文明水平也比现代文

明高出很多。在这样的文明生活中，人类绝不可能过上"群居"的甚至是动物式的"群婚"生活。这种"群婚"制的生活方式，实际上就是人类从动物进化论中传导出来的，或者说就是古史家们参照地球动物的生活习性编造出这么一个阶段来的，在人类的真实生活中不可能有这个阶段，人类也不可能过这样的生活。

举一个中国古代神话人物的例子：伏羲和女娲既是中华民族的始祖，又是一种兄妹婚。在中华古老的神话界有这种乱伦的"兄妹婚"，我们的古代先祖们不仅没有回避或丢弃，而且仍然把他们当作中华民族共同的始祖，这是为什么呢？我在前文中已经论述过：伏羲和女娲的真实身份和真实生活，实际就是人类历史中的一个真实的发展阶段："前文明"在"中央文化地带"被毁之后，作为中华原始始祖的"西王母"经营了一个辉煌的"女神时代"，这就是中华文明源头上的"昆仑神话"；昆仑山系保存和孕育了中华先祖，当漫长的冰河期结束时，从昆仑山系中走出的中华始祖们已分布到中国的西北大地上。就在此时，巨大的不幸又发生了，冰期后发生了多次毁灭性的"大洪水"，正是冰期后的这一次大突变又一次冲毁了人类经营多时的文明成果，乃至毁灭了人类的绝大部分。然而人类毕竟是智慧的，即使又一次遭受了毁灭性打击，总也有人逃得性命，从这次大灾变中活下来，比如

西方的"挪亚"一家，中华文明源头上的伏羲和女娲。一场毁灭性的大灾变中，仅剩下兄妹二人了，除了他们，人类的一个种族就要绝灭。在这种特殊的情况下，他们兄妹二人是选择"前文明"中的陈规旧律呢，还是打破常规，结为夫妻继续延续东方人类的种族呢？伏羲和女娲毫不犹豫地选择了后者。因为他们的这一历史性选择，才有了黄种人，或中华民族，也因为他们继续延续人类种族的这一重大选择，中华民族才将他们奉为"神"和中华民族的"始祖"。

不过这一对"始祖"与众不同的是他们是"半人半兽"的形象：上半身代表人类智慧和文明，故为人身；下半身代表性器官和"乱伦"的部分，故以蛇身表现或批判。从中华民族的始祖和始祖神的形成中我们已知，即使在远古的始祖文明阶段，人类也把"人的性行为"方式与"兽的性行为"方式区分得一清二楚、毫不含糊，该肯定的部分给予充分肯定，该颂扬或供奉的内容也不轻易丢弃，该否定和批判的部分也是毫不客气。虽为始祖神，也难免有被人类羞辱和否定的内容，这就是真实的人类原始，也是人类文明性行为一直延续的真实写照。

除此还有很多人类文明性行为的标志性特征，比如婚姻制度、婚俗文化和人类性行为中形成的一系列审美意识等，都是人类与地球动物相区别的具有本质特征的内容。

大起源——第一部 地球人类的由来

137

宇宙·智慧·文明

2. 快乐、占有、创造原则：这三个原则是人类性行为中最基本也是最原始的原则。其中的快乐原则意味着人类的性行为是一种快乐的事情，据弗洛伊德的研究，人从小就有性的感觉，比如吃奶和某种吃奶的方式等，所以男性从孩提时期起就建立起他所谓的"恋母情绪"。到了成年，人有了真正意义上的性伴侣，孩童时的"恋母情绪"逐渐淡化，被后来的性伴侣所取代。人为什么自小就有这种"性"的快乐感受和想法呢？弗洛伊德认为：因为性行为是一种快事。无论弗洛伊德的性学理论有什么缺陷和不足，暂且不论，但人类的性行为是一种快事这件事情本身并没有什么缺陷和不足，人类的性行为就是追逐一种快乐的，它首先遵循的就是"快乐原则"，可以说，人类性行为的直接效果就是得到快乐、享受快乐，虽然这种快乐的呈现形式是一种短暂的感官享受和直观的精神过程。

人类的性行为是一种"快事"，是一种快乐和宣泄，遵循的是快乐原则，所以人类才有那么频繁的、长久的、乐此不疲的性行为。小时候，从母亲的乳头上感受到"性"的快感，长大成人后，以专门的性伴侣相匹配，充分而又长久地享受性的快乐，直到老迈。人类的这种性行为和享受性快乐的方式在地球普通动物中很难找到相同和相近的参照，唯有人类把性作为享受生活的重要标志，比如普通老百姓以一个性伴侣相始终，而有权和有钱的人却以数个性伴侣相伴随，享受性的单一性和多样化又成为世俗人生幸福与否的重要参照以及社会分层的重要标志。尼采、福轲等西方现代哲学家都把性与政治、权力紧密联系在一起，原因就出在这个层面上。

在人类的性生活中，除了遵循快乐原则，还有第二个原则即占有原则。这一原则的起因仍在快乐和享受，但它又不完全是快乐和享受的事。占有原则所体现的是人类对于这种能够得到快乐和享受的美的对象的永久占有心理，也就是人类共有的贪婪、自私心理。人类在物质方面的占有欲是很强烈的，在对性和性伴侣的占有方面表现得更为突出和激烈，一旦确认某人是自己理想的性伴侣或爱人，就一定要想方设法将它占为己有，如果这种占有的欲望不能实现，那将成为终生的遗憾和痛苦。因此，人类这种占有的强烈欲望和不能够占有的绝望情愫就构成人类情感历史的主要内容，人世间所谓的纯贞爱情的故事和悲剧性的爱情故事，都是从人自身酿造出来的是是非非中诞生。比如，人文社会中人们比较熟悉和乐以接受的文学，所承载和表现的生活内容中爱情故事占绝对优势，其他如音乐、绘画、雕塑、舞蹈等艺术形式中，也不乏爱和爱情故事。究其根源，不外就是对人类共有的这种占有欲望是否实现的一种曲折的表达和陈述。

第三个即是创造原则，这一原则也可以称之为自然原则。人在性的诱惑下，享受性的快乐，而享受的过程同时是创造新生的过程，人的延续和繁衍就是通过这种享受快乐的过程中实现的。所以，创造新生的原则并非人类自身产生的原初动力，而是大自然的奇妙安排。假如没有享受、快乐这样一些诱惑，人类的性生活就会大幅度减少，甚至很少发生；人类如果没有频繁而长久的性生活，其繁衍和种的延续就成问题，因此创造性原则的前提就是享受快乐以及贪婪的占有。令人啼笑皆非的是，大自然的本意并不在人类的享受方面，而是注重其创造性，但人类的世俗性特征太重，他把大自然的这一精心的安排颠倒过来，把人类的性生活的重心放在了享受方面，而淡化了它的创造性，这又是人类为什么把养育后代当作累赘，而把性生活作为快乐的享受的原因。

3. 性行为中体现出来的"三性"品质。明确了人类性行为的独特性，也就不难理解人类的性行为与人类品质属性方面的紧密关系。人类的性行为所蕴含的重大使命本是繁衍种族、延续后代的大事，可是人类不把这一使命当使命，反倒把它的前提当重心，这恰巧就是人类世俗品质所关心的，人类本性品质所热衷的，人类天性品质所追求的东西。快乐、享受，这是人类天性品质的一个侧面；自私、贪婪、占有欲，这是人类本性品质的一个侧影；而注重这占有和享受的过程，又是人类世俗性品质的具体体现。人类的"三性"品质特征在生活的各个领域中都得到充分体现，而在人类性生活这个领域中体现得更为明显和更加具体，你只要稍加思索，人类的"三性"品质就像浮出水面的三座大山一样赫然屹立于目前。

顺便提一句，人类的"三性"品质不仅体现在人类的性行为之中，同时也充分体现在拥有权力和占有财富这两方面；权力的特征是它的统治地位和支配性，财富的特征主要体现在它的拥有和实用方面，而财富和权力的这些特征，无一能逾越人类的"三性"品质的樊篱或范畴，可以说性、权力和财富，都是人类"三性"品质最主要的载体和最重要的体现者。因此我们可以说，人的一切占有、欲望和征服心理，都是出于人的基本品质属性，人类的文明和文化都是人的这种品质属性创造出来的，同时也被人的品质属性所占有，而好奇和富有现象的天性就闪现在其中。比如人们对财富的创造，对权力和美色的占有欲望同样如此。

六、神仙之道：人类的文化超越

人类的性行为所体现出来的是以人

图39 在爱情中充分体现出人类所拥有的"三性品质"属性。

宇宙·智慧·文明

的自然属性为基础的，虽然不能说是纯自然的，但至少是以人类的自然物质属性为主导表现出来；而人类在日常的社会文化生活中所体现出来的却是人类试图通过文化的载体对自身进行的文化超越。

古希腊的亚里士多德说：人是"理性动物"；海德格尔说：人是"符号性的存在"；莫迪恩说："人是一个文化存在，而不是纯粹的自然存在。"⑧无论"理性"也好，"符号"和"文化"也罢，指的都是人类的创造与文明。人类不仅是理性和文化的存在，同时也是文明的存在。文化指的是不同于地球爬行动物的意识和创造能力，而文明却体现出一种特定的素质。我之所以要加上一个"文明的存在"，就是将要论述人的这种素质。

我们习惯性地说，人类过的是一种文明的生活，这种文明的生活是相对于野蛮而言的，或者是针对生物的野性而言。人类之所以是人类，他与地球动物相区别，最根本的原因就是人类是一种"理性动物"，是一种"文化存在"，过的是文明生活。既然人类与地球动物的根本区别是文化与文明，那么人类通过自己创造的文化和文明不断地超越自身，达到人类共求的那种精神境界和目标，也就成为一种常态的生活内容了。我把人类的这种文化超越的状况做了初步的总结和分析，认为主要有这样几个层次和境界：

1. 文明的生活方式是人类超越自身的最低层次。比如一个人的言行举止要合乎社会公共规范，不粗野，表现出较好的文化修养；一个社群或一个民族的言行举止、行为规范，既合乎社会公德，也能体现出他们的整体素质；一个国家的传统与文化，同样体现着这个国家的文明水平等等。文明的生活方式和行为是人类最基本的素质，如果连这点素质都不具备，那就成"野人"或禽兽了，与人类的生活无关。

2. 具有很强的自控能力和达到最佳状态的"自我实现"是人类超越自我的较高层次。这个层次的人需要很强的意志力、耐力和吃苦精神，否则就达不到这样的超越。比如宗教的信徒们、僧侣们，终生要过教堂和寺院生活，要在宗教的教义和相关的精神领域中达到一定的修养水平，如果他们没有一定的意志力和耐力，不遵从宗教的清规戒律，像世俗的人们一样无拘无束地生活，那么他们不但不能在这个领域中有所成就，甚至连信徒和僧人的生活都难以维持。搞研究的人也一样，他要牺牲大量的世俗生活，失去常人应有的很多享受，专心不二地深入到他所关注的研究领域中，十年八年几十年，乃至付出终生的代价，他才有可能有所成就，否则他若三心二意，半途而废，就永远做不出什么成就来。诸如此类的除了宗教人士、科学家，还有思想家、政治家、事业家等等。可以这样说，在我们生活的这个世界上，你只要想做出点什么，想超越平凡的自己，如果没有一定的自控能力和意志力，你就趁早不要做

这样的美梦。很多人看见某个科学家、艺术家或是事业家，艳羡得不得了，恨不得自己也成为一个什么家，殊不知在这样那样的"家"后面，是常人无法忍受的寂寞，是从来没有擦拭干净过的汗水。如果你没有这样的耐力和意志力，没有这样的自信和自控能力，也就走不进这样的文明层次。自我超越的较高层次已经部分地超越了人类的世俗生活，它正在朝向更高的境界迈进。

3. 超越世俗生活，达到一种"无欲"、"无待"的境界，乃是人类超越自我的最高境界。很显然，这样高的境界常人是做不到的，只有像耶稣、释迦牟尼这样的宗教始祖们才能达到。中国古代的老子、孔子和庄子也可以达到。比如释迦牟尼，本来是充分享受人间荣华富贵的王子，但他不自己享受，放弃世俗的一切欲望，走向自我修行和普渡众生的艰辛道路。这样的超越，对我们享受世俗生活的常人来说是多么的艰难和不易。中国古代的老子，不谋权力，专心学问，临出关时差点连五千言的《道德经》都没留下；孔子一生做学问，编书立说，教育学徒，到各国游说自己的政治主张，困难的时候连饭都吃不上，甚至连做人的起码的尊严都没了，但他还是坚定不移地走下去。虽然他的政治主张在他活着时没有得到践行，但他终归成为了中华民族的思想圣人。老子和孔子，修行极高，胸怀无比博大，但是他们在世俗生活方面一无所有。譬如《论语》，并非孔子想遗留后世自己撰写的著作，而是他的弟子们记录和收集的"语录"，这一点上，孔子和老子都很相似。

像释迦牟尼、耶稣、老子、孔子这样的自我超越者还有很多，我在这里毋须一一列举，中国的庄周"制定"了一个可参照的标准，叫做"有待"和"无待"。所谓"有待"者，就是思想修养达到了很高的境界，但是对于世俗世界的牵念还没有中断，这种状况用一句成语来表达的话，就叫"藕断丝连"，也就是"有待"。所谓"无待"者，就是没有了对于世俗世界的牵挂，跳出"红尘"，达到了一种"无我"或是"物我相忘"的精神境界，譬如王夫之在《庄子解》一书中这样解释："寓形于两间，逝而已矣，无小无大，无不自得而止。其行也无所图，其反也无所息，无待也。无待者：不待物以立己，不待事以立功，不待实以立名。小大一致，休于天均，则无不逍遥矣。"（中华书局出版，1985年）前述的释迦牟尼、耶稣、老子、孔子等，都达到了"无待"的精神境界，所以他们也成为迄今为止人类超越自我的最高典范。

至此，我们就明确了，人类作为一种文化存在者，他不仅要有人类最基本的文明生活方式，而且他也在不断地超越自我，塑造自我，以此来提高人类自身的文明素质。人类的文化越发达，文明的水平就越高，人的整体的素质也就越高，这似乎是常识。可是我的问题是：人类为什么要有这种自觉的超越自我的行为

宇宙·智慧·文明

呢？为什么具备了文明的生活方式还要进一步地"劳其筋骨"，在更高的层次上超越自我，以致达到"无待"和"无我"的境界呢？这就牵扯到了人类固有的品质属性了。

首先，人是世俗化了的人。世俗创造财富，世俗也创造文化和文明；人类拥有了世俗性品质属性，才有了与地球动物不同的文明生活，如果抽取了人类内在的世俗性品质，人就不成其为人。人没有了意识，没有了智慧，没有了劳动和创造文明生活的能力，这样的人跟地球动物没什么区别。所以，世俗性品质是人类最基本也最具功利性的品质属性。

因为人的世俗性品质是人类最基本的品质属性，人类也就不间断地终其一生浸泡在自己创造的世俗生活中。世俗的生活就像物质的海洋，淹没了人类的日常活动；世俗的生活也像母亲的乳汁，滋养着人类的生命。世俗的生活同时也是人类自己创造的，一草一木，一粟一物，都浸透着自己的劳动和汗水；世俗的生活还给人类的欲望本性和享受天性提供了极大的方便和可能性。占有更多就意味着享受更多。凡此种种原因和理由，要让人类超越开世俗生活几乎是不可能的。恰巧相反，现实生活中的人们终其一生，都在重复着"鸟为食亡，人为财死"的世俗循环。拥有的越多欲望也就越大，以至没有穷尽。从这个意义上说，那些具备一些自控能力和意志力的人，部分地超越了世俗生活就已经非常不容易。如

若让人们完全彻底地超越世俗生活，走向"无待"和"无我"的精神境界，那要多难就有多难，一般的凡人、常人，包括那些自控能力很强的人也难以企及。所以，在我们现代文明的历史屏幕上，我们只看见稀稀拉拉几个"圣人"，他们超越了世俗，最大限度地超越了自我。除了那么几个"圣人"，我们几乎是"前不见古人，后不见来者"。

其次，超越世俗也就是超越自身的品质属性。

毕竟人类是一种文化存在，一种"符号化的生物"，在正常的文化生活基础上提出更高的超越要求，这也是人这种文化存在者的内在素质。因为文化是有高低之分，有一般和特殊之别，安于现状则是人类的一般性文化生活，不断地超越自我则是人类特殊的文化需求，中国的道家提倡"神仙之道"，佛教追求"涅槃"境界，基督教讲求天堂生活的荣耀，这些至高的追求都是人类特殊文化需求的典例。

可是提倡归提倡，追求归追求，达到这个至高境界者往往没有几个人，大多的人还是走不出世俗生活的圈子，这又是为什么呢？

联系前文中关于人类品质属性的论说，我们就会解开这个谜团。我们知道，人类具备世俗性、本性和天性三种品质属性，它们自成体系，交融地并存于人的肉体之中。其中的世俗性品质属于"生活型"的，人类就靠这一品质属性在地

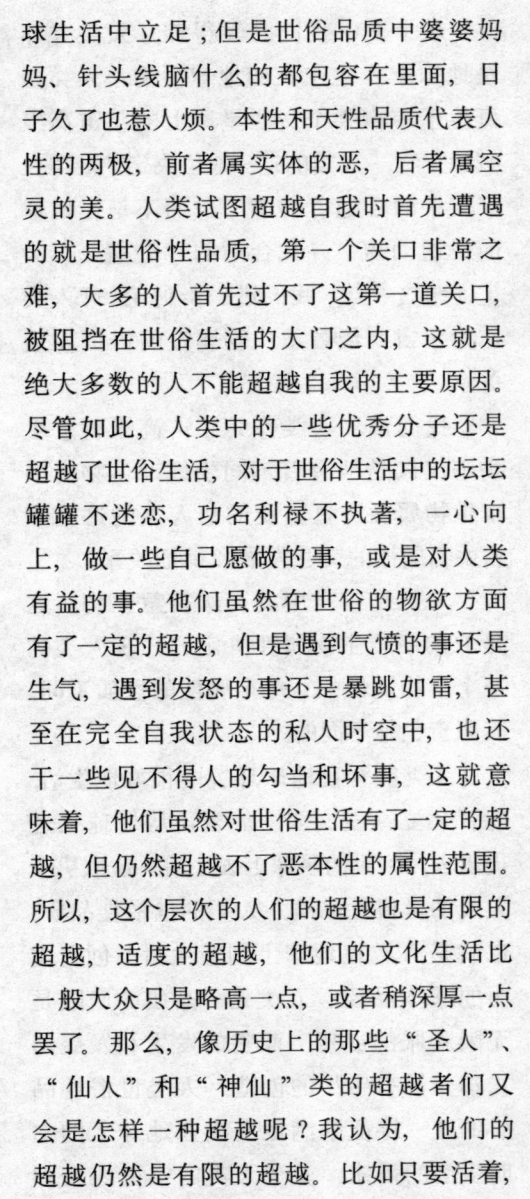

球生活中立足；但是世俗品质中婆婆妈妈、针头线脑什么的都包容在里面，日子久了也惹人烦。本性和天性品质代表人性的两极，前者属实体的恶，后者属空灵的美。人类试图超越自我时首先遭遇的就是世俗性品质，第一个关口非常之难，大多的人首先过不了这第一道关口，被阻挡在世俗生活的大门之内，这就是绝大多数的人不能超越自我的主要原因。尽管如此，人类中的一些优秀分子还是超越了世俗生活，对于世俗生活中的坛坛罐罐不迷恋，功名利禄不执著，一心向上，做一些自己愿做的事，或是对人类有益的事。他们虽然在世俗的物欲方面有了一定的超越，但是遇到气愤的事还是生气，遇到发怒的事还是暴跳如雷，甚至在完全自我状态的私人时空中，也还干一些见不得人的勾当和坏事，这就意味着，他们虽然对世俗生活有了一定的超越，但仍然超越不了恶本性的属性范围。所以，这个层次的人们的超越也是有限的超越，适度的超越，他们的文化生活比一般大众只是略高一点，或者稍深厚一点罢了。那么，像历史上的那些"圣人"、"仙人"和"神仙"类的超越者们又会是怎样一种超越呢？我认为，他们的超越仍然是有限的超越。比如只要活着，他们需要吃、住、用、行，精神的超越虽然非常高，但生命对于物质的依赖依然没法克服。庄子在论"有待"与"无待"时举了个例子，说列子乘风遨游于天地间，饮霜餐露、不食五谷，认为是已经达到了神仙的境界。庄子认为列子的这种超越还没达到最高境界，最高的超越就连"风"、"霜"和"露"之类的物质都不能依赖，列子依赖于这些物质，还是"有待"，没有达到"无待"的至高境界。古人论"神仙之道"，自然有他们自己的一种说法，按现代人的生活实际来衡量，要真正达到庄子所要求的"无待"境界，完全摆脱人对物质生活的依赖，那也就算不上是活人了，因为人活着，必要的饮食物质是丢不开的。

凡此种种层次的自我超越，说明一个道理，人虽然想摆脱世俗和脱离本性，朝向美好的天性领域，但人终归是人，人最终还是走不出自己。即便是那些有所超越的人，那些"无待"的人，也不过是在自身的品质属性范围内打转，或者说是在自身内在的"三性"品质循环中做着十分有限的循环。人类的"三性"品质的范围，就像如来佛的手掌心，世上各种各样的超越者只不过是本领超俗的孙悟空罢了，他们无论翻多少筋头，也超不出如来佛的大手掌心。超越者超越自我的认识和超越世俗生活的雄心，实际是在超越着自我的很小的领域，超越者被超越本身所局限。

虽然人类超越自我是非常困难的，但超越依旧在进行，这是人作为"文化存在者"的文化生活所决定的，是人类品质属性中的一种不自觉的自觉行为，是人类品质属性之间矛盾运动的一种内在需求和必然呈现。

七、人类是地球上的"暂住者"

现在我们回过头来看就很清楚,自从达尔文的学说诞生之后,在英国又出版了一本不厚的书,叫《人类在自然界的位置》。这本书是赫胥黎写的。他是19世纪英国著名的生物学家。进化论诞生之后,他就从比较解剖学、发生学、古生物学等方面,详细阐述了人类与动物的关系,确立了人类在动物界的位置。

诚然,在19世纪的人类起源研究中,能把人类起源的假说从神学的迷雾中拯救出来,并给它以科学的内涵,仅此一点就已经非常了不起。可是赫胥黎的"证明"把人类从神的神圣地位降到了动物的一般地位,这自然引起了神学界的强烈不满。当进化论学说遭遇这种巨大的抗力之后,是赫胥黎挺身而出,和神学界的神学家们进行了几场激烈的辩论,毫无疑问,这是在人类起源问题上神学与科学的一次强有力的较量,较量的结果是科学"略占上风"。自此,在有关人类起源的研究中,科学的分量占据了主导地位,直至今日。

科学地研究和探讨人类起源,这是时代的需要,人类认识的需要,没有什么可挑剔的。但是目前的人类起源假说把人类的"位置"仅仅摆放在了与动物同等起源的地位,摆放在"人、猿同祖"的地位,在今天看来,这个"位置"似乎摆放得很不恰当,甚至进化论的科学泰斗们赐给人类这么一个"位置"是阴差阳错,或者干脆就是错误的。

从上文中我们已经得知,人类并非是地球上土生土长的地球生物,人类是诞生于宇宙某个文明星球上的宇宙高级智慧生物,人类的这一地位决定了人类在宇宙中的合理"位置",而不是在地球的普通动物中寻找合适的"位置"。为了证明这一点,我们进一步讨论一下人类作为宇宙高级智慧生物属性的辩证发展关系。

我们说,人类作为宇宙高级智慧生物不仅仅是他有着不同于地球生物的宇宙生物属性,更重要的是人类的这种宇宙生物属性的交互发展和辩证关系。

人类是宇宙中的高级智慧生物,这是他的宇宙生物属性决定的。在人类的三个生物属性中,每个属性的性质不同,其职责也是不同的。

人类能否在地球环境中很好地生活,能否建立高度文明,能否再从地球上迁徙出去,到别的星球上去生活,这取决于人类的世俗性品质。人类的世俗性品质,也就是人类在地球上创造生活、创造文明的基本品质。人类这一品质的底限是无限膨胀的欲望,而它的发生和发展形式却是没有穷尽的创造。人类世俗性品质的这一特征既满足人类在地球上的文明生活的需求,又为人类的宇宙探索和星际迁徙打下物质基础。比如我们现在所进行的"太空计划",在太阳系各星球上的探险以及今后在银河系和其他星系中的探险,都要靠人类世俗性品质的充分展示。人类的世俗性品质除了满足自己的星球文明所需要的物质财富之外，它还为宇宙文明的进程创造物质财富。为宇宙世界的探险、开发和最终的迁徙做各种物质和精神方面的准备。简单说，人类的世俗性品质就像一位既聪明又能干的十足的大好人，它负责的是人类事务中最为基础也最为高端的事，它给人类创造的财富没有穷尽，它的创造才能也是没有穷尽。劳动、工作、生活、欲望、竞争、创造，这就是人类世俗性品质所拥有的最为人类崇敬的特征，它的聪明令人信服，它的勤劳更让人佩服，它简直就是一位从不停止思考也不停止活动的"工作狂"。假如有一天，地球自身的资源耗尽，人类再也无法在地球环境中生存下去，人类面临搬迁或宇宙大迁徙，要迁徙到下一个星球上去生活，这些准备工作和迁徙的条件都是由世俗品质所创造，正是人类世俗性品质任劳任怨的努力工作和不懈创造，才给人类的"今后"提供了一个可靠也可信的物质保证。若论分工，人类世俗性品质所承担的就是这些既琐碎又杂乱、既基础又高端、既文明又超前的工作。在此之前，我们人类的思维寄于某些功利性很强的事业上，对人类世俗性品质所作的工作和所有的贡献认识不足，现在我们对它该有个公平的评价和清醒的认识了。

与人类的世俗性品质相对立的是人类的本性品质。以往，我们对人类本性的认识不一致，认为人类的本性是单纯的"善"或单纯的"恶"，或是不"善"不"恶"的"中性化"人。另外，把人性"恶"的品质统统归到后天的社会实践和活动中，认为人性"恶"的根源在于后天的社会。其实，人类的本性品质是"恶"，这种"恶"的品质不是后天才有的，而是人类固有的从娘胎里就带有的品质。有人或许会说："我长这么大，连一个蚂蚁都没有踩死过，怎么能说人的品质是'恶'的呢？"的确，生活中不踩死蚂蚁的人远不止一两个，多得是；但你是否扪心自问过：我为什么连一只蚂蚁都舍不得踩死呢？是因为我天生就这么善良吗？只要你这么一反问，"善"的根源就找到了。人为什么表现得很善良呢？一句话，那就是因为人太"恶"，才向"善"的方面引导和发展。因此，人类的"善"是因为人类世俗性生活中教育和培养的结果。

人类的世俗性品质除了大量创造财富和精神文明，它还有一项至关重要的工作，那就是从不间歇地教育人类，培养人类，陶冶人类，从而使人类抛弃从外星球带来的一些恶习，远离地球动物的本能，培养和塑造出一个较为完满的地球人类文明群体。比如从古至今的知识教育体系，使人类拥有自己创造和积累下来的知识；有了一定的知识，人类的智慧才有可能发挥作用，才有可能创造文明。这一效果，在我们今天的地球生活中表现得淋漓尽致，凡是发达国家，不仅体现在经济的存量上，更重要的是体现在文化和知识的普及上，人类文明素质的

 宇宙·智慧·文明

提高上。没有文化和知识的普及就没有发生创造的可能，地球动物们为什么不能创造呢？根本原因就在于它们不拥有知识，没有文化，所以也就没有创造性生活。人类与动物恰恰相反，人类在创造知识的同时也在享受知识的教育、文化的熏陶，这就是人类的绝对优势。

除了正规的文化知识教育之外，人类还有什么教育的方式呢？还有宗教的"劝善"和艺术的影响、感染。人类从艺术中得到的是直观的美的享受。这种"美"正好与"丑"相对，"丑"也就是"恶"，"恶"是人的本性品质。所以开展各种艺术活动进行多方面的美学影响，也是人类教育自身的一种特殊方式。这种方式只有人类有，也只有人类才能使用，地球动物们没有资格享受。

对人类的本性品质可以产生直接影响的还有宗教。世界上的宗教种类有很多，形式也多样化，但无论哪种形式的宗教，它遵循的一个基本原则即是"劝人向善"。基督教讲"拯救"人类罪恶的灵魂，"拯救"就是"向善"，伊斯兰教讲"保佑"，也是"向善"，佛教是直接劝化人心，弃恶从善等等。可是，我们进一步讨论，世界上的各种不同教义的宗教，为什么所遵循的都是"劝人向善"呢？一个最基本的原因就是人类生来就具有"恶"的本性品质。因为人类"恶"的本性品质是天生的，所以才有宗教用各种教化的方式，规劝人类"弃恶从善"。宗教起源的主要原因之一是因为人类"恶"的本性品质的客观存在，假如人类没有这一品质特征，地球上的宗教可能会以另一种面貌和另一种方式流行于地球文明中，或者宗教这种"劝人向善"的世俗生活方式干脆就无从产生。而在现代文明中，地球宗教的矛头直接指向人类"恶"的本性品质，这是不争的事实。

因为人类"恶"本性品质的无法改造，导致了人类生存环境的恶化。随着人类生存环境的进一步恶化和地球资源的枯竭，人类继续在地球上生存下去的希望越来越渺茫，这就必然将人类推向生存的绝路。在这种情况下该怎么办呢？出路只有一个，那就是再次迁徙，迁徙到别的星球上去重新建立人类生活。假如人类要迁徙到下一个星球上去，那个星球的环境不一定像地球环境，迁徙到那个星球上去的人类也不一定是现在所有的地球人类。举一个简单的例子：假如人类要迁徙到火星上去生活，那么火星上有一个太阳两个月亮，没有地球上的大气层，人们只能住特殊的玻璃密封房子，整天穿"宇航服"；如果不小心宇航服被划破一个洞，那么人也很快就会气化掉。如此这般的星球生活，我们现在的地球人类怎么能忍受得了呢？可惜的是由于人类"恶"本性品质不改，导致人类非走上这条"不归路"不可。人类因为自身的原因而毁了自己，这大概就是人类自己无法改变的悲哀了！

人类毕竟是人类，我们不要因为人类

"恶"本性品质的存在，就悲观失望，对生活没有信心了。大自然在设计和创造人类这个宇宙高级智慧生物的时候，早就想到了这一点，它害怕人类的世俗性品质太强大，对整个宇宙的存在造成负面影响，就在设计人类世俗性品质的同时也设计了它的对立面，即"恶"本性品质，大自然以此来抵消人类世俗性品质的巨大创造力，使人类的创造力和破坏力保持基本平衡。这样，人类这种宇宙高级智慧生物在发展上就受到了自身的限制；以自身限制自身，这就是大自然的大智慧和大创造。

令地球人类想不通的还有，大自然还有更高的一手，人类一旦被"恶"本性品质糟蹋得不能在一个星球上生活下去，那又该怎么办呢？好办，大自然又设计创造了人类的"第三性"，亦即人类的天性品质。大自然在设计创造人类的这一品质属性的时候，注入了地球动物们不可能有的好奇心和大量的宇宙意识。这一特质的设计和创造，使地球人类虽然生活在地球上，但心里想的都是在宇宙中的事或宇宙中可能的奥秘。比如人类时刻向往的"天堂"、"天宫"、"天河"、"天地"等，都是人类天性品质的发现和创造；"天神"、"天仙"、"上帝"、"玉皇大帝"等，也是人类天性品质通过想象将人类自身神化的臆想性产物。不仅如此，人类自从被赋予天性品质后，"身在曹营心在汉"，吃的是地球上生产的五谷杂粮、肉食蔬菜，想的却是天上的神仙和天使如何神奇的奇妙生活，有的民族把天上的月亮当作神，有的把星辰当作神，有的把太阳当作神，还有的把虚无的存在（宇宙）当作神崇拜，总之人类想方设法把自己的生活与天联系起来。最有趣味的是中国人在过春节前"送灶神"的习俗：腊月二十三这一天，家庭主妇上香磕头，准备坐骑和食物，让"灶神"上天去汇报人间灶房一年的事务，家庭主妇们怕灶神不说好话，敷衍了事，就极尽可能地让"灶神"高兴，求它尽量"好话多说，坏话不提"。"灶神"骑马上天，马背上驮的是伙食和其他用品，上天之后即大年除夕又回到人间，重新走进灶房里，主妇们又要热情迎接。中国民间的这一风俗就把地球人的天性品质通过戏剧化的手段表现得淋漓尽致，再也没有什么事件比"送灶神"更生动地表现人天关系的了。

民间有诸如此类的奉天习俗，在国家状态的祭天或祭天神活动，都是古代国家生活的主要内容。一年一度在某个确定的日子里，国王或皇帝带着所有大臣及其家族，在神山（如泰山）和神庙中举行隆

图40 明代中国画：御风而行的仙人列子

宇宙·智慧·文明 大起源

重的祭祀活动。比如中国古代的祭天活动在商周时期特别活跃，它不仅是祈求上天保一方平安、一国安泰的祈祷活动，也是检验国家昌盛、民族团结的一种象征，更是一种政治权力的盛会。所以，后世即把这种祭祀作为"社稷"存亡兴衰的大事来看待，似乎国家的有关人民的幸福是在冥冥之中的"天"和"天神"决定着的。

　　在现代国家状态下却有了各种"宇宙计划"，虽然它与古代国家的大型祭祀活动不是一回事，但也是与天有关的而且是更为科学的活动。人类探测宇宙的活动从"观天象"开始，有了天气预报，有了风水星相术，有了登月计划、宇宙计划，特别是有了飞越太空的飞机、火箭、宇宙飞船、无人探测器等。看得出，人类自从有了文明以来，"观天"、探测天的文化活动从未中断过，而发展到越后，探测宇宙的活动就越频繁，在某种程度上，衡量一个国家发展的综合水平，就看该国在宇宙航天事业上的国际地位如何。如航天大国美国和原苏联，从20世纪50年代就已经登上了月球，现在向着太阳系的其他星球登陆做准备；中国作为一个发展中大国，在21世纪初也实现了"飞天梦"、"神五"、"神六"、"神七"相继"飞"上了天，实现了航天大国的梦想，奠定了航天大国的地位。

　　无论是民间的"祈天"风俗，还是国家的航天事业，它们体现出来的一种共同的东西，那就是地球人类的天性品质。人类的天性品质无时不在，无处不存，在正常生活状态下，它显得可有可无，没有人特别地看重它；一旦出现"星球迁徙"之类的大事件，天性就派上大用场了，犹如现在的军人"养兵千日，用兵一时"一样，人类的天性品质在人类迁徙中是扮演主角，也就是负责地球人类如何迁出和迁往哪里的工作和任务。实际上，这项巨大的工作任务，在人类的世俗生活中早有探测和准备，一旦到了这种非常时期，天性品质勇跃出场，率领人类群体有计划有秩序地迁出地球，安排到下一个星球上去建立新生活。这就是说，人类的天性品质也不是虚设，该到有用处它就会有用，虽然在日常生活中显得散漫一点、萧条一点。

　　从人类的三个宇宙生物属性或三种基本品质的关系中我们不难看出，人类的这三种属性或三种基本品质是缺一不可的。它们一个负责人类的日常生活和创造发明；一个限制和利用人类智慧的极限；还有一个负责生活之外的探试和人类在非常时期的退路。三者缺一就不是人类的禀赋了，人类也不可能成为宇宙中的高级智慧生物。而三者的交互作用和往复循环，构成人类作为宇宙高级智慧生物的基本属性或品质，它们的同时存在与共同协作，使人类成为了宇宙高级智慧生物，也才奠定了人类在宇宙中的崇高地位。

由以上的分析，我们可以看出现今的地球人类只不过是地球上的一个"暂住者"而已。他来到地球上，创造了地球上的一切文明，随着他自身的矛盾循环，终有一天，人类最终在地球环境中难以生存，他的最佳出路就是迁徙到别的星球上去生活。进一步地推想，人类如果迁徙到别的星球上建立了新的文明，因为他自身固有品质的原因，他还是难以永远地在一个星球上生活下去。他的本性品质不让他安居乐业，他的天性品质又具有"这山望着那山高"的不稳定因素，而他的世俗性品质恰巧又能提供迁徙活动的物质能力。这样，人类在宇宙世界中注定是一个永远的流浪者。他们从这个星球流浪到那个星球，从这个星系流浪到那个星系，只要人类的"三大属性"不灭，三种品质不变，人类在宇宙世界中永远流浪的命运也就不可能改变，这就是我对人类终极命运的基本结论。

注释：

①⑤ 恩斯特·卡西尔著：《人论》，上海译文出版社，1999年

②④ 汉娜·阿伦特著：《人的条件》，上海人民出版社，1999年

③ 恩格斯著：《自然辩证法》（《马克思恩格斯选集》第三卷），人民出版社，1977年

⑥ 尚明著：《中国古代人学史》，中国人民大学出版社，2004年

⑦⑧《新旧约全书》中国基督教协会，1989年

⑨ 李振良著：《宇宙文明探秘》，上海科学普及出版社，2005年

⑩⑪ 李丽著：《可持续生存》，中国环境科学出版社，2003年

⑫ 弗洛姆著：《人类的破坏性剖析》，中央民族大学出版社，2000年

⑬⑭ 恩斯特·海克尔著：《宇宙之谜》，山西人民出版社，2005年

⑮ 南怀瑾著：《禅宗与道家》，复旦大学出版社，1994年

⑯ 詹石窗主编：《道家科学思想发凡》，社会科学文献出版社，2005年

⑰ 施正康、朱贵平编著：《圣经事典》，学林出版社，2005年

⑱ 转引自巴蒂斯塔·莫迪恩《哲学人类学》，黑龙江人民出版社，2005年

宇宙·智慧·文明 大起源

第七章
太空移民计划

被地球"囚禁"的人类／迁徙目标的选择与期待——月球—火星—水星—金星—类木行星／人类天性的狂热发作

人类不仅来自宇宙的某个星球，不仅具有宇宙高级智慧生物的基本属性或品质，人类还想尽快地摆脱地球的束缚，回到他的宇宙故乡去。人类的这一心情，我们可以从以下的事实和分析中得到证实。

一、被地球"囚禁"的人类

"1957年，一颗人造卫星进入宇宙，它在宇宙中按同一万有引力定律（按操作并保持一些天体如太阳、月亮和星星的运动）绕地球环游数周"。"受这一事件的鼓舞而最先做出反应的，是对'人从被囚禁的地球跨出第一步'感到如释重负。这一奇怪的表述（远不是一些美国记者偶然的疏忽），不知不觉地在回应20多年前镌刻在一位伟大的俄国科学家的方尖墓碑上的一句话：'人类将再也不受地球的约束。'""因为尽管基督徒把地球说成是泪谷，哲学家视自己的身体为思想或灵魂的囚禁所，但在人类历史中，从未有人把地球看成是人类自身的囚禁所。难道摩登（指近代的、现代的）时代的解放或世俗化（它是从一种倒转的方式开始的，这一倒转并非必然来自上帝，而是来自一个神——它是人类的在天之父）全部随便更为致命地抛弃地球（它是天底下万物生灵之母）而告终吗？"[①]

"人从被囚禁的地球跨出第一步"，这是一句压抑多久后才破口而出的呐喊？听着这变了调的呼喊声，我想起了国画家的名画，我似乎能听辨出来，这声呐喊的前半声是低沉而嘶哑的，后半声才有顺畅的声音，人类不知被地球"囚禁"了多少世纪、多少万年才喊出这一声的？没有人能解释清楚。不过，20年前就已永远地安息在了地球土壤中的这位伟大的俄国科学家却从"地下"的招牌（墓碑）上给了他一句沉闷至极的回音："人类将再也不受地球的约束！"是啊，人类被地球"囚禁"了多久？又被地球"约束"了多久？想必美国的这位记者和俄国的这位科学家都不知道实情。但他们身不由己地喊出了一声嘶哑至极的声音，他们也许只代表他们自己；但从人类共有的感受判断，他们呼出的这一声呐喊不仅代表他们自己的心声，同时也呼出了人

类共同的心愿。被"囚禁"在地球上的人类如何不想早点挣脱"约束",回到自己的宇宙故乡去呢?

另一条是研究者的推论:"可以想象人的条件所能发生的最大变化,就是人从地球移居到另一行星体上去。这样一个设想并非天方夜谭,它只是意味着人类将不得不在一种人造的和地球有天壤之别的环境中去生活。到那时,劳动、工作、行动以及我们所讲的思考,都失去了其原有的意义。然而假想中的那些来自地球的旅居者却仍然是人;我们唯一能够肯定的是这些人在'本质'上仍然是处于一定约束下的存在,尽管他们的生活环境几乎完全是由他们自身所创造的。"②

也就是说,人类一旦挣脱了地球环境的"约束",移居到其他星球上去,他在那里过的生活决不会同地球人类的生活一样,一定是根据新的星球条件创造出来的新的生活环境。显然,这种新的生活环境是人类靠自己的聪明和智慧创造出来的,但它仍然要受制于那个星球条件的约束,依然是宇宙的一种受约束的生命存在。这一点非常重要。它表明,人类无论迁居到宇宙的哪个星球上生活,他都要受到那个星球条件的约束,就像地球"约束"现今的地球人类一样。任何时期的任何星球,都会有特定的条件,这种特定的条件就是"约束"人类、约束生命的先决条件;好在人类有智慧的武器,他靠智慧突破其条件,进而改造

其条件,创造出适应于人类新生活的新的条件来,这恐怕就是人类之所以作为"宇宙人"的根本原因。人类的本质特征是不怕受"约束",也不怕被"囚禁",只要人类的特殊武器智慧在,什么事情都不在话下。

20世纪中叶,被地球"囚禁"着的人类终于有了第一声呐喊。"随着21世纪的到来,环境污染、气候变暖、资源短缺等问题,给人类带来了诸多烦恼。现在地球上生活着60多亿人口,几乎到了它的承载极限。50亿年以后,太阳会进入晚年阶段,走完它的生命历程。无论现在还是将来,各方面的压力正在促使人们找到新的家园,太空移民随之被提上议事日程,人们也为此提出过无数的设想和方案。"③其实,"太空移民"的计划和工作从上世纪开始就已做起,所选择的星体、移民经费、食物资源、能源、居住等问题,也已提上议事日程。令人困惑不解的是,地球还没有任何自己趋于毁灭的迹象,地球人类为什么就要老早地做这些探索和准备工作呢?一个最基本的答案即是:这是人类的天性品质使然。人类本来就不是固定在一个星球上生活的高级智慧生物,而是在宇宙间往返迁徙的宇宙高级智慧生物。他们生活在地球上,从他们的天性品质论,他们远为不满,无论地球之外的星球承受生命的条件好与坏,有与无,地球人类都不满足于地球生活,他们做梦都想到地球之外的星球上去。再从人类

宇宙·智慧·文明

的本性品质言，人类的本性颇具破坏力，因而人类自己也知道，地球这个星球被人类糟践日久，资源趋于枯竭，终将有一天会被人类抛弃的。与其临到逃遁的那一天做打算，还不如于安稳地住在地球上的时候做计划，这也是人类天性品质的超时空发挥，颇有点中国古人"未雨绸缪"、"居安思危"的超时空思维和居高临下的大智慧风度。

总体上看，人类"三性"的矛盾运动和循环往复的内在机制决定了人类作为宇宙高级智慧生物的最终命运，那就是不停地迁徙、不停地创造、同时也不停地破坏，然后再进入新一轮的循环，使人类永无定居之地。至于人类的世俗生活，那不要紧，创造了毁灭，毁灭了再创造，只要人类的智慧不灭，创造世俗生活是轻而易举的，无须为此挂虑。

这就是我们真实的人类，同时也是被地球"囚禁"和"约束"着的人类。

由此，我们可以推导出作为宇宙高级智慧生物的人类的基本轨迹：迁徙→定居星球→创造世俗生活限制破坏世俗→天性发作→再迁徙。

二、迁徙目标的选择与期待

人类决意要离开地球，迁徙到别的星球上去居住，这对目前的地球人类而言，还是有一定困难的。比如选择目标的范围还十分狭小；科技能力还不具备等，这都是目前面临的课题。

根据"英国天文学家戴维·休斯乐观地估计，仅银河系就有600亿颗行星，其中40亿颗与地球相似，潮湿、温度适宜，可能是孕育生命的温床。"②可是目前的地球人类所拥有的科技力量还冲不出太阳系，选择天体的工作也只能在太阳系的行星中进行。

太阳系的行星中能否进行太空移民的计划呢？我们具体看天体的条件：

首先，符合地球生命存在的条件有没有呢？"地球外智慧生命存在的必要条件是有一个类似地球的行星，并能绕类似太阳的恒星运动。地球的生物生存环境非常理想，地日位置适中，地表平均气温15℃，生命之源液态水大量存在。地球大气中有78%的氮，21%的氧，另有少量氩、二氧化碳和水汽等。氧是高等生物维系生命之本，在太阳系其他行星上尚未发现如此大量的自由氧。要找到另外一颗存在生命的'地球'，条件非常苛刻，生命演化过程中，被绕行的恒星必须不断发光，使之得到辐射能量。"③地球外智慧生命可以生存的这种"类地球"的条件的确非常苛刻，地球人类若像在地球上一样安祥自如地生活，必须有"类地球"的星球条件才成，可是，在太阳系的各行星中，有几个行星上是可以移民和居住人类的呢？

月球：离我们地球人类的距离最近、也最亲密的一个星球。"太空移民的第一个去处是离地球最近的月球。美国科学家曾对'阿波罗'飞船带回的382千克月球岩石和土壤进行研究分析，发现月球表面的5厘米厚的土壤中含有55种

图41 在现代文明条件下,首次航天飞行的三名伟大的宇航员

矿石,其中6种是地球上没有的。这些矿石中最有价值的是钛铁矿。钛铁矿不仅可以作为月球基地钛、铁等金属的主要来源,而且可用它生产地球生命必需的氧和水,从中获得大量液氧,还可用作火箭的燃料。月球南、北极区撞击坑永久阴影区的土壤中存在大量冰。储量估计达66亿吨,这些条件使人类可以在月球上修建供人类生活的'月球城',里面有阳光和复制土,可供居民生产小麦、大豆、土豆、莴苣等农作物。在那里人们基本上可以做到自给自足。科学家认为建立一个月球基地对支持在太空进一步大规模的开发是极重要的。因此,美国休斯敦航天中心负责人温德尔·门德尔向白宫重提建设月球基地。门德尔的整个计划需耗资一千亿美元,人类必须不间断地努力100年才能完成。"⑥

看来,在我们中国人梦寐以求的月球上既没有长袖善舞的嫦娥姑娘,也没有吴刚、玉兔和桂花树,月球上默默无语的环形山是被天体撞击形成的"永久阴影区",那里只有冰。人类在月球上也不可能广泛地迁移和居住,只能建个"月球城"作为太空计划的转移站和"月球基地",为大量开发太空其他星球打个基础。

火星:"有人估计,再过四五十年,在火星上居住的永久居民将达到数千人。"⑦

有这种可能吗?

"火星24.6小时自转一圈,地球人不会有时差的不适。太阳系九大行星中最高的山峰就在火星上,名叫奥林匹克山,其底部直径500千米,火山口直径72千米,高度约27千米,地球上最高的珠穆朗玛峰不及它的三分之一。""火星表面的重力只有地球的五分之二,体重100千克的胖妇走起路来再不会气喘吁吁,而会像40千克重的苗条少女那样身轻如燕,婀娜多姿……火星并不像人们先前想象的那样缺水,有人估计火星两极的冰要是全部融化,覆盖在火星表面可形成几米深的海洋。火星受到太阳的辐

图42 2008年9月,中国人用自主研制的航天飞船实现了太空行走

 宇宙·智慧·文明 大起源

射只有地球受到的 40%，表面平均温度比地球低 30℃以上。火星夏季赤道白天气温为 20℃，简直就是地球的春天。不过到了晚上，气温会降到 -50℃以下。这难不倒地球人，不就相当于地球南极的温度吗？唯一不方便的是人类要住在密封的玻璃房里，户外活动要穿航天服。要是不小心弄破了衣服，人体很快就会气化，变成一具木乃伊。""有多种办法改造火星的环境，可在太空建造一大排镜子，把阳光折射到火星极冠，把干冰变成二氧化碳气体，通过温室效应使火星升温，再利用微生物把二氧化碳和冰冻在火星表层的水变成碳水化合物和氧气。不过火星的质量只有地球的九分之一，大气层的浓度达不到地球上那么舒服的程度。为了减轻农业的负担，人类会设法减少进食，把叶绿素植入人体，皮肤变成绿色，就像科幻小说所描写的小绿人那样，人类可以直接光合作用合成碳水化合物，用晒太阳来取代进食。那时人类吃东西更多的是为了活动活动肠胃，或者解解嘴馋。""中国人见面时老问：'您吃饭了吗？'到那时候，这样的流行语可能会很流行：'你饿了吗？晒太阳去！'"

"火星有两个月亮……地球的月亮走的是莲花小步，一个月才绕地球公转一周；火星的月亮是飞毛腿，火卫二 31 小时绕火星一圈，火卫一不到 8 小时就绕火星一圈。两轮明月在空中轮流值班，你唱罢我登场，火星的夜晚不会漆黑一团。"

人类将要在火星上永久性定居，那生活也叫人类够受的。住密封的玻璃房，经常身穿宇航服，不进食物，人都变成"小绿人"，整天进行光合作用，"晒太阳"成为火星人生活的主体。白天比地球冷，晚上有两轮明月轮流值夜，明晃晃地也就等于没有夜晚。在这样的星球环境中，火星人不再是地球人了，他们就真正成为火星人，创造的将也是十分有限的"火星文明"。

可是，十分舒畅地呼吸着地球空气的地球人类，为什么要跑到火星上去"晒太阳"过日子呢？除非地球上生活着的那些大懒汉们可能想望这样的生活，正常的地球人恐怕不会做这种傻事的，至少今天的地球人类是不会的，这一点我能肯定。

水星：也是人类自选的一个目标。

"水星离太阳最近，它奔跑的速度位列九大行星之首，高达 50 多千米/秒。……因为过于靠近太阳，强烈的潮汐作用使水星的自转逐渐减慢，现在是 59 天才自转一圈。所以水星上的一天，相当于地球上的两个月。水星向阳的一面，温度高达 427℃，背阳的一面温度降到 -173℃。在白天和黑夜的交界处，有一个区域的温度适于人类生活。人类可在这个区域兴建城，当然要建造密封的玻璃建筑，并且要铺设一条磁悬浮轨道，建筑群沿着轨道以每小时 8000 米的速度随水星自转同步运动。"

在水星的阳面和阴面，都没有人类生存的温度条件，只有在白天和黑夜交

汇的狭小地带，才有可能居住，而且这里也是个温度反差极大的交汇地带。住在水星的这样一小块狭地还要住密封的玻璃房，时空反差与地球不能比。在这样的环境中能住多少人，能住多久，食物等消费资料的获得和供应怎么办等等，这些恐怕都是需要进一步研究和探讨的具体问题。

金星："金星是最靠近地球的行星，最亮时能照出人的身影……金星的自转非常慢，它的一天比它的一年还长，每天的白天和夜晚各有地球上四个月那么久。如果想看太阳从西边出，金星可是个好景点，它是太阳系中唯一逆向转动的行星。""金星大气层中97%是二氧化碳，表面大气压是地球的90倍，气温高达480℃，简直就是个大高压锅。"⑩看得出，金星上没有人类生活的基本条件，改造金星的生态难度要比火星大，人类不可能花费那么大的精力来改造它，这里移民的希望几乎没有。

类木行星："木星、土星、天王星、海王星这几个类木行星上都有巨量的氢，可源源不断地提供核聚变反应需要的原料。但类木行星都远离地球，从火星乘宇宙飞船也要好几年才能到达。所以，人类移民要轻装简从，只买受精卵的船票，到达移民点后再让受精卵发育成人。由于远离太阳，类木行星气温都在零下-100℃，多数气体都液化了。"⑪显然，在这些类木行星上不适宜人类生活。

不过，我们也不要完全失去太空移民的信心，在太阳系还有一个较为理想的选择目标木卫二。"它比月亮略小，表面上覆盖着厚达204米的冰层，这是防护宇宙射线和天外陨石的天然屏障。人类可以在冰层中建造城市，居住的环境如哈尔滨冰雪节的冰雕世界。""随着科技的进步，人类对殖民地的环境不再挑剔了，像木卫一、木卫二、木卫四和海卫一这些月球大小的卫星都可以移民，甚至位于火星和木星之间小行星带上成千上万颗小行星也能把它们掏空居住。""人类移民各个星球之后，通过改造大气，或通过基因工程改造自身，已慢慢适应各星球的环境。"⑫木卫二的冰雕世界和各小行星上的"洞穴"居室，又像将人类送回了地球文明的源头上一样，充满了原始和冰川。即使如此，人类对于这些星球上的生存环境充满了好奇和自信。看来，人类现在已经做好了迁往太阳系各

图43 月球上飘扬的美国国旗

行星的思想准备，科学技术一旦发展到宇宙文明的高级阶段或超级阶段，这种太空迁移也不是什么新鲜事了，星际间、恒星际间和星系间的往来如同我们地球人走门串户，随便自如。仅从这一点我们就不难看出，人类并非完全意义上的地球生物，他的宇宙高级智慧生物的属性或品质是永远难以改变的。人类注定就是在宇宙世界漫游和往来迁徙的宇宙高级智慧生物，这是他的禀性所在，永远不会变更。

"到目前为止，人类的航天活动还没能远离地球这个摇篮。算到中国神舟5号飞船的2002年10月15日，人类总共有241次载人航天飞行，杨利伟是第925人次进入太空。而只有几个地球人登上月球的表面，4个无人探测器飞到太阳系外沿。离开地球这样难，不仅因为地球环境太过恶劣，还由于挣脱地球引力要消耗大量的能量……人类要大规模进入外太空，必须寻求更高效的能量。"⑬

目前的地球人类还处在宇宙文明的初级阶段，只有近千人进入太空；到了宇宙文明的高级阶段，进入太空的人会更多，更方便，而人类探索的触觉肯定会伸向银河系，征服太阳系。就此状况而推断，人类在太阳系或银河系找到第二"地球家园"是可信的，正如英国天文学家预测的那样，在银河系竟然有40亿个与地球相似的星球，何愁人类找不到它呢？至于将来的迁徙不一定是整齐划一地进行，而是陆续渐进式进行。等到地球资源耗尽了，人类也可能完成了最终的大迁徙，这是极可能的，让我们拭目以待。

说到这里，我想起2006年4月中国中央电视台的一则消息：数百只毛毛虫大迁徙的惊人壮举。这些毛毛虫一律的深褐色，它们相互咬住各自的尾巴，形成一条曲曲弯弯的"长龙"，向着一座山岭蠕移。生物学家说，它们是从甲地迁徙到乙地去生活的。可是，这些毛毛虫为什么要这么大规模地迁徙？没有人知晓谁教会它们这种迁徙方式的，也无人能说清楚；它们又是怎么召集到一起，怎么样咬住各自的尾巴，并且谁最先策划了这次大迁徙？人类也是无法知道了，这就是自然的秘密，连毛毛虫们也不甚清楚，就像人类的星际迁徙连人类自己也不甚理解一样，都是自然的法则使然。毛毛虫的大迁徙是遵循自然法则的，人类迁徙

图44 未来的火星基地

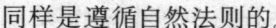

同样是遵循自然法则的。

三、人类天性的狂热发作

人类对于宇宙生活的狂热程度决不亚于在地球生活的狂放状态，不管有没有希望进入太空，有没有能力走进宇宙，人们对地球之外的生活模式依然是非常狂热、非常渴望。

克拉夫特·埃里克说："如果上帝要人类遨游太空，它会给人类创造一个月亮。"⑭ 埃里克的意思是月亮是为人类遨游太空准备的第一站。美国的前任总统乔治·布什却说："下一步，在新的世纪里，我们将重返月球，回到未来去；这次就留下不走了。"⑮ 布什总统的话听起来非常绵软，但在那绵软中透露出来的坚定却像一枚钢针刺激着每一个人类成员的心。

约翰·诺布尔·威尔福德写有一本书，书名叫《火星向我们招手》。书中说："没有哪一颗星球像火星那样激起人类那么多的遐想，它的吸引力比地心引力还大。每当清澈的夜空，人们的眼睛总会望

图45 地球人类想象中的银河系家园

着那闪烁的红色亮光。它在微亮的太空中像一块燃烧着的珊珀，散发出能量和希望。它引发了人们对一个正向他走来的世界的想象。它会是什么样子呢（如果它离太阳近一点）？它又会是什么样子呢（如果人类有一天在它上面移民）？神秘的火星，诱人的火星，第四颗距离太阳最近的行星！它离我们那么遥远，但在宇宙的尺子上，它离我们又那么近！"⑯ 前文中，我们对火星移民计划已做了一些初步的描述，但人们对于火星似乎情有独钟，它对地球人的诱惑力还是那么大，以至让人们情不自禁地对它抒发着深藏在内心的情感。

还有一本书《天外文明》，是约瑟夫·什克洛夫斯基写的。他对银河系发生极大的兴趣："银河系可能有数十亿颗行星，每颗都同它的位置保持着相当远的距离，但是条件都比火星好。"⑰ 火星上虽也勉强能居住，但不是理想的天体。银河系数亿颗行星中"类地"的行星有很多，人类想象的飞鸟已经飞进了银河系如星云般稠密的行星中。人类的特点就是先有想象，然后把想象变成现实。想必人类进入银河系的期待也不会过长，银河系终将成为人类最理想的家园也不是什么神话。正如费里曼·戴逊在他的《一望无垠》一书中所说："在这个星球上，人类的思维经过300亿年的发展才谱出了第一首弦乐四重奏，可能还要再经过300亿年才能扩散到整个银河系。我不希望等那么久的时间，但是如果有必要，是会耐心等待的。宇宙像是我们周围的一

宇宙·智慧·文明 大起源

堆沃土，等我们把思维的种子播种下去，生根发芽。"⑧ 这话说得多好哇！宇宙是一堆人类用来播种思维种子的"沃土"，人类把看不见的文明的种子播进这方"沃土"里去，再把看得见、摸得着的各种金属的种子也播进这方"沃土"里去，到那时，在宇宙这方"沃土"里即使长不出五谷杂粮来，至少也能长出大堆大堆的黄金钻石来。人类渴求太空生活的终极目的，除了人类天性的狂热外，不就是想得到更多的财富吗？比如在2005年12月16日，中国中央电视台"论法讲堂"栏目中讨论了一个特别有趣的话题：地球人类"拍卖月球"的法学依据。"拍卖月球领土"的公司不仅在中国出现了，而且据说"生意"还非常热闹；在上世纪，以美国为首的几个西方国家还曾"瓜分"过月球沃土。不得已，20世纪60年代颁布了一项法规，即"国际空间法"，实际也就是宇宙领空法，规定包括地球两极在内的所有宇宙天体，都不能归个人所有，也不能成为国家、地区和民族所有的私有财产，宇宙属人类共有等。虽然，人类对宇宙领空是"有法可依"，但在去年，有个美国人就和美国政府打起了官司：据说，他在太空拥有一颗小行星，那小行星是他的私有财产。可是美国的一个飞行器着陆到他的小行星上，竟然不付一点"租费"，或是着陆的小行星地面的"地皮费"。这使他非常恼火，他就到法院起诉了美国政府，并明确要求500万美金的赔偿金。法院在一审中就否决了，他不死心，又提出上诉。据说，迄今这场官司还没有结果。

人类在地球生活中还没有学会"走路"，人类的地球文明也还没有先进到以宇宙为家的程度，可是地球人类的贪心是多么地重呀，他们恨不得飞到宇宙深处去把偌大一个宇宙世界瓜分了，据为己有！人类的本性如何？天性品质又如何？我们素常所说的"人心不足蛇吞象"算得了什么，人类的本性和天性是要吞食宇宙的！只可惜，人类的世俗性品质不做美，至今还没有创造出那么先进的文明，否则人类在宇宙中会干些什么，干出些什么来，我们目前的地球人类还看不出来，也料想不到。

这就是人类，作为"宇宙之子"的地球人类！假如我们人类是源自动物，从猿猴中演变而来的，那我们可能和猩猩猴子们一样，整天围绕着繁茂的果树争抢果实呢！怎么能想到他们会瓜分星球、吞食宇宙呢？如今的猴类们除了霸占一点栖息的地盘外，还会有什么能耐！？

注释：
①② 汉娜·阿伦特著：《人的条件》，上海人民出版社，1999年
③⑥⑦ 金朝海、谢芳著：《天外探秘》，广西师范大学出版社，2005年
④⑤ 王彤贤、刘晓梅编著：《宇宙之谜》，京华出版社，2005年
⑧⑨⑩⑪⑫⑬ 李振良著：《宇宙文明探秘》，上海科学普及出版社，2005年
⑭⑮⑯⑰⑱ 阿德里安·贝里著：《大预言》，新世界出版社，1998年

第二部
人类文明的循环

　　地球的人类文明史不是数千年或一万年的历史，人类在地球曾经有过多次文明。根据现有的一些文明遗迹的发现，迄今的地球人类至少有过三次大的文明历程。即数亿年间的"元文明"，数十万年间的"前文明"和现代文明。地球人类的文明为什么有着这么大的跳跃和断代现象呢？根据现有的资料考察，人类曾遭受过来自宇宙的、地球的和人类自身的重大灭顶之灾。因为这么多必然的灾变，才使人类文明发生中断和绝灭。而且，现代文明的缘起亦非传统的随着进化演变而来，它既是对"前文明"甚至"元文明"的继承和发展，又与之前的人类文明相区别，如东西方文化的起源、神话、宗教的缘起都与"前文明"的灭绝直接相关。

　　现代文明的局限还表现在对于"文明标准"的确定和应用。实际上现代文明的"标准"并非物化标准，而是以人类智慧的应运和发挥程度为依据来确定的多层次的"精神文明标准"。

The Origin: Universe, Wisdom & Civilization

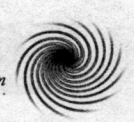

第一章
"前文明"存在的两种可能性

亿万年间的"元文明"/数十万年间的"前文明"遗迹/综合与分析/现代文明源自"前文明"

我们对于人类的星际来源和宇宙高级智慧生物属性进行了较为详细的讨论，说明人类不是源自地球上的普通动物，而是来自地球之外的某个文明星球。这一结论的获得，使我们对人类的起源和由来有了一个全新的认识。但是作为一种全新的假说，这还远为不够。从本章开始，我们对人类史前文明的兴亡和东西方文化异同的根源等问题进行较深入的探讨，从而进一步证明以上假说的合理性和正确性。

本章重点讨论的是人类"前文明"存在的印迹和可能性。我整理了一下相关的事实和资料，发现人类的史前文明水平是很高的，有很多新的文明遗迹的发现，都是在数亿年以前，这就使今天的地球人类百思不得其解。按照传统的理论，人类的出现只不过300万年左右，而很多文明的遗迹却出现在数亿年之前，这个难解之谜至今还没有人把它破译出来。多数情况，都是把这种新奇的发现当作"谜"对待，科学家、历史学家的态度都有，只是还没有人把它进行系统的整理和研究，找到一星半点的答案。在以下的文字论述中，我就试着做一做这项工作，成败不说，只当是一项文字的历险吧。

这里有两个问题需要说明：

（一）**史前文明时段的划分**：根据现有的材料，可划分为三个大的时段：数亿年内为一个文明时段；数十万年及百万年为一个文明时段；数万年及至今为一个文明时段；唯独数千万年这个时段里材料乏缺，我就按史前文明的一个"断代"处理，不做专门的论述。

（二）**提出"元文明"和"前文明"、"前人类"等概念**。这些概念与传统的史前概念区别开。"元文明"是人类在数亿年间创造的地球文明，虽然这一文明时段的材料很少，但是它是地球文明的开端，不能忽视。"前文明"

161

宇宙·智慧·文明 大起源

是指现代文明之前的一切人类文明现象和文化现象都属于这个范畴，使它与传统史学的文明概念区别开来；"前人类"是与"前文明"有关的一切文明的创造者都是这个群体的成员，使它与传统的"由猿变人"的理论模式区别开来。这样，我们开展对于人类史前文明的研究工作，既有所信赖，又不触犯传统史学的尊严，各得其所，互不干扰。

当然，对于人类史前文明时段的划分，不一定就很准确，与之相对立的"前文明"的创造者"前人类"的区别也不一定就很得当，这一切我都是按现有材料的情况确定的。另外，每个文明时段的材料构成和分布也不一样，根据这个领域目前的现实状况，只能依它；但就目前仅有的材料看，阐明相关的观点已经足够，以后有新的发现再做补充吧！

一、数亿年间的"元文明"遗迹

人类在地球上的"元文明"中，最早出现的文明时段是在1亿年至20亿年之间。在这一时段里，"元文明"的遗迹发现了很多，内容也较丰富，涉及人类生活的多个方面，因此，可以肯定地说，在"元文明"时段内，人类在地球上生活了很长时间，根据对这一文明时段有关材料的鉴定，人类至少从数亿年前已经生活在地球上，这与传统的人类起源论是完全背反的。

1) 20亿年前的核反应堆

"1972年6月的一天，法国一家工厂发现，从加蓬共和国奥克洛铀矿运来的矿石中，铀238的含量明显偏低，最低的不到0.3%，其余的到哪儿去了呢？

"科学家在矿石中找到了铀238的'灰烬'——裂变后的产物，经初步推断，这批矿石好像被人用过似的。

"为了弄个究竟，科学家们奔赴奥克洛矿区考察，在那里，他们发现了一个古老的、但非常完整的、早已停止运转的核反应堆。科学家们称这里的矿石为反应堆的'化石'。

"据鉴定，奥克洛铀矿的成矿年代大约在20亿年前。反应堆由6个区域的500吨铀矿石组成。奥克洛矿不久即开始运转，输出功率只有10到100千瓦，但运转时间长达50万年。

图46　4.5亿年前三叶虫上的皮鞋印

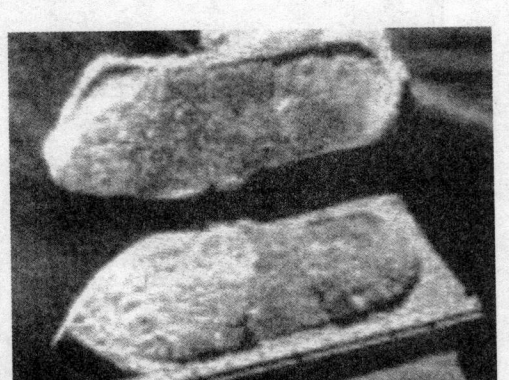

图47 威廉姆·梅斯特发现的脚印化石

"这座反应堆是谁建造的呢?是地球人吗?不是!因为在史前时代地球上根本没有人。是大自然的杰作吗?也不是!因为要实现链裂变反应条件十分刻苛,并不容易。

"富于幻想的人提出另一种解释:在20亿年前,外星人来到了地球,他们在地球上进行了大规模的开采工作,建造了核反应堆,以保障能源的供给。后来,由于种种原因,外星人放弃了在地球上开采的工作,回到了他们的'家乡',而把核反应堆当作'纪念品'留在地球上。

"到目前为止,奥克洛核反应堆的谜底仍未揭晓。尽管有许多科学家对这个问题极感兴趣,但由于年代久远,可供研究的东西不多,也许它将永远是一个谜。"① 与核反应堆年代相同的还有一个发现:"在南非,从一个矿井中挖出了数以百计的金属球,它的顶端和底部是平坦的,中间有三行镂刻完整的槽线。据地质学家说,这些金属球也很有可能有20亿年历史。"②

2) 5亿年前的"凉鞋印"

"1968年6月1日,自称为'岩石狂'的赫尔克公司监察人梅斯特和妻子、两个女儿与朋友的家人到犹他州得尔塔西北约43英里的'羚羊喷泉'度假时,发现了一些三叶虫化石。当梅斯特将化石敲开时,不由得大吃一惊,他发现岩石断面中央有一个'人'的脚印,在脚印中央踩着一个三叶虫。令人不解和好奇的是,这个'人'竟穿着凉鞋。经过测量,这个右脚凉鞋印比现代人的脚印大得多,长有10.25英寸,首端宽3.5英寸,后跟宽3英寸,后跟深度比前端深入八分之一英寸。"

"1988年8月,犹他大学教授、地质学家柯克承认盐源城公主学校的一位教育学家比特先生也曾在同一地区发现过两个踩着三叶虫的'凉鞋印',柯克说:

图48 1922年,地质学家兼矿井工程师约翰·雷德在内华达州寻找矿石时发现的印在岩石上的"鞋样化石"。

宇宙·智慧·文明

'这些标本是那么明确，令人无法怀疑，这实在是对传统地质学的严重挑战。"

"在现代进化论的观念中，猿人是在100万年前开始直立起来的。可是三叶虫是5亿年的低等动物，在那时，别说猿人了，就是猴子、熊等一些动物都没有产生呢，何来的'人'呢！"③相关的发现还有："1930年贝利欧学院的地质比包罗博士研究了在肯塔基州的一处山上发现的早期人类足迹（另说，他发现了10处40个完整的'人'脚印——《世界五千年神秘总集》）这些足迹印在古生代的沙石海岸上。研究表明：早在2.5亿年以前，就有一批'人'在这里活动。

"他的研究持续了20年。

"可不可能是后人伪造的呢？他还和两名物理学家借助显微镜，测算了单位面积的沙粒，结果相同，即脚印内的沙粒密度大于脚印外，脚印确实是踩上去的。

"但是，2.5亿年前，这一带是大型的两栖动物的天下，而人类的出现，仅仅是二三百万年前的事儿，这些脚印是谁的呢？"④

3）4亿年前的山西"仙蜕"

"在我国山西蒲城县的尧山，过去曾有块金代县令马扬立的灵应观仙蜕座碑。碑中记载了'仙蜕'（古人化石）发现的过程：皇统已秋（公元1149年），因增修灵应夫人殿，患其下基乾隅为巨石所局，不能宏大其势，遂命工凿其东西丈余，南北倍之，其高二寻。自七月庚辰朔众工始兴，约以二月为期。即刻石至中元日，自南而北已及丈余，上下已及倍寻。俄而坚石中有小空隙，萝蔓根株，非草非木，若蛛网然。萦径笼络中得枯骸一躯，印于石内。头颅、臂胫、肢体成具，石具相附，几若同体，中间小节，若缴有配化者一二矣。俯仰审视，其石之脉理与崖壁四旁，上下皆顽然黝黑，方凝结坚贞，略无凿刻工业，亦无断折之痕，特异于寻常之石，可盘遽能破碎者。群工与从没者尕然称异。董事者乃置其首于西麓之垠，欲道葬之。异日扬间之而往，物色所凿之崖壁，周察其巨石之理脉 与纵横，余石犹嵯岈裂缺，散乱于地，尚可吻合，与所说不诬。乃令石工复印旧崖，稍升于层岩之上，比初穴高丈余，以避殿之口也。别凿新穴，为小柏枢，裁方石以龛之。题其座曰'仙蜕'，庶俾后之人得以识其异事。然则，石中之骸，人耶？神耶？固不可得而知矣。

据专家考证，'仙蜕岩地质上属奥陶纪三叠积崖，崖龄已有4亿年左右。"⑤

与之相对应："1994年5月7日，《北京晚报》援引新华社和国际电台的报道说：美国科学家在南极洲发现了两亿年前的人形化石。"⑥

4）3.5亿年镶嵌在煤块中的金项链

"1891年6月10日，美国伊利诺斯州一位叫卡尔普的老太太在往炉中加煤时，从碎成两半的煤块中，发现了一条做工精致的金项链，卡尔普太太原以为该项链系别人不慎掉在煤堆中的，后来发现，

碎成两半的煤块中间有个槽,刚好能搁置项链,证明这条项链是夹在该煤块中的。

"煤主要形成于石炭纪,距今数亿年。那时候谁戴过这个项链。"据作者查阅,石碳纪的成形年代约在 3.55 亿年至 2.9 亿年之间,可谓久矣。

5) 岩石中的铁钉和钟形器皿

"16 世纪时,秘鲁的西班牙总督弗朗西斯科·德·托列多在他的办公室中放着一块从里边露出一根 8 厘米长的铁钉的岩石,而这块岩石是从附近一个采石场采出来的。正因为它'来历不明'而被西班牙总督所重视。

图49　1亿年前,镶嵌在岩石中的人造铁钉

"1844 年,人们在采石场的艰硕岩石中也发现了一块岩石中有一根 3 厘米长的铁钉,不过它已经生锈了。

"1851 年,在美国多尔切斯特附近,人们在岩石中发现了一件更奇特的东西。据当时的《美国科学文摘》报道说:'在几天前多尔切斯特附近进行的一次大爆炸中,人们从岩石碎屑中捡到了两块折断的金属碎片。本来这是一个被一分为二的整体,当把它们合拢后,可以发现这是一种钟形器皿,它高 11.4 厘米,宽 16.5 厘米,壁厚 0.3 厘米。令人惊讶的是,这个器皿外形像锌,或者是锌与银的合金。它的表面刻有 6 朵花,花蕊中均嵌有纯银,底部刻有藤蔓和花环图案,同样都以纯银镶嵌,做工极为出色,精美绝伦,令人赞叹不已。更令人不解的是,此物竟出自爆炸前的 15 英尺深的岩石中。"

二、千百万年间的"断代"遗迹

在这个文明时段里,我把千万和百万年合而为一,原因是在百万年的历史尺幅下有几件"前文明"遗迹,而在千万年的文明时段里只发现了一件遗迹。因为这两个文明时段里都缺乏发现和材料,我就将它们作为一个"断代"的文明时段处理,而且你看了有限的几件遗迹你就会知道,在这个文明时段里"前文明"的遗迹可以说是"寥若晨星",稀稀拉拉就那么几件,稀罕得很。

1) 7000 万年前的"六面体"金属物

"1885 年 11 月 1 日,在奥地利沃尔福斯贝格一位工人在敲打坚硬的褐煤时,从里面滚出一个闪闪发光的东西,它似一个平行六面体的金属物,体积是 6.7 厘米

图50　欧洲一岩石中的"电源插座"

×6.2厘米×4.7厘米。它两面隆起，四周环贯以深槽，形状规则。从其表面看，就像一个很古怪的鼻烟壶。它很显然是经过智能生物双手加工过的。后来，维也纳有一家有名望的报纸报道了此事，引起了科学家们的注意。经过考查证实，发现此物的煤层属地球第三纪时期，而这时地球的文明远没诞生呢。科学家把这个物体命名为'沃尔福斯贝格六面体'。"

"实际上，早在1880年，美国科罗拉多州的一个农民上山挖到一块煤炭，当他把煤炭凿开时，发现里面有一枚铁铸嵌环。后来据考证，这块藏有嵌环的煤块是从地下45米处挖出来的，而这个煤矿区的成煤年代距今有7000万年。而

图52 这是英国科学家家族玛丽·利基（被誉为"古人类学研究第一家族"）在1976年发现的大约400万年前沉积火山灰层中发现的原始人类的足印化石。

科学家们一直认为，7000万年前，人类还没有出现呢。"⑨

2) 数百万年前的人的遗骸与铜箭头

"1967年4月10日，美国科罗拉多州左尔曼的洛奇矿山内传出一则新闻，在地下120米深的银矿脉中发现了人的遗骸和一个锤炼得极好的10厘米长的铜箭头。据测定，此地层当属几百万年前的。"⑩

3) 400万年前的铆钉

"20世纪80年代末，奥地利也传出一条新闻，有个煤矿工人在井下采矿时，挖出一颗金属铆钉。这颗铆钉与现代铆钉相似，然而，它已在地下静静地躺了400万年。"⑪

4) 百万年前的"精美细石器"

"1997年1月22日，透露社发的电讯说，在非洲埃塞俄比亚和肯尼亚交接处，考古学家发现了距今250万年前的古人类遗留下来的石器。这些人工制作的石器'技艺高超，令人惊叹'。"⑫

考古学家贾兰坡如是说："人类起源的时代看来有越来越往前追溯的趋势。

图51 在中国四川发现的4亿年前形成的山石里面的墓穴"仙脱"。

1990年,我在《大自然探索》杂志发表'人类历史越来越延长'一文,认为人类制造工具的历史已有400万年,距今180万年前的山西芮城西候度有确凿无疑的石器;有距今200万年前的四川'巫山人'及其文化;还有距今170万年前的'元谋直立人'及其文化。特别是,尤玉柱先生发现阳原县泥河湾小长梁石器地点后,学者们都认为有关材料确系石器无疑。前几年汤英俊、陈万勇和李毅诸先生发现的材料中,在石器中上部堆积里有三趾马和三门马的化石,在稍下的砾石层中,我几乎看到了他们发现的全部材料,地层经测定距今为167万年。

"令人不解的是,这个地点所发现的石器材料是如此之细小、精巧、丰富,时代却又如此之早,这在世界上可以说是很罕见的。从目前发现的材料来看,如此精致的石器,在其他国家发现的至多也不会早于20万年。"⑬

三、数十万年间的"前文明"遗迹

这个文明时段的遗迹距我们现代人的生活越来越近了,发现的遗迹也相对多起来,而且很多"前文明"遗迹都是我们现代人所熟知的。让我们先看相关的资料,然后再做分析。

1) 80万年前的古人类头骨化石

"1997年6月4日,新华社给《参考消息》发了一则专电。专电说,最近在西班牙北部发现了欧洲最古老的古人类头骨化石。化石共有80块,其中一半头骨化石上面明显地存在被石器砍、砸的痕迹。考古学家认为这6位古人类生前被其他古人类擒获,后者将他们杀死,然后用原始的石斧、石刀等将他们的尸体分解吃掉。这一发现表明,80万年前的欧洲古人类仍处于人吃人的时代。"⑭

2) 10万年前的人造合金

"1976年,前苏联瓦什卡河岸上,发现了一个拳头大的闪着白光的怪石。经分析,是一块稀有金属的合金。其中锡占67.2%,镧占10.9%,钕占8.7%,还有铁、镁、铀、钼,但没有铀的衰变物。专家们认为,这是一块人造合金,年龄不超过10万年。地球上没有类似的天然物,它很可能是用只有几百个原子的微小粉末原料,在几十万个大气压下冷压而成。对于这样的粉末物质加如此高压,其设备和手段,即使现代文明社会也无法达到。是谁,用什么方法制造了这块合金?"⑮

3) 9.2万年前的现代人化石

"1988年2月25日,新华社在罗马又发了一则震撼人心的消息。由法国和以色列著名人类学家组成的研究小组最近发现,早在9.2万年前,地中海地区就

图53 北美洲发现的"大脚野人"的足印

宇宙·智慧·文明 *起源*

诞生了现代人类。这个发现把现代人类的起源时间整整提前了4.2万年。专家们用先进技术对在纳扎雷附近发现的古人类骨骼进行鉴定后指出，这些智人'颅容量大，颅盖骨圆，不仅比3.5万年前定居在欧洲的克罗马农人更古老，甚至比颅容量小、颅顶短而宽的尼安德特人更先进。"⑯

4）5万年前"外星地球卫星"

"据最新资料表明，月球外有一颗巨大的卫星，不是人造的，它的来历尚没查明。

"在1989年的一次记者招待会上，苏联宇航专家马斯·捷诺华博士在日内瓦透露了这个惊人的消息：'这枚卫星是1988年底出现在地球轨道上的。

"一连串的调查表明，美国、前苏联、法国、中国、日本以及地球上任何有能力发射卫星的国家都'从未将它送上天'。

"这位前苏联专家推断认为，最后剩下一种可能，就是这颗卫星来自外太空的某一个未知的星球。

"根据已掌握的资料，那颗卫星体积异常巨大，并且装有十分先进的探测仪器。它似乎有能力扫描和分析地球上的任何东西。马斯·捷诺华博士说：'很明显，这个卫星飞行了很长的路程才到达地球，事实上它的设计已经说明这点。虽然这只是初步的调查结果，但我敢说它至少已制成5万年之久。"⑰

假如苏联的这位专家说的没错，一颗5万年前制造的"人造卫星"在1988年"到达"地球轨道，并作为地球的一颗新型"卫星"运转。它既然能通过5万年时空跨越"到达"地球轨道，其先进性可想而知。也许它就是银河系和河外星系智能生命源经地球的"探测器"，就像地球人类向太阳系发射探测器一样，如若这样，地球人类的一切信息早已传送到那个智能生物生活的星球上了，这对我们人类来说是多么可怕的事啊！

5）3.5万年前的星图

"又据苏联科学家在西伯利亚一个古村发现了一个星图。此图同35000年前星图一模一样，证明当时绘制者具有超凡的观测记录水平，借用电子计算机复原又证明了史前超级文明高度的智慧。可见人类智慧的起源必定是很早的。"⑱

6）3万年前的女雕像

"同样令人惊叹而较少为人所知的是称为'石器时代维纳斯女神'的雕像（这名称沿用多时，却不正确，应为繁殖女神）。雕像大都既丑陋又细小，高十余厘米，是在石器时代欧洲狩猎及采集民族定居地方发现的。从伊比利米岛至俄国南部的广大弧形地带，整个欧洲大陆地区，都有类似的史前雕像出土……对这种过分痴肥、雍雍肿肿的女雕像，也许可作这样的解释：即制作这些雕像的年代，为35000年至10000年前，其时适为最后一次冰期，人类的身体必须在夏天猎物、果实和树叶丰盛之时，拼命吸收营养，储存大量脂肪，才能度过漫长的严冬。"⑲

7）1万至3万年间的洞穴壁画

法国拉斯高洞穴壁画是"1940年9

月12日，由几个男孩在偶然中发现，它简直就是一个17000年前的旧石器时代的美术馆，共有600多幅壁画和大约1500件雕刻作品。它们在艺术技巧上完全可以和当代任何美术馆的作品相媲美。在宽敞的公牛大厅里，最醒目的作品是4头高达5米的巨型黑色公牛像，是目前已知的尺寸最大的旧石器时代的艺术作品。这一发现完全改变了人们对旧石器时代人艺术水平的认识。"[20]

"1897年发现的'阿尔塔米拉洞穴，位于西班牙北部古城桑坦德以南35公里处……是公元前3万年至公元前1万年左右的旧石器时代晚期的古人绘画遗迹。除了简单的风景草图外，还有大量的红黑、黄褐等色彩浓重的动物画像：野马、野猪、赤鹿、山羊、野牛、猛犸和许多早在几个世纪前就已经绝迹了的动物……

对于这些壁画，有过各种不同解释。鲁迅先生生前对阿尔塔米拉洞穴壁画也作过论述，他认为原始人作画不是为了艺术而艺术，为的是关于野牛，或者是猎取野牛、禁咒野牛的事。西班牙科学家认为，这一发现是对达尔文'早期人类没有任何艺术见解'的观点的一次革命。"

该文作者在洞穴壁画下面注文感慨道："洞穴中，除了这些栩栩如生的公牛形象外，还有很多叫人百思不得其解的记号和图形。专家们对这些公牛壁画惊愕不已，这些绘画技法超出了当时人类文明所处的发展阶段，这使得人们对史前人类的观察能力和复制能力重新加以评价。"[21]

8) 3万年前的南极"冰下城"

"1991年，继北极发现五六千年前的古城遗址之后，又传出南极发现古城废墟的消息。《扬子晚报》的一则报道说：瑞典的一支探险队声称，这些城市的建筑物大部分被积雪覆盖，隐藏在冰川后面，有的摩天大厦直插云霄，形状像金字塔，也有的呈圆柱体形。墙壁薄而坚固，没有加上绝缘体。测试结果显示，这座城市是约3万年前建造的，这些建筑物最大的特点是没有门，入口呈马蹄形，高约6米，科学家由此推测，这些特殊建筑物内的居民约有3.6-4.2米高。

去年夏天，在这里发生了一次地震，地震震裂了南极洲西部的一条大冰川，探险家们由此发现了隐藏在冰川后面的这座城市。他们运送推冰器到现场，继续推开冰雪发掘，已挖掘出4000平方米的市区。估计还要许多年才能发掘出整个废墟。

在冰天雪地的南极，居然屹立过这么辉煌的城市，这座城市的主人来自何方？又到何处去了呢？这真是一个新神话！"[22]

9) 2万年前的南美星空图

"考古学家在南美洲发现了一个描绘2.7万年前的古代星空图，图上的符号记述的是极其深奥的天文学知识，这些知识是现代人所未掌握的。"[23]

10) 1万多年前的印第安人石刻望远镜

"一万多年以前，有一位印第安人独自站在夜幕下，手里拿着一个望远镜在默

The Origin: Universe, Wisdom & Civilization

大起源——第二部 人类文明的循环

169

默观察着星空，这绝非处于我们的胡编乱造，在秘鲁国立大学的博物馆里正收藏着这样一块石刻：一位古代印第安人，手持一个管状物贴在眼前，聚精会神地观察着天象。这块石刻引起了各国天文学家的极大兴趣，因为那个印第安人手里拿着的东西与现代的望远镜十分相似。而人们一般都认为人类第一架天文望远镜是17世纪中期由伽利略发明的，至今不过300年。那么，一万多年以前这位印第安人的望远镜是从哪里来的呢？"㉔

11）旧石器时代的"月相图"

"20世纪60年代初期，我国考古工作者在新疆的一座古老的山洞里发现了一批当代岩画，其中绘制的月亮的形象无疑是世界上最古老的月图。由于其岩石的位置在新生代第四纪冲积层之下，因而可以断定是几万年以前，正处于旧石器时代的作品。在这些岩画中，有一组月相'连环画'最为引人注目：一弯蛾眉新月，上弦月、满月、下弦月、残月。使人们惊异的是：'连环画'里的满月并不仅仅画了一圈来代表月亮，而是在圈面的南端靠月南极处的左下方画了七条以辐射状散开的细纹线，这就说明，这幅月图的作者极其鲜明、准确地表现了月球上大环形山中心辐射出的巨大辐射纹。这一成果在望远镜问世以后当然丝毫不足为奇，但是几万年前人类尚处于原始的社会……能画出一幅月相的'连环画'就令人瞠目结舌。"㉕

12）史前的飞机模型和"金玩物"

"厄瓜多尔神秘的隧洞中还发现了纯金的飞机模型雏形。哥伦比亚国家博物馆也存放着古代简易飞机模型，这种飞机在南美洲人中首先有人看见过，否则又怎么创造出这种飞机模型？这都是在没有发明飞机之前很久的事。"㉖又说："在哥伦比亚的国家银行里，至今还保存着一个奇怪的金玩物……据航空学家和生物学家鉴定，它不是某种生物塑像，而是一种飞机模型。它的外型与现代的垂直式喷气式战斗机相似。更令人惊奇的是，它这个东西放进风洞里试验，它会像飞机一样飞起来，而且性能极好。由于当时技术不发达，根本造不出这具有高度文明的金玩物来。因此，有人推测这可能是天外来人带来的某种玩具，被遗忘在地球上。"㉗

13）公元前的计算机

"1990年，一位以采集海绵为职业的希腊潜水员，在安蒂基西拉海峡的水底，发现了一艘沉没水底2000年之久的沉船。在清理船上物品时，发现了一个锈迹斑斑的机械装置。美国学者普莱斯用X光检查了这台机械装置，认为它是一台

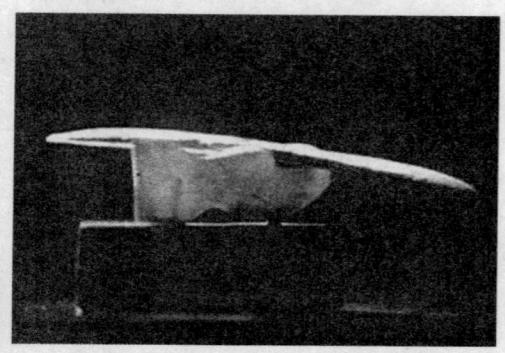

图54 埃及古墓出土的木制滑翔机模型

图55 这是在墨西哥的奥尔梅克文化遗迹中发现的一块带有人工加工过的磁铁，距今3000多年。

计算机，用它可以计算太阳、月亮和其他一些星星的运行。据检测，它的制造年代是公元前82年。这不能不令世人感到惊奇。要知道，计算机是1642年才由帕斯卡尔发明的，而且当时他制造的计算机械准确度很差，虽然人们公认希腊人是古代最有智慧的民族，但这台古代计算机的出现，还是令人感到不可理解。"㉘

14) 5000年前的埃及人工心脏和彩电

"又据说考古学家从埃及大金字塔内，曾经找到过距今5000年前古埃及人的人工心脏，是经过外科手术安装在一个男孩身上的，可见人类的技术起源也是很早的"，"在埃及有人发现了4700年前的彩电。"㉙

15) 2400年前的羊皮古地图

"1929年，土耳其国家博物馆的马里尔·埃法亨在伊斯坦布尔普卡宫清理文物时，偶然发现了几张绘在羚羊皮上的古代地图。这些地图本来属于一个名叫比瑞·雷斯的土耳其帝国海军舰队司令，绘于1513年。比瑞·雷斯在地图附记中写道：'为绘制这幅地图，我参照了20幅古地图。'附记中还说明，所参照的古地图中，有8幅绘制于距今2400年的亚力山大时代。也就是说，实际勘测和绘图的不是他本人，他只是一个收集和整理者。

几经辗转，地图到了美国地图学家俄林敦·H.麦勒瑞手中。他研究后发现，比瑞·雷斯的地图精确地描绘出了非洲西海岸、南美洲东海岸和南极洲北海岸。地图不仅显示了这几大洲的轮廓，同时

图56 这是20世纪70年代在伊拉克的一座古城里发现的陶罐，专家们研究后说，这是最古的化学电池。

还精确地绘制出它们的山脉、山峰、河流、高原和岛屿等。而且最让人称奇的是，其中一张地图上显示的竟然是尚未被冰层覆盖的南极洲海岸，就是说是'冰层下的地层'，而众所周知，南极洲是在

图57 玛雅文明文化遗迹中考古发现的近似于当代美国F-16战斗机的飞机模型。

1818年被欧洲人发现的，也就是说，在绘制地图的300年以来，南极洲才被发现。如此奇怪的事情该怎么解释呢？""古地图的绘制者究竟是如何知道厚达1000米—4000米的冰层下面有山脉的呢？"

"还有一幅羊皮纸做的残破的古地图，上面没有经纬线……从地形上看，大概是大西洋和包围着它的南、北美洲大陆，欧洲的一部分地区和非洲的一部分地区。可是陆地的形状却歪斜着，而海岸线尤其歪斜。为什么要绘制这样一幅陆地形状和海岸线都歪斜的地图呢？经过再三的分析和研究发现，这幅古地图竟与第二次世界大战中美国空军采用正矩方位作图法绘制的军用地图非常相似，这种用空中做图法绘制的地图，由于是在地球表面上飞行的飞机里，从空中看地面，因而就有陆地和海岸线歪斜的现象……美国登月飞船上所看到的地球陆地和海岸线，也与古地图上的形状相同。"㉚

类似的古地图还有"泽诺地图"、"弗兰科·罗密利地图"、"奥朗蒂斯·芬纽斯地图"和"哈德吉·阿曼德地图"等。这些古地图都很古老也很神秘，很多绘图技术都达到和超过了现代的技术水平。

四、新的结论

的确有点不好意思，本章的前三部分几乎都成了摘录的文字，没有论述。其实我这样大量摘录资料和相关的研究成果，目的只有一个：证明目前的地球人类已经发现的"前文明"的辉煌成果以及"前文明"的客观存在。一方面，我对所摘录的资料进行了核实，尽量保证它的真实性。另一方面，我的摘录也是有选择的，摘录典型的、代表某些领域的资料或研究成果。这样有了前人发现和研究的这些成果，我们才好做以下的综合和分析工作。

我把以上所摘引的资料和研究成果梳理了一下，得出如下结论：

1. 迄今发现的"元文明"和"前文明"遗迹，都是在现代人类生活中所拥

图58　1961年，美国人兰尼·米克谢尔和麦西，从晶洞中发现的汽车火花塞。

有的。比如数亿年这个文明时段中有核反应堆、金属球、金项链、铁钉、钟形器皿、凉鞋、人的脚印、人形化石等，虽然这些文明遗迹距离我们的生活非常遥远，但毕竟它们还是没有脱离人类文明生活的正常内容，都是现代人类生活中常用的东西。千百万年这个文明时段发现的遗迹很少，但也没有出现空白，仅见的几

样文明遗迹，也是现代人类生活中有的，没有出现例外。到了数十万年这个文明时段，你也看得很清楚，发现的"前文明"遗迹非常多，而且也非常全面，其中没有一种遗迹是脱离了人类生活的，从天上的星图到地上的羊皮古地图，从望远镜到计算机，从冰下城市到飞机模型，从女神像到洞穴壁画，再从彩电到人工心脏，你瞧瞧，哪一样文明遗迹不是我们现代人类所需要、所使用的？可以说，地球人类的现代文明就是数十万年这个文明时段的现代模型和翻版，让你没有一点挑剔的地方。这就证明：地球人类目前所发现的所有"前文明"的遗迹和研究成果，都是和现代人类的文明生活相适应、相协调，高度一致的。现代文明是人类"前文明"的继承和延续，而"前文明"是现代文明的遗传基因和影子。这一历史发展的脉络是顺理成章的，丝毫没有出现变异和差错。比如地球人类目前发现和收集到的各种"外星人"和"外星文明"的一些器具就不同于地球人类的器具，"外星人"的飞行器是扁圆型，速度很快，没有噪音，地球人类凡能飞的器具就没有扁圆型的形状，除非把人们娱乐的"飞碟"算进去，否则目前还找不到那样的飞行器。因此人类"前文明"的遗迹中没有一件是像"外星文明"的器具的，都是我们地球人类所熟悉和拥有的，这就进一步证明"前文明"的一切文明遗迹都是地球人类遗留下来的，与"外星人"和"外星文明"没有任何关系。

我们目前的状态是：把一切科学不能解释，人类目前还不能理解的神秘文化统归给"外星人"，说明都是"外星人"所为，即使史前的那个飞机模型，也是"外星人"遗留在地球上的一个玩物。而把所有关注和研究这些神秘论的人统称为"富于幻想的人"或"想象力丰富奇特的人"，认为他们的研究和他们所关注的那些文化一样荒诞不经。如此的盲目和推诿，使我们地球人类对自己的能力都没有信心，地球人类的这种认知状态说明了什么问题呢？说明：(1) 目前的地球人类是被自己树立起来的狭隘观念所约束，差不多就是"作茧自缚"的那种状态，这是很可怜，也很悲哀的。(2) 地球人类的思维有限，胸怀有限，文明的水平也是有限的，这一点作为星球文明的生物主体似乎是难以避免的，尽管我们有很多超然于

图 59 在亚拉腊山上找到的"诺亚方舟"。这艘船大小和《圣经》中的尺寸一样，据鉴定有 4400 年的历史，已成为化石。因此，《圣经》中的很多事都被证明是真实的历史。

宇宙·智慧·文明 大起源

物外的哲学思想。(3) 地球人类的历史不完整，有缺陷，科技水平也还处在初级阶段，因而也是非常有限的。

2. 在史前历史的黑暗中又有了新的光明。这一点，我们从以上划分的几个文明时段中可以得到证明。我们说，在此之前，人类的史前历史是一片漆黑，没有一点光明，甚至看不见一点星火，通过以上资料的梳理和整合，我们的这一观点不得不改变了。在亿年、千百万年、数十万年这三个自然断开的文明时段中，离我们最遥远的那个数亿年的文明时段上，已经闪烁出一片微微发红的光明，看着它，犹如看着我们头顶的某个星辰，幽远而亲切；千百万年这个文明的时段虽然还没有多少亮点，但在接下来的数十万年文明时段上简直是一片辉煌，现代人类文明中所拥有的在那片辉煌的灯火中都能找到，虽然它离我们现代文明中的辉煌还保持着一定距离，但无可置疑，数十万年这个文明时段里闪烁着的辉煌的灯火，丝毫不比现代人类历史上闪烁的辉煌灯火差。区别只在于它离我们的生活还是有点远，我们所看到的灯火的光明程度也还有点淡，加之它与现代文明的区域还有一点"间隔"，这就造成了现代人类对它的陌生感。不过也不要紧，通过以上的陈述和论证，我们已经看见了那片光明，我们大有那种"蓦然回首，那人却在灯火阑珊处"的惊喜和兴奋。

纵观人类史前文明的漫长历史，我们可以得出以下结论：

(1) "前文明"的存在是可信的，是真实的，它是现代人类文明的源头。因为"前文明"中的所有文化遗迹在现代文明中都能找到，而且它们仍然是现代文明中的主流文化。比如核技术、飞机、彩电、计算机、望远镜、人工心脏、地图等，哪一样在现代人类的生活中少得了？包括那些不起眼的铁钉，现代人类能不需要吗？

(2) 根据现有的材料分析，"前文明"中有两个文明时段曾经是现代人类的前身"前人类"创造的，一个是数亿年的文明时段里的确有人类在地球上生活过。专家们分析核废料的年限，认为人类至少在当时的地球上生活了 50 万年以上，我认为远不止这个年限。因为这一文明时段中"元文明"的文化遗迹分布在 1 亿

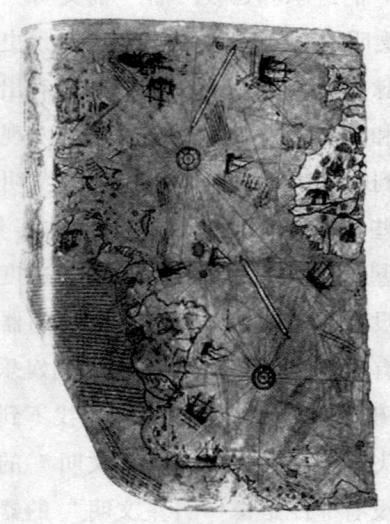

图60　土耳其海军将领皮里·雷斯于1513年绘制的6000年前的南极洲地图，被誉为"世界重大奇谜之一"。

174

年至 20 亿年的漫长时间链上，怎么能用 50 万年时间来取代呢？当然专家们对核反应堆和金属球的鉴定年限达到了 20 亿年，其余一些文明遗迹都集中在 1 亿年和 5 亿年之间。假如现代的测试技术很不准确的话，在这个文明时段中人类至少也有过几次文明历史。具体情况可能是不连贯的，或者不是连续性的发展，而是断续的发展。因为相隔的时间太久，只能是这样一种推测。可以肯定的是，在这个文明时段中，"元文明"的存在是客观的，是值得信赖的。上亿年的历程了，能遗留下这么几件遗迹已经就是现代人类的福气，除此我们还能有什么理由提出更多更细的挑剔？另一个是数十万年这个文明时段，无论是"前文明"遗迹的数量还是它的丰富性，我们都没有理由说它不是真实的存在。一方面，这个文明时段同现代文明的距离比较近，如果我们从"大历史"的视角来考察，这个文明时段就是现代文明的前身，它与现代文明只有相似性，没有差异性；另一方面，这个文明时段出现的各种"前文明"的遗迹，在现代文明中不仅能找到，而且是现代文明的主流文化。比如星图、地图、女雕像、洞穴壁画、望远镜、计算机、人工心脏、彩电等。正因为此，数十万年这个文明时段的真实存在是无可怀疑的，它就是现代人类的前身，也是现代文明的前身。

（3）在"前文明"时段中，唯有千百万年这一文明时段是个薄弱环节，发现的"前文明"的遗迹不多，特别是千万年这个时空范围内差不多没有"前文明"的遗迹，这又说明了什么？据我的分析，只能得出这样的结论："前人类"在千百万年这个文明时段中差不多不在地

图 61　电脑识别的雷斯海地图

球上生活，因为他们遗留下来的文明遗迹太少，几乎是空白状况。既然在这个文明时段里人类不是生活在地球上，那他们到哪儿去了？对这个问题的考察暂时也只能是推测：有可能在天地相撞的大灾难中像恐龙一样差不多灭绝了；也有可能先进的人类迁出了地球，到别的星球上生活去了。除了这两种可能，人类在数千万年的漫长时空中存活下来的可能性就很小。

3. 现代人类大约在10万年前来到地球，并按地球生物生存的规律进化和生活至今。

这一结论的依据主要有几个方面：

（1）这一文明时段的文化遗址就是现代文明的前身。

这一点，我们在前文中已有论述，其要点是：A."前文明"与现代文明在内容和形式上都具有很多的相似性和一致性，甚至可以说"前文明"就是现代文明的源头，而现代文明是"前文明"的继承和弘扬。B. 创造"前文明"的"前人类"就是现代人类的始祖，他们的智慧和文化思维方式以及所创造的文明都具有高度的相似性和一致性。C."前人类"和"前文明"的进一步延伸就是现代人类和现代文明的源头，期间有一个文明交叉的关节点，即"前文明"的末尾延伸处和现代文明的起源处的交叉和衔接，才使"前人类"与现代人类、"前文明"与现代文明连接了起来（有关这方面后有专论）。

（2）DNA追踪的结果与这个结论的年限相符合。

我们知道，20世纪80年代以来，科学家们通过生物遗传技术，寻找人类的起源地。有两种结论：一种是非洲夏娃论。1987年，美国科学家凯恩等人通过分析世界各地147名妇女胎盘中随母系遗传的线粒体脱氧核糖核酸和核苷酸序列（MTDNA），发现人类的始祖母是撒哈拉沙漠以南的一个人群中，并且她们存在的时间大约距今20-10万年间。虽然对这样一个通过高科技获得的结论还有很多的争论和不同看法，但毕竟这个确定的年限与"前文明"这一文明时段的时间完全吻合，说明通过对"前文明"的梳理和整合得出的结论也是正确的。另一个结果是"亚洲始祖母说"。还是"美国亚特兰大市默立大学遗传学家华莱士，通过对全球800多名妇女血液中的遗传因子DNA的分析，得出和威尔逊不同的结论：10万年前，人类的第一个始祖母出现在亚洲，而不是非洲。具体地点在东北部和中部"。㉑这个结果虽然与前一结果在地理方位和人种选择上有所区别，但它的存在年限依然是10

图62 哈德吉·阿曼德地图清楚地绘出了冰河时代横跨西伯利亚和阿拉斯加的大陆桥轮廓。

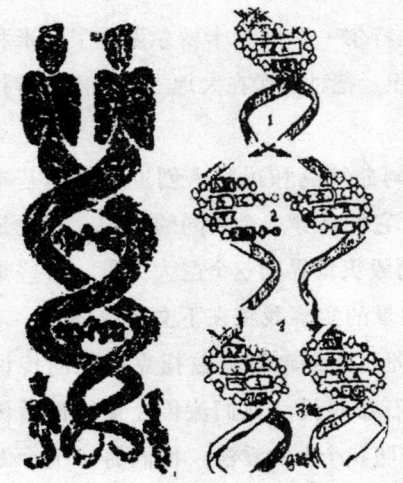

图63 左为中国古代石画：蛇身人体的伏羲女娲像。右乃现代基因DNA演变图。

这两个图的造型基本相似。问题是中国的古人怎么知道这一造型的？是巧合？我认为不是。仅凭伏羲女娲交尾图的造型我们就可以确定"前文明"的文明程度和古人对它的继承。因此，此图也可以算是"前文明"存在过的证据之一。

万年，这同样和数十万年这个"前文明"存在的文明段完全吻合。

综上所述，生物高科技研究的结果与数十万年这个"前文明"的文明时段得出的结论是完全一致的，说明现代人类和现代文明起源于10万年前的某个地球时空中这一结论也应该是正确的。

(3) 现代人类最早的头骨化石年龄与"前文明"的文明时段相符合。

1988年，由法国和以色列的人类学家在地中海发现的最早的现代人头骨化石，经鉴定是9.2万年以前的现代人类头骨化石，这说明现代人类的始祖们在10万年左右生活在地球上是可信的，是真实的。因为这一考古发现与人类在数十万年这个"前文明"时段以及生物高科技获得的结论完全吻合。三方面的结论都能证明最终的一个事实，我们对此还有什么可怀疑的？还需要更多的解释吗？

(4) 中美洲古老的阿兹特克和玛雅人的创世神话，就有世界文明多次被毁的传说。

"阿兹特克的创世神话包括五个先后出现的世界和太阳，前四个都以灾难结束；玛雅人的创世故事包括三个世界，前两个因为不够完美，同样也以毁灭结束。"比如阿兹特克的"五个世界和太阳"中四个被毁的过程是这样的："第一个太阳（夜晚：美洲豹）由泰兹卡里波卡（'冒烟的镜子'）掌管。它的上面住着巨人，但是泰兹卡里波卡的兄弟奎兹尔扣特尔（'羽蛇'）导致巨人被美洲豹吞噬，于是第一个太阳毁灭。第二个太阳（空气：'四风'）的统治者是奎兹尔扣特尔。它被风摧毁，它的居民变成猴子。第三个太阳（火雨：'四雨'）的统治者是雨神特拉洛克。它被火雨毁灭，它的居民被变成鸟。第四个太阳（水：'四水'）的统治者是特拉洛克的妹妹恰尔秋特里丘。洪水毁灭了这个世界，幸存下来的居民被变成鱼。第五个太阳是阿兹特克的太阳，统治它的是太阳神托纳提乌。据预测，它将在大地震中毁灭。""第五个太阳被创造出来之后，神派'羽蛇'奎兹尔扣特尔装扮成风神埃赫卡特尔到地球收集第四个太阳的居民的鱼骨头。在完成这个

宇宙·智慧·文明 *起源*

使命，并且人类也被创造出来之后，奎兹尔扣特尔——埃赫卡特尔发现了玉米和其他可食用植物的种子。他带给人类农耕的知识，把种子撒在大地上，由雨神特拉洛克进行浇灌。"㉜

玛雅人的创世神话也近似。毫无疑问，阿兹特克和玛雅人创世神话的基本元素跟中美洲其他文明的创世故事是一样的。它们贯穿一个共同的主题，那就是世界曾多次被毁灭，又进行了多次的创造。而毁灭世界的这个巨大力量，有些是自然力，有些却是非自然力。这两种毁灭性力量的实事我将在下文中论述。

另外，阿兹特克族的七部落起源于中美洲西北部奇科莫兹托克山洞的传说证明，阿兹特克族也是经历了漫长的冰期或石器时代，他们流传至今的神话传说也并非空穴来风，没有一点历史的依据，按照我个人的看法，他们的"五个太阳"的创世神话还是建立在唯物基础上的，只因流传时代太久，增加了不少神话的神秘色彩罢了。

注释：

①⑰㉗㉘ 车纪坤 李斯著：《自然科学之谜》，京华出版社，2005年
②⑱㉖㉙ 宁维铎著：《地球家园的千古之谜》，民族出版社，2004年
③⑧⑨ 杨言主编：《世界五千年神秘总集》，西苑出版社，2000年
④⑦⑮㉓ 侯书森主编：《古老的密码》，中国城市出版社，1999年
⑤⑩⑪⑫⑭⑯㉒㉛ 高强明编著：《人类之谜》，甘肃科学技术出版社，2005年
⑥㉔ 李卫东著：《人有两条生命系统》，青海人民出版社，1997年
⑬ 杨东雄主编：《智者的思考》，国防大学出版社，2002年
⑲㉕ 郭伟、薛亮著：《历史地理之谜》，新华出版社，2005年
⑳ 中国文物报社编：《大考古》，济南出版社，2004年
㉚㉑㉚ 金朝海、谢芳编著：《文明探秘》，广西师范大学出版社，2005年
   贾兰坡先生在"人类起源之我见"一文中也持此说；何兆武主编的《源》中也沿用此说。
㉜ [英] D.M.琼斯 B.L.莫黑努著：《美洲神话》，希望出版社出版，2007年

第二章
地球人类的"灭顶之灾"

重新认识"灾变论"—可能性范围—频率与影响力／宇宙环境灾变分析／地球环境灾变分析—通古斯大爆炸与西伯利亚岩浆喷发—古地磁反转—冰河期—大洪水／社会环境灾变分析

虽然人类曾拥有过的、地球上真实存在过的两个文明时段是可以确定的，但是其中也存在不少问题。比如千百万年这一文明时段因材料缺乏乃至出现漫长的"断代"；数亿年这一文明时段中的"前人类"的去向问题以及数十万年这一文明时段与现代文明衔接的问题等。这些问题的存在是必然的，前文也无法解决，只能在本章范围内进行一次初步的讨论。通过讨论，让我们具体看看，古老的人类在漫长的历史进程中主要经历了哪些灾变，又如何从灾变中走出来发展到了今天。

一、重新认识"灾变论"

"灾变论"是18世纪关于地壳发展与古生物演变的一种学说，是法国的动物学家、古生物学家居维叶首次提出。他认为地球在历史上曾发生过多次由非常力量引起的巨大灾变，每次灾变都发生新山脉的升起和旧山脉的沉没，使地球上的一切生物毁灭殆尽。当这种非常力量过去之后地球就进入平静时期，重新产生一批与以前完全不同的生物。居维叶的这一学说一直得不到学界的认可，而且批评和否定的声音比他本身的呼声还大。比如恩格斯就曾批评道："居维叶关于地球经历多次革命的理论在词句上是革命的，而在实质上是反动的。它以一系列重复的创造行动代替了单一的上帝的创造行动，使神道成为自然界的根本的杠杆。"[①] 海克尔也评论道："由于居维叶顽固地接受了林耐的物种绝对不变的学说，于是他便认为，要解释物种的起源，只有一种假说，即在地球史上相继发生过多次毁灭性的灾难，而每次灾难后又会出现新的创世。"[②] 的确，居维叶的这一"灾变说"，我认为也是难以成立的。

第一，他的这种"灾变"只是单一发生在地球上的"地球大革命"。这种"地球大革命"的重复出现和单一运动似乎是不可能的；除了地球上不断重复的"大

宇宙·智慧·文明 大起源

革命"外，没有别的灾变的影响，这实际上就是居维叶把灾变的可能性范围单一化和简单化了，不足以相信。第二，每次发生"地球大革命"都是全球性的，毁灭性的，天翻地覆式地灭绝一切生物，这种灾变的可能也是不存在的，除非地球脱轨撞击到别的天体上，两者俱毁，或者别的天体发生巨变，变成白矮星等，将好端端的地球吞食掉，否则一次次重复出现的全球性"大革命"似乎没有可能，即是一次出现的记录也查找不到，这就使他的学说成为纯粹的臆测。第三，每次毁灭，每次又重新创业，它强调的是上帝创造一切的老路子，完全失去了科学创世的价值和意义。所以居维叶的"灾变"学说是有着很大局限的，甚至是很幼稚的。

但是，我们不能因为否定了居维叶提出的"灾变学说"，就把一切灾变的可能性都否定了，一概不承认这种说法，我觉得这种做法也是不对的，至少它又是一种打着科学的幌子而走向另一极端的极其狭隘和偏见的说法。

在地球上，在人类的地球文明史中究竟有没有过改变一切的大灾难呢？客观地说，曾经有过。不仅有过，而且这种灾难发生的频率也不低。

根据我的看法，大致有这样两种情况，不得不引起我们地球人类的共识。

1. 灾变发生的可能性范围

纵观人类的地球文明史，人类所面对的巨大灾变主要有三个方面，一是来自地球之外的太空的灾变；一是来自地球环境本身的灾变；还有一个是来自人类自身制造的灾变。这三种灾变的范围不一，性质不一，发生的频率也不一，所以我把它概括为宇宙环境演变的灾变，地球环境变化的灾变和社会环境变迁的灾变，简称为人类面临的"三大环境"灾变或"三大环境"挑战。

首先，我们人类生活的地球是浩瀚无垠的宇宙世界的一个有机组成部分。还在"地心说"时期，地球人类认为地球就是宇宙的中心，地球为大，围绕地球运动的无穷天体什么都不是，这种认识极大地张扬了"地球中心主义"和"人类中心主义"的思想，所以才有了一千多年上帝创世说的神学思想的统治。随着"日心说"的诞生，地球和地球人类的"中心"位置一下子被贬弃到了边缘地区，"中心"没了，"人类中心主义"和上帝创世思想也就越来越站不住脚，等到宇宙"无中心"的诞生，太阳系都算不了什么，甚至银河系都成为宇宙中最为普通的星系。在这种科学思想的影响下，太阳系至多是宇宙中的一颗沙子，地球简直就是宇宙中的一粒微不足道的尘埃。人类生活多年的地球，乃至太阳系、银河系的地位和作用一落再落，差不多是"一落千丈"了，生活在这粒尘埃上的人类又有什么了不起的？和浩瀚无垠的宇宙比又能成为什么比例呢？以前，由于科技不发达，人类对宇宙的认识非常有限，目前的天文科学已经证明，宇宙中不仅

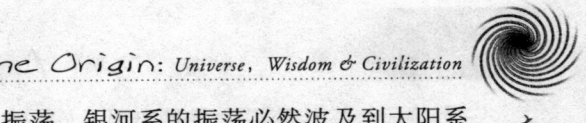

拥有数以亿万计的星系和星系团，还有很多的暗物质和至今尚未发现但在暗中决定着宇宙天体命运的能量流，比之地球环境的演变，宇宙环境的演变历史要精彩得多，神秘得多，留给我们猜想的空间也就非常的大。比如"黑洞是一个时空区域，其中的引力场强烈到任何物质和辐射都不能逃脱出来"，"黑洞是引力显示力量的场所，它吞噬并埋葬一切进入其视界的物质，连光线也不例外。因而黑洞获得宇宙坟场的恐怖称号。2004年2月，美国宇航局首次找到超大质量黑洞撕裂和吞食恒星的证据……据推测，一颗恒星可能在与另一恒星近距离相遇后，偏离了原先运行轨道，结果与这个质量为太阳质量1亿倍的超大黑洞过于靠近。这颗质量仅与太阳相当的倒霉的恒星，在黑洞巨大的引力作用下先是剧烈变形，外层气体被加热到数百万摄氏度，然后星体被撕裂……幸亏这颗恒星在被撕裂的同时也被黑洞的引力场加速，它带着残破的身躯靠速度与黑洞展开殊死搏斗，结果大部分物质在黑洞的视界之外掠过，有幸地逃脱黑洞的魔掌，但有1%的物质没有挣脱黑洞的引力惨遭吞噬。"③宇宙天体都是被如此惨烈地撕裂、吞噬，其力量有多大，它对宇宙的影响力又有多大？太阳系有没有宇宙黑洞，现在的宇宙科学还没有一个准确的说法，但在银河系是有黑洞存在的。假如某一时，银河系的宇宙黑洞吞噬了某个行星或恒星，它会对银河系带来多大的振荡，银河系的振荡必然波及到太阳系，也必然要影响到我们生活的地球，这是顺理成章的事。也就是说，宇宙中些微的变化，其影响力必然要波及到我们的地球，这是毫不含糊的。举一个大家熟知的例子：据科学家研究表明，6500年前，有一颗直径10千米的小行星撞击了地球，导致当时的地球主人恐龙的灭绝，还毁灭了地球上大半的生物。这不是"天降大祸"，绝灭了地球生物的典型事例吗？诸如此类的"天祸"在地球上发生过很多。它说明一个道理，我们生活的地球是和地球之外的大宇宙紧密联系在一起的，是一个不可分割的整体，宇宙中可知和不可知的诸多因素决定着宇宙的命运，同时也决定着地球生物的命运。假如我们没有这样的整体观，我们的历史就是平面的，干瘪的，我们的认识水平、科学观都是深受局限或限制的。人类本身就是一个微不足道的宇宙生物群体，他的属性本身就是十分有限的，如果我们人为地再加诸多的限制，那我们的进步就更加缓慢，甚至停止不前了。

其次，我们的地球也是一个多灾多难的宇宙天体。我们知道，人类对于地球起源的研究比宇宙天体起源的研究晚得多，大概到了18世纪下半叶才开始。地球的起源大致经历了三个大的发展阶段：无机地球史阶段是地球的早期形成阶段，一般认为就是地核和岩石圈的形成期；有机地球史的阶段，是地球上出现生物的历史时期，这个阶段也很漫长；第

181

宇宙·智慧·文明 大起源

三个阶段，按传统说法就是出现了人类的高级生物发展阶段，这个历史大概也有几千万年的历史。

其实，地球形成的过程与宇宙其他天体的形成过程大致相同，不同只在于地球自身运动的变化带来生活其上的生物命运的变化。前述居维叶的"灾变说"注重论述地球自身变化。按他的说法，地球环境的演变是定期或不定期地重复出现单一运动，因而导致地球生物的绝灭。这种单一重复的灾变是不可能的，每次绝灭也不可能，不过我们决不能排除地球灾变多样性发生的可能，至少地球运动给地球生物和人类带来一定灾难这是没问题的。比如火山爆发、地震、大洪水等，都是地球上常有的灾变，地壳活动引起的"造山运动"以及陆地沉没、海水上涨等，也是地球上常有的大灾变。所以地球环境的变化对人类的生存也造成一定的威胁。

再次，人类的社会环境给人类带来的灾难。社会环境是由人类自身构成的微观生活环境，它也形成自身的一些特质和发展规律，比如人类的精神生活与物质生活相协调发展的规律，人性因素的相互制约和不同信仰、不同生产力、不同生产方式对社会发展的影响等。一般来说，社会环境对人类生存的影响是小范畴的或精神的，由社会环境引发的灾变也是局部的，不是全人类的。比如最典型的社会灾变莫过于战争，无论是正义的还是非正义的战争，只要是战争，它必将给人类造

图64 地球上的陨石坑。中国有句古言："天有不测风云，人有旦夕祸福。"只要是宇宙中的星球，就有难以预测的"风云"；月球和地球上的陨石坑，就是来自天上的"不测"的灾祸。

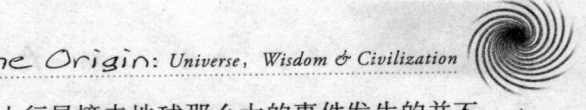

成一定伤害。比如20世纪的第二次世界大战，就死去数千万人，这对地球人类来说是一个很大的伤亡数字。一般情况下，战争都是在局部或不同种族、不同民族间发生，规模不大，伤害也不会扩展到全人类。

除战争之外，对人类构成威胁的还有民族仇视，种族间的仇杀，对人权的剥夺、奴役等，这些因素的影响力都不及战争。而在社会环境这个因素中，战争是最为典型的、最具影响力和破坏力的行为，所以它对人类生活的影响和威胁也是最大的。

2. 灾变的频率及影响力

纵观这三种环境对人类生活的影响，有这样一条最基本的运行规律，即环境性质不同，发生灾变的频率也不同，灾变对人类生活的影响程度也相对不同。比如宇宙环境的变迁，都是在千万或亿万年以上的时空范围之内，或者是在光年的范围之内才有可能发生。我们的太阳这个天体，它的寿命大概是在100亿年以上，现在它已走过了50亿年，再过50亿年，它可能就会变成一颗残废的恒星。太阳这个天体的生死、演变就在100亿年左右的时空范围之内，也就是说在100亿年之内，太阳是不会自行灭亡的。太阳不灭亡，地球上的阳光会一直照耀下去，地球也不会变成黑暗无光的天体。这是我们从大的方面说。再从小事说，小行星撞击地球，导致地球生物绝灭，这事发生在6500万年以前。从那时到现在，像小行星撞击地球那么大的事件发生的并不多。所以从小的范围看，宇宙环境的灾变频率是最低的，几千万年甚至数亿年内才发生一次。不过我们决不能因为宇宙环境的灾变频率较低就不在乎它，也不把宇宙环境灾变的因素和我们人类的生存史联系在一起，如果这样看问题就大错特错了。要知道，宇宙环境的灾变不发生则罢，一旦发生，那可是毁灭性的，这一环境灾变的特点应该成为我们人类研究自身起源的重要参照；远离了它，就人类而人类研究下去，我们永远也得不到满意的答案和科学的结论。

如果我们把宇宙环境灾变的频率比作灾变的长时段的话，那么地球环境的灾变频率就成为中时段灾变。在这个时段中，比之宇宙环境灾变的时间和频率，时间相对缩短了，频率也相对提高了。一般情况下大致在1万年至100万年间发生一次灾变。比如地球上曾经有过的冰期，每次冰期的蔓延时间都在10万年以上："早期冰期，距今350—300万年前；狮子山冰期，距今210—150万年前，鄱阳冰期，距今110—80万年前，大姑冰期，距今60—50万年；庐山冰期距今30—20万年；大理冰期，距今12—1万年。"④冰期是地球灾变蔓延时间最长的一种形式，从上例中不难看出，每次冰期蔓延的时间都在30万年、60万年、10万年不等。即使在这样的地球环境灾变中，地球生物的大部分生存可能受到影响，但它不全是灭绝性的灾难，冰河时期，还是有

地球生物艰难地生存下来，延续了物种，增强了地球生物适应环境的能力。这就是说，在地球环境灾变中，时间可能要持续万年和数万年以上，但它的灭绝程度相对较低，对地球生物的延续还是留存一定的空间。因此，地球环境的灾变不是灭绝性的，而是有一定时空范围。从这个角度回头再看居维叶的"灾变"论，居维叶的确是走向了绝对和某种极端。

至于人类的社会环境造成的灾变比之宇宙环境和地球环境的灾变，就微不足道了。社会环境引起的灾变，大多都是人类自身矛盾和社会发展水平的差异造成，如先进与落后之间的歧视性矛盾，文明与野蛮之间的矛盾等，都是小范围、局部性的。社会环境引起的大矛盾和大的灾变，一般都在百千年间发生。比如地球上大多数民族和国家参与的"世界大战"，历史上就不多见，而国与国、民族间发生战争的频率相对高，但范围很小，不会危及全人类。社会环境灾变的频率很高，但破坏性小，对全人类的影响也小，这是这一灾变性质所拥有的特点。不过，也不可完全小看了这种灾变任意扩大和偶然性爆发的不可确定的一面，有些时候，社会性灾变的破坏程度可能不亚于地球环境带给人类的灾变，甚至可以和宇宙环境的灾变相提并论。这种情况，我们将在以后的专论中提及。

二、宇宙环境灾变的实证分析

"根据现有的科学资料，一部分科学家得出了这样的结论：地球文明曾经历过五次大灭绝。第一次发生在5亿多年前，第二次发生在3.5亿年前，第三次发生在2.3亿年前，第四次发生在1.8亿年前，最后一次则在6500万年前。"⑤对这五次大灭绝的原因，众说纷纭，莫衷一是。其中说法比较集中的是来自地球外部的灾变，也就是宇宙环境演变带来的灾变。认为"当太阳系运转到宇宙空间某个特定位置时，地球上会周期性地出现不适宜人类生存的环境条件，如地球气候的周期性变化、地球磁场的周期性消失等。前一届高度文明便会遭到灭绝，随后又会导致高级智慧生物的周期性起源和进化。6500万年前恐龙的灭绝便是一个例子。"⑥

关于地球文明的这种周期性灾变的说法，我拿现实人生中所经历的重大事件的类比作了一下比较。假定他是20世纪的一个中国人，在他的一生中所遭遇的大变故至少有4次之多：军阀混战时期、抗日与解放战争、"文化大革命"、改革开放时期。而他遭遇的小型的却也能影响他一生的事又不止4次：推翻封建王朝、辛亥革命、军阀混战、抗日战争、解放战争、成立共和国、大跃进、三年困难时期、"文化大革命"、改革开放，总共有10项之多。假定这个中国人的寿命是70岁，则他所遭遇的大事平均每17.5年发生一次，小事则每7年遇到一次，大事的发生率是生命周期的1/4，小事的发生率是生命周期的1/10；两项合计则

平均每5年就发生一次较大的事情,也就是在他的生命周期中稳定的概率平均只有5年。以此类推则人类文明曾经遭遇的五次大灭绝,发生的间隔1.5亿年、1.2亿年、6500万年不等,但每次灾变发生的平均概率也只是相隔1亿年,占这五次重大灾变的1/5。如此对比,一个中国人一生中遭遇的事故比之人类文明五次大灭绝,其发生的概率要高出将近2倍,因此也是可信的。

不过这只是一种类比,一种思考问题的方式,而不是事实本身。要较为客观地认识宇宙环境对地球生物生存的巨大影响,我们还是得从真实可靠的事实本身谈起。

从目前能接触到的资料看,来自宇宙环境的灾变最主要的还是小行星对地球撞击的事件,这种说法比较普遍。比如宁维铎先生在这方面有研究专著,他认为"已知月球朝地球面上大约有3万个陨石坑,整个月球要有5-6万个陨石坑。比月球直径大四倍的地球历史上可能有过几十万次的陨石小行星撞击,所以地球上史前生物绝大多数早已灭绝,史前超文明遗迹荡然无存。这就说明文明总体不再可能有连续性,几千年的文明记录远远不足以说明在漫长的几十亿年中的历史的真实记录,地球经历了巨大的灾变,难以克服的灾变就是这样真实存在的。所以在人类的记忆中深刻地留下了上帝造人的观念。"

又如:"相传上古天空中曾经出现过10个月亮,这完全是描绘了小行星被地球引力所获,在绕着地球旋转几圈后,坠入地上。估计这是最早形成中国四川盆地和太平洋夏威夷群岛的原因。"⑦

另有侯书森先生编著的《古老的密码》一书也说:"最近,美国国家航天和航天局盖·福克鲁曼博士等人根据阿波罗计划所掌握的小天体撞击月球的历史资料,通过对小天体撞击地球图样的研究,证实了上述观点的可靠性。研究认为,约35亿—45亿年前,地球上曾数度有过生命,但由于发生过几次小行星和陨石与地球相撞(至少有两次直径为800公里的小行星与形成10亿年时的初期地球相撞了),小行星以每秒约18公里的速度猛烈撞击地球。除如此大规模的撞击外,还时常发生中等规模的撞击。

"这些撞击都可能使地热上升,海水蒸发,地表面熔化,生命消失。数亿年后生命才得以再生。只有那些生活在深海海底的生命体才能生存下来。目前在深海海底发现的生物,也许是地球整个生命的祖先。"⑧

还有一项研究成果:"最近中国科学

图65 月球上的陨石坑

宇宙·智慧·文明 大起源

院首次提出新论证，南京地质古生物所金玉玕研究员证实：在2.5亿年前发生过的地球生物大灭绝不是以往认识的在短期内消失的，而是逐渐消亡的或分期灭绝的。他通过对浙江省兴果煤山剖面丰富的古生物资料进行严密的科学分析，提出2.5亿年前生物大灭绝是一次爆炸性灾难事件。323个生物化石位置，绝大多数落在同一个时间、在内心地层中——无例外的是撞击引起火山爆发——并指出这与6500万年前中生代与新生代之交的恐龙灭绝事件有很多相似之处。"

凡在地球上曾经发生过的这些小行星撞击地球的事件和研究人员们的各种看法无不例外地都说明了这样一个问题：地球还在它形成初期，宇宙的运动机制也还没有完全稳定，在宇宙间的小行星可能有很多，而且这些小行星的宇宙轨道秩序更不稳定，在这种状态下，小行星撞击地球的事件经常发生，这就给初生的地球生命造成极其可怕的威胁。然而地球这颗富含生命内涵的天体也就在这种恶劣的宇宙环境中经受住了考验和打击，渐渐成熟了起来。而生活在地球上的一切生物，在这种外力威胁的情况下，一次次地消灭，然后又一次次地复生，这同样是地球生物生命力的强大所在。这种生活状态不仅在远古，即使在现实生活中，我们也有很多这样的经验：某地被炸毁、夷为平地，满目废墟，荒凉萧条至极，人们再也不对它报有什么"生长"的希望。但是没过多少年，那片废墟还没有来得及从你的脑屏上消失的时候，倏然间，你发现曾被夷为平地的那片废墟上又长出一片新绿来，生命的形式蓬勃盎然，令你不敢相信。这就是生命的神奇之处！地球环境在经历来自天外的巨大磨难后，也需要一个漫长的间歇和休整期，然后生命又恢复原貌，地球生物们又重新流动起来。这难道是一个传奇的生命故事吗？不，它不是传奇，不是虚构，它就是生命本身。假如生命没有这样一种复原或恢复能力，没有这样的一种精神支撑，那么它既对不起适于生长和生活的地球环境，也对不起生命自身拥有的存在价值。

由小行星撞击地球引起的灾变和地球生物必需要有的恢复生命的间歇和休整期，我就联想到前述的人类文明出现长时期"断代"的真实原因了。那些巨大"化石空白"区和人类"前文明"遗迹"断代"的鸿沟，其实都是由于地球经受了来自宇宙环境演变的灾变，从而被毁灭的地球生物进入长时期的"休整期"所致。比如在"前文明"的几个文明时段中，千万年、百万年这两个文明时段中几乎没有"文明"遗迹，这都是由于6500万年前的那次星地大撞击毁灭了地球生物，包括"前人类"的遭遇天灾后形成的生命匿迹和"前文明"的大"断代"。生命覆灭后的复生，或由少到多，或由深海到陆地的演变，起码也需要400万年的历史时间，否则地球生物由低到高的生命形式如何演变而来？没

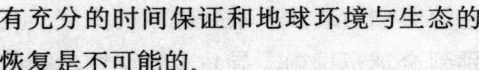

有充分的时间保证和地球环境与生态的恢复是不可能的。

因此，我们可以说，在千万年、百万年乃至数十万年间出现"化石空白"的直接原因，首先是由于宇宙环境演变给地球带来的灾变所形成；其次才是地球环境的灾变和社会环境的灾变所导致的"化石空白"区。当然那种巨大的长时间的"化石空白"区应该就是宇宙环境灾变所造成的，它的破坏力非常大，地球环境的间歇或休整期相对也就非常漫长，生命的周期性复生或恢复就更需要有时间的保证了。

三、地球环境灾变的实证分析

地球环境发生灾变的频率要比宇宙环境高出很多，但破坏力相对宇宙环境的灾变又要小，地球环境生态需要间歇和休整的时间相对也要短。不过地球环境的灾变毕竟也是自然灾害，它对地球生物的生存威胁还是非常大的，这一点我们决不能低估。

通常我们所熟知的地球环境的灾变有地震、火山爆发、海啸、大洪水等，这些灾变发生的频率虽然很高，但它的破坏范围是有限的。如世界上最大的地震，它的波及范围只能在数百公里之内，不会更大；火山爆发的威力也差不多。比如"克里特岛是希腊最南端的一个岛屿。大约在公元前1500年前后，克里特岛上所有的城市，突然在同一时间全部被毁坏了。不久，这个古老的海上霸国便从地球上永远消失了。1967年，美国考古学家发现，那里在1500年前后，桑托林火山喷出的火山灰渣多达62.5平方公里，岛上的城市几乎在一瞬间就被埋在厚厚的火山灰下。"像克里特岛这样的"牺牲品"正是地球环境中较为常见的灾变事例，它的突发性强，毁灭性也不弱，但这种灾变发生的范围有限，它决不会把灾变的影响力蔓延到全球范围内。

当然，在地球环境灾变中也有例外，那就是地球环境的灾变照样可以蔓延到全球范围内，而且它也具有毁灭一切的灾变特征和能量。

1. 西伯利亚的熔岩喷发和通古斯大爆炸

西伯利亚的大爆炸称之为"通古斯大爆炸"。"通古斯位于苏联西伯利亚的贝加尔湖附近。80年前，这里曾发生过一次极其猛烈的大爆炸，其破坏力相当于500枚原子弹和几枚氢弹的威力。爆炸使许多人和上千种动物丧生，6000多平方公里的森林被毁"，"经全面研究通古斯爆炸事件，现已查明：'通古斯陨石'的爆炸发生在5至7公里的高空。强大的冲击波推倒了几千平方公里面积内的树木。冲击波诱发了地震，地震释放出的能量，相当于一颗2000万吨级氢弹爆炸时产生的能量。""通古斯大爆炸"是发生在离地面7公里左右的空中，据美国科学家解释其因是一种"反物质"组织的陨石意外坠入地球所致，"反物质"是宇宙中的暗物质形式，它只要遭遇了"正物质"，就产生爆炸，其破坏

宇宙·智慧·文明

力是巨大无比的。"半克'反铁'与半克铁相撞，就足以产生相当于广岛爆炸的那颗原子弹的破坏力。"⑫

"通古斯大爆炸"只是发生在西伯利亚的一个区域内，它的威力只在当地6000多平方公里的区域内发生了作用。而在2.5亿年前，同样发生在西伯利亚的熔岩喷发却影响到了全球的生物，成为当时的一次全球性大灾变。

"历史清楚地表明，人类的智慧能够战胜各种困难而继续向前发展，而生物进化的历史上，大范围的灭绝，接着是遗留的生存类的扩张，过去曾多次出现，而其中两次特别严重……澳大利亚国立大学地球科学研究所的高级研究员坎贝尔的最新研究表明，2.5亿年前西伯利亚曾发生过迄今为止地球最大规模的熔岩喷发，地球上95%的动植物随之毁灭。坎贝尔推断，这次独一无二的超级熔岩喷发将大量的含硫气体喷向空中，使大气层中充满二氧化硫，从而遮挡阳光对地球的照射，使全球气温下降。二氧化硫进一步形成酸雨，逐渐回落地球表面，使陆地植物和微生物死亡。然后草食性、杂食性和肉食性动物因食物链中断而相继死亡。同时，酸雨使海水酸性增强，引起水生动物死亡。坎贝尔说，这次熔岩喷发的毁灭性后果在其后数千万年间才得以逐渐消除。以后，地球进入恐龙繁盛时代。"⑬

显然，西伯利亚这次全球最大的熔岩喷发事件，不仅灭绝了本地的动植物，它的影响力造成一系列次生的灾变，蔓延到全球范围内，导致了全球性生物的绝灭。之后的"数千万年间"，这次灾变的影响才消除，兴起了恐龙时代。令人感到悲哀的是恐龙时代同样发生小行星撞击地球，从而改变了地球环境导致恐龙绝灭的悲剧事件，恐龙时代的结束，地球环境的间歇和休整期又过去数千万年。地球环境发生大灾变的状况即是：发生大灾变，进入间歇和休整期，再发生大灾变，再进入间歇休整期，如此的循环在亿年以上的文明时段中曾发生多次，千万年的文明时段中也有过一次。正因为自然灾变的这种情形，才使人类的文明也出现"大断代"的空白时空区。比如在千万年这个文明时段内，几乎没有人类的踪影，有人说人类逃离了地球，迁徙到别的星球上去了；也有人认为，此时的人类也随恐龙时代灭绝了，因为灾难降临得很突然，人类单独逃离地球是不可能的。我觉得，人类随恐龙绝灭是不可能的。根据人类在数亿年这个文明时段中遗留下来的遗迹看，这个文明时段的人类也是很发达，文明的程度很高，遭遇意外灾变的人类即使死去大半，剩下的边缘区域还活着的人类不可能像恐龙那样等死，他们或者采取某种拯救人类的措施，或者迁移到比较安全的区域内，继续人类的生活。因为人类毕竟是人类，他有意识、有智慧、有世俗的文化生活和永不枯竭的创造力，如果像人类这么智慧的宇宙高级生物，在有机会逃生的

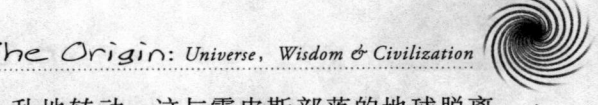

情况下他都不逃生而是像地球生物那样等死，那他就不是人类这种高级智慧生物了。人类之所以是人类，就因为他有宇宙生物属性，有智慧、有创造力。

从人类的角度考虑，我们可以有这样的猜想，但毕竟，迄今为止我们在这个文明时段中还是没有发现人类的踪迹，人类在这个时段里消失了。也许他也随着地球环境的进一步恶化逐渐消亡了；也许有一部分幸运者恰好拥有逃离地球灾变的先进工具，他们趁机逃离了地球，到另一个星球上生活去了。各种可能性都有，现代人类只能提出这样一些猜想，期待以后新的发现和新的研究成果的出现。

2. 古地磁反转和地球离开轴心狂乱旋转

地球环境发生灾变的先例远不止这些，还有几种灾变形式，也是能致人于死亡的。比如在中美洲印第安的霍皮斯部落保存有一种他们自己的"编年史"，其中就有记载地球上发生的三次特大灾难："第一次是火山爆发；第二次地震以及地球脱离轴心的疯狂的旋转；第三次就是2000年前的特大洪水。"⑭ 其中第二次特大灾难的记载，在别的民族记忆中很少有，就是地球脱离轴心而疯狂旋转的灾变。"令人困惑不解的是，这些传说竟与科学家的某些推测乃至后来发生的事实相吻合。如休·奥金克洛斯和布朗提出一种假设，认为假如地球两极中有一级冰覆盖重量突然变大，地球的旋转就会发生颤动，最后便离开轴心狂乱地转动。这与霍皮斯部落的地球脱离轴心的传说不谋而合。可是霍皮斯部落何来这种对太阳系的非凡知识呢？"⑮

对于地球脱离轴心而狂乱旋转，由此引起的灾变，在人类的印象中只有这样一种模糊记忆，而没有灾变的严重后果的任何记载。对此，科学家们假设极地冰冠加厚加重而引起狂乱旋转的一种可能，我认为古地磁的消失和转向也是引起这种灾变的一种可能原因。

地球上"存在着规模巨大的磁场。地磁极位置与地球南北极位置接近。一个是靠近地理北极的负磁场，一个是靠近地理南极的正磁场。古地磁的研究，主要是通过沉积岩火石岩中含铁化合物的磁性要素的测定。地球磁场过去已有多次改变或反转方向。在反向时，罗盘的针原来指北的，现在却指南了。磁场改变的原因现在还不很清楚。现在对过去500万年内的古地磁地层学已有详细的记录。在距今69万年之内，地磁场方向基本没有变化，叫做布容正向时期。从69万年到234万年前，地磁场方向基本和现在相反，叫做松山反向时期；再往前332万年前，地磁场方向又是正的，叫做高斯正向时期；更往前又反转过来，叫做吉尔伯反向时期。"⑯ 地磁场的正反方向改变是因为什么引起的？现在的科学还无法解释。但是我们能否假设：古地磁场的方向改变，是否会引起地球轴心脱离而狂乱地旋转呢？仅仅因为极地冰冠加厚引起地球轴心脱离而狂乱旋转，

 宇宙·智慧·文明 大起源

这种假设似乎有点勉强。因为我们知道，极地冰冠加厚的主要原因就是冰期的到来和延续，而目前我们所知各冰期延续时间至少都有几万年至几十万年，地球在这么长时间内轴心脱离而狂乱旋转，那地球上的生物还有可能存活下来吗？而古地磁场改变方向就和极地冰冠加厚的情况不一样，地球可能受太阳系或宇宙的某种超大能量的刺激和影响，突然间改变了地磁场的方向。地球在改变地磁场方向的那一刹那，可能产生剧烈的颤动，由此引起地球轴心暂时的脱离和地球狂乱地旋转。假如这种可能性能够成立的话，印第安人所记载的地球脱离轴心而疯狂转动的直接原因就是由于地球磁场方向的突然改变。至于地球磁场改变的原因，我想不单纯是地球内部结构的变动和其他原因造成的，而和太阳系、和宇宙的某种突变因素有着直接的关系。

地球脱离轴心而疯狂地旋转这种人类意想不到的灾变会持续多久呢？一年、一百年还是一万年？假如它持续的时间越长、灾变的破坏力就越大；即使它持续一小时、十分钟那给地球生物带来的灾难也是无法估计的。我们经验过的地震只在几秒钟内就将受灾地区弄得天翻地覆；如果地球脱离轴心，胡乱而又疯狂地旋转一分钟，那还不把地球上的所有生物都甩出地球去，散失到茫茫宇宙中？

无论怎么样，印第安的霍皮斯部落拥有这样的经验，并有这样的记载，说明这种灾变是真实存在过的。至于它的破坏力以及由此带来的后果，我们只能做些猜想，尚待科学的进一步研究和论证。

3. 冰期的蔓延与旧石器时代的延续

"1902年，地质学家在俄罗斯西北利亚毕莱左夫卡地区居然发现了一具猛犸尸体！由于这一带是冻土地带，这头猛犸尸体保存得相当完好，它身上的肉虽然被冷冻了一万多年，但看起来仍像新鲜的冻牛肉一般，它的口内甚至还有一些没有咀嚼完的金凤花"，"猛犸象是古代的一种大象，浑身长满了长毛，主要生活在亚、欧和北美的北部温带地区，大约在1万至1.5万年内灭绝。"⑰ 被封冻的这头猛犸象是怎么死掉的？有人说是掉进冰河里被冻了起来。但它嘴里还有没有来得及咀嚼的"金凤花"，若掉进冰河里，嘴里的"金凤花"就难以保存下来。猛犸象嘴里还嚼着"金凤花"被瞬间冻死，这说明它咀嚼"金凤花"时的气候还很温暖，突然间一下变成了极地气候，是什么灾变有这么厉害？我认为这就是典型的冰河时期的速冻特征。

我在西北地区工作，曾有过这样的经历：早半天，晴空万里，天气暖暖的。到天黑时分，突然狂风加大雪、天地昏暗、寒彻入骨。当地还没来及进圈的牛羊全被大风雪刮跑，没了影踪，已进圈的牛羊活活被大风雪掩埋、冻死。第二日天地间一片白茫茫，冻死的无数牲畜都被埋在厚雪之下。我们作为"抢险救灾"的工作人员，无法钻进厚雪中寻找牛羊。过了几天，风止

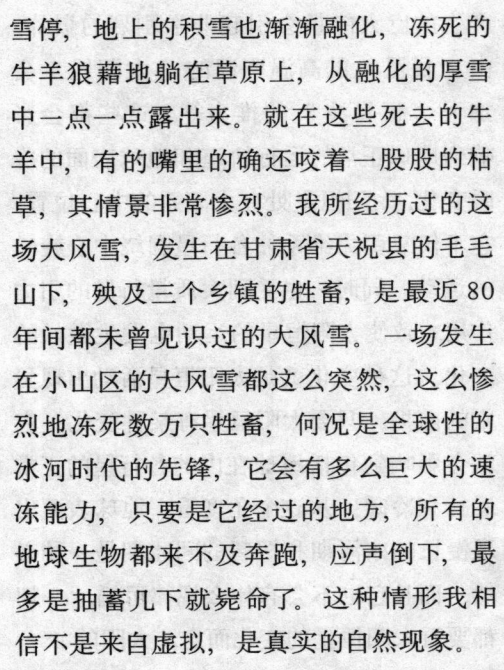

雪停，地上的积雪也渐渐融化，冻死的牛羊狼藉地躺在草原上，从融化的厚雪中一点一点露出来。就在这些死去的牛羊中，有的嘴里的确还咬着一股股的枯草，其情景非常惨烈。我所经历过的这场大风雪，发生在甘肃省天祝县的毛毛山下，殃及三个乡镇的牲畜，是最近80年间都未曾见识过的大风雪。一场发生在小山区的大风雪都这么突然，这么惨烈地冻死数万只牲畜，何况是全球性的冰河时代的先锋，它会有多么巨大的速冻能力，只要是它经过的地方，所有的地球生物都来不及奔跑，应声倒下，最多是抽蓄几下就毙命了。这种情形我相信不是来自虚拟，是真实的自然现象。

冰河期，是地质上的一个特殊时期，是我们地球上最大的灾变性气候之一。冰河期的研究是冰川研究的进一步延伸，"最早是从19世纪中叶在欧洲阿尔卑斯山区做的，对当地的地层顺序的研究得出的结果。是在更新世有过四次主要冰期，稍晚的研究表明还有更早的五个时期。由近往远，各冰期的名称是玉木、利斯、尼德、群智和多瑙。各冰期之间的时间叫间冰期。"[18]我国与之相当的各冰期如大理、庐山、大姑、波阳与龙川。冰河期的特征就是地球两极被冰雪覆盖、冰雪的前沿或叫"冰舌"的可以延伸到赤道附近，气候寒冷，植物不生长、地球生物的生存也十分困难，甚至在被长期的冰雪和寒冷所困扰，最终走向"粮尽弹绝"的困难境地而死亡。如"据帕萨迪加州理学院戴·埃文斯查考，在22亿年前的冰川曾延伸到距赤道11°以内，即现在安哥拉、莫桑比克的热带地区。此外还有证据表明，在8.5亿年至6.5亿年之间还有更大的一个冰期。"[19]

上一个冰河时代，大约从11万年前开始到大约11000年前结束，历时10万年左右。那时候"整个北半球从北极到地中海和里海沿岸一度曾被冰雪覆盖过。"[20]冰川的厚度在3000米以上。"那时候，整个北欧和俄国的西北部都埋在从爱尔兰跨越海洋和陆地一直伸向西伯利亚的冰川下面。北美一直到堪萨斯纬度的大片地区也是如此。在南面，南极冰原延伸了4倍，覆盖了南美洲的大片土地。冰川没有到达的地球上的其他地方，大部分也都成为树木不生的荒原，那里的冻土层厚达30米，只有野草、苔藓、地衣和石南属植物才能生长。"[21]"海拔面比现在低100多米，二氧化碳浓度比现在低30%—40%，甲烷浓度低50%，地球平均气温低5—7℃，这对人的生存是一个严峻的考验。"[22]

那么，冰河期是怎么形成的呢？目前还没有确定的说法，比较集中的意见认为"地球绕太阳的轨道不是呈圆形，因此地球同太阳的距离并非在任意时间点上都是1.5亿公里。地球的运行极为复杂，它的运动轨道呈椭圆形。这条轨道每10万年都要发生一次变化，大约相当于一次冰河时代。它会从几乎呈圆形——距离太阳从1.47亿公里到1.52亿

宇宙·智慧·文明 大起源

公里，到呈椭圆形，其间同太阳的距离会相差1800万公里。这个距离足以使地球上的气候发生巨大的变化"，"总之，在过去的200万年里，90%的时候，地球上的气候都非常寒冷。像有着今天这样发展的技术的文明和数量这样多的人口，在这些时间里是难以存在的。"㉓

地球运行轨道由圆形变异为椭圆型，从而导致地球变冷的说法是有道理的。但是我认为这一说法仍然没有找到地球轨道变化的根本原因。我在中国中央电视台的科技栏目中曾得到这样一个信息，即地球自转正在变慢。地球自转为什么会变慢呢？根据我的理解（详见第三部），地球自转变慢的现象表明太阳恒星还在"成长"，或者说在一定时段内太阳恒星会产生巨大能量释放的过程，这一过程会增大"恒星波"的能量和推力，从而将地球的正常运行轨道向外推移一点；只要将地球的运行轨道向外推移出一小圈，巨大的寒冷就会降临到地球表面，长达数十万年近百万年的冰河期就是这样形成的。当太阳恒星的活动过程逐渐减少或消失，由太阳能量形成的恒星波的推力也就相应地削弱，地球又慢慢恢复到它原来的运行轨道上来，每当这样的时候，就是"间冰期"的时间范围，地表又恢复温暖，地球上的一切生物又得到滋生和繁衍。

假如我以上的观点能够成立的话，我们由此可以推知：太阳恒星的任何变化都会给地球带来冷暖变化和给地球生命带来程度不同的灾变。比如太阳热核反应产生的巨大能量会引起非常剧烈的爆炸，由"日冕"的高温引起的"太阳风"会加大"恒星波"的推力等，这些都会影响到地球正常的运行轨道和地球表面的冷暖变化，太阳恒星处在太阳系的中心位置，它不仅靠引力维系住各行星围绕中心旋转的运动，同时，也受到大质量行星的引力作用，致使太阳恒星的运动也发生微妙的变化，这种变化就是太阳恒星活动出现异常的前提。只要太阳恒星有某种变化，它就会影响到包括地球在内的各行星的正常运行和冷暖。从这个角度看，地球表面出现漫长的冰期和短暂的间冰期是一种必然，而且它也不会有什么规律可循，一切都要看太阳恒星的变化而定，太阳的"一举一动"程度不同地都会影响到地球生命的兴衰；假如太阳的运行状况能保持较长时期的稳定，那么地球上的"间冰期"也就会相应地变长，否则相反。

无论冰河期是怎么形成的，这还需要进一步的探索和研究。我们现在可以确定的是漫长的冰河期是地球环境灾变的一种特别突出的形式。我们知道，灾变性冰川覆盖和常识意义上的冰川沉积不是一回事；冰川沉积是随着冰川移动和自身压力形成的冰川环境，而灾变性冰川覆盖是地球气候突然变冷而形成，它使整个地球的大部分地区处在一种极寒冷的凝冻之中，然后这种覆盖日益加厚加重，陆地不断被冰雪覆盖而消失，数千上万年乃至十多万年间像铁一样凝冻不化。在这种环境条件下，有一些历史的神秘文化现象，我们完全可以凭借这一理由加以解释。

（1）南极冰下城的发现与巨人族的消失

正如前文中所说，"巨人族"的消失是他们不适应地球环境而被自然淘汰了，这是可信的。因为"巨人族"的身材过高，他们俯下身来进行艰苦的劳动，这对他们来说的确不容易，和现代的各人种比，他们在这一点上的确不占优势，所以他们被淘汰也是情理之中的事。但是，淘汰并不意味着立刻灭亡，"巨人族"在地球上生活的时间可能也很长。据考证，离我们最近的"巨人族"是在大陆沉入海底后消失的，这就给我们提供了这样一种思考问题的视角："巨人族"的最终灭亡是在冰河期的来临和冰河期的消失这两种延续性自然灾害中完成的。考古学家曾发现在南极冰下的城市，房高6米，估计它的主人的身高都是3米至4米以上的"巨人"，这是否就意味着："巨人族"曾经居住的南极热带城市，突然被冰河期的冰雪封冻、掩埋在了数千米深的冰冠之下，而存活下来的"巨人族"成员生活在太平洋与大西洋之间广阔的陆地上，又因为冰河期的结束，导致了海平面上涨以及那一大片大陆的沉没，"巨人族"也就完成了他们在地球上的生命史以及生活史，像6500万年前的恐龙那样从地球上彻底消失了。"巨人族"的悲剧性灭绝是否与冰河时代的开始与结束有直接关系呢？我认为这就是南极冰下城市的发现与"巨人族"消失的真实原因。

（2）冰河期与旧石器时代

人类文明与冰河时代的灾变相伴随，这是我对最末一次的冰河时代与旧石器时代交替进行的新认识，也是人类文明突然间中断，又重新发展起来的理由中最为可信的一个理由。因为在冰河时期，全球绝大部分地区的天气都很寒冷，草木枯萎，只生长一些低等植物，人类的农业生产被迫停止，由于植物的枯萎，动物及其食物链结构也遭到破坏，人类只靠狩猎也成问题。由于全球气候的改变，人类也只能蜷缩成一团，在旧石器的条件下勉强维持生存。当冰期过后，气候很快转暖，人类才从寒冷中"活过来"，像走出冬眠的动物那样，重新开始建设文明的世俗生活。人类在石器时代的这个过程，就像是动物的"冬眠"与"苏醒"的过程，而且从新旧石器时代连续的时间可以看出，人类进入"冬眠"的时间往往要比"苏醒"的时间长。并非人类愿意这样，而是与之相关的冰河期在起决定性作用。我们知道，离我们现代人类最近的末次冰期，大约从11万年前开始到大约1.1万年前结束，历时10万年有余，与之相对应我们的旧石器时代大约也是在距今12万年前开始，大约在1.2万年前进入新石器时代。这两个数据，一个是地球环境灾变的延续时间，一个是人类原始文明缓慢发展的时间，两相比较，恰巧吻合。由于寒冷的自然灾变的长时期限制，人类的正常生产、生活不能开展，文明的历程基本处在原地踏

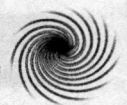

193

 宇宙·智慧·文明 大起源

步的阶段，也因为人类文明的进程伴随着地球环境灾变的脚步，所以人类在将近10万年的漫长时间内还是没能走出旧石器时代，维持着旧石器时代的残酷局面。难道这是一种巧合吗？自然的演变秩序与人类的文明进程恰巧在这个关节点上能凑到一起，汇合到一起？况且这两件相叠印的事件的确切年限都是经过人类科学考证的，不是哪个人信口雌黄、有意制造巧合的。

为了证实人类漫长的旧石器时代就是同样漫长并被冰河期的寒冷所限制的冰河时代这一观点的正确性，我们用"人类学之父"泰勒的一段评论来作这个小题目的结论。泰勒说："某些著名的地质学家认为，被人工加工过的因而证明人存在的那些石头，在法国和英国，是在早于最末一次冰河期之前的冲积层中见到的。在冰河期的时候，大陆相当大的一部分曾被冰海覆没；在冰海内，风把漂浮的冰山推到现今的陆地上，将远处山上带来的巨大岩块撞落下来。这一点还没有得到最后的证实。但是，如果是真的，那么，我们对人类古老程度的估计就必定还要增长许多许多年，无论如何，人类在冲积期或猛犸期就曾存在，这是十分确凿的。"㉔在欧洲，最末一次冰河期到来之前，就有石器发现，说明在冰河期之前人类的初级文明就已存在；正是因为冰河期漫长的延续，人类的原始文明也就没有得到发展。人类伴随着冰河期的绵延时间，也把旧石器时代延续了和冰河期一样漫长的时间，直到一万年前冰河期结束，人类的旧石器时代也随之结束。天气转暖了，人类开始舒展了一下身骨，也就自然驶入了新石器时代。

"不论怎么说，冰河终期的混乱与古文明的传承与消失之间，有着非常强烈的关系。"㉕

4. 大洪水作为次生灾变的形式出现

有关洪水灾变的传说，是我们最为熟悉的，因为它就是我们现代人类的文明源头，现代文明可以说就是从洪水的传说中开始的。

洪水这一灾害究竟是不是真实呢？"在人类神话记忆中，这场大洪水铺天盖地非常辽阔壮观。据有关专家统计，全世界已知的洪水神话和传说有50多则。大多数脉络清楚，叙事完整，而且经考证，绝大部分洪水传说各自独立形成，即纯粹是本民族的口头传叙，与某一种主导地位的文化毫无关系。""世界各地各民族都流传着许多关于史前大洪水的传说，特别是沿北纬30°一线的民族，几乎都在各自先民的记忆里保存着有关大洪水的详尽历史。在所有这些有关地球史前灾难的历史中，最著名的恐怕还是《圣经》中关于诺亚方舟的故事……"㉖但也不一定是最著名，在中国的《淮南子》、《尚书》中都有关于洪水的记载，中美洲阿兹特克人的洪水传说，差不多和"方舟"的故事一模一样，虽然他们在地缘文化方面没有丝毫的联系。

那么怎样理解洪水这一地球环境灾变的事件呢？我想有两个要点：一个是它与冰期的联系，另一个是洪水发生的纬度。

通过对冰期灾变的简单论述，我们对第一个要点就比较好理解了，冰期到来，全球性气候变冷，两极的冰冠向地球中部延伸，海平面下跌，草木都被冻死或部分冻死，整个地球表面处于一种冷冽和凝重的冰壳状态。相反，冰期结束的标志就是气候转暖，冰川大面积溶化，海平面上涨，动植物又恢复生机。在这个过程中，几十米的冻土层消溶，数千米厚的冰雪消化，冰川全球性地向两极退缩，在一些特别的区域内出现大量的洪水是自然的事，即使说一连下了几十天的大雨，那也是气候转暖后必然会出现的。所以我认为，现代人类源头上传说的大洪水，其实就是冰期结束后的"次生灾变"，是冰期后退的直接标志。关于这一点，我想不必要太多的解释和论述，冰期结束的直接后果就是发生水灾，有些低海拔地区重新被上涨的海水淹没，而一些地势较高的地区就表现为各种水灾或洪水。比如中国的大禹治水，治什么水？就是治理和疏通冰期后到处漫延和汪洋的消化的冰雪水。这些消融的冰雪水都流走了，进入大海了，海平面重新升涨起来了，而海拔较高的陆地也陆续露出地面。这就是新石器时代的开始，各种神话传说就是这一时代的祖先们遗留下来的，它们本都是真实的历史。由于传说的时间太久，本来的真实历史都变成了神话故事。

这是一个要点，也就是洪水的真实来源。

第二个要点是洪水传说故事发生的纬度。全世界50多则洪水的传说故事，大都发生在北纬30°的北温带区域范围内。这一区域，本来就是很特殊的。黑格尔曾经这样评价道："好些自然的环境必须永远排斥在世界历史的运动之外……在寒带和热带上，人类不能够做自由的运动，这些地方的酷热和严寒使得'精神'不能够给它自己建筑一个世界……历史的真正舞台所以便是温带，当然是北温带，因为地球在那儿形成了一个大陆。正如希腊人所说，有着一个广阔的胸膛。"[②]黑格尔从全球的角度出发，审视地球环境对人类精神的影响，他认为北温带是一个"广阔的胸膛"，是因为人类的古文明大都从这里发源，这一区域的气候最适宜人类生活，也最适宜于种植农业和养殖业。在古代，种植农业和养殖业的产生与发展，就是人类文明的开端。联系到洪水发生的重点，也是同理：冰期之前，在这一区域没有冰川和冰雪覆盖的局面，冰期发生后，就把北极的冷寒和冰川延伸到了这一区域，使这一区域也成为了冰天雪地。冰期过后，冰雪消融后退，到处的水患和大洪水就成为这一区域内新的灾变形式，真有点中国古语说的"成也萧何，败也萧何"的味道。为什么全世界绝大多数的洪水的神话传说都发生在这一带地区？就是这个特殊纬度的原因。

195

宇宙·智慧·文明 大起源

在这个特殊区域内，发生冰期是一种灾变，使这一地区长期处在寒冷状态下，文明的火焰被寒冷的冰雪长期地压制，无法萌生，也无法发展；冰期结束时，这个区域同样是"重灾区"，冰雪后退后，留下大片的水患，使这一区域连续地遭受灾变。不过，一切苦难都不可能是白白地经受。苦难也是财富，因为正是这一区域内的多灾与多难，才使这一地区的人类忙于应付，解决目前的"燃眉之急"，从人类智慧起源的角度论，面对问题，解决问题，就是人类的智慧被开掘的原因。因为这一特殊区域内的人做这种"正事"的机会多，文明的萌芽最先也就从这里生出。"两河文明"、埃及文明、黄河文明不都出现在这个特殊区域之内吗？所以，北纬30°这个特殊区域就是现代人类正确理解洪水灾变的一把金钥匙，只要你拿着它，就能打开这一时期人类的神秘大门，也就能理解开这一时期人类遗留下来的一些同样特殊的神秘文化（详见第二部第三章）。

四、社会环境灾变的实证分析

柏拉图在《斐多篇》中说：有一种秘密流传的学说，说人就是囚犯，人是没有权利打开门逃跑的；这是一个我不太了解的大秘密。柏拉图"不太了解的大秘密"，实际就是人类自身制造的社会环境灾变。

社会环境灾变就是人类自身引起的灾变。一般有两种情况，一种是由于自然灾害之故，引起社会环境的动荡。比如饥荒连续不断，人类不能整体地生活下去，在这种情况下，为求生存，或是为争夺一点食物，人类间会搏斗、撕杀乃至出现大动乱。再如发生地震疫病等情况，也会给社会的稳定带来动荡。另一种是由于人自身的对立、分歧、矛盾引起斗争、战争等。比如宗教信仰的派别不同，各派之间就会有斗争，乃至有战争。种族、国家之间出现贫富悬殊和不平等待遇，也会发动战争等。无论怎么样，人类社会环境灾变的最典型的形式就是战争。战争是人类之间进行斗争的最高形式，也是最终形式。历史上的王朝更替，靠战争；解决长期以来的争端，最终还是靠战争，实现野心和霸权，靠战争，统一国家和扩张领土也是战争。人类社会如果离开了战争，那又会怎么样呢？你好我好大家好，谁也不惹谁的麻烦，有福同享，有难同当，和和睦睦，愉愉快快，幸福长寿，这样的社会环境多好哇，简直就是人类宗教中描绘的"天堂"、"极乐世界"以及中国人梦寐以求的"世外桃源"。没有了战争伤害的人类能如此理想地生活下去吗？千秋万代，永远和好，永远幸福，有这种可能吗？我看它只能是人类的某种理想，宗教意义中的某种幻影，肯定地说，那是不可能的。为什么不可能呢？就因为人类的宇宙智慧生物的基本属性。

人类所拥有的"三大"属性是大自然的特殊赏赐，是天生就有的，人类自己无法改变的。人类要在地球上生活、繁衍，发展经济、繁荣文化、提高科技水平，

靠什么？靠人类先天就具有的世俗性品质，靠世俗性品质的创造力，没有世俗性品质，人类就活不下去。人类的世俗性品质就像一台动力无穷、创造力无穷的神奇的机器，只要打开它的闸门，让它活动起来，它的创造能力就会永无停止，它会永远永远地创造下去。可是人类的世俗性品质创造出来的这些财富或产品又将作何处理呢？单凭人类的吃、穿、住、用、行这些基本的活动还是无法消耗它的，还会有很多的剩余。这剩余就引起人类的本性品质的特别关注，本性品质所拥有的贪婪、占有嗜杀欲正好派上了用场。于是，争夺和抢占这些剩余财富，包括人类平均消耗着的财富和争斗就开始了。贪婪和占有欲是本性品质的最基本素质，它们是没有任何限制，占有的越多越好，所以人类的本性品质也是没有极限的，越贪越想贪，越占有越想占有。然而，世俗性品质的创造能力在"保障供给"人类基本生活水准的前提下，所剩的也是有限的，比之人类的本性品质的贪婪来又逊色很多。这就是矛盾，本性品质贪占的越多越好，而在社会财富的总盘子里却没有那么多财富，这就使人类的本性品质亮出最后的招牌：用破坏或杀死对方的方式来占有更多的财富。本性品质升级了，凶相毕露，虎视眈眈。如此以来，本来很平静的社会环境再也难以平静下来，杀声四起，硝烟滚滚，明抢暗斗，诚惶诚恐，人类的社会环境就被人类自己搅扰得动荡不宁。

仅有社会的这么一些小动荡也还不影响人类生存的大局，怕就怕人类的本性品质完全失去控制，把人类自己给毁灭了，这才是社会环境灾变中最为可怕的地方。要知道，人类的本性品质，在正常的社会生活中受世俗性品质和天性品质的挟携，多少还是有所控制，有所拘束；一旦人类的本性品质逃脱它们的控制和挟携，自由地活动冲撞起来，那就像大坝开裂，池水将淹没下游的一切，又像野马脱缰，奔驰腾跃无人敢近。在人类的"前文明"历程中，这样的事并非没有，据我的研究，人类在离我们最近的这个"前文明"的时段中，曾经毁灭过人类自己。比如"有一部著名的古印度史诗《摩诃波罗多》，写成于公元前 1500 年，距今有 3400 多年了。而书中记载的史实则要比成书时间早 2000 年，就是说书中的事情是发生在 5000 多年前的事了。此书记载了住在印度恒河上游的科拉瓦人和潘达瓦人，弗里希尼人和安哈卡人两次激烈的战争。令人不解和惊讶的是，从这两次战争的描写中看，他们是在打核战争。书中的第一次战争是这样描述的：'英勇的阿卡瓦坦稳坐在维马纳（类似飞机的飞行器）内降落在水上，发射了阿格尼亚（可能类似火箭）武器，它喷着火，但无烟，威力无穷。刹那间，潘达瓦人的上空黑了下来，接着，狂风大作，乌云滚滚，向上翻腾；沙石不断从空中打来'，'太阳似乎在空中摇曳，这种武器发出可怕的灼热，使地动山摇，大片的地段

 宇宙·智慧·文明 大起源

内，动物倒毙，河水沸腾，鱼虾等全部烫死，火箭发射时声如雷鸣，敌兵烧得如焚焦的树干。'第二次战争描写得更令人毛骨悚然，胆战心惊：'古尔卡乘着快速的维马纳，向敌方三个城市发射了一枚火箭。此火箭似有整个宇宙力，其亮度如万个太阳，烟火柱滚升入天空，壮观无比。尸体被烧得无可辨认，毛发和指甲脱落了，陶瓷器碎裂，盘旋的鸟儿在空中被灼死。'看到此惨状，现代人会立刻联想到原子弹爆炸后产生的威力……后来，考古学家在发生上述战争的恒河上游发现了众多的已成焦土的废墟。这些废墟中大块大块的岩石被粘合在一起，表面凸凹不平。要知道，能使岩石熔化，最低也需要1800℃，一般的大火都达不到这个温度，只有原子弹的核爆炸才能达到。在德肯原始森林里，人们也发现了更多的焦土废墟。废墟的城墙被晶化，光滑似玻璃，建筑物内的石刻像具表层也被玻璃化了。除了在印度外，古巴比伦、撒哈拉沙漠、蒙古的戈壁上都发现了史前核战的废墟。废墟中的玻璃石都与今天的核试验场的'玻璃石'一模一样。由此而论，国外物理学家弗里德里克·索迪认为，我相信人类曾有过若干次文明，人类在那时已熟悉原子能，但由于误用，使他们遭到了毁灭。"㉘

中国的哈尼族，在其《天地人的传说》中讲：当造好了天地，地上有了人类和万物之后，天神们竟然为天地由谁主管而争吵不休。烟沙神和沙拉神一气之下，便搭起天灶，采来大石，炼制火球，把天烤得通红，把地烤得像蜡一样溶化。人在呼救，一切陷于恐怖之中，咪戮神一看不好，乃约诸神一起发水浇火。㉙对立的双方用"天灶""烧火球"把天烤得通红，把地熔化了，是什么火这么大神力？我认为这里描述的不是什么"火"，而是发动的核战争，只有核能量才能把大地像蜡烛一样熔化，除此还有什么武器有这么大能量呢？所以这也是"前文明"发生核战的一个例证。

看着人类史前发动核大战的史实资料，我在想，这是人类本性品质在史前文明中的一次总爆发。一个部族和另一个部族开战，战争的结果不是相互间的征服，而是彻底的毁灭。假如人类的世俗性品质没有创造出能够在瞬间毁灭人类自身的核武器，那本性品质也是发挥不到极限的。问题是人类世俗性品质的创造能力太优秀了，它不仅能满足你的生

The Origin: Universe, Wisdom & Civilization

活之需，而且能满足本性品质占有和毁灭人类自身的需要，只要创造了这么好的条件，人类的本性品质是没有理性控制的纯野性，它以瞬间内的毁灭为快事，瞅中按钮只轻轻一按，人类的一部分和大部分就从地球上消失了。印度在5000年前发生的核大战就是如此，相信撒哈拉沙漠、古巴比伦、蒙古戈壁等发生的核战争同样会如此。

所以，我认为人类始终将面临两大威胁：一个威胁是来自自然，包括宇宙环境和地球环境的灾变；而另一个威胁却是来自人类自身或是人类的社会环境。前者如小行星撞击地球、熔岩喷发、大地震、冰河期等，后者就如高度文明条件下的核战争等。两相比较，自然的灾变是有一定规律可寻的，如我们现有的天文学很发达，假如有一个小行星在某个时刻可能要撞击地球，那么人类现在已经有能力将它推出将要撞击地球的那个轨道，避免撞击事件的发生。另外如冰河期的来临，人类也是能预测，可预防的，比如设置巨大的反光镜等设施把阳光折射到地球两极，从而改变极地寒冷的温度等等。总之，人类对很多自然灾变既可预测又可预防。但是对于人类社会环境带来的灾变却是无法预测和预防的，它有很大的偶然性因素，是人类本性品质是否失控的状态来确定的，而人类的本性品质的控制状态是无法预测的，它很可能在几秒钟内就能做出一个毁灭地球人类的崭新决定，并且在同样

短的时间内发射出若干多的核武器。将人类的一部分或大部分烧成焦土。比如1945年，美国将一枚3.2米长重4.4吨的原子弹"小男孩"投到广岛，这一响，78000多人瞬间死亡，51000多人伤害严重，留下终生后遗症。如今全世界共有5万多枚核弹头，如果这些核弹头在同一时间爆炸，它能将地球生物毁灭几次，甚至可以使地球变成"秃球"，荒凉至极，寸草不长。好在现在的国家机器、法律等手段牢牢控制着人类的本性品质，使它还没有盲动的机会和可能性，但我们对人类存放的这些核弹头还是不能抱太多的乐观。"假如地球上的人类发生了人口大爆炸，整个生态失去了平衡，各种资源枯竭，或是各国都在进行军事扩张，大量制造、贮储核武器，有那么一天，某个战争疯子发动战争，引爆这些核武器，地球就会成为人类的墓地。几百万或几千万年之后，地球再次适应人类生存时，他们也许又开始从新的原始社会、奴隶社会、封建社会……一直向进步的社会发展。"㉚

其实，人类社会发展的基本趋势就这样：毁灭（自然的和人为的）——间歇或休整（地球环境和地球生物，包括人类自身）——重建（主要靠人类的世俗性品质）——再毁灭（然或人类的本性品质）——再间歇……以致循环往复。

至此，我们永远要牢记：人类的一切对立、对抗与不和，都是人类本性品质的具体表现；人类的这种对抗状态越激

199

宇宙·智慧·文明

烈，本性品质表现得也就越突出；一旦本性品质失控或失去理性控制，那就是人类灭亡之日。宗教和大预言家们为什么经常以"世界末日"论来"威胁"人类呢？其根本原因有两个：一个是宇宙环境的灾变和地球环境灾变的突然降临，如周期性循环的冰河期；另一个就是随着人类世俗创造能力的提高和大量毁灭性武器的积累，一旦人类本性品质失控，就将酿成灭绝性大灾难。因此，由于人类本性品质的先天性存在，使人类自己毁灭自己的潜在危险也就永远难以根除。

五、戈壁与沙漠：社会灾变的物证

人类曾经遭受巨大的社会灾变，特别是遭受核武器毁灭性打击的实证，还有沙漠的起源和黄土地的形成。

粗看起来，这个话题与人类曾经遭受的社会灾变没有直接的联系，其实只要你将沙漠的起源和黄土地形成的根源作一番研究，你就会发现沙漠的起源、黄土地的形成与人类的社会性灾变有着直接的关系。

比较一般的说法，沙漠的起源有这样几种观点：第一种观点是干旱和风导致了沙漠的形成。认为风是制造沙漠的动力，沙是形成沙漠的物质基础，而干旱则是出现沙漠的必要条件。风吹走了地面上的泥土，使大地裸露出岩石的外壳，或是剩下一些被风吹不走的砾石，成为荒凉的戈壁。那些被风吹走的沙粒在风力减弱或遇到障碍时堆成许多沙丘，掩盖在地面上，形成了沙漠。地球上南北纬15°C—35°C之间的信风带，气压较高，大气稳定，雨量较少，空气干燥，具有形成沙漠的自然条件，因而目前的主要沙漠均集中在这一地带。第二种观点认为，由于火山爆发、地震等自然灾害，导致大量森林和草原消失，由于没有了草原植被和森林的保护，促使这些地区长时期的干燥和干旱，形成了沙漠。第三种观点是最为普通的一种说法，沙漠的形成，除了干旱和自然灾害导致形成外，更多和更为普遍的是人为造成的滥伐森林，破坏草原，盲目开垦土地，过度放牧，以及过度提取地表水，导致了大面积的沙漠化。据一些国际组织调查，每年沙漠要侵吞5—7万平方公里的耕地，比如非洲的一些地方，在20世纪50年代前还是茂密的森林和草原，由于滥伐和滥垦，现已变成荒芜的沙漠。美国在1908—1938年间由于滥伐森林，盲目开垦，使得大片绿地变成了荒漠。南美洲的哥伦比亚，在150年间，由于过度砍伐森林，使大量耕地变成了荒漠，等等。还有一种观点即第四种观点，是最为奇特的，认为沙漠是在150—160亿年前，土球、沙球相撞引起大爆炸，散落在地球形成大沙山，由于沙山太松散，被风吹得向四周扩散，面积越来越大，最终形成沙漠。这种观点认为，沙山的高度下降的速度很快，直到现在沙漠中心的高度每年下降30厘米到2米。

与此同时，100多年来，科学家们致力于黄土高原成因的研究，也提出了几十种假说，其中最主要的有这样几种：认为黄土的"老家"不在当地，是风力把黄土搬运到黄土高原上的，这种观点成为"黄土风成学说"；有的科学家认为，不是风而是水把黄土搬运到了黄土高原，这种观点形成"黄土水成学说"；还有的科学家认为，黄土的"老家"就在当地，是风化作用将原来的岩石、砂砾"粉碎"之后，残留原地形成黄土的，这种观点成为"风化残积学说"等等。综合地看，近几十年来，大多的科学家赞成"黄土风成学说"。因为科学家们发现，距离蒙古、中亚和我国西北一带的荒漠越远，黄土的颗粒越细；自西北向东南呈现出戈壁、沙漠、砂黄土、黄土、黏黄土的带状分布规律，而每一个带的矿物成分与荒漠地区砂砾的矿物质成分完全一致，但与当地的岩石成分迥然不同；黄土无选择地覆盖在黄土高原的山岭上，且厚度也是由西北向东南逐渐变薄；在黄土中还发现了干旱草原型的陆生动物化石。因此，按照"黄土风成学说"，黄土高原是这样形成的：在蒙古、中亚和我国西北一带的荒漠地区，气候干燥，温差很大，由于热胀冷缩的作用，使岩石、砾石等被"加工粉碎"成细小的砂粒和粉尘。强劲的西北风将以百万吨计的细砂和粉尘旋入天空，随风南下。于是，粗粒的先沉降下来聚成沙漠，细粒的则被飘移至秦岭北麓。经过二三百万年的搬运堆积，终于形成黄土高原。

关于沙漠起源于干旱和风，黄土高原也是由风搬运而成的说法，从目前研究状况看是可信的。也就是说，地球局部地出现长时期的干旱是"因"，风是动力源，而戈壁、沙漠和黄土高原是由这一"因"和"动力"带来的"果"；没有干旱这一"因"，就不会有戈壁、沙漠和黄土高原这一"果"，没有长时期的风的搬运，也不会形成如此广泛的"果"，这个辩证的道理是不难理解的。

然而，我们对沙漠、戈壁及黄土高原的起源和形成不能就此打住。进一步的问题是：形成干旱这一"因"的更深远的原因又是什么呢？也就是说，沙漠形成的基本原因是干旱和风，黄土地、黄土高原也是如此，那么干旱又是怎么形成的呢？有一种说法认为，干旱是因为火山、地震等自然灾害造成；另有说法是离海洋远的大陆，缺雨少水形成干旱；更多的说法是人为的砍伐和破坏生态造成，

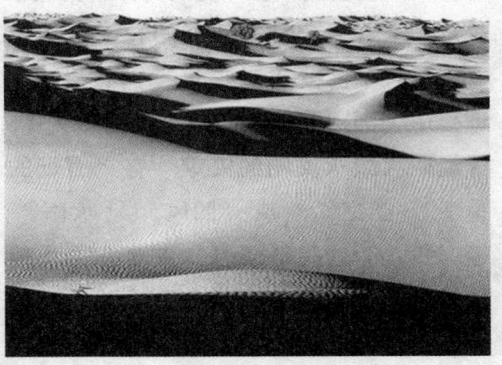

等等。以上几种说法都有道理，但不完全都是实事，比如凡有火山口和火山活动带的地方并非都有沙漠和戈壁，相反地大多都是荫翳的森林和广袤的草原；地震过的地方有很多，迄今没有一处变成沙漠和戈壁；唯有人类破坏严重的地方，

才出现良田变沙漠的迹象，但这也不是绝对的。一般性破坏不会立刻导致沙漠化，只有大片砍伐森林、破坏了草原植被，使这些地区再也无力恢复生态的前提下才有沙漠化的可能，这是无疑的。但这种情况是局部的，小范围的，不会形成撒哈拉这样规模的大片沙漠。要知道，撒哈拉沙漠的面积达到860万平方公里，占据非洲陆地总面积的30%，这么大规模的沙漠不可能在人类的斧头之下产生，一定是另有起因。

那么，除了以上的几个原因之外，干旱的根源还会是什么呢？从人类面临的社会灾变这一现实来分析，笔者认为真正造成大片戈壁和沙漠的罪魁祸首是"前文明"曾经发生的核战争。

正如前文中所言，人类在数亿年前就留下了核遗迹，在印度的史诗中记载了核战争，在古巴比伦、撒哈拉、蒙古戈壁中发现了已被"玻璃化"的核战的遗迹。中美洲阿兹特克和玛雅人的传说中，曾经四次毁灭文明的灾难，有"冒烟的镜子"、"空气"或"四风"、"大雨"等，我认为这些奇怪的"灾难"与史前核战和核武器有着直接的隐喻关系。种种迹象表明，人类在"元文明"和"前文明"中曾经发动了核大战，而且据我的判断，人类在地球上创造的"元文明"和"前文明"都是被核战争或类似的毁灭性武器毁灭的，戈壁和沙漠就是这种毁灭性战争遗留下来的最好的实证。

核武器的基本特征就是极度的高温（1800℃以上）和大面积的辐射，在这种高温和辐射下，发生作用的所有地区都将变成一片焦土，因为核爆炸后，所产生的冲击波、光辐射、早期核辐射（穿透辐射）和放射性沾染四种杀伤破坏因素将导致一切遭遇的生物和生命都没有存活的可能，一次核战的可能覆盖面将是人类生活的绝大多数区域，包括动植物生活的地带，加之战后必然发生的次生灾害，大片大片的土地将变成焦土，寸草不生。长此以往，曾经发生核大战的区域就会变得干燥、干旱、地表长期得不到森林和草原植被的保护，岩石裸露，尘土飞扬，戈壁和沙漠就在这样的环境条件下诞生了。先是风把地表的土全吹跑，裸露出大面积的岩石，岩石被长时期曝晒、分化、炸裂变成碎石或砂粒，然后风把它们搬运，接近起源地的就形成沙漠地带，远离起源地的地方风把更细碎的沙土搬运过去，形成大量的黄土地或黄土高原。

由"元文明"和"前文明"的核大战造成沙漠和戈壁的理由还有以下三点：

1. 从地理位置上看，全球主要的沙漠区域主要分布在北纬30℃—45℃这一地带，而这一地带正如黑格尔所言的是人类"温暖的胸膛"（大意），也是人类文明兴起又覆灭然后再兴起的一个文明和"文化地带"（详见第三部第五章）。在这样的一个特殊的地带，发生核战的可能性最大。而且据我的判断，人类在地球上的"元文明"和"前文明"都是在这一地带被人类自己创造的核武器毁灭的。

2. 戈壁、沙漠和黄土地是核战后形成的三个不同发展阶段。核战后，首先形成大戈壁，它的特征是寸草不生，大面积地分布着粗砂和石头，没有水，也看不见任何生命迹象；经过几十万年、几百万年乃至几千万、几亿年的日晒和分化，戈壁的粗砂和石头逐渐分化，变成较细的砂粒和更细碎的沙土，经过风的搬运，最近的地方形成沙漠，较远的地方形成黄土地。由此可以判断，中东地区和中国的蒙古高原的戈壁，可能是在"前文明"的核战中形成的，它的生成时间大约在3—5万年之间；而撒哈拉沙漠和中国的塔克拉玛干沙漠、腾格里沙漠等规模较大的沙漠，可能是在"元文明"被毁后形成的，它的形成时间至少也在数亿年之间，它们附近的黄土地和黄土高原都是从这些沙漠中吹来的细沙土形成，因而黄土地和黄土高原的形成时间也很久了。

3. 从地表70%的水域和周期性发生冰河期的情况判断，在地球表面原来是没有沙漠这种地质构成的，地球在它的形成期是一个"水球"，随着地球的成熟和太阳照射力度的加大，一部分水分被蒸发，地球表面才露出陆地和岩石。因此，沙漠是数亿年前由土球和沙球相撞爆炸形成的说法没有道理。地球在没有接受人类之前是没有沙漠、戈壁和黄土地这种地质构成，自从接受了人类并孕育和发展了人类文明之后，地球的表面才有那么多创伤，也才有了那么多地区的干旱和荒凉，一种新的地质构成即戈壁、沙漠和黄土地，随着人类文明的生成、辉煌和泯灭而诞生。从这个角度说，戈壁、沙漠和黄土地都是人类地球文明循环过程中遗留下来的最大的伤疤和变故，甚至可以说它们就是人类曾经拥有过"元文明"和"前文明"的最好的见证。

注释：
① 恩格斯著：《自然辩证法》（《马克思恩格斯选集》第三卷），人民出版社，1977年
② 恩斯特·海克尔著：《宇宙之谜》，山西人民出版社，2005年
③㉒ 李振良著：《宇宙文明探秘》，上海科学普及出版社，2005年
④ 王宏昌著：《中国西部气候——生态演替》，经济管理出版社，2001年
⑤ 苏米拉·莫莱著：《破译〈圣经〉续集》，中国言实出版社，2002年
⑥⑧⑯⑱㉘㉚ 侯书森主编：《古老的密码》，中国城市出版社，1999年
⑦⑨⑲ 宁维铎著：《地球家园的千古之谜》，民族出版社，2004年
⑩⑪⑫㉖ 车纪坤、李斯编著：《自然科学之谜》，京华出版社，2005年
⑬ 杨东雄主编：《智者的思考》，国防大学出版社，2002年
⑭⑮⑰ 王彤贤　刘晓梅编著：《宇宙之谜》，京华出版社，2005年
⑳㉑㉓ 阿德里安·贝里著：《大预言》，新世界出版社，1998年
㉔ 爱德华·泰勒著：《人类学》，广西师范大学出版社，2004年
㉕ 郭伟、薛亮著：《历史地理之谜》，新华出版社，2005年
㉗ 黑格尔著：《历史哲学》，上海书店出版社，1999年
㉙ 陶阳　牟钟秀著：《中国创世神话》，上海人民出版社，2006年

宇宙·智慧·文明 大起源

第三章
神话与宗教的起源

走出双重灾变的人类—文化地带—核战争—旧石器时代的幸存者/幸存者的教诲与神话起源—壁画与传授技术知识—女神崇拜—神话的由来/宗教的神圣使命—神人杂居时代—宗教的诞生—宗教的终极使命

为了撰写这一章的内容，我读了一些有关宗教哲学和宗教起源的书，希望从中能得到某种启示，或是某些有用的知识，拜读的结果令我大失所望。正如有本书开宗明义所说的那样："可以满有把握地断言，没有人确切知道我们通常称作'宗教'的东西最初是如何开始的。"①名为"宗教起源探索"却不知道宗教是如何起源的，这就使人不得不失望。正如人类所有的宗教信徒们在崇拜某种宗教，但他们同样不知道宗教是因何起源、为谁起源，将要达到一个什么目的这些最基本的知识一样。

宗教的教义越来越完善，而宗教的起源越后越模糊，我想，这就是目前宗教史讨论中最困难的一个课题，也是最容易让人浮想联翩的一个悖论。

在目前传统的宗教史学中，有关宗教起源的论题，是有多种说法的。比如"祖先崇拜（斯宾塞）和对'超自然存在'的信仰（泰勒）；对自然界里的神圣者的一种意识（缪勒），一种对上帝之特有的、根深蒂固的感觉（施密特），一种在宇宙面前的无能为力感和邀宠于宇宙中各种力量的需要（费雷泽）；一种对社团里的神圣力量的认识（涂尔干），一种对神圣者属于特殊的地点或场合的认识（奥托）；宗教表现和性活力以及精神病有联系（弗洛伊德和巴雷）；宗教表现和性关系相联系（德—波伏瓦），和理性建立世界秩序的努力有联系（莱维—布吕尔，莱维—斯特劳斯）和梦见和描绘的符号有联系（荣格），以及和技术的显著进步有联系（冯·丹尼金）"。作者加里·特朗普对此解释道："这里列举的关心的问题虽不是详尽无遗的，但是已给我们指出大方向，以致能够把考古学家的无论什么发现和原先已经查明的现象联系起来。"②作者的意思是说，有了这些理性大师的理论框架，所有发现和未发现的问题都可以装进这些理论框架里去思考和解释。如此地探讨宗教的起源，这的确是一种不赖的方法，但它还是解决不了根本的问题。

The Origin: Universe, Wisdom & Civilization

概括地说，传统的宗教起源讨论主要有三个大的派别：一个是按照"神创"的创世说为宗旨，演绎出一个神学的理论来；如基督教的"上帝创世"说等，我们将这一学派称之为"神创说"。另一个是按照进化论的学说，从史前人类的各种遗迹中和现代文明的源头上寻找宗教起源的根由，比如"图腾起源"说等，我们将这一派可以称之为"科学宗教起源说"；还有一个是在自然的神秘中和外星人到地球创生的学说中创立宗教起源的最终理由，如"自然崇拜"说、"外星人"创世说等，我们将这一派可称为自然起源说，无论哪一种起源学说，我认为它们最终难以成立的根本原因在于脱离了人本身这一内在的本质，而是在"人"之外寻找宗教起源的答案，这是现有宗教起源理论中最偏离了方向的一种情形。宗教的学说和宗教的教仪无一例外地都是针对人自身的，说明宗教起源的最终理由和原因也应该在人本身才对，如果脱离了施教对象的人而在人之外寻求答案，这本身就是一种常识性的错误，犹如在纭纭大众面前悬挂着一条谁都猜不准的"谜语"，那么我们寻求这个"谜底"是从"谜语"本身着手寻求呢，还是从"谜语"之外寻求答案呢？回答自然是前者。宗教的起源也和"谜语"的"谜底"一样，是深藏在宗教对象自身中，而不是它之外。

既然宗教的起源理由在人自身，那么我们通过什么方式知道这一切呢？本章

以下的内容就会告诉你这一切。

一、走出双重灾变的人类

为了说明宗教起源的前因，我们还需要有点耐心，对前文中的有关内容做些简要的回顾和必要的补充。

1. 旧石器时代赤道附近有一个文化地带

前文中我们已经论及，现代人类的始祖们在漫长的旧石器时代是经受了同样漫长的冰河时代。这两个不同性质的时代叠合在一起，形成了人类历史上一个特殊的时期：地球两极的冰川前沿差不多延伸到了北纬30°附近的地区，即赤道附近。《大预言》的作者贝里曾这样写道："显然瑞士曾经一度整个被冰川所覆盖……在一个很长的时期里，也许长达数万年，整个北半球从北极到地中海和里海沿岸一度曾被冰雪覆盖过。"③冰川可达到3000米厚。因此他认为过去95%的时间里，全球的气候都是非常寒冷的。气候寒冷，草木不长，人类的种植业也没法进行，人与动物大部分被冻死或饿死。

不过，冰河时代也不是灭绝性的灾变，地球两极的绝大部分地区人类不能生存，但在赤道和北温带的前沿地区人类还是可以生存下去，正如贝里所言："一旦极地冰原再次向前移动，现在存在于温带的人类文明将不可能再存在。亿万人不仅家园被毁……而且连生命也难保。那时只有在热带地区还能生活。"④也就是说，当冰期到来时，非常突然，而且是全球性的变冷和冰雪覆盖，地球的南

 宇宙·智慧·文明

北极是重灾区，而在赤道和北温带寒冷的程度相对低一些，但也不可避免，凡高耸的山脉和高海拔地区都有冰川分布，只有在北温带和热带的低洼地才给人类的生存腾出一小块空间，冰期的人类主要就是生活在这个区域内。

有什么理由说冰河期的人类是生活在热带和北温带狭小的时空范围之内呢？请看以下证据：

（1）北纬30°这个横向延伸的地带，实际就是古代的一个文化圈，不信你可以打开世界地图认真地比划一番，它穿越地中海、埃及、"两河流域"、古印度、中国、墨西哥等国家和地区。这些国家和地区既是"前文明"存留的地带，也是现代文明起源的地区，自古至今都是一个富含文化内涵的地区。

比如在1994年世界著名的DNA人类进化专家布莱恩·赛克斯教授通过对意大利北部冰川中埋葬的"冰人"的研究，发现生活在英国的一位妇女是"冰人"的后代。按照母系基因的追溯，发现"冰人"的女祖在欧洲有七个。他得出结论说："几乎每一个有欧洲本地血统的人，不管他现居于世界上哪个地方，他们的先祖都可以追溯到七个女人，她们就是夏娃的七个女儿。"⑤不管这一说法有多大可靠性，这七个女人的传奇故事就发生在这个地带。

（2）发生洪水和有洪水记忆、洪水神话传说都是在这一地区。比如在埃及、两河流域有洪水的神话传说，中国有，墨西哥的印第安人中也有。因为这一带是两极冰川的冰舌像犬齿般延伸的前沿地区，也是冰期有限的人居住的低海拔地区，冰川一旦后退和融化，首当其冲的就是这些低洼地区，所以才有被洪水淹没的传说，人类在冰期退去的次生灾变中又一次经受磨难，人类的大部分又被消融了的冰雪淹死，文明也被冲毁，有幸逃脱的人如《圣经》中的"方舟"中的人和印第安人传说的那一对夫妻，当然存活下来的人类肯定不止这些，他们是通过宗教的方式传下来的，影响较大，应该还有很多的幸存者，他们或逃至高山上，或乘坐着木筏之类工具在水上漂流。总之，幸存下来的人远不止传说中的那么几个人，我估计在地中海、里海附近有，中国的北方有，印度有，墨西哥的印第安人中也有。因为洪水的传说故事就是在这些地区民族中流传的。很多民族遭受洪水灾变的史事未能传下来，一个是没有文字的民族就没有历史记载，只有一些含糊不清的神话和传说；或者洪水的神话没有被纳入到宗教理论中，因而影响不大。比如中国的古籍和印第安史籍中有记载，它就成了历史；《圣经》中的洪水与现代人类及其思想直接相关，因此影响很大。另一个原因是既没留下神话，也没任何记载，事情过去了就让它过去，不留任何记忆。我想很大一部分民族对洪水的态度就是这种情形，他们没有能力记载，也无意留传这类灾难，故此在大部分民族的记忆之中没有洪水的灾变故事。

(3) 现代文明的起源也是在这个特殊的文化圈之内。比如埃及文明、两河流域文明、古印度恒河文明、黄河文明无一例外地都在这个狭长的文化带。还有很多古代的神秘文化遗迹，大都也在这个区域内。后来的玛雅文明、印第安古文明，也是这个文化圈子里的成员。

现代文明的起源地与冰河时代的人类居住地有什么内在的联系吗？有！不仅有联系，而且它们之间还是一种人类文明的继承关系。没有"前文明"这个社会基础，也就没有现代文明突然崛起的理由，现代文明之所以从这些地区产生，就因为这一地带是人类"前文明"曾经居留和繁荣的地方。正因为现代文明有这样坚实的社会基础，当冰期一过，新石器时代以及现代文明就从这些地区像雨后春笋般生长出来。我想，这一切都不是偶然的，也不是巧合，"任何一种社会现象都是在一定的社会需要的基础上产生的。"⑥ 现代文明随着冰期的结束而能在这一特殊的文化地带诞生，恐怕也不是没有任何社会基础的。

北纬30°的文化地带，其实就是现代文明的核心文化地带。以这一圈核心的文化地带为依托，随着冰期的结束，核心地带的文化也向地球两极扩散或延展，因而在这里形成人类文化的"扩散地"。而后冰期的冰川退至现在的极地位置，文化的扩散地逐渐形成有所继承的新的文化区域或文化中心。如欧洲、非洲、美洲和亚洲，都形成不同的文化区域或群落。这些新质文化区域的形成，既和它们继承的核心文化因素相关，也与当地的地理条件与气候相关。如同样是继承了西方文化的内核，则有的形成商业文明国家，有的形成纯农业或纯牧业国家，有的形成工业为主的地区和国家等等。无论是哪种文化特质的拥有者，它们的"根"都在"中央地带"或中央的文化地带。因为这一地带既是"前文明"的遗留地，也是现代文明的起源地，它的特殊就在于它特殊的地理区位优势。

相关的问题是：中央文化地带在现代文明一度辉煌后又进入"落后"地带，而属于后起的文化"扩散地"，如欧洲、美洲现在远远超出了中央地带的文化发展水平。这个矛盾着的问题作何解释呢？这是因为中央文化地带属于"吃老本"，吃古代文明饭的原因，因而它的落伍是必然的，而文化"扩散地"大都超出了"中央文化地带"，原因是它们只继承了原有文化的核心因素，而大多的新质文化都是根据各地地理、气候条件新创造的。所以，它们不仅在内容和形式上有新颖独到之处，而且在文化的价值方面也是创新的，具有新质文化的特质，因此后起的、边缘的文化远远超出了中央地带的文化传统。

(4) 新石器时代的东方先进文化。"在旧石器时代的漫长时期之后，接踵而来的是文化大大提高的新石器时代。新石器时代的人似乎是从东方侵入西欧的。他们带来了埃及和美索不达米亚文明的痕

宇宙·智慧·文明 大起源

迹，他们已有家畜和栽培的作物。他们用火石或硬石以及兽骨、骨角、象牙制出磨光的用具。还发现有陶器的碎片，说明他们已经在有意识地创造新的物品，这比单单改制天然物是大大前进了一步。"⑦

我们知道，旧石器时代、基本用天然工具，到新石器时代的加工磨制工具出现，并且"从东方侵入西欧的"人带来了"家畜"、"栽培农业"技术和磨制工具。这些生产和新工具不可能这么快就发明创造出来，它是"东边"的人带到西欧的。说明"东边"的人比西欧先进；为什么先进？因为冰期在赤道附近或北温带30°的文化地带并不是太冷，人类在那里开展着有限的农业和畜牧业生产，也具有先进的生产工具，一旦冰期结束，"东边"的生产和先进工具就进入周边的落后地区，使这些长期遭受灾害的地区，不再是按历史的进程先发明工具，一步步走向先进，而是直接从先进地区得到先进文化的滋养，这既是文化传播的基本渠道，也是人类能够同步走向文明的一个特征。

新旧石器时代出现的这种先进文化的交流和传播，正是在这一时期地球人类的文化存在差异和不平衡的证据，也是在冰河时代，热带和温带受灾变影响不大，人类在这一狭小地区内正常生活的标志。

2. 旧石器时代的"文化地带"，曾发生过核战争

这一观点，在迄今为止的人类的信史中是不会有的，但这是事实。根据古印度史诗《摩诃波罗多》中记载的核战争，是发生在距今5000年前的某个时期。这个时间和现代文明太接近了，按照当时的生产力水平，似乎还制造不出这么先进的核武器来。我的判断，这个时间至少在新石器时代之前的某个时期，因为在那个时候，冰期的寒冷正在施展威力，沿赤道线以北的"文化地带"仍然存在着。而这个"文化地带"就是数十万年这个文明时段的残留和延伸，冰期使地球的大部分地区变成了冰天雪地，那里的植物和生物都被冻死或饿死，唯有赤道附近的这个热带和温带的"文化地带"仍然保留着原状，他们仍然按"前文明"的方式生活着，生产着，他们同时也拥有先进的核武器。也许是冰期灾变带来的人口爆炸，也许是"文化地带"人口本身的生存和生活发生了危机，也许是为了争夺更大的地盘和更多的劳动人口，拥有核武器的古国或部族间就展开了较量。按照现代文明中的战例，较量的双方一开始不一定就使用核武器，战争还是有一个发生、发展和走向极端的过程。首先是小规模的冲突，接着发生大的战斗，以至上升为规模较大的战争。在这个过程中，较量的双方也不一定就是两个单纯的部族或古国，很可能整个"文化地带"的相关部族和古国都先后参与到这场大战中来。这样以来，战争拉开了帷幕，也扩大了；对峙双方的伤亡也可能更加惨重。当战争走向极端的时候，人的

本性品质就显露出来，"与其让你把我毁掉，还不如让我们同归于尽"的想法随即形成。于是，正如古印度史诗中描述的那样，双方的领土上原子弹的蘑菇云升腾起来了，"文化地带"被高度发达的文化所毁灭，"文化地带"即刻成了一片废墟。现在，考古发现的古印度、古巴比伦、撒哈拉沙漠以及蒙古戈壁滩，都有核武器的残留物质，而这些地区正是"前文明"的"文化地带"，是冰期不能完全覆盖的"薄弱"地区，他们之间相互争夺什么，占有什么，消灭什么，都是轻而易举的。因为这一"文化地带"的部族或古国都拥有先进的核武器。

这样说来，以上的内容似乎是一个传奇，一段推论，其实不然。首先，在现代文明的源头上没有核武器，按照当时的生产力水平也造不出核武器，这是无疑的。其次，北纬30°周边的"文化地带"是冰期灾变鞭长莫及的一个特殊区域，那里的人类从"前文明"一直延续了下来，直到发生核战争，自己毁灭了自己的大部分人口，同时也为"前文明"的残留画上了一个并不圆满的句号。再次新石器时代开始，就有"东边"的人"侵入"，送来了农牧业和先进的生产工具，说明"前文明"的"文化地带"的"前人类"也还是没有死绝，他们的一些边缘地带的人群远离战争，躲过了核武器无情的屠杀。随着战火的停息，他们又从零开始，恢复原先的文明秩序，开始发展农业、养殖业，在十分有限的条件下使用磨制的石器和陶器，并将他们先进的文化输送到冰期后的其他人群之中，共同享用文明的快乐。

鉴于以上的理由，我们说，人类在史前的核战争不是发生在5000年前的某个时期，至少也是在新石器时代之前的某个时期；核战争发生的地点是在冰期被压缩在温热带的"文化地带"，而这个地带的人类是"前人类"，他们所拥有的文明是"前文明"。由于灾变后出现的众多原因，也由于人类本性品质的超常发挥，这一"文化地带"的"前文明"就被文明本身所毁灭。核战发生若干年后，侥幸活下来的"文化地带"边缘地区的"前人类"，从狼藉的战争废墟上重新站起来，从零开始创造了现代的新文明，这就是现代文明的发端和起源。

3. 旧石器时代的幸存者

如上所述，人类在整个旧石器时代经过了双重的巨大灾变：一方面是突然降临的冰河时代，它使地球上绝大部分的生物都死于寒冷，唯剩温热带一个带状圈里的人类及其文明还保留着，可是也不能乐观。由于冰期灾变带给"文化地带"的种种理由，"文化地带"的人类利用"前文明"的文明成果自相残杀，这就给侥幸保留下来的人类又带来了社会性大灾变。旧石器时代由于冰河期的长期蔓延，人类本来所剩无几了，但不幸，所剩的这些人类又是雪上加霜，进行了一次核大战，这使本来就不多的人类变得更少了。

 宇宙·智慧·文明 大起源

有关这方面的事实根据，科学家们的研究成果更具说服力，我们不妨摘录一段文字来证明这一事实：

"费尔德曼是人类基因组多样性项目的负责人。这个项目，是专门研究人类基因的多样性的。无论是在纳米比亚、巴基斯坦和巴西，还是在西伯利亚、新几内亚或者是蒙古，科学家们收集并保存了成千上万名现代人种成员的血液、唾液和组织的样品。

"科学家们总共选择了人类遗传信息中的377个细节，对比检查了来自52个民族的1000多人的基因序列在这377个细节上的区别。根据这项区别，科学家们可以详尽地追述出人类的迁徙史。

"分析结果，令这些遗传学家们大吃一惊：虽然在此之前，人们就已知道，人类遗传基因的多样性很有限，差不多比黑猩猩的要小4倍。这也就意味着，早年人类的数量，出于哪种灾难的原因也好，曾经严重地缩减过。今天生活在世界上的所有民族，都来自一小群幸存者。

"然而，没有一位学者预料到，这个瓶颈，竟然会如此地窄。根据遗传学的研究结果，这个灾难发生的年代还不到10万年，甚至很可能在7万年前。

"当时只有很少一群人，数量大概在1000人，顶多只有2000人侥幸存活下来。"⑧

旧石器时代的"前人类"幸存下来者不多，只有一两千人。这很少很少的一些幸存者，并不是在一个地区幸存了下来，他们仍然分布在北纬30°的那个狭长的"文化地带"，而且是那个"文化地带"的边缘地区的不同人种和人们数量不同地幸存下来。这样，才有了前文所述的人类种族进一步进化的过程和优胜劣汰的选择过程。

二、幸存者的教诲与神话的起源

地球是个大舞台，人类的历史就是人类在地球舞台上表演的过程。由于冰河时期，地球舞台的两极被冰雪覆盖，唯在北纬30°的地区剩了一条带状的狭小舞台，这对人类这种极具创造力和极具繁殖力的宇宙高级智慧生物来说，未免有点过于狭小了。经过很长一个历史时期的发展，有限的人类终于没有耐心了，他们用自己创造的文明成果毁灭了自己的同胞以及自己，所幸还有一两千人逃开了核战的毁灭性打击，他们远离尘嚣，躲进了深山老林的山洞里。

论述至此，我们就可以和我们所熟悉的现代文明的源头接轨了。我们所熟悉的现代人类的始祖们，无一例外都是住在山洞里。但我们的教科书中并没有解释他们为什么要住山洞，我们的学者们也不大关注这类细节问题，弄得始祖的生活很神秘。

其实，我们的始祖们住山洞的直接原因还是要追溯到旧石器时代的巨大灾变中。一种可能，在漫长的冰河时代，人们原先的住房都被封冻没法住人了，侥幸没被冻死的一些海拔较低地区的人们，可能老早就钻进现成的山洞里御寒了。但

The Origin: Universe, Wisdom & Civilization

从旧石器时代幸存下来的人数看，这种可能性极小，即便有也是个别的，不会很普遍。因为这就要联系到他们的食物资源问题，遍地都是冰天雪地，没有什么生物能生存在这种恶劣的环境中，也不能种植粮食，他们没有食物来源，所以长时期躲在这种山洞里的可能性就很小。另有一种可能我认为是真实的。旧石器时代的幸存者们，分布在很广阔的"文化地带"的边缘地区，他们以前的房屋都被核战争烧毁，一切先进的文明成果也随着战火变成了晶体或被玻璃化了，什么文明都不存在了，而且核战争的"余味"和强烈的辐射把他们永远地阻止在家园之外。在这种情况下该怎么办？至少先得有个落脚的地方，住下来再做打算，可是住哪儿呢？旧石器时代的幸存者们别无选择，拖着被核战争灼伤的躯体，远离战争的废墟，远离继续发挥着作用的核辐射，走进深山，住进天然的山洞。

从现有的"洞穴文化"遗迹看，特别是有壁画的"洞穴文化"遗迹看，旧石器时代的幸存者们至少从旧石器时代中晚期某个时候住进了天然的山洞。这个时间与前述的费尔德南确定的7万年间时间基本吻合。他们在山洞里不能冶炼钢铁，制造不出金属工具，甚至在山洞外的冰天雪地里连些好石头都找不到，只能就地取材，把一些有棱有角有刃面的石头砸磨一番，弄出一些刃角来当工具使。我们目前考古发现的山洞文化堆积中，有各种石器，有大量的灰烬，还有各种动物骨头，这些遗物就是旧石器时代钻进山洞的先祖们制造出来的。还有的山洞文化堆积中发掘出了箭簇、金属刀、金属首饰等少量的金属遗迹，按当时的工具水平这些遗物是不能被生产加工出来的。怎么理解？那很简单：就是旧石器时代的始祖们在走进山洞前随身携带的，它们应该都是"前文明"的文化遗迹，只因数量鲜少、锈蚀又特别厉害，不易辨别其面貌罢了。从比较普遍的洞穴文化遗迹看，当时的始祖们有火，主要的食物是小动物，也有大型动物的遗骨，植物果实的遗留物相对少，说明那时候植物生长也很困难，森林在一些较低较温暖的地区才有。这样的环境和生活状态，对旧石器时代中晚期的幸存者们来说的确是非常艰难的。好在那个时候人类的数量很少很少，分布又相对在很广阔的荒野之地，每个幸存者所拥有的生活的空间是非常广阔的。我们的始祖们就是在这种蛮荒的冰天雪地里顽强地维持着生命和生存，生活的寂寞暂时勿论，即使生存下来也是多么的艰难。

人类在洞穴中的生存虽然异常艰难，但作为宇宙高级智慧生物的人类，无论在什么生活状态下，只要他还活着，就不会丧失了作为人类的基本生物品质。他们住在山洞里，围绕着一大堆火，只是烧食一些动物皮肉和植物果实生活，但他们决不会忘记自己是一种智慧生物，不会忘记创造世俗的人类社会生活。很多草食动物因为没有草吃而被活活饿死，很

宇宙·智慧·文明

多肉食动物也因"食物链"中断而等着饿死,唯有幸存下来的人类却没有在这种恶劣环境条件下一个个地冻死或饿死,他们靠狩猎维持着生存,靠采集植物的果实维持生存。当寒冷的气候有所改变的时候,智慧的人类很快走出山洞,找到一些石质更好的材料,磨制成更加精细的石器工具;当寒冷的冰河开始退却的时候,幸存下来的人类始祖们开始在"前文明"的"文化地带"又拉开了原始农牧业的最初的序幕。

当然,人类在洞穴中生活的这个时代也是非常漫长的。从现在考古发现的一些原始洞穴壁画看,最早的洞穴壁画,如西班牙北部的阿尔塔米拉洞穴的壁画至少是公元前3万年至公元前1万年的旧石器时代晚期的绘画遗迹。也就是说,"前文明"的幸存者们走进山洞至少也有1万年至3万年的漫长时间了。

石器时代的幸存者们,这么久住在山洞里,他们除了维持正常的生活和必要的劳动之外,还会做些什么呢?这个问题困扰了我很久,也让我有了很多的"想入非非"。但毕竟这是古人类的历史,我们不可能任意地想象和有意地塑造。根据现有的一些资料看,石器时代的幸存者,在"洞穴文化"时期最主要的工作大致有两项:一个是一代一代往下传授有关人类自身生存和生活的技术和技能;另一个是在传授"前文明"知识体系的同时也给后人描绘"前文明"的壮观。这两项纯属人类文化活动的工作在山洞中是不间断地一代接一代地进行,它为人类现代文明的重新崛起奠定了良好而又扎实的基础。

1. 洞穴壁画是石器时代的人类传授生活技能的知识宝库

传授各种生产和生活的技能,是石器时代幸存者的首要工作。比如在传授生活和生产技能方面,有打制石器、磨制石器、穿孔、缝补、挖掘、采集、狩猎、栽培、饲养、家庭伦理、劳动分工等,虽然在冰期没有条件进行户外劳动和实践,但这些基本的技能作为一种知识一代代往下传播,这既是"前文明"的经历者必须要做的工作,也是教育下一代的最基本的内容。"幸存者"给他的后代如是传授,"幸存者"的后代们照旧往下传授,一代代传授下来,对于一些生活技能的继承和知识的传播就不会中断,这为新石器时代的"异军突起"作好了知识准备。作为"前文明"的幸存者,家庭伦理、劳动分工、防卫攻击诸如此类的知识也是不间断传授的,并且是在山洞生活中具体实践的,这种知识也就变成人的正常的生活秩序,不需专门教育,在生活过程中就已完成了传授。石器时代的幸存者们在传授生产和生活技能方面,最为典型的文化遗迹就算是洞穴壁画了。我们现代人离这些洞穴壁画的距离太远,按照当时的生产力水平和人类的朦昧状态,想不到远古的人类为什么要留下这些壁画,他们还在使用打制石器的条件下又怎么能画出这么精

致的甚至能和当代同类艺术相媲美的艺术作品来的。研究者们无法理解，也没有更加合理的解释，总是把原始洞穴艺术都与当时盛行"巫术"相联系，认为那些清晰和不清晰的图案都与巫术的某种象征和禁咒有关，甚至把它解释为"巫术施法过程"。其实，这是我们现代人把这些洞穴艺术想象得过于复杂化了。当时旧石器时代的幸存者们，在"创作"这些"作品"时，他们并没有按照某种艺术作品来处理，甚至根本就没有"艺术"创作的意味在里面，他们描绘这些图案的主要目的是给他们的后代传授有关生物和猎获这些大型生物的技能技巧。因为在"洞穴文化"时期，既没有纸笔，也没有文字，幸存者们只能用一些特殊的颜料把相关的知识画到洞穴石壁上，一方面给后生们当面指点带来方便；另一方面也怕后生们忘了，作为一种永久性"课本"。对这种情况，鲁迅先生早就说过这样的话："画在西班牙的阿尔塔米拉洞里的野牛，是有名的原始人的遗迹。许多艺术史家说，这正是'为艺术而艺术'，原始人画着玩的。但这种解释未免过于'摩登'，因为原始人没有19世纪的艺术家那么有闲，他画一只牛，是有缘故的，为的是关于野牛或者是猎取野牛，禁咒野牛的事。"⑨鲁迅先生所说的"有缘故"，其实它本身就是在当时条件下传授知识的一种有效方式。比如我们看法国拉斯科洞窟中壁画，其中有一头野牛是中了狩猎者的枪矛受了伤的，它带着伤愤怒地扑向狩猎者，将狩猎者推倒在地。这是个典型的狩猎知识的画，意思是说，你要猎取这种动物要十分小心，虽刺中了它，它并不马上死，而是要扑向你，用它锐利的两角将你刺穿，是非常危险的事。画面上巨大勇猛的野牛和纤细渺小的人作了形象的比较，力量的对比是很明确的。但是史家们解释说，这是一种"巫术"施法过程。意思是通过巫术来咒诅野牛，使它成为狩猎者的猎获物。实际上，远古的巫术也不是万能的，干什么都要施展巫术，特别像猎获一头野牛这样的小事情也施展巫术，这是绝对不可能的。因为在巫术时代，除了专门的巫师之外，部落首领大多都是大巫师，他们施展巫术一般都是在大事上，比如部族的安危呀，人口的发展呀之类，专业巫师们还有治病的工作。如果猎取一头野牛也要施展巫术，那么当地的巫术就太普通了，没了一点神圣感，也不存在了神秘，施展了巫术野牛猎获不了，那还有谁相信他们的巫术呢？所以，在巫术盛行的时代施展巫术是一个庄严的事，神圣的事，不像宰鸡屠狗一样随时随地就可以施展的。

在尼奥洞窟的壁画中，有一幅野牛图更形象：一头巨大的野牛被两个箭头刺中，箭头所指方向在野牛的胸部，而野牛的头向前向后作出两种姿态。史家解释的理由还是"巫术施法过程。"其实这幅图画的两个知识目的很明确：投刺野牛要照着野牛的胸部，即箭头所指

213

 宇宙·智慧·文明 大起源

的地方才是杀死野牛的要害部位，在刺杀野牛时要防止野牛头向前向后转动，这对刺杀者而言是最危险的。一幅画，很粗犷，不是有意为了艺术效果而描绘，而是为了传授这两方面的知识而随意画出的"示意图"。

现在，在西欧的一些国家，特别是在西班牙还有一年一度的斗牛节，举行这一节日很隆重。实际上，像西班牙留传至今的斗牛节就是这一原始文化的直接传承，还在石器时代，他们就靠这种祖上传承下来的技术谋生，现在成了纪念性节日。

除了上例，现在发现的还有原始的洞穴画，都是这样产生的。一般情况下，所在地有什么代表性动物，那些洞穴画中必有这些动物的"示意图"。有些动物"示意图"并没有如何猎取的箭头指向，把它们也画上去，主要是为了认识这些动物，或者是表示这些动物都可猎取，都可食，只是猎取比较容易，勿需刺杀的"示意图"，只要明确认识它，拥有这方面的知识，就足够。比如一般洞穴画中最多的是牛、羊、马、猛犸、鹿、狗等；狼、狐狸、狮子之类动物就很少。这说明洞穴画中的动物都和石器时代的幸存者和他们的后代们的生活饮食有关，生产知识有关，而与巫术之类后来的知识并不沾边。

2. 母系氏族社会制度的建立与"女神"崇拜

当然，石器时代的幸存者们住在山洞里，除了传授这些最基本的技能和知识外，还有个家庭伦理，特别是婚姻制度的问题。

这个话题在我们的各种历史和"圣贤"著述中都有专门的论述，我们现在已经掌握的知识就是，人类的婚姻制度由最初的"乱婚"到"群婚"再到"对偶婚"、"一夫一妻制"等，这些学说已经成为我们对于原始婚姻制度固定不变的知识体系，我也不想对此多加评论。

根据我的研究，人类在石器时代的婚姻制度还是具有严格的要求，不是像动物们那样乱交配，或者是雄性之间展开一系列的身体竞争。很多婚俗的形成并非我们推想的那么简单，也不是野蛮得跟动物差不多。我举一个我们大家都很熟悉的事例，即对母系氏族的崇拜和女神的出现。

对这个话题，我们现有的知识体系早有定论：母系氏族时代是只认母不知父的时代，以女性家长制为主展开人类的一切活动，因为女性的社会地位很高，一些老祖母成为家族的"保护神"也是非常正常的，因此可以认为人类最早崇拜的"女神"就是母系氏族社会最有威望和地位的老祖母等等。这种学说也没有什么错，我们一开始上学就学这些。但是这个学说的理论背景依然是"由猿变人"为基础的，有的甚至干脆把"母系氏族"社会中的"母系"直接当作"母猿"来看待，这种说法明显有些不妥。

现代人类最早的社会形态之所以是

图66 1908年在奥地利发现的"威林多夫的维纳斯",距今2.5-3万年。面部淡化,只突出乳房、巨腹和阴部,学者们称之为母神偶像。

"母系制",其根源还在于之前人类遭受的双重的灾变,特别是人类在旧石器时代十分有限的"文化地带"展开的战争,首先是损失了很多的男性,然后在核大战中仍然是前沿阵地上的男人们首当其冲,差不多灭绝了。幸存下来的人类,一种可能是处在"文化地带"的边缘地区,另一种可能是老幼病残,特别大多数都是女性。核战的蘑菇云把战争推向了极端,幸存下来的以妇女为主体的人类就钻进了山洞。在这种战争状态下,男女性别结构差不多不存在了,除了女性这个主体,可能还有一些老男性和小男性们活了下来。在这种前提条件下,为了人类和种族的繁衍,出现"乱伦"的事情可能就存在,如很多民族的传说中,就有兄妹成婚繁衍了人

类的说法,我认为这都是可信的。还有"知母不知父"的说法也是可信的。在当时,女性有很多,男性很稀少,为了传宗接代,一个男性可以拥有很多女性,这样的一种婚姻关系,就无法"知其父",只能是"知其母"。因为母系在家庭中占据主要地位,才形成现代人类源头上的"母系氏族社会"。所以"母系制"的形成跟传统历史说的采集没有什么关系,比如现在的农业大多都是以女性为主,为什么就不成为现代"母系氏族"社会呢?石器时代的母系制源于最初的性别比例失调后女性人群占据生活的主导地位,因此就逐渐形成了以母系制为主体的社会制度,年老的女性,有威望的女性,特别是养育了很多子女的女性,就成为当时社会中的"英雄人物",继而这些对家庭、对民族和种族繁衍特别有贡献的女性,自然就跃升为家族的保护神,越后其神化程度越高,以至成为人类最早崇拜的"女神"了。

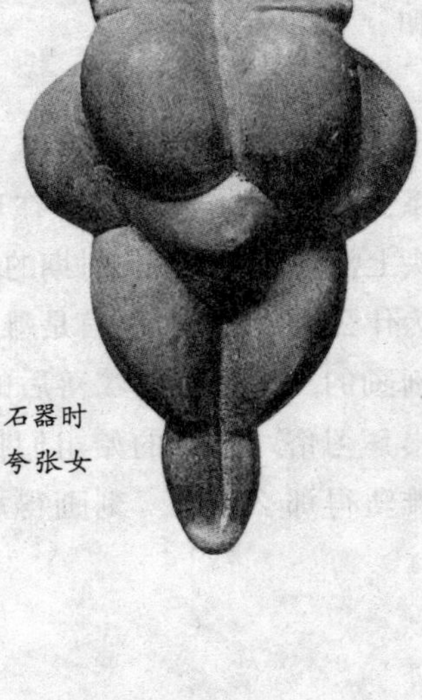

图67 旧石器时代晚期,特别夸张女性的生育部位

这个历史的事实，并非随意编造出来，我们只要看一看考古发现的最早的"女神"形象就知道它的起源背景了。比如考古发现的最早的女神雕塑像距今有3万多年的历史，她的名字就叫"繁殖女神"，其形象特别夸张和突出作为"繁殖女神"的特别部位，臀部特宽大，乳房特大，腹部鼓胀，而头脚和手臂极其简化。这形象一看就是个"生育英雄"，女性的美在这些古老的"女神"中一点都找不到，只突出女性的生育和繁殖功能，这就是当时社会的突出问题，也是最需要解决的问题。哪个家庭、民族和种族繁衍的人口多，他就可以在这一地区重新占据统治地位，重新可以主导一切；而人类权力的重要性，这些"前文明"的幸存者们并不是不知道，正好相反，他们对于权力的认识太深刻了，所以都为此最终目的而奋斗。因为在当时人口多就势力大，势力大就可以掌握本地的实权，就可以左右一切。从这个角度来看"母系社会"的巨大作用，我们就不难理解我们的始祖们为什么那样崇拜"女神"和"繁殖女神"了。

在这个话题中，还有一个很有力的佐证，即上古代时的性器崇拜。差不多和"母系氏族社会"同时期，在现代人类的源头上曾有过一个很长时期的性崇拜，这是为什么呢？有些性器官是雕塑的，有些是刻画的，至今有些较落后的民族还有性崇拜习俗。人类的始祖们把男女性器官雕塑得那么夸张，刻画得那么难看，仅仅是为了好奇或好玩吗？绝对不是。简言之，人类在女神时代崇拜性器官，因为那是当时最大的政治，最大的宗教，最崇高的目标和最具体的任务，在我们今天的人看来不理解和害羞的东西，在当时的人类来说是神圣的，所以根本就不存在害羞不害羞的伦理问题，崇尚生和崇拜生的性具，实际就是崇尚人类自身的生育和生存能力，是一种神圣和光荣的事。今天的人类因为没有了繁殖人类自身的强烈需求，所以也就不能理解这一段历史了。这就是"母系氏族"时代为什么崇拜女神和崇拜性器官的原因了。

图68 法国，旧石器时代晚期，女性岩雕，只突出乳房与小腹

不过，千万不要忘记人类在骨子里就带着的本性品质：母系氏族社会这个阶段的主要任务就是尽可能快地重新繁殖起人类群体，建立相关的人类社会秩序，一旦这一目标实现后，重新崛起的男性群体就会毫不留情地把生杀大权从母系中夺过来，重新上演对抗、斗争、霸权和

毁灭的战争把戏。因为在人口锐减的旧石器时代，繁殖人口成为女性的重要使命，又因为人口的繁殖也不是轻而易举和短时期内就能实现的（气候寒冷、生存条件艰苦，对母性的生育及孩子的成活影响极大），所以母系氏族社会就形成一种社会化制度，延续了很长时间。当母系制社会繁衍的人口足以在满世界的土地上都能看到，而且人口密度越来越大的时候，父系的同胞们就夺过权力来，一致对外扩展领土，吞并弱小，建立起强大的父系社会制度来。当父系制成为社会的主导力量和主要权力的使用者之后，"女神"崇拜或"繁殖女神"的时代宣告结束，她们至多成为民族和氏族的"保护神"，虚拟成形，安置到家庭的某个位置上或是祭祀的庙里。而男性的"英雄时代"就宣告启动，我们所熟悉的"英雄崇拜时代"到来了。所有的征服者都是男性，所有男性征服者都成为英雄。英雄时代之后就出现祖先崇拜，所有在当时崇拜的祖先也都是男性。

通过对母系氏族社会形成的分析，我们知道，在人类历史上，至少是在地球人类的历史上，男性是人类社会权力的主要载体和主要拥有者，现代文明之前的"前人类"和"前文明"恐怕也不例外。那种男性和女性轮流坐桩、交替执政的说法其实没有可信赖的内在依据。现实地看，由于男性的刚性特征比较突出，急躁、暴烈和称霸一切的占有欲相对于女性要强烈，因而男性品质中的

本性也就表现得比女性更强烈一些，一旦逼到山穷水尽时，男性就会施暴，就会与对方同归于尽。因此，"前文明"的核战争，按照印度史诗中的描述就是男性的本性品质总爆发的最好例证。而女性相对性情温柔，韧性极强，施暴的能力很弱而世俗性品质却很明显。比如对待一个犯了罪的子女，父亲恨之入骨，

图69 法国，旧石器时代岩雕："持角杯的维纳斯"。突出生育部位和旺盛的生命力。距今2.5万年左右。

甚至对子女要施暴，不理睬，而母亲却会关怀备至，无论子女犯了什么罪，他们还是她的孩子，绝不会因为犯了罪就弃之不理。我在现实中遇到这样一个真实故事：儿子不知因为什么，决意要杀母亲，刀子、接血的盆子都放好了，就等着动手。母亲看着那大刀说："孩子啊，我看那大

217

刀很害怕，你别急，等我睡着了再杀我。儿子就等母亲入睡。这时，舅舅来了，一看就明白了一切，拿根棍就打自己的外甥。这时，母亲跑来阻挡：舅舅啊，你手下留情，千万别把我的儿子打坏了。母子关系都发展到了这种地步，母亲还是不恨儿子，还怕舅舅把儿子打坏了，心疼。这就是母性的品质，柔韧、慈善、宽以为怀。正因为男女品质的差异性，在人类历史上女性经常充当的是铺路石、陪衬者，或是受欺者，而男性多是施暴者、主宰者甚至是破坏者。男性和女性在品质属性上的这种差异性，在某种意义上决定着人类社会发展过程中的重大变迁和社会发展方向。假如我们说得再极端一些，通过对男女权力的转移我们就会知道我们所处的是一个什么样的社会；男性当政的社会一定是一个颇具对抗性甚至是破坏性的社会，在这样的社会环境中充满暴力，有很多的偶然性，说不准突然有一天战争就爆发了，核武器也满天飞起来了，这不是由谁说了算的，而是男性品质属性中本性品质反应强烈而造成的。相反，在一个女性当政的社会里，社会中的对抗力量不可能消失，但在社会的整体发展趋势中会呈现出一种非对抗性居主导地位的创造的生成型社会形态所具有的盎然生机

来，这也同样不是谁说了算的问题，而是女性的世俗品质属性所体现出来的一种整体特征。即使女性当政的社会不怎么繁荣，至少也是不那么暴力的，比如中国古代的武则天和慈禧时代。因此，从男女品质属性的差异性这一特点，我们再回头看石器时代发生核战争，建立母系氏族社会，然后又恢复到父系制社会这个过程，我们就不得不相信人类实际走过的每一步都是有基础有来历的，不是我们任意猜想的那么简单或那样复杂。

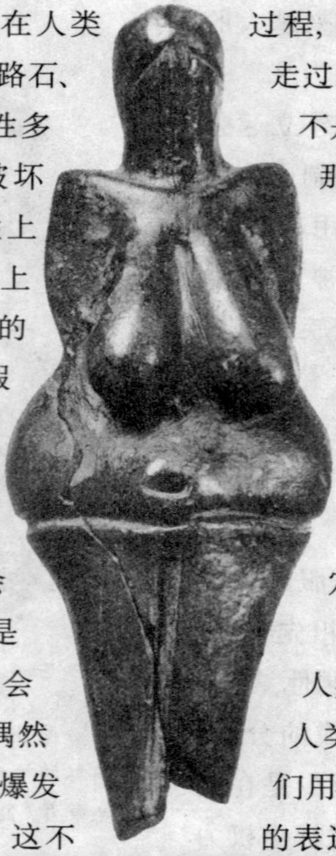

3. 神话的由来

人类母系氏族社会和"女神崇拜"是在石器时代悲惨的战争废墟上建立起来的，而人类的远古神话同样是建立在这个基础之上，或者说也是建立在"洞穴文化"和"洞穴文化"之后的漫长岁月里。

按照传统的说法，神话是人类在儿童时的所思、所想，是人类幻想的产物，是古代的先民们用拟人化的超自然的形象和虚幻的表达方式反映对自然现象和社会现象的认识的一种文学样式，一定程度上表达出古代先民对自然力的斗争和对理想的追求。总之，神话就是古代各种传统和宗教中天地万物的创造者和主宰者，是一些具有超凡能力而且长生不老的特殊人物的故事。这是现代人类对神

图70 旧石器时代烧制女性塑像，仍突出乳房、腹部、臀部

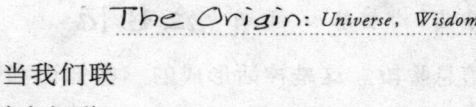

话内涵最一般的理解。其实，当我们联系神话诞生时代的背景，我们就会知道，现代人类对神话这种古老神秘文化的理解同样是不正确的。

我们知道，神话仍然产生于石器时代。在石器时代，人类的生活状况非常糟糕，很稀少但分布却很广阔的一些"前文明"的幸存者，他们分别住在各自的山洞里。山洞外是冰天雪地，寒冷的气候条件阻止了人类的一切正常的生产和生活活动，唯有山洞里还有一丝温暖，"前文明"的幸存者们就靠这一丝的温暖勉强维持着生存。在这种艰难维持生存的环境中，我坚信人类的始祖们是没有那么多的幻想和想象的，至少没有那样超时空超自然想象的优良情绪。按照现代人本心理学的尺度来衡量"幸存者"的心理需要，他们连最基本的生存需要都满足不了，哪有心情来想象那么多超自然的事情或塑造超时空的神话人物呢？按照他们当时的处境，有这种可能吗？有这个必要吗？想方设法猎获一只小动物，先让大家填饱肚子这是当时最需要的，至于创造世界的那些英雄形象们跟他们眼前的生活有什么关系呢？它既不可

图72 中国辽宁牛河梁遗址出土的泥塑女神头像，距今5000年前

能给他们提供一星半点的植物果实，也不会打一些猎物来叫他们吃，它有什么用？为什么要耗费那么多思想和精力来塑造一个虚无的超自然存在呢？无论从哪个角度考虑，石器时代的幸存者们创造神话世界的可能性微乎其微，甚至是不存在的。

那么，神话是怎么产生出来的呢？

原始神话的产生既不是人类幻想和想象的产物，更不是人类有意创造出来的超自然力量，而是"前人类"的后裔们对于先辈教诲的记忆。这种记忆，本来是先辈们真实的话语信息，因为历时太久，一代代传递下来，真实的话语信息都被神圣化了，再经后人们有意的加工，就变成了我们所谓的神话。当然，从"前文明"的幸存者们的话语信息到神话的形成，这个过程是很漫长的，至少它也经历了这样的几个发展阶段：

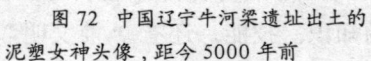

图71 旧石器时代晚期的牙雕女神像。显示强盛的生育能力。

宇宙·智慧·文明

(1) 传递信息阶段。这是神话形成的初始阶段，它应当与"洞穴文化"时代"前文明"的幸存者给后代传授各种生活技能的时期相当。在当时，"前文明"的幸存者们长期住在山洞里，他们一边勉强维持着生存，一边由"前文明"的经历者和拥有者们传授相关的文明知识。其中除了传授最一般的生产技能、生活技能外，还传授"前文明"的一般知识。比如很多动植物的名称、人的名称、山水江河日月星辰的名称，人类社会的相关名称以及人类如何在自己组成的社会中生活的知识、技能，还有"前文明"辉煌情景的描述，人类未来的梦想，"前文明"被毁的原因和过程等。总之，凡是"前文明"的相关知识都已经被核战所毁，一点印迹都不存在，但在"前文明"幸存者的脑海中，过去的一切历历在目。他们对后辈们传递这些信息，一方面是为了让后辈们了解"前文明"的真实状态，另一方面也是一种深刻的反省和忏悔。一堆篝火，围坐一团的是幸存者自己和他们的后代们，他们同时都凝望着鲜红的火苗和跳跃不止的火光，一霎间那火光转换成血光，转换成冉冉上升的蘑菇云。于是幸存者们自言自语地开始从头道来，他们的后生们洗耳恭听着，偶然也提出一些不解的奇怪问题。上一届人类文明的知识和文明被毁的一切信息就在这种不自觉的话语交流中被传递给下一代，印刻到他们单纯的脑屏上去。可以想象，"前文明"的幸存者们传递这些知识和信息的过程是非常凝重也非常痛苦的，它实际上就是"前文明"与现代文明试图连接起来的最痛苦也最新奇的敏感地带。前者将要抛弃什么，为他们痛苦的经历画上一个并不完满的句号；而后者在不自觉地接受着什么，他们既感到新奇又感到不解，但一切就在这个过程中很自然地完成了。

(2) 传承信息阶段。"前文明"的幸存者们就在这种自觉与不自觉的话语传递中一一去世了，幸存者们一个也不剩都死了。他们的后裔们就把幸存者的遗体掩埋到山洞的一角，开始他们全新的生活。其实，没有了"前文明"的幸存者们的话语世界，他们的新生活也是一片茫然，很多他们已经熟练掌握了的技术和技巧，他们就在日常生活中经常重复地使用着，这些东西是不会忘记的；唯独先辈们叙说的那些神奇的事情和经常不使用的知识技术，渐渐在他们的头脑中模糊起来。幸存者们的第一代传人老了，他们也像先辈们那样唠唠叨叨说些"前文明"的事，传递些前人们的话语，以防后人们什么都不知道，第二代、第三代以至无数代的传人们都老去，他们一无例外地都有这种"唠叨"的习惯，都有传递先人们话语的责任和义务。"前文明"信息的传递就这样不间断地进行着，它不仅成为一代代老人的责任和义务，而且成为了一种神圣的使命，一旦终止了这个文明信息的传递，人类就感到有辱先人们遗传下来的神圣使命，就有一种罪责

220

感。所以人类传承"前文明"信息的工作一代也没有停止过。

(3) 神话形成的阶段。"前文明"的话语信息一代代传承下来，出现了两个不可预料的结果：一个是先辈们的话语越传越离开了原语，或者是先辈们的原语只成了一个因子，一路传承下来的却是他们的后裔们有所改变和加工的话语，这就从语言的传承过程中对神话的最终出现打下了基础。另一个是从先辈们那里传承下来的话语与后裔们越来越差的现实之间形成了鲜明的对照：先辈们传下来的文明像是天上才有的事，而后裔们的生活越来越没有了亮色，这种前后的对照和反差就把先辈们传承下来的话语历史地推向了神话的地位，感觉那些事只能是超现实超时空的超人们才有可能做出来，而现实中的人类是难以企及的。比如"前文明"幸存者的后裔们，生产和生活依然处在旧石器时代的晚期或新石器时代的初期，住着山洞，吃不饱穿不暖，一大群人圈在山洞里就像动物一样，感觉不到多少人类生活的特征来，而先辈们传承下来的那些话语世界，像是在天堂一样，令他们望尘莫及，无法想象。这样先后上下一对比，"前文明"的世界就自然成了神人们居住和生活的世界，人类原初的神话也就这样诞生了。

现在，让我们以《圣经》中的"神创说"和人类神话中普通存在的模式为例，验证一下以上的观点。

《圣经·创世记》开篇就说："起初，神创造天地。地是空虚混沌，渊面黑暗，神的灵运行在水面上。"这是"神"创世的前提，地如果不是空虚混沌，渊面不是黑暗的，神也就没有创造天地的必要。

"神说：'要有光'，就有了光。神看光是好的，就把光暗分开了。神称光为昼，称暗为夜。"——"神"创造"光"和"昼"、"夜"的事，很显然是"神"说出来的，并非创造出来，把光、暗分成昼、夜，也是"神"随意所为，并非创造。也就是说，"前文明"的幸存者（神）指着"光"说，这是"光"（天文知识）；我们把"光"叫做"昼"（地球知识），把"暗"称作"夜"（地球知识）；这就是我们生活的一天。

"神说：'诸水之间要有空气，将水分为上下。'神就造出空气，将空气以下的水、空气以上的水分开了。事就这样成了。神称空气为天。"——"前文明"的幸存者说：这叫水，轻者为气，上升为天，所以"神称空气为天"；这是天的概念。

"神说：'天下的水要聚在一处，使旱地露出来。'事就这样成了。神称旱地为地，称水的聚处为海。神看着是好的。神说：'地要发生青草和结种子的菜蔬，并结果子的树木，各以其类；果子都包着核。'"——这是"前文明"的幸存者们对后生们说："露出水的叫旱地，聚到一处的水叫海；将来在这地里会长出青草和包着核的果树来的，它们各有分类，你们就可以长期食用。"

"神说：'天上要有光体，可以分昼

221

宇宙·智慧·文明 大起源

夜，作记号，定节会，日子、年岁，并要发光在天空，普照在地上。'事就这样成了。于是，神造了两个大光，大的管昼，小的管夜，又造众星，就把这些星摆列在天空，普照在地上，管理昼夜，分别明暗。"——"前文明"的幸存者们说，天上发光的这两个星球，大的是白天照在大地上的光，小的是夜间照在地上的光，它们的作用是定节令、确定年月的。还有那些星辰，也是发光照耀大地的。

"神说：'水要滋生有生命的物，要有雀鸟飞在地面以上，天空之中。'神就造出……"——"前文明"的幸存者说，水中滋生出来的这种生物叫做"鱼"，天上飞的叫"雀鸟"，它们都自成一体；以后，它们会繁殖出很多来的，你们可以食用。

"神说：'地要生出活物来，各从其类，牲畜、昆虫、野兽，各从其类。'事就这样成了。于是，神造出野兽……"——"前文明"的幸存者说，地上生出的这些"活物"，有牲畜类、野兽类、昆虫类，它们都各从其类。

"神说：'我们要照着我们的形象，按着我们的样式造人……'又对他们说：'要生养众多，遍满地面……'事就这样成了。"——"前文明"的幸存者说，我们也能按自己的样子造出我们自己来，分为男人和女人，等造出很多的我们自己，就来管理这世界上的一切，其实这世界上的一切都是我们人的财富和食物。

"天地万物都造齐了。到第七日，神造物的工已经完毕，就在第七日歇了他一切的工，安息了。神赐福给第七日，定为圣日。"⑩——这第七日，是神定的"圣日"，也就是神的休息日。

《旧约全书·创世记》在六日内创造天地万物的这一神创举动，完全是"前文明"的幸存者（神）传授给他们的后裔们的有关"前文明"的相关知识，这些知识针对的是满目荒凉的冰期和战后的凄惨废墟。因为"前文明"的一切实物形象都不存在了，"神"（幸存者）只能说这是什么，那又是什么，和我们人类是什么关系。"神"（幸存者）说的这一切事物的根据是"前文明"中已有的知识，"神"（幸存者）只是把这些知识传授给他们的下一代罢了。之所以如此确信，是因为在"创世记"中有这样几个需要我们进一步了解的暗藏的信息：

1."神"（幸存者）在"六天"内创造世界万物的这个时间表可能是为第七日的休息而确定的，它本不是"神"（幸存者）在当时定下的，很可能它就是"前文明"中人类工作、劳动和休息的一个时间表，所以"神"（幸存者）在六日内就把所有的创造工作做完，第七日就可以休息了。这是"神"（幸存者）的后裔们根据传授的知识在后来才确定的。

2.因为"神"（幸存者）在六天内创造世界万物的工作程序差不多没有什么逻辑性：天空没创造出来，先创造了"光"，这是不合逻辑的一个地方："光"最先创造了出来，而发光的"光体"是第四日

222

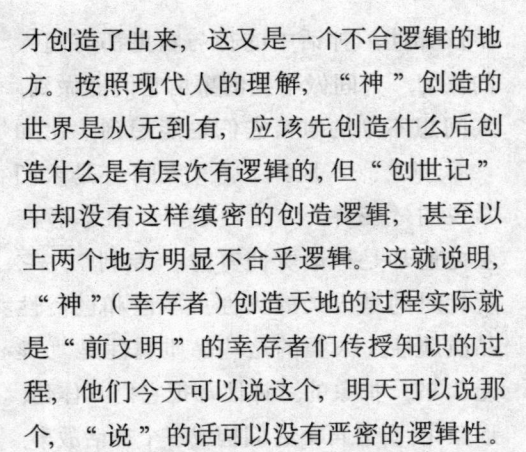

才创造了出来，这又是一个不合逻辑的地方。按照现代人的理解，"神"创造的世界是从无到有，应该先创造什么后创造什么是有层次有逻辑的，但"创世记"中却没有这样缜密的创造逻辑，甚至以上两个地方明显不合乎逻辑。这就说明，"神"（幸存者）创造天地的过程实际就是"前文明"的幸存者们传授知识的过程，他们今天可以说这个，明天可以说那个，"说"的话可以没有严密的逻辑性。

3. 创世记中的"神"（幸存者）和叙事者的话语关系是非常清楚明确的。先是"神"（幸存者）如此这般地"说"了一些事情，后由他们的后裔把"神"（幸存者）"说"的那些事记载下来，传承下来。由于传承的过程很漫长，在"说"的事情的逻辑上出现一些小差错也是可以理解的。但作为传承者和记载者的"神"（幸存者）的后裔们对"神"（幸存者）的话语非常尊重，既然是如此地传承了下来，就如是地记载，不做逻辑上的调整和改变，这既是后人对前人的一种尊重，也是后人对前人传承知识系统的模糊和不完全理解造成的。

《圣经》中"前文明"的幸存者们传授知识的痕迹是特别明显。然而现在的神话几乎都有一个相同或相近的反映模式，这又是因为什么呢？

我们知道，世界上所有的民族差不多都有自己民族的神话传说，只不过它们的传播方式不同，因而影响也有差别罢了。总括地看，神话传说反映的知识面非常广，有天地万物起源、人类起源、文明起源，乃至具体的衣、食、住、用、行、技术起源等，应有尽有。但是如果我们把各种神话传说故事综合一下看，世界上有名或无名的神话都大同小异，或者说都有一些共同遵守的模式。我概括了一下，大致以下几个方面都是神话传说所共有的。

1. 神话主体的雷同性。大多的神话传说中，基本有三种人物：上帝或神仙、魔鬼和妖魔鬼怪、现实的人类。这三者的关系往往是人类深受魔鬼类的伤害，无力反击，上帝或神仙们发现了此事，出来干涉，这就构成故事情节。经过发生、发展和高潮的一系列活动、斗争，神仙类的人物终于战胜魔鬼类，也就是正义战胜邪恶，从而使人类生活又归于正常。这种模式，既是故事情节发展的必需，也是神话类主体人物的一般构成。在世界各民族的神话传说中，为什么有这样模式化了的人物构成呢？你只要和前文一联系，就知道其中的奥秘了。其实，古代人类神话中的这三种雷同的主体人物，实际就是人类品质属性的拟人化过程。神类人物即是人类的天性品质属性；魔鬼式人物即是人类的恶本性品质属性；而现实的人类就是人类的世俗性品质属性。人类的这三种品质属性是客观存在，神话不像我这样直露，把人类的三种品质属性拟人化，从而构成故事，构成神话传说的基本模式。神话是通过曲折的借助暗喻等手法，将人类传承下来的真实历史文学化、艺术化，甚至是模式化，这

宇宙·智慧·文明

就是各民族的神话传说都有一个共同遵循的模式的主要原因。

2. 故事情节的离奇虚幻性。人类已有的知识告诉我们，只要是神话和传说故事，就是虚构和想象的产物，一般在现实生活中办不到的事情，在神话和传说故事中就能轻而易举地办得到；在现实生活中没有的事情，在神话传说中随处可见，而且只有这样离奇和虚幻，才符合神话的品质，如果没有了这些离奇古怪的事情和想法，也就不是神话传说了。

那么，神话传说中的这种离奇古怪和虚幻荒诞的事情是从何而来的呢？传统的说法是原始人类的现象和思维方式所致。其实，原始人类不可能有那么多闲情逸志想象那样一个虚幻的世界，神话传说中的那些离奇古怪的虚幻成分，实际就是"前文明"的辉煌传承与现实生活残酷的反差造成的。幸存者们所传达的"前文明"无奇不有，无所不能，而幸存者后裔们的生活现实却是"食不果腹"、"衣不遮体"。这种极强的生活反差就是神话的直接来源，先祖们把这种一虚一实的生活流传了下来，越后就越神奇、越宝贵，传承也就成了一种责任和义务。当然，后来的神话"故事情节"是根据后人的需要增减了的，这却是神话的流变历史，与我们以上的论题关系较远。

3. 拟人、夸张手法的广泛应用。这一点也是共同的，勿需多论，神话中的一切物都可以是活的，特别是都可以有人性，这就把神话世界与现实生活联系了起来。

不仅如此，神话中的神与魔鬼都有超人的法力，人间做不到的事情它们能做到，人间想不到的事情它们也能想到。比如"天堂"、"地狱"、"人间"是人们常说的"三界"，这"三界"在宗教产生之前却是神话所拥有的"专利"，它所针对的是人类的天性、本性和世俗性品质属性。人类的这些品质属性是"虚无"的，抽象的，神话却把它们具体化、形象化，并且再由它构成一个神话故事，使故事中的"人物"上天入地、来去自如。后来，宗教吸取了神话中的这些"合理成分"，把它们明确化、理论化，这样就形成了"天地人"三界的概念。其实，这一切形象的意象物和对世界构成的认识，本源上是源自人的品质属性，而在形式上是源自拟人、虚构和夸张等一系列文学的手法。这就是世界各民族的神话为什么雷同和具有共同的模式的主要原由了。

三、宗教的神圣使命

了解了神话的起源，我们再来讨论宗教的神圣使命就比较容易了。神话是宗教的前身，宗教是神话发展的必然结果；这个关系似乎是一种先天就存在的辩证本身，人力是无法改变的。

通过以上神话起源的论说，我们知道了所谓的"神话"是怎么起源的；但是从神话到宗教也不是紧接着就完成，它们之间也曾有过一个漫长的过渡阶段。下面，我们仍以《新旧约全书》中的有关记载为例来证明这个观点。

1."神人杂居"的时代

"瑞典学者丹尼肯在其代表作《众神之车》中把这一切不可思议的谜一概归之于'神',他认为是'神来到了地球,把人猿变化为人,并教会了识字、吃熟食、穿衣服、建筑等之后,才离开地球。并且他预言,'神'将在不久的将来还会重来。"⑪"丹尼肯所谓的"神",明显不是在地球上存在着的,它可能住在宇宙的某个星球上,不知什么动机突然来到地球上创造了人类及其世俗生活,然后又走了。给人类的一个悬念是它还会"重来"。丹尼肯描绘的这个"神"决然不同于《圣经》中的神,《圣经》中所记述的"神"(幸存者)应该是真实的地球人。比如《新约全书·马太福音》中记载:"耶稣看见这许多人,就上了山。"于是他对门徒们来了一次"登山训众·论福",他对"虚心的人"、"哀恸的人"、"温柔的人"、"饥渴慕义的人"、"怜恤的人"、"清心的人"——祝福。他继续论道:"使人和睦的人有福了,因为他们被称为神的儿子。为义逼迫的人有福了,因为天国是他们的。"⑫耶稣在这次"登山训众"的行动中,提出"神的儿子"、"天国"等概念。"神的儿子"使人和睦,因为他们是"前文明"幸存者的后裔,他们最懂得"和睦"的重要性,所以他们的美德得到福报。"天国"是属于"义人"的,如诺亚就是一个"义人"。"当人在世上多起来,又生女儿的时候,神的儿子们看见了人的女子美貌,就随意挑选,娶来为妻……那时候有伟人在地上。后来,神的儿子们和人的女子们交合生子,那就是上古英武有名的人。"⑬这里又提出"神的儿子"和"人的儿子"随意结婚的事,说明在当时的社会中,是已经把"神族"和"人族"分开看的。"神的儿子"属"神族";"神族"就是在"前文明"中幸存下来的诸如现在的科学家、思想家之类极少数的"精英"人物组成的家族,因为他们对"前文明"的一切过失都了若指掌,又在以后的漫长岁月中传承了先辈们的那些思想或知识,因而在神话起源的时候,他们就被称为"神",他们传承下来的那些话就成为了神话,他们的家族理所当然就成了"神族"。而那些"人族"又是具体指什么人呢?他们也是"前文明"的幸存者,因为不是"精英"式人物组成的家族,他们在漫长的石器时代只顾了生存,没能将"前文明"的相关知识传承下来,到了产生神话的时候,他们的后裔们对"前文明"的知识一概不知,他们只知道生存和生活,只懂得世俗,所以他们就被称之为"人族"。其实,神族就成为当时的"先知",人族便是现代文明的芸芸大众,或是被"神族"统治和奴隶着的人类。神族和人族的矛盾运动,就构成了《圣经》的主要内容,也就构成了人类和后来的宗教之间的矛盾运动。而《圣经》中所说的"神的儿子和人的女子交合生子,那就是上古英武有名的人"。这些"英武有名的人"其实

宇宙·智慧·文明

就成为古国时期最先的统治者和帝王贵族阶层。人类的历史发展到这个阶段，新的社会阶层又开始出现，"神族"、"人族"及后来的"英武有名的人"分别构成了宗教阶层的前身，人民大众阶层的前身和帝王贵族阶层的前身。这三个阶层的雏形的形成也就为西方现代文明的起源打下了基础，以后的发展就是以这个基础为依托，建立了西方现代文明的机制。

以上的简述给我们这样的启示，在现代文明的源头上所谓的"神人杂居"的时代，实际指的就是"当人在世上多起来"之后人类的又一次阶层分化，一部分被归入"神族"，另一部分被归入"英武有名"的帝王贵族，更多的部分被划入"人族"。这三个新的社会阶层的出现，似乎也不是谁主持划分出来的，它是在同样漫长的"神人杂居"时代（新石器时代之后）逐渐形成，它既是现代文明起源的前兆，也是后来的宗教和国家起源的萌芽。应该承认，西方在建立地球上新一轮的现代文明和现代世俗生活方面是走在了东方的前头，至少西方的文献史是走在东方古国之前的。

作为东方文明古国的中国，同样也经历了"神人杂居"时代，所不同者中国的"神人"时代没有孕育出世俗的宗教文化，却是建立了哲学的思维模式。比如在中国的上古"神人"时代，有名有姓的人物有很多：西王母、三皇五帝、伏羲、女娲、仓颉等都属于"神族"人物；姜太公、老子、孔子等，他们都是先人后神，他们的形象受到供奉，精神得到发扬。其中最著名的如黄帝、伏羲、神农等，他们都是半人半神的形象，他们的智慧无极限，创造无极限，可以呼风唤雨，可以全知全能。古代的学人将这些上古的英雄人物神圣化，认为人类的一切文明的智慧都是由这些神人创造的。实际上，从现在的角度看，中国古代真正的"神人时代"也是现代文明最初的社会阶层分化的具体表现，这些为数不多的"神"和"半人半神"的人们领导着最基层的"人"，而"神"之所以与一般的"人"不同，是因为这些神话人物一般都是政治首领加巫师的双重角色。在中国古代，巫师阶层实际就是知识分子阶层，或者是最原始的科学家阶层，他们通晓一切，无所不知，他们的"神"就在于知道的多，不仅知道"前文明"的事和知识，在现代文明的初创时期还有很多的发明和创造。政治领袖加发明家加创造者，在当时的生产力条件下若不把他们神化反倒是一种不正常。但是中国的"神人时代"过去之后，出现了高度集中的中央集权，出现了"阴阳八卦"、太极学说，偏偏没有建立起世俗的宗教文化，这即是东方文化不同于西方文化的地方，我们将在以后的章节中集中讨论。

2. 神人同居和由神变人的神话传说

在西文典籍中有"神人杂居"的传说。有"神族"和"人族"的儿女们随意结婚的记载，这在前文中已经论述。而在东方的中国，"神人杂居"和由神变人的神话更为具体，显得更可靠和更加可信。

据说"最初天与地很近，'人神关系是和睦的。天上住神，地上住人，能过天梯，人神可以往来，随着等级观念的产生，天神乃绝地天通'，天升高了，神与人有了界限。神高居天上,作威作福。同时天国里也有男神夺取了创世大母神的统治地位。""瑶族神话说，那时'人在地下说话，天上也能听得到'。汉族文献也有类似的记载，龚自珍在《任癸之际月台观第一》云：'人之初，天下通，人上通；且上天，夕下天；且有语，夕有语。'壮族神话说：'天地自行分离之后，那时候的天很低；爬到山顶上，伸手可以摘下星星。装到篮里，也可以扯下云彩来玩耍。'这仿佛是一首天真烂漫的童话诗，它把远古的世界描绘得何等神奇美丽。"

"许多神话讲，古时候天上的神和地上的人关系密切，不仅可以常来常往，还可以互相通婚。"⑭

那么，神人的关系为什么又不好了呢？天为什么原因升高了呢？"《湖北民间传说故事集》中《天是怎么变高的》说：古时天没这么高，天上也有人，并和地上的人通婚。当时上下关系很好，地下的人把梯子靠在南天门上爬上去玩。时间长了，天上的人总觉得地上的人不清洁，尤其是人吃了五谷杂粮、牛马羊肉，身上的臭气熏天。天上的人讲故事，地上的人也多嘴多舌。天上的人认为地上的人没事干，就派强盗下来教徒弟，派百草仙子给田上撒上草，又把害虫兽以及烦恼病疫传到人间。于是，地上的人从此便忙了起来，顾不得玩了。天上的人关了南天门，站在上面踩了几脚，天就升高了。""《国语·楚语》把天神断绝地天相通的原因讲得很清楚：'古者民神不杂。乃少皞之衰也，九黎乱德，民神杂糅，不可方物。颛顼受之，乃命南正重司天以属神，命火正黎司地以属民，使复旧常，无想侵渎，是谓绝地天通。"

"这种'绝地天通'现象的出现，从诸多创世神话所涉及的情节中，可见明显的原因有三：一是天神怕地上人造反；二是怕地上人找麻烦；三是嫌地上人不洁。因而使天远离大地。"⑮仫佬族的《天是怎么升高起来》的神话中是把人的"臭气熏天"和"不洁"作为主要原因的。

对于中国古代创世神话中天、地、神、人的关系，我是这样理解的：首先：神与人是当时的两个社会阶层。神是住在山上的"前文明"的幸存者，或是幸存者后裔，他们在地球的某些褶皱和较为荒僻的"港湾里"艰难地生存下来，并且依靠曾经有过的文明技术将他们的住所修建在宜于防御的山岩上，比如古希腊的神们都住在阿尔卑斯山上，中国远古的神们住在昆仑山上等。神们住在依山建造的较为安全和舒适的住所里，他们的住所对于依靠狩猎和采集过活的原始人来说，就是"天堂"，故谓之"天上"或"天国"的神。而对那些未能传承"前文明"的成果，逐渐散落到荒山野林中

宇宙·智慧·文明 大起源

靠采集和狩猎度日的普通人们来说，他们就没有前者那样幸运，他们住着天然的山洞，在一些起偶然的遭遇中，他们走到一起，聚合成一些群体。组群的目的是人多势众，在野兽横行的荒野里有益于生存，而他们的住所依旧在山洞里，或是半地穴式住所，吃的依然是野生的，用的就是石头木棍。从这种生活的反差和比较中看出，神和人的生活的确是不一样的，人们羡慕神的生活，而神们过着优裕和舒适的生活，"高高在上"、"作威作福"。

然而，在这里必须要明确的一点是"天上住的也是人"，是成为神的人，而非没有形体的纯粹神。这一点很重点，从功利方面说，人与神之间只是生产物质和享用物质，只有物质财富之间的差别，而从渊源上看，神与人各有来历：神们代表着先进的、文明的富有者，虽然人数极少，但影响特大；而人们是落后与愚昧的代表者，他们人数颇众，生活质量极差，文明的程度更低。因为神与人的这种区别，才使他们有了鲜明的对比。

这只是问题的一个方面。

其次，神人分离是必然的一种趋势。在中国各民族的古代神话中说，神人分离的原因是：人对神们有意见，试图要造反；人们闲得无事，又多嘴多舌；人们食五谷，食牛羊马肉，浑身有一股臭味；因为这一系列的原因，神们给人找了些事干，并且关闭了南天门，撤了从地到天的天梯，于是地和天逐渐地分开去，住在地上的人和住在天上的神也就拉开了距离。从此，天地分开了，人与神也彻底地分开了。原本人与神的关系是和睦的，自此就遥遥相望，以至没有近距离接触了。各种神话中的描述非常生动，也显得很真实，仿佛神人的分离就像一个家庭中的成员之间的离别一样。

可是，我们不禁要问：神人为什么要分离？神人的分离是一种必然吗？我的看法是神人非分离不可，他们的分离的确是一种必然。

人的繁衍和发展，原始生产力的匮乏和剩余劳动价值的产生以及对社会的管理和治理，这些方面都是神人分离的原因，但还有一个较为隐蔽，但以后将左右人类社会的因素的成长，是神人分离的主要原因，这个因素就是巫以及巫师的出现。

巫在古代的神话中不是纯粹意义上的神，他们只是人与神之间的一个媒介：自从神人分离之后，巫就成为神人之间的媒介，他们上通天，下接地，游走在神人之间的巨大空间里，巫的角色最初也许就是地上的普通人，因为神人分离之后，他们与神们的某种微妙的联系或神对这类人的好感，允许他们与神继续交往，实际上神也不能不食人间烟火，他们实际上也需要像成为巫和巫师的这样一些人来传达他的神旨。这样，神人之间原有的"杂糅"或"混居"以及人们通过天梯到天上去玩的亲密关系，就变成了神通过巫这个好媒介与地上的

The Origin: Universe, Wisdom & Civilization

人们联系的关系，神的天梯撤了，但那只是物理意义上的撤离，巫以及后来的巫师群体们依然在充当着"天梯"的作用，"天梯"的本质依然存在着，人与神的联系依然存在着，这是一个"换汤不换药"的智力小游戏。更重要的是巫以及巫师阶层后来的超常发展，因为他们住在地上的人群之中，本来也是普通人中的成员，但他们的不寻常在于他们能够继续和天上的神们往来，其他人就没有这样的本领；他们能知"天意"，能传达"神"的旨意，能超前地预言一些事，其他人做不到。他们之所以能做到这种超凡，关键是他们和天上的神继续有来往，得到神的点拨和熏染之后，就和地上的普通人不一样了。这样一来，除了神和人，又一个新型的能知神意的社会阶层出现了，人们不再直接和神打交道，而是通过巫这个中间阶层打交道，实际上巫这个作为天地媒介的社会阶层就成了人间真正的"神"；他们的行为具有神意，他们的言论代表神的言论，无论天神们有没有这样的言论，人们都得信以为真。

因此，从人类繁衍和社会发展的角度看，神人的分离是一种必然，即使在当时不发生分离，稍后也会发生；因为人类的繁衍必然导致社会的分层，而出现在神人和天地之间的巨大空间中是当时社会的必然，是非常合理的一个阶层，除此在当时不会出现其他阶层的，也产生不出来。

3. 从巫师阶层中产生出政治首领，形成社会管理体制的最初形式

既然神人之间产生出一个巫的阶层来，那么毫无疑问，这个阶层并非等闲之辈，他们上领神的旨意，下负人的使命，在天地间会做出一番大事业来的。他们会做出什么大事业来呢？那就是巫师兼政治领袖，也就是人间的最初统治者。一方面，他们拥有超人的优势；他们由最早的神人之间的媒介演变成了后来的神的"代言人"，他们的知识比普通人多，他们的言论代表着神意，无人敢不听，从他们中间产生出当时社会的管理是一种历史的必然。另一方面，从社会发展的角度看，无论一个大家庭还是一个民族或部落，都需要一个有威望有能力的人来管理和领导，在神人分离后的较为原生态的人群中，由通天通地的巫师来担任一个氏族群落和部落的首领是再合适不过的。实际上，从今天的角度看，当时的巫和巫师就是当时的科学家、学者、医者、政治家以及诸多领域的发明家，中国古代的黄帝就是这样一个大巫师，同时也拥有以上诸多的头衔；大禹也是大巫师，他在治水时期用神鞭赶着巨石群跑，实际就是巫师在做法。"三代"的诸位帝王，直到唐宋时期的帝王们都还在泰山之类高山祭天祭地祭诸神，实际还在扮演着巫师兼政治领袖的"天子"角色。

因此，从天地人神分离的古代神话中我们不难看出，最早的"神人杂居"和天地相接的原始生活应该是"女神时

宇宙·智慧·文明 大起源

代"的事情，理由有三：一方面女性具有母亲的巨大包容性，视百姓为自己的儿女，故可亲近相处；另一方面，女性喜欢净洁，因为人身上有臭味或因不洁而与人分离，也是有其现实生活基础的；还有一点，就是"女神时代"的主要任务和女神们肩负的神圣使命就是尽可能快地繁衍人类，当她们的"任务"基本完成，"使命"接近结束或不再"神圣"时，男权时代就到来了。比如在湖北的民间神话中就说，神们住在天上，"天国里也有男神夺了创世大母神的统治地位"的说法，这种说法本身就意味着"女神时代"的结束和男性时代的到来，"天上的神人"们将退去，地上的人将占据神的位置。亲近和睦的"女神时代"随着"天地分离"将远逝，而出现在天地间的巫师阶层将取代她们的地位，并将统治地上的人类。可以认为，整个神话产生、发展和结束的过程，就是从"前文明"传承下来的"女神时代"的生成、发展、衰亡和男权时代兴起的过程，也就是由旧石器时代中晚期的人类原始社会向新石器时代过渡，并终结新石器时代的过程。

与上述的天地神人分离神话完全不同的是藏族的创世神话，它描述的是最早的"神"如何变成了现在的"人"的过程，实际也就是"前文明"的文明人（神）怎样演变成了现代文明源头上的原始人的过程。

藏族的创世神话认为，在宇宙未形成之前，天地是一片未开的混沌世界，是火、风、水、土和空气这五种元素不停地运动，造就了宇宙万物。在宇宙中最早出现的是须弥山，它是宇宙中的中心，是神们居住的地方。当然须弥山的四周形成"东胜圣洲、西牛贺洲、北俱卢洲、南赡部洲"时，保护大神帕杰得带了众神和"半神"来到了南赡部洲。当时的南赡部洲是空旷无物的，众神和"半神"们来到赡部洲，靠他们自身的神力，在南赡部洲生活得很幸福、很舒适，无病无饿也无忧愁，神与神之间相敬如宾。后来，一个年轻的神从一座山上发现了一种无色透明的叫做"萨复"的食物，众神们吃了这种食物之后就不想吃其他食物了。而且很快，众神和"半神"们都迷上了这种食物。有一位长者知道常食这种食物，神们就会失去神力，失去自身的光芒，疾病缠身、烦恼不去，他好言规劝众神和"半神"们再不要吃这种有危险的食物了。可是众神和"半神"们根本听不进去，继续在食用这种"萨复"。后来保护大神帕杰保也知道了这事，他也无奈，说，这是众神们必有的孽缘，无法避免。果不然，众神和"半神"们不听劝告，继续食用"萨复"，渐渐"萨复"这种食物减少，没有了，而众神和"半神"们完全失去了神力，失去自身的光芒，昏昏沉沉、疲乏无力地变成了低级的人！由于众神和"半神"们都失去了自身的光芒，宇宙变成一片黑暗。直到这时，众神和"半神"们知觉到了食用"萨复"的错误。但已经为时已晚。好在众

The Origin: Universe, Wisdom & Civilization

神们以往的福德深厚，他们跟随保护神帕杰得祈祷。不知过去多久，众神和"半神"们都昏昏睡去，当他们醒来时，眼前亮堂堂的，黑暗消失了。原来，在他们祈祷后的昏睡中，宇宙之光出现了，它们就是太阳、月亮和星星。在宇宙之光下，已经失去神力的众神和"半神"们"谢过善行和时间的恩典"，开始了"人"的生活。⑯

藏族远古的创世神话，有两点耐人寻味的而且在其他民族的神话中是没有的和不全面的。第一点，在宇宙中形成了第一座神山须弥山时，在它的四周相继形成了"四大洲"，即东胜圣洲，西牛贺洲，北俱卢洲，南赡部洲。须弥山是宇宙的中心，是神们居住的地方，而在"四大洲"中唯有南赡部洲中迁来了须弥山的神和"半神"，最终由神们演变成了人类。藏族创世神话中的这一点非常有意思，我甚至认为它就是远古人类真实的历史写照：须弥山，现在的宁夏有其真名的山，但佛教中的须弥山是经过神话和宗教化了的虚拟的神山，而藏族创世神话中的须弥山，我认为是指青藏高原北端的昆仑山，包括帕米尔高原在内的地域。一方面，昆仑山在远古神话和其它民族的文献中就被称之为"世界的中心"、"宇宙的肚脐"，藏族创世神话也称之为"宇宙的中心"，这一点藏族的创世神话和其他民族的文献记载相一致。另一方面，住在须弥山的神们南迁至赡部洲来住，并且在这一洲形成了现代人类。实际上，这是指居住在昆仑山的"前文明"的幸存者们，经过一段时间的发展后，有一部分幸存者南迁青藏高原的东南地区发展。这一迁徙的方向，从帕米尔和昆仑的角度看，就是向南方迁徙的，故称之为南赡部洲；而南迁的一支即由帕杰得大神率领的这一部分众神和"半神"最终成为了藏族上源的始祖。这一观点也符合于目前在青藏高原和云南等地考古发现的历史事实，我将在下一章还要进行专门的讨论。

第二点，就是由神演变为人的这个过程，在其他民族的创世神话中是很难见到了。由帕杰得率领的众神和"半神"们来到南赡部洲，开始靠自身的神力过着无忧无虑的生活，来后吃了"萨复"这种食物后，众神和"半神"们失去了固有的神力，失去了自身的光芒，逐渐演变成了"低级的人"。这个演变过程同样具有历史的真实性，我认为众神的"神力"和神们自身就拥有的"光芒"实指"前文明"的幸存者们本来就拥有的文明和文化，因为很少的一些幸存者迁徙到南赡部洲的空旷地，他们没有条件继续文明的生活方式，只能找寻充饥的食物，如"萨复"等。本来是些文明的幸存者却过着野人一样的生活，天长日久，文明的人就变成了具有野性的"低级人"人，也就是"神"们演变成了"低级的人"。后来，在《西藏创世之书》中还有神们演变成"低级的人"之后，没有了"萨复"可食，竟然出现了相互残食

231

宇宙·智慧·文明 大起源

的恐怖场面，也就是"人吃人"的历史，这种历史在其他民族的传说中也有，仿佛在远古的时候曾经有过这样的时期。虽然由神变人的历史过程在藏族创世神话中是以神话的形式出现，但它更符合历史的真实，这一方面的话题在下一章中还要继续讨论，这里就不再重复。

4. 神话沃土中诞生的宗教

一般认为，宗教是人类社会发展到一定水平出现的社会历史文化现象。在原始社会里，由于人们对自然现象不能理解，便产生了对"超自然力量"的崇拜，形成了最初的宗教。作为一种意识形态，宗教是现实世界在人们意识里的虚幻的、歪曲的反映，要求人们信仰上帝、神道、精灵等，把希望寄托在"天国"和"来世"。

现代较为完善的宗教体系，的确是这样的，它劝化人心，拯救人的灵魂，相信神和上帝的力量，引导人们放弃现世而期待完美的来世等。这些基本的宗教思想，信教徒们知道得非常多，也很相信，即使不信教的现代人类多少都知道一些。但是现代人类知道的仅是宗教仪式和经典里的一些知识，并不清楚宗教起源的真正原因，即使我们传统的宗教观念，对于宗教起源的认识也有偏颇，至少我们对宗教的定义是不准确的。

宗教信仰的产生，并非建立在"图腾崇拜"和对"超自然力量"的崇拜这些普通认识基础之上，而是"前文明"的幸存者们对于人类史前经受的巨大灾变的阴影，在人类原始记忆中反映的产物。这一点，我们可以从以下三个方面得到证明。

(1) 从"多神"到"一神"的统一

"在摩西之前，一神论的耶和华教就已经在巴比伦流行了。不过，当时其他神明的声望要高得多，犹太民族则在继续进行反对'崇拜偶像'的斗争。尽管如此，耶和华仍然在教义中被奉为唯一的帝，他在摩西十戒的第一戒中明确说道：'我是你们的主，你们的上帝，除了我，你们不可再信奉其他的神明。'"⑰

"我是你们的主"，耶和华教导他的信徒们。这说明在当时的世界上有很多的"主"，因为那些得到"前文明"幸存者的传承的家族都可以树立起自己的家族的"神明"，宣扬自家"神明"的一些思想和主张。因此，当时的世界秩序有点乱，特别在精神方面众说纷纭，没有一种统一的思想体系，这在很大程度上影响了当时社会的发展。所以耶和华极力强调自己"唯一"存在的突出地位："除了我你们不可再信奉其他的神明。"主很多，神明也多，信仰的人都分散开去，没有统一的意志，混乱的秩序也就无从得到整治。耶和华的一神教从多主、多神明的地中海东海岸走出，并确立了自己不败的地位，这是原始的神话世界宣告结束而现代世俗的宗教崛起的重要标志。

关于这一时期的历史真实，我们可以从"先知"存在着的状况得到证实。

"先知属于他生活的时代。但是在重大的时刻,他也站在世俗秩序之外;他一只脚踩在有限的时间里,另一只脚在无限的时间里;他的耳朵朝向永恒,他的嘴向着城市,他讲的话出自上帝的旨意,然而他传达的通常是审判。对他的听众而言,他的话是凶讯。""传达凶讯的人是不受欢迎的,传达者常常得冒相当的风险。先知没什么办法逃避这种风险。《列王纪上》第二十二章里的先知米该雅就是一个例子。尽管他不情愿,他还是被带去见邪恶的暴君亚哈王。当时异教徒祭祀西底家戴着饰有铁角的面具,领着400个专会溜须拍马的御用先知狂乱地跳着舞。(《列王纪上》22:11)这些先知已经说了一大通甜言蜜语,以讨他的欢心:那去召米该雅的使者对米该雅说:'众先知一口同音地都向王说吉言,你不如和他们说一样的话,也说吉言。'米该雅说:'我指着永恒的耶和华起誓,耶和华对我说什么,我就说什么。'"⑬

"先知"米该雅不仅是聪明的,而且也是正确的。"先知"这种职业,在基督教产生之前是一个专门的阶层,他是超脱于政治的、不关注流行事物的"预言者"和"审判者"。"也就是说,先知是'旷野里呼喊的声音',而不是胡乱选择职业上碰巧当上了先知。真正的先知的重要特点首先是他自己并没有主动去争取先知,他是——'被上帝召唤的人'。""一旦被任命,或者说'被召唤',先知就得完全放弃自己的能力和自觉想象力,让自己为神圣所占据,讲上帝直接告诉他的话……他仅仅是代言人、誉写员、喉舌。"这样一种特殊的职业,正如它的名称一样,既知过去又能预测未来,只要"先知"一张口,"凶讯"就降临。曾经创立了"一神教"的摩西就是第一个承担先知任务的人,米该雅也是。这些"先知"者的历史角色,从我们现在的角度看,那就是曾经的"神族"的代表或"神明",从米该雅的那段记载中可知,在基督教产生之前,这样的"先知"和"神明"已经很多,米该雅无疑是个真正的"先知",而在亚哈王身边甜言密语的那"400个先知"却是御用的、假的,因为他们已经违背了"先知"的职业规则,说着违心的甜言蜜语。不过,仅从米该雅被召见的这件事情本身,我们就能看出,真正的"先知"米该雅的聪明在于他遵从耶和华,因为他对自己的言语无法控制,是上帝让他如此说的。虽然如此,米该雅明显和"400个御用先知"以及亚哈王本人对立着,他所承受的压力和风险是清楚的。但米该雅还是如实传达了上帝的旨意,指出亚哈王出阵必遭"审判",结果亚哈王战死,米该雅也不知去向,从此销声匿迹。这件事说明,在基督教产生之前,曾经有过一个非常漫长的"神明"时代(神话时代)或"先知"时代,到了米该雅时期,宗教产生了,而且宗教与政治合为一体,征服或吞并不同教派的信徒,而"先知"们也越来越不敢报"凶讯",说"凶讯",

233

宇宙·智慧·文明

更不敢轻易"审判"什么，他们开始违心地说"吉言"，以讨好政治，保全自己。而这个过程，正是"前文明"及其"神话时代"的彻底终结，现代文明蓬勃崛起的重要标志，一切都世俗化，甚至被世俗生活淹没了。

(2) "三界"的设置

宗教的世界从一开始就是一个立体的世界，无论是从地中海东海岸崛起的犹太教、基督教、伊斯兰教还是后起的佛教，它们的时空世界都是高度的一致，这就是地狱或魔鬼的世界，人类的世界即人间、天国或天堂般的世界，这三个世界分别对应着人的本性品质（魔鬼）、世俗性品质（人间）和天性品质（天国或上帝）。如果我们把这两方面的内容统一起来，演绎一番的话，那就是力大无穷的魔鬼（人的本性品质导致的"前文明"灾变）吞噬了灾难深重的人类，但人类是不可能被吞噬干净的，有一小部分人类仍然在魔鬼的阴影下艰难地生存了下来，他们的生存意志力来自至高无上的上帝（天性），说明上帝的力量还是大于魔鬼的力量。然而魔鬼的阴影仍然挥之不去，于是它就成为人间的畏惧的地狱（人类本性品质形象化寓意）。但"天国"（人类天性品质的形象化寓意）不可能容忍"地狱"的独立存在，于是就从"天国"派"上帝（天性品质的形象化代表）来整治魔鬼，拯救人类的灵魂到"天国"安息。因为上帝知晓一切（"前文明"被毁的情形）、能创造一切（"前文明"的传承），

你若不按上帝的意旨办事就会受到上帝的惩罚（如偷吃禁果后）。所以，最初的神学思想都具有两面性：文明与灾变，真善美与假恶丑；但由于"神学"在神话和"神明"泛滥的时期没能把这两面统一起来，唯独世俗的宗教从"神学"和"神话"世界里诞生的时候，才把世界的这两面最终统一到了人自身。

(3) "原罪"思想的确立

"原罪"是什么意思呢？在基督教的教义中是人类的始祖亚当和夏娃因违背了上帝的旨意，偷吃了禁果而犯下的罪过。基督教通过教义把这个罪过传给后世子孙，绵延不绝，因此称之为"原罪"。其实，被亚当和夏娃承担了的这个"原罪"完全是一种转嫁。亚当和夏娃只不过受蛇的引诱偷吃了智慧之果，开启了人类自身的智慧，作为宇宙高级智慧生物的人类这有什么罪可言？况且它怎么能成为"原罪"呢？如果一定要说有"罪"，那么这个"罪"就是人类所拥有的智慧。人类靠智慧创造了世俗生活，世俗生活又被人类本性所摧毁，如若追究下去，其根本罪责还在人类的智慧。所以，基督教"原罪"的说法，准确地说那就是人类在"前文明"中所犯的罪孽，因为人类在"前文明"所犯罪孽过于深重，所以宗教从"前文明"神话中产生出来时，就将"原罪"的罪名戴在了由上帝照自己的样子创造出来的现代人类始祖头上，让现代人类有一种"原罪"感，时时受到上帝的监督与惩罚。

实际上,"上帝"非常清楚,"原罪"的根源还在于"前文明"的巨大灾变,但"上帝"不提"前文明"中造成的"原罪",只在现代人类始祖那儿随便找到一个借口,把"前文明"犯下的原罪转嫁到现代人类始祖的身上,确认现代人类生下来就是带有"原罪"的。因为这个转嫁者是上帝,作为他的信徒的人类也就默认了,不问为什么,也不做反抗的姿态。"上帝"也不作进一步的解释,说你人类负有"原罪"就是负有"原罪",干嘛要问那么多、解释那么清楚呢?"原罪"的转嫁从表面上看有点过于勉强,甚至于理不通,但在本质上是正确的。因为从人类所具有的宇宙高级智慧生物的基本属性看,人类无论在"前文明"中干了什么,在现代文明的开始阶段还没干什么,这都无关紧要,最重要的是人类的属性是通的。也就是说,"前文明"中的人类是那样的本性品质,现代文明中人类的本性品质依然不会改变,即使到了未来的某些时候,人类的本性品质会照样如此,只要人类还生活在地球上。因为人类的基本属性不变,本性品质不改,"原罪"这个沉重的枷锁始终不会离开人类的脖颈。从这个意义上说,亚当和夏娃偷不偷吃禁果,那都不是最重要的,重要的是人类本来天生就负有"原罪",只不过在现代文明的源头上重新强调一下,把这"原罪"的枷锁从"前文明"的人类身上取下来重新安放到现代人类始祖的脖子上,

使其"合理"、"合法化",这就是"原罪"的全部内涵和意义。

由此可知,"原罪"这个词,并不像我们平时随口说说那么轻松,它是人类血泪历史的凝聚,是人性长河中不断翻腾着的一大股浊流。它不会因为某一届人类文明消失而消失,它将伴随人类的品性始终,只要人类还有一些气息,一滴血脉,"原罪"的枷锁就不会从人类身上消失。

5. 宗教的终极使命

宗教虽然源自神话的沃土,但宗教不是神话。神话是人类"前文明"的一种文化载体,是"前文明"幸存者们对于"前文明"中一切善和一切恶的原始记忆,它通过漫长的传承经历之后有了文学的夸张和虚拟特性,所以现代人类的历史把它排斥在历史之外,认为是不可信的,其实它的一切内容都应该是真实的,只不过有些"前文明"的知识不能被现代人类理解罢了。而宗教是一种精神上的信仰和偶像崇拜现象,它形成一种专门的组织,具有专门的宗教教义和教规,有宗教的精神领袖、僧众和信徒。宗教针对的是现代人类的精神世界,它通过一系列的传教和信教活动,对信徒的灵魂或品性发生作用。宗教的起源目前还没有确切的时间,有说几万年前,甚至十几万年前的,西方的某些学者认为在中国的猿人阶段就已经有原始宗教的痕迹了。按传统的宗教理论,宗教起源首先就是个非常模糊的概念,它与意识的

 宇宙·智慧·文明

起源相仿，只是区别、辨别它就比较困难。其实宗教的起源没有那么漫长那么模糊，那样的不确定。宗教的起源是有着明确目的性的，它不是为了某种模糊不清、抽象虚幻的超自然之存在而起源，而是为了拯救人类的灵魂，矫正人类的品质属性而起源。

首先，宗教拒绝智慧，这在东西方文化中都高度地趋向一致。比如《圣经》中的"原罪"和中国《老子》的"小国寡民"思想是何其的相似。《圣经》给现代人类的始祖们设计了一个"伊甸园"，里面花草树林应有尽有，吃喝不愁，无忧无虑，只要按上帝的旨意生活下去，该有多好哟。《老子》给人类设计了一个"小国寡民"的理想生活模式，人们在其中生活可"鸡犬之声相闻，民至老死不相往来"。东西文化源头上的这两种生活模式都是当时的"圣人"和"上帝"为现代人类设计的。可是，人类这种高级智慧生物一点也不像动物们那样恪守生活的陈规，他们放着安乐不享受，偏要给自己的生活找麻烦。这样，西方的上帝老爷把"伊甸园"里犯了"原罪"的现代人类始祖赶出了"伊甸园"；而东方"圣人"设计的"小国寡民"生活圈子里干脆没人问津。人们还是喜欢大而全，喜欢热热闹闹，是是非非，特别是喜欢自己聪明、有智慧。人类的这种喜欢动感的品性和上帝、圣人们所偏爱的安静相比，没有一点共同性。于是，西方就产生了专管人类灵魂的机构——宗教。因为

人类的行为触犯了上帝的尊严，是有"原罪"的，需要有专门的机构来管理和负责这一揽子事，这就是西方宗教产生的根源。而东方的古圣们没走西方的路，他们拿出一整套关于"天地人"的大道理来讲给人类听，试图让人类的灵魂安居于天地之间，融合于天地之间。东西方古文化分别走出的这两条路子，其实也就是教化现代人类的两种最基本的方法。现在我们回头再看人类在"伊甸园"里所犯的"原罪"，其实是上帝的一个预设（"圈套"），上帝给你这么优裕的一个生活条件并表明什么不可能触犯：人类的好奇天性就是出智慧，偏偏他们偷吃的也是智慧之果，这就使人类自己落了个"咎由自取"的下场，上帝说你这种行为是什么就是什么，你没有丝毫更改的理由。于是上帝就把人类品性中难以悔改的特质确定为"原罪"，让人类永远不能从"原罪"的枷锁中解放出来。实际情况也是这样，只要人类在地球环境中生活着，人类的本性品质属性也是改变不了的。如果上帝直接说，人类的品质属性如此如此的恶劣，需要改造，这种"教诲"人类恐怕不服气，因而也不接受；但让人类的始祖触犯什么，然后定个罪名，让人类世世代代地改造，这种方法似乎把人类的嘴堵塞住了。不仅如此，上帝还是以"我与你立约"的方式把这种改造"原罪"的形式确定下来，使其合法化，这就让人类再也没法反抗。但是人类的本性品质经常地还在触犯"上

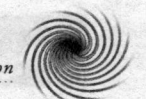

帝的意旨"，这就使人类真以为有"原罪"存在的，也就乐意接受这种思想了。

那么，西方的宗教与东方的哲理文化为什么异口同声地反对人类拥有智慧呢？这就联系到人类最内在的本质属性了。我们在前文中已经说过，人类的世俗性品质就是智慧和创造，而人类的本性品质却又是自私，贪婪，强烈无比的欲望以及失去理性的破坏。人类的这两个品质属性害得人类自己不能安稳地生活，总是处在是是非非、动动荡荡的旋涡之中；如果人类的世俗性品质创造的财富越多，本性品质的贪欲就越强烈，人类的社会动荡的幅度也就越大。所以为了让人类安稳地长久地生活下去，只有拒绝智慧，拒绝创造，也就是拒绝人类世俗性品质的进一步发挥，如此则世间没有那么多财富，人类的本性品质也就不会产生那么强烈的占有欲，人类也就能在一种无忧无虑、无创造也无贪欲的状态下安静地生活。因此，西方的宗教因为人类有了智慧，知道了羞耻而定了一个"原罪"；东方的"老子"直言不讳："智慧出有大伪"，因而他给人类设计了一个"小国寡民"的生活模式。他们的共同目标就是拒绝智慧，排斥智慧，认为人类的智慧就是一切不幸的祸根。

其次，人类本属宇宙高级智慧生物，人类的智慧是天生的，拒绝不了，也掩埋不住。既然拒绝不了人类的智慧，那么宗教就应运而生，出面来拯救人类的灵魂。这一点，我们可从基督和佛陀这两位"宗教创世人"的行为中得到证实。

德国伟大的生物学家海克尔在他的《宇宙之谜》一书中说：基督和佛陀"这两位'宗教创世人'的生活基调都是云游四方，都是教诲和拯救人们，通常有弟子陪伴，有时会因休息而中断（如宴会、沙漠的孤寂）。此外，他们还在山上布道，隆重进入大城市，并在大城市逗留。即便在许多细节的顺序上也显现出惊人的一致。"⑲这两位"宗教创世人"一东一西，在远古的时候也没有交通的便利，他们想私下里商量一番，没这个条件。可是，他们最原始的宗教传播方式为什么会高度地一致呢？如海克尔所言"在许多细节和顺序上显现出惊人的一致"呢？这就牵扯到宗教的最初的出发点和原始宗教传播的条件。

宗教诞生的前提和基础是东西方各民族广泛的"神话"传说，而宗教破土而出形成专门机构的动源在于上古神话和"神"的泛滥以及人类智慧的再次崛起。

还在宗教诞生之前是人类的神话时代。这个时代相信经历了很长时间，因为从"前文明"中幸存下来的人们都有各自的一些神话，有些"精英"人物干脆就变成了"神人"或"神族"，这就使神话时代的后期出现了"多神""多主""多神明"的混乱现象。人类的智慧和创造随着冰期的后退和新石器的演进，发展得很快很快，而人类的精神世界却是一片混乱，"六神无主"。人类的这种存在状况又是很危险的一种状况，

宇宙·智慧·文明 大起源

至少它给远古的一些圣人们显示了这样的一种景象，这就急需终结混乱无序的神话时代，而要将人们的精神世界统一起来。这就是世界宗教诞生的背景，也是动力源。而基督和佛陀恰恰就是这种"时世造就的英雄"，他们的出生都不凡，至少都不是凡胎；他们都有着某种强烈的忧天忧地忧民的"忧患意识"，都有着"拯救"人类灵魂的基本心理素质和大志，按照上帝和天神的说法，他们也不是人间凡人，是天国"派到人间来专门拯救人类的"救星。这样，东西方的宗教创世人就诞生了。

然而在当时的条件下，怎么才能达到通过宗教来"拯救"人类灵魂的目的呢？具体方式即是在"云游"过程中进行真理的传授和教诲。基督"教诲"人类的根本理由是由于人类曾经犯下的"原罪"。人类因为偷了智慧之果，触犯了上帝，上帝不仅把亚当和夏娃赶出了"伊甸园"，而且又发动了一场规模巨大的洪水淹没了人类的一切文明，只留下一个本性品质较好的"义人"诺亚一家及其动物，作为新一轮文明的开启。相信上帝亲自选定的这位"义人"能给新的文明带来一个好的开端，但上帝还是不相信人类，认为"人从小就心怀恶念"。为了消除人的这种"恶念"（本性品质），基督就开始了一系列的传教活动。

相对基督，佛陀创立的佛教的切入点不同。佛教是从人类的生理方面入手，阐释人生的苦难历程，认为人生在世，"生"的困惑和痛苦也不是随便自生的，它是"前世"的孽障太深所致。因为人类在"前世"造了孽，犯了罪，干尽了坏事，所以在"今世"（或现世）就得到了报应，本来不该有的疾病也有了，本来不会遭遇的灾难也遭遇上了，这一切都不是在"今世"中偶然发生的，而是"前世"的罪孽在"今世"的显现。假如他在"前世"是个作威作福、天良坏尽的大富豪，那么他在"今世"一定会得到相反情景的报应：他会变成一个穷困潦倒的乞丐，腿瘸眼瞎，吃了上顿没下顿，终生受尽苦难。这就是"前世"作孽多端的报应。那么，人类在"前世"中所作的孽障已经无法改变，在"今世"得到报应也无话可说，除此人类就没有一点好的希望了吗？有。那就是佛教指给人类的"来世"。只要你在"今世"忍受种种苦难，尽可能地回报了"前世"所造的孽障，那么你在"来世"很可能就有一个比较好的生活处境，或者是才能生活得好一些。佛教建立的这个"三世轮回"的宗教思想，从另一个较为隐蔽的视角反映了人类在"前文明"中所造的孽障和在现代文明中应该忍受和遵守教规的统一性和一致性。表面地看，佛教思想有别于基督教是有关人生和生命的宗教，其实它的理论的根据仍然是人性品质的不同层面和人类在"前文明"中所犯的罪孽。因为人类在"前世"或"前文明"中的业绩不佳，表现极差，本性品质暴露无遗；所以在"今世"或现代文明的生

238

The Origin: Universe, Wisdom & Civilization

活中就应该忍受一切苦难，回报"前世"或"前文明"的罪孽。这既是佛教建立自己的宗教学说的历史根据，也是人类真实的生活现实。

所以佛教通过"三世轮回"说，引导人类"悔过自新"，哪怕在"今世"多忍受点苦难，争取在"来世"有个好的处境。那么，普通的芸芸众生怎么才能做到这一点呢？佛教的创世人佛陀就给信徒们树立了一个光辉的榜样；他本是一位王子，可以享尽人间的荣华富贵；可是佛陀远离了享受，走上了苦难重重的挽救普通众生的大道。他无求无欲，虔心修道，坐在菩提树下悟道成佛。佛陀奠定的这条路，就是所有佛教僧侣们效仿走的路，也是普通大众学习和模仿的一条成佛之道。佛陀在奠定这样的修行之路之后，就云游四方，传播自己的思想，并收留信徒，让他们把他的这一思想或主张传承下去。这即是佛教"拯救"人类之道。

综上所述，我们可以得出这样的结论：

（1）无论西方的基督和东方的佛陀，他们建立宗教的思想出发点或理论根据是完全一致的；基督预设了"原罪"思想，然后让人类通过宗教的方式来消除这种罪恶，力争使人的灵魂能进入"天国"；而佛陀的"三世轮回"说更加形象地阐明了人类在"前世"或"前文明"中的诸多罪孽，通过忍受苦难和个人修行的方式，消除"前世"罪孽，争取成佛，进入天堂。这两种宗教的思想出发点都与人类的"前文明"灾变和人性品质中暗藏的潜在罪恶直接相关。假如我们把这两个宗教的"原罪"和"三世轮回"思想抽取出来，它们的存在就没有了一点意义。

（2）基督教和佛教的最终使命就是"拯救"人类，特别是要"拯救"人类的灵魂，这一点是完全一致的。所以，宗教诞生的最根本理由就是由于人类曾经有过的诸多罪恶和防止人类重犯过去的罪恶这一历史事实以及人类品质属性中仍然潜藏着的罪恶的因素，如果没有了这一前提和这个事实基础，那么宗教的产生和发展就是纯粹荒谬的，就很难让现代人类理解和接受。

（3）由于宗教建立时期必须要有的这种对"前文明"的"保密性"和对于人性品质属性的隐蔽性，宗教创世人们无一例外地采取了曲折、隐蔽和象征的方式来表达他们原初的思想，比如在《申命记》中有这样的记载："隐秘的事，是属耶和华我们神的；唯有明显的事，是永远属我们和我们子孙的，好叫我们遵行这条律法上的一切话。""他们遭遇这些事，都要作为签戒；并且写在经上，正式警诫我们来世的人。"㉓这里提到的"隐秘的事"就是隐藏在"原罪"背后更深刻的思想和历史真实，它只能"属耶和华和我们的神"，别人不会知道；别人知道的，或者说是耶和华所能公开的就是"明显的事"，之所以要公开这些"明显的事"，是要"警诫我们来世的人"的。所以，"原罪"背后更深刻的思想和"三世轮回"的象征寓意，基督和佛陀都没有直接明说，这既为宗教的神秘特征打下了基础，也为后世人类的误解创造了条件。至于后来世界各大宗教派系越来越多，越分越细，宗教体系本身在理解宗教原义方面也发生了诸多分歧，这就是现代人类对于宗教这种精神现象越来越不理解的原因。甚至现在就连宗教机构本身也忘却了宗教最根本、最神圣的使命是"拯救"人类灵魂这一主题。派系之间你争我斗，互不相让，这就更加远离了宗教最基本的使命和原初意义，变得更加荒谬不堪了。

（4）由此，我们也可以得出一个比较明确和具体的宗教定义：宗教就是由"前文明"被毁而引起的控制人类恶本性和启发人类天性品质的说教，它通过某种已成定式的仪式来达到预期的教化效果，从而将人类的恶本性控制在萌芽状态。迄今为止的宗教史家和哲学家们对于宗教的定义，要么过于抽象，要么过于刻板，或是把宗教的起源与本质同某种偏颇的政治意识形态联系起来，这样的宗教定义都不能揭示宗教更深层次的本质。现行的各种宗教之所以盛行不衰，并非因为它与政治和社会这些浅表层次的理念结合在一起，或是个体自生的虔诚信念，而是现代人类对"前文明"梦魇般的毁灭记忆，使人类自己看到了自身之中潜藏很深的恐惧和黑暗，故以宗教这一缓慢发展而来的"圣灯"驱散人类灵魂之中的黑暗，从这个角度说，宗教是驱散人类灵魂之中那个可怕的黑暗的"圣灯"，而且宗教只能是现代文明的产物。

注释：

①② 加里·特朗普著：《宗教起源探索》，四川人民出版社，2003年
③④ 阿德里安·贝里著：《大预言》，新世界出版社，1998年
⑤ 布莱恩·赛克斯著：《夏娃的七个女儿》，上海科学技术出版社，2005年
⑥ 乌格里诺维奇著：《艺术与宗教》，三联书店，1987年
⑦ W.C.丹尔皮著：《科学史》，广西师范大学出版社，2003年
⑧ 苏三著：《三星堆文化大猜想》，中国社会科学出版社，2004年
⑨⑪ 侯书森主编：《古老的密码》，中国城市出版社，1999年
⑩⑬ 《新旧约全书》，中国基督教协会，1989年
⑫⑲ 恩斯特·海克尔著：《宇宙之谜》，山西人民出版社，2005年
⑭⑮ 陶阳 牟钟秀：《中国创世神话》，上海人民出版社，2006年
⑯ 参见才旺瑙乳著《西藏创世之书》第一章，兰州大学出版社，2005年
⑰⑱⑳ 谢大卫著：《圣书的子民》，中国人民大学出版社，2005年

第四章
"中央文化地带"与旧石器时代

"中央文化地带"/石器时代/"前文明"的延伸：石头建筑/"东方乐园"与"西方仙乡"/《山海经》的佐证

地球上发生冰河期，这意味着地球的南北两极都被寒冷的冰雪覆盖，冰雪的厚度一般在数千米以上，气温低下，生命不能存在。

在地球上发生和漫延冰河期的时候，只有在北纬30°的较为温暖的狭长地带，才有生命存在的可能，人类及其人类的文明就在北纬30°这一狭长地带被保存和遗传了下来，这里既是地球生命唯一存在的地带，也是人类文明唯一沉淀和堆积的地带，从文化社会学的角度，我把这一地带称之为人类在冰河期的"文化地带"。

一、"中央地带"和"中央文化地带"

关于"文化地带"，司马云杰先生在他的《文化社会学》一书中曾经提到："人类总是在一定的空间范围、场合生活的，采集、耕种、制作、创造，这就自然而然地产生了文化圈。文化圈实际可以看作是人类生活环境、生活样式的共同场合、地带、区域。""如果说文化丛不仅仅是一组文化特质丛体，一个相关的文化群，那么文化圈则是由文化丛体、文化群的广泛分布所形成的文化地带、文化区域。"看得出，司马云杰先生是从文化社会学中论述"文化圈"时提及"文化地带"这一概念的，也就是说，司马云杰先生所谓的"文化地带"就是"文化圈"，"文化圈"也就是"文化地带"，它强调的是人类文化在空间的分布状态，以"圈"或"地带"的方式分布和存在。与司马云杰先生不同的是，我在这里所谓的"文化地带"是指人类在冰河时期生活、生产和创造文化的特殊的场合。冰河时期的寒冷，犹如两把巨大无比的冰伞，从地球的两极覆盖下来，用它数千米厚的冰盖把地球上的陆地和生命都罩得严严实实，陆地不显，生命不存。

 宇宙·智慧·文明

在这个时期，唯独地球的赤道附近，特别是北纬30°的横向的狭长地带，未被地球两极延伸下来的冰伞覆盖，那里依旧有陆地、有动植物，特别是有人类还生活在那里。现代人类和现代的地球文明，都在这一狭长的"文化地带"保存和传承了下来，它的意义不仅仅是一种文化存在和分布的状态那么单一，而是地球人类和人类文明得以保存，并在漫长的冰期艰难传承的特殊价值和意义。

为了更准确地表达"文化地带"的内涵和意义，我们还是引用司马云杰先生在他的《文化社会学》中所采用的美国学者威斯勒划分文化状态的方法。

威斯勒"曾将人类在地球上生存的环境及文化的存在划分为中央地带、杜突拉地带和林莽地带三部分。他认为人类的文明及文化繁荣都发源在连亘两半球的中央地带，这个地带从非洲北部经过南欧东亚一直到美洲的墨西哥、秘鲁，它产生了埃及、美索不达米亚、希腊、罗马、印度、中国、墨西哥、秘鲁等古代文化和文明；所谓杜突拉地带，指横亘在中央地带的北部地带，从南俄杜突拉至草原、平地森林地带，包括北欧、俄罗斯的西伯利亚、蒙古、加拿大、美洲东部等地，它较之中央地带虽然发迹较晚一些，但它发展很快，具有相当高的文化成就；所谓林莽地带，主要是指横亘在中央地带南部的高温低湿地带，它包括亚洲南部、非洲及热带诸岛地区，这里文化或文明处于低级阶段和落后状态。威斯勒对于人类文化的分布所进行一系列描述尽管未必精当，但他的文化分布图却给我们勾勒了一幅人类文化生态的全部情景，使我们可以看到人类文化发展的全貌。"①

的确如此。

威斯勒的《人类与文化》一书，是在20世纪初出版的，我没读过他的原著，是在写作本书过程中，偶然翻阅司马云杰先生的《文化社会学》一书时看到威斯勒的这种文化划分方法的。当时我又惊又喜，人类在冰河时期是沿着北纬30°一线，也就是威斯勒所谓的"中央地带"形成了旧石器时代的"文化地带"，这是我提出来的。威斯勒的"中央地带"恰巧与我的"文化地带"的概念相吻合。且不论威斯勒对人类不同区域内的文化存在状况的描述如何，我并不清楚，但他划分人类文化和文明区域的这个思想却极大地支持了我提出的与之相适应的观点。因此可以说，威斯勒划分出的"中央地带"就是我所指的冰河时期的"文化地带"，"文化地带"也就是"中央地带"，它们同指一个区域，涉及的都是文化和文明起源的一个特殊地带。所以，我将"中央地带"和"文化地带"简化并称之为"中央文化地带"，这样，地理的和文化的空间都具备了，它的内涵应该比单纯的"中央地带"和"文化地带"更丰富些，用词也更准确些。

虽然，威斯勒对人类文化区域的划分与我提出的冰河时期的"文化地带"

的观点相吻合，但我们所认识的文化的性质是不一样的，对于现代文明起源的基础的认识也会大相径庭。这是因为在我之前，似乎还没有看见一本书是专门论述人类属于宇宙高级智慧生物和地球人类创造的"元文明"、"前文明"这样一些论题的，相信威斯勒也没有阐述过这样的观点。威斯勒只是从文化人类学的角度将人类古代的文化划分为三大区域，并且指出文化的起源地带和它们之间的从属关系，按司马云杰先生的话说，威斯勒是绘制了一幅可视性很强的远古人类的"文化分布图"。在这幅图中，"中央地带"是文化起源地，是三个地域中的核心；"中央地带"发生了最早的古国文明，以这些文明古国为辐射点，向北部地带和南部地带进行先进文化的辐射和繁衍，北部的杜突拉地带，也就是今天的欧洲大部分地区的文化繁荣似乎比南部地区早一点、快一点，南部地区由于气候和低湿等原因，是处在落后状态的。由此我们认清了这样几个问题：第一，在人类的古史中，文化的存在状况大致可以划分为三种类型，它们分别代表文化或文明的起源地，文化发展较快地带和相对落后的地区。第二，三个地带的文化发展或文明起源是有先后顺序和层次的，不是满世界的文化起源地和全球性的同时进步。第三，古代的文明地带不一定现在也同样先进，今天的先进国家在古代也不一定处在文明地带，这说明文化的发展不可能是同步的，先进与落后也不一定永远被某一地带拥有。

威斯勒描述出了古代人类的"文化分布图"，但他不一定找到了人类文化之所以如此分布的真正原因。我在本文中所要阐明的正是这一点。我在前文中已经论及，人类文明的起源之所以从"中央文化地带"开始，是因为在漫长的冰河时期迫使人类开辟了"中央文化地带"的生存空间，"中央文化地带"靠近赤道偏北，气温较暖，我们把它准确的地理位置确定在北纬30°—45°之间的狭长地带内。这一地带，正是最末一次冰期的两极寒冷都达不到的最为"薄弱"的地区，即使在冰河时期，"中央文化地带"的气候是在全球范围内最适合于人类居住和生活的地区。在这里，人类可以进行农业生产、牧业生产和一定的工业生产，从石器时代发生核大战的情况判断，这一地区的工业化水平很高，否则他们就没有能力生产核武器。

对于"中央文化地带"的文明与沉淀，我还有个不太成熟的想法：在地球的北纬30°线上，分布有很多神秘的"魔鬼区"，其中的"百慕大"三角海域就是最著名的。诸如"百慕大"这样的"魔鬼区"是怎么形成的呢？揭秘者们提出了很多的猜想，但没有一种猜想能说服人心。我倒认为，这些"魔鬼区"分布在"中央文化地带"的北纬30°线上，它们曾经是"前文明"的国家、城市或繁华地带。冰期结束后，这些地带沉入海水之中，如大西洲及亚特兰蒂斯大陆；或被大洪水冲

宇宙·智慧·文明 大起源

毁掩埋的某些大陆。因为这些沉没或掩埋的"前文明"地区拥有很先进的人类文明成果。它们在特殊条件下就产生某种"魔鬼"效应，吞食轮船和飞机，如"百慕大"往往在风平浪静天气很好的情况下发生悲剧就是典例。因此我认为，"百慕大"三角海域或其他海陆"魔鬼区"，都与"中央文化地带"的"前文明"有着某种密切的联系，甚至可以说，北纬30°线上的这些"魔鬼区"就是在"前文明"被冲毁和淹没的条件下形成的，是"中央文化地带"和"前文明"曾经存在过的一个隐秘的实证区域。

当然，我这样说也是一种猜想，顺便提出来，还待今后更多的发现和验证！

也许是上帝或天神大发慈悲，在漫长的冰河时期，上苍还是给地球人类留出了一隙之地，让他们繁衍生息，"中央文化地带"就这样伴随着冰河时期的漫漫岁月，保存和延续了下来。

进一步的问题是："中央文化地带"的"前人类"和"前文明"为什么没能延续下来，人类又进入了漫长的石器时代？或者说，既然"前人类"生活在"中央文化地带"，他们具有生产核武器的能力，可是现代人类的始祖们却还处在落后的石器时代，这又是为什么？下面我们就来讨论这个问题。

二、从"中央文化地带"到石器时代

这个论题，实际是对前文的重复，即对第十一章第一节的重复。第一，冰河时期使地球两极处在厚重的冰盖之下，唯独北纬30°的"中央文化地带"未被冰雪覆盖，因而在冰河时代、人类唯一的生息之地就在"中央地带"。第二，根据现代文明发展的速度看，从新石器时代到现在，将近一万年，现代文明早已拥有了航天工具和核武器；由此推测，"中央文化地带"的人类在那里繁衍生息了数万年，早已拥有了核武器和更先进的武器，因此人类已具备了自己毁灭自己的能力。第三，冰河期结束之后，在北纬30°—45°之间的"中央文化地带"发生了多次大洪水，洪水的灾变不亚于冰期的灾变和人类自身制造的灾变。由于冰河期的长时期漫延、人类为争夺地盘或利益而发生的核大战以及之后大规模的洪水次生灾变，将"中央文化地带"的人类几乎"消灭"殆尽。据遗传学家的研究结果来推测，人类在"中央文化地带"发生核大战的时间距今大约在七万年至三万年之间，核战后在全球范围内剩1000人上下，至多不超过2000人。这就意味着：在整个冰期，"中央文化地带"的人口应该比冰期之前少很多，加之发生了某种性质的战争，人口的锐减和对于"前文明"的彻底毁灭是无可非议的。冰期临近结束时，"中央文化地带"又承受了非有不可的洪水大灾变。根据《圣经》和世界其他民族中的洪水传说，洪水淹没了平地上的一切，填满了山川沟壑，水位上升到了大山的山顶，可见冰期退却后融化了的冰雪水的水势有多大。随着洪水灾变的发生，冰雪的足迹渐渐退去了，海平面逐渐上升，一些低凹的陆地和岛屿重新被上升的海水淹没，出现了若干如复活节岛之类的弧岛和群岛。气温回升，大地又暖和过来了，很多消失了的植物又成片成片地成长起来，人类的生产基地也随之扩展，处在"中央文化地带"的人类随着回暖的气候，也向南向北地分散开去，以致扩展到现代文明存在的地方，也就是威斯勒所言的向北方的"杜突拉地带"和向南方的"林莽地带"。在冰期，这两个地带是没有人类的，随着冰期的结束，人类逐步又占据了这两个地带。《圣经》中记载，大洪水发生前被上帝特意安排逃生的"义人"诺亚，他一家从"方舟"中出来，重新生活后，繁衍了很多子孙，他们的孙子们据说就是分散到世界各地去的。其实，《圣经》中所说的"分散开去"指的就是人类自觉地朝着气候回升的地球两极迁移的过程，而不是向全球的扩散。因为在当时人类的视野中，"世界"其实就是自己周边有限的地区，向世界的"扩散"也是在自己有限的周边地区的扩散。比如现在的欧洲的大部分，是否就是在这种扩散中到达目前生活的居地的？另外像《圣经》中的"诺亚方舟"这样的洪水传说，在印第安霍皮斯部落中也有，它只说是夫妻二人乘了一艘船，从洪水中逃生，然后也和诺亚的方式一样，繁殖人口，扩散到各地去。这说明在发生洪水灾变时期，类似诺亚的逃生者不止一两个传说，很多这样的传说可能没有留传下来，

而《圣经》和印第安人的传说都留传了下来，才有这么大影响。

与之相呼应的还有非洲"夏娃说"和欧洲"夏娃说"。其中非洲"夏娃说"，认为在18万年前，人类的非洲祖母"夏娃"带着她的1000多个女子，逐步分散到世界各地，她们没有和当地的土著人融合，而是征服了土著人，成为人类共同祖先的。欧洲"夏娃说"是世界著名的

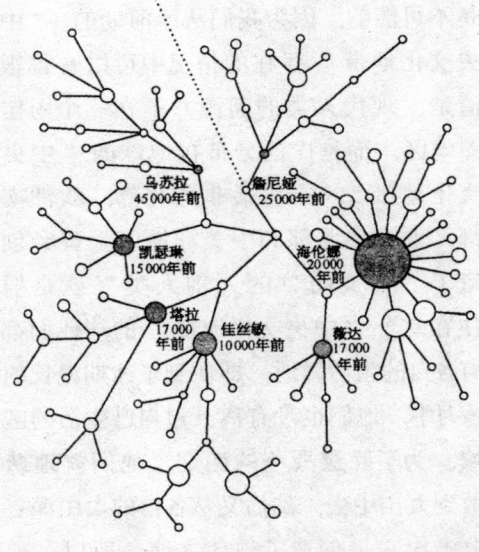

图73 [英]布莱恩·赛克斯著的《夏娃的七个女儿》中的插图，表明在数万年前，夏娃的七个女儿在欧洲生活的区域。

 宇宙·智慧·文明 大起源

DNA和人类进化专家布莱恩·赛克斯教授应邀研究意大利北部冰川中埋葬的人类冰冻遗骸后得出的结论。他通过母系DNA遗传基因的研究，跨越时空，追寻祖先的足踪，在世界各地作了数千例DNA鉴定后，发现它们都可以归结为少数几个独特的群体。在欧洲是七个。"由此得出的结论是：几乎每一个有欧洲本地血统的人，不管他现居于世界的哪个地方，他们的祖先都可以追溯到七个女人，她们就是夏娃的七个女儿。"②赛克斯教授还给七个欧洲女祖先分别取了名字，从绘制的冰河期七女生活的地图看，她们大多生活在地中海和黑海的海岸边上，这里正是欧洲文明的发祥地。这两个假说虽然源自现代的高科技，但它的性质和诺亚子孙的分散说没有什么区别，也是不可能的。因为我们从冰河期的"中央文化地带"存在的情况中可以看得很清楚，现代人类的起源并不在一个固定的地区，而是广泛分布在地球的"中央文化地带"，它包括非洲北部、欧洲南部、亚洲中北部和中美洲地区。曾经创造了"前文明"的"前人类"就是居住在这个"中央文化地带"的，他们都有各自的生活领地，即使到了冰期漫长的岁月中，他们也没有离开过自己生活的区域，为了躲避战争的硝烟，他们就地疏散到大山中去，然后又从各自的大山深谷中走出来，创造了现代文明。所以，现代人类的各大种族，都是"前文明"中的"前人类"在各自生活领地中沉淀下来的种族，它在当时的种族数量不可能是"三大人种"，可能有很多种，随着现代文明的兴起，新的人种进化一如既往地进行着，诸如"独目族"、"巨人族"之类不适应现代文明的种族，逐渐被现代文明所淘汰，有些特异的种族至今还没有彻底被淘汰，他们还藏在深山老林里，维持着最后的一点气息。而白种、黄种、黑种这"三大人种"是"前文明"与现代文明交替之际的进化优胜者，他们从现代文明的源头上"异军突起"，用他们的聪明智慧创造了现代文明。他们的胜出是靠他们在冰期的地理位置、种族的耐力以及世俗生活的感悟和创造能力，如果没有这些条件，现今在地球上的人类种群不可能是现在的"三大人种"或"三大种族"了，这是显而易见的。

这里还牵扯一个非常实际的问题，既然"前文明"的文明程度如此之高，用核武器毁灭了人类自己，那么现代人类如何又从石器时代开始创建新的文明？"前文明"的文明一点也没有延续下来吗？

这的确是个巨大的疑问。我在写作本书过程中，曾有几位朋友都提出过类似的问题，我对这一问题的解释是这样的：

我们地球人类面临着三大灾变，即宇宙环境的灾变、地球环境的灾变和社会环境的灾变。在这三大灾变面前，人类所遭遇的灾变的形式和性质不同，呈现的结果也会大不一样。

我们假定，人类在"前文明"中的

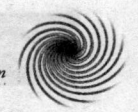

文明程度很高，既拥有大量的核武器，也拥有进入太阳系乃至银河系的宇航技术。在这种文明条件下，如果遭遇宇宙和地球环境灾变，或是社会环境灾变，其结果会完全不一样：对于来自宇宙和地球环境的灾变，能有所预测，有所预防，但无法完全避免，比如小行星撞击地球、火山爆发、大地震等，而对于社会环境带来的灾变却无法预防。因为社会环境带来的灾变具有很强的偶然性。比如前一种纯属自然的大灾变，人类虽也能预测到和适当地预防，但无法避免灾变的发生，如果是小行星撞击了地球某一面，那么比这个面大10倍甚至100倍的面上的人类可能就会遭殃；如果是火山爆发和大地震，危及生命的人类是有限的，灾变的面也是有限的；假如人类遭遇了地球上最大的冰期灾变，地球的两极迅速向中央地带封冻过来，其速冻的速度比冰箱快100倍，冰冠的厚度在数千米以上，如果遭遇了这么大的灾变的话，那么人类的绝大多数成员即在瞬间变成冰棍，并且迅速被冰雪覆盖，仅剩下"中央文化地带"狭长区域内可能有少量人类存活。宇宙与地球环境带来的巨大灾变虽然很可怕，但它是没有选择性的，挨到哪里就哪里，绝不会有感情色彩在里面。相比之下，人类自己造成的社会环境灾变就大不一样了：它通过战争手段，选择人口密集地区和文明程度很高的大都市释放大规模杀伤性武器，比如核武器等。因此，在人类进行大战的社会环境灾变

中，首当其冲的是高度文明地区和高密度的人口分布地区，偏远僻静、人口稀疏的地区，这种大型武器是不会去释放的。如此则在这三种灾变条件下能够幸存下来的人类的情形大致如下：宇宙和地球环境灾变中的偶然性很强，灾变的选择性几率几乎不存在，因此地球人类也没有选择性和被选择的机会，要么大片大片地整体消失，要么灾变延伸不到地整体存活。在这种灾变中，人类的文明要么整体消灭，要么整体存在；消失部分中有先进也有落后。因此，在这种灾变中幸存下来的人类，绝不会有石器时代这样的从零开始创建的文明，部分的人类和文明消失了，但另一部分的人类和文明尚存在，相对之下的人类的整体和文明的整体还存在着，灾后幸存的人类继续之前的文明是完全可以的。相比之下，人为的社会环境灾变的后果就完全不一样了：它所毁灭的是人类的密集地区和文明水平较高地区，一颗原子弹就将一个大都市变为灰烬，都市文明和都市的人类都被毁灭了，侥幸能存活下来的可能只有偏远落后的山区，这里不但人口稀少，而且文明水平也低。在这种灾变中，文明的起步就会非常艰难。

现在，我们就可以回到开始的问题上来。既然存在过"前文明"，现代文明为什么从石器时代开始，或者是从零起步呢？我的答案很明确：第一，"前文明"被毁的主要灾变形式一定是人为的社会环境灾变，因为"前文明"是整

247

宇宙·智慧·文明

体性消失了；第二，灾变后幸存下来的偏远山区的幸存者们走进了更加深远的山谷，远离了被核大战毁灭的"前文明"废墟；第三，偏远山区的人类成员本来文明水平低，他们长久地生活在深山老林中，加之冰期灾变还在蔓延中，他们仅存的"前文明"器具几乎不存，只有"前文明"的思想文化知识还积存在幸存者们的脑海中，他们在深山的篝火旁叙说着"前文明"的故事，十分有限地传授着"前文明"的技术和某些知识；第四，冰期迄今一万年前才结束，"前文明"的幸存者们至少也在深山的石洞里度过了数万年的历史时空。冰期极大地限制了人类世俗性的创造活动，而漫长的时间彻底消解了"前文明"的成果。待漫长的冰期结束，幸存的人类逐步走出山洞，走出深山老林，同样也走出和冰期一样漫长的旧石器时代。现代文明就从新石器时代开始，实际上也就是从零开始创建。灾变的不同性质决定了人类文明的继承和发展，这就是这一问题的基本答案。

三、"中央文化地带"的几个发展阶段

我们推知了"前文明"被毁的几种可能性和现代文明为什么从零开始创建的原因。但这样简单的概括未免还是过于笼统，特别是从"前文明"到现代文明之间的这个过渡阶段是怎样一种情形，也就是"中央文化地带"和史学上已经共认的旧石器时代是一种什么关系，它们之间是否存在着根本性的矛盾？我们知道，"中央文化地带"就是第四纪最末一次冰期，人类生活在北纬30°或赤通附近的一段历史。对于这段历史，现有的文献史料中找不到记载，经历了那么多致命的灾变和那么漫长的历史。幸存着的人类也无法将这段历史传承下来。现在，我们能够得到的相关信息，一个是存在于世界各民族之中的大量的神话传说，一个是十分有限的史前考古资料；对于神话传说，前文中已有论述，史前考古这一块谈论较少，我们不妨在本节中作些补充。

通过考古确证了人类史前历史的就是石器时代。石器时代的历史分期是由丹麦皇家博物馆馆长C.J.汤姆森根据馆藏史前古物将史前时代划分为石器时代、青铜器时代和铁器时代三个时期的，这是1819年的事，到了1865年，英国学者J.卢佰克又把石器时代划分为旧石器时代和新石器时代，英国的另一位学者A.布朗在旧石器时代和新石器时代之间又细分出一个过渡期即中石器时代，这样石器时代的历史分期就完善了起来。但是，作为人类史前历史开始的石器时代存在着诸多的疑问，令人无法破解：

1. 旧石器时代的绝对地质年代大约为距今350/300万年至1.2万年，占去了"人类历史"（第四纪）99%以上的时间；而新石器时代距今约为1.2万年至4000年之间，之后是铜石并用的时代和青铜器、铁器时代。在这个时间段中，人类

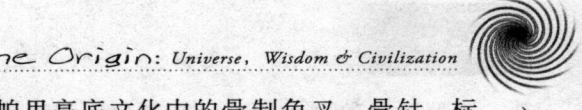

将近在300万年的时间内没走出用粗砾石打制成的旧石器时代，然后用8000年时间作为过渡，进行到青铜器时代，而从青铜时代到现在的3000多年时间内，人类在青铜器的基础上制造出了航天飞船，进入了宇宙太空。人类历史上的这个突变，进化论解释不清楚，迄今为止的历史科学和自然科学也不能自圆其说。

2. 旧石器时代又细分为早、中、晚三期：早期距今约为350/300万年至20万年；中期距今约为20万年至5/4万年；晚期距今约为5/4万年至1.2万年。旧石器时代的这样细分的依据是人类从猿猴进化为人的过程和相关的石器考古确定的。人类进化方面在前文中已论述甚详，这里不再重复；而在石器考古的依据方面却产生了这样的疑问：在整个旧石器时代的早、中期，非洲有库彼弗拉石器文化（距今270—200万年），奥都威文化（距今190—150万年）；中国有西候渡文化（距今180—170万年），元谋石器文化（距今170万年），蓝田文化（距今约?100/80—75万年），合字文化（距今约60万年以前），北京文化（距今约70—20万年前）等；欧洲有阿布维利文化（距今约95/90—70万年），陶塔维文化（距今约70万年），阿舍利文化（距今约60—5万年），克拉克当文化（距今约50—20万年），莫斯特文化（距今5—3万年）等。但是人类在将近300万年的时间内只用粗砾的石器，到了旧石器时代晚期，才出现了像中国的萨拉乌苏遗址、欧洲的奥瑞纳文化、帕里高底文化中的骨制鱼叉、骨针、标枪、投矛器等生产生活工具和绘画、雕刻、装饰品。印度、澳大利亚和新几内亚等地的地穴、岩画、手印、绘画也出现在这一时期。这个不成比例的"突变"又是怎么形成的呢？

3. 根据石器时代三阶段的划分，相应的还有两项对应的内容：一个是人类进步的历程，旧石器时代早期为猿人阶段，中期为早期智人阶段，晚期为晚期智人阶段；另一个是原始人类社会组织的内容：旧石器时代早期为前氏族社会时期，中期为氏族社会的开端时期，晚期为氏族社会的确立时期。紧随石器工具相应划分的这两项内容也苍白得没有一点血色，人类史前的"氏族社会"竟然能延续将近300万年，有这种可能吗？这样的氏族社会制度是谁帮助建立的？有什么魅力能延续这么长时间？人类进化的三阶段依据是直立行走和脑颅或智力的发展，然而人类从猿猴中分划出来，猿猴的脑组织没有任何进化的迹象，变成人类的这一支"类人猿"的脑颅为什么会有进化？它变大的动力是什么？生物学基础是什么？使"类人猿"脑量增大的主要物质成分是什么？

毫不客气地说，这一切都是现代人类的一种假设或根据现代文明知识体系确定的假设，作为问题提出来是可以的，但这样的历史假设就显得非常的尴尬和难堪，至少是不能自圆其说。

那么，根据本文的观点，如何理解

宇宙·智慧·文明

石器时代的这段历史，又如何回答以上的问题呢？

第一，我认为，现在划分的旧石器时代的早期和中期两个历史分期实际是不存在的，是现代人类根据自己的一厢情愿，划分出来的人类历史。我这样明确地否定这段历史的理由只有一个，即在旧石器时代的早、中期的"文化"中，根本体现不出人类智慧的印迹，粗砺的石器工具延续了将近300万年，这能说明什么呢？只能说明这300万年的历史是没有任何进步和发展的，因而也是不存在的。因为人类是智慧的生物，有智慧而在300万年的漫漫历史中没有一点体现，这怎么可能呢？这样的生物怎么可以称之为有智慧的人类呢？

第二，本文确定并论证了"前文明"的存在，可以肯定的是"前文明"在"中央文化地带"彻底被人类自己毁灭，只剩有边缘地带的一些"幸存者"延续了地球人类的历史。

第三，真正的石器时代是从"中央文化地带"被毁之后开始的，也就是从旧石器时代的晚期（距今约3—5万年）开始，人类远离战争的辐射和废墟，走进山洞，生活于山洞；简单的石器、骨器和洞窟绘画、岩画就是最好的证明。

因此，我们把"前文明"或"中央文化地带"的历史可以划分为这样几个发展阶段，以求在之后的历史研究和考古发现中得到进一步的验证。

冰河期，自然作为石器时代的第一个阶段，或者就是基础阶段。

冰河期指的是在地球上气候异常寒冷、具有强烈的冰川作用的地史时期。据研究，第四纪的冰碛层分布最广。"第四纪冰期最盛时，北半球的格陵兰、冰岛，整个加拿大至纽约、斯堪的纳维亚南延至欧洲北部以及西伯利亚北部，均为冰体覆盖。地球的平均气温比现在低10℃—15℃，冰川的面积达5200万平方千米，冰厚1000米左右，海平面下降了130米，致使英吉利海峡和白令海峡消失……"③

冰河期一般分为两种：地球两极的冰盖和两极以内山地上的冰川。当山地冰川分布到地球赤道附近时，即是冰河期发展到了最甚时。第四纪的冰期一般认为先后延续了10万年，期间有多次冷暖交替发展的阶段，但在整体上还是处在冰河期。因此我认为第四纪漫长的冰河期，就是我们现在历史划分的旧石器时代（10万年至几万年之间），没有冰河期，也就是不会有旧石器时代。

第二阶段："中央文化地带"时期。这是冰期极地的冰盖延伸的山地冰川，南北极地附近的生物植物完全被冰雪覆盖，唯有在赤道附近地带保存了生命和人类，并由人类经营着的一条文化地带。有关这方面的研究成果不少，翦伯赞著《先秦史》中有一段描述比较详细：

"当时的冰河，不但掩盖了地球的两极，而且越过极地，向地球的中部扩展。其由北极出发的冰河则掩盖了亚洲和欧

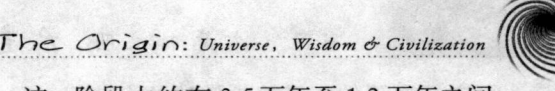

洲的北部乃至中部以及北部的若干地方，其由南方出发者，也掩盖了南北若干地方。只有赤道附近一带的地方不受冰河的袭击，丛生着莽莽苍苍的森林。这种苍翠的森林就好像给这镀了银的地球加上一个碧绿的玉环。"④冰期的人类，就生活在这条狭长的"玉环"地带，大约在3万至5万年间，这条苍翠的"玉环"变成了人类文化的圣地。因此，这一阶段的人类，不仅生活在"中央地带"，而且创造了"中央文化地带"（参见下章）。

第三阶段：核战时期。相对漫长的冰期和"中央文化地带"时期，核战这一阶段是极其短暂的，即使在战前有较长时期的矛盾和斗争过程，这一阶段也不会很长。但是短暂的核战阶段既是对"前文明"的毁灭期，又是长期影响到后来的一个非常特别的时期。相信这一阶段的人类生活背景是极其发达的"中央文化地带"的人类文明，这一点前文中已做了论述；战争的原因可能有很多，最根本的还是人类固有的本性品质，这一点也是没啥含糊的。因为"中央文化地带"本身在地理上的有限性，核战的毁灭性效果也是巨大无比的，它毁了"前文明"，毁灭了人类绝大多数，只有"中央文化地带"边缘处的少量人类苟活下来。可以认为，这一阶段是整个冰河期最黑暗最残酷的时期，人类和地球生物几乎在这一阶段被灭绝。

第四阶段：洞穴生活时期。根据现在的洞穴文化考古和发现的洞窟文化遗迹，这一阶段大约在3.5万年至1.2万年之间。生活在这一阶段的人类十分稀少，根据目前DNA检测，这一时期至多只有2000人左右，而且分布在亚洲、欧洲和非洲的一些山区。

在这一阶段，古人类遗留下来的文化遗迹有分布在世界各地的岩画、洞窟绘画等，其中法国、西班牙、印度、澳大利亚、新几内亚等地洞穴、岩石出现手形、绘画、石雕像等文化遗迹，其出现年代均在3－4万年左右；中国的新疆、内蒙古、甘肃、西藏、青海以及云南等地，也大量出现各种形式的岩画，虽然测定年代稍晚于欧洲的洞穴绘画，但也可以认定这些岩画大多都是这时期的文化遗迹。

这一阶段还有一种非常主要的文化遗迹，那就是出现在世界各地的生殖崇拜。男性性器官崇拜和女性性器官崇拜都有，相比较女性性器官崇拜更为盛行。对于这一文化现象，当代的解释有很多，但在洞穴文化时期，繁衍人类是当时人类最为重要的大事，它不仅不是人们忌讳谈论的伦理道德问题，而且是神圣的每一个人类族群或种族得到快速繁衍和兴旺的象征，具有神性的超自然意义。因此，我们今天的人们不能理解性崇拜，但在上古的祖先们的观念中神圣得就像神一样，因而才有性崇拜和性供奉的习俗流传下来（详见下章）。

第五阶段：大洪水时期。冰期居住在洞穴中的人类，经过一万多年的繁衍生息，人数大为增加，生活的领地也由原来的

宇宙·智慧·文明 大起源

洞穴逐渐延伸到了较为低洼的山地间，只是冰期尚未结束，人类还不能充分施展出自己的聪明和智慧，只能在有限的范围内活动和生存。冰期的结束，使重新得到恢复的人类生活又一次遭遇毁灭性打击，随着天气转暖，山地间的冰川大量融化，形成滔天洪水。洪水不仅冲毁了人类在低洼之地的房舍和其他生活设施，甚至又一次冲毁了人类的大部分。从世界各民族的大洪水神话中可知，从洪水灾难中逃生的人并不多，就是最好的证明。

苦难的人类经历了漫长的冰期，又经历了人类的自造的核战的毁灭性打击，冰期后洪水的冲刷和毁损，致奄奄一息的人类几近灭绝。然而人类毕竟是智慧生物，毕竟负有神圣的使命，西方的"诺亚"一家从洪水中逃出，中国古代的伏羲女娲同样战胜了大洪水的灭绝性灾难，北美印第安部落中的一对夫妇也逃过了洪水致命的灾变，还有很多我们不曾知道的先祖们在这里那里逃过洪水的袭击，因为他们的又一次幸存才有了我们现代人类的今天。大洪水结束后，现代人类又从世界各地像雨后春笋一样成长起来，经过短暂的新石器时代的孕育和恢复，人类走出洞穴，重新行走在广袤的田野上，现代文明就这样拉开了帷幕。

很多人至今不明白，从石器时代走出的人类，为什么在几千年间就这样聪明，有这样的发展，而在旧石器时代，虽然经历了数十万年，人类总也聪明不起来的道理，其实，人类在旧石器时代也曾辉煌过，只因漫长的冰期和人类自身的本性品质，人类才忍受了那么漫长的历史性煎熬。直到冰期结束，气候转暖，人类的智慧空间又一次扩充开来。因此人类并非从数千年前才突然聪明了起来，而是一直聪明着，饱含着智慧的深厚资源。只因"天不作美"，人类才经受了漫长的冰期或旧石器时代。

注释：

① 司马云杰：《文化社会学》，山东人民出版社，1926年
② 布莱恩·赛克斯：《夏娃的七个女儿》，上海科学技术出版社，2005年
③ 梅朝荣：《人类简史》，武汉大学出版社，2006年
④ 翦伯赞：《先秦史》，北京大学出版社，2004年

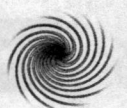

The Origin: Universe, Wisdom & Civilization

第五章
"中央文化地带"的传说和遗迹

"东方乐园"与"西方仙乡"/岩画：冰河期的"石头书籍"/
卍字符号："前文明"的旋涡星系图/《山海经》的佐证

以上从史学的角度，我们对"中央文化地带"或"石器时代"作了重新解释和划分，但作为人类历史的科学，仅有这样的划分和观点还不够，还需要一定的事实依据作支撑，这一划分才能树立得起来。这一章，我们从四个方面概括说明"中央文化地带"遗留下来的文化遗迹。

一、"东方乐园"及"西方仙乡"

关于"中央文化地带"的客观存在，我们还可以找到一个更重要和直观的证据，那就是中西古文化中共同追求的"人间天堂"，即"东方乐园"和"西方仙乡"。

在地球人类的远古文明中，为什么存在一种长久不衰的"天堂"、"乐园"或佛教的"极乐世界"这样一些人类梦寐以求的理想生活境界呢？学者们多以宗教理想的角度来理解，宗教家们更是把这些理想的生活境界作为人类追求的最高目标，孜孜以求。世俗生活中的人们也有很实际的看法：这些理想境界虽也是人类共同追求的生活目标，但它的实质无疑是虚构的世界。比如宗教的最终目标就是进入"天堂"和"极乐世界"；世俗的中国人，将死人的魂灵引入西方的"极乐世界"，名之曰"跨鹤归西"等。其实，传统的这种认识和理解都是不正确的，具体表现在：第一，"人间天堂"和"极乐世界"曾经存在过，是真实的历史，并非虚拟；第二，世界上的主要宗教，将其神秘化、神圣化，实际上，宗教的起源就是建立在这一真实的历史事实基础之上的；第三，无论"人间天堂"还是中国式的"西方极乐世界"，它们都是冰河时代的真实存在，现代人无法理解那么遥远的历史真实。

 宇宙·智慧·文明 大起源

鉴于这样一种最基本的思想认识，我们从以下两方面探讨这一问题。

首先，西方基督教所崇尚的理想家园即是"伊甸园"。"伊甸园"是"上帝为安置人类始祖而建立的一个乐园，地处东方。园中生长各种结果子的树木，包括生命树和分别善恶之树。一条大河从园中流过，滋润万物，然后分成四道：第一道名比逊，环绕哈腓拉全地；第二道名基训，环绕古实全地；第三道名希底结，流在亚述东面；第四道名伯拉河，流在亚述西面。后两条河即今天的底格里斯河和幼发拉底河，后人考证，伊甸园的位置应近于今中东的美索不达米亚。"①英国学者戴维·罗尔所著的《时间的检验》第一卷《圣经：从神话到历史》，对《圣经》的历史作了全新的解释，接着他又进行长时间的田野考古，撰写了第二卷《传说：文明的起源》，首次从考古的角度证实了《旧约全书》中的许多重大事件和人物。戴维·罗尔得出结论说："圣经中的伊甸园据考证是伊朗西北部的阿迪河谷（以前称作梅丹河谷），其中心为这一地区的首府大不里士。"②戴维·罗尔和西方的其他学者们，考证《旧约全书》是真实历史的过程，实际也就是在寻找西方文化的根。他们没把西方文化的根找寻到地球的北部和南部，而是确定到了"两河流域"或伊朗西北部的阿迪河谷。这里正是《圣经》中所谓的"人间天堂"伊甸园，园中的人类完全可以无病无灾、无忧无虑地生活，可是人类的始祖亚当和夏娃不守信约，触怒了上帝，被上帝赶出伊甸园，让他们过艰辛的生活。这样，"天生命苦"的人类始祖不得不离开伊甸园，到条件艰苦的环境中去苦苦求生。"伊甸园"的故事说明一个千古难改的道理：人类——这种宇宙的高级智慧生物，天生就不是安分守己的生物群体，他的生活方式就是靠劳动、靠创造新的世俗生活而生活，在劳动和创造中发挥出他们的优势特征，即智慧。绝不会像地球动物那样，只要能吃饱肚子，就能无忧无虑地安分守己地生活下去。《圣经》中的"伊甸园"故事，就告诉了我们这个道理。

另外，还有两点非常重要：一点是"伊甸园"里天堂式的生活是发生在上帝用洪水"灭世"之前。"上帝对诺亚说，'人类现在恶贯满盈，他们的末日到了，我要把他们跟大地一起毁灭掉。你要用歌斐木造一艘方舟……'"③因为人类的恶本性品质，上帝造人后悔了，随着人类行为的一步步败坏，上帝忍无可忍，要用洪水毁灭掉人类，而人类中的"诺亚"可以例外。第二点，上帝用来安置人类始祖的这个"乐园"，"地处东方"。我们且不论"乐园"或"伊甸园"的确切位置在哪里，它在西方人的经典中是明白无疑的，这就足够。因为史学家们囿于文献史料的局限，不敢越雷池一步；考古学家们又局限于具象的实物遗迹和具体的地理环境，不可能把某一发现推而广之。实际上，西方人的《圣经》中的"乐园"就在"东方"的某地，似乎只是个园子，这是一种艺术的说法，《圣经》中"乐园"实际是

指冰河时期的"中央文化地带"。一方面，从"中央文化地带"以西的西方人眼目中，"乐园"或"中央文化地带"就在他们的东面，故称"地处东方"；另一方面，和冰河时期的寒带和荒原相比，"中央文化地带"有人类生存着，而且在那里，各种草木都郁郁葱葱，各种动物都活蹦乱跳，加之那里的人类的文明程度也很高，生活的质量也相对高，两相对比，"中央文化地带"就成了"人间乐园"。而"乐园"之外的蛮荒寒冷地带的人类，所处环境不同，自然要艰辛地生活了。《圣经》中的"乐园"或"伊甸园"，就是在这种比较中产生的。

由此，我们可以进一步推知：第一，《圣经》中所谓的"上帝"，就是自然造化，或宇宙运动的规律；"上帝"给"人类始祖"们留出了一小块地方苟活，这地方如同"乐园"，但人类的恶本性品质使然，天生的好奇心理使然，他们过不了安分守己的日子，违背誓约，只好"逐出伊甸园"，过艰辛的日子。在这里，"乐园"实际就是"中央文化地带"；被"上帝"逐出的现代人类始祖，可能是"伊甸园"里的弱势群体，也可能是在生存竞争中战败的一方。他们被"赶出""中央文化地带"，驱散到比较边缘的山区生存。在整个冰河时期，"中央文化地带"生活和被驱逐到边远的蛮荒寒冷地带求生存，那是两个不同的世界，两个不同的概念，因而也就有两种不同的生活方式。《圣经》对"伊甸园"里的人类生活给了无限的向望和肯定，而对人类的恶本性品质提出了无情的批判，并通过"上帝"之手进行毁灭性惩罚。"为了不让人类（应为被逐出的）重返伊甸园，上帝在东边安设㗴嘞咟和四面转动发火焰的剑（火箭？或宇宙飞船），守住去伊甸园的道路。"④可见，"上帝"对逐出"伊甸园"（中央文化地带）的那部分人类是非常严厉的。并且在伊甸园里也有"四面转动发火焰的剑"这样先进的类似于现代火箭的武器。这就进一步证明，伊甸园并非是个现代意义上的真正"乐园"，而是高度发达的"中央文化地带"，它拥有的这种先进的武器就是毁灭他们自己的"罪魁祸首"。

第二，《圣经》的最初版本可能就是被逐出"伊甸园"的这部分人类的始祖写成的。因为他们被逐出，站在蛮荒的高原上遥望那十分诱人的"伊甸园"，因而才有向望之情愫的流露；又因为他们所处环境的条件艰苦，求生艰难，对自己过去的一些行为进行反省，寻找原因，悟出的一个最基本的道理，这就是人性恶。人自小就不怀好心。他们自己如此，逐出他们但仍在"伊甸园"里生活的那些人类更是如此。

不知过了多久，仍然生活在"伊甸园"里的那部分人类安分不下来了，他们内部发生了战争，战争的最终结果是战争突然升级，他们相互使用了核武器，将"伊甸园"及其人类毁灭殆尽。好在被"逐出伊甸园"的这部分人类远离战争现场，他们的艰辛换来了他们的存在。他们钻进更

255

加荒远的山洞里，继续冰河期的艰辛生活。

也许，被逐出"伊甸园"，钻进深山荒野里求生的这部分人类始祖，就是后来的"希伯来圣经"的创造者，他们的不幸遭遇挽救了他们的生命，同样也奠定了基督教的原始宗教思想。特别是他们从"逐出伊甸园"那一刻开始，就有了在地球上颠沛流离的生活，直到20世纪初，这种状况似乎还没有完全转变过来。

第三，《圣经》的"创世"可以证明这一点。《圣经》为基督教的正式经典，它的前半部为《旧约》，共39卷，自然分为历史、诗、先知书三部分；后半部分为《新约》，共27卷，分为叙事、教义、启示三部分。《圣经》中的"约"，意思是盟约，即上帝与其选民所定的约。后来，《旧约》中的选民违背了与上帝的"约"，上帝就让圣子耶稣肉身降世，施行救赎，立下了《新约》。在这里，《旧约》的开篇就是"创世记"：被"伊甸园"里逐出的那部分人类，目睹了人间的惨剧，自己又忍受了巨大的艰辛和委屈，当"伊甸园"被那部分人类毁灭之后（《圣经》中没这么直接说），被逐出"伊甸园"的这部分人类，也就是现代人类的始祖开始创造一个新世界，这大概就是旧有的"伊甸园"被毁之后，"上帝"用七天时间创造出来的一个崭新的世界。其实，"上帝"在《创世记》中"创造"的这个新世界，不是开天辟地，历经艰难的创造性活动，而只是把"前文明"中已经认识到的天地万物及其秩序记载下来，作为现代人类始祖的现代文明开端。所以，《旧约》的开篇就是对"前文明"知识体系的追忆和记载，并对"前文明"存在的"中央文化地带"进行了艺术化包装，变成了人类向往的美好无比的"伊甸园"，它的"美"，对人类产生永恒的诱惑，而现实中的人类的糟糕的表现又使人类身不由己地产生一种自责和愧疚，这就为基督教的"原罪"说教打下了坚实的思想基础。

其次，东方人，即印度人和中国人，自古至今推崇的是"西方乐园"、"西方极乐世界"。东方人生活在东方，其理想的神话式的生活境界都在西方；而西方人的"伊甸园"却是"地处东方"，这种文化现象作何解释呢？西方人的"乐园"已经论述过了，下面我们就来看看东方的印度人和中国人向往和崇尚的"西方乐园"、"西方极乐世界"。

印度人的"西方极乐世界"与佛教的前身和"西方净土"直接相关。"净土是印度佛教的一种很原始的思想。早在反映原始佛教精神的经典《阿含经》中就有反映。《阿含经》中提出，如果众生要摆脱现实生活中的痛苦，可以独身到僻静的地方如森林、石窟等修行禅定。修行禅定到一定程度就可以升天，摆脱痛苦。另外，其后的《本生谭》中，也出现了大量的净土观念，到大乘佛教时期，净土思想广泛流行开来，也出现了种种的净土观念。

"佛教中的这些净土观念，都随着佛教经典的翻译传入中国。其中早期比较流行的是弥勒净土……继弥勒净土而起的

是弥陀净土。反映弥陀净土的主要经典是《无量寿经》、《观无量寿经》和《阿弥陀经》以及净土论等。这些经典为人们描述了一个奇妙无比的极乐世界。弥陀净土最早主要在一般民众中流行,后来禅宗等佛教宗派也吸取净土思想,弥陀净土最终成了中国佛教的共同追求。"⑤

阿弥陀是一个掌管着西方极乐世界的佛的名号,意为"无量光",所以阿弥陀又称为"无量光佛"或"无量寿佛"。《阿弥陀经》的内容是释迦牟尼为舍利佛等众弟子讲西方极乐世界的美境和阿弥陀佛的无限功德的,宣称众生只要自愿皈依佛法,常念阿弥陀佛的名号,死后即可永生西方极乐世界。其实,《阿弥陀经》中所描述的是"西方极乐世界"的实景,每一个细节都很具体很真实,跟我们现在看到的某些社会和自然景点差不多。阿弥陀佛就生活在这个真实的世界中,并且掌握着这一美好的世界。到了"观无量寿经",释迦牟尼开始讲授有关如何通过"观想"感知和体悟"西方极乐世界",以及"看见"诸佛诸菩萨的正确的"观想"途径。他提出"十三观"以及"三品"的方法论,只要按佛讲授的"正观"去做,就可达到预期的目的。同样是讲授"西方极乐世界"的"经典",但二者的宗旨不同:前者是一种客观存在,而后者是如何到达这一途径的方式与途径。而且在后者中,对存在着的诸佛诸景的"观想"已经是超时空的,成为了纯粹的精神存在。这说明一个问题:"西方极乐世界"是真实存在的。那么如何达到这一存在着的美好境域中呢?释迦牟尼佛教给你具体的方法与途径。佛典中的这两"经"实际也就是对实有的"西方极乐世界"的精神化和宗教化过程,使其将实有的存在者提升为精神或宗教的存在者,这是佛教产生与发展的必然和必要过程。

根据《阿弥陀经》的描述,西方的极乐世界曾有过极度的繁荣时期,文化发达、技术先进、生活一度也很幸福。比如佛说:"舍利佛,彼土何故名为极乐?其国众生,无有众苦,但受诸乐,故名极乐。又,舍利佛,极乐国土,七重栏木盾、七重罗网、七重行树,皆是四宝,周匝围绕。是故彼国名为极乐。又,舍利佛,极乐国土有七宝池,八功德水充满其中,池底纯以金沙布地。四边阶道,金、银、琉璃、玻璃合成,上有楼阁,亦以金、银、琉璃、玻璃、石车磲、赤石朱、玛瑙而严饰之。池中莲花,大如车轮,青色青光,黄色黄光,赤色赤光,白色白光,微妙香洁。舍利佛,极乐国土成就如是,功德庄严。"⑥从佛所描述的"西方极乐世界"的华丽与庄严看出,"极乐国土"的繁荣景象历历在目,除上述的描述外,《阿弥陀经》中还有清晨去"千山万水"处"供养其他世界十万亿的佛",吃早饭的时候又"回"到自己的"极乐世界",这么迅速的运输工具似乎比我们现在的飞机还方便。吃饭的时候,饭菜都是"自动"摆在他们面前的,这又像是"自动饭菜机"或是在使用机器人一样,比我们现在还先进。总

宇宙·智慧·文明

之，在阿弥陀佛的"西方极乐世界"里，没有畜生、饿鬼、地狱三种恶道，甚至在"西方极乐世界"连"恶道"这样的概念都没有，更何况实实在在的"恶道"。一个纯净的、壮丽的、和平的、发达的，并且是"无恶道"的"西方极乐世界"就这样呈现在我们面前。

除去宗教的思想成分，我们要问：佛教经典中的"西方极乐世界"曾经真实地存在过吗？我的回答是：是。

情况大致是这样的：距今10万年前地球上最末一次冰河期到来，它的"速冻"能力是人力无法比拟的。瞬息间，地球的两极已被冰雪覆盖，随后冰雪越积越厚，以致达到数千米高的两极冰壳。地球两极的人类，在不知不觉中被冰河期的严寒"速冻"，瞬间消失了，唯剩赤道向北的"中央文化地带"的人类，幸免于冰川的掩埋，侥幸存活了下来。根据现在的研究，这次冰期先后延续了10万年左右的光景，阿弥陀佛生活的"西方极乐世界"就是在这一漫长历史时期建立在赤道向北的"中央文化地带"的人类生活真实，因为这个世界对我们东方人来说在西方，故曰"西方极乐世界"。

关于冰河期原始佛教建立在"中央文化地带"的"西方极乐世界"的观点，我们可以从下两方面得到证实。

其一，还是佛教经典中称阿弥陀佛为"无量光"或"无量寿佛"的称谓。阿弥陀即是他的正式称谓，为什么又要称"无量光"或"无量寿佛"呢？这就与冰河期的气候直接相关。

在冰河期，寒冷覆盖了一切。唯在"中央文化地带"还有陆地和阳光。陆地的呈现才能使人类有落脚之地，在赤道向北的"中央文化地带"陆地呈现很多，所以冰河时期的地球人类就居住在这一狭隘的陆地上；进一步的问题：人类为什么在"中央文化地带"生存了下来？除了有大片的陆地，还有阳光的照射。阳光给这个"中央文化地带"以温暖，有了适度的温暖，人类及其他生物才能存活。所以在这个特殊而又非常漫长的历史时期，光是人类生活中的第一要素，主持和掌管着"西方极乐世界"的阿弥陀佛也就被称之为"无量光佛"或"无量寿佛"，意思是佛能给予人间以光明、以温暖。佛就是"光"的代名词，有了"无量光"，也就可以达到"无量寿"；所以佛就是"无量光"或"无量寿"本身。比如在《观无量寿经》中说："尔时，世尊放眉间光，其光金色，照遍十方无量世界，还住佛顶，化为金台，如须弥山。"[⑦]世尊眉间都有照亮"十方无量世界"的光，何况作为佛教始祖的阿弥陀或"无量光"、"无量寿佛"呢！

其二，西方创世神话的佐证。

日本学者沼泽喜市在他的"天地分离神话的文化历史背景"一文中认为，"起初存在着一种无形的混沌物质，为一片黑暗的笼罩。这种物质以及笼罩在它上面的黑暗，被认为从永恒开始便存在；后来，分为天和地，这就是世界的开端，

同时光明也就产生了。"这是天地分离的神话。"除去纯粹的天堂神话外，几乎所有神话都有一个共同之处，即在天地分离之前的原始时代，世界被一团黑暗所笼罩。由于没有阳光照耀，土地很贫瘠，还有诸多不便。加罗人的一个神话说，整个世界被一个又大又深的罐子罩在下面，大地一片荒凉，没有光明，没有生命，根本不适合人类居住……天低悬在地面上，被普遍认为是不利的……"⑧

假如前面的"黑暗"说的是天地分离的神话，那么后面的这些神话就已经不是宇宙起源的情形，准确地说就是冰河时期人类的真实生活情景。世界被一个"巨罐"罩在下面。能罩住世界的"巨罐"除了地球两极压下来的高达数千米的冰崖坎外还能有什么呢？"中央文化地带"的人类生活在这巨大的冰崖坎包围之中，很难被太阳照射到。因此，驱除黑暗和获得阳光就成了这一狭隘地带的人类求生的主要方面。世界大多数的民族之中都有"盗阳光"、"抢火种"之类的神话，这些神话都和冰河时期的"黑暗"与"不见阳光"直接相关。中国古代的"夸父追日"就是夸父族通过冰河期的白令海峡大陆桥，追逐阳光和温暖到北美平原的真实历史，王大有先生对此有专门考证，证明"夸父追日"的神话其实就是真实的历史。

"非洲阿克沃皮姆人的一个神话说，在原始时代，谁想吃鱼，只需用棍子捅一捅天，鱼就会像下雨一样落到地上。"⑨这实际指的就是在冰河期"低悬"的"天"（冰湖）高悬在人类居住的头顶，只要捅破冰湖的冰壳，鱼就会从"天"上落到地上来。可见，冰河期的人类是居住在怎样一种环境中。

神话并非原始人类的大胆虚构和想象，它是人类特有的一段真实历史，由于离现代人类太遥远了，所以被现代人类定义为不可信的历史。其实，神话的真实性就能从现代科学研究中找到应有的答案。西方诸族神话中关于驱除"黑暗"，歌颂"光明"以及世界被那个"巨罐"罩住等说法，就是冰河期的真实写照，它既是一些古老民族的"原始记忆"，又是阿弥陀佛在这样一个特殊历史时期创建"西方极乐世界"的社会历史原因。

那么，中国人所梦寐以求的"西方乐园"在哪里呢？毫无疑问，那就在中国人如痴如醉的西王母的蟠桃园里。

提起西王母，首先要说一说西王母居住的昆仑山。

关于昆仑山，古今的史家们有很多研究成果。总的一个特点是，西王母居住的昆仑山和今天西域境内的昆仑山不是一回事。史家们探研的昆仑山有很多，如指阿耨达山（《释氏西域记》）、须弥山（丁山）、天山（洪亮吉）、祁连山（《后汉·郡国志》）、冈底斯山（张穆）、泰山（何新）；也有指出地理方位的，如昆仑山在波斯境内（顾实），在加勒底（丁谦、刘师培），在青海境内（李文实）等。⑩

无论昆仑山是指一座具象的山还是一

259

座虚拟的山,这并不重要,重要的是它在"西方",西王母就居住在位于"西方"的这座昆仑山上。为什么说"西方"比具体的山还重要呢?因为它直接牵扯到东方的中国人所向望的"西方乐园"。

在"中国"的"西方",有一座山叫昆仑山,山上住有西王母。《大荒西经》中说:"西海之南,流沙之滨,赤水之后,黑水之前,有大山、名曰昆仑之丘。有神——人面虎牙,有文有尾,皆白,处之。其下有弱水之渊环之,其外有尖尖之山,投物辄然。有人,戴胜,虎齿,有豹尾,穴处,名曰西王母。此山万物尽有。"⑪ 在《山海经》中,将西王母描绘成半人半兽的神的形象,她"状如人,豹尾虎齿,蓬发戴胜"(《西次三经》)。据史家研究,西王母真有其人:"豹尾虎齿",是一个以虎豹为图腾的祖先的族群;"戴胜"一说是一种"玉质饰物",⑫另一说认为"胜"是最古老的织布用的"织机",说明西王母是纺织技术发明人。⑬另外,还有几个非常重要的概念:"穴处"和"操不死之药"者。"穴处"的意思很明确,西王母的居址并没有神话小说中描绘的那么富丽堂皇,她还是住在山洞里,当然是在昆仑山的一个山洞里。西王母最诱人的并非她的居址,而她操有"不死"和"长生"之药,神话中的羿就是求得西王母的长生不老和可升天的神药,结果叫嫦娥偷吃,说的就是这回事。《大荒西经》中也强调,"此山万物尽有",这么富饶的"万物尽有"的山中,怎能缺少长生不死的神药呢?西王母操有这样的神药也是合理的。

从西王母居住的昆仑山,部落的图腾或族徽以及"穴处"的方式,我们就可以判断这历史上的西王母究竟是个什么样的人:

第一,从昆仑山神的情况判断,西王母是"中央文化地带"发生核大战之后的传奇式人物。

我们说,在漫长的冰期,在狭窄的"中央文化地带",由于称霸世界的这个"乐园"或是人口繁衍过快,或是为争夺生活资源,或是别的什么原因,在"中央文化地带"曾发生过核大战,"乐园"的人类所剩无几,多数人死于核爆炸,唯有处于边缘地带的一些"游民"、"山民"或"被逐出伊甸园"的人才有幸逃脱核辐射,幸存了下来,西王母就是这批幸存者中的一员。能够支持这一观点的实证之一就是西王母是位于山上,而非在平原或"乐园"里。"昆仑山上"是"众神之所在",这是《山海经》记载的;也就是说,昆仑山上住的都是神,西王母为领袖,而神们居住的地方就是"天堂",也称之为"仙乡"。那么,山下是什么所在呢?毫无疑问,那就是地狱,地狱里住的都是魔

图74 戴胜西王母,山东嘉祥宋山汉画像砖

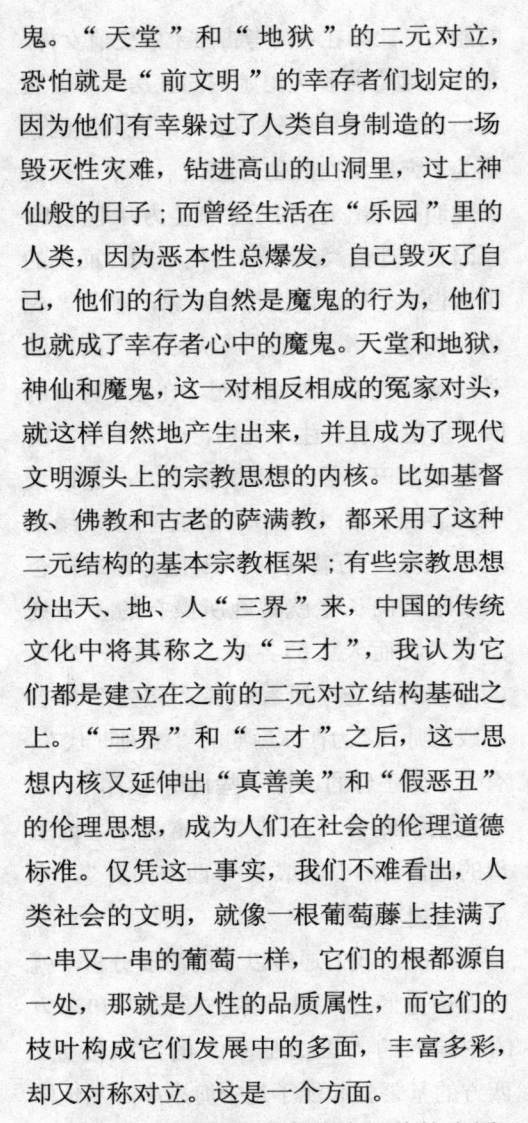

鬼。"天堂"和"地狱"的二元对立，恐怕就是"前文明"的幸存者们划定的，因为他们有幸躲过了人类自身制造的一场毁灭性灾难，钻进高山的山洞里，过上神仙般的日子；而曾经生活在"乐园"里的人类，因为恶本性总爆发，自己毁灭了自己，他们的行为自然是魔鬼的行为，他们也就成了幸存者心中的魔鬼。天堂和地狱，神仙和魔鬼，这一对相反相成的冤家对头，就这样自然地产生出来，并且成为了现代文明源头上的宗教思想的内核。比如基督教、佛教和古老的萨满教，都采用了这种二元结构的基本宗教框架；有些宗教思想分出天、地、人"三界"来，中国的传统文化中将其称之为"三才"，我认为它们都是建立在之前的二元对立结构基础之上。"三界"和"三才"之后，这一思想内核又延伸出"真善美"和"假恶丑"的伦理思想，成为人们在社会的伦理道德标准。仅凭这一事实，我们不难看出，人类社会的文明，就像一根葡萄藤上挂满了一串又一串的葡萄一样，它们的根都源自一处，那就是人性的品质属性，而它们的枝叶构成它们发展中的多面，丰富多彩，却又对称对立。这是一个方面。

第二，西王母作为虎豹族部落的头领，又兼大巫师的神职，一定救活过很多的人。

这只是一种猜想，猜想的依据是西王母操有"长生不死"之神药。还在西王母所处的"穴居"时代，能够操有神药或"长生不死"之药的只有巫师。根据刘锡诚先生的研究，"《海内西经》说开明东有巫彭等十巫，他们'皆操不死之药'。又说开明北有珠树；《海外南经》说：'三珠树生赤水上'，据《列子·汤问》'珠杆之树皆丛生，华实皆有滋味，食之不老不死。'这种珠树，就是巫彭等众巫所操之不死之药，或是后来传说中的不死不老之药的原形。在昆仑神话后来的发展演变中，不死之药的情节大为膨胀，操不死之药的西王母，成为昆仑神话中的大神，昆仑之丘也从原始的诸神之山，变成了被神话学家所说的西方的'仙乡'"。㉓刘先生的研究表明，在昆仑山上，那种传奇的"不死之药"可能真实存在着，那里的巫师都操有"不死之药"，西王母作为一个"穴处"的虎族部落的大首领，她也操有"不死之药"，说明她既是部落大首领，同时也是大巫师。刘先生所说的昆仑山"不死之药"和西王母的这一特殊身份相关。在人类的远古时代，部落首领同时是大巫师这符合历史逻辑，后来的黄帝、蚩尤氏等都是这样情形。因为西王母既是部落大首领，又是大巫师，集政治、科学和巫术于一身，自然她的名望高于"十巫师"了；"十巫师"只是"巫师"，他们没有政治领袖的权威，而西王母既兼有政治权威，又具备大巫师的法术，昆仑神话或西王母的声名远播是自然的事了。

第三，西王母成为中华民族最古老的始祖神，还有一个更重要的因素，那就是她是"女神时代"的代表。

我始终认为，末一次的冰河期，人类曾经历过这样几个生存阶段：冰期初期，

地球两极的人类及其生物,都未能逃脱被"速冻"的命运,大部分的地球人类都被凶猛无比的冰期前锋的寒冷封冻,欧洲出现的"冰人",说不定就是这一时期的"活化石"。冰期初、中期地球上活着的人类和生物大都被集中到"中央地带",开始了漫长的"中央地带"的文化创造生活,因此我把这个阶段称之为"中央文化地带"的人类活动期;冰期中后期,由于人口膨胀或为争夺地盘、生活资源等原因,在"中央文化地带"发生了核大战,"乐园"里的人类几乎毁灭殆尽,唯有被"逐出伊甸园"或处在"中央文化地带"边缘地带的人类幸存了下来,他们远离战争的废墟,钻进深山老林里开始了漫长的"穴处"生活,西王母就是"冰后期""穴处"时代的女首领。

这一时期,青壮男人都死于战火,剩下一些边缘化了的老弱病残和妇女,他们幸免于战火生存了下来,但男女比例严重失调,男性稀少而女性众多,在这种情况下,继续繁衍人类的重任就历史地落到女性肩上。女性人类除了肩负繁衍人类的重任,还组织起了以女性为主的"女人国"或部落,当时的西王母担当的就是这种"女人国"或部落的首领,这就是史前"女神时代"的缘起,我把这个阶段干脆称之为"女神时代"。

有关"女神时代"的神话,西方有、东方也有,西王母就是中华民族最古老的始祖女神。"女神时代"最突出的特征就是彰显女性巨大的生育能力,创造万物的能力,比如在目前考古出土的史前女神,最大化地夸张和突出她们的乳房、臀、腹部,面部和四肢都轻描淡写,究其原因就是为了突出女性的生育能力;和平时代的女性们只突出美,对于生育能力并不注重,原因就在于人类所处的时代不同,面临的生活也不一样。西王母的形象,除了"虎齿、豹尾、蓬发戴胜,状如人"的内涵外,她还拥有一处蟠桃园。在这个神奇的园子里生长着长生不死树,一年一度,西王母都要开一次"蟠桃盛会",邀请天上的各路神仙来享用。西王母的"蟠桃园"即是"万物皆有"的昆仑山或昆仑丘;蟠桃的长生就是她所操有的"不死之药"。而天上的各路"神仙",实际就是围绕昆仑存活着的各"穴处"的首领或巫师。因为在冰后期的"女神时代",有关西王母的这样一些传奇生活,后人就把它编制得"圆满"丰富起来,西王母的时代自然也就成为"西方仙乡",令后人向望不已。

再次,我们通过以上的简要分析,就可以锁定西方人的"东方乐园"和东方的中国人的"西方仙乡"的大概位置:西方的基督教起源于地中海东岸,从地中海东岸再往东的地方应该就是西方人向望的"东方乐园";而中国人关于西王母的神话和昆仑神话的起源地在中国,或中国偏西的地方,从中国或中国偏西的地方再往西,应就是东方的中国人所崇尚的"西方仙乡"。这样,我们就把目光不由地聚焦到了"两河流域"或印度、或中国的

西北部这一地区，这一地区恰好就是北纬30°的横向蔓延地带，无疑也就是冰河时期的"中央文化地带"和东西方人称为"乐园"的地带。

那么，西王母正如有些学者考证的是中东地区的女神吗？非也。从现有的考古发现证实，在冰河期的中期，人类曾在撒哈拉沙漠地区、印度和蒙古高原都有过核战争的遗迹；这些地区都发生灭绝人类的死战，活下来的人类幸存者会走向哪里呢？自然走向高山。昆仑山系正好处在这些核战地区的交汇地带，它在撒哈拉沙漠以东、印度以北、蒙古高原以西，人类的幸存者们不约而同地走向高山，昆仑山系就是最好的去处。所以，我认为，无论是"昆仑山"，还是"昆仑之丘"，也无论是冈底斯山，还是祁连山，它们都统属昆仑山系，所以将这个山系中的任何一座山确定为昆仑山，都是有道理的，冰河后期的远古人类就是藏身于这个巨大的山系之中；而西王母就是"穴处"在这个山系之中的冰河期幸存下来的中华女始祖。

如果允许我做进一步的延伸的话，我还可以告诉你：西王母是冰河后期"穴处"昆仑山系中的中华女始祖，而伏羲和女娲氏却是冰期结束时洪水灾变中幸存下来的中华始祖；西王母领导着她的"女人国"，繁衍了战后余生的人类，所以就成了身处中国之西的纯粹的女神，而伏羲和女祸是兄妹关系，因在洪水的灾变中，他们兄妹二人有幸存活下来，为了繁衍东方人种的需要，他们不顾兄妹关系，只好结为夫妻，所以成为了中华民族共同的始祖。前者可以称之为是"前文明"的挽救者或"前文明"向现代文明过渡的一个特殊人物；而后者却是现代文明的始祖。它们之间相隔的时间至少在两三万年左右，是处在东方的地球人类的两个不同代表：前者是"前文明"的守候者，后者却是现代东方文明的始祖。

二、岩画：冰河期的"石头书籍"

冰河后期，人类文明得以延续的最有力证据之一即是遍布世界各地的洞窟壁画和岩画。

岩画是石器时代的人类刻画在岩洞、石崖和独立的岩石上的彩画、线刻和浮雕，是迄今为止发现的人类最古老最神秘的文化古迹之一。

还在19世纪前半叶，欧洲的一些人已发现一些零星的独体石雕艺术品或骨雕艺术品，认为这些艺术品都是旧石器时代的美术作品时，当时的人们对这种说法嗤之以鼻，没有理睬。因为旧石器时代是万年以前的人类历史，那时候的原始人类还使用石器工具，怎么会创造出这样一些艺术作品来呢？所以没有人相信原始人还会创造出艺术作品。

到了19世纪末，即1879年10月的一天，住在西班牙阿尔塔米拉洞穴附近的一位绅士，业余考古爱好者索图拉，带着自己的小女儿到阿尔塔米拉洞附近寻找小型动物雕塑，他的小女儿钻进一个山洞里去玩。忽然，小女儿哭着从洞中跑出，说是洞里有一头野牛挺吓人的，索图拉钻进洞里一看，原来是大型的洞穴壁画，阿尔塔米拉洞窟的壁画就这样被世人发现了。1880年索图拉以洞窟画为叙述对象，出版了一本小书，阐述了自己的观点，认为阿尔塔米拉洞窟壁画是石器时代的原始人的画。对索图拉的这一发现，人们不但没支持，反而给他找来无尽的麻烦，攻击他无端猜测、作秀、沽名钓誉等，学术界的冷淡和严厉拒绝，导致索图拉很悲观，不久就在忧伤和失望中去世，20多年后，在法国南部地区多处发现洞窟壁画，索图拉的发现才被学术界承认，然而索图拉含冤去世，永远也无法知道这一结果了。

欧洲第一洞窟壁画发现的这一事件充分说明：(一)人类的历史是一个逐渐被发现和被认识的过程，一时的否定和不理解，不一定是永恒的结论或是永远的秘密，当相关知识的积累达到一定丰度之后，正确的认识和理论就会应运而生；(二)人类自己的历史、特别是史前的历史就隐埋在自己生活的星球上，只要是人类走过的地方就一定留有人类的足迹，在人类生活过的地方，也一定留有人类生活过的文化遗迹，岩画就是石器时代人类生活过的地方遗留下来的文化遗迹。

自从确认了阿尔塔米拉洞穴壁画之后，欧洲及世界各地的洞窟壁画和岩画陆续被发现。在19世纪末至20世纪前半叶，欧洲发现的一些著名的洞窟壁画和岩画有："1979年，阿尔塔洞壁画被发现；1978年，勤·夏波洞壁画被发现；1883年，帕尔隆帕尔洞中的线刻被发现；1895年，拉·摩梯洞壁画被发现；1895年，皮埃塔特洞窟壁画被发现；1901年，科巴里尔斯洞窟壁画被发现；同年，冯·特·高姆洞窟壁画被发现。""这一时期发掘的洞窟主要有尼奥洞（1906年被发现）、图克道朵贝尔洞（1912年被发现）、三兄弟洞（1914年被发现）、拉斯科洞（1940年被发现）等等。到目前为止，拥有彩画、刻画或浮雕的洞窟或崖凹遗址已经达到120多处，而出土彩画或刻画的石片和骨片的遗址也有100多处。[15]

"除欧洲以外，20世纪在非洲、美洲、大洋洲、亚洲、澳洲都有大量的石器时代的岩画和洞窟壁画被发现。迄今为止，世界上发现的岩画图像已经超过了5000万个。在整个世界范围内，图像相对密集出现的地区（1000平方公里范围之内有超过1万个像的地区）已经有150个。研究者还发现，非洲、澳洲、美洲、亚洲乃至欧洲，不同大陆上的不同地理区域，无论是高山峻岭或是沿海平地，草原绿洲或是沙漠戈壁，都广泛分布着早期岩画的遗存。"[16]

中国的岩画，在《韩非子》和《水经注》里都有一些记载，但真正发现和注意中国岩画是在20世纪初叶。先是国外的一些考古学家，探险家发现了新疆库鲁克和内蒙古阴山的岩画，然后陆续发现了西南、西北、东南、东北大量的岩画。张亚莎在她的《西藏的岩画》一书中认为："20世纪80年代是中国岩画发现的黄金时代，中国北方岩画长廊的发现与确立是在这10年间。内蒙古、宁夏、新疆、甘肃、青海、

西藏，北方边疆各省区岩画的发现，如此集中，在考古学界与艺术学界均引起相当大的震动。"⑰

的确如此，中国也是个后起的岩画大国，除了华北华南岩画分布稀少之外，在中国"C"字型的国土上布满了石器时代的岩画，它是中华史前文明的物证之一，20世纪80年代只是一个发现的高潮期，中国岩画的发现和研究工作刚刚开始，包括世界范围内的岩画的发现与研究也才开始，它所蕴含的考古学、民族民俗学、历史文献学价值越来越得到研究者的重视，可以说，未来的岩画学研究是现行历史学科最具实力的挑战性课题之一。

那么，在石器时代，世界范围内大量分布着岩画，这些岩画是谁创造的？有什么功能和作用呢？

按照进化论的说法，旧石器时代延续了300多万年，到了旧石器时代的晚期亦即距今5/4—2/1万年之间，人类才进入"晚期"智人阶段，才创造出了诸多如鱼叉、骨针、投矛器这样一些技术性工具，到了前1万年左右，现代"人种"才形成，即才有了白种人、黄种人、黑种人，人类进入新石器时代。按照这一理论推理，这种说法没有逻辑上的漏洞，但是"现代人种"的形成仅仅是前1万年左右的事情，而石器时代最早的岩画据科学检测至少也是4万年之前的创造。这个时间差是巨大的，在现代人种（晚期智人）形成的3万年之前，人类就已创造出令现代人惊诧不已的大量壁画或岩画，这一历史事实的挑

战性当年的达尔文先生可能没有预料到，现在的进化论者们也无法自圆其说。

另据心理学研究，人类高级心理能力是由生物机能转化为心理能力形成的，比如人的摹仿、实形等即是，人类具有这样的转化能力，所以才能拥有高级的心理能力。而猿类只具备生物机能，却没有将生物机能转化为心理功能的能力，因此猿类永远不可能拥有人类的高级心理能力。这是心理学家对于脑科学的研究成果。从这个角度说，人类若从猿类演变而来，高级心理的这种转化能力同样不会具备，石器时代的大量岩画也不可能是由猿猴演变而来的"人类"创造，这同样是进化论者非常尴尬的领域。

有一个最基本的事实，远古的印度、澳大利亚、新几内亚等地的洞穴中，出现绘画、手形时，进化的人类还处在"早期智人"（古人）阶段；欧洲的奥瑞纳和帕里高底文化期出现威冷道夫的维纳斯雕塑像、手持角杯的妇女像时，进化中的人类也还处在"晚期智人"（新人）阶段；而以上雕像和绘画出现的年代最晚也在2.5—3万年之前。况且，目前科学检测出人类最早的岩画出现在4万年以前，这一历史的事实和进化论之间的矛盾是不言而喻的，至少进化论难以自圆其说，更难解释岩画考古中的这一历史事实。

目前比较流行的说法，曾经创造了远古洞窟壁画和岩画的人类，在中国是中国周边地区曾经生活的古代少数民族，在非洲是黑人的先祖，在美洲北部和中部是

265

印第安人，而在西班牙东北、北非、撒哈拉和埃及地区，是公元前5万年生活在这一地区的尼安德特人和之后向非洲迁移了的克洛玛农人。传统的这种说法也不无道理，就目前考古的触角向历史的纵深延伸的情况来看，岩画的历史和岩画的创造者只能是目前的这样一种认识状况，但是就这一认识而言，仍然有着巨大的遗憾。笔者认为，人类从19世纪初开始发现岩画、20世纪在大量发现的基础上进行了考古发掘，短短一百多年时间里能取得目前这么大的成就，已经是非常了不起的。假如迄今为止的一系列工作是奠基性的零星发现和发掘，那么我们接下来应做的一项工作就是梳理和综合。虽然"岩画发现史"，"原始艺术"以及"艺术的起源"这样的专著和论文出版发表不少，但到目前为止，笔者所遗憾的那个问题仍然未得到解决，即对岩画发生、发展和演变的历史，没有给予合理的地位和正确的评价。

诚然，史前洞窟壁画和岩画的创造者究竟是谁，这还需要很长的时间来进一步考证，它是一次非常具体和专门的工作，没有深厚的科学发现和史料做支撑，谁说了也不能算数。但是，依据目前如此之多的洞窟壁画和岩画的发现史科，我们对洞窟壁画和岩画的发生、发展和演变做一粗线条的勾勒，我想还是可以做到的。本文将洞窟壁画和岩画作为冰河期"中央文化地带"文化的延续和发展来看待，并且将岩画的发生、发展和演变的历史分为四个大的阶段和五项内容：

第一阶段：为最早出现的抽象符号岩画；第二阶段大量的具像和摹仿岩画；第三阶段，遍布世界各地的生殖崇拜岩画；第四阶段，包含两项内容，即反映普通人生产生活的岩画和宗教意象图案。

我们暂且不论这四个阶段的五项内容，仅从岩画发展的四个阶段的线条看，它经历了抽象—具象—抽象—具象这样一个曲线波动的过程，按照人类思维的一般模式论，感性的和具像的内容应该出现在最前面，在这个演变过程中为什么把抽象的符号排在最前面呢？这不是笔者任意的

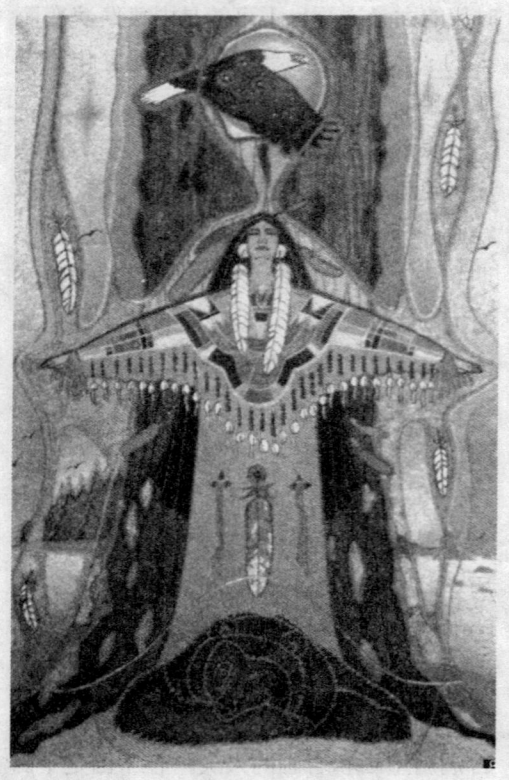

图75　印第安女萨满头上有飞鹰，脚下有卧熊，表明她主宰生灵的身份。

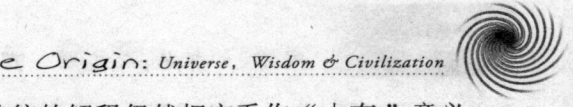

排序和独创，而是冰期末幸存人类的生活轨道本来就是这样发展下来的。

我们先说第一阶段的抽象符号岩画，我在第一部的第五章中，专门设了一节，讨论远古岩画中的宇航员图像，实际那不是传统意义上的巫术或巫士图像，也不是太阳神和人类神像，而是从上一届文明中传下来的或是另一个星球文明的图像，凡此种种我们今天还不能明确认识的图像，我们的习惯做法是将文明统统归入巫术和神像类中去，这种习惯性作法是一种推卸责任的不良行为，它对我们的深度认识并无帮助。史前文明，在地球上寥若晨星，那些"星星之火"尚未形成"燎原之势"之前，巫术这种原始宗教是不存在的。根据我的认识，巫术最早也是起源于"女神时代"的晚期，在此之前出现史前岩画的阶段，根本就不存在巫术这种原始宗教的观念（详见另文）。

联系到抽象的史前岩画，我们首先看到的是奥瑞纳文化时期刻画在崖壁画中的手形、神秘的斑点、女性雕像、"意大利空心面"以及玛格德林文化时期的几何图形等。比如在法国派契迈尔洞窟中发现的"手形与斑点"，属于奥瑞纳文化时期，那手形是用"吹画"的方式阴绘出来的，手形旁边有若干红色的斑点。考古学家看了之后认为，这众多的斑点分布在壁面上，看上去像满天星斗，因此就把这个洞窟命名为"星座之室"。那么，我们要问，一个阴绘的手形和"满天星斗"为什么组合在一起？它们之间有什么内在的联系？传统的解释仍然把它看作"占有"意义上的巫术行为，其实这种解释不见得正确。

刚开始接触手形岩画，我以为这些阴绘的手形应该没有特别的意义，很可能大人在很认真地画牛画马，小孩们没事干，把手放到岩壁上，随意地将自己的手形"吹画"上去，仅此而已。后来，我这种随意吹成手形的认识被越来越多的手形图案推翻了：在史前壁画中手形图案大多是"吹画"，这种"吹画"专业方面称之为"阴绘"。即把手放在岩壁上，用充满颜料的骨管吹出颜料，形成空心的手形。这种绘画，小孩子随意可以完成。但在更多的史前岩画中把人的手形是刻画在岩画上的，而且手形的结构很准确，这样的岩刻手形又称之为"阳刻"。阳刻的手形只有成年人才能完成，小孩子们是做不到的。这样，手形的疑问继续存在着，究竟手形图案在洞窟中，在岩壁上普遍存在着，它意味着什么？

要认识手形的意义，我们首先要弄清两个大前提：（一）人类的史前壁画和岩画，是当时人类所能"出版"或"发表"的"书"。我把它称之为"天书"。史前的人类既然有自己当时的"天书"，那么作为"书"，它里面的知识面就比较广泛了，手形是人类史前"天书"中的一项内容。（二）史前人类做这些绘画和岩刻，并没有现代人这样复杂的想法，他们的想法很单纯，即把他们当时的生活和一些想法简单地转化为某种抽象的符号记录下来，以便成为后人借鉴和继承的经验知识。

宇宙·智慧·文明 大起源

明确了史前人类的这两个前提，然后让我们进一步观察在史前人类的"天书"中，手形图像主要出现在哪些地方，以此来确定它的大致年代。根据我拥有的有限资料，在旧石器时代晚期，印度、澳大利亚、新几内亚的洞窟中出现过手形，欧洲的主要在法国的派契迈尔洞穴中出现过奥瑞纳时期和佩里戈德时期的手形，中国新疆的昆仑山岩刻中出现了大量的手形。这些手形图案的分布地点主要在欧洲、亚洲、澳洲等地，时间均在旧石器时代晚期，距今约1.4万年至3万年不等。非洲和美洲的绘画和岩画中几乎找不到手形。从手形图案分布的地点和大致年代，我判断出手形能呈现的基本意义：第一，手形是人类史前"天书"中最早出现的内容之一，它的绝对年不超越石器时代，石器时代之后基本看不到手形岩画；第二，手形是最早有代表人的身份的象征性图案。在人的形体中，能代表人的部分一个是手，一个是头（包括脸），其他部分器官没有明确的象征意义。因此，聪明的史前人类，用最简练、最具象征意义的手形来代表人自身的形象；它既有"劳动者"的典型意义，又具有转化智慧的功能，用手形来代表人自身的形象再也没有比它更简洁、更典型的。非洲、北美及美洲，为什么很少有手形图案出现，出现的大多是完整的人形呢？原因就在于这些地区的人类活动要晚于有手形的地区，他们在刻画人自身的形象时已不满足于象征性的器官了，可以大量出现具有不同人种的完整的人类形体形象；

第三，手形的造型不同，有的是左手，有的是右手；按照现行的一些观念论，左右是有区别的，因此我认为左手就与男人有关，右手应与女性相关。出现在法国派契迈尔洞窟中的手形，一只右手明显是女性的手，手的造型纤细、娇小，非常女性化；另一个手形像女性的右手，但小指叉得很开，看起来也不像男性的手，这可能与"吹画"时手移动相关。出现在中国新疆昆仑山的岩刻中的手，大多是女性的右手手形，也有一些左手手形；另外在中国宁夏的贺兰山口岩刻中也发现两只手形，明显都是左手手形。左右手形的区别可能与当地男女主人公的身份相关；史前人类历史中最早发挥主体作用的是女性，传统的理论中称之为"母系氏族"社会，我将它称之为"女神时代"，由此判断，女性手形的年代应该比男性的手形早，这符合史前历史的真实；第四，手形与其他形体的组合，自然与这些组合为一体的形体相关。如新疆昆仑山岩刻中手形与其他形体的组合主要是牛、羊、驼等动物，另有个别的抽象符号；欧洲的手形组合有马、野牛、猛犸等动物；这些组合，我同意有的学者认为的具有"占有"意义的观念，也就是说，出现的左手或右手手形与组合在一起的某种动物之间有着"占有"的关系，并表明这一"占有"者是男性还是女性，但它绝对没有巫术的意义。唯有两幅手形组合比较怪异：一幅是前面提到的"星座之室"，在阴绘的手形旁也用"吹画"的方式吹了好多红点，它可能具有"人是宇宙中的高级智慧生物"之意，也可能是随意吹上去的红点，作为手形的装饰；因为像"星座之室"这样的图像组合并不多见。另一幅是贺兰山口的手形岩刻，它的手是两只右手，又像是一左手一右手，处在岩壁下方，两手形之间稍上偏左的地方，刻有一人的头型，只有瓜子形的圆脸盘和两只硕大圆睁的眼睛，很像女性的脸。这幅手形岩画的手在说：人类是靠双手创造和生活的高级智慧生物，尤其是我们女性。

第一阶段的抽象符号岩画，最典型的还有"卐"字符号，我将在之后做专文论述。这里需要提醒的是，第一阶段的抽象符号之所以是抽象的，最主要的原因是这种抽象符号属于"前文明"思维模式，或是前文明中继承下来的。我将在"卐"字符号的论述中充分证明这一点。

第二阶段，大量而普遍存在的具象和摹仿的岩画。这一阶段的岩画是世界岩画内容的主体，不仅数量大，而且内容也很丰富，表现和刻画的主要对象是地球动物，比如野牛、野马、鹿、大角鹿、猛犸、大象、野羊、老虎、骆驼等。有些动物是属于旧石器时代晚期和新石器时代的，如大角鹿、猛犸等，有些动物是新石器时之后的，如骆驼、牦牛等。

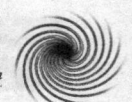

图76　公元前630年石刻的伊西斯像，是古埃及史前的"再生"女神像

宇宙·智慧·文明 广起源

这一阶段，无论在洞窟中还是岩画上，刻绘的动物图像都很具体、逼真，特别是在法国和西班牙的洞窟中发现的野牛图，经历了几万年的时光，其画的结构和鲜艳程度完全可以和现代绘画相比美，比如第一个发现了阿尔塔米拉洞窟的小女孩，被洞里的野牛吓哭了，她把它真当成活着的牛了，可见其逼真程度。西班牙国王得知这一消息，也在随从的帮助下爬进洞窟中，一览野牛的真容，然后在洞口刻画了国王的名字，以示敬佩。

进一步的问题是，最早的岩画是抽象的符号图案，到了第二阶段，为什么又出现了摹仿逼真的具像图画呢？

简单地说，这一阶段的岩画不是继承"前文明"的符号形成，而是把这种逼真的摹仿当作当时的某种技术和知识记录下来，让当时和之后的人们掌握和学习。

这有几种情况：一种是准确地描绘出某一动物的生理结构特征，通过这种准确的描绘，让人一眼即能认出这是什么动物，那是什么动物，它们的习性如何等等，比如在法国的拉斯科洞窟中画有一匹马，它的线条、色块与中国画是比较接近的，因此人们称之为"中国马"。一幅史前的岩画能达到这种效果，没有娴熟的技法和准确的结构特征是做不到的。而岩画的这种准确性或逼真摹仿，就成为当时人们习惯阅读的技术和知识。

另一种情况是在准确摹画出某种动物的生理特征的同时，附带画出人与它们之间的某种关系，这种关系可能是"占有"的关系，也可能是如何射杀和猎获的关系。前者如法国派契迈尔洞窟中的"马与手印"，它们是一种协调的组合关系，没有射杀的任何暗示，手印是右手，可能为女性。这个组合的意思似乎是这样的：我这位女性或女性首领拥有这匹马或拥有这样的马群；手印代表主人，马代表她所拥有的财富。再如中国新疆昆仑山岩刻中，手形旁边的动物都很平静，没有任何情绪暗示，似乎也表示主人与财富关系。后者如法国尼奥洞窟中的野牛，线条粗犷，头部由向前向后两个方向复合而成，在野牛的胸部，有黑色和红色的箭头暗示。这幅由野牛和箭头组合的图说明两个意思：一个意思是说，野牛这种动物非常凶野、它的头会向前向后随意转动，刺杀它时要特别防它的头部；另一个意思是黑色和红色的箭头暗示的地方正是野牛最致命的地方，只有刺中野牛的胸部，才能猎获它。旧石器时代晚期的马格德林时期，西班牙的埃尔·卡斯特略和法国的拉斯科洞窟中，有很多几何图形，有的和牛、羊、鹿这些动物组合在一起。这样的组合也是如何猎获这种动物的"技术指导图"。如拉斯科洞窟中，有一幅马与山羊图，其间有一长方形几何图形，这个组合表明这些动物利用陷阱的方法（几何图）可以捕获，几何图表示陷阱。诸如此类的组合图形，都与技术性知识有关。

还有一种情况，欧洲的石器时代，有一种雕刻在独立的石头，骨片上的图形，叫做"独体艺术"。这种艺术品不像岩

图77 意大利威尼斯多根宫西面的正义女神浮雕，狮子为伴。

壁上的刻画，它是独立的、小巧的、可以移动的。第一个发现了阿尔塔米拉洞窟壁画的索图拉就是在找这种"独体艺术"的过程中发现了洞窟的。有一个雷蒙德出土的马格德林时期的"野牛与猎人"图，是刻画在骨片上的。在这幅刻画的"独体艺术"品中，七个猎人是分别站立在野牛两旁的，一边四人，一边三人；野牛居其中，硕大的头角和脊椎骨相连，两条腿和蹄平放在野牛前面，与它的肢体是脱离的。这幅图的组合为什么是这样的呢？经过仔细观察后发现，它是一幅野牛的"解剖图"：野牛只有头，脊骨和后腿骨是站立的，而两个前肢卸下来，平放在前面。在史前的石器时代，出现这样的"解剖图"，本身

就令人惊讶，但在当时，它是作为一种技术和知识刻画在这个小骨片上的。

第三个阶段，史前人类普遍有过的生殖崇拜岩画。

严格地区分，史前人类曾有过两次生殖崇拜时期：最早出现的是以突出和夸张女性乳房、臀部的生殖崇拜。比如1909年在奥地利威冷道夫出土的"威冷道夫维纳斯"，对与生育相关的乳、腹、臀部位加以强化和夸张，突出女性的生育能力。法国洛塞尔出土的女性岩画，用粗线条只刻画出女性的巨乳和小腹；而"持角杯的维纳斯"以浮雕的手法，突出强化女性的乳和臀腹部。捷克布尔诺出土的女性塑像，用猛犸骨灰和黄土搅拌烧制而成。其塑像夸张表现的依然是女性的巨乳和臀腹部位。

总之，史前人类最早雕刻的这种突出女性生育能力的雕像和岩画，是我们现代人类所知道的迄今最早的岩画，它大量出现在旧石器时代晚期，距今约1.4至3万年以前，我把这一时期的生殖崇拜称之为"女神时代"（详见第二部第三章），它是"中央文化地带"被毁之后以女性为主的社会中形成的，最大的特点是，所表达的主题思想突出，形象夸张且文雅，没有过于直露和粗俗的形式展现。

史前人类的第二次生殖崇拜，实际是一种性崇拜为动力的生殖崇拜，它的生成年代要晚于"女神时代"，大约在新石器时代的前、中期，我把这一时期的生殖崇拜称之为"性崇拜"。

性崇拜的直接对象即是女阴、男根和男女交媾三种崇拜形式,这种崇拜形式与"女神时代"强化女性生育特征部位的崇拜是不同的,女阴在女性的生殖中是最具代表性,男根在男性的生殖器官中也最有代表性;新石器的人类先祖们随着气候的转暖,心情似乎非常愉悦,对于生殖的事情和人口的发展也很着急,所以反映在当时的岩画中,就很直观地表达出他们当时的心情和思想,比如在新疆、内蒙古阴山、宁夏贺兰山的岩画中,女阴、男根崇拜刻画有很多。比如新疆呼图壁生殖崇拜岩画,内蒙古阴山岩画中的"猎人"、男根人纹面像、类人面像等,宁夏贺兰山岩画"透视人体"等,都刻画出完整的人体,特别夸张如突出女阴和男根,以强调人类强大的生殖能力。尤其在内蒙古阴山岩画中,男女交媾或众多男女混合交媾的岩画很多,场面既粗犷豪放又显得很壮观。

新疆"呼图壁县康家石门子的一幅岩画中,女性的体型特征特别夸张,而男性的生殖器强化到与他的身体不成比例;在他们的脚下是两排密集整齐的人墙,象征他们的子女如此之多,几乎可以是无穷多的人数,另有一些单独的男性生殖器崇拜岩画,其生殖器大到与人体相当,这种夸张岩画在中外都是不多见的。

另外,在俄罗斯的叶尼塞河岩画,古印度、伊朗、美洲印第安的岩画和雕像中都有类似图形出现。

到了陶器时代,中国的马家窑文化、西安半坡文化的陶器纹饰中出现大量的蛙纹、鱼纹和女阴符号及象征图像,它们都是这一阶段性崇拜文化的继承和延续,直到目前南方的一些少数民族中,还有"男祖"或"女祖"性器官崇拜现象,说明这一文化现象的魅力和持久力。

图78 土耳其安那托利亚出土史前烧陶女神像,她两手各按一只豹子,表现出主宰者的威严。

史前人类性崇拜的岩画,反映出当时正处在女性社会向男性社会的过渡时期,所以女祖男祖平等横呈,一起出现在岩画中。有学者认为,这一时期的性崇拜是发现生殖奥秘主要在男方而形成的。⑬ 这也不无道理,但我始终认为,这一时期以性崇拜为带动力的生殖文化现象,与冰河期的天气转暖、万物复苏有关联,特别是与几次大洪水的灭绝性冲击直接相关。由于冰后期的人类一次次地遭到洪水灾变的打击,幸存下来的人类群体本来就不多,比如伏羲女娲在大洪水中逃生,然后兄

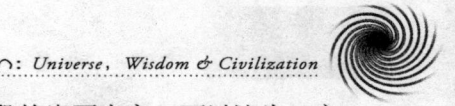

妹成婚的传说就是典例，《圣经》中"诺亚方舟"的故事也是，北美印第安人的传说中同样有这样的传说。说明冰后期一次次遭受洪水袭击的有限人类，对于生育和人类种族的繁衍是多么企盼、渴望，岩画中毫不回避地、直露地表现性崇拜，就充分表露出当时人类的真实心理。因此，对于当时的人类来说，展示男女的性器官，表现男女交媾的场面，是当时人类最阳刚、最具生命力的一种心理和精神反映，它不是令人羞耻和尴尬的形象，而是神圣的与种族的繁衍和发展密切相关的具有神性功效的图像。他们把自身的这些神圣的图像符号刻画在岩画上，描绘在陶器的表面，除了欣赏之外，主要用于祈祷和祭祀；当人类的繁衍渐渐不成问题之后，这一文化现象就逐渐消失，成为令人瞩目的一些神秘图像。

由以上的"女神时代"的生殖崇拜和新石器时代的"性崇拜"我们不难看出人类在地球文明中走过的艰难历程：人类的"前文明"被冰期的冰雪覆灭，被人类自身的文明毁灭，然后又遭受多次冰期后的次生灾害大洪水的袭击，在令人已知的大约距今5万年的历史时空中，地球人类至少遭受到三次毁灭性打击，然而智慧的人类一次次从深重的灾变中苏醒过来，重新站了起来，通过"女神"的崇拜和"性崇拜"，一次又一次地又将人类繁衍起来，建立起新的世俗社会文明。这就是史前人类"不知羞耻"地大肆宣扬生殖崇拜、性崇拜的真实历史原因。

第四阶段的岩画内容，可以认为，灾难深重的史前人类已经步入了现代人的普通的物质生活和精神生活之中。比如新疆昆仑山的"放牧图"，甘肃嘉裕关黑山的"操练图"，广西宁明县花山岩画"群舞图"，云南沧源岩画中心的"村落图"，江苏连云港市将军崖的"植物人面"岩画等均是这一阶段典型的代表。它们或表现放牧的牧业生活，或展现农业的风貌，或舞蹈、或操练；广西左江岩画和宁夏中卫岩画中，还有详细描写战争和战斗场面的岩画。这一切岩画的内容，都和现代人的生活一样，充溢着普通人的物质和精神生活气息，反映出已经得到繁衍的人类群体之间进行战争或兼并、扩大各自势力的生活气息。

特别值得强调的是，云南沧源"村落图"岩画，"它是用赤铁矿粉调以动物血，用手指或羽毛工具蘸着绘制成的。其图形较小，而表现的内容十分丰富，并富有情节性。例如一幅场面很大的村落图，图的中心是由不同样式的多幢房屋聚合而成的村落。房子的基本样式是屋下以柱桩支撑的干栏式住屋，村中心是民族共用的大房屋，四周的房子都向中心倾倒，这种构图形式正与儿童画的透视观念相似，村落的两侧各有道路向远处延伸，路上络绎不绝的人群似乎是表现一场战争的交战与凯旋的过程，后上方有一群武士荷矛行进，最前一人引弓待发，其前方有人持盾迎战。在另外几条路上走着的当是胜利后押解着俘虏，赶着牲畜凯旋的人群。

有的排成整齐的队形，像是翩翩起舞。岩画中将主要人物画得很大，这是中国传统绘画区别主次关系的惯常手法。"⑬看得出在"村落图"这样的岩画中古人的生活不仅很稳定，而且与周边的民族部落有着频繁的交往和战争。当然，岩画发展到这一阶段，已经到了公元10世纪到15世纪，画中的人们已经过着典型的现代人的生活了。

还有一个令今人十分困惑的问题：石器时代的人类没有现在这样的工具，他们是用什么方法把那么多岩画涂绘和凿刻在山崖上去的？有人认为是石器时代的先民们就像现代人一样搭起脚手架凿刻的；也有人认为是用绳索把凿刻的人吊下山崖凿刻的等等。其实对这个疑问现代人还是想的太复杂了：在冰期时代，山崖下面都是冰雪，很多冰层差不多和山崖一样高，远古的人们根本用不着搭什么架，或是绳之类工具，直接站在冰面上凿刻或涂绘就行了。如果真让石器时代的人类搭脚手架凿刻这些岩画，我相信我们现代人就看不到这么丰富精美的岩画了；再说石器时代不可能有现代人想象的那种条件。

按照这样的作画方式，我们稍作推测，我们就可知道，在早期凿刻类的岩画中，岩石的位置越高或令人看来凿刻越难的，它的凿刻年代就也越早，岩画离地越近、凿刻难度越小的，它的凿刻年代可能就越迟，这是由天然的"脚手架"——冰层的消融程度来确定的。除了岩画的主体内容和检测岩画的一些方法，岩画所处的位置也应该是考证其年代的一个有力的参数。至于涂绘的壁画也和岩刻一样，只是所用的材料和方法不同罢了。

三、卍形符号："前文明"的旋涡星系图

前文中，我把岩画发生发展的第一个阶段归结为抽象的符号岩画，并且认为抽象的符号岩画出现在岩画发生的最初阶段，是由于它们中的一部分是从"前文明"延伸下来的，是属于"前文明"的人类认识的成果。仅凭这样一种判断是说明不了问题的，在本文中，我们将以出现最早、最具普遍性和争议性的卍字符号为例，来证明以上的观点。

卍字符号是岩画中最为典型的一种岩画符号，它不仅出现在石器时代的岩画中，而且在岩画之后

图79　圣母子与天使。圣母育子乃是"女神时代"承上启下，繁衍现代人类的开始。

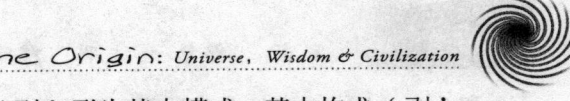

的彩陶刻符中也多有反映和延续。

考古学家盖山林先生把岩画分为三种类型的图式，即"象形图式、表意图示和情感图示"，卍字符号属于"表意图示"中的一种。所谓"表意"者，就是通过某种抽象的符号形象表达某种意义，比如箭形、矛形、锯齿形、圆形、三角形以及不规则的几何图形等等。那么，卍字符号所要表达的是一种什么意义呢？下面，我们分三个方面来讨论一下这个问题。

1. 卍字符号的分布与延伸

最初，我们看到的卍字符号是出现在佛教始祖的身上，比如在佛陀铜像的胸前刻一个卍字符号是很多见的。随着考古的进步和岩画的大量发现，我们才认识到，最早的卍字符号并非佛教所有，而是出现在史前的岩画和彩陶上，也就是说，卍字符号并非佛教的专利文化，而是出现在佛教诞生之前的史前时代，是属于史前文化体系中的一种。

从岩画的角度考察，目前在中国的新疆昆仑山岩画、内蒙古的阴山和巴丹吉林沙漠岩画以及宁夏贺兰山岩画和西藏岩画中都有发现。比如"在新疆昆仑山曾发现了一块刻满原始艺术符号图案的巨石……发现构成这幅图案的基本'元件'大致可以归纳为三种类型：一是以'卍'形为骨干衍化而成；其次是以'〉〈'为基干演化为二方连续图案；再者是以'十'为核心组成的纹样（今称盘肠纹）。特别有意味的是，在以'〉〈'形组成的二元连续的纹样中，每一菱格内的图案也是以

'卍'形为基本模式。其中构成'卍'形的不同方向的线条呈平行放射状，使整个画面产生一种律动感。"⑳

在西藏大量出现的"卍"形符号仅次于牦牛的岩画，可以认为是出现"卍"形符号最多和最集中的一个地区。根据张亚莎教授的研究，西藏的"卍"形符号属于佛教时期和前佛教时期，但最古老的岩刻"卍"形符号是前佛教时期的，也就是西藏的原始宗教苯教时期。无论佛教或苯教，统称"卍"形符号为"雍仲符号"，具有"吉祥"、"永恒"的祝福等。张亚莎教授在她的《西藏的岩画》一书中写道："虽然不是每个岩画点上都出现雍仲符号，但从整体上看，雍仲符号在藏西、藏北、藏南、藏东以及青海地区的岩画里均有分布。通过分析，青海地区岩画出现雍仲符号的比重比较低，藏北地区的比重最高，藏西地区的比重居中，藏东和藏南的岩画点虽然稀少，但也有雍仲符号出现。"比如"藏北地区是雍仲符号出现频率最高的地区，有一些岩画点除了雍仲符号，见不到其他的动物或人物图像。纳木错湖东岸的扎西岛岩画点，在20余个洞穴里，有个别洞穴壁面上只涂绘着醒目的雍仲符号……藏北这类洞穴涂绘类岩画点目前发现至少14个，14个岩画点发现的雍仲符号近40例，比例远远高于青藏高原的其他地区。藏北凿刻岩画点只有加林、夏仓、军雄这3处……加林岩画点至少出现过3例雍仲符号……夏仓岩画上的雍仲符号更多，它有3个'卍'

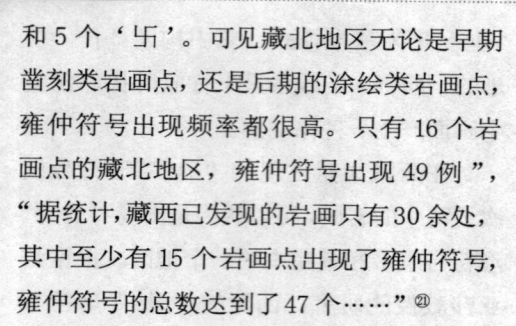

和5个'卐'。可见藏北地区无论是早期凿刻类岩画点，还是后期的涂绘类岩画点，雍仲符号出现频率都很高。只有16个岩画点的藏北地区，雍仲符号出现49例"，"据统计，藏西已发现的岩画只有30余处，其中至少有15个岩画点出现了雍仲符号，雍仲符号的总数达到了47个……"②

"卍"形符号的分布极广，包括"古埃及、两河流域、古印度以及古希腊文明中都曾出现过类似的纹饰。"②但在后期出现的"卍"形符号,大都附着在彩陶上。比如西亚萨玛拉文化侈口碗底的"凤鸟卍纹"（约公元前5000—6000年），特洛依废墟发现的女神偶像阴部的卍纹符号；中国甘肃、青海等地马家窑文化马厂类型的口字纹之中的"卍"形符号（距今约6000年）等，都是"卍"形符号在彩陶文化中的延续。

从以上简要的梳理中，我们对"卍"形符号的分布大致有了一个了解，那么，出现在史前岩画和彩陶中的这些"卍"形符号意味着什么，它们在史前人类文明中究竟有什么内涵呢？

2. 对"卍"形符号的史学解读

目前为止，史学界对"卍"形符号的解读，归纳起来，大致有三种认识。

一种认为"卍"形符号是太阳神或太阳崇拜的象征符号。

孙新周先生在他的《中国原始艺术符号的文化破译》一书中认为："现代学者们对十字纹、卍形纹样的文化象征，在看法上比较趋于一致，认为它起源于先民们对太阳的崇拜。卍形纹作为太阳的象征符号，早在新石器时代就已经出现了。在马家窑文化的彩陶上不乏其例。但是更令人感兴趣的是，这种卍形纹样居然能在更早的距今7000年前的西亚萨马拉文化的彩陶上发现，这比马家窑文化彩陶要早2000多年。尤其令人注目的是，这西亚卍形纹样却是由两只凤鸟复合而成。在我国远古时代就有'日有骏鸟'的神话传说，并常常把凤鸟看成是太阳的化身，不知西亚这凤鸟纹是否与此传说有关。"③盖山林先生也认为："……东方各国尤其盛行太阳、太阳神的崇拜和仪典，有特别丰富的太阳神话。因为'太阳——光明——系从东方起来'。然而，崇拜和举办仪典是要有对象和形体的，散刻于内蒙古、宁夏、江苏等地，以及俄国西伯利亚、韩国的太阳神岩画，就是以太阳、太阳神崇拜和仪典为对象的。"④盖先生在详细的考证和论述中，把十字纹和卍纹都归之于太阳和太阳神崇拜的范围之内，并且对中国古代太阳和太阳神崇拜的历程划分出三个发展阶段："当然，在中国，以太阳崇拜为中心的太古华夏的宗教现有一个不断认识的过程。首先是太阳神阶段，当时以太阳神黄帝——伏羲为中心，以其配偶司月女神为副神；第二个阶段，中心宇宙神由单一的太阳神发展成多方位的太阳神系列，传说中羿射九日的神话，隐含着太阳神中心地位的弱化——由太阳作为宇宙中心神到多方位太阳神宗教观念的演化；第三阶段，进入古华夏历法上一个多元化发

展的时期,'作为季节历法定位坐标的所谓'星辰'亦呈现为不仅有日、月,且包括北斗、大火及水星等多种恒星、行星的非常多元的不同观念。"㉕ 相比之下,在西藏岩画中,卍形符号(雍仲)常常与日、月、鸟、塔等物组合,显现出它深厚遥远的宗教意味来。西藏的卍形符号没有直接表达出太阳和太阳神的意蕴,它只是作为一个不太好理解的宗教符号而存在。但学者们也认为,它与太阳纹样和太阳神有关,尤其是早期岩刻在藏北、藏西的卍形符号更是如此。

另一种认识认为,卍形符号是女性生殖崇拜的象征符号,这种观念同样普遍。比如,西藏的"雍仲符号与特殊人物的组合,可能反映了生殖崇拜的意味……"㉖ 孙新周先生认为,"先民们如此崇拜并将其意象化、符号化,其用意显然是他们把太阳视作至高无上的天神。在他们的心目中太阳是万物之源,是主宰世界的最高的神祇,也就是繁衍万物的生殖大神。在阿尔贡魁(美国最大的印第安族)语中的'kesuk'(太阳)就是来自意为'给予生命'的动词。在英文中太阳也正如其名字'sun'(生殖者)。如果说'卍'纹是太阳的符号,那么,它同时也就是意指生殖的符号。"㉗ 盖山林先生也以为,"见于阴山和巴丹吉林沙漠岩画的卍形岩画符号,有学者认为具有性或性器的象征意义。例如霍夫曼(M.J.Hoffman)将这一符号视作雄性本原与雌性本原结合的象征;伯德伍德(G.Bird Wood)则认为这尤其是女性的象征。从不少女神像的身上或身周都有卍形符号看,此说或许是有根据的。"㉘

卍形岩画符号是女性生殖符号和"生殖大神"的说法具有一定的根据和道理,笔者将在第三部章节有详细论述,这里不再赘叙。

还有一种说法认为卍形符号是"八角形纹"图演变而成。比如在2006年第1期的《宗教》杂志上,蔡英杰先生写有一篇解读卍形符号的文章。他认为"八角星纹图案的寓意显然是太阳的运行图",而卍形符号就是"八角星纹"

图80 中国年画:《魏书·帝纪》中的"天仙送子"。"天仙"者即为女神,即女神时代由女性繁衍人类子孙的象征。

在"前文明"与现代文明之间,横亘着漫长的"女神时代"。在这个特殊过渡时代,仅仅突出和夸张女性的生育功能还不够,"天仙送子"、"圣母育子"这类母亲哺育婴儿的女神像,才是这一特殊时代的真实写照,现代人类就是在这样的神女的哺育中诞生和成长起来。

宇宙·智慧·文明 大起源

图的简化和变形而成。③蔡先生例举了考古的文献中的事例来证明他的上述观点。我认为将"八角星纹"图和太阳运行的图案放到一起来比较也许没有什么错，但是将"八角星纹"图与卍形符号放在一起，认为卍形符号就是"八角星纹"图的简化和演变，这是不正确的。因为从图形上看，"八角星纹"有八个角，才称之为"八角星纹"的，此类图在西昌出土的彝族火葬墓标图案中有，在江苏邳县出土的大汶口文化彩陶钵图案中有，在内蒙古敖汉旗出土的小河沿文化彩陶图案中有，在湖南出土的大溪文化彩陶图案和安徽含山出土的玉片刻画中也有，甚至在彝族的桃花围腰和铜鼓图案中也有。这些考古出土的"八角星纹"图大多都刻画在彩陶和玉片上的，迄今的岩画考古中尚未发现。而卍形符号最早出现在岩画中，其时间远比"八角星纹"图案早。因此，卍形符号是由"八角星纹"图简化和演变来的说法基本不能成立。

3. 卍形符号是从"前文明"继承下来的旋涡结构星系图，这是我的认识。支持这一观点的理由如下：

理由之一：卍形符号与中国古代的"太极阴阳图"和20世纪由射电太空望远镜拍摄到的旋涡星系图完全一致。

首先，我们都非常熟悉中国古代的"太极图"。据传，中国最古老的"河图"、"洛书"和"太极图"，都是伏羲时代的产物，它们的表面特征看起来都是某种固定的图案，其实它们同时也是中国最古老的"数字方阵"图。这些图形或"数字方阵"，都是中国古代思想家们认识到的有关宇宙的学说和相关的天文知识，只可惜上古时期的"太极图"已经失传，我们现在看到的"太极图"是宋代的"陈抟老祖"画成，他的弟子周敦颐写有《太极图说》一文。之后，明、清两朝也有"太极"、"八卦"图流传后世。

今天，我们所熟悉的"太极图"虽然出自宋代的"陈抟老祖"，想必他也是参考了很多古文献和古图谱才画成的。其图最大的特点是对卍形符号的简化和内含的深刻哲理：一方面，它是由两个旋臂构成的星系图，以两条鱼形相互拥抱的方式组合在一起；而卍形符号却有四条旋臂。仅从星系大小的角度说，"太极图"是简化了的卍形符号，这更有利于它的哲学内涵的表达。另一方面，"太极图"的两条鱼图案又是有"鱼目"的，这"鱼目"与鱼体本身是相对立的，也就是鱼体中隐含着的可变因素。中国古代的圣人们，把本来是四条旋臂的"卍"字形旋涡星系图凝缩成只有两条旋臂和两个"鱼目"的图案也是可以理解的。因为有了与鱼体相反的可变因素即"鱼目"，它的运动与变化的哲学内涵就产生了，整个中国古代的文化或文明就是建立在"太极图"的这一哲学基础之上的；而卍形符号除了它的符号性质，缺乏这样的哲学内涵，这是"太极图"与卍形符号之间相互依存和区别的地方。

那么，我们要进一步追问：卍形符号和中国古代的"太极图"为什么说是宇宙

278

The Origin: Universe, Wisdom & Civilization

中的旋涡结构的星系图呢？在远古的史前时代，人类还处在石器时代或铜石并用时代，他们怎么样知道宇宙中的大多星系都是旋涡结构的呢？这就要求我们拿出真实的宇宙星系图进行一番比较，以便证实古代这些图形符号的真实性。

谈到星系，宇宙中的星系有很多种。根据大口径的天文望远镜观察，有的星系呈现为椭圆形，有的是旋涡性结构，还有的像铁饼一样，1928年天文学家哈勃根据观察的资料，将宇宙中的星系分为三大类，即椭圆星系、旋涡星系和棒旋星系，其中旋涡结构的星系是最为普遍的。所谓的旋涡星系就是在星系的中心部分形成一个亮盘，从星系的中心伸展出呈螺旋状的亮带，宇宙学中称之为"旋臂"，有的星系旋臂只有两条，缠卷得很紧，有的星系旋臂有三条或四条，相对缠卷得较松。一般认为，旋涡结构的星系是年轻星系。比如我们的银河系，M51、狮子座星系等等都是。

根据现代天文望远镜拍摄到的星系图片来判断，中国古代的"太极图"是只有两个旋臂的旋涡结构星系图，卍形符号却是拥有四条旋臂的旋涡结构星系图；仅就星系旋臂数量的多寡而言，卍形符号所指的星系图，其认识水平远远高于现代天文学的认识水平，至少在认识的技术手段方面可能要先进于现代，这是毫无疑问的事实。

那么，对于宇宙星系的认识高于现代，其技术和文明水平也可能高于现代的这一人类群体是谁呢？难道是石器时代凭借石头工具生产和生活的原始人吗？无须质疑，石器时代的原始始祖们是做不到这一点的。除了石器时代的先祖们，还能是谁呢？因为很多的卍形符号是出现在新石器时代的岩画中和之后的彩陶上的呀！唯一的解释，那就是曾经存在却又被毁灭了的"前文明"和"前人类"创造和认识的。也就是说，从远古遗传下来的卍形符号岩画和彩陶刻绘图案，绝不是一种偶然出现的文化现象，它是旧石器时代晚期滞留在"中央文化地带"的先民们的认识和创造；由于冰期和"中央文化地带"发生的核战，导致绝大多数人类灭亡，只有少量的幸存者存活下来。正是他们，将"前文明"的这一图形符号留传下来。因此，我在本文中坚定不移地说，卍形符号就是"前文明"的旋涡结构星系图，它被古代中国的"太极图"和现代宇宙学中的摄影图片所证实，考古的文献和摄影图片完全相吻合。

理由之二，在西藏岩画中发现了一组人类源自旋涡星系的岩画"故事"。

在前文中，我已提出人类不是在地球上土生土长的智慧生物，而是源自地外其他星球上的宇宙高级智慧生物。我的这一观点在第三部中充分展开论述，在论述卍形符号的这一节中，借用西藏发现的一组卍形符号岩画来说明人类的宇宙之源。

西藏的这一组岩画是在藏西的日土县任姆栋岩画点上发现的。

日土县是藏西最边远的一个岩画点。根据张亚莎教授的研究，"'卍'类雍仲符号无论是在藏西、藏北都很少见于晚

宇宙·智慧·文明 大起源

期岩画，而主要出现于早、中期岩画里，而此时青藏高原是苯教流行的时期，这说明，'卍'类雍仲符号虽然后来成为佛教文化的象征性符号，但早期它属于苯教的符号系统。"㉚ 也就是说，出现在藏西日土县任姆栋岩画点的这一组岩画是早期苯教所刻，是西藏古老的原始宗教遗留下来的一组符号，我再三强调它的古老性是因为这组符号与后来的"卍"形符号的组合形式无关，它具有原汁原味的原始性。

刻画在日土县任姆栋岩画点上的这一组岩画由三部分组成：最上边是左旋的"卍"形雍仲符号，它应代表旋涡结构的星系；其下是一个圆圈拖着两道像飘带一样弯曲的"长尾巴"，张亚莎教授认为这个图形的意思"不清楚"，我读出它在这组岩画中的"形象"内涵，即它代表诸如现代航天领域中的航天飞船和宇宙飞船之类宇宙运输工具；因为在这组岩画的最下边是一个半蹲踞式的人物图像，仿佛他刚从那航天飞船似的宇宙运输工具中下来，还没有伸直他的腿脚。像这样的岩画在内蒙古、宁夏的岩画中也有不少，我想这种组合的岩画绝不是偶然的，远古的人类始祖们在没有文字符号的条件下，将他们的所知用这种岩画、图像的组合方式表达出来，相当于我们现代人非常熟悉的连环画。虽然我们现代人不甚熟悉远古的这种图形连环画，但对当时的古人类而言，他们却是熟悉这种图案所表达的思想内涵，他们把这种组合的图形雕刻在岩石上，一方面是他们自己经常"翻着看"、

或阅读，另一方面，也是教育他们后代的图形教材，老人们可以指点着这些神秘的图形，讲解出蕴藏在其中的深刻的思想内涵和连续的"故事"。假如我们现代人要充当一次远古的始祖，我们就站在这幅特殊的雍仲符号前，对我们的后代这样讲：这是先人们刻画在岩石上的一个遥远的故事，它讲的是人类起源的故事。相传人类最早起源于宇宙的某个星球上，因为在那个星球上发生了某种灾变，人类住不下去了，就乘坐着中间的那个宇宙飞船来到了地球上。从此，人类就一直生活在地球上，创造了地球文明……如果当时的人类始祖们以"讲画"的方式把这组岩画图像连缀起来，它就成了人类自身来源的一则故事，而且这样的"故事"耐人寻味，一代代往下传，至到文字出现时，这种传说就变成神话。

我想，远古的人类创造岩画这种"文明"的"书籍"，就是要达到传承人类文化或文明的目的，全世界如此之多的岩画，如果都是没有任何目的的创造，或是原始人类"为了艺术而艺术"，那么这样创造和流传下来的岩画就会毫无意义。

出现在藏西日土县任姆栋岩画点上的这一组岩画，我想是达到了它原初的目的，即使是我们现代人也还能读出它里面蕴藏的故事来。

理由之三，卍形符号是从"亚洲心脏"（中心）的昆仑山散开出去的。

研究表明，世界上发现的岩画图像已经超过5000万个，分布在非洲、澳洲、

亚洲、美洲和欧洲各洲的一些地区,这表明,在第四纪最末一次冰期的晚期,幸存的远古人类曾经度过了一个漫长的"岩画时代"。而在这个"岩画时代"出现的多样岩画中,较为抽象的"卍形符号"最早出现在昆仑山岩画系列中,前述的新疆且末县昆仑山卍形符号岩画即是。陈兆复先生认为新疆的早期岩画,出自塞人之手。㉛从岩画的构图看,它将卍形符号镶在"8"形的框架内;"8"形的框架就像一条弯弯曲曲的大道,而卍形符号又像长在路边稠密的蒿草一样。其实,仔细端详这幅岩画,真正复杂的构图是卍形符号本身,而不是"8"形框架。在这幅岩画中,卍形符号"旋臂"上向外弯曲的线条不止一个,而是两条、三条、四条纹路不止,有一个独立成形的卍形符号就是如此。由此我断定昆仑山卍形符号岩画,是"前文明"的遗民或幸存者,凭借记忆摩写出来的最原始最古老也最富原生态的卍形符号,因为之后的卍形符号越来越简化,除西藏个别的卍形符号曲臂上加了点之外,再没发现过如此繁杂的原始岩刻图案。

与新疆昆仑山卍形符号岩画点相毗连的是广阔的青藏高原的"羌塘"或"藏北高原"。这片高原地处昆仑山之南,冈底斯之北,不仅包括了藏北的那曲地区,也包括了藏西的阿里地区以及日喀则和拉萨北部的地区。张亚莎教授的研究表明,整个藏北高原上的岩画,从藏西的日土县岩画点为中心,形成一个密集的分布区;与藏西的日土县岩画点遥遥相对应的是藏北的以纳木错湖为核心地带的藏北岩画密集区;处在这两个岩画点之间的是一条通道,在通道的山崖上也有零星的岩画分布。特别需要提醒的是,"整个藏北湖滨区都有岩画点的分布,除文部地区外,所有的藏北岩画点大都围绕着湖泊分布。其中最为密集的是纳木错湖一带,特别是在纳木措湖东岩的岛屿上,许多洞穴里都绘有岩画。"㉜

昆仑山和藏北高原的岩画分布特点,给我们如下启示:

第一,这一地区以"世界屋脊"著称的帕米尔高原为中心,形成"亚洲心脏"地带。由此向它的四周形成放射状的若干山脉和河流,远古的人类就是通过这些山脉和河流走向世界各地的。比如"以帕米尔为中心,向四周呈放射状延伸出五大山系和三大水系。五大山系是:向东偏北延伸出的天山山脉;向东偏南延伸的昆仑山脉;向南偏东延伸的喜马拉雅山山脉;向西偏南延伸的兴都库什山山脉;向西南延伸的吉尔特尔山和苏莱曼山山脉。接近帕米尔西部和北部的是一系列较小的山脉。三大水系是:向西的阿姆河水系;向东的塔里木河水系和向南的印度河水系。"㉝这些巨大的山脉、水系和若干小山脉、小水系,紧紧围绕着帕米尔为中心的"世界屋顶"(帕米尔),向它的四周辐射出去,形成若干的山脉,若干的峡谷,若干的水系和高地、平原。号称"亚洲心脏"这一特殊地理构成,为人类的聚散提供了地理条件。

281

第二，根据昆仑山和藏北高原原始岩画分布的特点判断，"前文明"覆灭后幸存下来的人类，先是留驻昆仑山的一些岩洞中，留下了最早的卍形符号岩画，然后向昆仑山之南的藏北高原疏散开去，形成藏北、藏西和中间地带的藏北高原岩画带，其中大量的是卍形符号（雍仲符号的出现就可证明这一点）。另有一些昆仑山的幸存者，通过帕米尔高原的"八帕"和山峡，走向巴基斯坦、阿富汗、伊朗高原以及印度河流域和中亚西亚。古老的卍形符号为什么最早出现在昆仑山和藏北高原？原因就在于此。可以肯定的是，出现在彩陶和佛像上的卍形符号要晚于岩画中的卍形符号，这包括中亚、西亚、印度和中国甘青彩陶上的卍形符号。一方面，在亚洲和欧洲的一些出土文物上继续出现刻画和涂绘的卍形符号；说明它是对岩画卍形符号的延续和继承；另一方面也表明，出现在彩陶和其他文物上的卍形符号，是从"亚洲心脏"地带迁移出去之后，有了稳定的农牧业生产才出现的。可以认为这一时期，已经到了卍形符号发展的晚期，彩陶刻画之后似乎再没普遍出现过这种符号。

第三，在古代，凡是出现过卍形符号的地方，无论是岩画还是彩陶涂绘，他们的祖脉都与"亚洲心脏"的帕米尔或昆仑山有着血缘亲情关系，非洲和北欧为什么没发现这种符号，原因就在于亚洲腹地的远古人类没有迁移出去，所以见不到卍形符号的岩画和彩陶涂绘。由此可以断定，亚洲人的始祖大都源自昆仑山，特别是中国、朝鲜、日本、东南亚的亚洲人都是从昆仑山和藏北高原走下，分散到各地去，形成当地的土著民的。这一点我在《山海经》形成的原因分析中也将论述。

理由之四：卍形符号的演变与现代文明的进程保持着高度的一致。

卍形符号从发生到发展，经历了一系列的演变，我粗略归纳了一下，大致有以下两个方面的演变过程：一个是卍形符号本身的演变；另一个是符号意义的演变。

卍形符号本身的演变，我是指它的纯形式。卍形符号最复杂的构图属新疆且末昆仑山的岩刻和藏北的岩刻，绝大多数的卍形符号都是被我们所熟见的那种形式。由于卍形符号本身固有的运动态势和形式美，当它们被遗弃在僻远的荒山野谷和深埋在地表的彩陶上之后，民间却发现了它的形式美。于是，古老而神秘的卍形符号一改它的旧貌，被雕刻在木制建筑物中，刺绣在妇女们的腰带和衣服上，或成为马鞍上的装饰和一些座垫上的图案。中国民间叫做"十字拐"的盘肠图和"富贵不断头"图都是卍形符号在民间化过程中的典例。至此，卍形符号不再是以一种神圣的符号出现，而是以一种完全民俗化了的普通图案出现在普通老百姓的生活中。

卍形符号意义的演变比之它的形式的演变就较为复杂。比如最早出现的新疆且末昆仑山的卍形岩画符号，它在四个旋臂向内弯曲的空档里又分别增加了二到三条刻线，以示旋臂的雄伟气势和丰满；到了藏北扎西岛岩画中的"雍仲符号"，旋臂

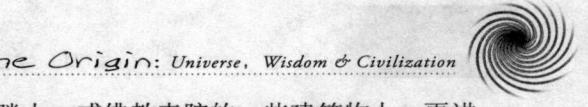

弯曲处增加了的刻线已简化为四个不规则的点；之后出现的卍形符号，绝大多数都是今天我们所熟悉的形态，即只有四个旋臂的卍形符号，绝大多数的岩刻和彩陶体上出现的卍形符号都是这种形态。

在这个阶段，卍形符号还保留着它原始的内涵和意义，即从"前文明"传承下来的旋涡结构星系图的内涵和意义。但是，到了新石器时代晚期和奴隶社会初期，卍形符号的形式就被简化为"十"，没有了同向弯曲的旋臂，岩画学家把这种"十"的图形符号叫做"太阳符号"，或被崇拜的"太阳神"符号。⑱卍形符号从旋涡结构的星系图被简化成"十"形符号，并进一步缩小成"太阳符号"，这在认识上更具体了，但跟它的原意离得更遥远了。

极富意义的是，卍形符号被简化成"十"形符号之后，它的意义内涵发生了巨大变化，比如它演变成了基督教象征性符号"十字架"，耶酥被挂在那"十字架"上，除了形体上的相似之外，更深刻的思想内涵是"十字架"成了西方文明的"根"，基督教的"原罪"思想我猜就是从那"十字架"中衍生出来的。在中国古代，"十"形符号演变成了"太阳神"、"太阳符号"，特别是进一步简化成了"太极图"，卍形符号的四个旋臂被简化成两个旋臂，以便使它承载中国古代的自然哲学思想。在印度佛国，由于对小乘佛教和西方"净土"思想的继承，卍形符号被完善地继承了下来，它成了佛教的一种象征性符号，被刻画在佛陀的胸膛上，或佛教寺院的一些建筑物上。更进一步的意义演变，是发生在现代文明的奴隶社会阶段：卍形符号和"十"形符号仅仅被神化远为不够，它应该在浮躁的人间也找到了相应的代表，这个代表不可能由普通人代替，只有一方的统治者才可以拥有它。于是，由旋涡结构星系图演变成的"太阳神"符号就成了"天皇"、"人皇"的代名词，汉字中的"皇"字就是由"王"和"白"组成，"王"字中间是"十"，上一横代表天，下一横代表地，天子处其中，故称为"王"。再加"日"和"白"就是"皇"。认为皇帝就像日月星辰一样给人间以光明和温暖。于是就出现了"天皇"、"天子"这样的称呼，就出现了祭天、祭日、祭月的祭祀活动。世界各地、各民族几乎都有自己的"太阳神"和"太阳神"祭祀活动，这种活动只有"天子"或"人皇"的国王才有资格主持，直到后来，国王们嫌麻烦了，才出现了专门的祭祀和祭祀部门。

从卍形符号的形式演变和内涵意义的演变中，我们不难看出，人类的古老文明都会经历这样一个发生和发展过程，即由古代文明的神秘和神圣逐渐向现代文明的含混和世俗方面演变，越是神圣的最终将演变为平凡的世俗，"太阳神"符号被皇帝们代替，卍形符号被民间当作图画就是最典型的例子。

虽然如此，今天的我们仍然值得庆幸：从"前文明"中继承和传递下来的卍形符号，经历了漫漫数万年的时空岁月，最

283

 宇宙·智慧·文明 大起源

终融入到现代文明之中,融合到我们的具体生活里面,现在的地球人类,无论是以神圣的还是世俗的方式,每天仍在崇拜卍形符号和简化后的"十字架",甚或仍在认真刻苦地研究双旋臂的"太极图";没有相关信仰的普通老百姓们,要么在他们的衣服上绣有卍形符号,要么在他们的箱柜上描绘上"盘肠"、"富贵图"。总之,地球上的大多数人类仍然和卍形符号生活在一起。

四、《山海经》的佐证

如果说,昆仑神话是冰后期中华始祖的真迹,那么中国古代的《山海经》也应该是这一时期稍后的文化产物。

有关《山海经》的考证和研究由来已久,从汉朝的司马迁到现当代的学者,都有专门的研究和论述。本文无意对《山海经》这一"千古之谜"的经典作出全面的考证,我感兴趣的是它的产生过程。联系上文中的一系列论述,我从三个方面对这部经典提出自己的看法。

1.《山海经》研究的基本状况

就我接触到的有限的研究材料,目前,《山海经》的研究状况可以概括为三个方面:

1) 成书时间:传说为"大禹所著"。西汉刘秀在《上〈山海经〉表》中说:"《山海经》者,出于唐虞之际。昔洪水洋溢,漫衍中国,民人失据,崎岖于丘陵,巢于树木。鲧既无功,而帝尧使禹继之。禹乘四载,随山栞(刊)木,定高山大川。益与伯翳主驱禽兽,命山川,类草木,别水土。四岳佐之,以周四方,逮人迹之所希至,及舟舆之所罕到。内别五云之山,外分八方之海,纪其珍宝奇物,异方之所生,水土草木禽兽昆虫麟凤之所止,祯祥之所隐,及四海之外,绝域之国,殊类之人。禹别九州,任土作贡,而益等类物善恶。著《山海经》。"㉟ 如果禹益著《山海经》的历史属实,则《山海经》大致写于公元前2250年前后。不过到公元前三世纪,人们已发现书中所注地理学内容与当时已知的地理对不上号,于是从这时起就把《山海经》刊入荒诞神怪书籍,从科学和历史典籍中剔除出去。

虽说如此,对《山海经》的研究兴趣一直不减。现当代的研究者一般认为,《山海经》的最终编纂和注释是在春秋战国时代制造"经典"的时期完成的,我们现在能看到的《山海经》版本就是这个时期编定的。

2) 成书范围:迄今为止,研究者对《山海经》的写作动机,众说纷纭,莫衷一是。至于《山海经》所涉猎的地理范围,却有一些说法,下面从《山海经文化寻根》一书中转引一些论述,供参考:

"在当代,孙文青较早指出,《山海经》地理不限于中国版图,它广泛涉及'现在的越南、老挝、柬埔寨、泰国、马来西亚、缅甸、那迦、不丹、尼泊尔、克什米尔;苏联境内中亚的乌兹别克,哈萨克的一部分,西伯利亚的唐努乌梁海,贝加尔、赤塔以及堪察加,千岛,库页(岛)到海参崴的绝大部分;蒙古,朝鲜和日本,琉球。'"㊱

"现代的《山海经》研究者发现,这本书中反映的国土观念不同于儒者之'中国观',乃是一种极为少见的'大世界观'"。如蒙传铭所说:"古代儒家相传之地理观念,谓普天之下,皆为中国,中国之外,则为四海。而《山海经》之作者,以为四海之内为'海内','海内'之中有一山,而中国在焉。四海之外为'海外','海外'之外为大荒,'大荒'为日月所出入处,且在'海外'与'大荒'之间,尚有许多国家及山岳在焉。故就地理观象而言,儒家所谓天下,犹今言'中国';《山海经》之作者所谓天下,犹今言'全世界'也。"㊲

凌纯声先生则概括道:"《山海经》乃是以中国为中心,东及西太平洋,南至南海诸岛,西抵西南亚洲,北到西伯利亚的一本古亚洲地志,论述古亚洲的地理、博物、民族、宗教许多宝贵的资料。这是目前为止'亚洲地志说'比较权威也比较严肃的理论。"㊳

而《山海经文化寻根》的作者则认为:"阅读《山海经》一书给人的深刻印象首先就是那五方空间秩序井然的世界结构。稍加留心就不难看出,这种按照南西北东中的顺序展示的空间秩序并不是从现实的地理勘察活动中总结归纳出来的,而是某种理想化的秩序理念的呈现。以位于中央的《中山经》为轴心向外逐层拓展的同心方向区域划分,更不是客观的现实世界的反映,而是一种既成的想象世界的结构模式向现实世界的投射。"㊴

凡此种种说法,都有一个共同点,那就是《山海经》中所涉猎的地理范围不止在中国境内,至少它扩展到亚洲和欧美的部分地区,这个共同点似乎是比较一致的。

3) 书的性质:也就是说,《山海经》是一部什么样的书,说法也比较多。上引如蒙传铭的"大世界观"即是一种世界地理的说法;凌纯声等人的"亚洲地志"说也是一例。另外还有苏雪林先生所说的"阿剌伯半岛之地理书"和"两河流域地理书"。㊵"卫挺生假说,《五藏山经》是战国时燕昭王听其师邹衍之'大言'组织派青年,分'五路'探险,写出来的宇内外的田野调查报告。"㊶持此类假说的还有李丰楙,他说:"《山海经》是一部地理人文志,是'田野调查的集大成之作'。"㊷日本的伊藤清司假设说,是各地方国的官员描画了本地的妖怪,鬼神的图像并报给中央,然后有一个什么人将这些报告编纂、集成,形成《山海经》的基本文献,可称为"原山海经"。㊸然而《四库全书总目》在为历代典籍分类时,将《山海经》同《穆天子传》、《神异经》、《汉武故事》等归为同类——子部小说家类,并冠以如下译语:"书中序述山水,多参以神怪,故《道藏》收入太元部竞字号中。究其本旨,实非黄老之言。然道里山川,率难考据。案以耳目所及,百不一真。诸家并以为地理之书之冠,亦为未允。核实定名,实则小说之最古者尔。"而"小说"在古代又是一种什么类型的书呢?《汉书·艺文志》中说:"小说家者流盖出稗官。街谈巷语,道听途说者之所造也。"㊹

285

"然而,《山海经》自古及今都未能让人心安理得。原因很简单,无论是中国古时候的知识分类还是现代国际通行的学科体制,都无法使它对号入座。地理学家、历史学家、宗教学家、方志学家、科学史家、民族学家、民俗学家、文学批评家、及至思想史家和哲学家均不能忽视它的存在。但谁也无法将它据为己有。它似乎超然物外,不属于任何一个学科,但又同时属于所有学科。唯其如此,当今有不少人认为它是远古时代的百科全书,显然这一美誉未免言过其实","笔者认为,《山海经》一书的构成,常有明确的政治动机,它之所以出现,和上古文化走向大一统的政治权力集中的现实需要密切相关。因此可以说,它是一部神话政治地理书。"⑮ 这是《山海经文化寻根》的作者的观点。

综上所述,我们对《山海经》的成书时间、范围和性质有了一个大概的了解,这是迄今为止的研究者们特别是《山海经文化寻根》一书的作者们做出的巨大贡献,它使我们这样的普通读者对《山海经》这本古书有了一定的了解。另有像刘宗迪著《失落的天书》,将《山海经》视为"古代华夏世界观",排除了其他的一些说法,等等。虽然目前的说法较多,但是我对以上的诸说仍不满意,至少我认为以上诸说均有失偏颇,特别是对《山海经》产生的历史背景都未做开拓性的阐述,这就使这部本来就很荒诞的"经书"依然尘封在远古历史的厚土中。

2.《山海经》的成书过程

我对"过程"比较感兴趣。任何事物,包括人类自身,它都有一个产生、发展、衰败的过程;《山海经》是远古人类的一项巨大的文化成果,它的萌芽、产生、成熟以至成为最终的《山海经》,自然也逃脱不了"过程"的任何一个环节。因此,我认为,《山海经》的产生和完善是有它特殊的社会历史背景的,我把《山海经》产生和成书的历史背景或过程具体分解为以下四个不同的历史时期和发展阶段:

第一,"图经"时期(阶段):

我认为《山海经》的最初"版本"不是文字版本,而是非常粗糙的图像版本。《山海经文化寻根》的作者也认为"自古以来学者大都相信《山海经》的现存文字并非独立产生,而是依附于已失传的《山海图》而产生的;或者说是配图的文字说明"。⑯ 也就是说在《山海经》这部奇书产生的过程中,先有图,然后才有文字说明,这样的顺序是比较合理的。一方面,中国古代的"经"类著作都不是用第一手资料写成或是最初的版本,大多都是后人整理编辑和注释说明的,因此每部"经"中的思想都不是原始作者的思想,

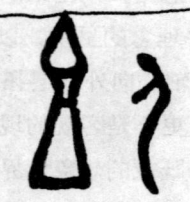

图81 甲骨文中"祖"字,实际就是男根性崇拜的象征

多数都是后人理解后形成的文字和思想。如《易经》，从伏羲氏直到孔子，就是一个从图像符号到文字说明的过程。在这个过程中，伏羲氏的原始的思想我们现在不一定知道，我们现在所看到的却是以儒家世界观为主的孔子的注释。再比如《吕氏春秋》、《诗经》等，都是孔子编辑成书的，它们的被选择和编辑都体现着儒家世界观。这是一个方面。另一方面，《山海经》作为一本怪书和奇书，特别是中国古代的"五经"之一，它的成书过程也不例外：先有一些离奇古怪的神话图像和极其简练的说明，到了中华"经典"产生的"轴心时代"，有学人出来开始整理这些原始的很难理喻的图像，并按当时的学科体系（"经"）加以注释，在保留原有图像的前提下加注了现在我们看到的说明文字。比如我手头有的一本云南科技出版社出版的《山海经》，就是上古的"元阳真人"所著。"元阳真人"是个什么人，无以稽考，他这名字有点道家的风范，也许就是出自道家的一个学人之手。我甚至还认为，《山海经》这部古"经"，在它成为《山海经》的编著过程中，筛选或删去了很多连编著者也难以理解的图像或原始文字，只留下一些他们能接受，能理解，也能注释的图像。孔子编著《诗经》，司马迁写《史记》都是采取这种方式的，《山海经》的著者，诸如"元阳真人"等，我想也不例外。假如今天我们所看到的《山海经》是"元阳真人"的真传，再假定"元阳真人"是个道家思想的实践者，那么我们

不难想象，除了道家所崇尚的，所能理解、利用和注释的部分图像，其余的图像都可能弃之未用。这种可能是有的，并非玄想。

既然《山海经》的最初版本认为是"图经"，那么这种"图经"因何产生，那些"图像"又是谁来作呢？这就联系到本书的主题和昆仑神话的一些实际内容了。

我认为，"图经"的产生与昆仑山密切相关。昆仑是以西王母为首的"百神之所在"，他们都是"前文明"的幸存者。当他们以"女神时代"为特征的氏族社会发展到一定阶段的时候，人口增加了，社会巩固了，谋求更大的地盘和更大规模的发展，是人类生活的必然。在当时这种非常实际的思想和现实需要下，以西王母后裔为主的一支最早的中华先人，走出昆仑，向南、向西、向北、向东进行"科学考察"，所到之处，为方便起见，先把一些地理状况做出大致的描绘，并将当地的动植物、人类及其当地人类所信仰的图腾神等画成草图，带回昆仑山。"图经"时期为什么只有图像没有文字呢？最简洁的答案就是那时还没有诞生现代意义上的文字。因此最早的《山海经》就是以"图经"的形式存在。在整个冰河时期，这样的考察可以"兵分四路"进行，也可以一方水土一方水土地仔细考察，总的目的是要了解围绕昆仑山四面的实际情况，以便拓展生存的领地。

进一步的问题：以西王母为首的"女神时代"的中华先人们又如何进行这么

宇宙·智慧·文明

大规模的科学考察呢？他们用什么工具行走？他们所到的"山海"中有这种行走的条件吗？从现代人类的角度考察，这都是些很重要的实际问题，我们很难想象当时的中华先人们是如何完成这一巨大行动工程的。

其实，我们现代人类习惯于运用现代思维思考问题，习惯于用现代文明的知识和技术假想当时人类的生活状况，很多事情似乎无法完成，这是我们现代人类的思维局限使然，知识和技术的局限使然。在以西王母为代表的"女神时代"，当时的先祖们既然能雕刻出供人们供奉的女神像，能在"穴处"的石洞里画出那么精美的图画，特别是能"操有长生不死之药"，说明当时的人类文明水平也不像我们想象的那么低下。所以，"女神时代"的先祖们既有能力描画各种复杂的图像，也一定有能力走下昆仑山，到东西南北各地去考察。比如一直研究古文化的王大有先生，在他的《昆仑文明播化》一书中，考察到美洲的印第安人时，就得到一个很重要的信息：古代的印第安人就是靠雪橇走近美洲大平原的。② 由此我们可以推知，在地球两极还处在"千里冰封"的冰河时期，整个北半球几乎都是冰天雪地的世界，甚至下降100多米深的海洋边缘都结冰，只要狗拉雪橇（现代生活知识）或人踩雪橇就能游遍整个北半球。《山海经》中除了"亚洲地志"说，"中东地志"，还有"北美地志"说③ 呢，这么大的地球北半球的"地理地质图"是怎么发现

的和怎么绘制出来的呢？我想，"女神时代"的先祖们就是靠雪橇这种极简单又非常实用的运输工具发现和描绘出来的。虽然我们还无法知道"女神时代"的先祖们花费了多长时间，才走遍地球的北半球，发现了那么多离奇古怪的文物，但我们相信"图经"的产生过程就是以昆仑为轴心的先祖们的实地考察得来的。

第二，"海经"时期（阶段）：

其实，中华的先祖们在围绕着昆仑山向四野进行的田野考察中，已经拥有了"山"与"海"的地理概念，只是"山"有很多而"海"并不多，"山"在举目之处随地都可以看到，而要看"海"就不那么容易，"海"的地理位置要比"山"遥远很多，因此，"神女时代"的先祖们在确定考察结果时，把"山"与"海"的概念进行比较和衡量之后，最终还是以"海"的概念作为考察的地理范围："海内"和"海外"。"海内"有诸多的"山"和"人类"，而"海外"却是"大荒"。一个"海"字就把"山"都含括进去了，不仅如此，还特别指出了"海外"的"荒"。因此，我比较同意蒙传铭所说的"大世界观"和"全世界"图景的说法，因为这是中华先祖在冰河时期对地球北半球考察的第一手资料，也是在当时非常有限的条件下解读的最大最远的地域地理概念。

能够支持我提出的"海图"时期观点的除了上述的"亚洲地志"说和"两河流域地志说"之外，还有一个更为有力

的证据,那就是"北美地志"说。

据光明日报的一篇文章说:"几年前,美国的科学家重新鉴定了《山海经》的若干篇章,发现了它的重大价值。例如书中的第四经《东山经》,有四卷描述'东海以外'的山川形势,竟与太平洋彼岸——北美洲西部和中部的地形默然契合。《东山经》不仅描述了那里的地理,而且每一卷还描述了当地的风物。其内容包括从美国的内华达州拾黑色蛋白石和金块,直到在美国旧金山湾看到海豹在岩石上玩耍,甚至还描述了考察者对一种会装死避害的美洲负鼠大感兴趣的内容。又如,第十四经中描述到'光华之谷','河水流进无底深渊','日出于此'等,任何一个曾经在北美洲科罗拉多大峡谷旅行及观赏过日出的人,都不怀疑《山海经》中的这段内容指的就是那里。此外,《山海经》中还有不少笔墨是描述五大湖区及密西西比河流域等北美洲东部地区的情况。"⑭

以上的说法是美国科学家重新鉴定《山海经》之后得出的结论,认为《山海经》与北美的地理风物密切相关。这一说法,把《山海经》的考察范畴延伸到了北美洲,其地域概念比"亚洲地志说"更加宽广和博大了。这就是说,"神女时代"的中华先祖们在"图经"时期的足迹已经延伸到了北美洲,也许是在北线考察的一组通过白令海峡大陆桥走进北美的。这样,在完成了以昆仑山为轴心的向四面辐射考察的巨大工程之后,到了汇总资料和确定方位的时候,中华先祖就把所到之处或尚未考察之地明确地确定下来,其衡量的基本标准即是"海"的领域,亦即南海即为印度洋,西海至少延伸到黑海或地中海,北海即北冰洋或白令海,东海即为太平洋。"四海"的方位确定之后,又细分为"海内"和"海外",以及"海外"的"大荒"。

"海经时期",实际就是中华先祖的"大世界观"和关于"世界"构成观念的形成阶段,这对冰河后期还处在"穴处"地位的中华先祖非常重要,由于这一"世界"观念的形成,才铸就了中华民族在之后的长足发展和在北半球的广泛分布。

第三,"山经"时期(阶段):

"海经"时期,中华先祖们踩踏着深厚的冰层,等于在半个地球上巡视了一番,旅游了一趟,知道了"海"内外的世界是个什么样子;而到了"山经"阶段,"海"的"大世界观"就淡化了下来,突出的是"山"的确切位置,也就是以"山"为坐标来确定中华先祖生活的地域环境。这个时期,至少从伏羲氏开始,到禹的时候有了初步成果,西周及汉时才最终完成。

《山经》时期的开端为什么说至少从伏羲氏就开始了呢?这是因为冰期结束时的多次洪灾又一次给人类带来了灭顶之灾之故。可以想象得出来,经过昆仑的"神女时代"的延缓和重新孕育,中华先民又一次从昆仑山系中繁衍了起来,其表现即是冰后期的"图经"和"海经"观念的形成,以及之后的必然迁徙或扩展生活领

宇宙·智慧·文明 大起源

地，比如北美洲的华人先祖就是这个时期迁徙过去的，从中国西北地区起源的俞兹氏和伏羲氏，也是在同时期迁移到河西走廊和甘肃东南部地区的。只是冰期的结束，大量的冰雪被逐渐转暖的气候消化，因而在北纬30°—45°之间的狭长的"中央文化地带"发生了多次洪灾，令逐步从昆仑山系中走出来的中华先祖又一次遭到灭顶之灾，伏羲氏和女娲氏兄妹就是从洪灾中幸存下来的现代中华始祖。所以，以现代文明知识体系为标志的《山经》就要从伏羲氏算起。比如伏羲氏作"先天八卦"图，其中就以"山"为基本符号和意象，"山"从"先天八卦"开始走进了中华文明的知识体系之中。

伏羲氏之后，较为著名的就是禹、益著《山海经》之说。禹治水、定九州；九州也就是现在的九个行政区划，是尧、舜、禹时期的领土概念；"山"当然包含在"九州"之中了。

再后，就到了商周时期的"四岳"和秦汉时期的"五岳"，至此，中华山岳文化趋于成熟，《山经》方位图也就最终形成。

根据顾颉刚先生的考证，"四岳"在尧舜禹时期只是个"分掌四岳诸侯"的官衔，赐姓姜；到周朝时，"四岳"就成了"羌姓一族之先人，非全国四区之首长"。顾颉刚先生总结道："四岳者，羌姓之族之原居地，及齐人、戎人东迁而徙其名于中原；是为两周时事，为民族史及地理志上之问题。五岳者，大一统以后因四岳之名而扩充之，且平均分配之，视

为帝王巡狩所至之地；是为汉武、宣时事，为政治史及宗教史上之问题。"㊿王畅先生认为，"五岳"中的"四岳"早就存在，而后来扩充的是"中岳"嵩山。王先生认为，"中岳"的确定是根据"'三皇'或'五帝'的居地为中心而定位的，'至秦（始皇）称帝都咸阳，则五岳渎皆并在东方'。这说明，五岳的定位在秦以前早已形成了。"㊶

"五岳"文化，无论在汉朝时形成还是秦汉之前早已形成，"五岳"象征中华民族在东、西、南、北、中的"大一统"思想和"大一统"的国家意识，象征多民族组成的民族团结。比如古代的帝王们巡狩时，就是以"五岳"为准，每到一"岳"，就举行封禅和祭祀仪式，一年内走完"五岳"，就等于在自己的国度内巡视了一遍，为当地的人民祈福禳灾，祈求康泰。从山岳文化的这种政治作用来看，"五岳"观念在秦汉就早已形成，而至秦汉时和"大一统"的帝国政体相适应，"五岳"观念也趋于成熟和完善。

因此说，《山海经》的"山经"时期经历了很长时间，它与"海经"时期不同的是，区域一步步紧缩，最终凝聚到"五岳"的范围之中，并且以"五岳"为尊，形成"大一统"的民族和国家意识。这就是"山经"的形成在"海经"之后的历史原因。

第四，"山海经"时期：

很显然，"山海经"时期，也就是该书的成熟期，或者说是综合期。之前"图

图82 这应该是人类曾经熟悉的两个大的星系，比如太阳系和银河系等。人类曾从一个星系迁徙到另一个星系中来，以这种"示意"的方式显示出来。

经"和"海经"大致相连结，比较集中地反映了冰河后期地球北半部的人类生存状况以及地理状况，它们主要以图像的形式存在，略有注解。到了"山经"时期，泰山大概是第一个被"尊"起来的，如商周王都到泰山上去祭祀天地；之后出现"四岳"，等完成"大一统"的帝国之后，"五岳"观念就稳定地形成。然而，仅有图像、四海和山岳的零星知识，不足以体现"大一统"的中华文明，于是在伟人纷纷登场亮相的"轴心时代"，有学者也出来开始整理这些零乱的图像、思想和观念了。据研究者研究，《山海经》的原始资料都是很凌乱的，也没有现在这样秩序井然地排列下来，是《山海经》的编著者把它编辑排列成了我们现在看到的这个样子。

那么，《山海经》的综合是什么时候的事，由谁来完成的呢？

一般认为，《山海经》的成书是在春秋时期，也就是德国哲学家卡尔·雅斯贝斯认为："世界史的此轴心似乎约于公元前500年就存在，在公元前800与公元前200年的精神过程中。"㉒这个时期，也正是中国古代的孔子、老子在世的时代，是

一代思想巨人著书立说、整理古籍的时代。中国古代的"经"就在此时整理和编著，如孔子编著的《诗经》等。各种言论集也产生在此时，如《论语》、《道德经》等。相信《山海经》也毫不例外就是这个"轴心时代"的产物。当然这是现当代的研究者们的一种说法，我也支持这样的观点。

《山海经》无疑是在这个具有世界意义的"轴心时代"综合或编著的产物，但具体的成书时间至今无法搞明白，其作者也难以确证。

"《山海经》共有18篇，3万多字，其中有些篇仅有三四百字，唯《西山经》、《北山经》字数多至五六千，这种详此略彼的现象除了说明该书'原系出于众手'之外，还可以说明什么呢？我们知道，与夏商相比，周人兴起于西北，或以为原来就是'羌氏中的一种'（顾颉刚·古史辨）。《山海经》中记叙西北方面的地理较为详细，是不是与作者所掌握的周代文献较丰富有关呢？"㉓《山海经文化寻根》作者的这段议论认为：《山海经》的作者可能有很多个，出自"众人之手"，或者它是周人的作品。无论哪种情况，《山海经》的最终完成应该是在春秋前后，也就是在孔子在世的那个时代，这一点似乎是比较确切的。

综上所述，《山海经》的"野外探险调查"或冰期的考察是发生在西王母生活的那个"神女时代"，其时间下限至少是在新石器时代之前，也就是12000年之前；这是《山海经》的初始阶段，也

宇宙·智慧·文明 起源

就是产生了"图经"和"海经"的时期。我们现在看到的那些图像，都有点离奇古怪，与现代文明的知识体系不相符，原因就是因为它产生在冰后期，是地球人类的"前文明"知识，所以我们比较难以接受。还有"四海"的地域概念对我们也比较模糊，原因是当时的"四海"也越出我们今天的传统观念，令我们难以相信。我们现在所考证的"四海"并非"海经"时期的"四海"，现代人考证的"四海"范围无疑是小多了，而且多入岐途。之后的两个发展阶段也是不一样的，"山经"的形成过程，实际就是中华民族内聚和民族共同体逐渐形成的过程，"五岳"的范围就是中华民族生存和繁衍的范围。这段历史属于现代文明的知识体系，我们不仅感到亲切，而且逐渐熟悉，不存在陌生和不能接受的问题。到了春秋前后，《山海经》的"创作"趋于成熟，经历数千年的酝酿、考察、充实、补写，最终成为我们今天看到的《山海经》。

因此，《山海经》既是"前文明"存在的一个有力的佐证，也是中华文明起源和发展的一个活证。

3. 考察目的与迁徙路线

论述至此，我相信读者朋友还会提出两个相关的问题：一个问题是，既然冰后期的中华先祖们进行了大范围的地理考察，那么他们这样做的目的是什么，考察之后有什么相应的结果，是否达到了预想的目的？另一个问题：中华文明源自古代中原或"中国"，本文为什么说是源自"西乡"？这与传统的观念不是相背离吗？

我先谈一下考察目的。以西王母为代表的"神女时代"的中华始祖们，为什么要在北半球范围内进行大规模的地理考察呢？目的有两个：一是掌握相关的地理知识，"图经"和"海经"就是其成果，说明第一个目的是达到了。二是了解下一步迁徙和发展的新的生活基地，也就是说，先祖们应该向哪里迁徙比较合适，其中包括陆地、海域、海拔、气候，当时人类生活状况以及动植物的构成等。这个目的达到了没有？我认为也达到了，有两个方面的证据可以证明它。一方面是围绕昆仑和西王母为代表的"神女时代"繁衍起来的"前人类"幸存者，他们向东的迁移并迁徙形成中华民族的先祖。这支东进的中华先祖大致有三条迁徙线路：一是沿昆仑山西向青藏高原的迁移，二是通过塔里木盆地和河西走廊，向甘、青、陕地区的迁徙，三是通过塔里木盆地和河西走廊，迁徙到蒙古高原，并通过蒙古高原和冰期的白令海峡大陆桥，到达北美平原。

这三条迁徙线路上的中华先民们都是在冰期完成迁徙的。其中，迁入青藏高原的先祖中的一部分，沿着青藏高原下倾的南部横断山脉继续南下，最终融入于东南亚地区的土著民族中，并成为那里的成员，等气候转暖，曾经南下的先祖们又向北扩展；一部分占据青藏高原的西南段，成为那里的最初居民；另一部分向东北沿海和

The Origin: Universe, Wisdom & Civilization

中原发展，最终融入中原民族之中，成为汉族的一个主要部分。迁入甘肃、青海地区的中华先祖，在那里孕育了最初的黄河文明，然后通过黄土高原和秦岭山脉，沿黄河继续东进，驻足于华北平原，最终使黄河文明在中原趋于成熟；而迁入蒙古高原的中华先祖，一部分留驻于大兴安岭东北部及东北平原，它的先锋南下到西辽河，成就了西辽河文明，并由西辽河的一部分先祖南下到山东半岛地区，成为中原文明的一支劲旅。而留居于蒙古高原的另一部分先祖通过白令海峡到达北美平原，北美的玛雅文明和印第安古国文明都是由这部分中华先祖创造的（当然"三代"还在向北美平原迁徙）。

从昆仑方面而来的中华先祖们的迁徙，对他们来说是"东进"，面对后起的中华民族来说，先祖们都是"西来"；由此我们就明白了，中华民族为什么对"西方"那么崇尚，中华民族最早的神话传说均传说祖先都来自"西方"，最根本的原因就是因为中华民族最深厚的根都在"西方仙乡"。

另一方面，以昆仑山脉和帕米尔高原这一"亚洲心脏"为始发点，一部分幸存者通过帕米尔高原四通八达的山谷通道，迁往中东地区和西亚，与那里的土著民融合。关于这一支西迁的昆仑始祖，我不想说太多，孙新周先生在他的专著中作了一个彩陶和岩画图案的比较，足以证明以上的观点。

孙先生在研究云南彝族古文化时发现了一种人物造型的艺术风格，特点是："其躯体一律由两个对顶三角形构成，上臂两侧弯曲微举。下肢为两条带钩的直线，以表示腿和脚。头部呈'品'字形或简化为'十'字形。显然其人物的画法已趋程式化、符号化。意味深长的是，在我国甘肃、青海地区属青铜时代辛店文化的彩陶中，居然也发现了与其画法、风格完全一致的人物造型。更有意思的是，如果我们把目光放远一点，向西亚望去，竟会令人惊奇地发现，在其出土的早期彩陶中，也有着与上述艺术风格几乎完全一致的人物造型……新疆阿勒泰地区发现的洞窟岩画中竟也有与辛店文化和彝族宗教示意书上完全雷同的人物造型。"孙先生认为，留下这些彩陶和岩画风格雷同的人物造型的古代民族是古羌人。"据史料与考证，古羌人的历史很悠久，活动的时间长，地域广。曾经几度迁移，既有东向发展的，也有南向，而最多的是向今四川、云南方向，经四川入滇者尤多。至西还有达

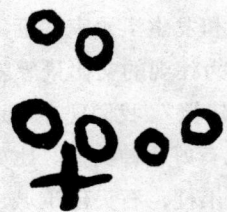

图83 阿拉善左旗双鹤山岩画。这幅岩画的寓意非常确定：若干天体与人。那个十字不是"太阳神的象征"，而是代表人。人的双臂伸展，两腿并拢，就是一个"十字"，岩画以简练至极的线条表达某种寓意，不可能像工笔画那样周全细致。人在宇宙中，在天体间周旋，既是宇宙高级智慧生物，又是宇宙中的流浪者。因为此岩画中是人在托起诸多的天体，而不是踩在地球上逞大，这就再好不过地说明了人的真实身份。

293

到新疆帕米尔高原者。"㊹孙先生通过彩陶和岩画人物造型相雷同的比较研究结论与我前述的迁徙路线完全吻合，只是彩陶人物画的发生年代比较晚，上举的几例大概都在6000—7000年左右的时间段上。不过，这并不矛盾，上例中有一个新疆阿勒泰山洞岩画的人物造型，岩画的发生时间一般都比彩陶早，这是一个补充。还有就是，相同的彩陶人物造型同时出现在南方、西北和西亚，这就表明它们之间有着某种血缘和文化的内在联系。我认为这一联系的大本营就在昆仑山和帕米尔高原这一"心脏"地带；因为东、南、西几地的古人都源自这一"心脏"地带，反映在他们最初的文化和精神生活中，就出现程式化的人物造型。从这个角度说，"女神时代"的始祖们既达到了考察的目的，也实现了向"亚洲心脏"四周的迁徙。

五、"石头建筑"："前文明"灾变的见证

在冰期后和发生洪水灾变后，现代文明初创阶段最为壮观的文化景象就是当时诸多的"石头建筑"。我们现在知道的"石头建筑"文化有好几种类型。比如石雕人像类、石雕纪年柱、石头建筑城、岩石雕凿城、金字塔、祭坛或神庙以及后来的佛塔。这些"石头建筑"文化，有些是和"前文明"的天文知识有关，比如玛雅人的"石雕纪年柱"、斯通亨格的石圈等；有些跟自己的祖源和信仰有关，比如复活节岛的石雕人像、塔等。但绝大部分也是最为著名的一些"石头建筑"文化却与石器时代以来一系列的灾变直接相关。人类在石器时代以至后来的文明创建活动中，曾经遭受了漫长的冰期的寒冷，冰期后的洪水的毁灭性淹没以及在其间发生的核战争；正是由于这一系列重大的灾变和灾变带来的严重后果，才使现代人类的始祖们创造了现代文明源头上的诸多神奇的"石头建筑"。它们既是"前文明"的文化和人类智慧向现代文明的延伸，也是现代文明源头上人类防灾防变文化的重要标志。

比如1911年7月，美国探险家海勒姆·宾厄率领耶鲁大学考察队，在海拔6264米的萨尔坎太山里发现的"空中楼阁"，"上天无门、下地无路"，"所有建筑都以石头砌成，公共建筑的墙石大者重以吨计，墙基直接凿在岩层上。如此巨大的石头之间竟然不用灰浆粘合，却接合得连刀片都插不进去。30千米外的采石场可以证明，不少石料是从那里运来的。在古时有限的技术条件下，我们无法想象奴隶们是如何用简单的杠杆把这些石头硬拉上山的。石头拉上高处后，奴隶们用无数把石锤敲打，精心琢磨后，逐层垒砌上去。如果这些房屋的茅草屋顶还在，马丘比丘也可算是一座漂亮的城市了"，"为了养活这座漂亮城市里的数万名居民，印第安先人在山脊斜坡和后山上开辟了百余层梯田，种植庄稼……那里的统治者为何要把这样一座美丽的城市建立在远离人间之处呢？研究者猜想，这跟印加人对太阳的信仰有关。印加人认为世间万物都是太阳所赐，他们渴望太阳不落，永远照耀大地。为了更加接近太阳，统治者才建造了'空中之城'。"㊺

古代的印第安人把自己生活的城市建筑在"远离人间"的高山顶上，并且用琢磨过的大石头砌成，这绝非研究者们猜想的崇拜太阳神的原故，而是为了躲避地球环境和社会环境双重灾变而建筑在"远离人间"的高山之巅上。因为印第安人是个非常古老的民族，他们曾在最末一次冰期，沿着白令海峡露出地面的大陆桥，从中国的东北迁徙到中美洲大草原上。他们的迁徙原因就是冰期寒冷的北方无法生活，才有这样的大迁徙。所以，印第安人首先是冰期灾变的受害者。当冰期过后，大洪水的传说在印第安人中也是极为详尽的，前述的夫妻乘船逃生的传说就是在印第安部落中的流传。所以，印第安人又是冰期后洪水灾变的受害者。至于印第安人是否经历过核战争带来的苦难，这还不好说。仅凭前两个灾变的受害者，印第安人完全有理由把自己的城市建筑在可以远离洪水的高山之巅，而且一定要用石头建成，这样才能远离像洪水这样的巨大灾变，也才可能不被洪水把整个部族及其一切文明成果冲毁殆尽。

诸如古代印第安人"空中楼阁"这样的石城建筑，在公元13世纪神秘消失的阿那萨基部族留下的著名的史前公寓建筑和公元前6世纪由那纳卫特阿拉伯人建造的佩特拉石城均是。那时候，稍有势力、有技术的先进部族都走这样的路，他们的目的很简单，就是要逃避开诸如洪水这样突如其来的自然灾害，保证部族的安全和长久发展。

除了以上的这些石城建筑外，最负盛名的"石头建筑"应属金字塔了。

关于金字塔，是世界古代文化遗产中讨论最为热烈的热门话题，相关的知识大家似乎都知道，不必要再做什么介绍了。不过从我的认识角度，特别是我认为的"前文明"延伸下来的"石头建筑"这个角度考虑，我想有三个方面的意见必须要申述清楚。

第一是金字塔的演变。这是首先要叙说的。从目前各地考古发现的成果看，金字塔的分布仍在地球中央的"文化地带"。人类最古老的金字塔应该是中国东北发现的土石结构的金字塔。这座金字塔是在上世纪80年代著名的红山文化遗址牛河梁发现的。"经测量得出，地上部分夯土堆直径近40米，高16米，外包巨石，内石圈的直径达60米，外石圈的直径约100米。夯土层次分明，估计总量超过10万立方米。"㊿其建筑年限约在5000年之前，外形状如一圆锥型小山。因为是土石结构垒筑而成，经历的历史又很长，所以没有埃及金字塔那样棱角分明，影响巨大。不过就这种建筑类型而言，红山牛河梁的金字塔应该是最古老的，是金字塔的始祖。

在距红山牛河梁金字塔1000米的地方，是红山文化遗址中著名的女神庙遗址，金字塔与女神庙建筑在面向南北的一条直线上，而金字塔的两侧是石冢群址，它们又以东西相等距离排列在一条直线上，金字塔位于最中央。红山牛河梁金字塔与女神庙、石冢"三位一体"的这种布局结构，正是现代文明源头上最古老的一种建筑模式。从它的整体布局和局部功能判断，红

宇宙·智慧·文明

山牛河梁金字塔应该是最初的祭坛，即作为原始古国每月或每年举行的大型的祭天仪式就在这个土石结构的祭坛上进行，它具有某种权力的象征意义。

继红山牛河梁金字塔而建造的是埃及金字塔，埃及金字塔在尼罗河下游的西岸"国王谷"里大约有80多座，其中最大的是胡夫金字塔，始建于公元前2700年前，距今不到5000年。埃及金字塔所在的东岸是当时古埃及的宗教、政治和文化中心。这样，东西两岸遥相呼应，浑然一体。埃及金字塔的功用是国王的陵墓，所用建筑材料是经过精心琢磨的石灰岩石，而金字塔的造型和具体尺寸似乎都很有讲究，它里面容含着当时很多的天文学知识。据当代的科学家们研究，有说"航天中心"和"真理标准"的；有说是堆放核能废料库的；也有说是为保存知识修建的，总之目前还有很多不同说法。在最大的胡夫金字塔和称之为第二的哈弗拉金字塔之间，是最引人注目的狮身人面像。据说它是与祭祀太阳神很密切的一个造像。无论它有什么功用，我觉得这都不是最主要的，重要的是埃及金字塔在建造时间上比红山牛河梁金字塔至少晚几百年（我认为可能要晚几千年时间），整体布局上也是城、陵、祭浑然一体，与红山牛河梁的金字塔布局一样。由此我得出这样一个结论，红山牛河梁金字塔是金字塔的原型，而埃及金字塔是红山牛河梁金字塔的移置和进一步完善，它们之间有某种传承关系。为什么会得出这样的结论呢？除了上述的红山牛河梁金字塔的建造时间早之外，还有两方面的证据可以佐证。

一个证据是古代埃及人中有亚洲人的融合。"古代埃及的居民被称为哈姆人，起初为东北非土著，后来亚洲塞姆语人进入埃及，在长期的历史发展中与土著逐渐融合，其语言属于塞姆·哈姆语系。"⑤在古埃及人中既然融入了亚洲人种的因素，那一定也可以带去亚洲较有特色的文化和建筑样式，虽然塞姆人不是红山牛河梁的原始居民。

另一个证据是，印第安人是在冰期从中国的东北迁往中美洲的。其中一支是玛雅人，他们在墨西哥的尤卡坦半岛创造了举世闻名的玛雅文明，其中他们也有规模宏大的石砌金字塔。玛雅人的金字塔与埃及金字塔的区别只在于前者是平顶，后者是尖顶；前者把金字塔作为神庙的底座，而后者却作为国王的陵墓，在整体气势上，玛雅人的金字塔还要略胜一筹。还有印第安人用石头建造的"空中楼阁"，不用灰浆粘合，石头之间的接合非常紧密，连刀片也插不进去。这说明从亚洲东北部迁徙到中美洲的印第安人照样具备

图84 欧洲史前壁画："中国马"与手印

建筑金字塔的技术和能力，只不过建筑物的用途不同，神秘程度也不同罢了。

以上两个证据足以证明，处在北半球"中央文化地带"的金字塔建筑，它的原始祖宗还在中国的东北，埃及金字塔与玛雅金字塔只不过是它的进一步发展和完善罢了。

还有一个重要的方面，即金字塔这种特殊的建筑文化为什么要用石头砌成而不用别的耐用材料建筑呢？这个疑问的答案就像前述的"石城"建筑一样，它用石头建造的第一个理由是结实，不易被洪水之类灾变冲毁；第二个理由还是结实，不易被核战争这样的残酷灾变随意烧毁，至少它要比土木铁之类材料更结实一些。假如还有第三个理由的话，金字塔原本不是当作陵墓用的，它应该是像李卫东先生说的，是为了保存"前文明"的知识而建造的。[58] 因为这种建筑一旦面世，无论它的造型还是内部功能，都是在当时的建筑中最为优秀的，所以在不同时代的国王们一眼便瞅准了它，把它作为自己的陵墓建造，并希望自己的身体永久不腐，灵魂永不分散。

以上的分析中我们可以看出，金字塔这种"石头建筑"与之前的"前文明"消失有关，与冰期后的大洪水灾变有关。可以说这些远古的"石头建筑"就是人类曾经经受重大灾变后的心理外化，用现在的话说就是当时的"预防灾变"的建筑产物。至于这种建筑技术，我们左思右想都不可能，其实我们完全低估了当时人类的科技和文化，在那时候这些建筑技术和建筑理念应该是具备的。因为我们不能忘记，这些古建筑都是处在地球中央的那个"中央文化地带"，在那里人类的文化和知识不知有多么深厚的积淀，我们现在发现的只是冰山一角，更多更奇的东西我们还可能没有发现呢。

还有，我们更不能忘记的是，现代的四大文明古国都是从这个"文化地带"最先发展起来的，假如在这个"中央文化地带"没有一点文化积淀，那么这些文明古国为什么偏要产生在这个区域之内呢？它们可以在"杜突拉地带"产生，也可以在"林莽地带"产生，为什么偏偏产生在"中央文化地带"呢？

由此可见，现代文明不像传统理论所说的那样：在5000年前，人类的文化知识一片空白；5000年后，人类突然聪明了起来，不仅发明了农牧业、手工业还发明了文字符号，建立了国家机制。传统理论所说的这种"突变说"，[59] 连自己也搞不明白是怎么回事，反正马马虎虎认可就是了。其实，我们通过以上的分析就知道：现代文明的根系是非常发达的，它在冰期灾变作用下，从地球的两极逐级凝缩到了地球的"中央地带"，并在"中央地带"形成了人类"前文明"的延伸和积淀的"文化地带"，现代文明就是从这个"文化地带"滋生出来的。假如"前文明"长期积淀的这个"中央文化地带"是一片广阔的文化沃土的话，那么现代文明就是从这片沃土中生长出来的一棵棵大树和一片片荫蓊的森林。

注释：

①② 戴维 · 罗尔著：《传说：文明的起源》，作家出版社，2000 年

③④ 段琦编著：《圣经的故事》，译林出版社，1998 年

⑤ 王公伟：《试析中国净土思想发展的路径》，载《中国人民大学报刊复印 · 宗教》，2006 年第二期

⑥⑦ 宝平编著：《佛典精选》中国社会科学出版社，1998 年

⑧⑨ [日] 昭泽喜市：《天地分离神话的文化历史背景》，载《西方神话读本》，广西师范大学出版社，2006 年

⑩⑫⑬⑭㊿(51) 刘锡诚 游琪主编：《山岳与象征》，商务印书馆，1994 年

⑪ 元阳真人（上古）：《山海经》，云南科学技术出版社，1994 年

⑮ 牛克诚：《原始美术》，中国人民大学出版社，2004 年

⑯⑰㉑㉒㉖㉚㉜ 张亚莎：《西藏的岩画》，青海人民出版社，2006 年

⑱⑳㉓㉗(54) 孙新周著：《中国原始艺术符号的文化破译》，中央民族大学出版社，1999 年

⑲ 李松：《中国美术：先秦至两汉》，中国人民大学出版社，2004 年

㉔㉕㉘㉞ 盖山林、盖志浩：《内蒙古岩画的文化解读》，北京图书馆出版社，2002 年

㉙ 蔡英杰：《太阳循环与八角星纹和卍字符号》，载《宗教》，2006 年第 1 期

㉛ 中央民族学院少数民族文学艺术研究所编：《中国岩画》，浙江摄影出版社，1989 年

㉝赵汝清：《从亚洲腹地到欧洲》，甘肃人民出版社，2007 年

㉟㊱㊲㊳㊴㊵㊶㊷㊸㊹㊺㊻(53) 叶舒宽、萧兵、郑在书著：《山海经的文化寻根》，湖北人民出版社，2004 年

㊼ 王大有著：《昆仑文明播化》，中国时代经济出版社，2006 年

㊽㊾ 周秋麟、傅天保文：《山海经不是怪诞的神话》，载《光明时报》，1980 年 9 月 24 日

(52)《卡尔 · 雅斯贝斯文集》，青海人民出版社，2003 年

(55)(56) 金潮海、谢芳编著：《文明探秘》，广西师范大学出版社，2005 年

(57) 侯书森主编：《古老的密码》，中国城市出版社，1999 年

(58) 李卫东著：《人有两套生命系统》，青海人民出版社，1997 年

(59) “德国莱比锡马普人类演化研究所的科学家，从有关基因变异的分析考证，人类是 20 多万年前突然开口说话的。”（美联社 2002 年 8 月 14 日）根据这一研究结果，人类开口说话就像医治好的哑巴突然开口说话一样容易。即使从人类的语言系统来考察，人类也不可能有这种“突然开口说话”的能力。我认为，人类的“前文明”毁了，但语言应该保存下来。语言并非从零开始创造和诞生，而是继承性的。在不同的语言基础上，文字是重新创造的。因为文字和语言的差别在于，语言更趋于民族化、地方化。

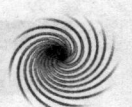

第六章
东西方文化的源渊

西方以人为本的思想源渊／东方的文化符号与符号文化——文化符号——传承——符号文化的流变／东西方文化的差距／宇宙文明

现在我们已经明确知道了现代文明是从什么地方起源、如何起源的。明确这一点很重要，它既能加深对本文的理解，也可以澄清我们对于一些远古文化的误解。比如西方文化在文艺复兴以后，随着西方现代科学的兴起，有一种欧洲中心主义或欧洲文化中心论之类的倾向，正如英国著名的汉学家李约瑟博士所言："有人说，欧洲文化与其他一切文化不同，它具有普遍的适应性，它富有创造力和生命力，因而具有更高的优越性。由于这种'优越性'，所以据说欧洲文化的扩张是自然发展的结果。看来西欧文化还要不断在全世界范围内发展，而其他的文化只能局限于某一地区，甚至要保持它原来的地盘也很困难。西方人对自己的文化作出了普遍性和优越性的结论，这是很可引以自慰的。但是这种结论是不正确的。""所以，欧洲中心论的基本错误就在于它隐含着一种武断的臆说：因为现代的科学技术确实产生了文艺复兴后的欧洲并且具有普遍性，因此，任何欧洲的东西无不具有普遍性。"① 李博士的意思是，文艺复兴之后，西方的现代科技的确具有普遍的适应性，但除了现代科技之外的法学、神学、哲学、政治学等学科不一定具有普遍性，东方古文化在这些领域甚至要超过西方好多倍。

历史的事实的确也是这样的。东西方文化各有长处，各有起源的基础，我们决不可以说，东方文化只有局部的适应性，没有普遍性，而西方文化是大文化，具有普遍的适应性。在过去很长时间内，西方人不了解世界其他地区的文化历史，认为西方文化具有统一世界的历史使命感，因而随着西方现代科技的崛起，到处侵略、搞殖民地。西方人的这些行为的背后就是欧洲中心主义的文化论在作祟。直到布莱尼茨、李约瑟等西方著名学者对东方文化进行系统研究后，特别是对中国古代文明系统研究后，对西方文化优越论、普遍性的说法提出质疑，并否定了这种说法。李约瑟的批评是正确的。东西方文化有着各自的起源基础，有着各自不同的内涵和所指，绝不是你贵我贱或我贵你贱的问题。

299

宇宙·智慧·文明 大起源

一、西方以人为本的思想源渊

西方文化起源的基础，还是以基督教的思想为依托的。基督教的思想起源早，它是从摩西之前的多神教应运而生，统一了诸教和诸族的各种思想，取其有益者，扬弃其糟粕，最终形成《旧约全书》、《新约全书》，为基督教的创立和西方文化的诞生奠定了基础。比如希伯来民族大约从公元前19世纪开始东奔西波闯天下，先后经历了以亚伯拉罕为主的"族长时期"、摩西时期（约公元前13世纪）、士师时期（约公元前13世纪末至11世纪后期）、联合王国时期（公元前1025年至公元前933年）、王国分裂时期（公元前933年至公元前586年）、被掳时期（公元前586年至公元前538年）、归回时期（公元前538年至公元前432年）。《圣经》也是由《旧约》的"创世记"、"出埃及记"、"希约来圣经"、"希腊文七十士译本"、"摩西五经"、"律法书"等"前圣经"的准备阶段之后，在《旧约》基础上又产生了《新约》，综合形成《新旧约全书》，也就是后来的《圣经》。《圣经》是最后审定的经典。《圣经》之前的诸多"书"或"经"，就是基督思想的一个酝酿过程，这个过程有多久呢？现在有文字记载的大约有1500多年，实际要比这个时期长很多。《圣经》的学说是建立在被认为是"以人为本"的人本思想基础之上。正如前文所论，"神"给人类预设了一个"伊甸园"，在这个富饶的园子里应有尽有。"神"

创造了亚当夏娃后，特意安排和警示：不能吃"禁果"，结果这两位现代人类的"始祖"却经不住蛇的诱惑，偷吃了"禁果"，结果被神发现，逐出"伊甸园"。自此，"神"就把亚当夏娃偷吃禁果的行为确定为触犯了上帝的"原罪"。其实，这个"原罪"有两个最基本的内核，一个是亚当夏娃所触犯的罪是意外地获得了智慧，他们偷吃的"禁果"实际就是"智慧之果"，人获得了智慧反而也获得了"原罪"，这在现代人类的思维中是无法解释的，但在基督教的初创时期，它应该就是真理。为什么是真理呢？这就要说到它的第二个内核：因为人类太聪明、太富智慧，曾经用人类自己的聪明和智慧毁灭了自己，说明人类所独有的聪明和智慧也不完全是什么好东西，有时候智慧太多就是罪恶。因为人类曾经用智慧毁灭了自己，所以现代人类的始祖偷吃"禁果"，重新获得了智慧，这理所当然就是一种犯罪。犯的是什么罪呢？原罪。因为它是人类曾经严重犯过的不可饶恕的罪，所以就定名为"原罪"。那么，《圣经》中为什么不直说，这"原罪"就是人类曾在"前文明"中犯过的重罪，而要通过"伊甸园"以及"偷吃禁果"这样一个预设过程来确定这个罪名呢？这就是宗教这种意识形态的性质所决定的。一方面，宗教有很多神秘性和模糊性特征，这些神秘和模糊大多都集中在宗教的源头上，而在宗教的具体教义中，一切条规都很清楚。这样，信徒们不究其源，

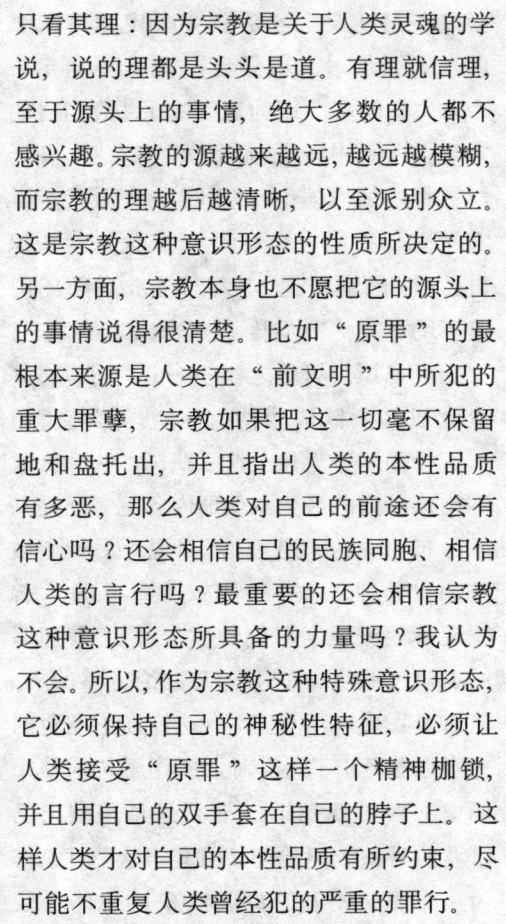

只看其理：因为宗教是关于人类灵魂的学说，说的理都是头头是道。有理就信理，至于源头上的事情，绝大多数的人都不感兴趣。宗教的源越来越远，越远越模糊，而宗教的理越后越清晰，以至派别众立。这是宗教这种意识形态的性质所决定的。另一方面，宗教本身也不愿把它的源头上的事情说得很清楚。比如"原罪"的最根本来源是人类在"前文明"中所犯的重大罪孽，宗教如果把这一切毫不保留地和盘托出，并且指出人类的本性品质有多恶，那么人类对自己的前途还会有信心吗？还会相信自己的民族同胞、相信人类的言行吗？最重要的还会相信宗教这种意识形态所具备的力量吗？我认为不会。所以，作为宗教这种特殊意识形态，它必须保持自己的神秘性特征，必须让人类接受"原罪"这样一个精神枷锁，并且用自己的双手套在自己的脖子上。这样人类才对自己的本性品质有所约束，尽可能不重复人类曾经犯的严重的罪行。

基督教的这种"原罪"思想，既是西方宗教，特别是地中海三大宗教的思想内核，也是西方思想文化的内核，这个内核的具体定位就是关于"人的问题"或"人"的思想。基督教认为"人从小时就心怀恶念"，实际上人天生就是恶的。因为人的这种"恶"本性品质，才引发了"前文明"以及"前人类"的彻底覆灭；也因为人在"地上"的行为不端，上帝才用洪水毁灭了自己亲自创造的人类，只留了人类中的一个本性品质较为隐蔽的"义人"诺亚作为现代人类的始祖。诺亚这人的确不错，他为了感谢上帝的救赎之恩，专门设立了祭坛和贡献，对诺亚的这一举动上帝或神都很满意。自此，西方宗教正式以教会和教堂生活为基本指向，人们在上帝的面前倾听着上帝的声音和教诲，本性品质收敛了很多。因而《圣经》的思想就成为人们生活中的指导思想，教堂圣地也成为人们日常生活的有机组成部分，所有的信众和上帝时刻同在，时时惦记着上帝的思想和教诲，时时忏悔着自己的过失，纠正着自己不规的行为。从上帝在一个星期内创世和以后的礼拜天的宗教教规，我经常想这样一个问题：人的本性品质泛滥，作乱和触犯人类利益的频率太高太快了，上帝确实在七天内作一次大礼拜的教规证明人的本性品质在七天内就有犯罪的可能。"七"这个数字，除了太阳系或天文知识的内涵外，更重要的是它在七天之内必须重复一次，约束人类的本性品质，否则时限太长，上帝可能也就管不住人类本性品质的"恶"本质了。这从"旧约"、"新约"的"约"字就可以得到证明："约"者实际就是上帝与信民立约为誓的意思。"我与你立约"，你要做一个诚信守约的人，不能做一个违约不守信的人。虽然上帝和信民常常有"约"在先，可是信民作为具有本性品质的人，常常又不守信或失约。造成和上帝之间的矛盾，也给人类造成极大的伤害。这种情况在古代希伯来民族中经

301

常发生,在后来的基督教统治的世界中发生的频率更高。这说明一个什么问题呢?说明人类的本性品质的确难以改变。

西方宗教思想的内核"人"的问题以及对"人"的一系列的约束应该是非常深刻了,但远不够,西方的哲学和科学也在研究、关注"人"的问题。比如在西方哲学的古典时期,自从有了"认识你自己"这句著名的格言,哲学和科学对人的探索就一刻也没有停止过。哲学讨论的"人"的问题,按康德的说法,就是以下几个问题:" 1. 我能知道什么? 2. 我应该做些什么? 3. 我可以希望什么? 4. 什么是人? 形而上学回答第一个问题,伦理学回答第二个问题,宗教回答第三个问题,人类学则回答第四个问题。"康德说:"从根本意义上说,所有这些都可以看作人类学,因为前三个问题与后一问题相关。"②德国哲学家马丁·布伯说:"康德的人类学目的明确,内容完整,但它提供的是另外的东西——关于人的知识的丰富而有价值的观察,诸如自我主义、诚实与撒谎、想象力、算命卖卦、梦幻、心理疾病、机智等等。然而什么是人的问题却根本未及提及。"③海德格尔也说:"康德对人的问题的追问方式本身已经成了问题。康德的前三个问题讨论的乃是人的限定,'我能知道什么?'意味着有所不能,因而是一个限定;'我应该做什么?'意味着他承认某事尚未完成,因而是一个限定;'我可以希望什么?'意味着发问者给予一个期望,而被拒绝了另一个,也是一个限定。第四个问题是关于'人的限定'完全不再定一个人类学问题,因为这是关于生存自身的本质问题。作为形而上学的基础,人类学被根本的本体论所取代。"④现代哲学家尼采却提出一个反问:"人何以能认识自己?"他解释道:"人乃是被遮蔽的晦暗不明之物。"人乃"未来人之胚胎","人乃易逝,可塑之物——人们可以将其造就成其所欲成为的人。"⑤等等,哲学人类学的步履为什么这么蹒跚?为什么就不能接触人的最为本质的内涵呢?还是马丁·布伯说的有道理:"据说,后期虔敬派伟大导师之一——拉比布乃姆·冯·普拉瑞苏察曾一度对他的学生说:'我想写一本叫《亚当》的书,来讨论完整的人。但后来我决定不写了。'这位真正圣贤的朴素之言道出了人类对人所作思考的整个历史。自古就知道,他乃是最值得自己研究的对象,但他却又回避将这个对象作为一个整体对待,即与对象的总体特征相一致。有时他对此稍有涉足,但关注其自己之存在的困难之大,立刻将他制服,使他筋疲力尽。于是他便偃旗息鼓,或去探究除人而外的天地万物。或是将人分割成部分,以使可以用一种较少问题,较少武断乃减少关联的方式去单独对待。"⑥也就是说,哲学人类学在探究"人的问题"方面,一开始的热情是很高,然而一接触到人类这个整体的时候就被问题本身所征服,继而转移到"天地万物"或人的"部分"的研究中,回

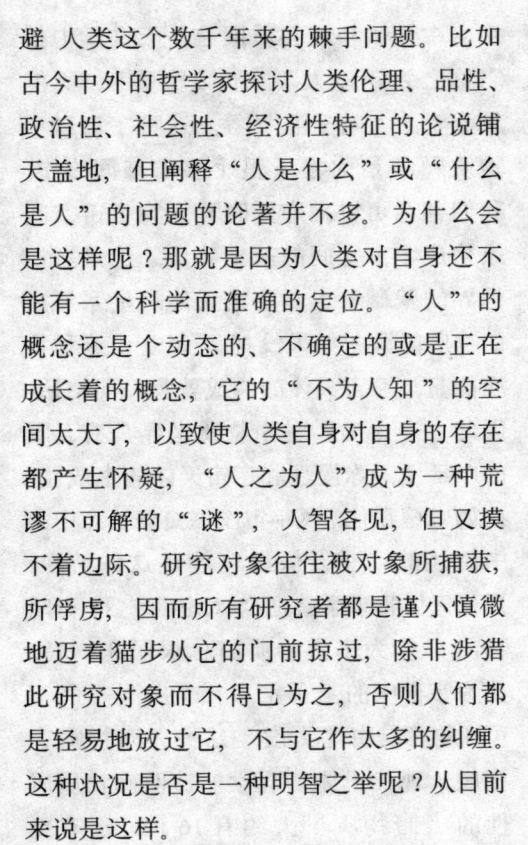

避人类这个数千年来的棘手问题。比如古今中外的哲学家探讨人类伦理、品性、政治性、社会性、经济性特征的论说铺天盖地，但阐释"人是什么"或"什么是人"的问题的论著并不多。为什么会是这样呢？那就是因为人类对自身还不能有一个科学而准确的定位。"人"的概念还是个动态的、不确定的或是正在成长着的概念，它的"不为人知"的空间太大了，以致使人类自身对自身的存在都产生怀疑，"人之为人"成为一种荒谬不可解的"谜"，人智各见，但又摸不着边际。研究对象往往被对象所捕获，所俘虏，因而所有研究者都是谨小慎微地迈着猫步从它的门前掠过，除非涉猎此研究对象而不得已为之，否则人们都是轻易地放过它，不与它作太多的纠缠。这种状况是否是一种明智之举呢？从目前来说是这样。

当然，哲学人类学的举步维艰不一定也能阻挡住科学人类学发展的步伐。以西方现代科学逐渐兴起为标志，科学人类学在一系列现代自然科学取得重大成果的基础上建立了起来，最终以人类进化论的基调确定了"人类在动物界的位置"。一百多年来，西方的科技，包括哲学思想在内的一系列部门都以此为基础展开各部门的研究工作，成果是显著的，各种说法也纷纭而起，但最让人失望的是以进化论为基本框架的科学人类学也不断地发生危机，质疑者多多，否证的言论也有不少；本文是其中的一员。

即便像我这样学识贫乏的普通人都能做到如此的挑别，科学人类学的研究方向是否需要重新调整或重新定位，应该引起相关学者的深刻反思。

总之，无论从神学、哲学和科学角度看，西方文化的内核是"人学"以及"人的问题"的展开式发展。失去了"人"本位思想，西方文化就会像一个失魂落魄的躯体，只有框架，没有灵魂。西方文化的这一特质奠定了西方文化中事事处处都能够充分体现出来的科学精神，它应有西方文化起源的基础，也是西方文化所具有的核心。

二、东方的文化符号与符号文化

与西方文化的特质相比，五千年的中华文明以及中华文明起源的文化基础是完全不同的，为什么我不以东方大文化与西方文化相对，而要以中华文明与之相对呢？原因并不难理解：所谓东方文化者，以佛教为主要特征的印度古文化和以伊斯兰教为主体的阿拉伯文化是东方文化的两个组成部分。这两块的文化根基都以宗教文化为特征，如伊斯兰教是地中海东岸崛起的宗教文化，它的根基应与西方文化同根，只是在后来的发展中突出了民族特色，与西方文化有所区别；印度的古文化中佛教思想是其代表，当然它的种姓制度和文化也很有代表性，但佛教思想的影响力最著，影响的时间也最长久。而与这两大块文化成员相独立的中华文明，既非与西方文化相联系，亦非与佛教文化相统一，而是独立产生和存在于中华大地上的。中华文明在它的文化特质方面与西方文明形成鲜明的对照，它最具东方文化的特质和代表性，最具可比性。所以，我就直接把中华文明与西方文化相提并论。

中华文明的思想内核不是人本思想，不是宗教的"原罪"和"救赎"行为，而是一种典型的宇宙意识。我把中华文明源头上的这种宇宙意识称之为中华宇宙文化符号。举例说，我们最熟悉的"八卦"是文字吗？不是文字，它只是一种特指的文化符号；道家的"阴阳鱼眼"图是文字吗？也不是，它也是一种文化符号。还有"河图"、洛书、五行相生相克图以至最终形成的《易经》都是文化符号。我说的文化符号是不同于符号文化的：前者是源，后者是流；先有文化符号，即以上列举的那些宇宙文化符号，然后才有符号文化，亦即地球现代文明对它理解之后的各种学说。

1. 文化符号的表现形式

中华文明源头上的文化符号，首先表现为一种有关宇宙天体构成的天文学知识体系。比如在《易经》卦辞中说的，太虚生太极，太极生两仪，两仪生四像，四像生八卦，就这么简单的一个推理，看似不太深奥，其实它表达的不是地球现代文明的知识，而是古代中国人破译宇宙文化符号的知识，也就是在中华古文明中建立起来的关于宇宙的学说。这一宇宙学说的演绎历程是这样的：先有"太虚"，也就是我们现在所谓的"混沌"，

宇宙中最微小的物质颗粒，天文学中把它称之为"以太"、"暗物质"、"能量流"、"量子波"等，这种宇宙微小物质颗粒是弥漫于整个宇宙空间之中，我们甚至可以把它同时称之为宇宙空间或构成宇宙空间的基本物质，这是宇宙世界的基础，也是宇宙天体、星系形成的物质能源，如果没有"太虚"这种物质能量，宇宙天体的构成就是一句空话。因此，"太虚"这一物质世界具有无限的广延性、弥漫性和宇宙天体的生成性。比如康德在他的《宇宙发展史概论》中集中阐述的"星云假说"就是这种情形，现代天体物理学就把"太虚"这种"暗物质"作为宇宙物质的总根源来看待，认为宇宙中的"黑洞"、"白洞"和不可知物都是由"太虚"这种"暗物质"构成，现代天体物理学能够明确物质属性的"暗物质"大约有16种，还有更多的"太虚"、"暗物质"的面貌不清晰，甚至还根本无法确定其属性。这就是说，中华文明源头上的宇宙学说的基本假设首先是正确的，它虽然出现在数千年之前的"原始文明"期间，但它与现代天文科学的研究成果是完全一致的。

演绎的第二步是："太虚生太极"。"太虚"是无形的"暗物质"，是混沌态，而"太极"却已是形成宇宙模型，它是一个极大的圆（〇）。这个"圆"我们可做两种解释：一个是它是宇宙天体的形状，比如太阳系中的九大行星都是以圆形为主的；另一个它是指宇宙世界的形

状，古代中国人理解的宇宙也是一个极大的"圆"。我认为两种解释都是可以成立的：从第一种解释看，"太虚"是弥漫性的无边无际的"暗物质"，但这种物质不是毫无用处的有限物质，它在运动过程中最终形成的就是具体的天体，比如以太阳为主的太阳系的九大行星，就是这种运动的产物，除太阳系，宇宙中至今还有数不清、看不透的星系和星系团，它们的形成恐怕也不例外。所以，由"太虚"的"暗物质"通过一定时间的运动之后形成具体的天体这是符合现代天文科学一般原理的。再从第二种解释看，把"太极"作为"太虚"世界的一个边际也没有什么不对的，在古代中国人的理解中，宇宙应该是有边际的。只是这个边际的大小不能确定，因而这个"圆"也是无限大的圆，即便按"宇宙大爆炸"引起的"宇宙膨胀"说相对应，中华古文明中的这个"圆"也可以是无限膨胀没有限定的。比如现代最先进的天文望远镜能看到100亿光年的宇宙世界，但还没有看到宇宙的边际。爱因斯坦认为，宇宙的边际是不存在的，他认为宇宙是个"有限无界"的运动体。举例来说，假如一个人从地球的南面进入，绕一大圈，又会回归到最初的起点，宇宙也是这种情形，因为它的时空尺幅是弯曲的，所以是"有限无界"。虽然爱因斯坦的有些理论已经多有质疑，但他的这种"弯曲"的"有限无界"的静态宇宙模型与中华古文明中的"太极"理论是完全吻合的。

演绎的第三步是"太极生两仪"。"太极"是一个极不确定的极大的"圆"，这个"圆"是怎么构成的呢？或者说是什么特殊物质构成的呢？那就是"两仪"物质。"两仪"又是什么属性的物质呢？是阳性物质和阴性物质。这两种物质在原始的文化符号中是反物质的对立和统一，就是说它们的物质属性是反向的：因为阴性物质的存在，才有了阳性物质的同时存在；反过来说，因为阳性的大质量物体的存在，才有了微小物质颗粒或"阴性物质"的同时存在。假如没有阴性的"暗物质"这种宇宙物质的"母体"，也就不会有阳性的大质量天体的形成。从这个辩证存在的角度说，阴性物质扮演着"母体"的角色，而阳性物质（天体）却扮演着"子女"的角色。有"母体"就有"子女"，"子女"们又成为新的"母体"，衍生出新的"子女"，如此循环往复。所以，在《易经》中说：一阴一阳谓之道。"一阴"指的是阴性物质，即"暗物质"；"一阳"具体指大密度高质量的无数宇宙天体，比如太阳、地球、月球等。一种阴性物质和一种阳性物质的对立和统一叫什么？就叫"道"。"道"可以是原理，也可以是规律，还可以是生成与消亡的宇宙本体。

"太极生两仪"的演绎至此还没有结束，在道家原始的"阴阳鱼目"图中，还有一个细节，更富辩证思想：在阳性物质中蕴含着阴性物质的因素，在阴性物质中同样暗藏着阳性物质的种子，在阳性

 宇宙·智慧·文明 大起源

物质中有阴性物质，在阴性物质中同样有阳性物质。这样以来，这个"太极生两仪"的文化符号就不是一具死亡了的僵尸，而是一个极具动态和变化的生命体；假如阴性物质的能量消耗殆尽了，其中的阳性物质就会突现出来，最终取代阴性物质的"统治"地位，而阳性物质又转换成它的"内核"和"因子"；假如阳性物质的天体衰变下去，其中的阴性物质同样会取代阳性物质的"统治"地位，但阳性物质同样会转换成"因子"和"内核"。"两仪"物质的转换只是个时间问题，但这种转换的演绎程序是绝对的，非有不可的。

我们对"太极生两仪"的文化符号的基本内涵了解了。原来宇宙世界物质的对立是宇宙存在的原因，而"两仪"物质转换和变化的结果就构成了宇宙物质世界的演变史。从这个角度说，宇宙不同物质的存在其实是一种力的对峙，而天体和星系的构成也是这种力的体现，牛顿的"万有引力"、伽利略的"天体力学"以及当代天体物理学中的"量子力学"，似乎都是这一宇宙奥秘的解说文字，我们在读那些大科学家们的学术专著之前，先看一看中华文明源头上的宇宙文化符号，或者是读罢现代的天文学经典之后再回头看一看这个宇宙文化符号，神秘而深奥的宇宙世界就可以直观地同时也是非常理性化地呈现在我们面前。

进一步地说，建立了现代宇宙科学的这些大科学家们所谓的"宇宙力学"，在中华宇宙文化符号中具体指什么呢？那就是由于阴阳两种宇宙物质构成的"引力"。这种"引力"不是我们想象中的简单的阴阳对立，如白昼和黑夜，前进与后退等，而是一种无限大的宏观宇宙世界构成的"引力"。比如我们通过天文望远镜，可以看见宇宙很多星系都有"旋臂"，即星系按一定宇宙力学原理进行同向运动形成的一种运动态势，我们生活着的银河系就是一个旋涡结构的星系，看上去非常博大，壮观。与此相对应，由"两仪"物质构成的两条双头相抱的"鱼"，头两侧是"鱼目"，而"旋臂"的外缘部分由两条"鱼"的"鱼尾"构成，与核心部分的"鱼头"相比，"鱼尾"构成的外缘渐渐淡薄下去，物质的密度相对也就低一些。"两仪"物质构成的"阴阳鱼目"图是中华文明源头上最早形成的图案，那时候，中国人也没有上天的能力，他们是怎么知道宇宙星系构成中的这种"旋臂"和力学原理的？除了银河系的"旋臂"，宇宙星系和星系团中形成"旋臂"同向运动的事例很多，中国人又是怎么知道这些天文知识的呢？难道是一种巧合？

再比如，现代天体物理学给我们描绘的宇宙是一个有生成和消亡的自生自灭却又生生不息、演化无穷的世界，也就是说，任何天体都像人一样是有"生命"历程的，它从"太虚"或"暗物质"的"母体"中诞生，然后在一定的星系轨道上运动，到了一定期限，它也开始衰老、

衰变，以致在与其他天体的撞击或"吞噬"中消亡，变成"宇宙尘埃"（暗物质），然后又在运动中重新形成新的天体，在"太虚"中重生。天文学家们认为，宇宙世界就是在这种生生灭灭的运动中演变着，虽然有生也有死，但宇宙物质的总量总是保持不变，所以宇宙物质世界的总体结构也是稳定的，宇宙秩序一般不会有什么大的变化。现代天体物理学提供的这种宇宙生成消亡观，与"两仪"物质构成阴阳学说何其相似，简直就是一个模子里复制出来的一样。"阴阳"学说中同样有宇宙演变的辩证思想；阴中有阳，阳中有阴，阴阳互相包容，又相互共生共灭辩证发展。其中阳性物质的宇宙天体自行消亡（阳衰而亡），衰亡了的阳性物质又成为"宇宙尘埃"和新的物质能量源（阴盛而生），新的宇宙天体和星系又诞生（宇宙物质的再生形态）。"两仪"物质就在这种生生灭灭的转换过程中不停地运动着、循环着，宇宙物质在总体上保持着一种平衡。因此，由"两仪"物质构成的"阴阳"学说表明，浩瀚宇宙世界只有在生成中消亡，在消亡之中又促成新的生成；生成—消亡—生成，以至发展无穷。这就是"阴阳"学说辩证的宇宙发展总规律，与上述的现代天体物理学描绘的宇宙演变总规律相比较差距有多大呢？可是我们再三强调的是："阴阳"学说至少从伏羲创造"八卦"时期算，也有8000年的历史了，而现代天体物理学只是近现代才有的学说。

演绎的第四步、第五步：我想就不必要在这里多说了。"两仪生四像"和"四像生八卦"分别指的是东西南北和东南、东北、西南、西北这样一些具体地理方位了。这些方位是关于地球知识体系的一部分，严格讲它已脱离了天文知识体系，所以暂时不展开演绎下去了，以后还有机会专门论述。

2. 文化符号的源渊及传承

现在，还有一个令人质疑的根本问题，那就是中国最古的这些"文化符号"是从何而来的？或者说它作为"前文明"的文化遗存，是通过什么方式传递到现代人类始祖们的手中的？假如"文化符号"这个说法能够成立，那么有什么依据证明这种说法呢？

图85　壮丽的涡旋，又称旋臂，宇宙中随处可见；我们生活的银河系也类似。

宇宙·智慧·文明 大起源

的确，这是个令人困惑的大问题，在我搞这个课题的十多年中，一直在思考想解决这一难解，但感觉困难很大一直未能解决。最近一段时间内，我集中研读《易经》和相关的研究成果，为"文化符号"这一新的假说找到了较为可靠的史事依据。

关于《易经》，自古至今的研究成果汗牛充栋，我不想重复别人的研究成果。我只想证明我的观点，即包括《易经》在内的上古的"文化符号"是真实存在的，它不仅是"前文明"的文化遗留和文化信息，而且中国上古时期的"文化符号"构建了具有中国特色的东方文化体系，成为与西方文化相对应的东方文化模式。

首先，《易》有"三易"、"三圣"之说。

我原以为，《易》者就是《易经》或《周易》，无论叫什么名字，它都是指一个东西。经过考察，《易》并非单纯是一个东西。"在最古老的图书目录《汉书艺文志》中说：'易道深，人更三圣，世历三古。'这是说，由'八卦'到'十翼'，源远流长，经过悠久的时间，积累多位圣贤的心血而成。"⑦

那么，"三圣"和"三古"是谁呢？关于"三圣"，说法比较一致，就是指与"易"直接相关的三位圣贤：伏羲氏、文王和周公、孔子。据说，伏羲氏作了八卦，文王和周公共同演绎了八卦，而孔子是给八卦做"传"的人。从表面上看，"三圣"的分工很明确，发展的脉络也是清晰的，只是对前几位圣贤的"作"和"演绎"还是另有说法的。至于对孔子的评价，基本一致，孔子五十学《易》，爱不释手，"韦绝三编"，终于有"十翼"诞生，这是一段佳话。

关于"三古"，实际也是《易》所经历的三个阶段或《易》的三个不同版本，争议颇多。"据《周礼·大小》及《礼记·礼运》等记载，中国古代曾经出现《连山易》、《归藏易》和《周易》。传说伏羲氏作《连山易》，以'艮卦'起始，表示'山之出云，连绵不绝'；黄帝作《归藏易》，以'坤卦'为首，象征'万物莫不归藏其中。'与周朝及春秋战国时代的文化相维系的《周易》则以'乾、坤二卦'牵头，揭示天地万物对立统一关系。"⑧又据《白话易经》："《连山易》是夏代的易学，由艮卦开始，象征'山之云出，连绵不绝'。《归藏易》是殷代的易学，由坤卦开始，象征'万物莫不归藏其中'。《周易》是周代的易学，由乾、坤卦开始，象征'天地之间，天人之际'"⑨等等。总之，《连山易》、《归藏易》早已失传，今天我们看到的只有《周易》，从"三古"或"三易"的发展脉络看，"三易"的存在应该是不容置疑的。它从最早的"艮卦"山起始，发展到"坤卦"地起始，再到"乾坤二卦"的提升和统一，无疑是个由低到高，由小到大的发展过程，这一点符合思维发展的科学，是可信的。至于《连山易》和《归藏易》是哪个历史时期产生的，由哪个具体的人发明创造的，这自然争论多多，难以确认。《周易》是周代的易学，这一点无疑。我们现在看到的是《周易》，相信它里面一定也包含了《连山易》和《归藏易》的基本内容。

"然而，《易》研中长期存在着瞎子摸象的弊端。易学实属包罗万象的百科全书，具有学科纵横交叉的特点。但从事易研者却往往被自身知识结构所局限，难以居高临下，通观全局。例如：搞社会科学的人，就难以概括提炼易学中的自然科学思想；而搞自然科学的人，特别是搞现代科技的人，又往往难以认识易学中的社会科学思想。更何况大多数人的知识结构，尚且比此更'专'，更窄！"⑩ 这的确是《易经》的博大神秘所在，也是成为"千古之迷"的主要原因之一。自古至今"破译"《易经》的著述不胜枚举，但没有一个全面统一的权威解说，大多都是各执己见，众说纷纭，这大概就和"破译"者们的知识结构相关。笔者还以为，"破译"《易经》不仅仅是个人的知识结构问题，它还需要天才般的灵气，特殊的直觉能力以及超脱于"易"之外的勇气和胆识，如果不具备这些素质，仅有比较全面的知识结构也是于事无补。比如当代的一些《易经》研究者对《阴阳鱼图》的研究，认为"《阴阳鱼图》是气功状态下脑中所呈现的图像。""《太极图》是人处于功能状态时所呈现出来的图像，它是修炼家炼神达到一定层次所表现出的一种境界。"⑪ 诸如此类的认识，不仅把《易经》的层次降低到民间方术的地步，而且已经是"离题万里"了。

所以"日本成田之先生《作易年代志》中写道：'《易》中所说固颇广泛深奥，而不容易知。故西洋人评为宇宙之谜。'"⑫ 的确，《易》的原始图像就是宇宙自身的缩写，日本的研究者称之为"宇宙之谜"也不为过。

其次，《易》的作者是"得图"而非"作图"。

既然《易》的最早的作者可以上溯到伏羲氏，那么伏羲氏是怎么"作"出"易"来的呢？我们接着讨论一下这个问题。

在《古易新编》这本书的前言中，有一段摘引是现寓居台湾的周鼎珩先生说的："易在文字之先。即已揭示人天大道之体

图86 中国古代的"阴阳太极图"　　遍布世界各地的旋涡星系符号

 宇宙·智慧·文明 大起源

系，故凡我国一切学术思想，不分儒道墨法阴阳兵刑各家，胥肇于此。几千年来，垂为立国之最高宝典。"紧接着，对易图开展了讨论，认为"易图的制作，不是从陈抟开始的……《隋书·经籍志》子部的五行类，著录各式易图达九种、十二卷。另有三种，各一卷，注明已失。我们认为：卦形和易图的来源，比卦爻辞要早得多。图形和数字的出现，要比文字的出现更早一些，这是中外文化史上的历史事实。关于八卦的起源……这里只指出一点：对八卦和六十四卦的研究表明，在中国数学史上，十进位制流行以前，曾有一个相当长的时间通行的是二进位制，这个时期文字还没有产生，大约相当于传说中的母系氏族社会，也就是以伏羲、神农为标志的那个时代。"⑬也就是说，在伏羲氏作八卦的那个传说的时代，二进位数学已经出现，文字还没有产生，伏羲就是在这样的时代背景下创制了八卦图形，也就是所谓的《连山易》或"先天易"。

八卦或易产生于文字产生之前，这一点似乎是明确的，可我读到清朝朱骏声集注的《六十四卦经解》（卷一）的时候，朱氏开明宗义如是说："伏羲得河图而重卦。（注：重卦者，或言伏羲、或言神农、夏禹、文王，有四说）周礼太卜掌三易之法，夏曰连山，商曰归藏，周曰周易……又连山氏得河图，夏人因之。归藏氏得河图，商人因之，曰非藏。伏羲得河图，周因之……"⑭对清人朱骏声著述中的一个"得"字，令我

激动不已。原来，我以为伏羲氏是"作"八卦的，他是创造者、发明者，之后发展演化为周易，看了这段文字后，我感觉茅塞顿开：连山氏、归藏氏、伏羲氏都是先"得"了"河图"，然后才演绎成八卦的。这个"得"字证明，在伏羲氏之前就已经有"河图"的存在了。"河图"要比"易"和"八卦"都早，是"易"和"八卦"的老祖先。

照此说，"河图"不就是"前文明"的文化遗存吗？想到这一层，我感到更激动，紧接着找寻有关"河图"的文献资料和研究成果。

有关"河图"和"洛书"的研究资料有很多，我就以李申先生的专著《易图考》为例。据李先生考证，最早记载"河图"、"络书"的文献是《尚书·顾命篇》，但《尚书》中的记载过于简炼，还是《易传》中的记载比较明确。

"是故天生神物，圣人则之；天地变化，圣人效之；天垂象，见吉凶，圣人象之。"

"河出图，洛出书，圣人则之。"

李先生说："因此，《河图》、《洛书》，就是'天生神物'一类。"⑮既然是"天生神物"一类的东西，"圣人则之"演绎成八卦和易经，也是合乎天地情理的事。不过，对于八卦、《易经》和《河图》、《络书》的关系阐述得最明确的不是《易传》，而是刘歆和王充。

"两汉之际，刘歆对《河图》八卦、《洛书》九畴说又有发挥。据《汉书·五

310

行志》：'易曰：天垂象，见吉凶，圣人象之：河出图，洛出书，圣人则之。刘歆以为宓羲氏继天而王，受《河图》，则而画之，八卦是也；禹治洪水，赐《洛书》法而陈之，《洪范》是也。'依刘歆说，则《河图》本身不是八卦，而是八卦之源，八卦由此产生的根源。但《河图》究竟什么样子，刘歆没有说。"⑯

王充在《论衡·正说篇》中说得还明确："'就《易》者皆谓伏羲作八卦，文王流为六十四。夫圣王起，河出图，洛出书。伏羲王，《河图》从河水中出，《易》卦是也。禹治时得《洛书》，书从洛水中出，《洪范九章》是也。'王充这里说的再明白不过，所谓《河图》就是卦象。王充还因此认为，说伏羲'作'八卦是不对的，正确的说法是：伏羲'得'八卦。

'伏羲氏之王得《河图》，周人曰《周易》，其经卦皆六十四。文王，周公因彖十八章究六爻。世之传说《易》者，言伏羲作八卦，不究其本，则谓伏羲真作八卦也。伏羲得八卦，非作之。文王得成六十四，非流之也。演作之言，生于俗传。苟信一文，使夫真是几灭不存。既不知《易》之为《河图》……'王充和别人的区别，仅在于认为卦象和文字都是自然形成，非神灵所画。然而，自然仅能形成如此明白易晓的文字，人们恐怕也难以说信。"⑰

诚如李先生所言："伏羲八卦"既然不是"作"出来的，而是"得"出来的，那么这个"得"来的《河图》或八卦又是出自谁人之手？王充认为不是神灵所为，而是自然形成的，"自然形成"这么一个万古不朽的智慧，就更难令人困惑了，李先生不同意这种观点，我也很难接受。

那么，伏羲氏"得"来的《河图》或八卦是从哪里来的呢？这就联系到了本书的主题。笔者在前文中已反复阐明，地球人类在地球上曾有过三次文明：数亿年前曾有过一次文明，我将它称之为"元文明"，也就是迄今的人类所知道的人类在地球上创造和遗留下来的最早的文明；在距今数十万年的历史时空中，地球人类在地球上创造和遗留下又一次文明，因为它离我们的现代文明比较近，我将它称之为"前文明"。"前文明"至少延续了10万年以上。而"前文明"的末期即石器时代恰好就是我们现在的现代文明的源头。由于"前文明"和现代文明的这种继承关系，现代人类的始祖们，"得"到《河图》、《洛书》抑或"八卦"也是可以理解的。这表明：《河图》、《洛书》或"八卦"并非"神灵所画"，也不是"自然形成"的，而是"前文明"的文化遗存，是从"前文明"遗传下来的，是"前文明"的文明成果。所以，我才把它称之为东方的"文化符号"。

当然，仅从伏羲氏"得"《河图》或"八卦"的角度，把《河图》、"八卦"与"前文明"联系起来，似乎有点牵强。为了更有力地证明这件事的真实性，我们不妨再做进一步的分析。

宇宙・智慧・文明 大起源

我们前引的王充的《论衡·正通篇》中说得非常清楚："伏羲王,《河图》从河水中来,《易》卦是也；禹之时得《洛书》,书从洛水中出,《洪范》九章是也。"⑱王充告诉我们《河图》、《洛书》都是从"河水"和"洛水"中出,说得再明白些,伏羲是从"河水"中得到《河图》的,大禹是从"洛水"中得到《洛书》的。问题是：始祖们"得"到的《河图》和《洛书》为什么在水中？传统的说法是"神龟","负图而出",是"神龟"把这个"神物"负在背上,从河水中游出,送给伏羲和大禹的。很显然,这是一种神秘的说法,实际上不可能是这样。既然不是"神龟"从河水中送出的,那么《河图》和《洛书》为什么在水中呢？"河出图、洛出书"的实际根由是什么？这同样跟本书的主题密切相关。

我们知道,在现代文明的源头上普遍地流传着关于"大洪水"的传说,"大洪水"的发生又和之前的冰河时代以及冰河的融化直接相关。在"前文明"的末期,冰河期宣告结束,冰河期结束的标志就是地球气候变暖,冰雪大量融化,以致酿成新的灾变,那就是在人类居住的有限地区,也就是前述的"中央文化地带",造成普遍的"大洪水",现存的大多数民族都曾有过这个经历,中华文明源头上留下的就是"大禹治水"的传说。因为这个特殊的"大洪水"灾变,仅存的"前文明"文化成果都被洪水冲毁,包括"前人类"的大部分也未能幸免这次洪水灾变,活下来者寥寥无几。根据一些古史专家的研究,"大洪水"的发生还不止一次而是两三次,至少在中国古代。这就意味着"前人类"和"前文明"遭遇灾变的频率更高,接二连三的"大洪水","前文明"仅存的一些文明成果都被一次次的洪水冲毁。诸如基督教的"诺亚方舟"中就没有装入任何文明的精神财富的记载；美洲印第安人的传说中,也是一对夫妻得以逃生,他们似乎也没带任何文明的东西。在那种灾变中,逃命是第一性的,尽可能带点食物也是可能的,带更多的东西恐怕就没有可能。所以,在"大洪水"的灾变中,只身逃生,且能活下来者寥若晨星。我们现在知道的只有"诺亚方舟"中那一家人和一些动物；印第安部落中的一对夫妇。中华文明源头上最早的祖先是伏羲和女娲,而且他们是"兄妹结婚"。我猜想,他们恐怕也是从"大洪水"中幸存下来然后无奈地结为夫妻的。这一点,我们从伏羲女娲像中可以看出。

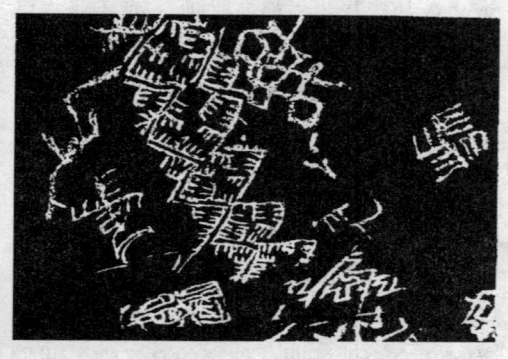

图87 新疆昆仑山岩画,它主要是"卍"字纹符号组成的。

在袁珂著《中国古代神话》一书中，伏羲和女娲的像是独立的人首蛇身，而在新疆吐鲁蕃出土的伏羲女娲交尾帛画和汉梁武祠石室伏羲女娲交尾画像砖以及宋北麟著《民间性巫书》一书中的伏羲女娲像中，伏羲女娲的人首蛇身是交织在一起的，称之为伏羲女娲交媾图。无论哪种构图，似乎都不甚重要，最重要的是他们的形象。你看伏羲女娲的神像，头身处在最高处，两人对面相望，而蛇身是交织在一起的。这个意象实际暗含着一种思想，那就是"人兽同欢"或"人性与兽性的同时显现"。因为他们首先是人，是在灭绝性灾变中幸存下来的人；他们同时也是一对兄妹，孤独无依，除了他俩再没有幸存下来的人。为了生存，也为了种的繁衍，他们兄妹结为夫妻，开始了现代人类的生活，同时也拉开了现代文明的创造的帷幕。伏羲和女娲的这一行为，从现代人类的观念看，他们虽拯救了东方的人种，虽成为现代东方人的始祖，但他们兄妹结婚是不符合现代伦理的，是属于乱伦行为。对于这样一对既伟大又乱伦的东方人类始祖如何表现呢？我们的先人们非常聪明，就以人首蛇身的始祖们交织在一起来表现：人性在上，是独立的存在；而兽性在下，是交织在一起的。先人们采取这种表达方式，应该说是十分微妙的。同时也呈现出当时人类的一种既敬仰又鄙弃的矛盾心理。不过，这里又生出一个疑问：既然伏羲女娲只剩了兄妹俩，他们乱伦不乱伦只要自

己不说，后人怎么会知道呢？既然后世的人说出来并且留传了下来，这个故事又是谁传下来的？粗略地说，这的确是问题，但细一想，又不是什么问题：第一，大洪水之后，逃生的人不仅仅是伏羲和女娲，一定还有其他人，所以他们兄妹通婚的是"纸里包不住火"，只能公开化地留传下来；第二，伏羲女娲只是一个氏族的逃生者，恰好这个民族创业的事迹又传了下来，所以后人们只知伏羲、女娲是兄妹婚，又是始祖，其他氏族的创世事迹却因他们在后世不发达而未能留传下来。这样一来，这个问题也就迎刃而解了。

"前文明"被频繁的灾变毁灭殆尽，"前人类"中的幸存者也是所剩无几，但毕竟在地球的"中央文化地带"的一些高地还有一些幸存者。在这种灾变后的荒芜中，幸存下来的伏羲氏或他的若干代之后的后裔，偶然从河水中发现了一些东西，他们把它从河水中捞出来，仔细一看，原来是些难以看懂的图案，他们就把这个从河水中捞出的图案称之为"河图"。很显然，"河图"就是"前

图88 玉片八角星纹。安徽含山出土，距今约5000年

 宇宙·智慧·文明 大起源

文明"的文化信息,只因它的材料特殊,或是保护的设备性能良好,⑲才没被"大洪水"彻底毁灭。

那么,这个"河图"究竟是什么呢?《易传》、《尚书》、《淮南子》、《论语》、《汉书》,诸如此类的所有先秦文献都没有往清楚里说,我揣摩他们也是难以说清楚的。根据我的理解,伏羲时代发现的这个"河图"就是"阴阳太极图",这是中华文明源头上最早的也是最根本的"文化符号"。因为它的构图形状和银河系的旋涡结构图如出一辙,证明"前文明"的文明程度至少是非常熟悉银河系的文明,这是最低限度的估计。除了银河系,还有很多星系也是有旋涡结构的,这也不排除"前文明"的文明程度远远超出银河系,比现在我们所拥有的文明程度还要高的可能性。

同样的问题,现代人类的始祖们,"得"到这个神秘的"河图"又能做什么呢?新儒学重要代表人物之一的牟宗三先生很通俗地回答了这个问题,他说:"子曰:'圣人立象以尽意。'(《周易·系辞·上传》第十二章)所以,《易经》是以象这个观念表示。什么是'立象以尽意'?圣人之意通过这个象表示他心中所想的观点。为什么伏羲当画这么'一'画,又画那么'——'画,它两个就是象。'一'是象征乾,象征阳;'——'画是象征坤,象征阴。为什么要象征乾坤、阴阳,阴阳为的是说明变化,说明变化的关系。从变化看变化之几,变化是千变万化,这就是圣人之意。"⑳

牟先生的意思很清楚:圣人要表达自己的某种思想,必须先"立象",八卦中的阴爻和阳爻就是圣人立的象;通过这些象,圣人的思想就表达出来了。这就是说,伏羲时代发现的"河图",起到了为圣人立象的指导性作用,他们把"河图"中的某种图象,分别演化成了阴爻和阳爻,用"前文明"中遗传下来的这种"文化符号"作"象",用"象"构成天地万物的矛盾和运动。

不过,伏羲时代的先祖们不一定拥有现代人的认识水平,他们就以"山"为根本,作为最初的《连山易》。原因是他们就住在山里,以山为本,这符合当时的现实。《连山易》就是伏羲创制的"三画卦"。之后,以"山"为根本出发点的《连山易》已不能满足发展了的社会需要,就产生了以"坤"(大地)为根本出发点的《归藏易》。以大地为根本的"坤"卦已超越了"山"的概念范畴,又因为同样的理由,以"坤"为根本出发点的《归藏易》也不能涵盖人类发展了的认识水平,于是较为完善的《乾坤易》和已经完善起来的《周易》相继诞生了。看得出,《周易》的天地概念又是对"坤"卦为起点的超越,它表明先祖们拥有的地盘越来越大了。《周易》的"立象"结构就是我们现在所看到的,它既符合天地自然的结构和构成,也符合人类社会发展变化的一般规律,而且内容和形式变化多端、无所不包。这样,中华文明就从"河

图"开始,经过《连山》、《归藏》和《周易》的完善过程,达到了"圣人立象,以尽意"的目的。实际上,中华先祖们表现在《易经》上的这个过程就是不断繁衍、发展和不断加深对自然的认识过程,也就是逐步复原"河图"和"洛书"原意的过程(《河图》和《洛书》的本义不一定是现在我们的这种理解,但它成就了中华文明,特别是充当了中华文明的文化基因,仅此一点就非常了不起)。

以上可以说是我演绎了一番牟先生"圣人立象以尽意"的命题。其实,牟先生没有更细致地叙说"圣人立象以尽意"的过程。按我的理解,八卦自然是现代人类的始祖们所创造的,但它在最初的时候并非明确表示阴阳的思想体系,它只是占卜经常重复出现的一些零星的符号,是巫师们用它来表达某种意思。到了伏羲时代的先祖们就思考着如何把"河图"和"洛书"中的阴阳物质变成具体的卦象。于是,在巫师占卜中经常出现的这两个符号就被选中,它们将"阴阳太极图"(即"河图")中的阴阳物质转化成了具体的卦象,"—"和"— —"就这样产生了。这样,作为"天文"符号的"阴阳太极图"顺利地转化成了成为"八卦"的"地理"卦象,这是伏羲或伏羲时代的巨大贡献。

现在,有研究者认为,伏羲画的是"三画卦"。也就是说,伏羲氏把"天文"的"河图"演化成"地理"的卦象,这是第一步。然后再把这种"地理"

卦象进行重要排列,最初形成伏羲氏"三画"卦。一方面,"三画卦"已经是一种思想体系的萌芽状态,它已有了方位、变化。另一方面,伏羲氏的"三画卦"已经达到了当时文明的最高水平,它既引入了"阴阳太极"和天地构成的科学内涵,同时也整合了当时巫师们用于占卜的一些符号,并给这两个符号赋予特别的思想意义。伏羲氏能从万象之中抽象出两种极具代表性的符号,然后将它们整合到一起,形成最初的卦象。仅就这一选择和最初的组合是非常了不起的。

所以,"圣人立象以尽意"的第一步就是先从"前文明"中遗传下来的"河图"或"阴阳太极图"中选择出具有普遍意义的基本符号,第二步伏羲氏首创了"三画卦";第三步周文王在伏羲"三画卦"的基础上演绎成了"六画卦",使八卦的功能倍增,变化无穷,真正达到了举一反三的神奇效果。

按照以上的推演,随着社会的进步,八卦是否还会有第四步、第五步的发展呢?按逻辑推理应该是这样,但历史的发展并非人们的想象,很多时候,历史会出人预料地显示它的力量。就在周文王"演绎"成较为完善的《周易》体系不久,世界性的"轴心时代"来临了。这个时代来势凶猛,思绪飞扬,超越了以往任何一个时期的文化思潮,其典型特征是在世界各地同时出现了一些大圣人、大思想家,正是这些大圣人和大思想家,高屋建瓴地整合了人类以往的一切文明成

 宇宙·智慧·文明 大起源

果，确立了更为完善和科学的现代文明标准，过去看卦占卜的古老方式已成为原始，派不上用场了。在这种思想潮流的影响下，《易经》的第四、第五步的延续和发展也就不可能了。当然这并不意味着对《易经》的认识和研究也跟着终止，它已成为中华文明乃至东方文明的核心，像东方文化的传播基因那样渗透到各个领域中去，将来期待的是以《易经》为基本核心的哲学思想，而不是《易经》本身。

3. 符号文化的流变

综上所述，给我们又提出一个更大的疑问来：既然东方的这些"文化符号"源自地球人类的"前文明"，那么东方的中华民族拥有它，西方人为什么就没有呢？这的确是个不小的问题，也是中西方文化缘起的最根本、最本质的区别。

在现代地球人类的历史中，我们非常清楚：8000年前的中国古人，无论多聪明多智慧也不可能拥有现代天文学可以印证的天文知识和文化符号，这是可以肯定的。那么这些文化符号是从哪里来的？毫无疑问，是源自人类曾经辉煌过的"前文明"。根据《河图》和《洛书》出现的事实看："前文明"的存在是没有任何疑问的，东西方文化的区别只在于东西方继承"前文明"的文化因子不同：西方人继承了"前文明"中有关"人学"方面的知识，所以才衍生出"原罪"和以人为本的世俗文化；东方的中华民族继承了"前文明"中有关天文学的知识和宇宙的文化符号，所以才生成了东方式的自然哲学思想和宇宙意识。至于东西方文化与继承"前文明"的文化因子方面为什么有这么大的差距和不同，我想这仍然是因"前文明"被毁灭的方式不同而导致的。

目前的考古发现表明，在中美洲、撒哈拉沙漠、印度、蒙古高原等地都程度不同地发现了核战争的残留物质，相信在"中央文化地带"还有一些核战争的残留物质没找到。这个事实就意味着凡发生了核战争的地方，人类遭受的是人类自己的文明带来的灾变，是人消灭人的事情，所以在这种重大灾变中幸存下来的人肯定对人自身没有什么好感，至少"幸存者"们非常清楚：人性是恶的。人的本性品质决定了人类天生是破坏性的宇宙生物，即便人类是一种宇宙的高级智慧生物，他的智慧和世俗生活的创造性品质都是为他的本性品质提供条件和服务的，假如人类没有那么聪明没有那么多智慧，也没有那么充沛的创造能力，人类的本性品质不是就没有了"用武之地"吗？所以在西方的基督教创世中，把人类的智慧的发现确定为"原罪"，认为智慧就是罪过，智慧最终就会毁灭智慧本身，亚当和夏娃偷吃了"智慧之果"，就给整体的现代人类都判了"原罪"，即使现在你有没有偷吃'禁果'，但你的始祖偷吃了，你的始祖获得了智慧，你自然也就是智慧的人类，凡是有智慧的人类都是有罪的。当然这个罪不是杀人放火，而是"原罪"，是"前人类"在"前文明"中犯下的罪；只要人类生

活在这个地球上，人类的"原罪"是不可能获免的。诸如此类的宗教思想，在有核战争记载的印度佛教思想中也是反映得非常明显，即佛教的"前世"、"今世"和"来世"思想与基督教的"原罪"有什么区别呢？佛教的"三世轮回"说认为，人在"前世"作孽太多，罪恶深重，所以在"今世"才有诸多的灾难与不顺，要想无灾无难无痛苦地生活，只有企盼一个美好的"来世"。那么怎样才能获得一个美好的"来世"呢？办法只有一个：只有放弃在"今世"的各种欲望，无争无斗，无欲无望地修行，放弃"今世"的一切荣华富贵，好生做人，尽力养德，抵消或减轻"前世"的罪孽，只有这样，人以及人类才能在"来世"中获得更好生活，一切如愿以偿，不会有任何的不顺和遗憾。佛教的"三世轮回"思想，不是把"前人类"、"前文明"以及人类在"前世"里作孽太多而造成"今世"不顺的事理讲得还不够明白吗？佛教针对人类本性品质的哲理还不够深刻吗？而且，佛教的"三世轮回"也和基督教的"原罪"一样是循环往复的，无论你是现代人还是古代人，只要你是人，"前世"的罪孽你就很难摆脱，只要稍有不顺你就会立刻联想到你的"前世"的罪孽，其实你真有"前世"吗？你由一个细胞演变而来，是男女阴阳的合子，那来的"前世"呢？但作为宗教的深刻也就在于你在"前世"是有罪孽的，至于你的罪孽的深重程度就看你在"今世"中的遭遇的灾难，灾难多就说明你在"前世"的罪孽就多，"今世"的灾难其实就是"前世"罪孽太深重的报应，这就是"因果报应"的来源。至于你在"来世"（或来生）是否过上美好生活，就看你"今世"的修行和表现了，如果在"今世"继续作恶，那么你在"来世"不但不能轮回到人间，成为一个人，而且很可能会变成一条虫子、一头野猪或者永世从地狱里出不来，受尽人间生活中想象不到的一切苦难。这样，佛教的"三世轮回"思想就演绎为"前世"（"前人类"的"前文明"）——"今世"（现代人类和现代文明）——"来世"（未来的地球生活或迁徙到其他星球上的生活）；或者是"前世"（可能是作恶的人，也可能是修行好的动物）——"今世"（是现实有罪孽的人）——"来世"（可能轮回到人间，重过人的生活，也可能变成低等动物轮回不到人间）。

从佛教的"三世轮回"和"因果报应"思想，我们不难看出佛理对人性批判的深刻性，它不是直言你能做什么或不能做什么，而是用"三世轮回"和"因

图89 西藏雍仲符号，即两种"卍"字纹符号组成的符号，藏北扎西岛岩画。

317

宇宙·智慧·文明 大起源

果报应"的哲理永远地约束住你的思想和行为，简括地说，也就是用宗教的方式控制住人的本性品质，尽量使人的本性品质不给人类自己酿成灭顶之灾。佛教思想在这一点上与西方的基督教如出一辙，或是殊途同归，天衣无缝地走到了一起。

但是，东方的中华文明却是个例外，它在现代文明的源头上没有形成如基督教、佛教这样的以人为本或以人性为基点的宗教思想，而是形成了与宗教思想无关的自然哲学和天文知识体系，这是为什么或是由于什么原因形成的呢？根据我前述的观点，唯一的理由就是在中华这块版图上没有发生过像核战争那样的人消灭人的灾变（诸如新疆和西北的大片沙漠，可能是在"元文明"中形成的，"前文明"中形成的不多，加之中华文明的形成不在蒙古高原，而是在中原地区），而是在"前文明"时期经受了比别的地区更多或更严重的自然灾变，比如冰期的寒冷、冰期后的洪水以及在这些灾变中长期忍受饥饿等。"前文明"中生活着"前人类"这已经知道。地球上发生的这么多灾变本不是地球上自生出来的，地球上所发生的重大灾变大多都是宇宙世界演变的结果。比如宇宙中的一颗小行星撞击了地球，不仅在当时毁灭掉地球上的大部分生物，而且在撞击灾变之后的"次生灾变"中将剩余的地球生物也会毁灭殆尽。这种灾变是地球上能制造出来的吗？不能，只有宇宙的结构发生了某种变化，或是宇宙行星突然脱轨、改变轨道，才会给地球人类造成重大灾变。再如冰期的漫长灾变不是地球自身酿成的灾，而是宇宙运动中必然要周期性出现的灾变，冰期后的大洪水，就是典型的"次生灾变"。假如没有冰期的灾变也就不会有大洪水这一"次生灾变"，冰期直接造成了大洪水，直接给人类带来了毁灭性的灾难。中华民族的始祖们，从冰期中幸存下来，从大洪水中逃生出来，并从河水中"得"到"河图"和"洛书"，以此"前文明"的文化符号为根基，在长期的生存斗争中宏扬和发展出具有宇宙意识的宇宙文化，而不是世俗的宗教。

中华民族的始祖们继承了"前文明"的几个文化符号，在这些符号基础上衍生和发展出属于东方特质的现代文明。

文化符号是属于"源"的东西，可以说是中华文明的"文化始祖"；而符号文化却是从源上自然流淌出来的"流"，它本是一股涓涓的溪流，可是"流"到今日却汇聚成了波涛翻滚的黄河和长江。由一眼小泉源中流出了黄河和长江，这就是中华文明最真实的历史发展轨迹。

更具说服力的是，中华文明中所有的"流"都是对"源"的进一步分解和复制。比如在传统的观念中，一个人如果既懂"天文"（源）又谙"地理"（流），他就是"圣人"。远古传说中的"三皇五帝"都是"圣人"，周文王、孔子、孟子、老子、荀子、列子、庄子以及后来的无数的"子"都是"圣人"。

318

有学者认为，这些"圣人"生活的时代是"神人杂居"的时代，这种观点究竟有多大可信度我不知道，但我可以肯定的是这些"圣人"之所以都能称之为"圣人"者，都是对中华"源"文化的解说者，或者称之为诠释者、破译者都无妨，原始的"前文明"的文化符号就搁在那儿，伏羲氏用他的聪明从文化符号中读出了地球的地理方位，因而有了"伏羲八卦"；神农氏读出了生物生长的原理，因而发明了原始农业；仓颉氏利用文化符号固有的符号特性和抽象原理，创造出了原始的文字，而黄帝的发明专利最多，但他最具代表性的是《黄帝内经》，也就是按照"天文"的原理衍化出来的人体自然的科学。这些"圣人"们大概是原始文化符号的第一批诠释者、破译者。然后就是被现代哲学家称之为"轴心时代"的那一批诠释者和破译者，以荀子为代表的法家们从文化符号中读出了自然界的"阳刚之美"，他们欣赏随机应变，提倡对社会的变革和"与时俱进"；而以老庄为代表的道家学派却崇尚自然的"阴柔之美"，认为小就是大，弱就是强，以无为而达到更高的有为；在"百家争鸣"的"轴心时代"，从整体上综合了各派的观点，并且从原始的文化符号中诠释出"天地大德"的儒家学派的"圣人"孔孟等，不仅系统地诠释了由"八卦"组成的文化符号，形成了《易经》的经文，儒家还明确地提出了作为地球人文的伦理标准，从而将"地理"的奠基工作建立起来。总之通过儒、法、道这第二批"圣人"们的诠释和破译工作，中华文明的自然哲学就建立起来了，中华各子文化中的宇宙体系特征也充分体现出来了，从而中华文明不同于西方文明的文化特质也就确定下来。这就是以宇宙的知识体系为内核，以"天地道德"文化为主要特征的中华现代文明的崛起。

那么，中华文明源头上的这些"圣人"们，是如何把作为"源"的文化符号破译和诠释为"流"的符号文化了呢？我们再看这样几个具体的事例：

首先，"三材"与"天人合德"思想的建立。这是中华文明中最富宇宙知识体系的自然哲学思想。在中华古文化中，以儒、法二家为代表的先验人性论和以老庄为代表的自然人性论是两大知识体系，前者为"道德文化"，后者为"天道文化"，二者都有偏颇，不够系统、严密和成熟，后来轮到《易经》的诠释者们尽量将这两种文化的特质综合到一起，这就形成了后期儒家所注重的"三材"思想和"天人合德"观念。

"《易经》确立了人在宇宙中的崇高地位，将天、地、人并称为'三材'(三才)。这实际是对大千世界纷繁现象的类的划分。然而天道、地道、人道这'三材之道'又不是平行并列的，而是在地球上有主有从，有楷模、有效法的等级序列。其中天道为主，地道顺承天道，人道则效法天地之道，而以'与天地合其德'(《乾文言》为至高境界)。"②也就是说，在中华远古的这些"圣人"们眼里，人的地位是崇高的，绝非与地球上四足爬行的普通动物相提并论，人与天齐，与地并论；而在这"三材之道"的秩序中，人才是遵从天地之道的。实际上这符合宇宙知识体系的一般规则：宇宙（天）是无限大的，地球（地）是有限的，而人类只是包括在地球上的宇宙高级智慧生物，他虽有聪明和智慧，但比起天地自然来却是微不足道的，因而"人道"遵从"天地之道"是合规律的，这是应当如此。儒家在《易经》中体现出来的这种"三材之道"或"天人合德"，在老子思想中也有非常明确的表述：人法地，地法天，天法道，道法自然。从老子提倡的这种"法"的层次上看，老子思想更加自然化一些，比儒家的"天人思想"更加博大一些，他把他的"法"没有停留在"道"这个层次上，而是提升到更高的"自然"这个层次上。所以，老子思想中流露出来的自然哲学倾向比儒家更浓一些，论述得更清晰一些；儒家哲学论"天道"的最终目的还不在自然天道这种哲学追求，而是通过"天道"和"地道"的有力铺垫，最终要建立起"人道"这一伦理哲学主题上来。因为这个原因，我们习惯于将"天道"的原理归之于老子和道家学派，而将"地道"和"人道"的哲学思想归功于儒家学派。当然这不是哲学思想上的绝对的分野，只是一种倾向性的划分罢了。比如老子的《道德经》就是由"道经"和"德经"合编而成；前者就相当于儒家的"天道"和"地道"，后者就是儒家所谓的"人道"。"天"、"人"合"道"，实际上也就是"天人合一"的自然哲学目标。

其次，"天地之道"与法制观念的产生，这是"天地之道"在人间具体施实和演变的过程。我们知道，在古代"圣人"们诠释的中华文明学说中，"道"是代表"天地之道"的内涵最大的一个概念，按照"圣人"们的诠释，人类作为宇宙的高级智慧生物，他们要在地球上建立一个"桃花源"式的美好家园，其前提就是要按照"天道"和"地道"的一般规律生活，如果违背了"天地之道"，人类的生活不仅不会美好，而且会带来诸多的麻烦灾难。所以"圣人"们给人类的生活准则就是"天地合德"或是"天人合一"，人类不仅要遵从这个准则，而且还要力争达到这个境界。可是，人类并不是"圣人"所能左右的那么听话和乖巧的孩子，人类具有世俗生活的无穷创造能力，这就使人类自己对自己的估价过高，而且文明的程度越高，人类

图90 西藏日土县任姆栋岩画点上的人类从天而降的"故事"

对自己的行为就越失去约束，离"圣人"们倡导的"天地之道"的准则就越远，加之人类一贯恶劣的本性品质，"圣人"们对人类越来越失去信心，原来以"天道"、"地道"要求，继之就以"德"或"德化"之类纯粹"人道"的东西来约束人类自己。随着文明的成长，狂妄的人类连"人道"也不遵从了。那怎么办？"圣人"们又提出了"仁"和"仁爱"的伦理思想，试图通过对人类爱心的引发和怜悯之心的提升，做到一种普遍的"仁爱"，只要人类的"仁爱"之心还不泯灭，那也可以勉强维持人间的正常秩序。可是，历史的事实证明，"仁爱"也只是"圣人"们的一厢情愿，可恶的人类并不吃这一套，恶劣的本性品质还是难以更改。人类连一点爱心都失去了，连一点怜悯之心都不存在了，还有什么招数？那就再提出个"义"的道德准则来吧，让人类相互守信、讲诚信、讲义气，相互提携和帮助，渡过人类共同面临的大灾变和困难。可是人类连一点爱心都没了，还能讲义气、守信用吗？看得出，"义"的魅力也不大，至少在大多数世俗生活者眼里是不起作用的。人类的这种狂妄自大和不守规矩，连"圣人"们也没有什么高招可使了。但人间的社会还得有秩序地运转。那么，还能用什么来约束和控制地球人类的这种属性呢？没有更高更有效的"绝招"了，只有实行"礼制"才可以最大可能地约束和控制人类的本性品质。实际上，在中华古代典籍上记载的"礼制"，按我们今天的话说就是"法制"或"法制"的最初形式。也就是说，通过"道"、"德"、"仁"、"义"、"礼"的"天地之道"在人间的试验，证明人类是一种"吃硬不吃软"的高级智慧生物，前四个"道"基本属于"软"的范畴，人类不吃这一套，而后一个"礼"明显是"硬"的招数，人类才不得不遵从、不认可。这也同时证明：人类由一种宇宙高级智慧生物演变为地球人类之后，随着地球世俗文化的建立和繁荣，人类的世俗性品质越来越凸显了，本性品质越后越难以控制了，"天地"、"道德"思想被人类的世俗性品质和本性品质所污染，已经在人间失去了原有的威力，而相反地人类脱离"天地之道"越远，走向坠落的步伐也就越快。陷入世俗性生活的程度也就越深，而这种坠落和深陷的进一步发展。就是人类本性品质总爆发的时候了。比如世俗生活创造了足以毁灭地球和太阳系各行星的文明武器，一旦人类的本性品质失去理性和控制，这些世俗性的武器就会同时从地球的各个角落射出，到那时，地球不仅会成为牺牲品，即便像太阳系这样的宇宙星系跟着也要遭殃。这种可能性并不是没有。"前文明"的毁灭就是地球人类本性品质最好的参照。

再次，各种"子文化"中体现出来的宇宙文化意识，也是中华"源"、"流"文化的典型。比如中医就是中华人体阴阳学或是人体自然学的典例。《黄帝内经》中指出："阴阳者，万物之能始也"，"阴

321

宇宙·智慧·文明 大起源

阳者，血气之男女也"，"善诊者，先别阴阳"等等。可以说，中医是建立在宇宙文化符号基础之上的人体阴阳学说，它有两个整体观：一个是男女整体观。"一阴一阳谓之道"。中医理论将男性划为阳，将女性划为阴，由男女结合而成的一阴一阳就是一个完整的"人"，也就是"男人的一半是女人"、"女人的一半是男人"，两相结合，才是一个和谐的"人"和"家"。这应是以阴阳学说为主体的"大我"整体观。还有一个是个体人的整体观。一男一女组成一个完整的"人"，同样，任何一个人也是阴阳物质属性的整体。比如中医的病理理论就是阴阳和谐平衡，如果不和谐不平衡就会产生各种疾病，阴盛阳衰则要补阳，阳盛阴衰则要滋阴。另外中医的阴阳整体观还体现在"头痛医脚"或"脚痛医头"的诊疗方法上。中医的经络学说就是这种整体观念最好的例子。头痛可能是因为脚底的经络被堵塞，脚痛也可能是因为脑部经脉不畅通，所以在具体疾病的诊疗方面不像西医"头痛医头"、"脚痛医脚"，而是采取整体的诊断和治疗，中医的这种崇尚整体的阴阳人体医学，对于西方人来说简直就是神奇得不可理解，但它同样是人类保健和医疗的最佳方法。如果把中医的医理再具体些说，人体的"五脏"与自然的"五行"相对应，"五行"的相生相克理论同样适应于人体"五脏"的相克和相生，另外，中医的"五脏六腑"中还有"先天性"脏腑和"后天性"脏腑之分，前者是基础，后者是和后天的生活习性和情绪状态有关。这些"天人"、"阴阳"的划分和认知，本身就是人体是自然，人体乃一小宇宙，人的意识就是宇宙意识的体现。

除此，还有如"气功"、"风水术"等领域，也是"天人感应"和"天地感应"的典例。宇宙中有"气"。"气"就是"炁"，也就是"太虚"中的"暗物质"或"能量流"，宇宙中的这种物质聚合成形，就形成具体的天体和星系。人体中也有"气"，人体中的这种"气"和宇宙中的"炁"是同一个物质，只要人按一定的程序和方式把体内的"气"聚集起来，它就成为神奇的"功"。这种"功"最基本的用途是保健，其次可以成为一种超越自身的力量。用它来进攻和防身，"气功"就是在这种理论前提下产生的神奇的"功"，武术或"中国功夫"也是这种人体自然能量的聚集和暴发的产物。

而要说到"风水术"，也是同样的神奇，"风水"讲地理地形对人的生命的影响力。一个是地形的走向和"势"，一个是在这个特定地"势"中"风"与"水"的布局和位置，如果这几样条件都达到要求，或和谐了，这里就是好"风水"地。中国的古建筑包括现代都市都离不开"风水"。

这是为什么呢？有什么道理？道理还是在"天文"这一方面。

据现代科学研究、宇宙中的电磁波

322

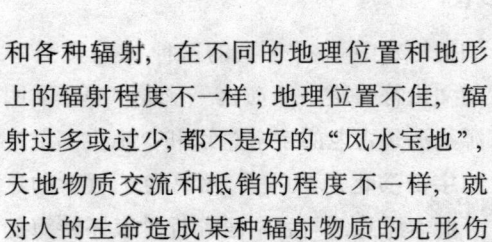

和各种辐射，在不同的地理位置和地形上的辐射程度不一样；地理位置不佳，辐射过多或过少，都不是好的"风水宝地"，天地物质交流和抵销的程度不一样，就对人的生命造成某种辐射物质的无形伤害；假如在这样一个地形或地理位置上，"天"上的辐射物质恰到好处，达到"天"、"地"物质的和谐，阴阳"两仪"物质的相对平衡，那么这块地形就是一块"风水宝地"了，它不仅不伤害人的生命，而且这种和谐和平衡的阴阳物质状态，对生命有保健和保护作用，至少它对生命有益，不造成伤害。这又是关于"天、地、人"、"三材之道"的原理了。

凡此种种东方文化现象，无论算它是"神秘文化"还是"宇宙意识"，它们都是从那个文化符号"源"中"流"出的"子文化"，是随着社会和人们的诠释能力而不断壮大其"流"的地球现代文化。这种文化的特质是它"源"自"天"而发展在"地"上，从根本上讲它仍是一种宇宙意识的具体化和分解式，是在"源远流长"的"流"中不断接近"源"或靠拢"源"的大文化。

三、东西方文化的差距究竟有多大

以上我们分别论述了东西方文化的缘起，对东西方文化的产生有了大概的了解。我们只知道西方文化产生于"人本位"思想，而东方的中华文明却建立在"前文明"的文化符号之上，具体表现为一种东方式的宇宙意识。假如我们把探研东西方文化的目标仅仅停留在两种文化崛起的假说上，我认为还是远远不够的；既然东西方文化的缘起不同，它们的文化内容和表现形式一定也有差别，这个差别我们应该进一步搞清楚才是。

那么，东西方文化究竟有多大差别，或者说东西方文化的差距究竟有多大呢？这个问题，仅从东西方文化的缘起进行一般化讨论，自然趋于肤浅，我想我们应该从东西方文化的历时性状态中找到某种比较合理的答案。问题是，这个历时性状态中的合理答案又从何找寻呢？

这个新的课题令人苦恼。虽然有很多中外学者都曾对中西文化，乃至东西方文化都做出比较全面的比较研究，但我总感觉不满足，好像现行的诸多学说都是为文化而文化，没有把中西文化或东西方文化最要害的东西说出来，特别是没能言简意赅地说透彻。我认为，这是迄今研究中西比较文化中最大的遗憾。

然而我的问题仍然是：东西方文化的差距究竟有多大？具体表现在哪里？

围绕这个问题，我在不停地"思"。

我接触到了怀特海的"过程哲学"和海德格尔，这个问题"迎刃而解"。

怀特海的全名叫阿尔费雷德·诺恩·怀特海，1861年出生在英格兰。这位英国籍的哲学家学识渊博，兴趣广泛，思想独特，他在多种学科中都是很有建树的大师级人物。因而被日本的怀特海研究专家称之为具有"七张面孔的思想家"，即他是集数学家、逻辑学家、哲学家、半个科学家、科学史家、教育家和社会

 宇宙·智慧·文明 大起源

家于一身的大思想家。仅凭怀特海的这"七张面孔",我们就能确定他在西方思想界的深刻影响和不可动摇的地位。

怀特海在多种学科都有很出色的发挥和发展,其中在哲学方面,他建立了一种属形而上的"过程哲学"思想。因为是形而上哲学思想,必须涉及宇宙体系以及一切物质和生命生成、运动和变化的论断。怀特海认为,宇宙是活生生的有生命力的机体,它处于永恒的创造进化过程之中。构成宇宙的不是所谓原初的物质或客观的物质实体,而是由性质和关系所构成的"有机体"。"有机体"的最主要的特征是活动,活动表现为过程,过程则是构成有机体的各元素之间具有内在联系的、持续的创造过程,它表明一个机体可以转化为另一个机体,因而整个宇宙表现为一个生生不息的活动过程。因为怀特海的这一哲学见解,专家们又把他的哲学称之为"机体哲学"。

无论定型为什么性质的哲学,我觉得都不是最重要的,重要的是怀特海把中西文化的历史完整无缺地连结起来,这使我非常感动。因为我从怀特海的"过程哲学"思想中找到了我寻求已久的答案。

怀特海把宇宙世界看成是一个生生不息的有机过程,中国传统哲学源头上的《易经》不也是把宇宙世界界定为一个阴阳互动的活态世界吗?正如我在前文中所说的,《易经》的哲学思想源自"前文明"的文化符号,《河图》、《洛书》就是从河水中"得"到的。由此中国的始祖们把河水中"得"到的这种"前文明"的文化符号进一步演化,形成了中华文明源头上最古老的宇宙意识和"生生不息"的宇宙演化思想体系。《易经》哲学的这一根本思想,与后来西方哲学家怀特海的"过程哲学"思想何其相似,简直如出一辙。

现代西方哲学家的"过程"思想与中华古文明的"生成"思想相碰撞,这又是怎么回事呢?带着这个问题,我进一步地探讨,寻找答案。我找到了王治河等主编的第一辑《中国过程研究》,虽然它不是当代中国研究"过程哲学"唯一的书刊,但也是难得一见的读本。通过《中国过程研究》,我了解到在中国最早研究和介绍怀特海"过程哲学"的中国哲学家有方东美、程石泉等人,他们早已把怀特海和《易经》联系起来,而且以研究《易经》见长的程先生还有专门的著述。虽然我没有条件读到他们的研究成果,但通过《中国过程研究》,我已窥视到他们的主要见解。

总括地说,方东美、程石泉等中国当代的哲学家们,一方面比较全面地介绍了怀特海"过程哲学"的思想体系,另一方面和中华古哲学,特别是《易经》、《华严经》等古哲学思想进行了初步的比较研究,认为怀特海与《易经》哲学思想既有共同点也有差异处,但总体上看,共同的东西还是占据主导地位。比如程石泉先生认为,怀特海和《易经》有"时代差异"、"名相差异"、"重点差异",

同时有"创化"概念,"感"的哲学内涵,涵盖天地人的名相系统以及"自生"或"自化"方面又有相同或相近的思想,甚至于华严佛学思想也有很多相近或相同的思想认识论。关于当代中国哲学家们的这些研究成果,我不想再做重复性叙述。我还是借此话语回答前文中提出的问题。

首先,怀特海和《易经》谁影响谁的问题。程石泉先生虽然从怀特海和《易经》之间找到了某种共同点和异同点,但我认为这是一个实实在在的问题,即西方的哲学家怀特海和中国古代的《易经》为什么有很多共同点呢?特别在"过程"或"创生"、"生生不息"诸如此类的关键性问题上靠得更近呢?这的确是个问题,但这个问题不难回答。怀特海在其哲学著作《过程与实在》的序言中自己做出了回答:他的"机体哲学采取的立场似乎接近某些印度或中国的思想,而不接近亚西亚或欧洲的思想。前者把历程看作是终极的,后者把事实看作是终极的"。这就是说,怀特海的"过程哲学"思想是受了中国古代《易经》哲学思想的启发或熏陶之后形成的较为完善的哲学思想体系。因此说,怀特海的"过程哲学"的灵魂仍在中国的古代,而非怀特海独创或原创。由此,深感自豪的应是中国人,并非因为怀特海重视和利用了中国古代《易经》哲学思想,而是《易经》哲学思想的超前、伟大和光辉照亮了作为西方哲学家的怀特海的心灵,从而建立起了西方第一个较为完善的"过程哲学"思想。

为什么我要"画蛇添足"说这么多废话,重复和强调这些本属浅显至极的"大道理"呢?因为在现当代,中国有很大的一部分人群,包括一些知名学者,往往颠倒了这种关系,不分清红皂白地什么都是西方的好,自己民族的优秀文化传统一再地被贬低,被冷落,殊不知,西方的现代文明是受惠于中华古文明才形成和崛起的,西方现代文明的根基还在中国古代,这在科技史家李约瑟的《中国科技史》中表现得淋漓尽致,再三地强调这一点是非常重要的。

其次,中国的"过程哲学"一直在进行中,"过程哲学"本身显现出"过程"的本具内涵,而西方的"过程哲学"是在当代才"发现"和建立的。这种说法是否有点过激?我并不这样认为。

众所周知,《易经》哲学的一个基本原理即是阴阳对立:"阴"代表一种阴性物质,"阳"代表一种阳性的物质,两

图91 变体彝文宗教示意图

宇宙·智慧·文明 大起源

种不同性质的物质结合到一起，既是一种对立，又是一种引力。这种对立和引力使物质产生"自组织"、"自运动"，组织形成物质存在的结构，运动却产生相应的动力和变化。阴阳物质的对立和运动就是这样产生的。不仅如此，《易经》还认为，宇宙世界是个"生生不息"的运动变化过程，地球和地球生物亦如此显现，即使是生活在地球上的人类，更是难以摆脱"生生不息"的运动变化过程。正因为如此，在古代的《易经》哲学中就有了"天通"、"地通"、"人通"的说法，天、地、人成为宇宙世界中的"三才"，虽然它们的物质构成不一样。天通、地通纯属自然构成，遵从着自然运动变化的规律，人通中的"人"也是自然体，但也和天通、地通一样，遵从着自然的运动变化规律，无论天、地、人的任何一方，都很难逃脱自然规律的限制和约束，它们都是在生成中走向死亡，运动中产生变化，生生死死，循环往复。《易经》哲学的这个基本原理，不正是宇宙世界和事物万象运动变化、绵延不断的一个过程吗？相对而言，西方古文化走的就不是这样的路。西方的科学和主流哲学在走唯物的路，而西方的宗教在走唯心主义的神学的路；西方现代科学崛起之前，西方人基本相信上帝和上帝创造一切的神话，因此，"过程"思想在这样的意识形态氛围中很难诞生。直到怀特海的"机体"哲学诞生，上帝创造一切的神话才被搁置一边，怀特海认为上帝与宇宙万物是并存关系，并非谁创造谁的关系，而宇宙世界中的"创化"和"生成"是"有机体"，通过普通联系的"关系"中产生的，"有机体"都是活的，动着的，活动着的"有机体"必然有一个"生"的开始和"死"的终结，这个时空具体表现为"过程"。

从《易经》哲学的阴阳变化到八卦的"方阵系统"，再到怀特海的"过程哲学"，我们不难看出，从《易经》产生那天起，中国的"过程哲学"一直都在进行中，数千年来一刻也没有停止过，与怀特海的"过程哲学"比，中国的"过程哲学"只是存在着，运动变化着，只是没有给它正名罢了。

再次，我们就可以谈东西方文化的差距究竟有多大了。据中国的史籍记载，《易经》是始于伏羲氏，伏羲氏先创造了《连山易》，然后才有了《旧藏易》和《周易》。伏羲氏是生活在旧石器时代的人，距今至少也有万年之久。这就意味着作为"群

图92 甘肃辛店文化彩陶人物造型

经之首"的《易经》产生的时间也有万年之久。《易经》的哲学基础是阴阳互依,变化运动的"过程"思想,因此中国古代未曾正名的"中国过程哲学"的产生与发展至少也有万年的时间了。

一万年不是一个短暂的历史时间,具有"过程"思想内核的《易经》哲学发展了万年之后,西方的怀特海才第一个融入到"中国过程哲学"的演变"过程"之中来,扬弃西方的科学和神学思想的传统,建立了"过程哲学"的思想体系。从东方远古的伏羲氏建立"连山易"到西方的怀特海建立"过程哲学"这个时间段,应该就是东西方文化最真实的差距。

当然,这并不意味着西方文化的落后和东方的中华文明的先进,而是表明东西方两种不同文化的缘起和发展脉络:东方的中华文明从天文缘起,逐步发展演化成"地理"和"人文",而西方文化的缘起却从"地理"和"人文"开始,逐步向"天文"攀升;东西方文化的这种发展走向必然会带来天壤之别的大落差,这是合乎社会发展规律的历史真实。

伏羲氏与怀特海,《易经》与《过程与实在》,它们之间的连结、沟通或"殊途同归"的事实,进一步证明了"前文明"存在的可信性和现代地球文明产生、发展的特殊性。

一万年的时差,一万年之后的沟通和殊途同归,这即是东西方文化的差距。

顺便提出一个新的问题,既然在一万年前,中华始祖已建立了具有"过程"思想内核的《易经》哲学,而西方在20世纪初才和中华始祖的"过程"思想"接轨",那么为什么中国现代的整体状态是落后于西方的呢?这个矛盾的思想如何解答?

这的确又是个新问题。本应先进的中华民族却处于落后状态,本属落后的西方文明却处于先进的前列,这个文化的悖论进一步提出两大问题,即本该先进却落后了的中华文明缺少什么?本属落后而先进的西方文明又拥有什么?这个话题似乎非常诱人,但是在这里讨论不太恰当,我想还是留到以后的章节中专门进行一次讨论吧!

四、东西方文化的交融与宇宙文明

法国伟大的生物学家恩斯特·海克尔说:"人们对于人类自身的本质在19世纪后半叶才刚刚开始有了较全面的了解,而人们早在4500年以前就已经掌握了关于布满天空的星球以及行星运行等方面的惊人知识。在遥远的东方,古代的中国人、印度人、埃及人和加勒底人(古巴比伦南部地区——译者注)所具有的天体天文学方面的知识已经比4000年后的西方绝大多数'有教养的'基督徒来得准确。早在公元前2697年,中国人已经能运用天文学知识计算出日全食的时间,并在公元前1100年就用日晷来测量黄赤交角。人们所共知的是,基督本人('上帝之子')根本就不具有任何天文知识,而只能以狭隘的地球中心说和人类中心说的立场来评判天与地,自然与人类。"② 海克

宇宙·智慧·文明 **起源**

尔的这段简洁的文字，似乎是给我以上的论述提供了一个有力的理论支撑点。的确，是东方的中华文明最早拥有那么丰富的天体天文知识。也是东方的中华文明首先建立起了最具东方文化特色的宇宙文化体系和纯粹的自然生命哲学，这一切都是为什么呢？是因为中华民族的始祖们在建立中华民族的开端时期所继承的是宇宙的文化符号，或"前文明"的文化成果，根据这一特殊的继承建立了别具特色的现代文明。而当时西方的人们"不懂"天文，他们所拥有的只是"狭隘"的地球中心说和人类中心说，所以才以地球人类的品质属性和有关神话传说建立了西方的宗教。西方天文知识的起步就是从公元初的基督教文化、托密勒、亚里士多德的"地心说"发展到中世纪哥白尼建立的"日心说"，再后才有开普勒、伽利略和牛顿以及后来的爱因斯坦、哈勃等科学家相继建立起来的现代宇宙模型和宇宙力学体系。看得出，西方的天文科学家们借助当时的天文科学技术，建立了一套"由地到天"、"由小到大"、"由局部到整体的"宇宙知识系统，也就是说，西方的天体天文学知识是从地球人类当时的知识水平一点一滴地建立和积累起来的，它经历了一个从地球到宇宙的"由低到高"的认识过程。然而东方的中华文明虽然和西方现代文明处在同一处起跑线上，但它的文化缘起正好与西方相反；中华文明先是继承了宇宙文化符号，以此为根据，逐步建立起了自己诠释和破译这些文化符号的知识系统，并且不断扩展知识领域，强化知识的体系性，从宇宙文化符号的认识角度一点点下降，俯视到地球人类的生活中，因而东方的中华文明走的是一条"由天到地"、"由大到小"、"由整体到局部"的文化辐射的路子，就像太阳的光芒辐射在大地上一样，是一种"由高到低"的认识过程。正因为东方的中华文明走的是一条与西方完全相反的路子，所以西方诸多的天文学家们经过数千年的努力，其天体天文学的知识水平才接近或达到中华文明源头上的知识水平，或者说中华民族的始祖们在创建现代文明时所继承的宇宙文化符号及知识水平，相当于哥白尼、牛顿、伽利略和爱因斯坦这些科学巨匠们现在所拥有的水平，以及现代天文学技术所能达到的水平——这样的比较和评判是否有点过于夸张呢？甚或是有点儿阿Q精神？我看并不是。"阴阳太极"学说完全可以和现代的宇宙力学相匹敌，而"太极"、"太虚"以及"混沌"的学说，完全可以和爱因斯坦的广、狭相对论相媲美，这都是有历史根据的，并非我愿意褒此贬彼，做一些无聊的文字游戏。

我要十分客观地说，中西文明对于"前文明"文化因子继承不一，起点更是相反，这并非什么坏事，恰巧是文化的一种互补，就像"阴阳"学说是一种互补一样。这是"上帝"的"创造"还是"神"的有意布排，我们无从知晓，

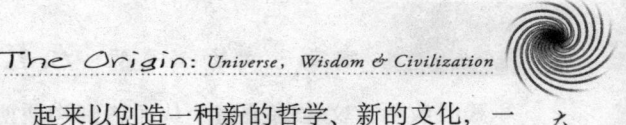

但这种文化的"逆向"运动正好在宇宙的某个时空点上会形成完美而非常壮观的"交汇",这就像天文史上的"九星连珠"之类宇宙奇观一样,也会成为地球人类世俗文化史上的伟大奇观。届时,西方文化充分体现出它的优势,具体性、实用性和科学性融为一体;而中华文化充分体现出它的宇宙大文化的特质,熔抽象性、整体性和变化性为一炉。如此恰当的文化互补只能在地球人类所拥有的现代文明中才能产生,之前的"前文明"和之后的"未来文明"中不一定能产生出来,这是由于每次文明的文化背景出现重大的差异性,必然导致文明特质的差异性。所以我认为,目前地球人类的文化状态正处在这种时空"交汇"的前沿阵地,还没有出现地球人类文明在宇宙时空点上壮观的那一幕,如果出现那个真正意义上的"文化交汇",那将是灿烂辉煌,壮丽无比,即使不能把整个宇宙世界照得通亮,至少也能将银河系照个晶莹剔透,这一点我是坚信不疑的。

有关东西方文化交汇和沟通的尝试,当代人已经开始。前述的怀特海"过程哲学"就是西方思想家中做出的有意味的尝试。《中国过程哲学》一书中樊美筠撰文说:"……当年怀特海曾对中国现代哲学家贺麟先生说,自己的哲学'东方意味特别浓厚'。他认为,他的著作中含蕴有中国哲学里极其美妙的天道观点。因此,他渴望着东西方文明的融合。东方的审美直觉和西方逻辑推理如何统一起来以创造一种新的哲学、新的文化,一直是怀特晚年关注的焦点之一。"㉓ 时隔数千年的历史时空,智慧而勇敢的怀特海终于按捺不住西方世界的寂寞情愫,将他哲学的思想视角融入到未曾正名的"中国过程哲学"之中,怀特海这样做的良苦用心正是他自己十分关注的东西文化融合的大事,他的智慧与勇敢就在于他这种有意义的探索。而中华文明是在数千年的传统农业经济基础之上运行着,根深蒂固的小农经济思想极大地限制了中华文明的进一步发展和发挥,从而导致了中华民族在近现代的落伍。改革开放后,中国也开始实行市场经济体制,这种经济运行方式将极大地改变传统农业思想和"小富即安"、"不求变化"的小农生活观念,挖掘传统文化中较为有用的因素,适应社会发展需要,创造出更为辉煌的新文明。中国目前的这种社会发展趋势,也是在弥补传统文化的不足,

图93 左为西亚萨玛腊文化彩陶图案,距今6000-7000年;右为伊朗西南部彩陶图案,距今6000-7000年。

以上几幅彩陶图中的人物,其造型都雷同,在古代交通信息极不发达的情况下,这种雷同的根源只有一个,那就是它们同出于一源,即从昆仑向西、向南和向西北辐射流动而成。

宇宙·智慧·文明 大起源

积极吸收西方文化的精髓，从而达到沟通西方，交汇文明，为之后更为恢宏的宇宙文明奠定坚实基础的巨大世纪工程。因此可以说，西方的学者和东方的中华民族都在努力地做这项巨大的工作，东西方文化的交流与融合已经拉开了世纪性帷幕，这样的现实为我的这个论著和我的信心增强了无与伦比的坚强后盾，令我和我的后代们坚定不移地期待这辉煌的文明时刻。

中西文化的"交汇"或是东西方文化在某个时空点上出现的壮丽景观，它都与宇宙文明的等级水平有关，假如我们把宇宙文明的初级阶段锁定在太阳系、中级阶段锁定在银河系的话，那么，东西方文化在时空点上"交汇"的时间大概会出现在宇宙文明的中级阶段，或中级以上的高级阶段里。因为到那时候，地球人类文明的综合水平可能就超过"太虚"、"太极"所圈定的宇宙文化体系和爱因斯坦的相对论以及哈勃望远镜所能涉猎到的宇宙边际；只要超越了前人所限定的这个界线，我想东西方文化"交汇"的那个灿烂而壮丽的时刻就会呈现在人类面前。

注释：

① 李约瑟著：《四海之内》，三联书店，1992年

②③④⑥ 马丁·布伯著：《人与人》，作家出版社，1992年

⑤ 尼采著：《尼采文集·权力意志卷》，青海人民出版社，1995年

⑦⑨ 白话易经编译组：《白话易经》，中国民间文艺出版社，1989年

⑧⑩⑫⑬ 王赣、牛力达、刘兆玫著：《古易新编》，黄河出版社，1984年

⑪⑮⑯⑰⑱⑲ 李申著：《易图考》，北京大学出版社，2001年

⑭ ［清］朱骏声著：《六十四卦经解》，中华书局出版，1988年

⑳ 牟宗三著：《周易哲学讲演录》，华东师范大学出版社，2004年

㉑ 尚明著：《中国古代人学史》，中国人民大学出版社，2004年

㉒ 恩斯特·海克尔著：《宇宙之谜》，山西人民出版社，2005年

㉓ 王治河、霍桂桓、谢文郁编：《中国过程研究》，中国社会科学出版社，2004年

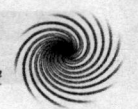

第七章
无限使命

文明的成长标准—单个文明因素的积累—综合素质与古国文明—文明发展模式／文明的循环机制／人类的神圣使命

前文中我们虽然谈论了宗教、文化以及文明的缘起，但还没有谈到文明本身的成长经历，这是很重要的环节。在这一章里，我们重点讨论一下文明的成长标准问题。

一、文明的成长标准

我们知道，地球上所有的文明都是人类创造的，但由于东西方文明的缘起不同，对于文明的标准和看法也不同。比如江林昌先生提出世界文明"两模式"论："我们发现世界古代文明的形成大概呈现为两个模式：一种是以两河流域的苏美尔文明、爱琴海周边的古希腊文明、古罗马为代表的西方文明形成模式。另一种则是以环太平洋的亚洲中国古代文明、中美洲墨西哥玛雅古代文明、南美洲秘鲁印加文明为代表的东方文明形成模式。"①这两种文明模式的说法跟我前面论述的东西方文化的缘起是不谋而合。李学勤教授在谈到文明标准时说："现在中国的考古学界和历史学界常常用的这方面的标准就是从国外学来的。我们学的主要还是格林·丹尼尔1968年出版的《最初的文明》……这本书从考古学上给出了三个文明的标准：第一应该有城市，当然这个城市不是中国人想象一定有个城墙。可是按照他的要求应该有5000人以上的人口，不是说任何一村子，三家村也可以叫城市。第二条是要有文字。第三条是要有比较复杂的礼仪性的建筑物，也就是有一些不根据人的日常生活需要，而是根据一定的礼仪要求而构建的建筑。如埃及的金字塔……丹尼尔指出这三条标准中至少应符合两个条件，但两个条件中，文字是必须的，也是最重要的。一个没有文字的社会恐怕很难说是一个文明的社会。"②史式先生在他的一篇文章中，对西方确定的文明"四条件"很不以为然"他们认为，要说一块地方，一个族群已经进入文明，必须具备四个条件缺一不可。四个条件是：一是已经有了系统的文字；二是已经有了青铜器（包括生产工具和武器);三是已经有了城市（兼具防御功能和交易功能);四是已经有了神庙（指

宇宙·智慧·文明 大起源

大型的宗教型建筑物）。不问这个族群的生活方式（农业、渔业还是游牧），不问这个地方的地理环境（山区、草原还是平原），不顾各个民族社会发展的道路千差万别，反正是一刀切。合乎我的规定者给予承认，否则一概摈之于'文明'的大门之外。正如林河先生1998年2月24日给我的来信中所说：'关于文明的定义，西方的框架是片面的，是按照西方的框架提出来的。破绽很多。如非洲的古国贝宁，有很发达的青铜器，但却没有文字，你能说他没有文明吗？青铜器固然灿烂辉煌，但你能说良渚的玉器不灿烂辉煌吗？城堡是游牧民族相互征战的产物，对和平的农业民族来说，城堡却并不重要。'西方文化的根源是游牧民族的文化，其基本精神与农耕民族的文化大异其趣。按照他们的标准来衡量进入'文明'的时间，对于源于农耕文化的中国、印度等古文明来说，必然大吃其亏。在四大古文明排次序的时候，印度文明和中华文明总是排在后面，原因在此。看来，要想争取公平的待遇，我们应该有发言权，世界上很多民族也应该有发言权，不能老是被动地接受别人的裁定。"③史式先生的文字中充溢着不公或不平，这一点我也有共鸣。问题是，我们明知西方人有着"文化中心"之类的文化霸权和民族偏见，但我们苦于无助，制定不出自己的文明标准来，只好跟着西方人亦步亦趋。吃亏受欺不说，就人类文明本身而言，也是对古文明的一种轻蔑和不尊。

那么怎样改变这种现状呢？正如史式先生说的怎么样才能拥有我们自己的"发言权"呢？对这个问题，专家学者们肯定有很好的想法和主张，只不过还没有来得及把它表达出来罢了。以笔者的拙见，西方学者制定"三标准"还是"文明四条件"都有他们自己的理由，这是无疑的。但是，文明不仅仅是西方人的文明，文明也不是仅靠西方人创造出来，人类的文明是全人类共同创造的，因此全人类所有参与了古文明创造的地区和民族都有资格制定自己的文明标准，这一点也不违背历史的逻辑，西方人也应该是承认的。但是在人类文明的标准问题上，西方论西方早，东方论东方早，这种"争"的局面也不是解决问题的最终办法。要从根本上解决这个问题，我认为还是要从文明本身或文明产生的经历中找到某种共识，拿出一些共性的标准来衡量具体的文明进程和文明出现的时间。这样，东方人也不需要"争"，西方人也不能蛮横地"抢"，拿事实说话。谁早谁迟，谁的文明程度高，谁的文明程度还停留在老后的地方，这不能靠力气、靠金钱获得，而是靠事实本身来确定。只有这样，东西方文明的争端才有可能趋于缓和，人类文明的历史真实也才有可能"水落石出"，大白于天下。

进一步的问题，怎样才能在"文明"的领域中达到全人类的某种沟通和共识？以我之见，目前我们所能采取的唯一的方式就是哲学的方式，即采取"本体性

否定"的否定方式和"多元并存"的人类文明格局，这对世界上的各民族各地区来说都是合理的。也就是说，以这样的文明标准，西方人可以制定出西方人的文明标准，东方人也可以制定出东方人的文明标准，甚至亚洲人、欧洲人、非洲人、美洲人都可以制定出自己的文明标准和文明发展模式，这个框架是开放式的，不是封闭的，更不是蛮横强迫接受的。所谓的"多元并存"的人类文明格局指的就是这个。而"本体性否定"也不是指"否定之否定"；前者是在不否定对方标准的前提下提出自己的标准来，让双方或多方的"文明标准"共存，后者就意味着否定了前者才可能有后者，这种方式恐怕不太适合。这样一来，在人类的"文明"史上恐怕会出现多个文明标准和多种发展模式。多，我们不必惧怕，它既不会扰乱现有的社会秩序，也不会挑起世界范围民族纠纷，相反它会给人类的文明赋予一个公平的评价。也就是说，我们只能在文明的多元化条件下才能找到更具共性的文明标准，在"多元并存"的文明模式中才能达到全人类的共识。全世界有两千多个民族，有五大洲，有东西南北中，各民族各地区的具体情况不一样，文明的进程也不一样，我们怎么能用一种"文明标准"来套用到这么广阔的地域文化中去，怎么能用一种文明发展的模式来抹杀掉或替代掉其他的文明发展模式呢？目前的这种状况本身应是不该存在的，但不可否认，它的确是我们的现实。这个现实用我们中国人的话来说就叫做"一手遮天"、"一叶障目"，是一种不合理的文明现实和文明标准。

其实，人类文明产生的过程是一个很复杂的过程，它是有发展层次、有文化序列的，并不是西方学者们确定那么几个标准就能概括得了的。根据上文所述，人类"前文明"被毁之后，幸存者们对于"前文明"的记忆是清晰的，只因冰期的灾变过久，幸存者们传递下来的"前文明"的信息都变成了"神话"和"传说"，或者很多"前文明"的信息在长期的口传过程中失传了，流传下来的"神话"都是那些信息中的精华，因为这些"神话"大多都是有关人类起源、人类身份和祖先崇拜方面的事，这些事对每一个部族都是至关重要的、不可丢失的内容，所以才流传至今。现代文明就是建立在这些"神话"基础之上的。从"前文明"到幸存者再到现代文明的建立，经历了数万年的时间，现代人类的始祖们已经没有了幸存者那样的素质，一切重建都是从零开始，从头做起，所以文明的进程也是非常缓慢的，一步步从旧石器时代走向新石器时代，再进入铜石并用和铁器时代，这个缓慢的过程就是文明起步的过程，也是文明的因素点点滴滴积累的过程；在这个过程中，"三个标准"和"四个条件"都不可能同时出现，我们也不能因此说人类的这个阶段不是文明的初创阶段，而是仍处在动物的阶段，传统的"野蛮"、"蒙昧"

333

宇宙·智慧·文明 大起源

说就是这个意思，西方文明制定的"三个标准"也不把这一阶段当作人类的文明阶段对待，其实这是一种极大的错误。我们不能拿现代人的文明水准来衡量始祖们初创文明时的艰难程度，在那个时期，人类的每个细微的发明、发现和创造都是革命性的，你不把它当文明待，于理不通。比如人类的现代始祖在石洞时期基本采用天然的打制石器，新石器时代出现了磨制的石器、骨器和穿孔等技术，再后就出现了铜器、玉器和金属器具。这些原始器具和工具的创造都是靠人类的智慧完成，你能说它不是文明的吗？如果连这些都不算文明，那么人与动物的界限在哪里呢？地球动物们为什么就制造不出这些工具和器具来呢？又如在新石器时代，人类就已制造出"石锄"、"石铲"、"石斧"这类工具用于原始

经会建筑住房，形成最初的聚落遗址；会用兽皮做衣服，并且有简单的装饰品，会用原始的符号来表达某种思想，还学会了制作最早的沙质陶器，这些文明的成果也不算在人类文明的账簿里，这样的"文明标准"和"文明条件"是否真有问题呢？回答是确定的。

以上的历史事实说明，人类的文明有着严格的层次性，它是随着冰期的结束和人类活动的全面展开而一点一滴积累发展起来的，这个积累和发展的过程就是文明层递发展的过程。我把这个过程粗略地划分了一下，至少有这样三个大的文明层次的存在，而这三个文明的层次应该就是全人类达到某种文明程度的最主要的依据。

1. 文明的单个因素的积累与原始文明

这是两个不同的概念范畴，前者是指文明的成长经历，后者指相应的文明发展水平。比如使用天然的石器是人类使用工具的开始，那么根据需要进行打制的石器，这已经是最初的加工工具了，在打制工具的基础上磨制出细石器工具，包括骨器和玉

图94 英国新石器时代，著名的"斯通亨格"巨石文化

的农业生产，你能说这些工具不是人类文明的成果？还有人类在8000年前就已

器，这从工具的历史论来看又是大踏步的前进；铜石并用和铁器时代，工具的进

The Origin: Universe, Wisdom & Civilization

步是不言而喻的。人类在原始文明时期，除了工具的发明和改进，在食物的方面发明和创造了最初的原始农业、饲养业以及后来的畜牧业；住的方面，走出了山洞，有了简陋的土木结构的住房；交通方面，驯服了马、牛、驴、狗、鹿等，要么坐骑，要么拉雪橇；用的方面，除了基本的生产工具，还有陶器、最初的车等。总之，人类在这一时期，脑筋渐渐活动开来，对于"前文明"的记忆也逐渐得到恢复，发明和创造的世俗性品质开始上升到生活的主体地位；每项新的发现和新的创造性活动；对于长期压制不用的人类聪明智慧而言，无疑是一种兴奋剂，不断促进人体大脑皮层的兴奋和更高的创造欲望。就这样，现代人类的始祖们先是创造出一些单个的文明因素来。这种创造，无论多么聪明的猿猴都是难以企及的，只有人类在自己的生产和生活实践中，才能创造出这样的文明来。也只有在人类最初的这些创造活动中才能显示出人类的智慧和与地球动物的不同，如果没有人类的这些创造活动和文明成果，人类与地球上的普通动物也就没有什么本质的区别了。

因此，人类就是人类，他与地球上的普通动物不同。同样处在冰期后的地球环境中，人类从这里那里走出来，开始了自己最基本的文明创造活动，而不是像地球动物们那样到处寻找现成的食物充饥；人类的这种文明创造活动就是人类最基本的世俗性品质，他发明、他创造，这是他的"本能"，他不采取这样的生活方式就无法在地球上生存。然而人类最初的发明和创造都是以"单个"的形式出现，比如一把石斧、一枚骨针、一副弓箭或是一种耕作方式，而每一次"单个"文明因素的发现和创造，都是对人类智慧的一次深层开发。由于人类的这些"单个"的文明创造活动多了，文明成果的积累也就多起来，人类的聪明与智慧也就越来越灵动起来，发现与创造不仅不是一种苦差事，而且是进一步促进和发掘人类聪明智慧的快事，人人都乐意有发明、有创造、有某种成就感和发明创造的使命感。我想：这是人类走向文明的基本条件，也是人类最初的文明。举例来说，从旧石器到新石器乃至以后的文明进程并非一次性完成，而是逐渐积累的结果。如：石

大起源——第二部 人类文明的循环

图95 古埃及金字塔

335

宇宙·智慧·文明 大起源

器最早出现的是粗糙的砾石器，之后出现了磨制石器、细石器；中国人最早使用的农业工具为耒和耜，在此基础上发明了播种用的耧车；中国古代的天文仪器，最早出现的是简单的圭表，之后发明了日晷、漏刻、浑仪、天体仪、水文仪象台等。这一切单个文明因素的产生，在当时的行业内是革命性的，同时它也为之后更为复杂的组合和综合文明打下了基础。

2. 文明的综合素质的呈现以及古国文明的形成

单个的文明因素的创造，是人类连续性发明和创造的结果；每一样新工具、新器具、新方式的产生，都是一种发明，一种创造，一种前所未有的新突破，因此它的意义非同寻常。而文明的综合素质是对前一种文明因素的综合，比之单个的文明因素有力得多，可以说是文明的一种进步和提升。比如最早的人祖们本来就使用天然的木棍，后来发明了石铲，这本是两个"单个"的文明产物，到了综合的时代，聪明的先祖们把木棍和石铲结合成了一件工具，这就是最简单的一种综合。再比如人类早就驯服了牛，这是畜牧文明中的一个"单个"的文明成果；后来的人类发明了犁，这也是个"单个"的文明因素；再后来，人类把牛和犁综合到了一起，形成了一种新的生产工具和生产方式，这比以前的"刀耕火种"不知要先进多少倍。这即是一种比较复杂的综合，它是把活的畜力和死的工具融为一体，成为一种新的生产力。这种生产力在人类的文明史上是革命性的，犹如现代文明发明和使用蒸汽机一样，具有划时代的意义。比"牛拉犁"更高一些的综合，比如最初的农业村庄：按照一定的秩序建筑的聚落住宅，这些住宅是属于"单个"的文明因素；村宅旁的墓冢与祭祀的地方，或小型的神庙或祭坛的设置，这些也属于"单个"的文明因素；还有"依山傍水"的外部环境，虽然这不是文明的创造产物，但也是一种文明的选择和综合行为。除此，还有一定的土地、耕畜、家养的牲畜，这些都是属于"单个"的文明成果。将这一切"单个"的文明成果组合到一起，形成人类的一种生产和生活基地，这就是一种较高层次的综合性创造。如果在此基础上再加上中国的"风水术"、聚落村庄周边防御性壕沟以及畅通无阻的交通等，它就可以朝着更高层次的古国文明迈进。其实，所谓的古国文明者，就是人类最初的国家形态，诸如西方的城堡、邦国、中华文明源头上的"方国"和"聚落带"等。这些最初的古国实际就是由几个城堡组成，或一系列的聚落村庄群带组成；几个城堡就可以组成一个"邦国"，几个聚落村庄和聚落群带也可以组成最原始的"方国"。因此，仅以西方人确定的"城"的文明因素来确定文明不文明的标准是没有一点道理的，中华文明源头上的"方国"的综合素质比之西方的以城为主的"城邦"来，规模还要大，所综合的"单个"文明因素还要多，"方

国"的国家功能比城邦组成的"邦国"还要全面一些。所以，像中国考古界发掘出来的"红山文化"、"兴隆洼"遗址，包括良渚文化等，其历史都在5000年至8000年之前，所以在中华文明源头上出现的文明的综合素质也就出现在5000年至8000年之前的聚落村庄和原初的"方国"文明之中了。

由此可知，文明的综合素质和"单个"出现的文明的因素是完全不同的，前者是单个的发明与创造，它的功用只是单方面的，因而也是有限的；而后者却是对若干"单个"文明因素的组合和综合，使"单个"的文明因素的功用变成多方面融合而成的综合功能，或者称之为系统功能也无不可。在这种综合的系统中，除了能充分发挥出"单个"文明因素的功用之外，它还能和其他的文明因素组合后产生综合的"第三种"功用，即系统功能。因此，综合的文明素质要比"单个"的文明因素的功用大出好多，呈现出来的是一种综合的功能。功用是单方面的一种作用，功能却是一种综合的能力，它们之间的区别是非常明显的。

3. 文明的整体表现与现代文明的发展模式

由上所知，在文明的综合时期，古国文明已经形成，以后的国家就是从这个基础上发展起来的；而文明的整体并不完全表现在国家形式上，而是具体体现在不同的文明模式上。比如西方文明的模式，是以宗教思想为基础的生产技术的革命和商品贸易的流通形式，它的青铜器的创造与文字的产生都与商品贸易的流通需要有关，而宗教思想中"诺亚的子孙"们向着世界各地的扩散给后来的商品贸易向世界各地的扩散铺平了道路。西方的这种文明模式，从整体上表现出了一种"西方精神"，这就是对于自己文明模式的实用性、科学性和经济价值的崇尚和追求。所以，在西方文明模式下形成的一切文明成果都是很具体、很实用的东西。而东方文明中的中华文明的模式就不一样，中华文明首先是继承了"前文明"的文化符号之后形成的符号文化。这种文化的构架将天、地、人融为一体，特别注重天对人的生活以及生活环境的影响。所以，中华文明没有形成西方式的宗教加商业的文明模式，而是首先形成了无穷的"天道"、"地道"文化，在此基础上衍生出"人道"思想。前者属于天文天体知识系统，由此形成中华的自然哲学体系；而后者属于人间和人的知识体系，它形成传统的中华生命哲学和相应的农业文化。在这种纯粹东方式的文明模式下，形成了独具特色的中华文明，它崇敬自然、崇尚人类与自然的和谐，提倡较为稳定的与自然和谐相处的农业文明。所以中华文明自古就是一种以农为本、注重农业而轻蔑商业的农业文化或农业文明体系，它与西方文明的模式几乎是相反的。

文明的整体表现形成不同的文明发展模式，而文明的不同发展模式反过来

宇宙·智慧·文明

又加强了文明整体的表现力。从而使它的文化特征更加明显，整体力量的潜质更加巨大和充沛。这既是东西方文明模式不同的最主要特征，也是文明发展的一般规律。

通过对文明的三个层次和相应的三个发展阶段的简单分析，我们就可以得出如下的结论：人类所经历的现代文明意义上的原始文明，至少发生在 8000 年以前至数万年的漫长时间内，它的突出特征是人类在艰难维持生存的前提条件下进行了有限的"单个"文明因素的创造活动，到了冰期结束的 8000 年之后，人类在"单个"的文明创造活动基础上逐渐开始了"综合"水平的文明创建活动，这就使原有的文明成果得到了恰如其分的组合，发挥出了"单个"的文明成果难以想象的功能，从而使文明不再是以一种单纯的因素和功用的方式存在，而是转变为一种综合的素质和功能，大大提高了文明的存在价值和使用水平，成为人类社会迅速进步的内在动力。

我们可以说文明的进程并非能用几个"硬件"标准就能概括衡量得了的："单个"文明因素的发现与创造是人类原始文明的重要标志，而综合和整体表现出来的文明水平却是人类智慧的结晶。它可能在某个领域内有着很科学的文明素质的综合，但在其他领域不一定综合得就那么科学和全面，但只要是进入综合的文明进程之中，体现出来的就是某种文明的整体素质，而不是单纯的某种因素，

我们就可以认为这种文明已进入到了一种较高的发展形式之中；否则只靠"单个"的文明因素维持着生存的，我们只能说它还处在较低水平的文明层次上，还没有综合的文明素质和整体的文明表现。前者在西方文明中至少有两次大的综合阶段：第一次综合应该是以基督教的建立为主要特征，创造了较为统一的"神学"时代；第二次是以现代科学思想的建立为主要特征，逐步取代了旧时的"神学"思想，促进了现代工业经济的飞速发展。在东方的中华文明中至少有三次大的综合；第一次是以黄帝为首的一大批半神半人的"神人"们的综合，它奠定了"九州"和"中国"的地理概念，综合了以"中原"地区为主的认识天体自然的文化，给"中华文明"的最终形成奠定了发展基础；第二次大综合就是雅斯贝斯所谓的"轴心时代"，从"三代"到秦汉时期。这一阶段既是中国的"百家争鸣"和"百花齐放"阶段，也是中华文明的第二次文化大综合时期。儒家、法家、道家思想在这一时期胜出，而秦汉的统一给这次大综合画上了最为圆满的句号。第三次大综合从 20 世纪开始，到现在尚未结束，这次的综合不再是"圈子"内的事，而是中西两种文明的碰撞和文化大融合。

以上的两例都是具备综合能力的文明范例，还有很多没有文明的综合能力的原始部族和部落跟我们同时生活在这个世界上，他们在"单个"的文明因素

的发现和创造方面具有一定的积累，但是他们大多都因地理条件和某种历史原因，逃进了深山老林和非常偏远的地带生活着，与现代文明的生活没有多少交流，所以他们还处在原始文明的初创阶段，手中只有一些"单个"的文明因素，却没有综合或没有较高层次的综合，这就决定了这些原始部族的命运，也就决定了他们的文明水平。但是有一点非常明确，我们不能因为这些原始部族还处在较低的文明发展阶段，就认为他们没有文明，如果认为这些原始部族没有文明，也就应该承认他们不是人类。可是迄今的现代文明对于他们的人类身份的确定是无疑的。

综上所述，我们通过对人类文明成长经历的简单分析，获得了两个思维领域内的衡量标准，即发明、创造和综合；前者是纯粹的思维活动带动了人类的创造行为，后者却是在纯粹的思维形式下形成的文明的再创造活动。因为人类的这两种思维形式的应运程度不一样，人类在文明中的素质和表现也不一样。因此，我们的历史科学如果一定需要一个文明标准的话，我认为只有发明、创造和综合这两种思维形式是最合适的衡量标准，除此之外的一切物象都不应该成为裁判文明不文明的具体标准。

这是因为：

（1）地理条件不同，文化缘起不同，形成的物象也不同。如在西方最早出现的文明物象是城堡，但在东方的中国，最早出现的却是农业村庄，而非洲的贝宁最早出现的却是青铜器，因为亚洲的中华文明和非洲的贝宁最早出现的不是城堡，你就说这两个地区都不是文明地区吗？

（2）具体的物象可以征战获得，思维或智慧却不能。比如苏美尔人的城堡可以由巴比伦人占为己有。闪米特人可以灭了巴比伦人，在巴比伦人建造的城堡基

图96 玛雅遗址上著名的奇钦·伊查金字塔和金字塔不远处的"千柱群"

础上建立起闪米特人的原始古国；还有文字的创造中有符号文字系统，原始文字系统的延伸、改造成的文字系统，它们之间都有继承关系，你能说谁文明谁不文明？物象不仅具有不同的内容和形式，它同时还有这种可移置的"中性化"倾向，因此不适合作为文明的具体标准。

而思维或智慧就不同了，它只能在人类的某些部族或成员中拥有，是一种内在的无形的东西，你只能看见它的外化的结果，却看不见它本身，更是无法掠夺一个民族和种族的智慧。比如现在的犹太民族，就是一个典型的崇尚智慧的民族，你可以将他们在地球的表面上赶来赶去，他们可以没有任何工具和用具，但你夺不走他们的聪明和智慧，犹太民族在世界上的崇高地位也是靠他们崇尚的智慧获得，这就是典型的事例。

（3）发明、创造和综合才是文明最内在的衡量标准。前者是单向的思维方式，后者是复合式思维方式；一个民族或一个地区文明程度的高低，既要看他们的发明创造多少，又要看他们对已有文明成果的综合利用能力和再创造能力如何。如果这两个方面都是出众的，连续的，那么可以肯定他就是一个文明程度很高的民族和地区，否则就是相对落后的民族和地区。这个标准对全人类都是公平的，适应的；用它可以划分出若干不同层次的文明模式来，而不是为数很少的三两种。这就是一种成长着的，灵活却又没有极限的新的"文明标准"。

二、文明的循环机制

文明的成长标准不是僵死不变的物，而是人类发明、创造和综合的智慧。在数千年的文明史上，人类靠智慧创造了文明，文明也促进了人类的智慧，文明与智慧既像一对母子，又像一对孪生的兄弟；但毕竟人类先有了智慧才有了文明的创造，智慧是母体，是一切文明产生的基础。没有了智慧这一前提，人类的一切文明都无从谈起。

比如，在人类的世俗生活中，总有这么一种倾向：现实的人类只重视文明及其文明的成果，而不太重视智慧；因为文明及其成果是具体的，而智慧却是"虚无"的抽象，前者可以直接进入实际的应用之中，后者总被认为是神奇的，一般人所不具有的。因为这样一些理由或原因，人们总是重视具体的文明而轻视作为根本的智慧。这似乎也不是人类自身之过，是人类世俗性生活的实际需要。人就是这样的，他本身的生命周期并不很长，所以"人生不满百，心怀千古愁"的人总是占极少数，绝大多数的人都是只看重眼前，只重视功利目的的人。因为人类的这种功利性特征，人类的文明与智慧的发展状况也很不一样，尤其是中西文明的发展状况和形式的差距更为突出。在这里我想借助英国著名的科学史家李约瑟博士和英国学者罗伯特·坦普尔的

图97　现存于维也纳艺术史博物馆的巴比伦塔复制图画

研究成果来说明这一点。

李约瑟是英国皇家学会会员,中国科学院外籍院士、著名的生物学家和科学史家。他在他的前半生,注重于生物化学和胚胎学专业,出版了《化学胚胎学》、《生物化学与形态发生》以及《胚胎学史》等科研成果,很有影响;自20世纪40年代以后,通过接触几位中国科学家,对中国古代科学技术的发展非常感兴趣,于是就开始了《中国科学技术史》的研究和编著工作。到20世纪80年中后期,这部巨著已出版15册,还有10册未出版,如果全部出齐,约25册,洋洋千万言,可谓是一部鸿篇巨著了。当李约瑟博士还没有全部出版他的这部巨著的时候,英国学者罗伯特·坦普尔有了一个尽快普及这部科学史巨著的计划,他取得李博士的同意后,根据李博士已出版和未出版的资料编选出了"中国的100个世界第一",并按他的思路写成了约30万字的《中国的创造精神》一书。在这部书中,李约瑟博士和坦普尔先生把中西古代的科学文明以及相互关系讲得非常清楚。坦普尔说:"尚未揭露的最大历史秘密之一是,我们所生活的'现代世界'是中国和西方因素绝妙合成的结果。'现代世界'赖以建立的种种基本发明和发现,可以有一半以上源于中国。然而这却鲜为人知。为什么?

"中国人自己也和西方人一样不了解这事实。从17世纪起,中国人对欧洲的技术才能越来越感到眼花缭乱,已经有一段时期对他们自己的成就患了健忘证,当耶稣会教士向中国人显示一架机械钟时,他们感到很敬畏。他们忘了,最先发明机械钟的正是他们自己!

"认识到现代农业、现代航运、现代石油工业、现代天文、现代音乐还有十进制数学、纸币、雨伞、钓竿绕线轮、独轮车、多级火箭、枪炮、水雷、毒气、降落伞、热气球、载人飞行、白兰地、威士忌、象棋、印刷术甚至蒸汽机的基本结构,全部源于中国,让中国人和西方人同样感到惊异。"④

李约瑟博士在这本书的英文版序言中也说:"无论是二项式系数排列还是旋转运动与直线运动相互转换的标准方法,是最早的钟表擒纵装置,还是可锻铸铁犁铧,是植物学和土壤学的开创,还是皮肤——内脏反射或天花痘接种的发现——不管你探究的哪一项,中国总是一个接一个地位居'世界第一'。"⑤

无论李约瑟博士对中国古代科学史的梳理和总结,还是坦普尔对中国古代文明的热衷和客观评价,都说明一点:在人类的文明史上,特别在古代文明史中,中国古人的发明、创造不是占据世界的"一半"以上,就是"位居""世界第一",这个事实是非常了不起的,证明中国古人在"单个"文明因素的发明创造方面占据的世界地位。如在"分行栽培作物和细心彻底除草"方面,欧洲在"18世纪才采用这种农耕方法",而"中国人最近在公元前6世纪就已经这样做了。

341

宇宙·智慧·文明 大起源

因而在农业中一个最明显的方面比欧洲先进了整整2200年"。再如血流循环的理论，"大多数人相信，人体内的血液循环是威廉·哈维（1578—1656）发现的，是他在1628年公布他的发现时才第一次使这种概念引起世人的注意。然而，哈维甚至不是第一个认识这种概念的欧洲人，而中国人则2000年前就做出了这一发现。"⑥也就是说，在西方现代科学崛起之前，中国和欧洲在科学技术方面，至少要先进和落后2000年左右，不算著名的"四大发明"，仅就农业技术和人体血液理论就比欧洲要早出2000年以上。这种先进与落后的反差，不是我们现在所谓的20年或200年，而是20个世纪！可是，李约瑟博士开始发问了："古代和中世纪中国非凡的发明创造能力和对自然的洞察力，给我们提出了两个根本问题：第一，为什么他们竟能如此遥遥领先于其他国家？第二，为什么他们现在不比世界其他国家领先几百年？""我发现，我越是了解他们，就越是接受他们的思想，也就尖锐地提出了这样的问题：为什么近代科学只在欧洲兴起？"他说："我们认为，这是由于中国和西方之间具有很不相同的社会制度和经济制度……"⑦显然，制度对于一种文明的创造和制约都是至关重要的，西方在近现代的崛起与它的制度相关，中国在近现代的落伍也和它的制度约束相关，这是无可厚非的，大家都能认可。

在古代中华文明"遥遥领先"于世界各国，而在近现代却又大大落后于西方发达国家，中华文明的这种"天上""地下"的巨大文化反差，我想仅用"制度"还无法自圆其说。因为中国在古代和近现代，它的制度没有大的变更，文化和文明却"天上""地下"，悬殊巨大，这说明中华文明的先进与落后还不仅是"制度"问题。

中国在古代是"遥遥领先"的，而在近现代却是远远落后的，造成这种文明反差的若不是制度还会是什么呢？物理学家杨振宁博士认为，近现代科学之所以在中国没有萌芽的直接原因是中国人受了《易经》思维的影响所致。杨博士说："《易经》影响了中华文化的思维方式，这个影响是近代科学没有在中国萌芽的重要原因之一。""那么，我们现在集中讨论近代科学为什么没有在中国萌芽。这已经有很多人讨论了，有很多归纳出来的原因，比如以下五个：第一，中国的传统是入世的，换句话就是比较注重实际的，不注重抽象的理论构架，这是一种可以说通的道理之一。第二，是科举制度。第三，中国人传统的观念，认为技术是不重要的。第四，中国传统文化里没有推演式的思维方法。第五，天人合一的观念。第四跟第五这两点跟《易经》有密切的关系。中华传统文化没有发展推理式思维方法，而采用天人合一的哲学观念，我认为这二者都是《易经》的影响。近代科学的思维方法有两条路：一条路是归纳法，一条路是推演法，最终的目

342

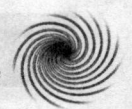

The Origin: Universe, Wisdom & Civilization

的都是要总结出自然规律。而"中华的文化有归纳法，可是没有推演法"。⑧杨博士的意思是影响近现代中国科学的直接障碍是中国没有发展推演法，而没有推演法的直接原因又是《易经》的思维方式。杨博士把影响中国近现代科学的最终原因找到思维及思维方式领域应该说是找到了总病根，但说中国古代没有发展推演法似乎有点欠妥。其实，杨博士评论的《易经》本身就是推演法的典型。杨博士认为，《易经》的分类、精简、抽象化是归纳法的精神。"⑨我倒认为整个《易经》的符号化逻辑都是推演出来的，而不是归纳出来的。比如太虚生太极，太极生两仪，两仪生四象，四像生八卦，这本身就是个推演的过程，逻辑性很强。按杨博士的话说，推演法就是要"一条一条推论次序不能颠倒"。⑩《易经》把"太极"这个整体分解成384爻，次序就没有颠倒，而且也不能颠倒，如有颠倒就不是《易经》了。我理解杨博士是说《易经》把天道地道人道归纳为一体，所以它是归纳法；但《易经》的机理似乎是用典型的推演法推论出来的，并非归纳出来。这里最关键的问题是，在中国古代有没有推演法，特别是《易经》中是否有推演法，我认为这是肯定的。由此可以说，影响中国近代科学进程的"罪魁祸首"，并非《易经》的思维方式，这是我与杨博士的观点有歧义的地方。既然《易经》的思维方式不是影响中国近现代科技发展的直接原因，那又是什么呢？以我的浅见，

那就是文明的成长经历。

前文中我已作了较为详细的论述，人类文明的成长最主要的经历一般表现在三个方面：单个文明因素的发明与创造；综合的文明素质的呈现和文明的整体水平的表现。文明的这三种经历或三个阶段，是依次发展起来的，一个是另一个的基础，而另一个是前一个的呈现和表现，它们在总体上是正金字塔形，单个的发明与创造为综合作准备，若干综合的文明素质又为整体的文明表现作基础，如此阶梯上升，由低到高地发展。人类文明的这种成长经历体现出它最为本质的两个特征：

第一，文明的各个阶段可以是分离的

图98 6000万年前形成的"巨人堤"，地质学家们认为是自然形成，但它不一定是最终的定论。

独立存在，比如"单个"的文明因素的发明和创造可以自成一个独立阶段，只要拥有这样"单个"的发明和创造，它不一定非要走向综合的道路不可，完全可以停留在"单个"文明因素的发明创造阶段；与此相适应，文明的综合与整体表现两阶段，也有各自的特质和区别，已经有了一定范围综合的文明素质不一定非要成为文明的整体模式不可，它也完全可以停滞在综合素质阶段不再前进。这一特征在中世纪之前的西方大量存在，在东方的中华文明史上表现得也同样突出。

第二，综合某种"单个"文明因素的人不一定就是它的发明创造者，它完全可以是这样的情况：A.发明了这项技术；B.创造了相近的一种文化；C.既没参与创造，也没什么发现和发明，但他有理由进行更高层次的综合。这就是说，在人类文明成长的经历中，各个阶段的依次递升不一定具有发明创造者的连续性效应，它们同样可以分解成不同的发展阶段或经历，以每一阶段的文明特质独立存在。整体的文明的表现也是同样的情形：若干个被综合了的文明素质可以独立存在，而整体的表现者根据自己创建的文化模式的内容和形式的需要，它将这样一些被综合了的文明素质整合成这样一种文化模式，而又将那样一些文明素质整合成那样一种文化模式，但各综合的文明素质的创造与整体文化模式在发明创造过程中并不存在连续性。人类文明成长经历中的这两个特征决定了人类文明的实际进程和对已有文明素质的再综合和再创造的可能性。

不过，人类的文明历程是一个复杂的文化传播和文化再创造过程，仅有以上两点还不能从根本上阐释中西文明在历史上交互呈现高低的文化现象，还需要第三个本质特征的共同参与，才能阐释这种文化现象。那么，这第三个"本质特征"是什么呢？它就是文明的内循环与外循环两种循环的机制。

文明的内循环是指同源和同质的文明因素与文明素质在同一文化背景下的综合与再创造过程；而文明的外循环则是指相反的历程，即若干不同源和不同质的文明因素、文明素质在与它的源流不同的文化背景下进行的再综合和再创造。比如中华文明在世界文明史上走的是一条相反的路子：中世纪之前"遥遥领先"于世界各国好多世纪，中世纪之后又从高处跌下，落后西方发达国家若干年或若干世纪。中华文明的这种发展历程说明了什么呢？说明它"遥遥领先"于世界各国的时候，所进行的文明的创造活动是在同源同质的文化背景下进行的综合和再创造，是属于文明创造中的内循环。这种文明的循环机制虽然也是通过综合和整合这种再创造活动实现的，但这种循环不宜过久，过久则如同遗传学上的"近亲繁殖"一样，它的素质只会下降不会提升。比如驯服的牛和铁犁的综合即成为一种较先进的农业生产力，它明显超越了"刀耕火种"的原始农业方式，

但也远远落后于机械化生产的现代农业生产力。而在中华文明的内循环中，从"刀耕火种"的原始农业生产方式跨入到了以畜力为主的犁耕生产方式，这是很大的一次飞跃和进步，但它始终未能跨入机械化生产的现代农业生产方式。我认为，在中华农业文明中未能实现这第三级的跨越，其主要原因就在于这种内循环的文明机制限制了人们的创新思维，要不然铁犁从公元前6世纪已经在农业生产中使用了，直到20世纪，铁犁和畜耕农业的现实为什么一直没能退出中国农业的历史舞台？诸如此类的事例还有指南针、火药、纸、印刷术、人体血液循环理论、天文知识等等，中国人传统的说法有"四大发明"，李约瑟和坦普尔的研究证明，"居世界第一"的中华文明的成果占世界文明成果的"一半"以上，至少也有坦普尔所陈述的"100个世界第一"。在古代中华文明拥有这么丰富的发明创造，为什么中世纪以后反倒落后于西方发达国家呢？我想，中华文明史上的这些文明成果以"单个"的形式独立存在于同源同质的文化背景中，以致出现身在庐山不知庐山真面貌的麻痹思想（"对他们自己的成就患了健忘症"），当西方人拿来中国人发明而他们制作的新产品让中国人看时，连中国人自己也感到震惊和"敬畏"，这恐怕就是内循环的这种文明机制本身不可避免的两面性，即它的先进性和同时带着的滞后因素。

相反的事例是中世纪之后的西方发达国家。他们陆续引进了如此丰富和发达的中华文明成果，对它们进行分类和综合，使中华文明的文明成果被转移到具有异质文化背景的西方智慧中，实现文明素质的外循环。这一移置既让东西方的人们大吃一惊，更使世界文明史变了模样。正如罗伯特·坦普尔所说：

"如果没有从中国引进船尾舵、罗盘、多重桅杆等改进的航海和导航技术，就不会有欧洲人那样伟大的探险航行，哥伦布不可能远航到美洲，欧洲人也就不可能建立那些殖民帝国。

"如果没有从中国引进马镫，使骑手能安然地坐在马上，中世纪的骑士就不可能身披闪亮盔甲去援救那些落难淑女，也就不会有骑士时代。如果没有从中国引进枪炮和火药，也就不可能有了子弹穿透骑士的盔甲将他们射落马下，从而结束骑士时代。

"如果没有从中国引进纸和印刷术，欧洲继续用手抄书的时间可能要长得多。识字将不会这样普及。

"约翰·古腾堡没有发现活字，那是在中国发明的。威廉·哈维没有发现人体血液循环，那是在中国发现的，或毋宁说，他们一直就是那样认为的。伊萨克·牛顿不是第一个发现他的'第一运动规律'的，那是在中国发现的。

"这些神话和其他许多神话都由于我们的发现而破灭了。我们发现，我们周围许多被认为理所当然的事物的真正来源是中国。我们有些最伟大的成就，原来

根本并不是成就，而只不过是借用。"[11]

听一听这位西方学者的坦言，我们就忽然明白了这个道理：文明的成长也像生命科学一样，它不能长久地进行"近亲繁殖"，更不能长久地处于令它最终走向死亡的惰性环境之中；文明既需要内循环的"变异"机制，同时也需要外循环的创造机制，只要进入这样健康的文明循环机制之中，人类的文明才会得到迅速的成长。否则，文明只有处于停滞状态甚至"消失"。东方的中华古文明与西方的现代文明的兴盛衰落就是最典型的例子。

当然，我们所说的健康的文明循环机制是在人类社会正常的文化交流中实现，而不是在侵略和殖民的情况下，抑或是某种"中心主义"这样的强权政治条件下实现。这一点，无论世界上的哪个民族，都应该达成共识，毋需耗费过多的笔墨来论述。

综上所述，文明的成长是为文明的交流和循环打基础，提供最基本的条件，而文明的内外循环又为文明更高层次的成长和成熟铺平道路。两者相互依存，共同发展。这就是科学的人类文明成长史和文明循环往复的真实奥秘。

三、文明的发生与发展

有一个小问题，还需要我们进一步讨论。在上古，世界各地的交通不便，人们没有相互交流的可能性，但现代文明的进程在世界各地基本保持同步，这是因为什么呢？通过以上的论述，我们可以这样回答这个"千古疑问"了：

1. "前人类"（幸存者）对"前文明"的传承是一样的。无论是冰河时代还是在"中央文化地带"发生核战后的幸存者，他们所拥有的"文明"程度和所经历的灾难是一样的。

2. 漫长的冰河时代和冰河期的结束，在全球是一样的。它使地球的两极同时解冻，特别是在北纬30°一线，同时发生大洪水；人类的"幸存者"住进山洞和走出山洞的时间大致一样。

3. 人类的智慧潜能是一样的。只要是人，无论哪个种族或民族，他们都具有人的一般智慧潜能；人类的智慧潜能是人类创造世俗社会生活的根本依据，不管遇到什么样的生活环境，拥有智慧潜能的人类都能够"因地制宜"地发挥出

图99 古城佩特拉的"金库"——哈兹纳宫

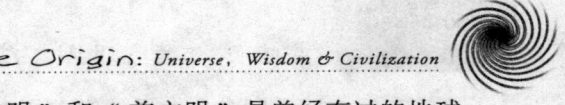

他们的智慧潜能，创造出一个属于他的世俗社会来。

4. 当然，除了以上的三个一样，也还有不一样处。由于人们所处的生活环境不一样，面对的自然资源不一样，每个族群经历的遭遇不一样，他们在现代文明的建立和发展中所呈现出来的智慧的成果也就不一样。在迄今为止的现代文明中，为什么会出现"四大文明"古国？为什么至今还有滞留在原始文明中的落后的部族和人群？原因均在这"不一样"的因素之中！

5. 因此，我们可以说，人类的文明史是不可以简单地用几个物化的标准来划分的。无论古今，人类的文明都是在有秩序、有层次甚至是有原因地发展而来，是在反复交错的文化冲突和在冲突之后的文化融合中发展而来。如果以这样的观念让我们细分一下现代文明及其前后因果的话，那么我们就可以划分出以下几种类型和几种不同的层次：

(1) 从人类文明发展的历史或前因后果论，迄今为止的人类文明历史可划分为：

"元文明"：亿年前的地球人类文明；

"前文明"：数十万年前曾经存在后被自然灾害和人类自身毁灭了的文明；

旧石器时代末期的洞窟绘画和岩画文明，距今3万年至1万年之间；

新石器时代的神话传说文明，距今约1.2万年至约3千年前；

古代农业文明和近现代工业文明。

在这一文明类型的划分层次中"元文明"和"前文明"是曾经有过的地球文明，目前只有少量的考古发现和实物，没有文献的佐证；旧石器时代的洞窟绘画和岩画文明是属于承前启后的一个中间或过渡地带，它上承"前文明"的文化成果，如洞窟绘画和岩画即是，下启现代文明的开端，如神话传说等。而从新石器时代到古代的农业文明和近现代的工业文明，是地球人类现代文明的真实内容和所走过的历程。

(2) 从目前世界上较为流行的对文明评估和衡量的一种划分是我们所熟知的关于"三个世界"的划分，即发达国家或地区、发展中国家或地区、欠发达国家和地区。这一划分的原始思想来自毛泽东。1974年，毛泽东根据当时世界各种基本矛盾的发展变化，指出世界已划分为三个方面，即：苏联、美国两个超级大国是第一世界；亚、非、拉美及其他地区的被压迫民放和被压迫国家构成第三世界；处于这两者之间的发达国家是第二世界。三个世界划分的理论，对于动员世界人民反对霸权主义起了巨大作用，同时为之后世界整个格局的划分和评估提供了理论基础。

(3) 从不同文明性质的交替发展中又可划分为东方文明和西方文明。其中东方的中国古代文明遥遥领先于西方古代文明，然而到了近现代，本来先进了西方若干世纪的中国古代文明却又相反地落后于西方的近现代文明。这种不同文明板块或文化模式之间的交替发展，既体

347

现了不同文明之间各自发展的纵向历史，又呈现出各文明群体之间横向的坐标和发展水平。从中可以体察出地球人类的文明发展和提升的一般规律。

6. 因此，地球人类的文明有单个文明因素的发明，创造和积累不同的层次和区别，也有综合型的文明素质和整体文化模式方面深浅不同的层次和区别；这种层次和区别的存在是现实的，但从历史的角度看，任何一种先进或落后都不是一成不变的僵化体，它们在各自的发展过程中又会出现参次不齐的状态，如某国在某些方面是领先于世界水平的，但在其他一些方面又落后于世界的等等。文明的这种多层次，多样化存在形式即是文明存在的真实状态，而我们在衡量一国、一个地区或一个民族的文明程度时，往往从整体出发来评估，特别是从经济、政治、军事、文化等要素中看它们的文明发展水平。这种方法固然无错，但它只注重了文明的当代性，忽视了文明本身演变和发展的历史性规律，这就使得我们目前流行的文明衡量标准漏洞百出或挂一漏万，不能适应所有文明或文化的真实存在状态。而以智慧和创造能力为标志的文明标准不仅能克服目前这种不足，而且能适应地球人类各种不同的文明状态，概括所有人类的文明的成果，因而笔者认为是比较科学的文明标准。

文明产生的条件和起跑线是一样的，这即是"前文明"的传承在冰河期、灾变时期、石器时代；而文明发展的深浅程度是不同的，这与每个部族、国家所处的地理位置和生活环境相关，更重要的是与每个部族、民族和国家发挥和开掘人的智力资源的深浅直接相关。正因为这样，文明的发生是同时的，而文明的发展却表现出极大的差异性，这就是人们习惯性追问的"千古之迷"。

四、人类的神圣使命

文明是人类创造的，那么人类又是怎样地传递着自己创造的文明呢？换句话说，人类的文明史有数千上万年，他们靠什么力量一代一代把文明的成果传承下来的？一般的说法是历史科学；假如历史学科不在的情况下是靠什么力呢？本文的结论是使命感。

本文认为，人类是什么，人类源自何处？这个"类"的问题似乎没有单个的"人"那么复杂，历史的答案也不少，只是每一个答案也不是最终的答案："翻案"的人不少，答案也各异，本书以上的论述也可算作一种新的答案。至于这个答案是否正确，笔者也不好强迫读者，只能倾听广大读者和专家学者们的评判了。

不过，就我的认识而言，人类不仅是宇宙的高级智慧生物，不仅是宇宙世

图100 法国史前骨板画：野牛与猎人

The Origin: Universe, Wisdom & Civilization

界中的流浪者，他还是一种负有神圣使命感的高级智慧生物。这个话题不但不是对以上观念的重复，而且还是对以上论述的有力补充。比如说，人类以群居方式生活在地球上，群居的特征就是社会性。假如有人要这样问：推动人类社会前进的真正动力是什么？对于这个问题的回答会有很多种：意识、本能、生产力、人们不断膨胀的生存需求和精神欲望等等。但笔者以为，推动人类社会进步的根本动力并非以上因素，而是人类先天就拥有，后天得到强化和自觉的神圣的使命感。

表面地看，人类社会错综复杂，千变万化，功名利禄和物质享受总是促使人类普遍的功利目的，重当前，重实在，重自我，重财物，然而在骨子里，人类还是潜藏着更为普遍和更加有力的推力，那推力就是人类独具的使命感。人类所拥有的这种使命感，不以形象来体现，不用言词来表明，甚至普通的人连想都不可能想，它的神圣就在于它完全不依赖于人的物质外壳和当前的功利目的，不依赖于个人的后天素质，把人类种属的繁衍和文化的传承当作自身"情不自禁"的或是"身不由己"的一种内在素质，贯穿于日常的生活之中，只要人类生活在这个地球上，人类内在的这种基本素质也就伴随始终。区别不在于种属的繁衍靠男女的爱情自觉实现，文化的传承却建立在种族的血缘亲情关系之上并以其血缘亲情关系的神圣为标志，一代代沿袭和传承下来。前者通过精神的驱动实现物质的繁衍，后者却潜藏于物质形体和实在之中，完成精神的连续传承。这大概就是使命的天然属性，它不需要任何人文的哺育和推动而"自我实现"。

因此，我把人类独具的这种神圣使命感划分为两种类型，即天然性使命和人文性使命；前者表现为自然的繁衍，后者却成为传递人文的自觉行为。比如人种的繁衍并非人为地刻意追求，其实它是在人类自觉与不自觉的"快乐原则"下实现；子女的哺育也不是在伦理的压力和法制的强迫下完成，它是作为父母的一种天然的职责。人类的这种天然性使命是生来就有的一种天性品质，它不需要系统教育或是专业培训就能够实现。而人类的人文性使命多少与前者有所区别，它至少与人文有关，是有关人类的知识、信息和文明的传递行为。人类在自身的历史发展中是有着不同使命的，传统的史书只是把人类历史划分为不同的发展阶段，形成不同的社会形态，其实这只是社会发展史的一种表现形式，真正的人类历史是一个不断完成自身使命的历史。比如我把目前人类的历史细分为这样几个"使命期"：传承文明的"使命期"；重

图101　尼奥洞窟壁画

大起源——第二部　人类文明的循环

349

宇宙·智慧·文明

建和巩固文明的"使命期";发展文明的"使命期"。

传承文明的"使命期",这是我们在前文中所述的当作神话传说人物的那些人类祖先们完成的。他们当时的处境非常特殊,他们曾经是"前文明"的居民(后裔),历经"前文明"的熏陶,对于"前文明"的情况如数家珍。可是不幸发生了,冰期突然降临,地球的大部分地区被寒冷的冰雪覆盖,很多的人类同胞就死在冰雪的寒冷和由此带来的饥饿之中。好在地球的"中央地带"还留有一隙生存的空间,侥幸生存下来的人类就在这个狭隘的"中心地带"开始了漫长的冰期生活。也许是这个狭隘的"中心地带"过于狭窄而挤进这个地带的人类过多,也许是"中心地带"的资源短缺而人类的繁衍过快,总之更为不幸的事又降临到了这些幸存下来的人类头上,在"中央文化地带"的东边和西边似乎同时发生核大战,几乎被冰期的寒冷逼上绝路的"中央文化地带"的人类差不多在人类自己酿造的这次大灾变中丧失殆尽,到处是硝烟,满目的焦土,晶化的岩石在阳光下闪烁着鬼眼一样的冷光,蘑菇云射程内的人类无一幸存者,也找不到一具可辨认的尸首。阳光灼热,月亮冷凄,世界在一片死寂中仿佛消失了。然而在这场核大战的废墟边缘地,却有一些蠕动的生命,他们慢慢从冰雪地上爬起,恐惧地看着战争的废墟,然后朝着更加寒冷的地方走过去。他们正是在"前文明"的战争废墟中重新站起来的人类同胞,他们的幸运在于处在"中央文化地带"更边缘的地方,所以他们才有幸存活下来。他们在天然的山洞里不知生活了多久,5000年、10000年或是数万年,冰期退却,他们之中的一部分同胞又死在了洪水之中。到了现代文明建立的前期,地球人数所剩无几!然而正是这些一次次逃离了灾变的人类幸存者,是他们把"前文明"的壮丽和可怕同时传递给了他们的后代,他们的后代在极其强烈的生活反差中把先辈们的传递变成了后来的神话,把先辈们都变成了各自的"神"。

从"前文明"的实现到现代文明产生的前期,灾变中幸存下来的幸存者们自觉不自觉地完成了他们传递文明的神圣使命。假如没有这些"前文明"的幸存者以及他们的神圣使命,现代人类就无从延伸到今天,现代文明也不可能在"神人同居"的"神话"时代重新建立起来。

"神话"中的"神人"们完成了他们传递文明的神圣使命,便从人类的生活中消失了,接下来的使命就轮到"神人"的后代们重建文明的艰难历程中,这一"使命期"的历史划分至少也是从新石器时代中后期开始到奴隶社会初期,重建的主要任务就是按"神话"和"传说"中的技术要求,制造生产和生活的工具,恢复人类赖以为生的农牧业生产。比如原始农业生产就在这一"使命期"得到恢复。饲养业、畜牧业以及手工业也是在这一时期逐步建立起了秩序。当然,为了警

350

The Origin: Universe, Wisdom & Civilization

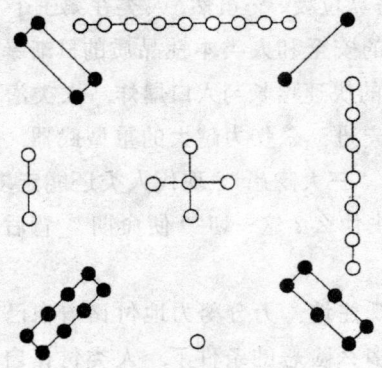

图102 天索易《河图》

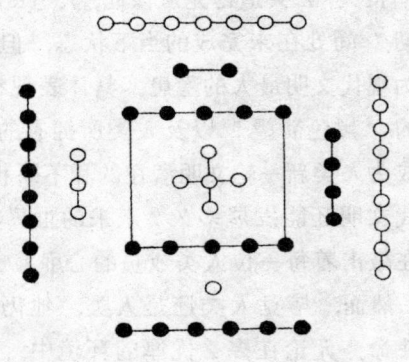

图103 天索易《洛书》

示人类不再重犯"前文明"被毁的错误，原始的宗教思想和相关的仪式应运而生，更令人惊奇的是为了更好更完整地完成各个"使命期"的历史使命，聪明的人类发现了原始的图像和最初的符号，最终形成不同的文字。这一切重建文明的使命，就是"前文明"幸存者的后代、现代人类的始祖们完成的。他们当时的创建生活是在住石洞的条件下开始，在移居最简陋的聚落和原始村舍中结束，历经数千年，可谓艰难！

继第一批文明创建者苍劲的步伐，后来者们的重要使命就是对已有文明成果的凝聚和向周边地区的扩展。《圣经》中的"诺亚"之子们据说是扩散到了世界各地，大概就是这一"使命期"的历史真实。这一时期，人类扩展文明领地的"核心区域"大概有两处：一处是中、西亚的埃及、两河流域文明扩展到欧洲、非洲和美洲的部分地区，形成了现代的"西方文明"；另一处是以最初的昆仑山系和后来的大兴安岭为主的东亚文明逐步扩展到了中国、西伯利亚、朝鲜半岛以及美洲中北部平原，形成了以东亚文明为主体的"东方文明"的"副产品"。

人类历史上的第三个"使命期"就是发展现代文明，这一时期大约从奴隶社会中后期开始到现在，也有数千年的历史。这一"使命期"的主要使命即是创建稳固的国家制度，建立现代文明较为系统的思想文化体系，全面发展科学技术，建立规模巨大的帝国体制，完善宗教和法律体系，强化国家的管理机制和控制能力，当然还有数不尽的战争和战役，"大鱼吃小鱼，小鱼吃虾米"的竞争时代全面拉开了帷幕，由此诞生的大国无数，消亡了的小民族也无数，吞并亲近与弱肉强食已成为人类生活中的正常秩序。至此，人类的世俗生活差不多又恢复到了"前文明"的水平，人类丑恶的本性品质也随着世俗生活水平的提高渐渐抬头；人"宰"人不是什么新鲜事，人杀人如同杀鸡猪；社会

宇宙·智慧·文明 大起源

公平丧失，公共道德无从谈起，天道良心成了恶臭垃圾……虽然，人类在第三个"使命期"尚处在未完成的当下状态，但是人类的安全和人类本性品质的日渐暴露又成为现代文明最大的隐患。具体表现在：人口的快速增长与人口爆炸，人类潜藏很深的"黑色欲望"以及人类所拥有的越后越先进、杀伤力越大的重型武器，这些又成为人类新一轮文明潜在的和不断积累着的"三大隐患"。现代人类还能走多远？现代文明还能发展多久？未来的世界将会发生什么？这一切"使命期"背后的疑问在敲击着每一位人类成员的心扉！

然而，毕竟人类还是人类，他仍在一如既往地、万分努力地付诸着自己神圣的使命。无论在多么优厚的环境中，还是在多么险恶的条件下，人类付诸自己神圣使命的脚步一刻也不会停顿，先辈们是怎么走过来的，后生们也会不负使命地走下去，一直走到不可知的那个境地。

这就是人类，就是不同于地球爬行动物的宇宙高级智慧生物，他从数亿年或数十万年的地球某地走来，经历了数不清的灾难和坎坷，发展到了我们所能感觉的这个信息化、知识化的全球化时代，他会因为战争的恐怖而举步不前吗？他会因为高科技的"全球化"进程而停止进步吗？他会因为人类无穷的世俗生活的创造力和同样可怕的本性品质的无所顾及退怯吗？我想，这一切都是不可能的，甚至可以说有这么多疑虑都是对于人类自身的一种侮辱。因为人类毕竟是人类，毕竟是负有神圣使命的宇宙高级智慧生物，如果人类在地球生活中遭遇这么一点打击而退怯的话，那还能称人类为宇宙高级智慧生物吗？还能奢谈诸如"使命"这样神圣的字眼吗？所以一切的一切，人类在这个地球上的生活可能是被动的，不是那么理想的，但人类具有自己内在的一种推力，这个推力使人类更具无限的使命感，只要在人类群体中哪怕有一个成员还活着，他的使命感就不会终结，付诸使命的脚步也不会停止。

人类为什么会这样固执呢？因为神圣的使命感是人类无限延伸着的一种内在的责任。

注释：

① 江林昌：《考古发现与中国古代文明研究》，载《新华文摘》2005年第12期
② W.C. 丹皮尔著：《科学史》，广西师范大学出版社，2003年
③ 史式：《五千年还是一万年》，载《新华文摘》2005年第12期
④⑪ 罗伯特·坦普尔著：《中国的创造精神》，人民教育出版社，2003年
⑤⑥⑦ 李约瑟著：《四海之内》，三联书店，1992年
⑧⑨⑩ 杨振宁：《近代科学何以没有在中国萌芽？》，载《文学报》，2004年9月6日

附：地球人类史前文明史（纲要）

当代德国存在主义哲学的代表者之一卡尔·雅斯贝斯说："我的纲要以一条信念为基础：人类具有唯一的共同起源和共同目标。起源和目标为我们所不知，完全为任何认识所不知。我们只能在模糊的象征之微光中感觉到它们。我们的现实存在在这两极之间移动；我们可能在哲学反思中努力接近起源的目标。"[①]

其实，现在我们已经知道了人类的起源和目标究竟是怎么回事。严格地说，人类在地球的生存环境中并不存在自身的起源问题，如果一定要谈论起源问题的话，那我们只能说，地球人类只有来源史，没有起源史；至于人类的"共同目标"，很明确，那就是人类能够在宇宙的大环境中自由自在地迁徙和创造文明生活。对目前的人类来说，人类"到达"了地球并在地球环境中创造了地球人类文明。因此，我们对目前的人类只能说，人类占有了地球这个早被人类发现了的天体，并建立了地球文明生活。按照人类禀性论，人类最终的生活"目标"并不在地球，而是在宇宙的任何一个具有生存条件的星球上，人类的下一个目标就是迁往宇宙中至少具有地球生存条件的其他星球上去，并在那个星球上创造新的人类文明生活。这就是我们现在认识到的人类以及人类在地球上的具体状况。

因此，我们可以确切地说，人类在地球生活中只有创造的文明史，并不存在自身的起源史；下面我们将要概述的就是地球人类的文明史纲要。我们对人类文明史的某些时段和环节还没有掌握足够充分的第一手资料，因而也不可能进行全面而周全的详尽描述，只能做一次"白描式"的论述，形成一个简约的纲要，以待今后的考古发现和科学研究中补充更为充分的资料，使地球人类的文明史变得更为丰富和完满，从而产生更强的说服力。

1. "元文明"的灵光

从前文中我们已经知晓，支撑地球人类生活的要素有三点：人类特殊的生理构成；自成体系的品质属性；永远伴随着人类的智慧特性。这三个要素共同合成了人类，同时也决定了人类作为宇宙高级智慧生物的宇宙智慧生物地位。

因此之故，我们说，地球人类只有地球文明发展史，却没有人类自身在地球上的起源史，地球人类的这一特征是地球上的普通生物所没有的。

人类的地球文明发展史，在现有"历史"的框架内，其发展是极不平衡的，人类对自身发展历史的认识也是有着天壤之别的。

宇宙·智慧·文明 大起源

按传统的认识观念，人类在地球上的文明史是有一个非常显著的特点的。那就是人类的史前史是一片漆黑，不见一点光明；人类在地球上的未来史同样是一片漆黑，因为现在的科学还无法预测人类在未来的漫长岁月中会发生什么。唯有数千年的文字史或"信史"是一片灯火辉煌的圣地，所以，我们才习惯地称这段历史为"文明史"。

按现代人理解，文明史就是有文字记载的连续不断的人类历史，因为现代人类对历史的这一定义，我们目前的可信历史只有五六千年，其余时间内的"历史"，现代人类的历史学科是不按"正史"对待的，特别是不按"文明史"对待的。这一点，正是现代历史学科的严重缺陷和不足：既是"正史"之外的历史也是人类自己的历史，为什么就不能融入历史的学科之中来加以研究呢？比如对史前文明、神话时代，现代的"正史"都是不按历史的正式内容对待，也不认为它们是历史的真实，而是原始人类想象和虚构的产物。现代历史学科的这种态度和认识水平，正好反映了它的有限和不足，它认识不了的就认为是不真实的，其实这是很荒谬的逻辑。只要是人类自身的文化遗迹，只有我们认识不了它，千万不能认为我们认识不了的东西就是不真实的非存在，甚至不是人类文明的产物，这种思维本身是不合逻辑的。

前文中我们已经反复论说，现代人类发现了20亿年前的"核反应堆"、5亿年前的人的足印以及踩着三叶虫的凉鞋印、4亿年前的"仙蜕"人骨化石、3-5亿年前夹在煤块中的金项链，还有凝固在岩石中的铁钉和"钟形器"。迄今，现代人类发现的这些数亿年前的文明遗迹，都是在我们的生活中所能找到的和实际应用着的文明成果。它们出现在数亿年间的地球岩石层中，所以才保存到了现在，它们的存在就像一堆或一片熠熠跳动着的磷光，隐隐出现在我们眼前。虽然现代人类很难相信，数亿年前的地球人类也能创造出和现代文明一模一样的文明成果来，但现代人类也不能"一叶障目"，看不见在遥远的天际线上隐隐跳跃着的那一堆磷光！

人类的地球生活至少从20亿年前就已经开始了，至于那个时候的地球人类有多少，他们在地球上的分布如何，我们现在还不能十分明确地描述出来。不过从数亿年间的那些文明遗迹的发现地看，法国、美国、中国、秘鲁几地都存在，这个地理分布似是全球性的，亚、欧、美、非四大洲都有份，说明数亿年前的地球人类的分布和现代人类的分布一样，没什么区别。

假如数亿年前的地球人类的分布和现代一样这个观点可以成立，那么数亿年前的地球人类的文明是非常辉煌的，其繁荣程度可能要超过现代文明。比如我们目前威力最大的能源和武器就是核，人们穿戴的还是凉鞋、金项链，使用的还是铁钉、"钟形器皿"，埋葬的方式跟中国山西的"仙蜕"没啥差别；而我们现在流行的这些文明成果，在数亿年前的人类生活中都存在，说明那个时候的地球文明已经是非常了不起的！

至于数亿年前人类文明延续的时间，

The Origin: Universe, Wisdom & Civilization

从现在发现的那些遗迹的鉴定看，从20亿年前到1亿年前，和现代人类的文明时间比，简直是太漫长了，完全可以用光年来计算那个存在的时间，或者说现代文明与数亿年前的人类文明延续的时间没有可比性。

即使拿奥地利沃尔福斯贝格发现的那个"六面体"金属物为例，它距现代文明也有7000万年的漫长历史，而且就我个人的看法，在"千万年"这个时空段中除了这个"六面体"金属物再没发现过其他的人类文明遗迹，因此我认为它就是地球人类"元文明"的晚期遗迹。它之后，地球人类的"元文明"就告一段落，再也没有发展过。

于是，就有了数千万年这个时空段上出现的文明"大断代"：迄今，地球生物化石就在这个时空段出现缺环或缺失，人类文明也出现了"大断代"。

也许，6500万年前出现的小行星撞击地球的事件，既导致了恐龙的绝灭，也使地球生物在相关时间内逐渐趋于灭亡。包括人类及其人类在数亿年这个时空中创造的"元文明"。

另外，毁灭人类"元文明"的"罪魁祸首"还有发生在数亿年这个时空范围内的冰期："又据帕萨迪州理学院戴·埃文斯查尔，在22亿年前冰川曾延伸到距赤道11°以内，即现在的安哥拉、莫桑比克的热带地区。此外，还有证据表明，在8.5亿年至6.5亿年之间还有更大的一个冰期。"② 除了行星撞击地球的毁灭性灾变外，在数亿年间出现的冰期，也是导致人类"元文明"覆灭的主要元凶之一。

"元文明"，即是人类在地球上最早创造出的文明形态。根据现在发现的"元文明"的一些文明遗迹看，它与现代文明在性质上是相同的，延续时间也很长，只是在数千万年这个时空段中断代了，实际也就是随着自然灾变被毁灭了。

人类在地球上创造"元文明"的前提是：宇宙世界无极限，无始也无终，人类亦然。人类的产生太久远了，和宇宙的时空一样古老。不同只在于星球环境的异同，人类的生理构成也随生活环境在变异。地球动物可能源自地球本身，也可能是人类从外星球携带来，在地上繁衍、变种和进化的。

2."前文明"的圣火

在人类史前的漆黑中，我们看到了数亿年这个时空中有一片文明的磷光在跃动，然后就看到数十万年这个时空中的文明圣火。

在这个文明时空的上限，即距今10万年的时候，发现有"人造合金"。专家们认为，"它很可能是用只有几百个原子的微小粉末原料在几十万个气压下冷压而成。对于这样的粉末物质施加如此高压，其设备和手段，即使现代文明社会也无法达到"。

这说明什么？说明人类在数十万年这个时空中的文明程度远远高于现代文明。所以才有了在这个文明时空中出现的诸多文明遗迹：地中海区域的现代人类头骨化石、"外星地球卫星"、星图、石洞壁画、女雕像、南极冰下城、印第安人石刻望远

宇宙·智慧·文明 ★起源

镜、史前飞机模型、月相图以及公元前就已存在的人工心脏、计算机、彩电等。仅就目前发现的这些文明遗迹判断，数十万年这个文明时空会是多么的灿烂，多么的辉煌！它所拥有的文明现代人类不一定完全拥有。这是可以看得出来的。

假如我们把千百万年这个时空区称之为漫漫长夜的话，那么数十万年这个辉煌的文明时空区就是现代文明的黎明和曙光——这一文明时空的末尾就是现代文明的源头，现代文明就是从它的光源中展开普照下来的。

"前文明"发生的时间，从现存的文明遗迹看，最早的"人造合金"的鉴定时间是距今10万年，但从制造这个"人造合金"的技术设备情况判断，现代文明的水平都难以达到。由此可见，"前文明"发生的时间远不止10万年的范围内，一定是10万年之前的某个时候。可是在10万年之前又没有发现"前文明"遗留的文明遗迹，依靠"前人类"遗留的文明遗迹判断和确定"前文明"发生的具体时间，暂时是没有多少希望的。我们只好将判断的参照延伸到生物遗传科学的最新成果之中。

"1987年，美国科学家凯恩等人通过分析147名世界各地现代人胎盘中只随母亲遗传的线粒体脱氧核糖核酸和核苷酸序列(mtDNA)，发现这些人的母系祖先应该追踪到非洲撒哈拉沙漠以南的一个人群，他们还根据mtDNA发生变异的频率，用分子生物钟的方法计算出现代人种走出非洲与祖先分离的时间大约在距今20—10万年间。因为这一观点的世系是母系确定的，因此被称为"一个夏娃的假说"。③

后来瑞典科学家利用同样的方法进行研究，得出了相近的结论。"然而美国伊利诺斯大学和密执安大学的科学家对此种看法提出了异议。他们认为，现代人的确进化自非洲的一个部落，但其进化过程并非是20万年前，而是至少在100万年。他们说，如果夏娃之说可以成立的话，那么，世界上一切与夏娃无关的人类祖先就都已绝种了。但从对古人类化石的分析结果看，事实并非如此。科学家们在对100万年前的古人类研究后发现，它们的特征与亚洲现代人极其相似，这就意味着今天的非洲人是百万年前亚洲祖先的后裔。"④

美国遗传学家华莱士，通过对全球800名妇女血液中的遗传因子DNA的分析，得出结论说，10万年前，人类的第一个始祖母出现在亚洲而不是非洲。具体地区是在亚洲的东北或中部。⑤

总之，当代生物遗传学参与人类起源研究得出的如上结论说明一个很重要的问题，即现代人类的始祖大约于10万年至20万年之间的某个时空点上来到了地球，至于百万年的说法并不普遍。这个结论，在时间或"前文明"的分期方面不谋而合。"前文明"的文化遗迹大约从10万年前开始一直延伸到现代文明之中；生物遗传学通过对人类遗传物质DNA的鉴定，证明现代人类诞生的初始时间大致也是在10万年至20万年之间，这就证明，现代人类的始祖即"前人类"到达"地球上的大致时间也就在10万年到20万年之间的时空范围之内。至于更确切的时间，目前

还无法断定,相信在更多跨学科研究中一定将破译人类"到达"地球的时间之谜。

还有,"前文明"的毁灭与文明的传承问题,我们在前文中已经进行了较为广泛的讨论,这里需要强调的仍是两次重大灾变发生的大致时间。

上一个冰河期发生和结束的时间。"早冰期,距今 350-300 万年前;狮子山冰缘期,距今 210-150 万年前;鄱阳冰期,距今 110-80 万年前;大姑冰期,距今 60-50 万年前;庐山冰期,距今 30-20 万年;大理冰期,距今 12-1 万年。"⑥《大预言》的作者贝里认为,"上一个冰河时代从大约 11 万年前开始到大约 11000 年前结束。人类大约有 5000 代经历了这次冰河时代,当时原野上狂风呼啸,冰雪永不消融。"⑦

以上关于最后一次冰期的时间基本相同,即距今 12 万年到 1 万年之间就是最后一次冰期存在的时间,这就意味着"前文明"在最后一次冰期中的影响是巨大的,至少地球两极的"前文明"被冰期的寒冷所覆灭,"前文明"以及"前人类"就被最后一次冰期挟击到了地球的"中央地带","前文明"的文明成果也就十分有限地以"文化地带"的形式在地球的"中央地带"存留下来。这是"前人类"和"前文明"之所以消失的主要灾变原因之一。

"前文明"发生核大战的大致时间我已在前文中论述。发生核大战之后,出现了一个特殊的文化现象,即对繁殖女神的崇拜,只要将最早的繁殖女神找到,对她的鉴定时间就是最可信的参照。从法国西南部和西班牙石器洞穴中出土的"维纳斯女神"(即繁殖女神)看,她的制作年代大约为 35000 年至 10000 年之前,世界上其他地区出土的女神都没有她早。这样,我们对"前文明"中发生核大战的最迟时间可以锁定在 1 万年之前的某个时期,如果参照洞穴壁画、岩画等远古艺术存在形式,法国、西班牙地区的洞穴壁画生成的时间都在 3 万年左右,因而可以认为核大战发生的时间可能就在 3 万年之前的某个时期内。虽然在"中央文化地带"发生了核大战,然而冰期的灾变还在继续,直到冰期结束的一万年之前,人类对"前文明"的传承和反省,才以神话和宗教的形式出现。

3. 现代文明的缘起

因为有了数十万年这个"前文明"的时空区,又诞生了现代文明这个新的时空区;而文明时空区的交叉处就成了"神人杂居"的时代,也就是"前文明"向现代文明过渡的地带。

可以相信,在数十万年这个"前文明"时空区域内没有现代的"东西方文化"和世界"三大宗教";"东西方文化"和"三大宗教"都是因为"前文明"被人类自己的聪明毁灭后诞生的,应该说这些精神现象只能产生于现代文明中,因为它正好就是"前文明"的映照,或"前世"的"原罪"留给现代人的精神遗产。

如果我们对"前文明"向现代文明的传承和过渡作一番简要的回顾的话,大致的情形应该就是这样的:在漫长的冰期和残酷的核战争造成的双重灾变下苟活

 宇宙·智慧·文明 之起源

下来的是"中央文化地带"边缘化地区的一些幸存者,他们的人数至多一两千人,分布在地球的"中央文化地带"。当冰期后冰川向南北两极退却后,幸存下来的"前人类"的后裔们也随融化的冰雪,向地球的两极扩展,以至达到现代人类分布和居住的地区。在这个过程中,各地区的幸存者们传承下来的有关"前文明"的话语就变成了后来的"神话",因为它与当时人类的现实生活差距太大了;传承着"神话"的"前文明"的幸存者之中的一些精英人物和家族就变成了后来的"神人"和"神族",他们与"前文明"幸存者的其他家族的后裔们的共同生活就构成了"神人杂居"的特殊时代。

"神人"之中的杰出者,就成为后来的"先知"和"圣人"。前者依据人的恶本性品质,创造性地建立起了人类最早的宗教思想和相关的宗教传播仪式,以"原罪"和"前世"罪孽的宗教思想,从精神方面扼制了人的本性品质。而后者通过接受和破译"前文明"的文化符号,建立起庞大的自然哲学体系和现代的符号文化体系。这两种文化的继承不同,建立起来的文化体系不同,因而发展成了各自不同的文化模式,这就是以人为本的西方宗教文化模式和以文化符号为主的东方宇宙文化模式。这两种文化模式,既是现代文明的不同缘起,又是现代文明的主要文化构成。

纵观"前文明"与现代文明的文化构成内容,现代文明起源于"前文明"的文明土壤中,或者说现代文明就是"前文明"的复制和文化翻版。这从以上的比较中已经看得非常清楚。

另外,现代文明在全球的进程是不一样的,有高有低,有单个的文明形式,也有复合的综合了的文明模式;东西方文明就是两种不同质的文明模式,它们的发展也是逆向的。西方文明"由低到高"地发展,而东方的中华文明却是"由高到低"地渗透;两种文明模式在某个时空点上的交汇和融合,将是现代文明最辉煌的时刻,也是宇宙文明的某种标志。然而这个时刻现在还没到来。

注释:
① 卡尔·雅斯贝尔斯:《大哲学家》,社会科学文献出版社,2005年
② 宁维铎:《地球家园的千古之谜》,民族出版社,2004年
③ 中国文物报社编:《大考古》,济南出版社,2004年
④ 杨言主编:《世界五千年神秘总集》,西苑出版社,2000年
⑤ 高强明编著:《人类之谜》,甘肃科学技术出版社,2005年
⑥ 王宏昌:《中国西部气候——生态演替》,经济管理出版社,2001年
⑦ 阿德里安·贝里:《大预言》,新世纪出版社,1998年

第三部
宇宙智慧的起源

人类并非地球上的土生土长的地球动物，人类是宇宙中的高级智慧生物。对人类的这一全新定义就意味着人类是源自"地外"文明星球的高级智慧生物，是宇宙中的流浪者。

既然人类源自"地外"的文明星球，那么，人类起源于哪个文明星球，是怎样起源的，又是怎样迁徙到地球上来定居生活的呢？第三部围绕这一问题展开讨论，其主要观点如下：第一，人类起源与宇宙起源有着密不可分的亲缘关系。虽然目前已有现成的宇宙起源假说，但这一假说同样存在巨大的缺陷，至少它不能圆说人类的起源以及智慧生成的原由。第二，人类智慧的生成是由于智慧物质的大量存在。地球上只有少量的智慧物质分布，所以地球动物就不拥有智慧。第三，智慧生成的外在条件是艰苦的生活环境，而内在的机制就是求生的欲求和对优裕生活的向往。第四，人类迁徙到地球上生活的原因有二：一方面，人类在外星文明时期具有很高的科学技术水平；另一方面，人类最终定居地球生活的原因是宇宙天体的运行轨道发生了根本变化，导致人类无法继续生活。第五，人类仍然是"地球上的暂住者"，未来人类的发展趋势取决于人类智慧的开拓程度和对人类本性品质的控制能力。

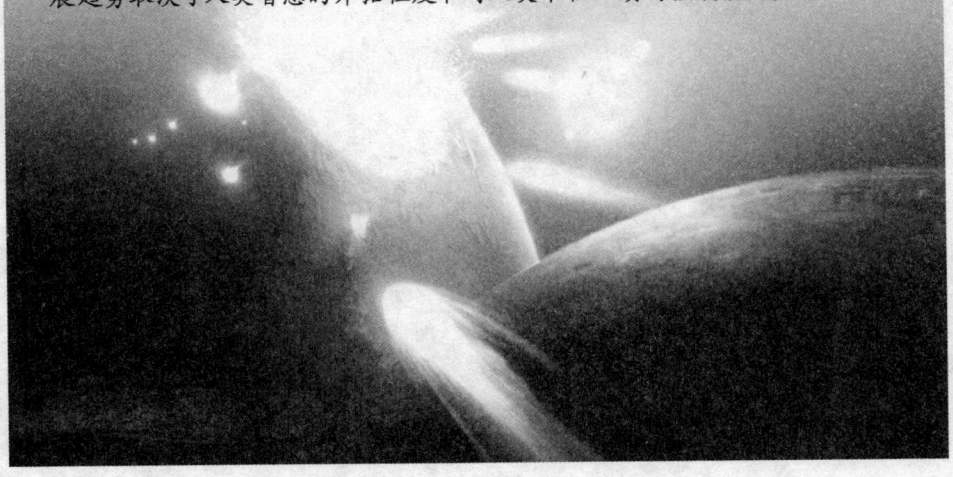

上 篇
"双母子" 宇宙起源

假如说在宇宙学方面,18世纪之前以哲学为主的形而上学是研究和探索宇宙的主要渠道和方式,那么,18世纪之前,以哲学为主的形而上学方法论是研究和探索宇宙的主要渠道和方式,其中当然包含着发展缓慢的自然科学;18世纪之后,随着现代科学的崛起,科学从哲学母体中一一分离出来,成为一个个独立的学科,并且以凶猛的发展势头,单枪匹马地闯入了宇宙之中,诸如天文观测技术、航天技术、理论物理学等等。相对自然科学,自以为是的哲学仅仅被看作是观念的产物,差不多被自然科学所"淘汰"。如此一来,在宇宙研究的领域中,只有以技术见长的自然科学唱主角,没有了以思想观念见长的哲学的角色了;这样一种宇宙学,在20世纪虽然取得了巨大的成就和突破,但这种成就和突破只能说是用一种科学技术搭建起来的宇宙图像,其中闪烁的仅是金属的光泽,看不见一束思想的灵光。关于这一点,连当代最权威的理论物理学家霍金教授也坦言:"迄今为止大部分科学家太忙于发展描述宇宙为何物的理论,以至于没工夫去过问为什么的问题。另一方面,以寻根究底为己任的哲学家跟不上科学理论的进步……以至于连维特根斯坦——这位20世纪最著名的哲学家都说道:'哲学余下的任务仅是语言分析。'这是从亚里士多德到康德以来哲学的伟大传统的何等堕落!"[①]虽然,霍金教授的坦言是批评哲学的落后,虽然当代哲学已经调转了航线,已经无力插手科学探索宇宙的事务了,但霍金教授的担忧是值得一切搞研究的人们深思,那就是在凶猛的科学发展潮流中缺失了一声"为什么"的疑问。本篇仅从观念的角度或研究"人"的角度探索宇宙起源的另一种模式,其用心也就在于重新大声疾呼一下"为什么"、以及呼喊背后的另一种宇宙情景。

宇宙·智慧·文明 大起源

第一章
认识的新起点

宇宙认识简论／"大爆炸"假说的缺失／必然性的可能性

一、宇宙认识论简史

人类自从仰望星空的那一刻起，就对宇宙的形成发生了浓厚的兴趣。世界上所有古老的民族都有属于自己民族的宇宙起源说，比如古希腊人认为地球是在水上浮动着的，印度教把宇宙描述为六只大象和一只一只的乌龟搭建起来的乌龟塔；而中国古代的宇宙神话则是盘古开天辟地的故事，等等。传说的起源，不可能是科学的宇宙观。科学的宇宙观是用科学的观测和理论假设建立起来的理性知识体系，它的起源应该是从西方发展起来的，当然古代中国在早于西方的时候就有自己的科学宇宙观，只是发展方面没有连续性，也没有形成西方的科学宇宙观那样的理论体系。

在公元前380年，古希腊哲学家柏拉图首先建立了地心学说，200年后，希腊天文学家托勒密在《天文学大成》中详细论证了地心体系，地心说自此影响西方1000多年，直到1543年，波兰天文学家哥白尼的《天体运行论》发表，"日心说"取代了"地心说"。继哥白尼的"日心说"数十年后，1610年意大利科学家伽利略发明天文望远镜，并首次使用望远镜观测星空，得到许多发现，如月面上的环形山，木星的四颗卫星，银河由恒星组成等。几乎与伽俐略同时代的德国天文学家开普勒，发表星云运动"三定律"，荷兰天文学家惠更斯发现土星光环等。到17世纪下半叶，英国科学家牛顿发明反射式天文望远镜以及成就了他的辉煌事业的"万有引力"定律。牛顿之后的西方天文学家们的发现颇多，大多是围绕太阳系和银河系发现新的星体。时间跨入20世纪，西方的天文学更显辉煌；1915年，爱因斯坦发表了广义相对论，作出光线在引力场中会发生偏转现象的预言；1918年美国天文学家沙普利提出银河系模型，并发现太阳不在银河系中心；到1929年，美国天文学家哈勃通过测定河外星系的谱线红移，发明著名的哈勃定律，认为星系的距离越远，红移越大，星系运行的速度也越大，表明宇宙在膨胀。到了1948年，美籍俄裔天文学家伽莫夫提出宇宙大爆炸模型，他的研究生阿尔夫和赫尔曼根据大爆炸模型计算出宇宙背景中存在温度为5K的微波辐射；到了1957年，苏联发射世界上第一颗人造卫星……自此，人类从观测发现宇宙秘密到进入太空，科学的宇宙观发生了质的变化。

与柏拉图、托勒密和哥白尼有限的宇宙论相反，中国古代很早就提出了宇宙无限的理念。比如在《尸子》一书中说："天地四方曰宇，往古来今曰宙"。从《尸子》成书的时代开始，古代的中国人就已经把空间和时间联系起来思考。《列子》认为，我们生活的大地只是宇宙中很少的一部分，"上下八方"都是"无限无尽"的，而非"有极有限"。唐代的柳宗元还说过，宇宙"无中无傍"，意思是宇宙既无中心也无边界等等。虽然中国古代就已经有了很先进的宇宙观，可惜的是中国古代的宇宙观仅从哲学的角度模糊地表达了宇宙在时空中无限的思想，

图104 中国古代天圆地方图

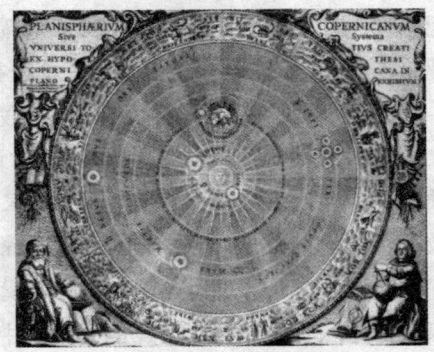

图105 哥白尼"日心说"示意图

既没有形成宇宙模型，也没有形成系统的理论。

综观中西宇宙观的发展和认识，西方的宇宙认识从低到高，比较系统和连续地发展到了今天，特别是20世纪以来，西方的爱因斯坦、哈勃、伽莫夫、霍金等一大批著名的天文学家和物理学家的宇宙研究成果，取得了举世瞩目的辉煌成就，"大爆炸"学说也已建立起牢固的根基，迄今还没有哪一种假说能取代它的神圣地位。

二、"大爆炸"假说的缺失

但是我要说，"大爆炸"说也只是一种假说。任何科学的假说都不可能是完善的。"地心说"在西方统治了1000多年，最终被后起的观测否定；"日心说"虽然不是错误的，但也不完善，因为它是有限的宇宙论，被后来的观测事实又否定。目前，"大爆炸"学说又在唱主角，认为大约在200亿年以前，宇宙中出现了一个密度无限大，温度极高（100多亿度）的"原始火球"，它在偶然的

 宇宙·智慧·文明 大起源

一个时刻中发生了"大爆炸",火球的物质飞散到宇宙的四面八方。"原始火球"开始的温度极高,大爆炸后2秒钟内,在100多亿度的高温中产生了质子和中子物质,之后的11分钟内,自由的中子衰变,形成了重元素的原子核。1万年后,在空中产生了氢原子和氦原子,星云、星系中的恒星就在这之后凝聚形成。也就从"原始火球"发生大爆炸的那一时刻开始直到200多亿年之后的今天,大爆炸形成的膨胀一直没有停止过。也就是说,我们生活的这个宇宙,从大爆炸开始到现在一直在膨胀,目前得到的膨胀证据主要有两个:一个是哈勃通过观测研究发现的星系"红移";另一个是彭齐亚斯和威尔逊发现的3K宇宙微波背景辐射。

20世纪初,哈勃对24个星系进行了全面而系统的观测,结果他发现这些星系的光谱线明显发生"红移",也就是说所有星系的谱线显示,它们在离我们而去;离我们越远的星系,其退行的速度越快,星系的退行速度和距离成正比。这是根据物理学中的多普勒效应测试出来的,星系的"红移"表明我们的宇宙还在膨胀之中。哈勃的这一发现正好为"大爆炸"说提供了有力的证据。在此之前,爱因斯坦提出的广义相对论中也预言了宇宙的膨胀,而哈勃从观测中证实了这一点。

那么,"原始火球"发生大爆炸到现在已经有多长时间了?或者说,我们生活的这个不断膨胀着的宇宙的年龄

有多大了?还是以哈勃发现的哈勃常数H=150千米/(秒·千万光年)计算出来。根据哈勃常数,距离我们1000万光年的天体,其退行的速度每秒为150千米,由此计算出"原始火球"发生大爆炸后,宇宙不停地膨胀了200亿年,迄今为止,宇宙的年龄也在200亿年左右(另说为150亿年、170亿年)。

如果说,哈勃发现的"红移"为"大爆炸"学说提供了最直接的证据的话,那么,由彭齐亚斯和威尔逊在20世纪60年代发现的3K宇宙微波背景辐射理论,为"大爆炸"说新添了一个证据。

还在伽莫夫提出"大爆炸"假说之后不久,他的研究生根据导师的学说,预言并计算出宇宙背景存在温度为5K的微波辐射。时达20年,美国天文学家彭齐亚斯和威尔逊发现了3K宇宙微波背景辐射。这一理论认为,在我们的星空中普遍存在这种微波辐射,而且它们是各向同性的,在整个宇宙中的分布是非常之均匀。而这种宇宙微波背景辐射,正是"原始火球"发生"大爆炸"后,随着膨胀和冷却,残留在宇空中的余热。"原始火球"发生"大爆炸"时的温度大约是100多亿度,经过200亿年的膨胀,原有的高温逐渐降低或冷却,到今天就成了只有3K的微波辐射。从"大爆炸"发生后预言的微波辐射到研究发现这种宇宙微波辐射,先后不到20年,但这一发现又成为"大爆炸"假说最有力的证据之一。

The Origin: Universe, Wisdom & Civilization

总之,"大爆炸"假说从提出到找到相应的证据,一步步被天文观察证实,所以在目前,大多数天文科学家都倾向于"大爆炸"假说。但是,"大爆炸"并非完美无缺,它的理论缺陷是明显的,甚至是致命性的,我们不提那些深奥至极的数学和物理公式,只从普通读者的角度提几个问题,就足以令它窒息。

我们说,"大爆炸"说不能解决它自身提出的一些根本性问题,比如"大爆炸"之前的宇宙是什么样子?是什么力量将全宇宙的物质凝缩成了一个高密度的"原始火球"或"奇点"?"大爆炸"又是怎么引起爆炸的?是谁点燃了那引起爆炸的导火索?宇宙的膨胀将导致什么样的格局?假如是一种开放的宇宙格局,再膨胀200亿年或是更久的时间,宇宙将会变成什么?它会继续膨胀下去吗?假如是闭合的格局,偌大一个宇宙又靠什么力量阻止它膨胀?一个阻止膨胀而逐渐凝缩的宇宙为什么又能恢复到它的起始的"奇点"上来?宇宙之外,果真有上帝的存在,这一切恰如人意的"宇宙事务"是由谁来安排和设计的?最为明显的是在宇宙星系中存在的"互扰星系",比如M51和它的伴星NGC5195,"天线星系"和"车轮星系"等,要么它们之间发生引力干扰,要么相互发生碰撞。根据有关天文学家的统计,宇宙中有编号的"干扰星系"就有1800多个,②这表明,宇宙中"干扰星系"的数量是很大的。"干扰星系"的大量存在本身就

是对"大爆炸"后的宇宙膨胀说是一个致命的打击;既然"大爆炸"后的宇宙膨胀是朝着一个方向运动的,它们之间怎么会产生"干扰"和"碰撞"?既能"干扰",又在碰撞,说明宇宙的星系和天体并非朝一个方向运动,而是朝着相反的方向运动,这在膨胀说中是不应该存在的。

还有,在"大爆炸"条件下,大量星系的形成也是不可理解的。目前发现的星系中旋涡结构的星系居多,椭圆星系也不少,它们的运动是旋转的,并非向一个方向膨胀开去,那么这种旋转的星系又是怎样形成的呢?膨胀的巨大推力为什么影响不到旋涡星系的准确的运动秩序呢?尤其令人费解的是,"大爆炸"说难以圆说人类的起源。"很长时间以来,大爆炸理论有个巨大的漏洞,许多人对此感到不解——那就是,它根本无法解释我们是怎么来到这个世界上的。虽然存在的全部物质中98%是大爆炸创造的,但那个物质完全由轻轻的气体组成,我们上面提到过的氦、氢和锂。对于我们的存在至关重要的重物质——碳、氮、氧以及其他一切,没有一个粒子是宇宙创建过程中产生的气体。但是——难点就在这里——若要打造这种重元素,你却非要有大爆炸释放出来的那种热量和能量不可。可是,大爆炸只发生过一次,而那次大爆炸没有产生重元素。那么,我们是从哪儿来的?"③

也就是说,从我们目前已知的宇宙

365

状况看，仅有一次大爆炸也还解决不了所有宇宙的问题，特别是不能解释人类起源的问题。另外，我们只单纯考虑宇宙起源的问题，不连带考虑人类起源的相关问题，这就使大爆炸说显得孤立无援，没有更普遍的理论价值。有学者曾这样说过："在对宇宙的最早的神话学解释中，我们总是可以发现一个原始的人类学与一个原始的宇宙学比肩而立：世界的起源问题与人类的起源问题难解难分地交织在一起。"④因此，宇宙和人类的起源是有着内在联系的，而非有一个独立的宇宙起源，又有一个独立的人类起源，它们各自起源，互无关系。"大爆炸"学说中就有这种各自独立起源的嫌疑，至少"大爆炸"说难以圆说人类怎样在这个飞速膨胀的宇宙中起源以及怎么样起源的问题。

三、必然性和可能性

我们对"大爆炸"说的理论缺陷有了以上的了解之后，再回到上面的问题上来，即建立新的宇宙起源假说的必要性以及可能性。

海克尔曾经说过："当代，唯一能解开宇宙之谜的途径有两条：经验和思想，或经验和推理。这是两种既相互平等又相互补充的不同认知方法，并日益得到了公认。"⑤

根据海克尔的说法，目前的地球人类认识宇宙起源的方式有两个：一个是思想的方式，一个是科学或技术的方式。假如我们把目前对宇宙认识的深度归之于科学技术的话，那么，自从康德建立星云假说以来的哲学和思想领域对宇宙的深度认识就没有做出过杰出的贡献，至少现当代哲学没有提出过像柏拉图的"地心说"和康德的"星云假说"这样的思想假说。从这个角度说，提出与目前流行的"大爆炸"假说不同的宇宙起源说是有必要的，虽然这并非哲学意义上的假说。

除此，还有两个理由也是可以成立的：第一，迄今为止的一切人类的认识论，没有哪个人的理论是永远正确，也没有哪一种理论是永恒的；一切理性认识都是在否定之中完善自己的思想，否定是理性走向深广度的必经之路，没有否定性认识也就没有理性认识的深度发展。关于这一点，古希腊哲学与西方现代哲学之间的关系就是最好的说明，古希腊哲学是西方哲学的基础和思想源头，而现代的西方哲学却是在否定传统的过程中完成了自己蜕变的历程，成为了具有现代意识的西方现代哲学。它们之间，既有继承，同时更多的是辩证否定。比如康德、黑格尔和海德格尔等西方近现代哲学家与古希腊的苏格拉底与柏拉图等哲学家之间的关系，他们之间既有继承又有否定，否则就不可能有所谓的西方现代哲学，也不可能产生康德、黑格尔以及海德格尔等一系列的西方现代哲学家。哲学思想发展的历史状况和探索宇宙起源方面是一样的，"地心说"、"日心说"这些有限的宇宙论都被后起的新假说所取

代；目前流行的"大爆炸"说虽也得到社会的广泛承认，但"大爆炸"说也只是目前流行的一种假说，它不是定论，也不可能是真理，客观地说，它只是目前的地球人类认识宇宙的一种方式，一个侧面，一种思想，仅此而已。因此，只要有人能提出比较合理的新假说来，就让他尽情地阐发，这并非个人的功利名誉问题，而是我们地球人类深度认识我们所生活的宇宙环境的大问题，只要是人类的成员，只要具备人类认识自己和认识宇宙环境的理性和知性素质，人人都有必要提出自己新的宇宙观来，这是我们人类共同的需求，不单纯是个人的功利问题。

第二，正如卡西尔所说，宇宙起源与人类起源是"难解难分地交织在一起"，在探索宇宙起源时应该考虑到人类起源，至少这种宇宙起源假说也能解释人类起源的一般原理，否则，这样的宇宙起源假说就是有缺陷的不完善的理论。从另一个方面说，我们人类苦苦探索宇宙起源的最终目的是什么呢？说穿了还不是为了人类自身的利益吗？比如说，我们认识地球环境是为了更好地在这个环境中生活，认识地球动物，同样是为了更好地与它们共同相处，认识地球之外的大宇宙以及"地外"生命存在的可能性，也是为了人类在大宇宙环境中的安全和生存，人类的一切理性认识如果脱离了自身的利益，那就是不真实的，是纯粹虚假的东西，这样的认识和理论都没有存在的价值和必要。

当然，我的意思并非说"大爆炸"学说一无是处，我只是说"大爆炸"假说在解释宇宙起源本身存在一定的不足，尤其在解释人类起源方面存在严重的缺陷，甚至于在"大爆炸"和宇宙膨胀的条件下无法解释生命的起源，更无法解释智慧生命产生的原因。鉴于这样一种现状，提出与"大爆炸"学说完全不同的并且有利于智慧生命产生的新的宇宙起源假说是完全必要的。

那么，接下来的问题就是有没有这种可能性？因为建立一种完整的宇宙起源假说，那是天大的学问，绝非有如买一筐鸡蛋来孵化小鸡子那么容易和简单。有一部分的宇宙知识我们通过学习可以得到，还有更大的一部分对我们是陌生的知识，我们对它一无所知。从我们能够得到的十分有限的知识可以推导出一个未知的崭新世界来吗？对此，没有谁不持怀疑的态度。不过，我也无需大夸海口，也不暂时议论能与不能的问题，我提出以下三方面的可能性理由，供本书的读者朋友们作参考。

1. 我认为建立一个东方式的（确切地说是中国）宇宙起源假说是可能的。这一理由的来历并不复杂，到目前为止，世界上到处流行的宇宙起源假说都是西方式的：一方面，西方具有科学思维的优良传统，从古希腊哲学一直到现当代的科学和哲学，西方的这一优良传统不但没有被丢弃，而且发展得越后越严谨，思维的

宇宙·智慧·文明 大起源

连续性越强，这是西方人一直以来占据这一"战略要地"的重要原因；另一方面，西方人有一种与东方人不同的素质，那就是好奇和探险的精神，也正是由于这一精神的支撑，西方人从并不先进的古代到中世纪逐渐超越了世界上较为先进的民族，以至于成为引领世界社会潮流的主体或先锋。相对于西方，身处东方的中国却走着与西方相反的路子：根据20世纪以来的考古发现，远古的中国就是东方的一个文明集散地，它的原始农业文明的时间很早，整个古代的文明和发明创造，要远远超过西方若干世纪，这一点，李约瑟博士在《中国科学技术发展史》中做了最好的说明。可是，后来的中华文明为什么落后于西方了呢？甚至为什么落后于20世纪后半叶的"亚洲四小龙"了呢？这个原因恐怕是多方面的，但有一条是根本性的，那就是中国传统的农业经济体制和相关的社会制度限制了中国人的聪明才智，使中国人长期处于一种只求生活的安宁，不求生活中多方面竞争的"超

图106 光线弯曲

这是爱因斯坦所关注的时空弯曲理论的一个形象化图示。爱因斯坦终生所面对的，是银河系的时空，犹如中国古代的"阴阳太极图"以涡旋或旋臂为其宇宙本体一样。所不同者，"阴阳太极图"并非以科学的面貌出现，而爱因斯坦却是。

稳态"机制中，思维差不多停止运转了，有的只是权力的斗争和反反复复的农民革命运动。因此我可以这样公平地说，中国人的落后并非因为中国人的愚笨造成的，而是数千年延续未中断的"超稳态"农业经济制度造成的。一个民族，一个国家，只要落后于世界发展的总潮流，那就不可能是像赛跑那样轻易能追赶上的事情，落后的越落后，先进的越先进，各自形成自己的循环，也就是劣势循环和优势循环。中国从中古以后，还勉强处在世界民族发展的前列，到了近古和近现代，就进入了劣势循环的圈子。因此说，中国的历史和西方相比，正好是反的。

但是，中国在近现代的落伍并不等于在古代也是后进的民族，根据李约瑟博士的研究，中国古代奉献给世界的发明创造约占世界古代总发明量的60%以上，其中，中国远古或上古的宇宙学说，就是这60%的比例中的一个主要方面。从这个角度说，在中国古代早就建立起了东方式的宇宙论和宇宙起源论。因此，毫不夸张地说，建立和完善一个东方式的宇宙起源学说是可能的。因为它有着深厚的历史文化基础。

2. 把中国古代的宇宙学说和西方现代的科学观测与研究成果结合起来，应该能够产生一个更为科学的宇宙观。

我的这个想法源自一个简单的算术悖论：1+1还是等于1。因为在中国古代，虽已建立起了属于中国古人的宇宙起源论，但毫不客气地说，中国古代的宇宙论只是一种哲学思想，它的抽象性、模糊性和缺乏系统性的特点，极大地影响了它在之后的发展。比如"河图"、"洛书"和阴阳八卦，最先它们只是以一种图形符号的形式存在，人们并不知道它们真实的内涵；随着社会的进步，有人先对阴阳八卦作了解读和演绎，这些最早的图形符号文化被转换成了文字的形式，第一次有了较为稳定的文字学意义，周文王演八卦、孔子作《易传》就是例子。之后数千年有人才从故纸堆中翻出此阴阳八卦图，还有更早的"河图"和"洛书"，终其一生的思考和研究，作出了自己的解读，如宋朝的"陈抟老祖"、周敦颐即是。虽然，中国古代的"圣人"们对远古留传下来的这些文化遗产都做了一定的解读和研究，但毕竟那都是属于个人行为，研究的成果也还是一种"个案"性质的东西，后人们并没有做进一步的追问和研究，更没有像西方的科学家们那样进行严谨的论证。因此，对于中国古代的宇宙论，我是这样定义的：它是人类认识宇宙的观念中最富原生形态、最朴素简约、也最具潜力和最接近真实状态的原始宇宙假说。中国古代的这样一种宇宙假说，因为它的极其简约的原生形态性质和缺乏科学思维体系的特征，数千年来没引起西方学者们的重视，甚至到了现在，西方人也不能理解中国古代的这种宇宙假说，究其原因，那就是它

宇宙·智慧·文明

属于东方思维的范畴，西方人既不适应也不理解。但是不可否认，中国远古就已建立起来的这种原始的宇宙假说，它的潜质很好，可塑性很强，它缺乏的正是西方科学观测中的一些事实和成果，只要将西方现代科学中的一些科学成果融入到中国古代的原始宇宙模型中去，那将会产生一个崭新的、甚至是令人耳目一新的宇宙起源模型。因此，我的第二个理由就是完成"1+1=1"的算术悖论，只要这一预期的研究成果出来了，建立一个全新的、与"大爆炸"完全不同的宇宙起源模式的可能性就会变成现实。

3. 建立一种新的宇宙起源模式，实际也就是人的大脑与宇宙的一场无规则游戏，只要有正常思维的人都有可能完成这样的游戏。爱因斯坦建立"相对论"，并不是靠五大三粗的肢体力量，而是靠他那颗精密思考的大脑；当代的宇宙学家霍金的情况更是这样，他不仅不能在地球上像正常人一样行走，就连自己正常的生活也不能料理，神奇的是他坐在他那特制的轮椅上，研究宇宙中的黑洞、奇点以及量子物理，他的所有行为突出表现在：他用他有限的大脑与无限的宇宙世界在较量，至于他是否征服了游戏对象，这要在以后才见分晓，但在当代，他是依靠人脑与宇宙较量的佼佼者和代表。

肢体和大脑健全的爱因斯坦敢于和宇宙较量，肢体残废而大脑健全的霍金教授也能和宇宙世界较量，那么肢体和大脑一样健全的我们之中的任何一个人为什么就不能尝试着玩一玩这个游戏？为什么就不敢和宇宙"老天爷"叫个劲呢？!人间的游戏规则是人类自己制定并共同遵守的；而人类与宇宙之间的游戏规则西方人可以制定，东方人同样可以制定，这就是我的第三个可能性理由。

注释：

① ［英］史蒂芬·霍金：《时间简史》，湖南科学技术出版社，2005年
② 吴鑫基、温学诗：《现代天文学十五讲》，北京大学出版社，2005年
③ ［美］比尔·布莱森：《万物简史》，接力出版社，2005年
④ ［美］卡西尔：《人论》，上海译文出版社，2004年
⑤ ［德］恩斯特·海克尔：《宇宙之谜》，陕西人民出版社，2005年

第二章
"道"与"双母子"

中国古代的宇宙模式／宇宙的三级状态／旋涡星系的生成／行星、卫星及类太阳系的生成／星系的生成与演化／宇宙的存在状态／原生态星系生成的实证／宇宙存在状态的实证

首先需要说明一点，中国古代的文化缘起和西方文化的起源是来自迥然不同的两种继承（第二部第四章），因而中国与西方的原始宇宙模式也带着各自文化的本质特征。本章从中国古代哲学最基本的概念"道"中衍生出一个活生生的宇宙世界来，这并不意味着古圣们有多么超前的思想，而是"道"本身就容含着这个无限的宇宙世界。

一、中国古代的神话宇宙学

神话宇宙学也叫原始宇宙学，我之所以要称为神话宇宙学，是因为在中国古代的先民中，对宇宙世界的认识主要以神话的形式呈现，有些是零星的创世神话，有些都是系统的创世史诗。其中人类如何创造宇宙世界的内容是创世史诗的主体。因此以神话宇宙学这样的概念来阐述这一古老的话题较为恰贴。

神话宇宙学的基础主要表现在以下三个方面：古代各民族独立成篇的创世神话；系统而综合型的创世史诗；古代典籍中的记载。这三方面的内容实际可概括为两方面，即民间口碑流传的和古代典籍中记载的。陶阳、牟钟秀著《中国创世神话》从史学角度对中国上古时期的创世神话做了史学意义上的概括，我认为非常到位，也很合理。

首先，创世神话的主要内容之一就是关于天地的起源和形成。

"天地的形成是创世神话的基本内容之一。大多数民族的创世神话都有这类内容。天地是怎样形成的？各个民族，甚至是同一民族的说法也不尽相同，有巨人开辟说、天神创造说、人体和动物体化生说、还有自然生成说等……天地形成的神话，在创世史诗中占有非常特殊的地位……这是因为天地（现代人称为宇宙）是人类和万物赖以生存的空间，原始人在编织系列神话时，首先要解答万物

宇宙·智慧·文明 大起源

赖以存在的场所的形成问题，这是很自然的。"① 也就是说，远古的人祖们创造这些天地神话的最终目的还是试图要解答天地的本源问题，这是认识自然万物的一个基础，也是认识论上最深奥最难定论的问题。中国古代的各民族在认识自然的本源问题上都做出了自己的尝试和有益的探索，无论这种认识的深浅如何。比如汉文古籍中有创世神话的专集有：《三五历记》（残存于《艺文类聚》、《述异记》、《山海经》、《淮南子》、《风俗通》、《独异志》以及《庄子》、《韩非子》、《列子》、《穆天子传》、《吕氏春秋》等；中国各少数民族中流传的天地起源创世神话专集有：彝族的《梅葛》、《查姆》，纳西族的《创世纪》、拉祜族《牧帕密帕》、阿昌族的《遮帕麻和遮末麻》、白族的《开天辟地》、佤族的《葫芦的传说》、德昂族的《达古达楞格莱标》、哈尼族的《奥色密色》、傈僳族的《创世纪》、苗族的《苗族古歌》、布依族的《十二层天十二层海》、独龙族的《创世纪》、土族的《土族格萨尔·虚空部》等。② 以上罗列的这些古籍专著和民间流传的创世神话，都是很典型很有代表性的天地起源神话，它不仅给我们提供了天地形成之前"空旷无物"和"黑暗无光"的历史信息，也表达了人类的始祖们是如何在"空旷无物"的"混沌"世界中创造天地日月以及世间万物的过程。虽然我们不得不承认这些创世神话的天真和超常的想象力，但是没有了人类文明源头上的这些创世神话，

我们今天的宇宙探索和宇宙学就没有了根本和基础，也就不可能拥有今天这样辉煌的成就，这一点应该是无可置疑的。

其次，创世神话的历史是久远的。

根据《中国创世神话》："创世神话的发展大体上经历了胚胎期、形成和发展期、成熟期这样三个大的发展阶段。

"伴随着早期人类的图腾信仰和图腾制，各种图腾神话产生了，这是人类神话最初的形态。早期的图腾神话中包含着创世神话的萌牙或胚胎，但还不是严格意义上的创世神话，我们称这一时期为创世神话的胚胎期。初期图腾神话的进一步发展就出现了最初的族源神话、日月神话，以及稍后出现的人类起源神话和某块大陆某个岛屿和湖海的来源神话等。整个宇宙的形成神话在此时还未出现，这就是创世神话发展的第二个阶段，即形成和发展期。到了原始社会末期（包括母系氏族公社后期和父系氏族时期），创世神话进入了成熟期，即创世神话发展的第三个阶段，也是最后一个阶段。成熟期的主要标志：一是宇宙起源神话的出现。这时期的人类已经从整个宇宙的角度来思考问题，把"天"和"地"作为一个整体来看待；二是系列创世神话（主要是长篇创世史诗）的产生。这时期人类的思维能力进一步发展，能把零散的各种物的起源神话综合起来，并加以有序的安排，于是从天地开辟起，依次包括日月星辰的来源、人类的起源、洪水滔天、兄妹婚等大致相同的模式，组

成了有系统的创世史诗或散文体创世神话。创世神话在形式上也是逐渐发展的。最初的创世神话都比较短小、简单、粗糙，有时情节连贯性差；越往后形式上就越完善起来，最后形成数千行的长篇创世史诗。"③

从中国古代创世史诗发展的这三个阶段中不难看出，创世神话出现的历史很早，早到旧石器时代的晚期，亦即母系氏族公社制时代的初期，按历史的划分法，距今4万至1.2万年之间，可谓久远矣。而创世神话或创世史诗的出现并趋于成熟，就到了男权时代，这个时期的创世神话，经过初期的孕育和中期的发展，已经形成了较为完整的神话起源模式，特别是天地日月星辰起源神话，此时已经趋于完善，天、地、日、月不再是以单个的天体而存在，它们已被综合到天地这个大的生存空间中并按"神"们的意志在各自的轨道上运转，为地上的人类和万物提供光明、温暖和依靠。这也就是说到了六千年左右的时候，中国的天地起源神话已经形成，人类第一次完成了对天地的整体认为，虽然它们都是神造的产物，但也是为了人的生活和生存环境而创造，天地和日月星辰的概念已渗透到人类的生活之中，成为人类生活中不可分割的有机组成部分。

再次，神话宇宙学为我们提供的观察经验和科学信息。

就目前的认识水平和思想观念来说，我们对神话的态度依然是偏颇的、有成见的、不相信的，这并非因为神话本身有问题，而是我们采用的逻辑思维方式是偏颇的。也就是说凡是符号逻辑三段论之类逻辑形式的就是正确的，不符合的就是不正确的，甚至是荒诞的。这种所谓科学的纯逻辑的大脑本身就是一种荒诞的存在。人类自己创造了神话，人类又不相信自己创造的神话，认为那是胡编乱造出来的，这不是自己否定自己、自己打自己嘴巴吗？

当然，在文化界和社会历史研究领域中，也不是一概否定神话的真实性。英国人类学家爱德华·伯内特·泰勒这样说："神话记录的不是超人英雄的生活，而是富有想象力的民族的生活。"神话是原始人"把自己生活中的一切卓越故事带进神的王国，在天上重演地上发生过的悲剧和喜剧。"法国社会学学派的杜尔克姆认为："不是自然，而是社会才是神话的原型。神话的所有基本主旨都是人的社会生活的投影。"④ 神话是民族生活的反映，是社会生活的折射等，这种说法基本符合人类历史发展的真实，至少它承认神话是远古人类思维的产物，仍然属于人类历史文化的组成，这样的说法可以使我们接受，因为它符合人类历史发展的真实。

其实，仅从中国古代创世宇宙的神话中我们就可以得到两种最原始的宇宙结构模式：一种是"盖天说"，另一种叫"浑天说"。

"盖天说"的意思是"天圆如张盖，

373

地方如棋局"(《天文志》)。天是圆形的，如像锅盖一样从上盖下来，而地是方形的，被那"盖子"盖着。南北朝的鲜卑族民歌中说得更明确："天似穹庐，笼盖四野。"看得出，"盖天说"是古人最直观的观察经验，即使现在，我们从地上看到的天就是圆形的，而且就像笼盖一样盖着大地。天文观察这是天文学和宇宙学中最基本的方法，现在的天文科学很发达，但仍然离不开观察和某种直观经验的方法，这种方法并非现在的人创建和发现的，而是中国最古老的"盖天说"教授给我们的直观经验。

中国古代的另一种宇宙结构模式就是著名的"浑天说"。它源自盘古神话的某种认识，认为"天地混沌如蛋子"，天与地之间的结构关系就像鸡蛋的蛋清和蛋黄一样，一个包裹另一个；当盘古出世辟开混沌的世界之后，"阳清为天，阴沌为地"。阳性的清轻物质上升为天，阴性的重沌物质下沉为地，天地就这样生成了。

在"浑天说"的天地神话中，有两点是值得我们深思的：第一，它是现代宇宙学认识大宇宙的基础和萌芽。比如"盖天说"的天地结构是：天在上，地在下，天是盖着地的，天地之间是上下结构关系，这种结构关系除了认识的质朴和天真之外，主要是和直观的观察经验分不开，因而它在现代宇宙学的天地和宇宙结构中是站不住脚的。而"浑天说"的天地结构就不一样，它建立的天地结构不是上下关系，而是如"鸡子"的蛋清和蛋黄一样，天地是一种包容关系，这在宇宙结构认识方面无疑是有价值的，我们现在观察到的宇宙天体都是"悬"在空中的，所谓的"天"就是"空无"的那部分宇宙，"地"者就是地球，或大地、日、月、星辰都一样，都是"悬"在"天"中的。"空无"的宇宙部分包容着实体的天体，这就是目前我们通过科技手段观

图107 太阳系九大行星合成照片，从左向右，分别是水星、金星、地球、火星、木星、土星、天王星、海王星、冥王星。

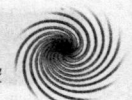

察到的宇宙结构形式。和中国古代的"浑天说"的包容关系相比，有什么区别呢？这就是中国古代的"浑天说"在宇宙结构方面认识到的富有科学内涵的一个方面，我们并不能因为"浑天说"出自远古的神话而不承认这一认识的正确性吧?!

第二、"浑天说"中"混沌"思想是现代宇宙学中"星云"假说的前身。也许，德国哲学家康德在写他的"星云假说"专著时，不曾留意过中国古代的宇宙模式"浑天说"，但康德的"星云假说"是以宇宙物质的星云状凝聚为前提来论证天体形成过程的，散淡的宇宙物质的存在是形成"星云"的前提，如果没有弥漫于宇宙空间中的散淡的基本物质，形成"星云"以至形成天体和星系的可能就不存在。康德的这种由基本的宇宙物质通过凝聚形成宇宙天体和星系的思想，在中国古代的天地神话"浑天说"中就已经提出：最初的时候，宇宙间既无天，也无地，整个宇宙中只有一种物质，那就是"混沌"。"混沌"不是什么也不存在，而是一种弥漫在宇宙中的基本物质的存在形式，这种物质形式经过数万万年时间，先形成可视的"雾气"，再经过数万万年的时间，"清轻"的物质上升为"天"，"重浊"的物质下沉为"地"，天地就在混沌的雾气中生成。"浑天说"中的这种"混沌"和"雾气"的思想，在中国很多少数民族的创世神话都有，说明这种原始的认识在中国古代是有着普遍的思想基础的，

假如我们把"浑天说"中的这种天地生成之前宇宙处在"混沌"和"雾气"中的思想与康德的"星云假说"相比，它们之间有多大差别呢？如果一定要找出差别的话，那就是中国古代的"浑天说"是创世神话，而康德的"星云假说"是科学论著，仅就两者形式而言是这样，但它们之间的内涵是一致的，本质是一样的，康德的"星云假说"并没有超出中国古代"浑天说"中的"浑沌"世界，这是不可否认的事实，纯属逻辑头脑下诞生的现代科学，难道连这一事实都不敢承认吗？

从以上简要的论述中，我们可以看出，在中国古代诸多的宇宙创世神话中不乏科学的思想认识，虽然它们被现代的科学思想排除在"科学"认识范畴之外，但是正因为这些并非在科学思想指导下产生的创世神话的大量存在，才孕育了中国古代较为正统和理性的宇宙理论模式，它为我们最终能建立一个较为科学的"东方宇宙模式"打下了深厚的思想文化基础。

二、儒家和道家的宇宙生成记

中国古代神话宇宙学的原始资料我们可从各民族的创世神话或创世史诗中找到，而中国古代关于宇宙生成的精辟理论，我们可以从《易经》、《黄帝内经》、《老子》、《淮南子》、《论衡》等论著中找到。中国古代有关原始宇宙学的资源之所以如此丰富，最主要的原因是因为中国古人特别崇尚"天人合一"的哲学理

念，无论是至高无上的帝王还是平凡卑微的众生，都把"天人合一"的哲学理念作为一种精神的境界和一生追求的目标，贯穿在他们的具体生活中。因此，在民间繁冗琐碎的生活中，或是在帝王将相们的高谈阔论中，"天文"和"地理"是人们精神生活的两大支柱，谈论不休；在一切专门的或综合的书籍中，有关"天文"或宇宙的思想多少都有涉猎，有了这个根本和基础，才进入它的正题。因此，在中国古人的心目中，"天"和宇宙生成的

自绘图 06 "双母子"起源宇宙生成示意图

思想是世间万物起源和存在的根本，在论述了这个根本的思想之后才可以放开手脚谈"地理"，我说的"地理"不是指专业的地理知识，而是除了"天文"之外发生在地球上的人间社会的各种知识和思想。"天文"是根本，"地理"是"天文"的具体延伸和引申义，它们之间没有质的对立性，只有一脉相承的源流关系。

在这方面，最具代表性的就是土生土长的儒家和道家：一个是在做足了"地理"的文章之后把笔锋延伸到了"天文"，另一个是在论足了"天文"的情况下再把话题延伸到"地理"。两家学派，各有短长，但在宇宙生成这一根本问题上谁都不会放弃，如若放弃的话，他们两个学派的理论都难以成立。比如主宰中国历史数千年的儒家哲学，它的最初发源是论述人文伦理的，国家怎么建设，君王应有怎样的修养，君臣父子夫妻的关系应该怎样相处等等，这些教条思想纯粹是人文伦理，与伦理之上的"天文"几乎无涉。但是仅有"地理"和人文伦理思想，他们感到他们的学说缺少一种本根性的东西，有点儿"无源之水"、"无本之木"之嫌。所以，儒家的始祖孔子在"周游列国"之后，人也老了，干脆坐下来给《易经》做个"传"，在解释《易经》的过程中，将儒家的"天文"思想即宇宙观念表达出来，这样儒家学派也就有了自己的宇宙观，现在我们从《易经》中看到的内容，就是儒家较为系统的宇宙论哲学，也就是儒家的宇宙模型。儒家的宇宙模型就将宇宙生化的过程描述为"太极生两仪，两仪生四象，四象生八卦"，并通过"刚柔相济"、"八卦相荡"、"鼓之以雷霆，润之以风雨"（《系辞上》）这样一些繁复作用，演化出自然万物来。其实，我们从中国古代影响最大的儒道两大学派的哲学思想中不难看出，儒家建立宇宙生成演化的宇宙

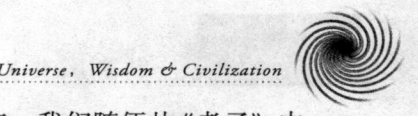

生成思想，其用意并不在建立一套真正的宇宙学说，而是为它之前早已建立起来的伦理思想提供理论依据，也就是说，孔子做《易传》，它所真正关注的并不是宇宙的奥秘，而是纯粹人文的"地理"，包括人生的意义和价值，人自身的修养、持节，遵从命运的思想以及操持家政国政的原则等等。儒家的学说也是以后者见长，流行于世，但是缺少了"天"和"天文"的思想，它的学说就没有了根，诸如"命运"，服从"天命"之类思想也就无法成立，所以孔子作《易传》，实际就是进一步完善了他的儒家伦理学说，而非真做宇宙起源的假说。

若论真正做中国式宇宙论的人，我以为还是《老子》。《老子》分为"道"与"德"两大部分，其中论"道"的部分就是论"天"和由老子形成的道家学派建立起来的宇宙论模型。《老子》一书的古版本已发现几种，最原始的《老子》是不分章节，也没有"道德经"这种称呼的，老子只是把他的思想一股脑道出来，形成了他的"五千言"，而"道"与"德"以及章节、标点都是道家的后生们做的工作，并非老子的本意。就从老子"五千言"演变为"道德经"这一过程可以看出，以老子为鼻祖的道家是多么重视"道"的思想，他们以论"道"见长，所以把自己的学派也就称之为"道德"家或"道"家。从这个意义上说，由中国本土成长起来的儒道两家之中，真正建立起中国宇宙学说的是道家而非儒家。关于这一点，我们随便从《老子》中摘引几个句子，它们都是高于儒家宇宙模型的宇宙论的。比如："道可道，非常道"，意思是说，"道"是一种客观存在，但能用语言表达出来的就不是"道"这种客观存在了。从老子到我们现代人，能说清宇宙世界的真实吗？不能。如："道，冲而盈之，或不盈……""道"空虚而无形状，可它却是世间万物永无穷尽的源泉，我们的宇宙不正是这样吗？"有物混成，先天地生……"有一种浑然而成的物质，先于天地就存在着，无论"大爆炸"说还是量子物理学，不都是对这个古代命题的最好注解吗？"谷神不死，是谓玄牝，玄牝之门，是为天地根，绵绵若存，用之不勤"，"道"是空虚无为的"谷神"，它能生养出万物来，所以成为天下万物之根，它同时是周而复始，没有终期的，等等。我们从《老子》论"道"的前37章中，任意抽取一章来看，它都在论述"道"的性质、功能和各种形态。天地之间，一个"道"字就是一切一切的奥秘所在，就是宇宙生成演化的根本原因。

那么，从中国本土成长起来的儒家和道家，究竟建立起了怎样一种宇宙模型呢？《易·系辞·传》说："易生太极，是生两仪，两仪生四象，四象生八卦。"显然，这是作为儒家鼻祖的孔子作《易传》建立起来的儒家宇宙模型，它的最高处是"太极"，由"太极"生出"两仪"、"四象"以及"八卦"。"太极"是个大圆，

宇宙·智慧·文明 大起源

代表宇宙生成之前的物质形态，这种物质形态中有阴阳"二仪"组成，所以"太极""是生二仪"；有了"二仪"、"四象"、"八卦"这些更小的物质形态就被划分生养出来。按照儒家的宇宙学说，我们的宇宙就是这样生成的，《易经》的《传》与《系辞》就代表了儒家的宇宙观，也就是儒家的宇宙模型。而作为道家始祖的老子所论宇宙，没有孔子那么具体，他的"道"论中有这样几个与宇宙生成有关的思想：首先是"道"的性质，"道"是一种不可言说的客观存在，它无处不在，但又没有任何形状，它是万物的本根，但是谁也看不见它的存在，这是一。其次，但"道"并非完全没有形态，在《老子》中，把"道"比喻为"谷神"、"水"、"根"、"玄牝之门"、"天下母"等形象，这种具有女性生殖功能的"道"，它的生成程序是"道生一，一生二，二生三，三生万物"。老子所谓的"道"，就像个不知疲倦的永恒的"生母"，它先生出"一"，然后依次就有了"二"、"三"以及"万物"。"道"这种永恒"生母"的基本特征是生而不据为己有，因为"生"而不争功，所以才能永远永远地"生"下去，没有穷尽。老子把永恒"生母"的这一功能称之为"生而蓄之"、"生而不有"。再次，在老子的宇宙论中，"道"只是生成万物的一种方式，一种渠道和一种功能，比"道"更高的范畴是"自然"。《老子》在第二十五章中说："人法地、地法天、天法道、道法自然。"

那么"自然"又是什么呢？是"道"的本原，也就是中国古典哲学中频繁出现的那个"气"、"炁"或"元气"，就是"道"可以发挥其生养功能的基本物质，用现在的术语来说就是"基本粒子"。"道"利用这些"气"或基本粒子生成了万物，假如没有这样的"气"（自然）或基本粒子，也就不会有"道"的生养功能，也就不会有宇宙万物。所以以老子为鼻祖的道家所建立起来的宇宙模型，我们可以把它概括为老子的四个字，叫做"无中生有"。"无"者，就是老子所谓的"自然"，就是充满宇宙的"气"或"元气"；"有"和"无"相对而言，形容由"无"生成的具有形态的物，即包括人类在内的万事万物。而从"无"到"有"的这个过程就是"道"。不难看出"道"实际就是"天地之母"，它具有无限的生成能力，但它又没有形状，不见其形迹。

从中国古代的儒家和道家所建立起来的宇宙模型看，它们的共同特征也就是它们的共同缺陷：抽象性、模糊性、思想性和不可观测性。正是由于它们共同的理论缺陷，数千年来古今中外的宇宙学说中都把它们称之为"道学"、"易学"和"玄学"之类多少带有一些迷信色彩的不可足信的学说。

不可否认，中国原生的儒道两派的宇宙模型，都有他们各自不可替代的优势和特点。比如道家的宇宙模型注重以"道"的生成功能为主，论述宇宙和世

界万物形成的具体过程，其中"自然"、"道"、"有"和"无"，都可以看作是准宇宙概念，直到今天，这些概念仍不过时。所以说，道家的宇宙模型是比较全面和完善的具有朴素辩证思想和原始科学意识的宇宙学说。相对于道家，儒家的宇宙模型就有些差距了。一方面，它不是原创意义上的宇宙模型，而是依托"太极图"和阴阳八卦图衍化出来的宇宙模型，"太极"是哪来的？是"易生太极"；"易"生"太极"之后又怎样？"是生二仪"，也就是"阴阳"；有了"阴阳"二仪，"四象"、"八卦"乃至宇宙万物就生成了。至于"道"是什么？《易经》系辞中说："一阴一阳之谓道。"也就是说，"道"即是"阴阳"二仪，儒家对"道"的这种解释仍然没有走出道家"道"的范畴。所以我认为儒家的宇宙模型就其完善性和准确性而言，要低于道家的宇宙观，甚至我认为，孔子依托《易经》作宇宙模型，其理论根据是源自道家的宇宙思想。因为道家的宇宙思想较为完善和全面，儒家又依托《易经》而敷衍它的宇宙观，只能简练而撮其精要，不做细论，免得重复道家的思想，甚或"抄袭"了道家的宇宙思想，那就是很难堪、很丢面子的事。另外，在史书中还有孔子曾拜师老子的说法，从儒道二派的宇宙思想来源看，儒家的宇宙观的确是源自道家，而孔子的巧妙和聪明之处就在于他依托于《易经》论宇宙，这样就避开了和道家思想重复、甚至"抄袭"的嫌疑。

另外，从儒道二派的生成观看，道家的生成观是"道生一，一生二，二生三，三生万物"，而儒家的生成观则是"太极生二仪，二仪生四象，四象生八卦"，"八卦"之后，万物始成。很明显，这两派在生成的数序方面有着巨大的差别：道家从零到三，依次相生，而儒家是从零到八，几何式生成。同样是一块热土上建立起来的宇宙生成观，两家在生成的数序上为什么有这么大的差别呢？关于这一点，我在后面有专论，这里只表明一点：道家的生成观是纯粹的宇宙生成模式，而儒家的生成观则注重的是地球上的人文生成的模式，两者之间的确有着天壤之别。

三、宇宙的"三级状态"

有关宇宙起源之前的"史前"状态，目前的宇宙学中也还没有一种确切的说法。根据中国古代道儒两家建立起来的原始宇宙模型，我把"史前"的宇宙世界划分为三个不同的层次，简称为"三极宇宙"。

宇宙的第一极为缓慢漂移着的混沌宇宙，它的理论依据就是《易经》中的"太极"和《老子》中的"无"和"一"。

《易经》中的"太极"只是一个大圆，圆中空无一物，表明它只是一种原始物质的存在状态。从大圆的"圆"看，这种物质是一种"有"，所谓大圆中的空无一物是不实的，虽然圆中无物，但还是"有"；但是你若说"有"，它又是空无一物，圆中本来就什么也没有，你怎么能说圆中"有"物呢？这个看似矛盾着的大圆，其实就是宇宙原始物质存在的真实状态，老子把它称之为"无"和"一"。"无"就是什么也没有的意思，是物质存在的一种不可视状态，但老子所谓的"无"却又不是真正意义上的"无"，而是隐含着"有"物的"无"，因为老子说，"天下之物生于有，有生于无"，说明"无"并非什么也不存在，是一种无物状态。老子有时也把"无"称之为"一"，"一"者就是完全展开的那个大圆，即"太极"。

在《易经》和《老子》之后的更多的中国古代典籍中，把"太极"、"无"或"一"又称为"气"，所谓"气"者，就是构成天地万物的最原始的物质，它的形态就像"气"一样，是一种极细微的尚未分化成阴阳对立物的混沌态物质，实际指的也就是老子的"无"和《易经》中的"太极"，它们都是指同一物质态。北宋学者周敦颐在他的《太极图说》中又延伸了一步，说"无极生太极"，也就是说，"太极"也不是最早或最原始的宇宙物质，比"太极"更早的还有"无极"。"无极"是一种什么状态的物质呢？"无极"就是"元气未分，浑沌为一"的混沌物质态，就像一个无边无际的混沌物质的海洋，一点可见的物质态（"有"）都没有，有的只是"虚无"，只是混沌。

现在，我们根据已有的一些天文知识来关照一下这无边无际的"混沌"物质又是一种什么状态。我概括了一下，并把这种无边无际的混沌物质称之为漫游或漂移着的混沌宇宙，它有以下特征：

1. 它是一种肉眼不可见的弥漫性的基本颗粒物质，相当于物理学中的"基本粒子"，或是宇宙学中的"暗物质"。这种物质的来源不详，为什么以"其小无内"

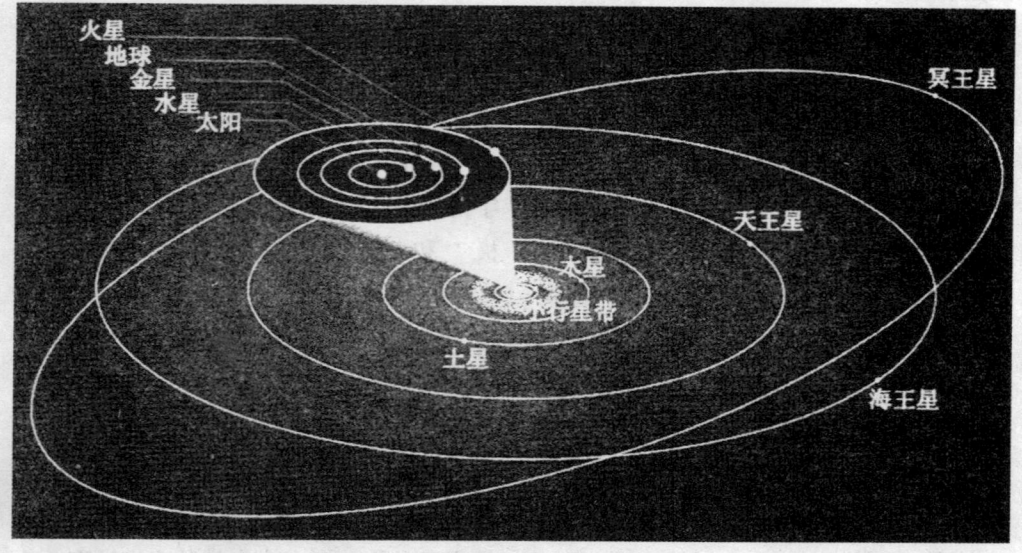

图108 太阳系九大行星运行轨道示意图

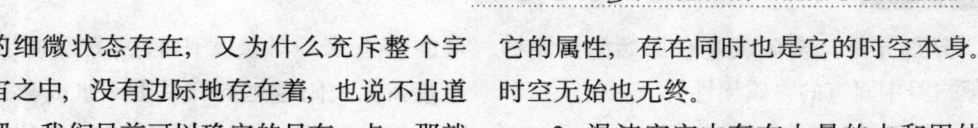

的细微状态存在，又为什么充斥整个宇宙之中，没有边际地存在着，也说不出道理，我们目前可以确定的只有一点，那就是这种处于混沌态的物质世界是构成宇宙万物的原始材料，在它之前还存在过什么形态的物质，目前的地球人类无法知道。仅就这种还处在混沌状态的原始物质而言，它是弥漫性的，所以没有边际；它又处在不可视的静态之中，所以又是动态的、漫游或漂移着的；它的存在没有"始"，所以它也就不可能会有"终"；它是一种无可估量的巨大存在，但它又什么也不是，微细得什么也看不见。目前的宇宙学说中，把那个处在"奇点"态的"大爆炸"确定为宇宙时间的开端，认为我们的宇宙的年龄就从"大爆炸"的那一刻算起，我们头顶的空间也是从那时开始有的等等。其实，"大爆炸"的时空论也只是相对的时空论，或者说是人为的时空论，真正的时空状态犹如这混沌宇宙的原始物质一样，前不见首，后不见尾，无始也无终地存在着。

混沌态的宇宙是否也有时空，如若没有时空，混沌态的宇宙以什么方式存在呢？人类处于认识方面的方便，往往任意划分出一个时空的起点来，这从认识论和人类的知识论角度看，没什么大错，但从宇宙最原始的混沌态和混沌态物质存在的事实看，这样的划分只能表明人类思维的有限和人类种群的渺小，混沌态的宇宙一如既往，无始也无终，就以那种自然的状态存在着，存在就是它的属性，存在同时也是它的时空本身。时空无始也无终。

2. 混沌宇宙中存在大量的水和固体的冰。这种物质（水）大概是从物质颗粒自身中生出来的，开始时水分从物质颗粒内部生出，然后渗透其壁，附着在物质颗粒表面；物质颗粒表面的水分进一步集聚，就形成水滴、冰柱、冰块。

这种混沌宇宙态的原始物质颗粒之所以能产生水分的原因，恐怕与这种物质的不同属性有关。比如正粒子与反粒子的同时存在就会产生矛盾运动，运动就产生热，热就使物质颗粒产生热气和水蒸汽；而相反状态中，比如两种相反物质颗粒不是处在一种矛盾对立的"场"中，它们相对就会安静一些，安静就会产生冷，冷的极致就是热气和局部的水分变成固体的冰。基本物质颗粒中的这种动静冷热过程，就是混沌宇宙世界中具有大量的水分和冰块的主要原因。

由此我推测，在混沌宇宙中能够形成物质团块的基础首先就是巨大而众多的冰块，以它为基础，细小的物质颗粒都黏着在冰块上面，越积冰块就会越大，以至最终就可以形成作为"星胚"的物质团块，很多天体的最初"核心"就是由这些冰块和附着在冰块上的物质团块组成。在这样的天体物质构成中，才可以有水的存在，否则行星上面的水和液态物质作何解释？它总不可能是从别的行星上甩过来的吧？比如我们地球的内部有水，表面也有水，而且地球表面的

宇宙·智慧·文明 大起源

水分很充足，实际就是在原始的混沌物质自身中固有的物质属性。

除了地球，据考察，火星上曾经也有过大量的水，虽然现在找不到"火星水"了，但它存在过，这就足以证明水在行星上出现的原因。除了地球和火星，木星和土星至今还处在液体状态中，为什么呢？都是由于同样的形成原因。

据观测，天王星、海王星、甚至冥王星上都存在大量的液态水和固态的冰，而且非常寒冷。目前，在太阳系中，唯独水星和金星两颗行星上没有水，这道理很简单，水星和金星都是距离太阳最近的行星，它们在太阳的高温炽烤中，不可能还有水，早被太阳的热蒸发掉了。但是在离太阳越远的行星上，水或液态物质存在的比例越大，原因就在于它们与太阳之间的距离和所能接受的热量不是均等的。

这里还有一个关键的问题：水星和金星上没有水，是因为被太阳的热蒸发掉了，地球离太阳稍远，水分就没被蒸发掉；奇怪的是火星在地球的外围轨道上，按理说它上面也应该有水，现在为什么找不到水呢？这个原因与老子的"三生万物"有关，与人类的起源和太阳系的演变有关，我将在下一章中详细论述。

除了太阳系的行星中发现水和液态物质，其他星系的状况现在还观测不到，也就不好评论了。

3. 混沌宇宙同时处在无边无际的黑暗之中。原始的混沌态物质颗粒不是可见的、明亮的，它们只是一种弥漫性的客观存在，有时局部地可能出现一些相反物质的遭遇，出现某种状态的动荡，但那样的动荡不至于产生光和热。原始的物质颗粒不发光，水分和冰块也不发光，即便在混沌宇宙的后期出现巨大的冰块或物质团块，谁也无法看到它们的存在。整个混沌宇宙是没有边际的黑暗，深厚无底的黑暗，寂静得就像不存在一样的黑暗，除了黑暗和缓慢漂移的原始混沌物质，什么也看不见。

有关混沌的黑暗，在《圣经》和印度古哲学中也有所透露。《旧约全书·创世记》中开明宗义地说："起初，神创造天

图109 火星表面干涸了的河床。火星上曾存在过水，这已成不争的事实。笔者认为火星水在数百万年前才干涸的。

地。地是空虚混沌，漆黑昏暗；神的灵运行在水面上。"⑤《圣经》的开篇之中，出现了"神"、"空虚混沌"和"黑暗"，"神"因为是创造者，无论以什么样的身份和形象出现，无人挑剔；"神"在创造世界时的状态却是"空虚混沌"，这在世界各地各民族的创世学说中都是一致的；而"黑暗"一词，在其他民族的创世传说中出现的不多。《圣经》的"空虚混沌"是"黑暗"的，这符合我的猜想。但在《圣经》中："神说：'要有光'，就有了光。"神的这种神奇造物功能对我之后的论说来说，简直无法苟同。我没有"神"的那种神力，只能靠我的思维构成能产生光和热的天体（以后专论）。

在印度古代哲学中，"有一首名为《发问》的诗，是从极为久远的古代传下来的，堪称杰作。这是一首关于造物的诗：……混沌中只有黑暗，只有一片无光的海。那硬壳中包藏着始因，在热的驱使下产生了'唯一'……"⑥ 这里出现了"混沌"、"黑暗"或"无光的海"以及"热驱使下的'唯一'"。印度古哲学中有关造物的这些概念和《圣经》出奇地一致，只有最后一句《圣经》中没有，也不可能有，但在我的猜想中有。我认为，在"热驱使下的"那个"唯一"也许就是水；因为有了水，在行星上能存住水，才有生命产生的可能，没有水这种"唯一"，什么也就不会产生出来。

因此，我更加坚信我对混沌宇宙的猜想，混沌态的宇宙也只能是一个弥漫着物质颗粒的、有着大量水和冰块以及黑暗无边的世界。

4. 无边的死寂和偶然的巨响交织在一起。处在混沌状态的宇宙，可能在数千万年乃至数亿万年间不发生一丝半毫的声响，永恒的死寂无声就像永恒的巨响不断一样可怕。然而在偶然间的某个混沌时空中，会出现一声或数声，甚至数万年不间断的巨响，那声响之大，可撼动整个混沌宇宙，使处于相对静止中的物质颗粒海洋像被筛旋那样颤抖，以至使本来处于混沌无序状态的物质颗粒通过这种声音的振荡，发生均态结构的巨大变化，使它们从均态的分布逐渐变成非均态分布，而物质颗粒的这种重新分布和结构性调整，就是形成物质团块的又一种形式，长期而有力的振荡，使性质相同和相近的物质颗粒逐渐被集聚到一起，以黑暗中的某一物质团块为基，形成较大的物质团块或是可以成为"星胚"的巨大物质球块。

那么，我们要进一步地追问，形成这种巨响振荡的原因是什么？前面已经说过，处在混沌状态的宇宙，其颗粒物质的分布是均匀的，在一般状态中，它们只有缓慢的漂移或流动，没有形成巨大声响的可能，那么混沌宇宙中的这种巨大的巨响从何而来？因什么原因发生的？我的初步判断是处于以下三个原因：

(1) 巨大的反物质流在混沌宇宙缓慢的漂移中，突然"两强相遇"，发生巨大的爆炸，从而引起巨大的声响和振荡。

宇宙 · 智慧 · 文明

比如在8000年前西伯利亚上空出现的"通古斯大爆炸",据研究就是这种反物质引起的大爆炸,它是在距地面20多千米的上空爆炸的,但它的声响撼动了整个西伯利亚,有一万多公顷的地面遭到毁灭性灾害。在混沌宇宙中,一旦出现类似的大爆炸,它就引起相关区域内的震动和颗粒物质的颤抖,而这种颤抖又会引起同样区域内的"连环大爆炸";如果这种"连环大爆炸"一直持续下去,它就会改变混沌宇宙的原有生态面貌,为结构新的宇宙形态创造必要的条件。

在混沌宇宙向星云宇宙逐渐过渡的过程中,这种昏睡中的碰撞和爆炸应该是很频繁的。

(2) 漂浮在混沌宇宙中的巨大的冰块和冰山,在偶然的区域内相撞,引起混沌宇宙相关领域的震动。正如前述的理由,在混沌物质形态中的水分和冰块是很丰富的,它们在长期的缓慢运动和冷热变化中,形成越来越大的潜伏在混沌物质世界中的冰块、冰山乃至冰川,然后在黑暗的某区域内相撞是极为可能和极其常见的。巨大冰块的撞击同样会引起混沌宇宙的振荡和改变它的原生形态。

(3) 已经形成"星胚"规模的巨大的物质团块在某一区域内的碰撞,引起混沌宇宙的大振荡。据目前的宇宙科学研究,宇宙中的天体、星系甚至星系团,都是通过天体和物质团块的碰撞形成的,所以在黑暗而缓慢漂移的混沌宇宙中,潜藏在黑暗的物质流中的物质团块相撞也是不可避免的,甚至可以说,正是这种物质团块间的碰撞和由碰撞引起的声音振荡,结束了混沌宇宙中相关领域内的原生态物质存在,促成了最初的物质团块和"星胚"的快速流动。

混沌宇宙是一个无限大的物质存在,它的局部的物质运动和结构性改变,不会引起整个无限大的混沌宇宙的混乱。至此,无限大的混沌宇宙就和《老子》的"无"或"虚无"联系起来了,中国的老子所谓的"无"实际指的就是这个无限大的混沌宇宙。因为无限大,所以对它生养的有限就无所谓,也就不居其功,它依然像过去那样存在着,表明它只是一种存在而已。

宇宙的第二极是我们生活其中的星云宇宙。星云宇宙脱胎于混沌宇宙,是由混沌宇宙这一母体"生育"出来的、可见的、光明的、由天体和星系组成的宇宙世界。它的生成和演化过程,我们将在下面有专门论述。到目前为止,地球人类通过自然科学手段观测到的星云宇宙有150亿到200亿光年的范围,据说还看不到星云宇宙的任何边缘。因此像爱因斯坦、霍金这样的大科学家们设想,我们所能感知的这个星云宇宙,其实是一个"有限而无界"的宇宙世界,也就是说我们生活着的星云宇宙可能是个类似于地球的球形的天体世界,我们找不到它的边界,但实际上它是一个有限的宇宙,就像在我们的地球上绕行,你不可能找到地球的边界,但地球的确是个很普通的

小星球。大科学家爱因斯坦曾提出这样的模型，当代的理论物理学家霍金教授仍然坚持这一观点。

无论是"有限无边界"的，还是无限无边界的，目前的星云宇宙是客观存在的，我们每天都能看到、感受到它的存在，这使我们感到踏实，也放心。

关于星云宇宙的起源，17世纪中叶的法国大学者笛卡尔曾经提出过一个猜想，他认为宇宙在初始状态中是一片混沌的物质无序地运动，后来从无序的混沌物质中产生了旋涡，从旋涡中产生出恒星、行星和其他天体。笛卡尔的猜想有着宇宙是发展的科学观，但缺乏科学观测的确证，难以成为一种有影响力的假说。之后，康德和拉普拉斯先后提出了星云假说，他们认为所有天体原本都是从旋转的星云团中经过凝聚过程产生的。康德坦言："给我物质，我将用它造出一个宇宙来。"所以，他在他的《宇宙发展论概述》中仅用一个"质点"、"引力"和"斥力"的概念，就把太阳系的恒星和行星"制造"出来了。他认为，宇宙中的诸天体都是由物质构成，这些物质最初受引力影响形成一些"质点"，以此为基础形成物质团块；而与物质团块相反属性的物质却受斥力影响，做"圆周运动"，这样最初的旋涡状星云就形成了；处于"圆盘"中心的物质团块相对静止，它就形成恒星——太阳；围绕太阳旋转的一些小质点和较小的物质团块，最后形成行星。由于太阳的引力巨大，所有行星的引力比太阳小，行星的密度也随着与太阳距离的增大而逐渐减小。太阳系如此形成，除太阳系之外的其他恒星系统都以同样的方式形成，而且在整个宇宙中存在着星系的生成与消亡以及生生不息的发展变化。康德以及他的观点几乎与康德相同的拉普拉斯的"星云假说"，是建立在科学和唯物基础之上的科学假说，但由于时代的局限，它的理论缺陷也是明显的。比如太阳的能源是由物质下落而燃烧起来的，太阳熄灭后由于行星的下落还会燃烧起来，以及形成太阳的物质微粒仅用引力和斥力就可凝聚形成等，都经不起实践的检验和天文观测结果的对应分析。虽如此，我们还是应该对康德的"星云假说"有所了解，以便在之后的论述中加以对照和思考。

宇宙的第三极为荒漠宇宙。很显然，这是借用了地理学上的一个名词"荒漠"而形成的。

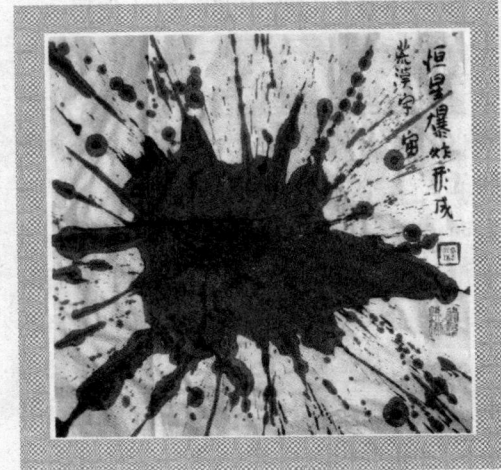

自绘图07　老恒星爆炸后形成荒漠宇宙

 宇宙·智慧·文明 大起源

其实，荒漠宇宙的形成与星云宇宙的生成、演变和消亡有关。我们已经知道，混沌宇宙是个巨大无比的永恒之母，它的基本功能就是无穷尽地为星云宇宙的生成提供基本物质，并通过它的方式不间断地生成星云宇宙中的天体和星系。既然星云宇宙是由混沌宇宙生育出来的，那么就可以认为，凡是生者必然会死，所有的星云宇宙中的天体都是生成的，因此，所有星云宇宙中的天体和星系都会死亡。生命是从地球这一永恒的渠道生成、成长、衰老、死亡，最后回归到永恒的地球母体之中。星云宇宙的所有天体都和地球生命的历程一样，它们生成、成长、衰老、死亡，最后"复归于其本"。正是在星云宇宙中的天体趋于死亡和新天体重新生成这个过程中，荒漠宇宙诞生了。

这里所谓的荒漠宇宙，实际就像地球上的荒漠一样，它是一种暂时状态下的物质存在形式，或者说，它是星云宇宙"生生不息"过程中起到缓冲作用的一个特殊地带，老化了的天体、星系和星云逐渐死去，光亮趋于暗淡，运动几乎停止，最终成为失去光泽和停止生命呼吸的一些巨大星球尸体。这些星球尸体随着时间，要么它们在死亡前爆炸，要么逐渐被周边的星系引力撕食，变成宇宙尘埃。而天体或星系完全死亡的这一区域，就成为荒漠化的宇宙。

荒漠宇宙的出现，会给光明的星云宇宙至少带来两大变化。其一，引起星云宇宙的大范围内的内敛或凝缩。这一变化是必然的，星云宇宙的天体和星系，靠天体质量和星系质量间的引力作为联系的纽带，因为天体和星系间的质量大小不同，相互间形成引力，又因天体和星系自身质量也具有斥力，形成它们之间一定的距离。然而，任何天体或星系一旦死去，就意味着它们同样推动引力和斥力，它们的尸体很快被分解，而这个分解过程就是星云宇宙的局部形成荒漠化的过程。荒漠化宇宙就意味着在那块区域内出现了大片的"真空"带，它的原有的引力和斥力效应消失了，固着周边星系的力也就消失了，这就导致周边的星系和天体向着出现真空的地带漂移和流动，星云宇宙中的内敛或凝缩就是在这种状态下形成。

与这种内敛或凝缩相反，当真空区域完全被周边的星系和天体充满，达到了内敛或凝缩的极限后，星云宇宙中的荒漠化区域宣告消失，而新的天体和星云又在同一区域内酝酿新的生命。假如这一区域内敛或凝聚的宇宙物质足以生成新的天体和星系时，在这块荒漠化了的荒漠宇宙中又会产生新的天体和新的星系，一旦新生的天体和星系诞生，它周边的天体和星系又会被逐渐地挤压回去，或是被挤压漂移到其他物质抗力比较薄弱的区域内，这时候的整个星云宇宙又会出现向外的膨胀或"红移"。向内的内敛或凝缩形成"蓝移"，而向外的扩展和膨胀形成"红移"。目前，我们地球人类通过天文望远镜的观测和光谱线的分析，看到的膨胀中的星云宇宙，正是上述新

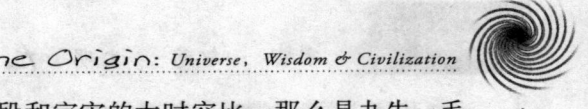

的天体宇宙生成之中的"红移"现象。因为生成，新的天体和星系的压力朝四边扩展，造成周边天体和星系宇宙的漂移，我们目前观测到的宇宙膨胀，不是因为"大爆炸"形成，而正是这种新的生成引起的星云宇宙的膨胀和"红移"。

宇宙中的爆炸是随着宇宙星系的逐渐增多而逐渐加剧的。当第一个恒星死亡时，发生爆炸的话也是第一次爆炸，之后星系多了，爆炸也越频繁起来，爆炸越频繁，证明宇宙中的星系就越多，星系越多，星云宇宙就越大。相应的在偌大的星云宇宙中出现的荒漠宇宙也就越多，生成的新星和星系也就越多，在这样的大宇宙背景中，荒漠宇宙的凝缩和重新膨胀就成为宇宙世界的"呼吸"。星云宇宙在"呼吸"证明它在"活着"。多处发生"呼吸"就导致星系之间的碰撞和像海面一样的潮动效果。

无论生成引起的宇宙膨胀，还是坍缩造成的宇宙凝聚，我把星云宇宙的内敛和膨胀统称为星云宇宙的蠕动过程。这个过程，不像鸡肠狗肚的消食功能，而是整个星云宇宙的大蠕动，它的一内一外，一凝缩一膨胀，都不会在短时间内完成或消失，它可能要经历几千万年、几亿年，甚至几十亿年。否则无法完成这样的宇宙过程。在这样长的凝缩或膨胀期内，我们地球人类是无法看到其真实状况的。宇宙的每一种动向都是在它所允许的大时空中进行，而我们人类的思维时空有多大？即使将来的科学技术手

段和宇宙的大时空比，那么是九牛一毛，沧海一粟，无法进行比较。

当然，我们不能排除这样的可能，在同一个时间和空间范围内，同时老化和死亡的天体、星系多，这就会引起星云宇宙的大凝缩；相反，如果在同一时空范围内新生的天体和星系多，那么同样会引起星云宇宙的大膨胀。通常情况下，或依地球生命生成和死亡的比例，生成的数字远远大于死亡的比例。由此推论，星云宇宙膨胀的时间要比凝缩的时间多，而且在同一时空区域内出现"集体生成"的特殊现象的膨胀速度就会比往常快。

还有一种可能，由于荒漠宇宙的形成，引起星云宇宙的大蠕动，又由于星云宇宙各区域之间形成了蠕动的时间差，从而导致了"红移"的快慢现象，以及"红移"和"蓝移"的同时呈现。

凡此种种可能都有。但我对开普勒效应也有点怀疑：根据开普勒效应、哈勃观测到的星系"红移"的结果是，离我们越远的星系其退行的速度越快，为什么会是这样呢？

我认为，开普勒的"红移"效应应有一个距离限度，即距离我们一定时空范围的"红移"属正常距离内的"红移"，亦即正常退行速度；超越了这个正常距离的超时空范围的"红移"，应该是超常"红移"或超常退行。区别这个时空距离的意义在于：在不同的时空区域范围内，星系的"红移"速度会不一样。一般在正常时空范围内的"红移"比较

387

宇宙·智慧·文明

清晰和稳定，而超常时空范围内的"红移"会出现两种情况，要么快于正常时空范围内的"红移"（比如年轻星系的"红移"就应该快），要么慢于正常时空范围内的"红移"（如已老化了的星系，光线暗淡，"红移"的速度也可能要低于年轻星系）。从目前观测到的事实看，"离我们越远的星系其退行的速度越快"，这似乎是年轻星系才会有的速度，但至少划分出正常和超常两个"红移"的不同时空区，我们就知道超出正常"红移"的区域就是"超常"的时空区域，它们两个区域内的"红移"是不一样的。有了这样一种客观的区分，我们就不会产生"离我们越远的星系其退行的速度越快"的模糊概念，从而纠正我们对宇宙正在"加速"膨胀的一种偏见和看法。从爱因斯坦建立的光线"曲率"的学说来看，越远的光线越有可能发生"曲率"，这本身即是科学。但是在多大的时空区域内，光谱线的"曲率"低或处于正常，多大的时空区域内光谱线的"曲率"高或时空弯曲力度大，比如光线在通过一个大引力天体时会发生"曲率"或变线，那么光线要通过数亿颗恒星或星系时会发生什么样的变化呢？当然，这不是我所能够解决的问题，我只能提供一个参照：

红移→正常时空距离内→超常时空距离内

光线→不发生"曲率"→发生"曲率"

（快或慢）

速度→正常均速→非正常变速（慢或快）

总之，我认为星云宇宙并非因为"大爆炸"引起的无休止膨胀，而是由于荒漠宇宙的形成和消失，导致星云宇宙自身的蠕动。如果这种蠕动的方向是朝内的，那一定是发生了内敛或凝缩，如果蠕动的方向是朝外的，那就没啥疑问，星云宇宙一定是处在生成之中。无论内敛还是膨胀，蠕动是星云宇宙的"常规运动"，也就在这样的"常规运动"中，星云宇宙完成"自本自为"、"自生自灭"的演化过程。

四、旋涡星系的生成

在上文中，我们比较详细地了解了混沌宇宙以及荒漠宇宙的一些形成机理特征，这一节重点讨论一下星云宇宙生成的基本原理。

我们说，荒漠宇宙是在星云宇宙中生成，星云宇宙是在混沌宇宙中生成，那么，现在要追问一下，我们生活其上的这个星云宇宙，是怎么样从混沌宇宙中脱胎而出的，也就是说，它是怎么生成出来的？

关于这个话题，我们说得太远，还没有相关的天文知识作支撑，说得过于笼统，又不能解决具体的问题。所以，我们就以太阳系的生成为例，阐述星云宇宙生成的基本原理。

"长期以来，研究太阳系起源与演化的一大困难是太阳系独一无二，无法重现它的演化史，然而这一状况近年有了转机。红外天文卫星发现织女星周围有尘埃环，某些恒星有小质量体系，许多新形成的太阳型恒星周围有星云盘。这些新发现告诉我们，

太阳系并不是'独生子',它有着众多的'兄弟姐妹',用比较方法进一步揭开太阳系起源和演化的奥秘,使假设成为科学理论的日子已经不远了。

"遗憾的是尽管我们在过去的10年或更长一点的时间内在太空研究中积累了很多新的试验证据,但目前尚没有一个被广泛接受的太阳系起源的理论。在本世纪初人们推测太阳系是由于另外一颗恒星向太阳靠拢,从而从太阳中拖出一股物质流而形成的。像这种情况的发生毕竟是一件非常稀有的事件,并且由此产生的恒星中很少是带有行星系统的。更详细的理论处理表明这样一个事件不大可能导致出现行星,而最后的绝大多数意见是与太阳本身的起源联系起来,认为太阳系是由缓慢旋转的尘埃和气云在重力作用下凝聚而成的,为了维持角动量的守恒,当该系统的直径缩小后,它们的旋转会加速。这种自由旋产生的扁平碟子状物质在重力引力的驱动下发生进一步的凝缩,从而形成了行星。至于这个过程发生的确切经过,例如是否需要一个与其邻近超新星的爆炸来引发这个系统则还不完全清楚。"⑦

如果让我做一评述的话,太阳系的前一种"起源说"可称之为"拖拉说",后一种"起源说"可称之为"凝聚说",不论这种归类是否准确,我认为都不重要,重要的是这两种起源假说的可信度。

"拖拉说"可以认为是通过外力作用实现的,一个大质量恒星靠近并从太阳中"拖拉"出一股"物质流",形成太阳的行星。根据现在的天文观测,恒星的这种"拖拉"功能似乎不存在,要么大质量恒星"吞食"了小质量的恒星系统,要么发生碰撞形成更大的星系。"拖拉说"就像有意识的人类一样,有意为太阳造出些行星来,这种说法自然不能成立。"凝聚说"似乎借助于重力引力作用,但在这种力的作用下很可能形成一个巨大的太阳或地球,不可能形成层次分明的恒星系统,即恒星、行星、卫星以及小行星这样一个完整的恒星系统的。因此,后一种说法也没有充足的动力学根据,就连克立克先生自己也说:"至于这个过程发生的确切经过,例如是否需要一个与其邻近超新星的爆炸来引发这个

图110 这不是两个重叠的星系,而是一团藏有原生星系的混沌物质云,当两个大引力原生星系相遇后,拉动带状的混沌物质云,逐渐形成具有两个旋臂的旋涡星系。

宇宙·智慧·文明

系统则还不完全清楚。"这就表明这种说法也只是一种猜想，很难成为一种被广泛接受的理论。

目前，比较一般的太阳系的起源假说是大约在50亿年前，大量的气体尘埃云形成了太阳系，3亿年以后，原始的太阳星云经过分馏、坍缩和凝聚等过程，人类生活的摇篮——地球诞生了。⑧有关太阳系起源的假说大致如此。

实际上，这样的起源假说也是很笼统的，尤其在"大爆炸"学说的前提条件下，任何星系和天体的形成也只能是这种解释。其实，这种起源假说既空泛又不正确；前述的通过对"类太阳系"的比较研究揭开太阳系起源的秘密，也还算是值得一试的方法。不过，我认为没必要费那么大劲作比较，我以中国古典的原始宇宙模型为契机，以太阳系为典例，提出的"双母子"生成论（以下简称"双母子"论），完全可以解决这个问题。

本文认为，目前关于太阳系起源的假说的错误在于：先从大量的气体尘埃云中形成恒星太阳，然后经过气体尘埃云的分馏、坍缩和凝聚，形成其他行星。太阳系的这种起源论，首先是把生成的顺序和关系颠倒了；其次，太阳会燃烧发光，其他行星既不燃烧也不发光，这个道理"大爆炸"假说也根本无法讲清楚。依据"双母子"原理，始初，在太阳系的形成过程中，不是首先形成了太阳这颗恒星，然后才形成其他行星，而是首先由水星和金星这一对行星从混沌宇宙中诞生，然后从水星和金星形成的旋涡中心形成了太阳。这个假说，既符合中国古代早已建立起来的原始宇宙模型，也符合目前的科学观测事实，应该是可信的。所以，我把首先生成的水星和金星这一对行星称之为"双母"，把随后形成的恒星太阳称之为"双母"之"子"。

据我的研究，几乎在宇宙中可见的恒星都是最贴近它的行星"母亲"的"孩子"。

现在，我们可以具体谈一谈"双母子"是怎么产生和运转起来的。"双母"最初的星胚是在混沌宇宙中生成，它们只是以一个物质团块的形状潜伏在黑暗的混沌世界中，它们身上夹杂着大量的冰块和水，混沌宇宙中缓慢的冷热变化，使它们身上的冰越积越多，微细的物质颗粒也越积越厚。它们巨大身躯的存在，越来越多地打破周边平静的世界，时常和一些比它们小的物质团块和冰山相撞，于是从黑暗的混沌世界中发出一些震天

图111 在编号RCWI08的尘埃星云处将诞生一颗新的恒星，我将这种尘埃气体云称为"荒漠宇宙"。

的巨响，那巨响很快转换为一种波，朝着四方左右荡漾开去，形成不小的振荡。若干次的碰撞和振荡，为它们最终的"会晤"开辟了道路。

在它们必然要相遇的那么一个区域和非常偶然的一个时刻，奇迹发生了：从相反方向（由浊纯宇宙中的碰撞和爆炸造成局部的方向对立）漂移而来的两颗行星的星胚，突然之间靠它们自身的引力和斥力，扭结并交织在了一起。因为它们的"反物质"性质，它们不是撞在了一起，而是在保持相当距离的条件下，各自吸引住对方，形成了最初的旋转。这一旋转，在宇宙的起源史上是开创性的，宇宙的时空就由最初的混沌状态逐渐演变为星云状态，弥漫且在缓慢漂移中的混沌宇宙物质被它们的引力波广泛地带动，平静而黑暗的混沌宇宙终于被搅动了，一个从混沌的无序状态中逐渐走向有序的星云宇宙雏形诞生了！我把这两颗行星的星胚的最初的自旋运动称之为"双母"，它们实际就是扮演了星云宇宙生成的原始祖母的角色，没有它们的最初相遇和旋转，也就不会有今天我们看到的星云宇宙。

"双母"星胚的旋转开始是不正常的，但转速越往后越快，拉动的混沌物质范围越往后越大，以至形成两股带状的物质流，而"双母"星胚自身成长的速度也和它们的转速一样快，由最初的两个物质团块发展成了初具球形的小行星。由于"双母"星胚旋转形成的惯力，在

它们之间的广阔区域内先是形成了一个比它们转速还高的"黑洞"，然后从"黑洞"中逐渐呈现出一个小而非常精致的小星胚来，它处在"黑洞"的最中央，与"黑洞"的边缘地带并不粘连，差不多是在悬空状态中靠"双母"的引力和斥力在旋转。更加神奇的是，处在中央"黑洞"之中的这个小星胚的成长速度远远超过围绕它旋转着的"双母"星胚。时间已过去很久，"双母"星胚不再是巨大的物质团块了，它们已有了健全的球体形状，夹杂在其间的冰块和物质，已失去最初的粗砺状态，变得光滑、整洁，旋转时已有了鲜明的流线状；同时，它们也被中央"黑洞"中快速成长起来的那颗新星挤压，把它们的轨道推移到更边缘的区域内，而中央"黑洞"中的那个新星近似疯狂地旋转和成长，没过多久，它的躯体已经超过了它们，转速也高于它们，由此引起的引力和斥力也超过它们。

图112 NGC3603 "双母子"起源中的"荒漠宇宙"

 宇宙·智慧·文明 大起源

至此,"双母"才有了一种难解的困惑,最初是它们两个不同属性的物质团块相互吸引引起旋转的,较劲的双方应该是它们俩,现在为什么从中央"黑洞"中突然冒出来的那个疯狂的小家伙占据了中央地位,并且靠它的一种引力牢牢地牵拴住它们了呢?不仅它们两个"对手"之间变得遥远起来,而且和中央"黑洞"中升起的那个疯狂的新星的距离也变得越来越远,想挣扎一下也没了希望,它们已被中央"黑洞"中升起的那个新星永远地牵制住,离不开它的引力场了。

事实的发展的确如此,"双母"娇小的身体已被中央"黑洞"中升腾起来的那颗新星推至老远,但它们又不能摆脱那个新星的引力,只能围绕着新星作圆周旋转。而那个"黑洞"中升腾起来的新星,不仅变得非常巨大、壮实,而且渐渐地发出光亮来了,由于它的转速过高,自身的温度也急剧增高,以至于燃烧起来。

现在,被推到很远的轨道上旋转的"双母"仅能看得见,那个从它们中间的"黑洞"中突然冒出来并且已经在燃烧的新星,是个巨大无比的球体,它的中间部分在燃烧,发出暗红的光,上下两头似乎还黑着;被它的光照亮的最初的"双母",一个紧靠着它向左自转,另一个被推到更远的区域内向右自转。它们开始的旋转似乎是对称性的,在一条直线上,由于旋转的轨道不同,渐渐就不在一条直线上,还时常被中间的那颗新星挡住视线,看不见对方。

现在,我们已经知道,在黑暗的混沌宇宙中形成,并引起最初旋转的"双母",就是后来被我们地球人类命名为水星和金星的两颗行星。从"双母"之中的"黑洞"中突然冒出来的那颗疯狂成长的新星就是我们太阳系的主星——太阳,它从"黑洞"中突然冒出来的那一刻起,就注定是太阳系的主宰者,即太阳系的恒星。

借助"双母"之"子"的太阳微弱的红光,我们看见金星外围的区域内又生成了一颗新星,它显得小巧玲珑,非常精致,但不发光——它就是我们生活其上的地球。地球之后,又有一系列的新星依次生成,它们是火星、木星、土星、天王星、海王星、冥王星……

五、行星、卫星及类太阳系的生成

以上,我们仅仅描述了一下"双母"生成的过程,对于今天我们认识到的太阳系和太空内的其他星系,仅有这样一点认识远为不够。还是以太阳系为例,我们再看看太阳系行星和它们的卫星是怎么生成的。

作为"双母"的水星和金星是靠"自旋"第一个从混沌宇宙中生成,这一点我们已经认识到;从水星和金星的中央"黑洞"中生成的太阳以及它固有的主宰地位,我们也已看到。在最初的太阳星系中,有了"双母"的水星和金星以及作为"双母"之"子"的太阳,这个最原始的旋涡星系雏形就形成了。接

The Origin: Universe, Wisdom & Civilization

下来的一系列行星和它们的卫星的出现，就不再是"双母子"那样的原始的生成，而是被"双母子"的引力场所俘获，也就是说，金星之外的七大行星以及它们的卫星，都是被"双母子"的引力场所俘获的产物。

"双母子"从不稳定的旋转到有了较为稳定的旋转轨道，这个过程是很久远的，费了很长的时间；而"双母子"从不稳定到稳定旋转的过程，也正是带动或拉动周边混沌宇宙物质的过程。在被"双母子"的引力拉动的广阔混沌物质宇宙中，同样存在大量的物质团块和冰山为主的潜物体，它们被"双母子"的引力拉动，卷裹到由"双母子"形成的轨道中，随着"双母子"最外围的金星拉动的物质带中旋转。渐渐，物质带中的细微物质被已经形成的天体和物质团块吸收，而卷裹进来的物质团块完全被太阳的引力场所俘获，变成它依次形成的行星和卫星。

我们还是以地球及其卫星的形成来说明这些行星被俘获的过程。

地球是太阳系中的第三颗行星，它与"双母子"不同的是带着一个卫星。这就怪了，水星和金星同样都是行星，它们为什么没有卫星，而地球以及地球之后被俘获的七大行星，都带着各自的卫星呢？原因就在于：水星和金星最初作为"母体"出现，它们在最初形成自旋运动时，是以单纯的物质团块的身份出现的，并没有带其他的伙伴加入到最初

的旋涡结构运动中，所以它们没有卫星，这是原因之一；假如还要找一个原因的话，它们共同孕育了它们的"孩子"太阳，并且围绕太阳作圆周运动，所以在它们早已形成的较为稳定的轨道中不可能产生围绕它们旋转的卫星。

但是，被"双母子"俘获的地球和它的卫星就不同了。地球和月亮在被"双母子"俘获之前，它们本来就是一对类似"双母"的、在混沌宇宙的黑暗中形成自旋的"双星胚"，"双母子"引起的振荡和它巨大的引力，在被拉动的物质流中俘获了本来就已形成自旋的地球和月亮；它们在被金星拉动的物质流中作圆周运动，因为地球的物质团块大，月亮的物质团块小，依照物质之间的引力关系，地球的雏形就被俘获为行星，而地球雏形的伴星月亮的雏形就成为了围绕地球旋转的卫星。

有学者假设，月亮原先是太平洋中的一块陆地，后来由于地球的旋转而被甩出地球，成了地球的卫星。[①] 这种说法显然是异想天开，不仅"玄而又玄"，而且天真得有点可笑。一个直径 3474.8 千米的巨大天体，怎么能从地球上甩到天上去，并且恰如其分地成为地球的卫星呢？按照这种说法，太平洋的陆地可以甩出去成为地球的卫星，靠近印度洋的喜马拉雅山同样可以甩出地球去，成为地球的第二颗卫星。可能吗？！

那么，地球之外的所有行星都带着它们数量不等的卫星，它们又是怎么形

393

宇宙·智慧·文明 大起源

成的呢？大的原理还是一致的，就是地球之后的所有行星和卫星都是被"双母子"引力场所俘获的产物，所不同的是它们各带的卫星数量不一，比如火星有两个卫星，木星有 60 个卫星，土星有 31 个卫星，天王星有 15 个卫星，海王星被冰层为主的尘埃气体所遮挡，还未发现有几个卫星，最边缘的冥王星也带着一个卫星！这么多的行星携带着不同数量的卫星，按照"双母子"生成论，该作何解释呢？在"双母子"条件下形成的地球卫星，是地球最初的伴星演变成的，依照这个规律，所有的卫星无论数量有多大差别，都应该是单数，也就是成为行星的伴星量是单的，但是木星迄今发现的卫星数却是双数，这就用"双母子"生成论似乎无法解释清楚。其实不然，按"双母子"生成论，形成单数的卫星是一种情况，除此还可有两种俘获的情况不得不考虑进去，那就是：被"双母子"所俘获的行星胚可能是像地球和月亮一样形成自旋结构的"双星"，也可能是那个最初的"双星"自旋结构俘获别的单独漂移着的物质团块，然后又被"双母子"引力场所俘获，如果后一种可能存在，那么那个最初的"双星"星胚自旋结构可能俘获了一个独立的物质团块，也可能俘获了一群或一窝较小的物质团块，当"双星"星胚自旋结构带着众多的俘获物又被"双母子"引力所俘获时，它们就成了带着众多卫星的大质量行星，如前述的火星、木星、土星、天王星、冥王星及其卫星，它们都是属于这一类俘获的产物。因此，太阳系九大行星所携带的卫星不是均等的，多至 60 个卫星，如木星；少的只带一个和两个卫星，如地球和火星。

不仅如此，我在这里还要特别强调一下冥王星和它的卫星，可以说，它们的关系就是"双星"星胚自旋结构被"双母子"引力场俘获之后，演变成行星和卫星的活样板。

根据科学观测，冥王星和它的卫星是典型的"双行星"结构模式，它们至今仍以对称性的运动模式在绕太阳公转，但是它们之间的主次已见端倪，质量较大的冥王星跃升为行星，而质量较小的伴星却屈从为它的卫星，它们之间的主从关系已经有了，但没有地球和月球那么明显。因此可以说，冥王星和它的卫星的"双行星"结构模式就是被"双母子"引力场所俘获的"双星"星胚自旋结构的最初形态；因为冥王星和它的卫星是目前发现的太阳系中最边缘化的一个行星系统，它们的"双行星"结构模式恰好说明它们在太阳系中是生成最晚的行星系统，因而"双母"生成的最初形态也就是最为明显的。

当然，对于冥王星的行星地位，天文学界也发生了动摇。2006 年 8 月 24 日，在布拉格举行的第二十六届国际天文学联合会大会通过表决，明确定义了行星的新标准，冥王星因不符合规定而遭遇降级。对于这种事情，学者们反应各异：

支持者认为这是人类对太阳系认识的一种进步，应予肯定；反对者仅有300多名，这些天文学者联名签署了一项声明，认为对于行星还有更准确的定义，他们明显为冥王星的降级大鸣其不平。无论是对冥王星的降级还是对这次降级的异议，所反映出的还是同一个问题，即人类迄今对太阳系边缘地带天体构成的认识还有待进一步提高和深化，否则这种争论会永无休止地进行下去。

根据"双母子"生成论，冥王星的行星地位应予肯定。因为国际天文学联合会明确制定行星的定义，规范对行星的观测和研究，这本身无可非议，但因为美国天文学家迈克·布朗发现了一个比冥王星稍大的新天体2003UB313，以此为由否定冥王星的行星地位，这既不符合冥王星已有的运行事实，也不符合"双母子"生成论的基本原理。根据"双母子"生成论，冥王星（1930年发现）和它的卫星卡戎（1978年发现）原本是被太阳系引力所俘获的一对小天体，它们自身已形成行星与卫星的运行轨道，并且绕太阳公转。2005年，通过哈勃空间望远镜又发现冥王星的两颗卫星，即尼克斯和海德拉，它们在距离冥王星4.4万千米的轨道上运行，比冥王星暗5000倍。这表明，冥王星的体积虽然比迈克·布朗发现的新天体齐娜略小一些（前者直径为2300千米，后者为2400千米），但它已形成自己的行星轨道，并且已拥有三颗围绕它的卫星系统（可能还有目前尚未发现），这就完全确定了它的太阳系九大行星的牢固地位，天文学家们不应该因为它的体积略小于新发现的齐娜星而任意降低它的行星等级。如果这种降级观点能够成立的话，火星和地球都比木星和土星小，是否也需要降级呢？这里的关键不是体积大小的问题，而是该行星与整个太阳系的关系问题，或者是太阳系的生成和起源问题。

根据"双母子"生成论，冥王星存在的巨大天区内，仍然是一个正在生成着的生成带。这是因为美籍荷兰裔科学家柯伊伯在1951年提出的"柯伊伯带"，正是"在海王星轨道之外的太阳系边缘地带的某个区域，可能存在着一群类似慧星的星体。柯伊伯带的存在直到20世纪90年代才得以证实，它处于距太阳45—150亿千米的环球形区域，藏有1—100亿颗慧星和7万颗以上小行星。1930年发现的冥王星和1978年发现的冥王星卫星卡戎，都位于柯伊伯带。直到1992年，它们仍是该带中仅有的已知天体"。迈克·布朗发现的齐娜星也在"柯伊伯带"。这就说明"柯伊伯带"就像夹杂在火星和木星之间的"小行星带"一样，同样是一些不成熟的小天体集体集聚的区域。在"小行星带"里首先发现了"谷神星"，然后才证实了一个群集的小行星带；在"柯伊伯带"首先发现了冥王星及其卫星，然后才证实了"柯伊伯带"的存在，新近又在"柯伊伯带"发现了新星齐娜。这两个小行星带的发现过程

395

 宇宙·智慧·文明 大起源

几乎是一样的，区别只在于"小行星带"是夹在火星和木星两大行星之间的区域内，即便有代表性的"谷神星"（体积相对大），至少在目前它也不能上升到行星的位置上（以后，它有可能成为一个新的行星）；而"柯伊伯带"却处在太阳系最边缘的地带，依照"双母子"生成论，那里仍然是太阳系最外围的一个生成带，冥王星和它的卫星们已形成最原始的行星系统，即便它们还是个未来行星的"星胚"的话，也已初具规模，特别是已经在属于它们自己的轨道上运行，所以冥王星已具备或接近一个行星系统应有的标准，完全可以肯定它的"第九大行星"的地位；比冥王星略大的齐娜星，也许在不久的将来会被确认为太阳系的第十大行星。至于冥王星与齐娜星谁大谁小的问题，勿须争论，它们的关系就像火星和木星一样，体积小的同样可以和大个头的并驾齐驱，并不能因为火星比木星的体积小就取消火星的行星资格。

对于太阳系的恒星、行星和卫星的生成，我们做如上的论述，以此类推，除了太阳系之外的其他恒星、行星和卫星系统的生成也是同理。

"宇宙中，有多少类似于我们太阳系的恒星—行星系统？有多少像地球一样条件的行星？这成为寻找地外文明的关键所在。"⑩的确如此，太阳系是典型的"双母子"生成的小星系，它只有一个大质量恒星，由九大行星、135颗卫星以及若干慧星和尘埃物质组成，这样一个"双母子"小星系中有一般生物和智慧生物同时共存，比太阳系稍大或稍小的"类太阳系"在星云宇宙中究竟有多少？假如有很多，那么在它们的某个行星上能够生成宇宙生命的几率又有多大？这的确是寻找地外文明的关键所在。本文极力主张，我们地球人类首要的任务是先要搞清楚太阳系的起源以及人类的起源，在此基础上寻找地外文明的可能性就大一些，否则，我们连自己以及自己生存的星系起源都未弄清楚，怎么能知道地外文明是否存在呢？

最后，还有一个问题需要说明：19世纪初，意大利天文学家皮亚齐在太阳系火星与木星之间发现了一个小行星，之后又有人发现第二颗、第三颗，至今已发现2万多颗。原来在火星和木星之间的巨大空隙中存在一个小行星带，最大的谷神星直径有770千米，最小的只能由其光度粗略地推算其大小了。就是这个小行星带是怎么形成的？有科学家认为是被一次爆炸所粉碎的行星残片；也有科学家认为是由于较小即比大行星小的星的碰撞而成的；还有一种"半成品理论"认为，大部分星云物质凝聚成了太阳系的各大行星，少部分的星云物质未能凝成，所以形成了小行星带。按"双母子"生成论，太阳系俘获的木星是个大质量的物质团块，由于它的质量很大，它与火星之间的斥力也很大，因此形成了火星与木星轨道之间的大空隙；而火星与木星轨道运动所拉动的物质带中的一些小型物质

团块被搁置在两行星轨道之间的大空隙之中，它们同样受引力和斥力的支配，停留在两行星的轨道之间，未能归入任何一个行星之中，久而久之，它们就形成了现在的小行星带。因此小行星带的形成最终与俘获的木星的大质量物质团块密切相关。

六、星系的生成与演化

"双母子"生成论认为，"类太阳系"旋涡星系的生成是星云宇宙生成的最基本最普通的形式，以此为基础，依次生成大尺度的旋涡结构星系、棒旋星系、椭圆星系以及不规则星系。

"旋涡星系是河外星系中数量最多、形态最美的。望远镜越大，能够看见的越多，也越清晰。它们虽然各具不同的形状和亮度，但都展现出明亮的核心、弯曲的旋臂以及旋臂上一些突出的结点和斑点。在众多的旋涡星系中，仙女座大星云 M31(NGC224) 是最明亮的，是我们单凭肉眼就可以看见的最遥远的天体。"除此，M31 和三角座中的 M33 也是典型的旋涡星系，"南欧台基大望远镜 (VCT) 拍摄的旋涡星 NGC1232 更具典型性，明亮的核球和舒展开来的旋臂，十分美丽动人"。[11]

旋涡星系属于年轻星系，它的亮丽动人就像年轻人的美丽动人一样，比如彩图的 NGC1232 旋涡星系太漂亮了，看着它就像是一幅顶尖高手所作的油画，不敢相信它就是从星云现实中拍摄到的照片。

星云宇宙最基本最普遍的生成方式就是"双母子"生成，最多的星系形态也是旋涡式星云或星系。

在星云宇宙的初始阶段，混沌宇宙的弥漫、沉静和黑暗是这一阶段的宇宙状态。随着第一个旋涡小星系的出现，混沌宇宙的宁静和黑暗都被打破，在无限大的混沌宇宙的一个局部，出现了最初的一个旋涡小星系，紧接着以同样的方式，在混沌宇宙中出现小旋涡星系的相邻区域又出现了同样性质的星系，一个、两个以至若干个。混沌宇宙中接连出现这种相同性质星系的原因，一若前论，一方面是由于在混沌宇宙中潜藏着大量的冰山和物质团块，另一方面是由于它们的碰撞和振荡引起的骚动，促使潜藏的巨大物质团块成为旋涡星系形成的前提条件。由于小型的类太阳系的旋涡星系形成的区域很广阔，又为下一步形成更大星系的可能创造了条件。

旋涡星系形成后在混沌宇宙中仍然

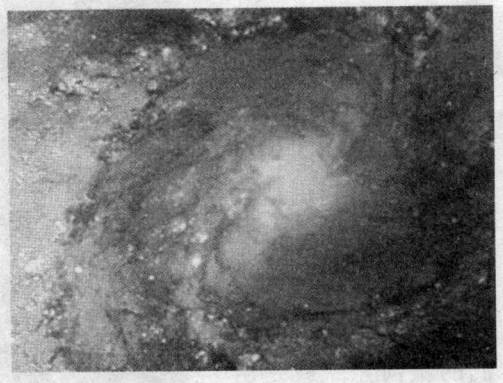

图113 旋涡星系 M83，年老的恒星位于星系中心，呈黄色，带有气体和尘埃云的年轻恒星旋涡状分布，呈蓝色。因此，一个星系就像人类的一个家庭，老、中、青、幼几代天体同时存在。

以漂移的方式不停地移动，随着旋涡引力的增大，也在不断地壮大着自己。当这种旋涡状小星系漂移到某一特殊区域时，它们可能和同样在靠旋转引力漂移的其他小星系相遇，和"双母子"论中的"双母"一样，两个小星系在接近碰撞的那一刻，又因为各自所具有的引力和斥力，保持住相互的距离，将对方推到自己斥力所及的区域内，形成双方的对峙。当然，它们的对峙只保持一个相对的时间，由于对峙双方的质量不是等量的，总有一个大质量和一个小质量的数量关系，所以它们经过短暂的对峙后，很自然地进入属于它们才具有的引力和斥力相对等的区域内的旋转，这即是"双母子"小星系转换成为较大规模的旋涡星系的一个运动过程。即小星系与小星系相遇后形成的旋转，一般来说，它们就是较大星系形成的基础，如果是两个小星系相遇形成一个旋涡结构的星系，那么它将形成一个"双旋臂"的大星系；如果是三个或四小星系相遇形成的旋涡结构星系，那么它就肯定会形成三旋臂或四旋臂的更大规模的星系。比如我们的银河系，就是由多个旋涡小星系的漂移、碰撞和积累过程中形成，其中接近银心的成为银河旋臂的最初碰撞形成的星系，一定是质量和引力都很大的旋涡星系，而较外围的诸如我们的太阳系这样的"双母子"小星系，是被银河系最初的大质量星系的旋臂所俘获的星系。因此，太阳系就处在银河系猎户座旋臂比较边缘化的区域内。银河系旋臂上的所有小星系都像太阳系这样被它的引力场俘获去的"战利品"，它们在大的区域内是围绕银河系的银心在旋转，而在小的自己的星系体系内，依然按自己固有的方式在旋转、运动。太阳系各行星所携带的卫星与太阳的关系如何，银河系旋臂上的小星系和银心的关系就如何。

这里面还存在一些关键性的问题：比如银河系，它的银心为什么那么亮，而旋臂随着远离银心越外越暗？是不是银心的恒星们都在燃烧而旋臂上的恒星和行星们不发光，或被银心的光芒所淹没了

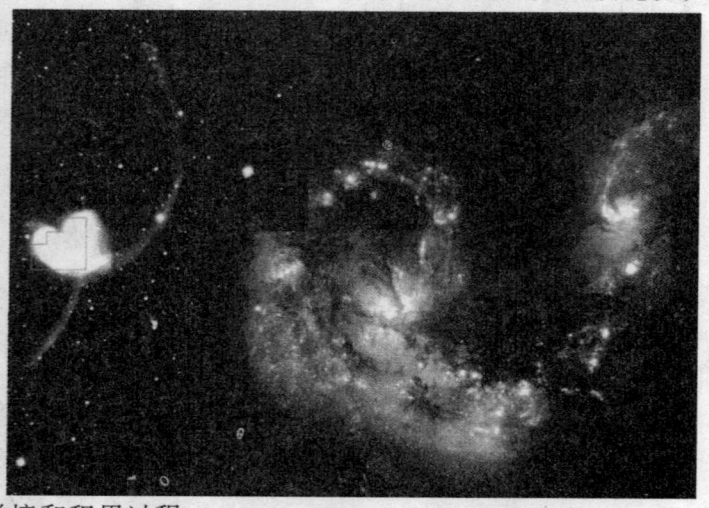

图114 "天线星系"，是两个星系由于相互碰撞而发生了变形，形成一对天线似的结构。由此可见，星系的碰撞是一种常用的宇宙现象。

呢？这牵扯的是一个大质量星系的年龄问题，与它们自身的燃烧关系不大。我在后文中将要说到。这里强调的是宇宙的光量和温度。宇宙在混沌状态下是一片漆黑，寒冷至极，自从有了"双母子"小星系之后，由于处于中心的恒星物质的燃烧，如太阳就是这种燃烧的发光体。由太阳恒星的生成可以推知，宇宙中的中青年星系中的恒星都是在这种超光速的自转中引起燃烧而发光的；由于这样燃烧的发光恒星多起来，我们才看到一个星光灿烂的宇宙世界。否则，宇宙本来就是一片黑暗，没有光明可言。星云宇宙中的光和热，都是由于有无数靠自转燃烧的恒星才形成的，而不是"大爆炸"在太空中留下的"余热"，即使是那个叫做"3K"的宇宙微波背景辐射和其他的"射线"的形成，都是出于同样的原因。即由无穷多的燃烧的恒星和星系发出的光和热，才使我们的宇宙保持一定的光亮度和一定的温度，而非"大爆炸"留在宇宙中的"余热"。

至于谈到星系的年龄问题，"哈勃当年在星系分类的时候，曾将椭圆星系称为早期星系，旋涡星系和不规则星系称为晚型星系。早晚之分是想说明星系的年龄，但是他并没有给出什么依据。后来天文观测发现，旋涡星系的颜色发蓝，

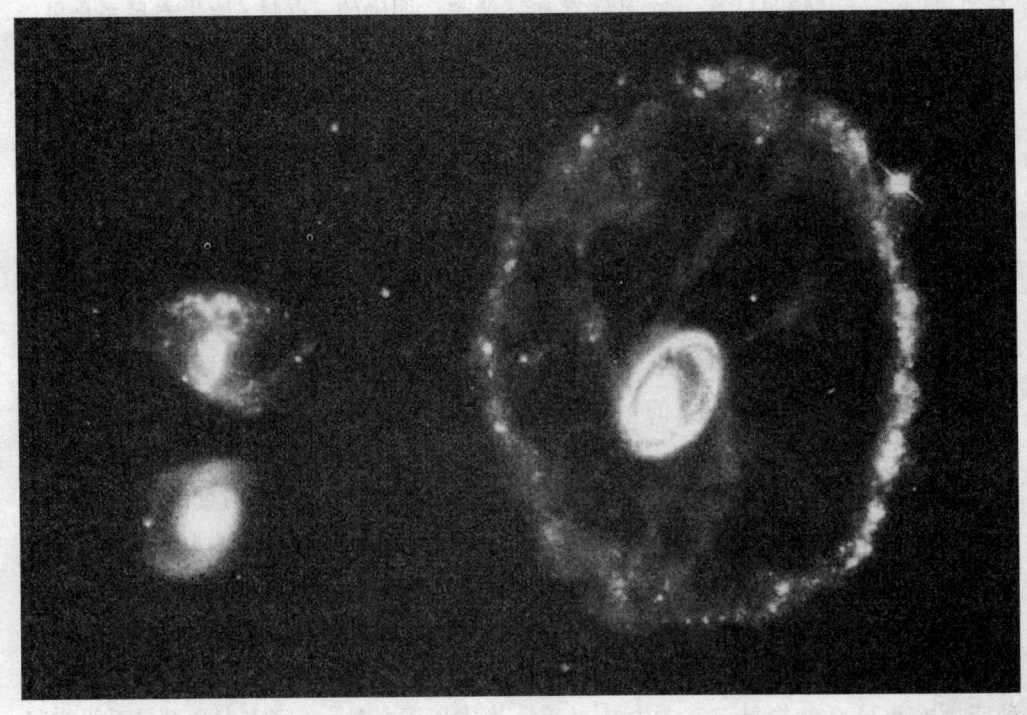

图115 哈勃空间望远镜拍摄的玉夫座车轮星系，一个较大的旋涡星系被一个较小的星系从正面碰撞，并穿过，形成巨大的车轮状结构。

 宇宙·智慧·文明 大起源

原因是旋臂上有很多蓝色的恒星。年轻恒星发出的光偏蓝，因此旋涡星系可能是年轻的星系。椭圆星系可能是在旋涡星系的旋臂逐渐消失后形成的，因此，椭圆星系的年龄可能是比较老的。恰好与哈勃的估计相反。"⑫哈勃的错误就在于他只是"估计"，没有理论和观测根据；而哈勃之后的观测发现说明哈勃"估计"是错的，旋涡星系是属于年轻星系，椭圆星系却是比较年老的星系，这个观测事实是正确的。

哈勃发现河外星系后，针对当时星系没有分类，显得杂乱无章的状况，做了一个"哈勃星系分类"，他根据各星系形态的异同，分出椭圆星系、旋涡星系和不规则星系三大类，每一类又细分为若干小的种类。哈勃的"星系分类图"一直沿用到今天，但哈勃的这一分类有两个缺点：一个是年龄估计上的错误，另一个是把棒旋星系也划分在普通旋涡星系之中。这两点就诸多的天文观测和我的认识而论，是他的分类的局限或不足之处。为了叙述的方便，我对星云宇宙中的星系重新作了划分，并将星系的年龄层次做了一次初步的排序。

我认为，目前观测到的星云宇宙划分为这样三个层次比较合理：

1. 原生态星系。这是指从混沌宇宙或后来形成的荒漠宇宙中最初生成的"双母子"小星系，例如我们的太阳系。这种原生态小星系就像星云宇宙中的"小家庭"一样，它是星云宇宙最基本的生成形式，也是在星云宇宙中数量最多的星系。

原生态星系最突出的特点是"第一次"生成的小星系，是从"无"到"有"的星系。它的结构是由恒星、行星和卫星这样一些天体构成的独立系统。目前的观测中，"类太阳系"的原生态星系究竟有多大数量，还不能确定，但"双母子"生成论相信，很多的原生态星系可能还很年轻不易被发现，也可能已经老化不能被发现。因为，所有的原生态星系不一定都像太阳系这样完美无缺地存在着，其间的差异是必然的，所以目前的天文科技不可能知道得像太阳系一样清楚。明确的一点是：原生态星系是星云宇宙中的"细胞"，正是由于原生态星系的大量积累和凝聚，才形成更大的星系群团和可视的星云宇宙。

2. 再生星系。即在混沌宇宙和荒漠宇宙中生成并漂移着的原生星系通过碰撞等形式整合成的较大的星系系统，例如银河系。

具体地说，再生星系的碰撞是怎么发生的呢？

"研究表明，恒星之间碰撞的可能性极小，因为恒星的平均直径为106千米，而恒星之间的距离为6.46×10^{13}千米。恒星之间的距离是恒星直径的足足6000多万倍。而星系的情况却与恒星不同。星系很大，影响的距离却比星系本身的尺度大不了太多……宇宙中全部星系平均起来，影响距离顶多只有星系直径的100倍。

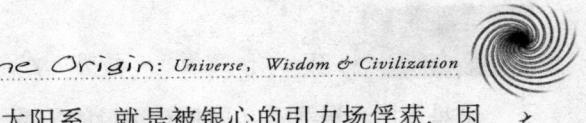

因此，星系之间的相互吸引、碰撞就不是十分罕见的事。天文学家估计，宇宙中大约有15％的星系都经历过类似的事件。还有人估计25亿年之后，银河系和仙女座大星云也会发生碰撞，因为目前它们正在靠拢。"[13]根据这种说法，星系间相撞的主要原因是星系的直径大、体积也大，相互吸引，然后发生碰撞。本文认为，这种解释只是一种说法，但不是主要原因。影响发生碰撞和并合的主要原因是因为星系都在混沌宇宙的怀抱中缓慢漂移，因为各星系都在漂移，星系间发生碰撞和并合的可能性就大了。还有更重要的一点，星系之所以发生碰撞和并合，是由于星系漂移的方向不确定。与"大爆炸"说的"同向"运动不同，原生态小星系形成后，它们并不都是一开始就连接在一起，而是在不同的混沌宇宙区域内漂移，它们向左向右或是向南向北漂移，起决定因素的并非是它们的"自由意志"，而是整体的宇宙环境，也就是由原生态小星系的引力场和分布状况而形成的环境压力造成。一般而言，小星系受大星系的压力大，大星系就会朝着压力相对小的小星系的方向漂移，如果两个小星系都受这种迫使从而朝着相向的方向漂移，那么它们之间的碰撞就难以避免了。当两个原生星系发生碰撞后，它们很可能就成为一个再生星系的根基，之后悬挂在旋臂上的原生星系就不是因为碰撞而附着上去，而是被最初的再生星系核心的引力俘获。比如我们的

太阳系，就是被银心的引力场俘获，因为太阳系被俘获的时间较晚，所以，才处在较边缘的旋臂上。这种俘获和碰撞的结果自然是"大鱼吃小鱼、小鱼吃虾米"，"吃"了很多之后，它们就会演变成再生的较大星系。所以，天文学家们"估计"有15％的星系都有过碰撞再生的经历，我认为远不止这个数，星系间的碰撞是不可以用百分比来"估计"的，因为漂移和碰撞是再生星系生成的最基本的途径，如果按15％估计星系碰撞的比例，那么在今天我们就会看不到如此之多的再生星系和星系群了。

3. 星系群团。"星系喜欢'群居'……'孤家寡人'比较少……目前已知的几千亿个河外星系，它们形成双星系、多重星系、星系群、星系团乃至超星系团。我们的银河系与它的两个近邻大小麦哲伦星云，实际上就已是一个非常典型的三重星系。近年来所发现银河系的伴星系又增加39个，银河系变成了处于十二重星系之中的星系……像银河系一样，仙女座星系M31是一个九重星系中的老大哥。围绕着它的8个伴星系也都比较小，其中有的是非常少的椭圆星系。"[14]多重星系的引力构成我们暂且不论，但多重星系是检验星云宇宙年龄的最佳样板，这一点是毫不含糊的。因为在一个星系群团中，有年龄较小的，有青壮年，也有老年星系和接近死亡的恒星群体。比如在银河系的星系群中，老、中、青年龄段的星系俱全，而银河系与它的伴星大小麦哲

401

宇宙·智慧·文明 大起源

伦星云比，银河系又属相对年轻的星系，而大小麦哲伦星云已进入老年星云行例。再比如仙女座星系是个老化的星系群，它的8个伴星系都已进入中老年或老年。星系群团的这种"群居"状态的形成，和人类家庭中老、中、青几代人共存一样，它们都是在"长江后浪推前浪"的生成推移过程中形成，老年恒星带着它的群体逐渐走向中心的死亡地带，新生的或是被新近俘获的原生态小星系作为它的后续和补给，如此循环往复。这就是星系群团生成、并合和推移的过程。

现在，我们再回头讨论一下星系的年龄问题。根据星系生成和存在的这几种类型，我们可知，原生星系是最年轻的星系，它相当于人类的童年，比如太阳系。旋涡星系是再生性的星系，在它的身体内已不是单纯划一的年龄，而是融合了不同年龄段的小星系和原生态星系，但在总体上它有非常流畅的旋臂，而且旋臂的颜色发蓝，证明这种星系的年龄犹如人类的青少年时期。除了旋涡星系，还有棒旋、椭圆和不规则星系，这种星系的年龄偏大，棒旋星系是旋涡星系的进一步发展形式，可以说它已是中年阶段的星系。椭圆星系中只是一个圆形光斑，已经没有了旋臂，它是棒旋星系进一步演化后形成的，已经处于中老年或老年的年龄段；在所有这些星系中，年龄最大的是不规则星系。有人认为不规则星系的年龄最小，是处于星云状态的物质团块，其实这种说法是错误的。椭圆星系的进一步演化就成为

不规则星系，它的形状告诉我们，它已进入准老年期，不规则星系的进一步发展就是完全失去光泽的、被黑洞和其他天体分解了的宇宙尘埃物质。"双母子"生成论所谓的荒漠宇宙，正是在不规则星系消失的区域内生成。

由此可以说，原生星系是星云宇宙中的"夫妻小家庭"，它是由"双母"（或夫妻）和它们共同的"孩子"（恒星）以及众多的"兄妹"构筑成的，至多也是些"两代人"的"小家庭"；而再生星系却是由不同数量的"小家庭"共同构筑成的"大家族"，其中的"辈分"就不那么简单了，老、中、青、少、幼俱全，不同的"支系"和"根脉"共在，它们就像人类社会中的情形一样，自本自为，自生自灭，循环往复，演化不息。没有一个"家庭"和"家族"能够永恒，但由这些"家庭"和"家族"构筑起来的宇宙却可以永恒，这就是无机的宇宙世界永远大于有机的生成世界的根本原因。

七、宇宙的存在状态

"双母子"生成论认为，星云宇宙形成之前的"史前"混沌宇宙，就像是个辽阔无边的平静而又黑暗的池塘，由于池塘内部物质自身的原因，在池塘的某一个区域内出现了第一个原生态旋涡小星系，它的呈现就像在平静的池塘水面上荡起一层圆形的波；紧接着出现了第二层波、第三层波，以至无穷多的波。这些圆形的不断向外荡漾着的波，出现的密度大了，边缘部分相互叠压或被冲散。

402

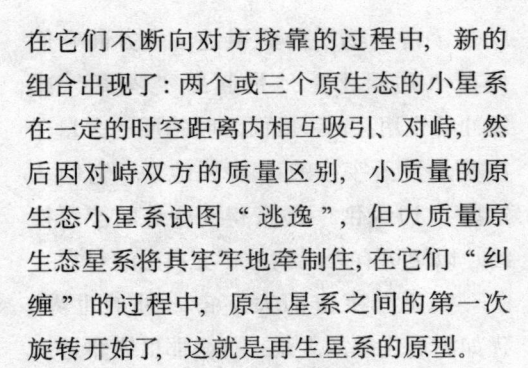

在它们不断向对方挤靠的过程中，新的组合出现了：两个或三个原生态的小星系在一定的时空距离内相互吸引、对峙，然后因对峙双方的质量区别，小质量的原生态小星系试图"逃逸"，但大质量原生态星系将其牢牢地牵制住，在它们"纠缠"的过程中，原生星系之间的第一次旋转开始了，这就是再生星系的原型。

再生星系相对于原生态星系，其规模大得多，最初"纠缠"在一起的两个或三个原生态星系就成为再生星系"圆盘"的根基，以此为契机形成两条和三条旋臂。再生星系的旋臂在围绕中心"圆盘"旋转的过程中，一路走来，所向披靡，俘获了所有"挡道"的原生态小星系；它们围绕中心转了一圈，收获颇丰，"圆盘"在原有的基础上增大到几倍，旋臂的臂膀伸得更长，展开的幅度更大了；当它们以同样的方式转了第二圈、第三圈的时候，已经变成一个超过自身数倍的大星系了。比如我们的银河系，最初的时候，每20万年转一圈，后来每200万年乃至2000万年转一圈，现在是2.2亿年转一圈，它的庞大的支架和体系就是在旋转过程中不断俘获原生态小星系才集聚起来的，而非它本来就像现在这么庞大。

我们生活的银河系是这样成长起来的，除银河系之外的数千万个河外星系，都是以同样的方式成长起来的。现在，我们的天文科学可以穿透200亿光年的巨大时空，但是仍然看不到宇宙的边际，说明星云宇宙要比我们现在看到的还要大很多，究竟大到多少？目前还不好说，只能等到未来的发现。不过就以"双母子"生成原理而论，目前我们生活的星云宇宙呈现为这样几种类型和状态。

微型宇宙：即围绕一个恒星运行的原生态星系，它是星云宇宙中数量最大，也是最基本的星系，比如我们生活的太阳系。微型宇宙就是最小的原生态星系，如果再把它分解，就成为单个的天体，构不成星系了。这是一种最基本的宇宙存在状态。

小宇宙：即由若干个微型宇宙构筑成的小宇宙，实际上它就是前述的再生星系，它有一个中心核球或中心轴，所有的微型宇宙都在它的序列中按部就班地围绕它的中心轴在旋转。小宇宙往往自成体系，形成一个特定的引力场，所有的原生星系和天体都受它的引力场控制。比如我们的银河系就是一个小宇宙。它拥有1000多万颗恒星，围绕河心转一圈需要2.2亿光年，可谓大矣！我们的太阳系处在银河系比较边缘的一条旋臂上，说明太阳系的生成时间要比银河系中心的原生星系晚很多，被银河系俘获的时间也比它们短。除银河系之外的河外星系中，这样的小宇宙有数千万个，银河系这个小宇宙比起河外的小宇宙来，只是它们序列中极普通的一员。

中型宇宙：是由若干个小宇宙紧密联系着的星系群团或超星系团，它们不像微型宇宙和小宇宙那样"精诚团结"、自成体系，但也是紧密相连，相互为伴，

宇宙学中把这种宇宙的结构类型称之为"伴星"。比如银河系与大小麦哲伦星云挤靠在一起，仙女座大星云有8个伴星等。虽然，中型宇宙不是一个自生自灭的星系体系，但它总是和相邻的小宇宙形成连手的伴侣，形影不离地生活在一起。

大宇宙：毫无疑问，这是指整体的星云宇宙而言。星云宇宙的概念源自"星云假说"，但我们目前的科技水平还无法看到星云宇宙的边际，所以目前的大宇宙也还是无边际的永恒存在。

由上述的几种宇宙类型的存在状态，我们可以看出：

1. 只有微型宇宙和小宇宙是自成体系的，并且有中心轴和旋臂，所以它们都是靠自身的力量在宇宙中做旋转运动，其速率和运行的机制均符合天体运行的基本定律。

2. 中型宇宙和大宇宙是不旋转的，它们之间完全靠引力和压力以及电磁力挤靠在一起；因为中型宇宙和大宇宙不是自成体系的星系，特别是它们都不拥有中心轴和中心核球这样的结构形式，因此是不能旋转的。

3. 作为星云形态的大宇宙，是处在一种小分割、大集聚的组合状态中。因为微型宇宙和小宇宙都有它们自己的"防护网"和"隔离墙"，中型宇宙有它自己的"边际线"，它们各自形成自己的封闭系统；实际上，这些起到分割作用的"防护网"、"隔离墙"和"边际线"就是宇宙暗物质的集聚地，一方面它们处在"边缘化"地带起到"隔离"或缓冲的作用，另一方面，暗物质的大量存在又是星云宇宙的"能源地"，它们从这些"边缘化"地带得到些许的能源补给，以便更有力地朝外扩充自己的势力。

4. 星云宇宙即大宇宙之外的世界，犹如湖底之外的大地一样，那里依然是一望无垠的混沌宇宙，是不可穷尽的物质能量的海洋，新的星系就从那个黑暗的世界里源源不断地诞生出来。因此，星云宇宙的生成过程是没有穷尽的，就像混沌的宇宙没有穷尽一样。

八、宇宙的未来

星云宇宙有始，有始必有终。

目前，在天文学界对宇宙的始终多有争议，但基本以俄国物理学家亚历山大·费里德曼的假说为准。他假设宇宙是各向同性的、均匀的，在这种动态的宇宙状态中，未来的宇宙可能出现三种"大结局"：要么宇宙死于大冻结，要么宇宙将葬身于火海，要么永远处于振动状态。费里德曼假说的这三种"大结局"是对爱因斯坦方程的一个比较全面和合理的解，自然有它合理的逻辑结构，但是费里德曼的假说仍以"大爆炸"论为其根基，这与"双母子"宇宙生成原理不相符。

根据"双母子"宇宙生成原理，星云宇宙的一始一终可作为可见宇宙的一次循环，每一次循环又要经历始、生、壮、衰这样四个大的发展和演变阶段。

星云宇宙的"始"源于原生态星系。

正如前述的原生态星系是混沌宇宙中反物质物质团块在不确定的时空中偶然相遇而形成，它从"双母"发展为"双母子"，进一步扩大为如太阳系这样的恒星系统。

星云宇宙的"生"是指由相反物质的条件就是前述的宇宙亮度和温度的增强与逐渐趋于稳定，原生态星系加入到大型的再生星系的运转之中之后，这一条件才有可能实现。因此我把原生态星系向再生星系的过渡和再生星系的初步形成称之为宇宙的"生"。实际上，星云

图116 NGC2207与IC2163大星系的引力带将小星系被拉伸了，百万年后，它们可能合并为一

的原生态星系在漂移中偶然相遇形成的再生星系。从原生态星系到再生星系的出现，是星云宇宙结构性的飞跃和升华，宇宙的光亮由此提升起来，不再像混沌宇宙那样黑暗、沉寂；宇宙的温度（即微波背景辐射）开始增强，不再像混沌宇宙时那样冰冷和随时冻结成冰山的酷寒；尤其宇宙生命和宇宙智慧生命在有条件的原生态星系中悄然诞生，这里所谓

宇宙中的一切生命的生成就发生在这一阶段，假如在银河系和河外其他的星系中有生命和智慧生命存在的话，他们都难以超越星云宇宙生成过程中的这一特殊阶段。

星云宇宙的"壮"指的是由再生星系进一步扩大演变为星系群团和超大星系由"壮"到"衰"的漫长过程。星云宇宙"壮"的阶段是该循环中最为壮

宇宙·智慧·文明 大起源

观和辉煌的阶段，表现为星云宇宙的无边无际无限大以及无穷尽的多样变化。我们现在正处在本星云宇宙循环中"壮"的初始阶段，现在为什么探不到星云宇宙的边际？为什么弄不清它的整体结构以及看到那么多违犯常规的星际变化？原因就是目前的星云宇宙正处于"壮"的初始阶段，这些表现都是它在这一阶段必然会出现的宇宙现象，犹如一个人，在他的幼年和少年阶段（原生态星系）是天真无力的；到了青年阶段（再生星系形成）一切向上的生成都会顺次出现；进入壮年阶段（星云群团），星系本身的压力增大、变化和不确定因素频繁出现，一度时期显现出令人眼花缭乱的辉煌，然后逐渐向相反方面发展。星云宇宙发展到"壮"的阶段，就像人进入壮年的辉煌时一样。

星云宇宙的最后一个演变阶段就是进入星系循环中的老年期"衰"，星云宇宙的"衰"，也就是和宇宙的未来并非按人的计算和假设去一步步完成，而是星云宇宙自身演变的结果。其中，驱使星云宇宙"衰"变的一个关键因素就是"黑洞"（后面尚有专论），它就像一个强大的生命体一样，既维系着星系的运转，又扩增着星系的运转力量，既哺育着星系"健康"成长、壮大，又驱使星系由强大走向衰亡。黑洞不仅在星系中扮演着这样的核心作用，它还把所有吞噬了的物质转化为能量。当星云宇宙中的物质与能量比例发生变化时，宇宙的结构就会被改变。比如在星云宇宙中物质的比例大于能量时，此时的宇宙还处在年轻状态中；当物质的比例与能量的比例基本持平时，宇宙还处在"壮"的阶段；当物质的比例小于能量，以至被能量所取代时，星云宇宙就处于"衰"变和最终的毁灭。当星云宇宙"衰"极而毁时，可能出现两种情况，要么在巨大的能量压力下使仍然在维持运转的星系和星系群团发生大爆炸；要么因残存星系的爆炸引起宇宙大火，从而使整个宇宙变成一个火的海洋。当大爆炸和宇宙大火过后，星云宇宙不复存在，一切物质和能量经过大"爆炸"和"火"的洗礼，重新沉淀为混沌宇宙，然后再期待下一次循环。下一次的循环仍然要经过"始"、"生"、"壮"、"衰"这样的星云宇宙必有的生死过程。

"双母子"生成原理对于星云宇宙未来的基本看法是以历时性的过程为其基本脉络的，但它并不违背爱因斯坦的时空观。爱因斯坦认为物质的重力使时空弯曲、弯曲的时空使物质运动。爱因斯坦的这一理论是对的，但它与"双母子"生成原因仍有某种区别。

有人在解释爱因斯坦的时空理论时打比喻说，想象往一个池塘里扔一个石头，产生一系列发源于冲击点的波纹。石头越大，池塘表面的弯曲越大，类似的，星星越大，围绕星星的空间—时间的弯曲也越大。如果将具体的天体和时空弯曲作

406

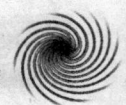

这种比喻，那是完全对的，但是将这种具体物体与时空弯曲的效应放到整个星云宇宙的大结构中，这种效应就会立即消失。同样的比喻，我们将一块石头扔进一个池塘会产生一系列的波纹或时空弯曲效应，如果我们将这个石头扔进一个大湖中会不会有这种波纹和时空弯曲效应呢？如果把石头扔进一条湍急的大河中，会不会产生同样的效应呢？进一步设想，如果我们把这个石头扔进大海中，比如太平洋中，会不会有那种波纹和时空弯曲效应呢？我敢肯定，即使产生波纹和时空弯曲效应，它也显示不出它的力量来，甚至这种具体的效应在大湖、大河和大海中根本算不得什么。大河以它自身的力量在运动，大湖以它内在的动力在澎湃，大海的巨大动力和超常的浮载力都是它自身中产生的，并非因外物的作用才产生了大海的力。星云宇宙犹如大海，它是靠自身形成的力在运动；大河和大湖犹如超大型星系或星系群团，它们也因自身的原因形成自身运动的力以及运动形式。爱因斯坦的时空弯曲理论在具体的原生态星系中是适应的、正确的，但是放到整个星云宇宙中似乎不太适应。星云宇宙犹如大海，它除了时空弯曲产生的运动力之外，还有一种比这更大的凝聚力，这种凝聚力是星云宇宙之所以像现在这样存在的根本原因，也是完成星云宇宙由"始"到"生"，再到"壮"以至走向最终的"衰"的根本原因。

当然，在宇宙未来的话题中，目前很流行的M-理论或平行宇宙模式是很有诱惑的，假如M-理论是正确的，平行的"多元宇宙"也真实存在，那么，在"双母子"生成原理条件下的星云宇宙即使被它的循环规律毁灭，智慧的人物也不怕活不下去，人类可以靠超前的科技力量，切开另一个宇宙的时空口，逃往另一个宇宙中去。一个宇宙在它的自然循环中终结了它的"生命"，还有多个平行的宇宙世界仍然健在，它们将成为人类的新家园。

显然，这也只是人类的一种梦想。

注释：

①②③④ 陶阳、牟钟秀著：《中国创世神话》，上海人民出版社出版，2006年

⑤《新旧约全书》，中国基督教协会印制，南京，1994年

⑥ ［锡兰］L.A.贝克著：《东方哲学简史》，友谊出版社，2006年

⑦⑨ 徐炎章：《科学的假说》，科学出版社，2001年

⑧ 梅朝荣：《人类简史》

⑩⑪⑫⑬⑭ 吴鑫基、温学诗：《现代天文学十五讲》，北京大学出版社，2005年

 宇宙·智慧·文明 大起源

第三章
几个相关问题的解释和观测实证

一、几个必答的疑难问题

按照"大爆炸"理论的反对者们说,"大爆炸"理论是一种"圆滑"至极的几乎是个拥有"万能"答案的"智能机器",实际观察中碰到的一些矛盾和问题,它都能通过这样或那样的形式"堵住"疑问者的嘴巴,云云。"大爆炸"理论究竟有多"圆滑",我没有一一对证过。不过,作为一种比较完善的理论假设,它的理论本身就应该包含对一些基本问题的答案,这是最起码的。如果问题不断涌现,它的理论却手忙脚乱,无以应付,这样的理论假设本身就是不够完善的,漏洞和忽略颇多,解答和应对一些基本问题的底气不足,极容易被人否定和抛弃。

正因为理论假说必须具备这样的基本条件,不少的知情者和朋友们问过我同样的问题:你创建的"双母子"起源论能回答"大爆炸"学说不能回答的那些问题吗?言下之意就是说,你的"双母子"起源论具备一种理论假说的基本素质吗?对于这样的疑问,我不敢保证说"双母子"起源论就是万能的,能面对一切现实问题,能回答别的理论假设回答不了的基本问题;但我可以采取探索的方式,拣出目前比较棘手的几个宇宙学中的问题来,试着回答一下。正确与否我不敢发表任何评论,我能做到的只是"自圆其说",能提供给你的只是一种思考和未经检测证实的预设方案。

前一章的文字中,比较集中地阐述了太阳系、星系乃至宇宙的起源,实际上我已回答了太阳系或整个宇宙起源的千古之问,其中的一些基本问题,"大爆炸"是回答不了的,比如太阳为什么会发光,行星为什么会带着不同量的卫星等。本章的第一节里,我留出一些思想的空间,补充回答一下与"双母子"起源论相关的一些问题。这些问题,在前一章中曾提到或简接地做了回答,这里再做些充分的论述,以便使"双母子"起源论有着更加坚实的理论基础。

1. 宇宙的开端

对于宇宙的开端,多与大爆炸宇宙学相联系,认为宇宙的创生起源于最初的那个"奇点",它的体积无限小,质量无限大,密度无限大,时空曲率无限大,突

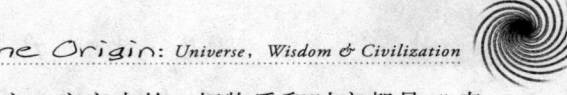

然有一天，它爆炸了，"奇点"变成了四向飞逝的膨胀物，宇宙的创生随着"奇点"的爆炸和膨胀诞生了。物理学家们描述的宇宙大爆炸情景，在常人看来非常荒唐，不合一般情理，但这就是目前流行的宇宙起源假说。

宇宙的开端与宇宙时空的起源相联系。"大爆炸说"认为，在"奇点"爆炸之前，宇宙不存在，宇宙的时空也不存在；大爆炸发生后，宇宙中的时空同时形成，宇宙也开始了它的创生工程。就以"大爆炸"形成的时空观论，我们的宇宙大约有140亿年左右的年龄，这就表明我们的宇宙开始于140亿年之前的某一时刻。

后起的量子论，弦谈论大宇宙学说，对"奇点"开端的宇宙假设提出异议，比如"霍金的新观点中，宇宙并没有单一的起源，宇宙初始的波涵数表明，宇宙有多种发展方式。从奇点开始，宇宙可以以每一种理论上想象得到的方式开始，当然也可能存在许多我们还想象不到的开始方式。宇宙的开端是非常丰富的"。弦很显然，霍金所说的非常丰富的宇宙开端，其前提依然是依傍于"大爆炸"说，弦论也是一样，未能摆脱"大爆炸"说。对于"大爆炸"说的宇宙观，本文是难以沟通的；因此在以"大爆炸"为前提的宇宙开端的论，同样难以接受。

按照"双母子"宇宙生成论，宇宙的开端并不像物理学家们描述的那样，在"奇点"之前，既没有物质，也没有时空，宇宙中的一切物质和时空都是"奇点"爆炸后才形成的。"双母子"生成论认为，时空是多元多维多样化存在的。早在浑沌宇宙时期，物质以基本颗粒的形态弥漫性存在，无边无际、无始无终。物质颗粒存在的这种状态本身就是当下的一种时空结构，无边无际，就是它的空间状态，无始无终却是它的时间状态。只因为当时物质呈现的形式是混沌状，我们不妨将这一时空称之为混沌时空。混沌时空的本质物特征就是"无边无际"，"无始无终"。

"双母子"生成论认为，宇宙的初始状态是在"无边无际"的混沌宇宙中生成了最初的原生星系，若干的原生星系在漂移中碰撞生成更大的再生星系以及星系群团，若干的星系群团在漂移中挤靠、连接在一起，形成了现在的星云宇宙。"双母子"条件下生成的星云宇宙，不同于混沌宇宙，它是"有始有终"、"有边有际"的。星云宇宙的"始"与"终"具体指原生星系和再生星系的"有始有终"，它的"有边有际"同样是指星系的边际和星云宇宙的边际；每一个原生星系是有边际的，再生星系和星系群团也是有边际的，当它们经历了生成、壮大、衰亡这样的"生命"过程之后，原生星云会死亡，再生星系也会死去，这即是星系的"有边有际"、"有始有终"。既然原生的和再生的星系都有始终，那么我们的星系宇宙为什么还这么博大，大得找不到它的

宇宙·智慧·文明 之起源

边际呢？这是因为星系的死亡并不意味着它的物质也随之消失，在它死亡的"坟墓"中荒漠宇宙继而形成，新的星系和天体又从荒漠宇宙中生成。星系和组成星系的天体是宇宙的"细胞"。它们的生死更替犹如人体的新陈代射，形成一种有机的循环，正是这种循环维持着星云宇宙的"长生"和不死。因此，从星云宇宙这一整体来说，它是长生不死的永恒，是有"始"的，但我们无法看到它的"终"。

按照霍金的说法，相对论适应于大尺幅的宏观宇宙，不适应于微观的宇宙开端。假如我们让时间倒流，从现在一直追溯到"奇点"爆炸的那一刻，相对论的一切效应就失效了。因此，霍金说，量子论才是宇宙初始状态的指导性理论。可是量子论的特点是不确定的，按不确定的量子论来设计一个确定的宇宙开端，那更是不可能的。因此，霍金认为，量子论的特点表明，宇宙的起源并非在于单一的一个点上，而是有着"如此多的歧路"。量子论和弦论这种多元的不确定性，正印证了"双母子"生成论中的混沌宇宙（量子）和原生星系多元起源的假说。"无边无际"的混沌物质流弥漫于"无边无际"的混沌时空中，这与量子物理的学说相吻合；从混沌的原始时空中产生了多个最初的原生态小星系。这是宇宙的开端，原生态小星系并非确定在一个"点"上，而是多个"点"上，这是宇宙多元起源的原因，符合量子论

中的多元性和不确定性；而星云宇宙的漂移、碰撞和挤靠等过程，使星云宇宙呈现出缤纷多彩的星云状态，这又是星云宇宙多样化存在的根本原因。

综上所述，我们可以得出这样一个结论，从宇宙的"三级状态"论，宇宙是没有开端的，因为混沌宇宙是一种"无边无际"、"无始无终"的存在；而从星云宇宙形成的初始状态看，星云宇宙的开端并非"大爆炸"论所说的那个"奇点"，而是在混沌宇宙中第一个生成的原生态星系（相当于地球生物最初的单细胞组织一样）。混沌宇宙中生成的第一个原生态星系现在是否还在星云宇

图117 若干日月符号与雍仲的组合

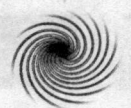

宙的某个星系中"活着"？假如它还"活着"，它的年龄和目前测得的150亿年至200亿年相仿；假如它早就"去逝"了，那么我们可以预言，目前测得的星云宇宙的年龄过于年轻了，星云宇宙的真实年龄可能比现在测得的宇宙年龄老很多很多。星云宇宙的开端也要比现在确认的时间早很多，这是由"双母子"生成论推研出来的比较合理的一个结论。

2. 宇宙的边际

20世纪初，爱因斯坦提出宇宙是"有限无边"的理论，霍金教授也支持这一观点，而稳恒态宇宙论则认为，宇宙无始也无终，无限而永恒；后起的"等离子体"宇宙论也持同样的看法。看来，已有的宇宙起源理论对于宇宙是否存在边际问题的看法是大相径庭，实际也只能是这样一种假设，实践理论和观测还无法证实宇宙的边际。

按照"双母子"宇宙论，宇宙是被分解为"三级状态"的，即混沌宇宙、星云宇宙和荒漠宇宙。其中的混沌宇宙是黑暗而沉寂的能源海洋，它只是一种原始基本物质的存在状态，无始也无终。星云宇宙是建立在混沌宇宙基础之上形成的天体和星系的可视宇宙，它的起源是最初的原生态星系，当原生态星系数量有了一定积累之后，产生了再生星系和星系群团。我们现在生活和正在探索中的星云宇宙就是这样发展起来的。而荒漠宇宙又是在星云宇宙的生死泯灭中形成，通俗地说，荒漠宇宙就像是星云宇

宙的"调解员"，它的存在使星云宇宙有了兴衰生死这样一些星系的演变过程，而这个过程就是星云宇宙凝缩和膨胀的根本动力之一。根据"双母子"宇宙生成论的这样一种分层关系，我们可以得出两个相关的结论：1) 在"双母子"宇宙生成论的宇宙界定内，宇宙是个整体概念，而非专指今天的星云宇宙。在宇宙这个整体中，作为第一极的混沌宇宙是无边无际，无始无终的；星云宇宙脱胎于混沌宇宙之中，它是有始的，自然也会有终；而荒漠宇宙只是星云宇宙的局部状态。宇宙整体的这样一种存在状态，促使我们得出这样的结论：星云宇宙是有始有终的，是有形"岛屿"，而混沌宇宙却是无始无终的能源"海洋"；因为有始有终、有边际的星云宇宙是漂浮在无始无终、无边无际的能源"海洋"上，所以我们观察到的星云宇宙总是没有边际的。2) "双母子"宇宙生成概念中的宇宙是有限的星云宇宙和无限的混沌宇宙的统一，这一结论与爱因斯坦的"有限无边"论基本吻合，但"双母子"生成的宇宙不一定是爱因斯坦所谓的"球体"，它可能是扁平的，椭圆的，抑或是长方形的和不规则的。它也不是一个旋转着的"球体"，而是一个不断在膨胀和收缩着的变化多端而又形状不定的"宇宙卵"集合体。它在宇宙中不是球体一样旋转，而是像一叶扁舟在混沌宇宙的能源海洋上漂移。3) 星云宇宙的"有始有终"是由原生态小星的生成与死亡

宇宙·智慧·文明 大起源

构成，因为原生态小星系在宇宙中的生死泯灭，恰好又延续了星云宇宙的"长生"和不能壮大，从这个意义上说，星云宇宙相对又是无始无终、无边无际的。

3．宇宙的膨胀与时空

有人认为，哈勃不一定相信"大爆炸"说，也不相信宇宙是膨胀的，但他观测到的事实告诉他，宇宙的确在膨胀，而且离我们地球越远的星系其退行的速度越快。这个不争的天文学事实是难以更改的了。问题是怎么样看待宇宙膨胀的问题。比如我要提出两个疑问：第一，所有的星系都离我们远去，这就意味着我们的前后左右上下"六方"的星系都离我们远去，这样以来，宇宙中的星系都是围绕我们的"六方"在膨胀开去，像太阳光一样，我们地球的位置无疑充当了那个原始的"火球"和"奇点"的位置。那么，我们地球所在的位置就是那个"奇点"的位置吗？第二，膨胀和星系的"红移"是20世纪初中叶才发现和检测到的，如果我们把时间向前向后推进1万年或100万年，那么，我们怎么能证明当时的宇宙也是在膨胀着的？宇宙膨胀的原因除了一次"大爆炸"的动力再没有别的原因吗？宇宙为什么会膨胀得"越后越快"？特别是离我们越远的星系退行的速度越快？

类似这样的问题，科学家们可能有着现成的成熟答案。依照"双母子"生成原理，宇宙不断膨胀是由于以下两方面的原因：

1）星系的生成过程形成宇宙的膨胀。原生态星系的生成过程就是一种膨胀的过程。比如太阳系，最初形成的是"双母子"；由"双母子"带动并俘获其他的星胚，迄今已形成拥有九大行星的原生态星系。太阳系的这一成长过程就是宇宙不断膨胀的过程。

再生星系的生成是更大规模的膨胀过程。以银河系为例，它是极其庞大的，曾被认为是宇宙的总和。银盘是银河系的主体，盘面厚度约64光年，从银盘的边缘到中心距离大约有4万光年，银盘的直径为8.5万光年，太阳系离银盘中心约为2.5万光年。整个银河系大约有两千多亿颗星体组成，其中的恒星有一千多亿颗，我们的太阳系只是银河系千亿颗恒星中极为普通的成员之一。我们知道，再生星系的生成是由若干大质量的原生星系通过碰撞扭结到一起，形成最初的旋转，它的初始状态是很小的，最初的两个大质量恒星带动的原生星系形成再生星系的旋臂。如果是由三个大质量恒星带动的原生星系碰撞到一起，那么它就会形成三个旋臂，以此类推。银河系的主旋臂有二个，即半人马座旋臂和英仙座旋臂。还有二条较小的旋臂，即猎户臂和3千秒差旋臂，是夹杂在两条主旋臂之间。可见银河系的两条主旋臂是最早形成的，之后又有两个质量相对较小的原生态星系被俘获，黏着其上，这样银河系就形成现在这样至少有4个旋臂的再生星系。仅就银河系现在的规模

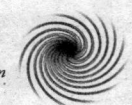

来看，它比最初的规模不知扩大了多少倍，一千亿颗恒星就意味着银河系先后俘获1千亿个原生态星系，银河系不断俘获原生态小星系，不断壮大自己规模的过程，同时就是不断扩展空间和膨胀的过程。在整个星云宇宙中银河系这样的再生星系属于很普通的再生星系，即便如此，星云宇宙中仍在数千万个像银河系这样的再生星系组成不同的星系群团存在着，这数千万个再生星系的生成过程同样也是宇宙膨胀的一种形式。

2）荒漠宇宙的频繁出现，导致宇宙加速膨胀。

当一个星系或天体走近生命的尽头，它就以爆炸或自行消亡的方式从它原有的位置上消失，每当这种时候，荒漠化宇宙就形成了，它在消耗了最后一点能量之后，要么变成宇宙尘埃，要么在数十万年后或数百万年的时空过程中蕴育出新的天体和原生态星系。这个过程导致了星云宇宙的急剧收缩和膨胀；当那个大质量恒星发生猛烈爆炸时，整体的星云宇宙就会发生长时间的震颤和一定幅度的膨胀，当爆炸后的能量彻底消失之后，星云宇宙又会发生大幅度的收缩活动，直到在收缩的那个中心区域重新生成新的天体或原生态小星系，收缩的星云宇宙才会停止，转而向外膨胀。由此，我们可以得出这样的结论：

(1) 宇宙的膨胀和星系的远离是不可否认的事实；但宇宙的膨胀并非"大爆炸"引起的没有穷尽的单一膨胀，而是在星云宇宙之中形成荒漠化之后形成的阶段性的膨胀，星系的退行或远离也是由这种阶段性的膨胀造成。

(2) 在星系重叠着的宇宙背景下，我们同时观测到了"红移"和"蓝移"的现象，这是因为我们在并列或重叠的宇宙背景中同时观察到了正在凝缩的荒漠宇宙和同样在膨胀中的荒漠宇宙所致。它说明，在广袤的星云宇宙尺幅内，星云的消亡和生成到处存在，但从整体的宇宙膨胀的情况判断，星云宇宙中生成的比例还是占绝对优势，因此显现出整个宇宙在膨胀，所有的星系都在离我们远去的壮观景象。

4. 宇宙背景辐射和"暗物质"

这两个方面，都是"大爆炸"学说为自己的预言理论找到的最可信的证据。认为A.彭齐亚斯和R.威尔逊在1965年观测到的宇宙背景微波辐射，就是宇宙在大爆炸后38万年时的景象，是一股肆意扩张和膨胀着的炙热的气体，经过160多亿光年之后的"残留"的"余热"。而"暗物质"是经过观测和研究宇宙星云物质后得出的结论。美国的WMAP研究小组认为，"宇宙中能量和物质'内容'的5%由恒星、星云、星系和行星等构成，25%由人们尚不了解性状的"暗物质"构成，70%由一种神秘的"暗能量"构成"。也就是说宇宙物质中95%的物质还不为人们所认识，名之为"暗物质"和"暗能量"，只有5%的物质构成了星云宇宙。以上两种说法，都是

宇宙·智慧·文明 大起源

"大爆炸"理论找到的证据，或是"大爆炸"理论的有力支持者。但是，依据"双母子"宇宙生成原理，以上的说法似乎都立不住脚。因为宇宙微波背景辐射是随着宇宙的膨胀而冷却的，如果按开放宇宙的形势，宇宙将继续膨胀下去的话，宇宙背景辐射继续会冷却下去，如此则我们的宇宙就不会有一个恒定的温度，一个越来越寒冷的宇宙是不可思议的。另外，还没被人类认识的"暗物质"和"暗能量"，竟然占到"大爆炸"需要的物质的95%，这样一种物质的比例关系，"大爆炸"的理论怎么能建立起来并且持久呢？因此，对于上述两方面的"证据"，"大爆炸"学说似乎难以利用并且成为自己强有力的证据。

"双母子"生成原理这样看待这个问题：宇宙中的"热"（背景辐射）和"暗物质"、"暗能量"都是存在和可能存在的，但它们既不是"大爆炸"的"余热"，也不是难以被人类认识的不明物质，而是原生态星系和再生星系自身产生出来的温度和黑洞能量。

我们知道，原生态星系是在原始混沌物质非常充足的条件下生成的。先生成"双母"，然后从"双母"之中生成它们共同的孩子恒星，由于恒星居中的位置转速比"双母"快，成长也比"双母"快，于是恒星自然燃烧起来。这时，由重子物质构成的天体和原生小星系的雏形就形成了，它们在最初不太规则的运行过程中渐渐形成了一个个小小的自封闭系统，这个自封闭系统就像一个逐渐被空气鼓胀起来的大气球。它的动力源是自行旋转的恒星和行星，而鼓胀起气球的"气"都是由恒星燃烧后产生的热形成的，目前天文学界把它称之为"暗物质"、"暗能量"和"宇宙微波背景辐射"，其实它们是一回事，即都是"气"或"炁"。这也就是说，"暗物质"、"暗能量"和"宇宙微波背景辐射"不是先前就已存在的物质和能量，而是它们产生于天体形成之后，原生态星系与"再生星云"的物质运动过程之中，是星系运动过程中产生的热能积累散射形成，并将每一个星系鼓胀成一个自封闭的气囊，我把它称之为"宇宙卵"，一个原生星系是一个宇宙卵，一个再生星系却是若干多的宇宙卵垒筑而成，就像水生动物们生出的卵堆在水面上，又好像在玻璃缸中用力搅拌后出现的肥皂泡沫堆一样。只要这些宇宙卵存在，并且处于自封闭状态，那么它们之中的"气"（"暗物质"或"暗能量"）就保持不变，这是宇宙卵的初始状态。而若干个叠压和黏着在一起的宇宙卵，由于它们的大小和能量不同，形成不同规则的扁圆兼杂的宇宙卵叠压体，一个这样的叠压体，就是一个再生的星系和星系群团。这是宇宙卵的群体存在状态，在我们的星云宇宙中，已发现数千万个再生星系的群团，那么这就意味着有数千万个群生的宇宙卵叠压体共同挤靠和叠压在一起，正是它们构筑

414

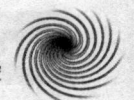

了我们可见的明亮和温暖的星云宇宙。

我们再举一个生活中的简单的例子。比如我们人体是由骨肉皮血、五脏六腑等器官组成，这些器官都是可见的物质形态，而人体内有一种气叫"元气"，你知道"元气"是怎么产生的吗？"元气"不是具体可见的物质，而是活的人体运动后在他的自封闭系统里产生的一种能量。只要人体不破裂、不死亡、保持初始的封闭状态，人体内的"元气"就会源源不断地产生出来，越积越多，如果有人做了大手术（特别是胸腹），体内积累的"元气"被散失掉，那么他的恢复即"元气"的积累就需要相当长的时间，才能接近原初的封闭状态，否则失去了"元气"的人说话就"底气不足"。星云宇宙的情形也是一样的，每一个原生态星系就是一个自封闭的"气囊"和"宇宙印"，它里面的"气"即"暗物质"或"暗能量"就是恒星系统运动过程中产生的，如果这个原生态星系一直存在着，运动着，它里面的"气"也就一直充盈它的"气囊"，即自封闭系统，如若一个原生态星系被其他星系碰撞"破裂"或吞食，它的星体随之消失。气囊也就不存在，正因为原生态星系的成熟状态和构成不一样，它们的自封闭系统中的"气"的存量和强弱也是不一样的，有些可能"气"足，有些可能"气"弱；又因为若干的原生态星系即"宇宙卵"共同构筑成了"宇宙卵共同体"，每一个"卵"被压成的形状不同，所以它们内部的恒星和行星的运行轨道也就有所不同：靠自身的"气"基本保持浑圆的，其行星的运行轨道就比较正常，如我们生活的银河系。自身的"底气不足"，被别的卵体挤压得变了形的，比如被挤压成了扁圆形，那么它的内部的行星的运行轨道也应该是椭圆形的，比如我们的太阳系。宇宙中的原生星系、再生星系和星系群团，它们之所以形成各种不同的形状和运行模式，根本原因就在于构成"宇宙卵共同体"的每一个"卵体"中的"气"或"暗能量"的强弱和鼓瘪程度不同所致。

星系的"气球"、"气囊"或"宇宙卵"的"外皮"是看不见的，里面的"暗物质"、"暗能量"和"气"、"炁"也是看不见的，"暗物质"、"暗能量"是一种理论的假说，"宇宙背景微波辐射"是一种电磁波，实际上它们都是一种能量，用中国古代的哲学语言叫"气"或"炁"，用科学的规范语言，应该称之为"真空能量"或"真空能"。它不是原始的可见物质，而是由可见的天体运动中产生出来的一种物质能量，肉眼看不见，但天文仪器可以检测出来，它就是理论假设中的"暗物质"和"暗能量"，实际就是通过检测发现的宇宙中的微波辐射。

另外，在星云宇宙中大量生产"暗物质"和"暗能量"的还有宇宙黑洞，

415

 宇宙·智慧·文明 大起源

我将在下文中详述。

5. 星系和宇宙的年龄

在上文中，我已谈到了星系的年龄，认为星系的年龄从年轻到老年依次是旋涡星系，棒旋星系，椭圆星系和不规则星系，这个排序与哈勃当年的排序相反，与目前观测的结果相符。

星系的年龄是这样，那么，星系和宇宙之间的年龄关系应该如何呢？根据"双母子"生成原理，星系是有年龄的，而宇宙是没有年龄的。因为星系是有始有终的可见的星云宇宙，每一个星系因为它的构成不同，所处的位置和运行状态不同，所以它的具体年龄也有别，有的星系可能寿命长达几十亿年甚至上百亿年，有的星系可能只活几百万年或几千万年就消失了。所以，在星云宇宙构成的星系世界中，犹如人类社会中构成社会的人生一样，"喜怒哀乐"俱备，兴衰更替不断，生生死死，悲悲切切的循环和人类社会一样在进行之中。但毕竟宇宙之中的一切有机和无机物，只要构成了某种形式的运动，生的"欲望"就会远远大于死的恐惧和悲切，人类社会是这样，星云宇宙中也是一样。

相对有生有死的星系，宇宙就不同了。宇宙只是对天体构成的这个上下左右前后"六方"时空的统称，它不可能有实际的年龄。比如人类社会是由不同肤色的人种和民族组成的，构成社会的黑种人、白种人和黄种人是有年龄的，但由这些不同人种组成的社会是没有实际

年龄的。同样的道理，构成了星云宇宙的每一个星系都是有年龄的，而由无穷多的星系组成的宇宙却是没有年龄的，由此我们就明确了一个铁一样的事实：目前，我们所观测的宇宙的年龄，实际都是具体的星系的年龄。通过哈勃望远镜观测到的大部分天体，年龄都在 140 亿年左右，那就说明那些星系的年龄达到了 140 亿年左右；2003 年，美国的科学家马克、迪金森领导的国际研究组发现一个位于鲸鱼座的星系 HUDF-JDZ，经过多方观测得到的数据证实，"它与地球的距离达到了 130 亿光年，这个数字如此接近大爆炸发生的时间，不禁令人瞠目结舌"。[①] 也就是说，这个新发现的星系距离大爆炸只有 7 亿年之隔，模拟观测的结果更叫人吃惊，这个星系可能在大爆炸后的 2 亿年内形成，甚至是大爆炸之前的 1 亿年中生成。[②] 这个"荒诞的结果"，其实一点也不荒诞，它说明两点：新发现的 HUDF-JDZ 星系的年龄证实，大爆炸学说是不能成立的，甚至是荒诞的，因为大爆炸还没有发生，比大爆炸领先 1 亿年的时空中就已存在一个"质量相当于 6000 亿个太阳质量"的巨大星系存在着，这还不荒诞吗？能说明大爆炸学说是正确的吗？第二，新发现的 HUDF-JDZ 星系的年龄，就是该星系的实际年龄，而非宇宙的年龄。星系的年龄可以是 130 亿年，也可以是 200 亿年，但宇宙就不存在年龄的说法。因此，新发现的星系年龄大，或超前于大爆炸的时空，按"双母子"生成的原理是正常的、

416

合理的，不存在荒诞不荒诞的问题。

按照"双母子"生成原理，原生星系的年龄就像一个人的年龄，再生星系的年龄或存在时间，就像一个大家族、一个民族或一个民族存在的年龄或时间一样，除此之外，宇宙世界中再没有年龄的说法。我们现在借助科学技术所观测到的只是原生星系（如太阳系）和再生星系（如银河系等）的年龄，而且也是一种误差极大的推测的年龄，相信在未来，我们在星云宇宙的大世界中还会发现像中国的彭祖一样长寿的星系，如果真有这样的发现，那也是正常的，不必大惊小怪，因为"双母子"生成原理就可以预言这样的发现。

比如一个人的年龄是清楚的，几十年到百余年，传说中的彭祖活了八百岁，应是最长寿的，但由单个的人组成的人类的年龄我们就无法知道，除非我们明确知道了第一个或第一批在宇宙中生成的人出现在何时，否则无法确知。星云宇宙和星系的年龄同样如此，我们可以知道天体和星系生成的年龄，但无法确知星云宇宙的年龄，除非宇宙科学能找到第一个或第一批原生态星系。假如能找到，"双母子"的预言就可以实现。

6. 行星的反向旋转

通过天文望远镜观察可知，星系的旋转有顺时针方向的旋转，有逆时针方向的旋转，从整体上看，无论顺时针方向旋转还是逆时针方向的旋转，它们的转向是一致的。在原生态的星系里，围绕恒星旋转的各行星的转向一致才对，但有的行星的转向却不一致；不仅如此，有些行星的卫星的转向也是和它的主星的转向是相反的。这个问题怎么解释，天文界各有歧说，没有一致的看法。比如我们的太阳系中，金星的旋转方向与水星等行星是相反的；海王星的卫星"海卫一"的转向也是反的；太阳系中大多的行星及其卫星的转向都是一致的，唯独它们的转向为什么是反向的呢？按"双母子"的原理解释，有两种情况，就是在太阳系"双母"形成之初，原始星胚的来历要么是逆向相遇，同向旋转；要么是同向相遇，逆向旋转。金星和"海卫一"应属后一种类型，比如说金星。当初的水星和金星的星胚相遇的一瞬间，画出了喇叭花形状的先各自靠近然后各自想脱离向外滑出，画出了各自的外向圆，最终它们又被各自的引力相互吸引，走到了一起，逐渐形成"双母"的对称性旋转。"双母子"原理的这种解释可以说是假设性的自圆其说，我感到说服力不足，对这样的解释有点担心。思考很久，还是从它们自身找证据。很荣幸，我找到这个证据了！1928年以来，物理学家保罗·狄拉克预言了电子的配偶"反电子"的存在；1932年，物理学家卡尔·戴尔·安德森通过试验证明了"反电子"（正电子）的存在。自此，拉开了对于"反物质"研究的序幕。一系列的研究和试验表明，每一种粒子都有它成镜像的相反粒子相对应，比如质子和反质子、中子和

宇宙·智慧·文明 大起源

反中子、夸克和反考克等。反粒子和正粒子质量与半衰期都是相同的，但它们的电荷性质和旋转都是相反的。粒子和反粒子的各种特性，就给"双母子"对"双母"解释的理由找到了有力的证据。也就是说，当水星和金星作为最初的"双母"星胚，它们的物质属性是完全相反的，准确地说它们就是一对反物质的"孪生兄弟"，当它们在一特殊的时空中偶然相遇，因为是正、反粒子构成星胚，它们立即扭结到一起，成为最初的"双母"星胚的旋转。又因为粒子物质和反粒子物质的电荷性质和旋转方向是相反的特点，它们自然形成了一个正向旋转、一个反向旋转的"双母"，这就是太阳系的"双母"之一的金星为什么是逆向旋转的最根本的原因。

毫无疑问，水星和金星作为太阳系的"双母"，是一对反物质行星。由此进一步推知，目前发现的海王星的卫星"海卫一"也是逆向旋转的，天文学家认为那是从柯伊伯带飞来的一对"双星"，最终被海王星将一星驱逐，另一星俘获，成为自己的卫星的。从上述的"反物质行星"的存在可以推知，目前较流行的这种说法也是一种猜想，"海卫一"逆向旋转的真正原因还是因为它与海王星是一对最初相遇的"反物质"星胚，因为它们的质量不同，一个成为行星，一个成为卫星，因此可以说，海王星和"海卫一"的关系并非后来俘获的卫星的关系，它们本来就是一对偶然相遇的"反物质"星胚，逐渐演变成为现在"一主一仆"的关系。

另外，由欧洲天体物理学家组成的"索伦小组"还发现了透镜星系NGC 4550的星盘由两部分构成，里面的星盘和外面较大的星盘的旋转方向也是相逆的，按照"双母子"原理和"反物理行星"形成的情况判断，诸如这个新发现的逆向旋转的星系也是较大型的"反物质星系"。

通过对"反物质行星"和"反物质星系"的实证分析，我们就有了一个如何判断原生态星系存在的可信标准：凡形成逆向旋转的"双母"行星，它们必然是最贴近恒星和生成了恒星的"双母"行星；如果它们不是恒星的"生母"，也是如海王星的"海卫一"那样自然形成的"反物质行星"。

与这一判断标准相反：凡是旋转方向一致的行星和星系，它们的物质属性和电荷性质都是一致的。

至于星系的顺时针旋转和逆时针旋转形成的原因，与"双母"（包括生成再生星系的原生态星系）的质量大小相关。如果左向的母体质量较大，右向的母体质量较小，则形成顺时针旋转；相反，如果左向的母体质量较小，右向的母体质量较大，则可形成

逆时针旋转。母体质量较大的一方，可以带动或拉转母体质量较小的一方，朝着它们的方向旋转，这就是星系旋转方向不同的根本原因。

二、原生态星系生成的实证

"双母子"生成的基本思想陈述至此，我们再回过头看看，这种理论的预言能否经得起观测事实的检验。我们就以目前的一些天文观测事实来说明这一问题。

剑桥大学的天文学教授马丁·J.利斯在他的《宇宙的起源》一文中说："天空中有一些位置，比如猎户座星云，特别有意思，在那里就有一些新的恒星——或许带有新的太阳系——正从发光的气体云凝聚形成。"③这段话的意思是，在天空的某些区域内，一些新的恒星和行星系统正在凝成。话说得有点含糊，但他传达的信息对"双母子"生成论十分有利。

比利斯先生的表达比较具体的相关信息还有很多，下面我选了几例重点引证一下：

"1995年1月中旬，在美国得克萨斯州圣安东尼奥市举行的美国天文学会会议上传出喜讯：美国旧金山州立大学的天文学家杰弗里·马西和保罗·巴特勒发现了两颗太阳系外的新行星系统。这两颗行星体积巨大，至少有一颗行星较为温暖，上面可能有液态水存在。这就是说，该行星上具备了生命栖息的必要条件。这一发现首次证实了在太阳系之外还存在着类似太阳系的行星。马克和巴特勒的重要工作可能改变天文学的发展进程。"④指出这一发现的科学家能否改变天文学的发展进程，不得而知，但它表明，在宇宙的深处，原生态的行星系统不仅存在着，而且还在生成，我们的星云宇宙并不是完全被老恒星和尘埃占据，原生态的小星系依然活跃地成长于其间，这就是我们真实的宇宙。

"据美国《天空与望远镜》杂志1998年3月的报道，哈勃空间望远镜已拍摄到猎户星云中类似原行星的盘状物，从中间的暗区到边缘有冥王星的轨道那么大。自1996年以来，天文学家发现了一批恒星具有行星系统，如室女座70、大熊座47和飞马座51等。这些发现给探索外星文明带来了希望，它再次使我们确信，我们的地球并不孤独，地球并不是宇宙中唯一有文明的行星。"⑤

另有一则信息，令人更加振奋：

"1981年11月10日晚，科学家用直径3.6米的望远镜向从前很少光顾的绘架座方向观测，结果发现了距地球52光年的绘架座β星……1983年，欧洲空间局发射了一颗装备了当时最先进的远红外照相机的科研卫星，它从β星观测到了'过剩'的远红外射线。这就意味着大量宇宙尘埃存在。三四十亿年前，在

 宇宙·智慧·文明 大起源

我们太阳系中，也有尘埃围绕着原始太阳旋转，尘埃颗粒冷凝聚合，逐步产生了9个巨大的星球……从β星观测到的尘埃圆盘的宇宙空间延伸达1500亿千米，相当于太阳到冥王星距离的25倍。更进一步分析表明，β星的尘埃环已经开始聚合成核心和碎块，即所谓行星的雏星。""科学家们还注意到一个特别的现象：绘架座β星的温度远远高于太阳。在没有其他天体干扰的情况下，尘埃接近高温星球时，应该产生极端高温尘埃发出的射线。然而这种射线却没有被测到。这说明尘埃中心约六百万千米的距离内几乎是空的。天文学家们认为，这是行星吸走了尘埃，而且只有巨大的行星才有可能通过重力吸引如此多的尘埃，留下了巨大的空间。""当科学家们正期待着72年的运转周期后再次测量这颗行星的体积时，他们发现β星显然还有一颗行星……尘埃环呈对称形状。这种非正常的情况一般在几百年内可以看到'修正'，而β星已有至少1亿年历史，唯一的解释是有两个重力中心在沿离心轨道绕转，也就是说，两个行星重叠了尘埃环的形状。"⑥

天文学家对β星的发现和观测事实表明："双母子"生成论是正确的！理由有这样几条：

第一，β星的尘埃环已聚合成"核心和碎块"的最初形状，这表明"双母子"的雏形已经形成。

第二，尘埃中心约600万千米的距离内是空的，这正是原生星系生成的"黑洞"；"黑洞"已稳定成形，"双母子"星系雏形形成的时间已经不远了。

第三，发现"尘埃环是对称形状"，沿离心轨道旋转，证明这两个"对称"的"重力中心"正是"双母子"，在"双母"中心的黑洞中应该升腾起它们共同的"孩子"，即未来原生星系的主星——恒星来。

按"双母子"生成论，先是由不同重力的物质团块形成自旋或对称性运动，这样靠自身力量形成自旋或对称性运动的物质团块，就是未来星系的"双母"星胚；当这对自旋的"双母"星胚运转到一定时段，它们共同的"子"（恒星）就从那巨大的中心空白区域中生成出来，它就是未来星系的主星；当"双母子"雏形进入较为正常的运转轨道之后，行星的运转速度不再是由行星自己决定，而是由它们的"子"星（未来的恒星）的运转速度来决定：生成中的恒星的转速越快，它的引力或吸积的能力就越强，恒星的成长增长速度就越快，转速也就越快；恒星的转速快，它所带动的行星的转速也就越快。这就是原生星系的转速是由恒星的质量和转速决定的理由。当行星的转速加快之后，它们反过来给中心黑洞中的恒

420

星加力，促使中心黑洞中的恒星更快地成长壮大。当恒星的转速达到使其表面燃烧起来的时候，温度、亮度以及适当位置上的生命随之诞生，一个逐渐成熟起来的原生态星系就这样产生出来。比如我们的太阳系就是这样产生出来的。而新近发现的β星似乎还没有成熟到太阳系的程度，但看得出β星已经初具"双母子"雏形规模，再过几百万年或几千万年甚至数亿年，一个新的太阳系就会从绘架座β星的位置上生成和成熟起来。

三、宇宙存在状态的实证

有这样两个方面，也是目前天文学界的观测事实和研究成果，可以说它们也是"双母子"生成论和宇宙存在状态的直接阐释或注解，我们不能不对它有所了解。

"根据探测器（旅行者号，1977年发射探测木星和土星，如今已经30年了，它已飞越了木星和土星）传回的数据，科学家了解到，我们整个太阳系坐落在一个巨大的、为海王星轨道半径4倍的大气泡中。气泡的开创者是太阳，是它吹出的太阳风（从太阳射出带电粒子流）让泡泡鼓起来。天文学家把这个泡泡称之为日光层，泡泡的外层膜叫太阳护罩。目前旅行者1号距离地球约100亿千米，恰好就在太阳护罩里面。

"外圈的太阳护罩相当于泡泡的外膜，不要小看这层膜，它对于太阳系，尤其是人类是很重要的，它可以防护太阳内部宇宙射线的辐射。宇宙射线是来自超新星爆发或黑洞的接近光速的亚原子粒子。它们会穿透我们的身体，摧毁我们的细胞和细胞内的DNA。幸运的是，太阳系泡泡可以为我们抵挡住大部分宇宙射线，在那些袭击者进入太阳系内部之前就把它们遣回宇宙空间。

"太阳系护罩具有不断湍动的磁场，这个磁场像湍动的河流一样，充满了旋涡和浪尖……科学家猜测，正是太阳护罩的这种旋涡和浪尖结构的磁场有效地散射了高能量的宇宙射线，泡泡的外膜厚达50亿千米，旅行者1号需要在太阳护罩内飞行10年左右。当穿越大泡泡后，旅行者1号又将会遇到什么新奇的现象呢？让我们展开想象的翅膀吧！"⑦

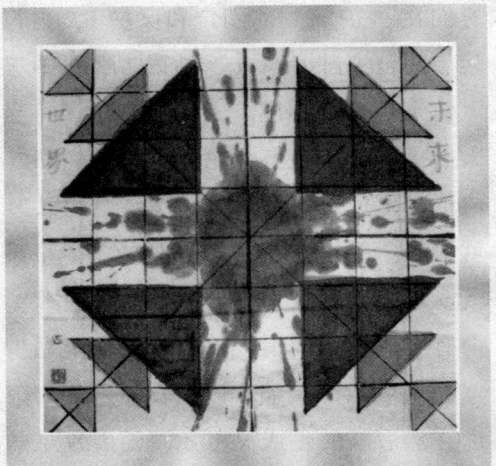

自绘图08 地球的未来

 宇宙·智慧·文明 大起源

太阳系在太阳风吹出的"太阳护罩"内，这一观测发现与"双母子"生成论的预言相一致。"双母子"生成论认为，星云宇宙在整体上如同肥皂泡沫垒筑成的"宇宙卵共同体"，它同时是个五彩缤纷的可以自行膨胀和凝缩的气囊集团，它有两个大循环，即气囊内的内循环和气囊集团之间的外循环。

气囊的内循环是在气囊内完成的。

依据"太阳护罩"的观测事实，每一个大的星系或星系集团都形成相应的大气囊或"星系护罩"，它们在周边星系的影响下，形成不同的外在形状，这形状实际就是各星系或星系集团的"星系护罩"，目前的观测技术还无法发现它们的真面貌，但是按照"太阳护罩"形成的机理，"星系护罩"的形成也应该大同小异。每个星系或星系集团在它的"护罩"里形成自己的一个组织体系，它们在"护罩"的圈定和保护下，自行运转，自生自灭，与"护罩"外的星云宇宙形成一种呼应。一般情况下，每当大的星系或星系集团在自己的"护罩"内形成生成势态的时候，"星系护罩"就膨胀，以致使"护罩"外的其他星系气囊也随之膨胀；每当在"星系护罩"内有天体萎缩或消亡的时候，"星系护罩"又朝内部收缩，以至收缩到最大限度。然后新的生成又开始，随着新星的生成又逐步向外扩展和膨胀，循环往复，这即是气囊内部循环的完成。

气囊的外循环是在气囊集团之间展开的。由于"星系护罩"内部运动引起的冲动给星系集团之间带来引力场的变化和力的重新分配，它导致"星系护罩"之间的相互挤压，犹如一大堆肥皂泡之间的组合那样，各种不规则的甚至是怪异的星系就在这种挤压中形成。不仅如此，气囊的外循环还可导致整个星云宇宙的膨胀和收缩。当整个星云宇宙形成的气囊集团中的任何一个"星系护罩"趋于老化或死亡，就像在一大堆肥皂泡中的一个泡破灭了，整个泡沫集团都会自动地朝内收缩，重新调整自己所处的位置。这就是前述的荒漠宇宙的形成，也就是整个星云宇宙处于收缩和向内凝聚；当荒漠宇宙中重新出现新星生成的时候，犹如肥皂泡堆中继续有肥皂泡生成一样，整个的肥皂泡堆或星云宇宙又会形成膨胀趋势，向外扩张势力。我把宇宙的凝缩和膨胀看作是宇宙特有的一种"蠕动"，甚至我认为宇宙在大尺幅中的结构性变化与地球上频频出现像冰河期这种奇怪难解的气象现象，都与宇宙的"蠕动"密切相关，特别是当宇宙处于大尺幅状态下的内敛或凝缩时，小行星撞击地球的事和冰河期现象就会光临地球，过去曾经有过的类似的宇宙性

The Origin: Universe, Wisdom & Civilization

灾变也许就是在这种宇宙内敛或凝聚的大背景下发生的。当然，这只是一种猜想，我在这里提出来，只是想把它作为今后研究的一个参考而已。

能够证明上述论点的，譬如中国在南宋时期记载的超新星蟹状星云的遗迹即是。"那颗恒星照耀了几个月，才逐渐暗淡，消隐不见。留下来的残骸，就是我们今天所看到的蟹状星云。超新星爆发这种极其猛烈的事件，宣告该恒星已经耗尽了它的核能，演化到了尽头。然而它的质量又太大，不可能变成一颗白矮星……于是它的核心便突然发生内爆，急剧坍缩，并释放出来大量的引力能量，致使其外层物质猛烈向外层飞散出去。该恒星的中心部分最后会坍缩成一颗非常小的快速旋转的中子星，直径仅有10km左右。"⑧ 蟹状星云的爆发正是星云小宇宙中一个气囊破裂的例证；当它的"暴胀"过程消失之后，那里就会形成荒漠宇宙，新的新星就会从那里生成。目前的天文观测表明，我们头顶的星云宇宙正处在一个新星生成或不断膨胀的过程之中，说明我们观测到的膨胀的宇宙是现实的、可信的。无论在何时，星云宇宙中生生死死随时都在进行，"肥皂泡"堆随时都在变动和调整成新的结构，整个的星云宇宙，就是在这种大的环境中生成、毁灭、再生成、再毁灭，以至循环无穷。

从这个角度说，大爆炸说的支撑依据，一是宇宙微波背景辐射。一是宇宙膨胀中观测到的红移；仅凭这两点证据，大爆炸说根本无法解释宇宙中的众多神秘现象。比如宇宙微波背景辐射，就不是大爆炸的"余热"，在如此之多的特大质量黑洞辐射中同样可以形成；而宇宙是因为大爆炸而膨胀不止的假说的确缺乏动力学的实验依据。200亿年的时空中，那些分散飞溅的物质团块为什么会越后膨胀得越快呢？是什么力量促使它们膨胀不止的？虽然目前的宇宙起源诸说中说法很多，但只要仔细一推敲，漏洞百出，无法自圆其说。相比之下，"双母子"生成论就不一样了，它已初步形成一整套较为完善的宇宙理论体系，而且这一体系是以中国古代的宇宙起源观为内核，以现代天文学和宇宙学中的诸多观测事实与发现为依据，解释宇宙的生成、生长和衰亡的基本规律，特别是它对目前已知的天文知识和宇宙现象做出了自己的合理解释，仅凭这一点，它的基本宇宙观也是可以成立的。

当然，"双母子"生成论也只是个初步的宇宙起源假说，它还有不少需要完善、补充的地方，特别是还需要各种天文观测和试验的证明，这一点是任何一种新的理论或假说都避免不了的。

另外，还有一个观测到的天文事实，

423

宇宙·智慧·文明 大起源

同样可以作为"双母子"生成论的证据：

"就我们目前所知，有几十亿个星系分布在可观测宇宙的边缘，那里首次呈现存在特大质量黑洞的证据。有多少这类特殊天体在那里呢？我们疑惑不解。"

"许多天文学家推测，几乎每个大的正常星系都在其中心蕴含一个特大质量黑洞，这个假说已获得日益增多的证据的支持……诸如此类的通过巡天观测得到的图象表明，宇宙布满着一小块一小块的孤立时空……"⑨

这就对了！在偌大一个星云宇宙的边缘何以存在"一小块一小块的孤立时空"？"双母子"生成论认为，那种"孤立时空"形成的原因有两种：一种是原生态星系在混沌宇宙中生成的雏形，它们还在混沌宇宙的物质中漂移着，还没有和别的星系发生碰撞，形成再生的大星系。另一种原因就是由较大的再生星系形成的"星系护罩"，正是这种"护罩"，把宇宙的无限时空分割成"一小块一小块的孤立时空"。前述的"太阳护罩"，只是一个原生星系的"护罩"，可它却有50亿千米厚，旅行者1号需要10年时间才能穿透它。由此推知，一个像银河系、仙女星云这样大的再生星系会拥有多么深厚的"星系护罩"，它完全可以将一个再生星系分割成"一小块一小块的孤立时空"，再由这些"孤立时空"构筑成绚丽多彩的、五彩缤纷的星云宇宙或肥皂泡堆一样的气囊集团。星云宇宙的这种存在方式，我想不仅仅是一种猜想出来的产物，这就是"双母子"生成论所持的预言，更准确地说就是东方式的预言。

注释：

①② 严锋策划，王艳编选：《世界真的存在吗》，上海锦绣文章出版社，2007年
③⑧⑨ 马丁·J. 利斯：《宇宙的起源》，载《起源》，弗比恩编，华夏出版社，2006年
④⑤⑥⑦ 郭永海编著：《宇宙未解之迷》，陕西旅游出版社，2007年

第四章
黑洞的生成及其功能

黑洞的预言及发现／黑洞的类型及功能／黑洞扬尘／黑洞的观测与初步验证／黑洞的社会属性

论述至此，我们所关注的星云宇宙的生成及其演化的秘密还没有被彻底揭露出来。星云宇宙从原生态星系开始生成、起步，然后组合成更大规模的再生星系和星系群团，它们的生成、维系、演化以及衰老和死亡是怎么促成的呢？本章就这些问题展开讨论，力争使这些问题得到一个比较满意的答案。

一、黑洞的预言及发现

地球上有冰河期，"百慕大"这样神秘难解的迷题，宇宙中同样有黑洞这样一种神秘莫测的天体。

有关黑洞存在的预言已经很久了。

"第一位提出可能存在引力强大到光线不能逃离的'黑星'的人是皇家学会特别会员约翰·米切尔，他于1783年向皇家学会陈述了这一见解"，"皮埃尔·拉普拉斯独立得出并于1796年发表了同样的结论。"[①]此后直到第一次世界大战期间，德国天文学家史瓦西利用广义相对论来计算并说明黑洞，经过"史瓦西半径"计算出来的黑洞质量令人不可思议。比如太阳的史瓦西半径是2.9千米，地球是0.88厘米。也就是说，按"史瓦西半径"计算，黑洞将太阳质量可以压缩在半径2.9千米以内，地球可压缩成0.88厘米以内，这样的黑洞质量的确令人难以置信。

到了1968年，美国普林斯顿大学的物理学家惠勒发表的一篇文章中首次提出"黑洞"这个名称，从此一直沿用至今。"惠勒认为，黑洞是在一个特殊的大质量超巨星坍缩时产生的，当一个大质量恒星爆发时，如果其核心的质量超

宇宙·智慧·文明

过太阳的3倍，那么它就会变成一个黑洞。黑洞产生的过程类似于中子星产生的过程：位于恒星中心的铁核在自身重量的作用下迅速地收缩，发生强力爆炸。在中子星情况下，该核心中所有的物质都变成中子时，坍缩过程立即停止，物质被压缩成一个密实的星球。但在黑洞情况下，由于恒星核心的物质质量大到使坍缩过程无休止进行下去，中子本身在挤压引力自身的吸引下，被碾为粉末，剩下来的是一个密度高得难以想象的物质，它的引力场巨大到不可想象，任何物质都不能逃离它的表面，甚至连光都无法逃出。"②"现在都认为，黑洞和中子星都是在大质量恒星发生超新星爆发时的临死挣扎中产生的。"③

其实，对黑洞的实质性认识是从20世纪90年代开始的。

普遍认为，"黑洞是宇宙中最神秘的天体，上世纪60年代，科学家从理论上提出，在星系的中心应该存在超大型的黑洞，它们的质量同太阳相比，要大几倍、万倍到数十亿倍。可是在美国的哈勃太空望远镜升空之前，人们并没有直接观测到巨大黑洞存在的天文证据"，"自从1990年哈勃天文望远镜升空并开始运转后，它在数个星系的中心都发现了高速旋转的气体，这让科学家十分兴奋，因为他们得到了计算天体质量的'钥匙'……利用开普勒定律，科学家计算后发现，在星系中高速运动的气体所围绕的区域中，正是理论上所预言的超大型黑洞的藏身之处。比如在M87星系中直径15光年内的区域里，包含了达太阳质量20亿倍的天体。显然，这些天体都属于超大型黑洞。

"最近的一个新发现更让科学家们激动不已……在距离地球2.6亿光年远的仙女座星系的中心，他们发现了黑洞吞食物质所产生的射电。追溯射电的源头，可以发现这个源头以1.05光年为周期，以长轴在0.3光年左右为椭圆轨道绕着另一个天体旋转。科学家可以根据轨道的周期和椭圆轨道的形状来估算两个天体的质量。结果他们发现，两个天体的质量之和是太阳的100亿倍！在直径只有1光年的狭隘空间中，存在这么大质量的天体，科学家只能认为，这两个天体都是黑洞。这是世界上首次发现两个超大型黑洞像双星那样近距离共存。科学家预计，这两个黑洞将在1万年后合并。"④

另外，科学家们还发现，人马座A星是银河系中心的黑洞，在它上面有一股气流环绕银河系中心以每小时16万到64万千米的速度运动。科学家们相信，这股气流被质量为太阳质量的四百万倍的一个黑洞所支配，这个黑洞就在人马座A星，它的质量并非最大，但离我们地球最近，云云。

从上述的文字信息中我们得知，人类对于神秘天体黑洞的预言和观测发现，经历了约300年的历程。在这段漫长的认识历程中，人类对黑洞由猜想到观测发现，离揭开黑洞真面貌的目标越来越近。但是，我们也不得不正视一个被大多数人最容易忽视的问题，即目前对黑洞认识的科学方法。就目前而言，此方法是"通过物质落进黑洞的视界后发出的辐射间接得知的。用这种方法探测黑洞，就好像通过观察火焰的影子，发现在篝火中燃烧着的炭块一样。当气体流进黑洞时，气体加速旋转形成一个扁平的吸积盘，气体的分子运动加快、聚职、碰撞，由此使气体变得很热，并且发射出X射线辐射。科学家正是通过这种快速旋转的气体发射出X射线的探测来发现黑洞的存在的。"⑤这种"间接"的方法，只能证明黑洞存在的可能性，却不能说明黑洞为什么存在以及黑洞产生和形成的原因，也就等于说，太阳的存在是我们每天都看得见的实体，但太阳是怎样生成的，它又为什么会发光，诸如此类的起源问题我们却一无所知。相比太阳，黑洞的存在更为神秘；因为它是不可见的"天体"，我们只能观测它的一些辐射来确证它的存在、它的质量以及形成

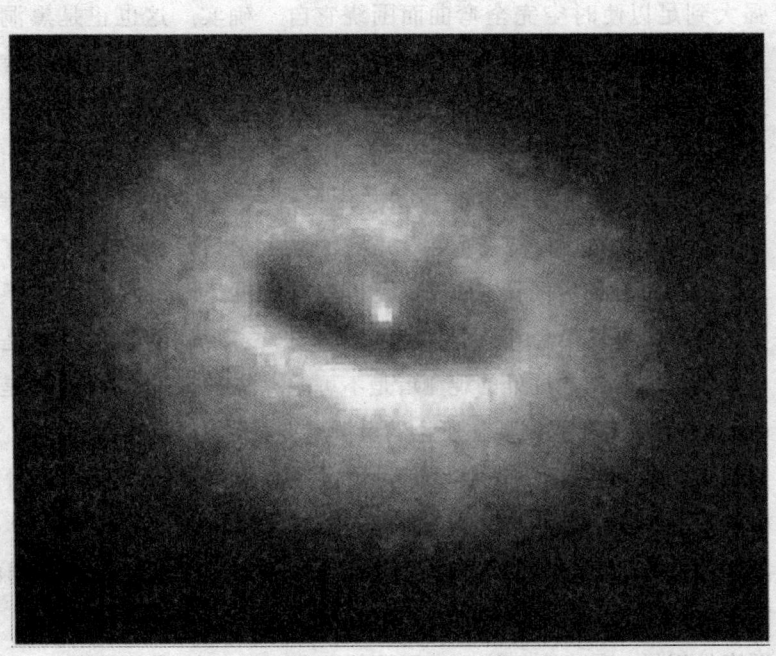

图118 椭圆星系NGC4261位于处女座方向，距离地球1亿光年，天文学家认为，该星系中心的尘埃圆盘上藏有黑洞。

的种种可能性。正因为此，到目前为止，有关黑洞的说法有很多，但大多的理论预言都是昙花一现，没有生命力。比如黑洞存在于原子当中，黑洞是一种高密度暗天体等，都属这种情形。按照"双母子"生成论，黑洞的生成、演化以及

 宇宙·智慧·文明 大起源

现实存在，都不是以上说的这种状况。下面，我们就以"双母子"生成论的观点重新解读"黑洞"以及黑洞的真实内涵。

二、黑洞的类型及功能

关于黑洞，《大宇宙百科全书》做了这样的定义："一团物质，如果其引力场强大到足以使时空完全弯曲而围绕它自身，因而任何东西，甚至光都无法逃逸，就叫做黑洞。"霍金教授在他的《宇宙简史》中却这样定义："根据相对论，任何物体都不可能比光运动得快。因此，如果光都无法逸出，那任何物体就无法逃逸。一切都被引力场拉了回来。所以就有了这样一个事件集合，一个时空区域，要从那里逃逸而到达远处的观测者是不可能的。这个区域就是我们现在所说的黑洞。"又说："我已经和罗杰·彭罗斯讨论过这样的想法，即把黑洞定义为事件集合，从其中逃逸到远距离是不可能的。这是现在已普遍采纳的定义。这意味着黑洞的边界，即事件视界，是由刚好逃不出黑洞的那些光线所构成。它们永远停留在那里，在黑洞的边缘徘徊。"⑦

从以上比较权威的两个黑洞定义中我们不难看出，科学所确认的黑洞的内核就是它的引力大于光速，这是共同的。霍金教授还把"被引力拉回来"的光的集合作为黑洞的主要内容，这也倒是一种说法。但是人们对于黑洞的认识还是缺乏共性，尤其对黑洞的起源、黑洞为什么起源以及黑洞在宇宙中的作用等问题一无所知。这正如霍金教授自己评价的那样："黑洞是科学史上为数极少的几个这样的事例之一，在还没有任何观测依据表明其正确之前，这个理论作为一个数学模型，已经被研究得极其透彻。确实，这也正是黑洞的反对者的主要论据。人们怎么能相信有这样的客体，其唯一的依据居然只是基于问题的广义相对论的计算呢？"⑧也就是说，直到20世纪90年代之前，黑洞理论只是一种数学计算的结果，没有任何观测事实作依据，即使哈勃太空望远镜升空，得到很多观测的事实，但是黑洞究竟是个什么样的天体，我们还是模糊不清，这一点我们从前述的两种定义中明显看得出来。

现在，我们暂时地抛开已有的种种理论和定义，单从"双母子"生成论的角度来认识一下黑洞的起源历程和在宇宙世界中的具体作用。

按照"双母子"生成原理，黑洞有两种最基本的类型、三方面的功能和一个适合于它自身的定义。

1. 黑洞的两种类型

"双母子"生成论认为，黑洞诞生于原生星系的初期和再生星系演化的全程之中。前者，我把它称之为"生成性黑洞"，相当于人类母体的子宫；后者，我将它称之为"死亡性黑洞"，它相当

于人类社会的坟墓。说到生成性黑洞诞生于原生星系中，我们仍以太阳系的起源为例来说明生成性黑洞诞生的过程。我们已经知道，在太阳系起源的最初，水星和金星的星胚偶然相遇并因它们自身的原因形成了最初的绕转，我把这两个星胚的绕转称之为"双母"。"双母"在相互绕转的过程中，中间区域内自然形成了一个空洞，这个空洞就是原生星系生成的黑洞原型。随着"双母"绕转速度的加速，处于中间区域的原生态黑洞的引力场也增大，以致于从"双母"绕转形成的中间黑洞中产生出"双母"之"子"的太阳恒星来。太阳系的这个生成过程，就是"双母子"生成。当"双母"之"子"成长为一个真正成熟了的恒星之后，"生养"它的"双母"就变成了它的两个最贴近的行星，除了"双母"又俘获了地球、火星等行星，太阳系的雏形已经形成。到了这个时候。生成了太阳恒星的原生态黑洞就被太阳的巨大斥力推移开去，黑洞的引力场随之减弱，以至消失。我把原生态黑洞的这种消失效应称之为"黑洞漫溢"，实际上聚合形成黑洞的引力减弱、扩散，并消失了，黑洞自身也就不存在了。因此我们说，在星云宇宙中，所有像太阳系这样的原生态星系中不存在黑洞，那里曾经存在过的黑洞被黑洞中生长起来的恒星自身推移挤散，"漫溢"出去了，所以就不存在严格意义上的黑洞。这是原生态星系中曾经存在过的"生成性黑洞"的历史使命，它存在的时间并不很长，和原生态星系和恒星的寿命比，可能只存活五分之一强的时间。但它的出现和存在举足轻重，如果没有生成性黑洞，也就不会有由一颗恒星主宰的原生态星系，也就不会有今天的星云宇宙。从这个角度来认识，生成性黑洞充当着人间母亲的重要角色，所以我把这种黑洞又称之为"生成性的黑洞"或"宇宙的子宫"。

比之太阳系这样的原生态星系，再生星系中生成的黑洞要保持很长的时间，一般情况下，它的寿命差不多和星系本身的寿命一样长。当两个和两个以上的大质量原生态星系在混沌宇宙的漂流中偶然相遇，它们的引力和斥力必然导致时空某一区域形成相互的绕转；以它们的绕转为基质，随后俘获的原生态星系

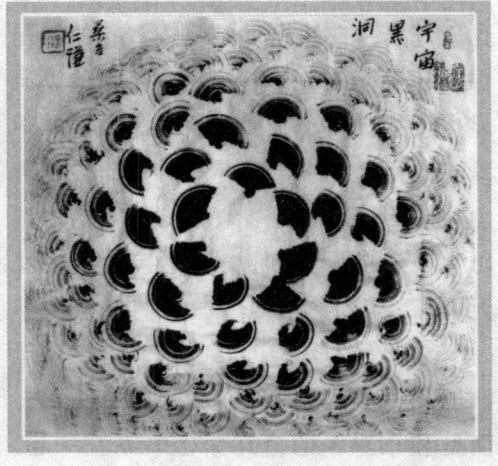

自绘图09 宇宙黑洞

 宇宙·智慧·文明

和其他类型的小星系就成为它的旋臂，而在它们的中心区域同样形成一个巨大的引力场，这个引力场就是再生星系黑洞的原型。因为再生星系不是在原始物质非常丰裕的状态下形成，而是以原生星系为基本资源形成，因此再生星系形成的黑洞中不会产生出"双母"之"子"那样的恒星来，可以说，再生星系生成的黑洞是真正意义上的空洞。由于再生星系的黑洞（空洞）是处在星系的最中心，它的无物的空转速度实际要远高于黑洞之外的恒星和旋臂的旋转速度。再生星系俘获的原生态小星系越多，它的引力就越大；引力越大，它的转速就越高，俘获的能力就越强。当再生星系的系统规模趋于稳定，和周边的伴星系形成力的对抗和共存时，再生星系的生成能力才算告一段落。而在这样的星系规模条件下，处在星系中心的黑洞周围聚集的恒星越来越密集，因而黑洞的空转质量也就越高，在黑洞的视界内，它的转速也就超过光速。这就使再生星系的黑洞显得更加神秘，其质量也超乎人们的想象。通常情况下，宇宙中的光都难逃再生性黑洞的"魔掌"，其他天体游弋到再生星系的黑洞视界中被"撕食"也就无可避免了。

与原生性黑洞不同的是，再生性黑洞的消失并非随着星系的成熟而消失，而是和该星系的命运紧密联系在一起，差不多要伴随生成它的再生星系始终，这是再生性黑洞的独特之处。

比如说，当再生星系从旋涡结构的星系演变成棒旋结构的星系时，处于中心区域内的黑洞质量就会逐渐降低乃至消失。这是因为黑洞外缘的温度极高，长期的极高温蒸腾又促进了高温区域内恒星的老化进程；恒星老化的速度越快，它们的体积向内凝缩的速度也就越快；当黑洞周边的恒星都向内凝缩，以致于无法进一步凝缩的时候，再生星系中心区域内的黑洞就被周边挤压过来的老化恒星所吞噬，黑洞的区域越来越小，最后消失得无影无踪。因此，我们说，棒旋结构的星系就是由于诸多老化恒星向内凝缩形成的，原有的黑洞被挤压消失后，高度凝聚一处的恒星集团就向横的方向延伸，以至形成横向的像棍棒一样的星系核。棒旋星系的进一步演化就走向椭圆形结构的星系。至此，再生性黑洞完全消失，大量老化的恒星集团堆积至星系中心，发出最后一点"余热"，再生星系及其黑洞的使命就在"回光返照"的最后一亮中完全终结了。

由此可知，黑洞的大小也不是严格意义上的某种比例关系：开始的时候黑洞的大小并不稳定，忽大忽小的情况很普遍；到了星系的规模趋于稳定的时候，黑洞的大小也趋于稳定，变化不大；到了星系老化阶段，由于黑洞周边聚集的老年恒星很多，它们的挤压和堆积使黑洞变得越后越小，以至在最后消失之前，

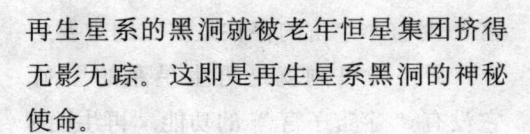

再生星系的黑洞就被老年恒星集团挤得无影无踪。这即是再生星系黑洞的神秘使命。

2. 黑洞的三种功能

黑洞生成的环境条件不同，它的功能也有所不同，一般而言，黑洞主要有三种不同的功能。

第一，生成功能。这是原生性黑洞的主要特征。在星云宇宙中，几乎所有的原生态星系中的恒星都是由黑洞生成，比如我们太阳系的太阳恒星，就是由"双母"绕转形成的原生性黑洞生成；太阳系外的一切类太阳系恒星和其他形式的恒星，都是由原生性黑洞生成。黑洞的生成功能是星云宇宙中的第一性的工作，没有它的这一功能，整个的星云宇宙就无从产生。

黑洞的生成功能不仅局限在原生态星系方面，再生性星系的最初组建也有黑洞生成的一份功劳；虽然再生性黑洞中未能生出恒星来，但最初的"组建"也就像它的生成功能一样，功不可没。

第二，维系和发展的功能，这是再生性黑洞的主要"工作"。星云宇宙中为什么会形成再生性星系？为什么产生独立体系的小宇宙？这份功劳理应记在再生性黑洞的功劳簿上。再生性星系的内核是由最初趋于老化的一些恒星组成，由于它的巨大的引力作用，使再生性黑洞的引力场也发挥出超常的作用：黑洞的引力场越大，它凝聚的能力就越强，凝聚的能力越强，星系的规模就越大，黑洞的质量也就越高。因此，黑洞的第二个特别的功能或作用就是维系大型或超大型的再生星系的正常运转，并且在维系星系的过程中还能进一步地扩大星系的范围和势力，以便在星云宇宙中得到更长久的生命空间。

第三，催老和促进星系死亡的功能，这也是再生性黑洞不可避免的内在规律。哲学上讲物极必反，星系作为一种物状态，它没有生命，但是作为一个运动的机体，它就具有了某种生命的机能。凡是生命体和类生命体，都有始、也有终，星系也不例外。星系为什么也会衰老，直至死亡？现在我们比较清楚地知道了其中的原因：星系生成于黑洞，维系和发展于黑洞，同样它也葬身于黑洞；并非黑洞"冷酷无情"，促使物质的星系衰老、死亡，而是筑成黑洞本身的天体或星系，一开始就为自身的归宿掘好了坟墓，这是天地之间一切准生命和类生命的运动体必然要有的经历，是自然的无情法则；谁也难以逃脱，就像光线和任何物体逃不出黑洞的视界一样。

3. 比较准确的黑洞定义

当我们比较全面地了解了黑洞的生成与功能之后，我们就可以对黑洞下一个"比较准确"的定义，因为之前的定义都比较单纯和片面，未能将黑洞的基本内涵概括进去。比如黑洞的质量是以往的所有定义都关注的核心，但是黑洞

宇宙·智慧·文明

除了它自身固有的质量，还有很多其他的内涵，我们上述的两种类型的黑洞和三种功能即是。因此，黑洞是一切生成的母体或"子宫"，是维系和发展生命的核心力量，同时也是催促星球老化和死亡的坟墓。根据黑洞具有的这样一些特征和功能，我们给黑洞比较准确的一个定义就是：黑洞是由运动体自身产生的生成自己、维系和发展自己，并促进自己老化和死亡的自身力量的自然凝聚；一旦运动体解体或死亡，黑洞也就随之消失。

三、黑洞扬尘

在宇宙的星系中，黑洞的形式有两种：一种是原生星系的恒星生成的黑洞，一旦恒星"长大成人"，恒星就把黑洞填满，黑洞的能量和物质被恒星挤出黑洞，我把这种情况称之为"黑洞漫溢"。原生星系的黑洞最本质的角色是生成的功能，犹如夫妻的共同生活生养出他们共同的孩子一样，"双母"经过一番孕育之后，生成它们共同的"孩子"——恒星，我把原生态星系的生成性黑洞又称之为"宇宙的子宫"。因为宇宙间有了这样的宇宙子宫，一个个恒星和恒星系统就被生成出来。现在我们观察到的再生星系既庞大又灿烂，其实再生星系中所有的绚丽和灿烂都是原生态星系中的恒星的闪烁构成，如果没有"宇宙的子宫"，没有源源不断的生成，我们就看不到如此灿烂的宇宙世界。可见，孕育原生态星系的黑洞——"宇宙的子宫"对整个宇宙的存在是多么的重要。

另一种黑洞就是再生星系的黑洞，它没有"宇宙子宫"的功能，再生性星系的黑洞是星系的能力轴，同时是星系的"宇宙坟墓"兼"火化场"。上文中我们谈到了再生性星系黑洞的三大功能，其中催促星系中心的老年恒星加速死亡是它最厉害的功能，当年老的恒星或行星被裹入黑洞的视界，因为转速过高，黑洞的引力场超前地大，进入视界的恒星或所有天体都会燃烧起来，观察得到的每一个再生星系的中心部分都有极亮的光源和沸腾着的气体和喷射物，就是被黑洞厚大的引力场拉进视界的恒星和天体在燃烧。可以说，在再生星系的黑洞视界中，不存在恒星和行星的差别，所有的恒星进入黑洞视界后会加速地燃烧，以至将残存的物能全部烧化；而随着恒星进入黑洞视界的行星和卫星们，本来不会燃烧，但黑洞视界内的温度越高，它们一旦进入黑洞的超高温区，一个不剩地全部都燃烧起来，以至变成黑洞中的灰烬。再生星系黑洞中的这种情况，我们在现实生活中也不乏事例：当你在白热化的火塘里丢进一块火炭，它会使火塘里的火焰更高更旺；如果你往火塘丢进一筐洋芋，它们很快被烧熟，然后被烧化变成灰烬；你再向火塘里扔一些冰块进去，或是扔进一些小石头，它们同样会被烧化或烧没了。再生星系中的黑洞就和我们在现实生活经验中的

火塘一样，无所阻挡，只要进入它的视界，物质的天体避免不了被烧化、吞噬，即使光线也不能逃逸，被黑洞牢牢牵住，拉进它的黑洞中去，消失不见了。因此，研究宇宙的科学家们都有共识，黑洞是宇宙中转速最高、力量最大的超级天体。科学家们所谓的这种天体指的就是再生性星系中藏匿着的"死亡性黑洞"。

按照"双母子"生成原理，宇宙中的恒星有两种命运：一种是恒星已经老化，它来不及进入"黑洞程序"，在自己的出生地变成了红巨星自行爆炸，超新星残骸继续爆炸，最终成为一颗中子星，而它的爆炸物就变成荒漠宇宙，从中再孕育新的星系或天体。这种"老死故乡"的情形在宇宙中频繁发生，到处存在，它是星系内部"生命"更替的一种正常方式。

第二种就是老化或半老化的恒星及其系统被裹进黑洞视界，进入宇宙星系中广泛存在的"黑洞程序"。所谓的"黑洞程序"就是指恒星或天体被裹入黑洞视界或引力场，先将它烧化，然后被送进黑洞的中心撕裂、碾碎，变成粉末，再由陀罗轴一样的黑洞"能力轴"将变成粉末的物质颗粒从自身上下的空洞中散布出去，以至扩散到星系上下的太空间中。其中的大部分物质经过长时间的磨擦和运动，变成能量，这就是目前所谓的宇宙中大量存在的"暗能量"，还有一部分的物质颗粒未能转化成能量，

它们还是以物质态的原始形态被吹散到宇宙中去，这部分物质颗粒就成为宇宙中的"暗物质"。一个恒星从进入黑洞视界到最后转换"暗物质"和"能量能"，需要很长时间，特别是需要星系黑洞的加工和转换。因此，我又把黑洞的这种特殊功能称之为"黑洞扬尘"。每一个再生星系的黑洞都在极其耐心地做着这项工作，它们既是天体"火化场"、"宇宙坟墓"，又是天体物质重新获得再生的"转换机"。

总之，黑洞能力巨大无比，功能多样超前，它在宇宙世界中的崇高地位没有谁再能顶替，可以说，黑洞就是星系的主宰和灵魂，是无与伦比的宇宙精灵。

四、黑洞的观测与初步验证

"若干年来，关注特大质量黑洞性质的天体物理学家从头提出了宇宙版的'先有鸡还是先有蛋'的问题：封闭时空中的巨大坑穴和充满绚丽星星和光辉气体的活跃的星系，究竟哪个先出现？"[9] 关于谁先谁后的问题，实际上我在上面的诸多论述中已经有了明确的答案，但是我觉得仅有那么简单的一些答案还不够，还应该从天文观测和科学研究的角度做进一步的论述，才可以使以上的答案铿锵有力，立稳足跟。

1. 两大发现和一条铁律

"现在出现了第一个令人不解的迷团——没有一个特大质量黑洞出现在没有中心核球的星系里。正如我们所见，

433

 宇宙·智慧·文明 大起源

星系分属于两种基本类型（目前不包括不规则星系）——一类包含扁平的、旋转着的盘，另一类具有更接近于球形的核球，它只稍微旋转，以作随机运动的老龄恒星为主要成分。许多星系，诸如银河系和仙女星系，都有一个盘和一个位于中心的核球组成。迄今为止，天文学家已经在每一个观测到包括核球的星系里发现一个特大质量黑洞，但是在那些仅仅具有盘但无中心毂盖的星系里则没有。前者可能过去经受了一次或多次的并合，而后者可能从原始时期以来由不接触的旋转物质凝聚而成。这样，我们从这些巡天观测中收集到的第一条线索是碰撞，由此而产生了中央的特大质量天体，这个过程会使'无核球'星系高度有序的车轮结构至少发生部分崩裂。

"第二条线索只是最近才发现……看来这一情况是明确无疑的，即大多数星系与它们的特大质量黑洞是同时成长的。后者非但不是宇宙中的破坏性因素，看来正是它们所在的结构建设的基本要素。新泽西州鲁特杰斯州立大学和奥斯汀的得克萨斯大学的研究人员十分令人信服地证明，中央黑洞的质量能够以很高的精度确定，只需测知在寄主星系的球形结构内绕转恒星的速度即可。在光线和运动的大漩流里要精确地测定单一天体的经迹是困难和不切实际的。相反，天文学家能够从星系的中心毂盖的有限区域测量积累的光线，并从它们显示的整体多普勒漂移求出整个星群的平均速度。他们发现，综合他们巡天观测的全部星系样本，黑洞质量与这一平均速度之比是一常数……天体物理学家掌握了这些事实，并深信大多数特大质量黑洞与它们的寄主星系共同成长，他们假说初始的物质凝聚一旦形成，会在对其周围环境的直接反馈中继续增大。"[⑩]

物理学家们的这两个发现，与我已经成文的观点完全一致。在看到弗尔维奥·梅利亚的《无限远的边缘》这本书之前，我已写成此书，并有了这样的推论。从这本书的两个发现看，我的推论也是正确无误的。第一，黑洞一定是在星系的中央部位，这已被他的"第一个发现"所证实；第二，黑洞与该星系是同时生成，这也被他的"第二个发现"所证实。在弗尔维奥·梅利亚的《无限远的边缘》中唯独没有被"发现"的还有第三点，那就是黑洞生成的原因以及它们的大小和生死，他没有"发现"，天文学家们似乎也没有发现，但我已经在前文中陈述过了，我把黑洞基本分为原生型黑洞和再生型黑洞两种，并且指明了它们生成和死亡的原因。如果说得详细些，黑洞形成的星系条件是：1. 必须是大质量恒星经纬度作平面的对称性旋转，其中心方可形成黑洞；2. 作平面对称性旋转的恒星系统必须是长期稳定或恒定的恒星系统，恒星的不规则运动中很难形成黑洞；3. 原生星系的黑洞是"夫妻

家庭型"的黑洞，随着生成的完成，黑洞也随之消失，而再生星系的黑洞属"家族型"，"家族"成员越多，黑洞的质量就越大；4.年轻星系中的黑洞是该星系凝聚力的核心力量，没有大质量黑洞，大的再生星系也就无从产生；而老年星系中的黑洞是被越来越集中的老龄恒星挤毁的，黑洞不存在了，该星系的寿命也就终结了。

现在看来，黑洞的确是宇宙生成过程中非有不可的必须条件或要素，如果没有黑洞也就没有恒星和恒星系统，也就没有五彩缤纷的星云宇宙。传统意义上，人们把黑洞看得既神秘又可怕。神秘是由于人们对它的认识还不够，它总是潜藏在大星系的中央部分，人们很难看到它的真面貌；可怕是因为它的质量特大，引力特大，速度超过光速，只要接近于它的天体，很难避免被"撕食"的厄运。其实，现在我们已经看得很清楚了，黑洞的超常作用只发生在本星系之中；它是本星系生成和壮大起来的生命摇篮，同时也是促使本星系加速老化，以至走向死亡的坟墓；一旦本星系"寿终正寝"，黑洞先于本星系也就"命归黄泉"了。

由黑洞在星云宇宙中的生成作用和促老作用，我总结出一条基本的规律：宇宙中的行星都是混沌宇宙中的物质团块或"星胚"在偶然的相遇中形成的自旋运动的产物或是被"双母子"拉动的

物质带的俘获物，而所有的恒星几乎都是从黑洞中产生出来，然后又消失到黑洞中去的天体；我把宇宙演化的这一基本规律称之为宇宙中的一条催生催死的铁律，无论你相信还是不相信，它都是一种客观存在。

2. 三个观测的事实

第一个观测的事实，即是黑洞的空穴性质。我在前文中把黑洞直接称之为"空洞"，我的这种提法得到了观测的事实证据。

"此外，当科学家看到宇宙中巨大的空穴被天鹅座 A 中高能的喷射雕凿出来之际，他们不得不面对这个严肃的事实，即这个结构已维持了很长的时间，长到至少等于喷流中的粒子从星系中心运行到两个巨瓣顶端所需的时间。换句话说，这两个相对论性等离子体的铅笔状尖细的喷流保持它们原始状态的构形已超过 100 万年了。因此物理学家现在持最保守的观点是有一个旋转黑洞潜在核心之中，这是不值得惊奇的。它的自转轴的作用就如一个稳定的方向舵，一只不动的陀螺仪，它的方向已先期决定了喷流的取向。没有人做过不同的物理描述，说明这么一个巨大的稳定的结构如何以其他方式维持。"[⑪]

这种长期维持空穴状况的黑洞并不难理解。在原生星系的黑洞中，我们知道生成的就是恒星，恒星一旦生成，脱颖而出，原生星系的黑洞就意味着"废

宇宙·智慧·文明

弃",犹如人类的母亲生出孩子后胎盘随之废弃一样。而再生星系的黑洞就不同了,现代天文学所观测到的都是再生星系的黑洞,它是宇宙世界中存在时间最长、能量最大,也是最容易观测到的黑洞,上引的文字证明,黑洞的空穴性质,正是它居于星系中的实证,同时也是再生星系中的黑洞是"空穴"而非生成恒星的原生星系黑洞的实证。如果再生星系的黑洞是实心的话,那么"双母子"论的立论就站不住脚,正是它的"空穴"性质证实了再生星系生成的基本原理。

第二个观测的事实,大质量黑洞形成的主要方式即是小星系的碰撞,这一点也与"双母子"生成论中大星系形成的观点相一致。

"在星系碰撞的游戏中,我们也是活跃的参与者。不久当我们随之考虑仙女星系向银河系的咄咄逼人的加速度的时候,我们就会知道了。然而,直到不久以前,这类星系灾变的终极产物还是不确定的,天文学家曾经必须去识别并合的产物,其来源显然是两个星系核心的碰撞。在2002年年底,这种情况突然改变了,当时科学家首次得到证据,表明两个特大质量黑洞并存于同一星系之内。美国宇航局的钱德拉X射线天文台聚集于一个蝴蝶形的星系NG6240的核心,人们认为这个星系是两个较小星系在大约3000万年前碰撞的产物,拍到的照片显示这两个天体互相绕转,相距只不过3000光年。几亿年之后,它们的轨道将缩小,以至在宇宙规模的壮丽闪光中产生一个更大的黑洞,那时将发生强烈的辐射和引力波爆发。"⑫

以上的观测事实证明,星系间的碰撞和并合是特大质量黑洞生成的主要方式。由此我们可以推知,并由星系的大小可观测出星系中心黑洞质量的大小:星系越大,星系中心的黑洞的质量也就越大;相反,黑洞质量越大,星系的规模也就越大,它们之间成正比例关系。目前,我们观测到的特大质量黑洞大约有2亿多个,它们都隐藏在广袤的宇宙中,确切地说这些黑洞都隐藏在无数的活动星系的核内,最著名的例子如半人马座A等。

第三个观测事实是再生星系活动中心的黑洞停止生长,以至凝缩或消亡的过程,这一观测事实和我之前的预言完全相符,证明再生星系中心的黑洞是随着星系年龄逐渐消失的这一"双母子"生成原理。

"显然,特大质量黑洞在宇宙的早期历史中已经出现,并将存在久远——非常久远。在1032—1041年之后,它们将是宇宙中仅存的任何有意义的结构的了遗。但是看来在宇宙舞台的最后一幕中,连它们也不能永久存在。黑洞一旦停止生长,就会开始通过一个孔洞慢慢收缩,这是应用量子力学得出的结论。这个理论虽然不完善,但确信是正确的。"⑬也

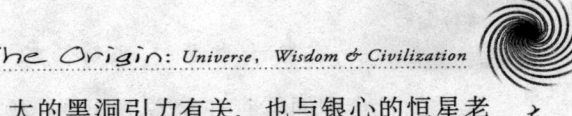

就是说,黑洞一旦停止生长,就会"通过一个孔洞慢慢收缩。"这里所谓的"孔洞"不是因为收缩展开的,黑洞的性质本身就是空洞或空穴。同时,"孔洞"的收缩也不是受到什么意志力的影响,而是它自身非有不可的一个自然过程。按照"双母子"生成论看,黑洞的产生、形成和消失都是星云宇宙运行之中很正常的演变过程,就像一个人从出生、成长壮大到衰老死亡一样正常。所以,星云宇宙中的黑洞是因为自己的内在原因而生成衰老和死亡,在这个过程中,宇宙的"新陈代谢"也就同时完成了。

从这个角度说,星云宇宙中的黑洞并不存在"停止生长"的问题,黑洞的衰竭和最终消失与本星系恒星年龄的老化直接相关。比较年轻的旋涡星系,其中心的黑洞就比较隐蔽,呈现在我们的观测视界中的只是一个圆盘,并不见黑洞存在的任何迹象;已届中年或中老年的星系,其规模达到最大化,隐藏在中心的黑洞也逐渐地凸现出来,形成一个发亮的核球,譬如"草帽星系"即是;而进入老年或接近死亡的星系,外围的旋臂完全消失,只剩下星系中心锃亮的椭圆和圆球,它在一个老年化了的星系中心,已经没有了黑洞的合理位置,原先威力无比的黑洞逐渐被越来越集中的恒星集团挤压殆尽,以致于只剩下一团光斑。比如在我们的银河系中心,大约有100多万颗恒星聚集在仅为一光年的核心内,恒星的大量集聚既与银河系巨大的黑洞引力有关,也与银心的恒星老化直接相关。一般情况下,星系中心的核球越亮,且伴有大量的喷射物流,其黑洞的质量也就越大;一旦核球的亮度减少活动,闪烁的光亮变成僵硬的光斑,则星系中心的黑洞已经趋于消失,星系也步入真正的垂暮之年。垂暮之年之后的星系其光度逐渐暗淡,恒星们变成白矮星,变成灰烬和尘埃,最终形成另一种形态的物质和能量融合到混沌态的宇宙或荒漠宇宙中去。

因此,从"双母子"生成论的角度讲,星云宇宙中的黑洞并不存在"停止生长"的问题,有的只是黑洞伴随星系生成、壮大,然后先于星系死亡的经历。

五、黑洞的社会属性

著名的宇宙学家霍金教授在他的一篇文章中说了一句十分幽默的话,他说,宇宙"永远膨胀,或大多在几千亿年后重新崩溃,都不是十分振奋人心的前景。我们能否做点什么来使未来更加有趣呢?有件事肯定管用:到黑洞中去遛个弯儿"。[14]

霍金教授的确是幽默的。据电视媒体透露,2007年之后的某一天,他要乘坐宇宙飞船到他研究的大宇宙中去"遛弯儿",他的这个梦想能否变成现实,目前尚不清楚。但我要给霍金教授说的是,人类并不一定要到危险之极的宇宙黑洞中去"遛弯儿",我们生活的社会本身就是质量不同的"人间黑洞"。

宇宙的星云中存在着神秘的黑洞,

宇宙·智慧·文明 大起源

人类的社会中同样存在着看不见的神秘"黑洞"。这话从何说起呢？假如人类社会中果真存在着"黑洞"，它与宇宙星云中的黑洞有着必然的联系吗？

首先，要想弄清这个问题，先得解除对"黑洞"的误会。在宇宙学中，人们把黑洞看作是一种不明真相的神秘天体，认为黑洞是这样一种天体，"它们的引力场强大无比，会使空间发生极大的弯曲，以致于连光也无法从它那里逃逸"，因此"黑洞就像是死去的恒星或死去的星系的'幽灵'……"⑮其实，从上文中我们已经知道，黑洞并非宇宙世界中的消极力量，相反它却是星云宇宙中的一种积极力量：原生星系中的恒星是从黑洞中生成，再生星系的庞大体系同样靠大质量的黑洞维持，假如没有黑洞，恒星系统就无从产生，无数的宇宙天体就会没有依靠，乱作一团，在宇空中到处游荡。因此可以说，黑洞是星云宇宙世界中的核心和主要的凝聚力量，是宇宙世界的自然设计师。换句话说，星云宇宙的生成、运动和演化过程，不是物质自身决定的，而是由潜藏在星系中心的黑洞决定的。黑洞具有生成的功能，中国的古人把这种生成称之为"道"；黑洞同时具有凝聚和促使星云老化、死亡的功能，我把它称之为宇宙世界中最可怕的"火化场"或"坟墓"。

和神奇的宇宙黑洞一样，在我们的社会生活中同样存在着人们很难发现的"人间黑洞"。这里我所谓的"人间黑洞"，不具有政治和其他的内涵，确指的是同样潜藏很深的人性中的"黑洞"。

我们简单假设一下：假如我们把每一个人看作是独立的天体，把夫妻小家庭看作是原生小星系，而把人类的大家族看作是再生星系的话，那么毫无疑问，人类的小家庭和大家庭都是以血缘为纽带形成的家族共同体；假如我们把这层关系再推进一步，很多的大家族又组成新的村落、城邑或大都市的话，那么我们把这种更大群居的方式称之为大小不同的城市或都市，它们又共同构筑成新的更大的人们共同体，或以地缘为主的地缘共同体。人类的这种生存方式我们都很熟悉。但是我们要问：人类为什么要以这种"越大越好"的群居方式生活呢？群居的生活方式仅仅是"人的社会本质"这么简单的吗？我并不这样认为，至少我认为在"越大越好"的群居生活背后还隐藏着更大的秘密，这个秘密就是人类社会生活中潜藏很深的"人间黑洞"。

"人间黑洞"这个词是我杜撰的，它与星云宇宙中的黑洞概念相对应，说明"人间黑洞"与星云宇宙中的黑洞具有相同的运行功能。一方面，它有着和宇宙黑洞一样大的引力或引力场，否则的话，全球的人都不可能采取同样的生活方式；另一方面，它还有着宇宙黑洞一样大的凝聚力，它能把人们组成一个数十万的小社会，也能使人们组成一个数百万乃至数千万的大社会，而且越大的社会越有秩序，也越具活力；第三个方

面，它也像宇宙黑洞那样，让人们乐意在大社会中生活，甘心情愿地受苦受难，然后在不知不觉中完成生命的更替。从这几个方面比较下来，"人间黑洞"的基本功能的确和宇宙黑洞没有多大区别，如果一定要有所区别的话，那只是一个在天上、一个在人间，仅此而已。

那么，如此接近于宇宙黑洞的"人间黑洞"究竟是指什么呢？宇宙中的黑洞，天文学家们通过高尖端技术可以观测到，"人间黑洞"也可以观测得到吗？我的回答是：可以明确地知道，但不是通过观测手段，而是人类共同具有的渗透在骨髓和血脉之中的优生欲望。

我们知道，人类的成员生活在地球的各个不同的层面上，由于环境的异同，人们的生活质量也表现出极大的差异，但是人类有一个共同的也是最基本的生存欲望，那就是人人都想生活得好些、富裕些、体面些、条件优越些。因为有这么些欲望，人们才从不同的生活层面上走到更具引力的层面上，这就是人类最终以社会和大社会的形式生活的主要原因。又因为在越大的社会中物质与文化生活越丰富，它对人们的引力也就越大；引力越大，表明"人间黑洞"的凝聚力就越强，人们身不由己地都朝着"人间黑洞"靠拢，以至形成更大的社会人群和更大质量的"人间黑洞"。比如在大都市里疯狂拼搏的人群和小山村里悠闲自得的人们，他们最本质的区别就是优生的欲望不同；前者处在优生欲望的最前列，所以他们的生活状态近乎疯狂，后者处在生存欲望的最低谷，所以他们才以悠闲自得的姿态面对自己的人生。

除了人类共同的优生欲望，还有什么因素可以充当"人间黑洞"的角色呢？权力？财富？还是美色？虽然这些因素都具有很大的诱惑力，都具有成为"人间黑洞"的可能性条件，但从全人类有的较为普遍的追求看，这些因素还不可以统一所有人的优生欲望。比如有人并不崇赏权力，有人并不为财富动心等等。也就是说，现实生活中人们所崇尚的权力、金钱和美色并非"人间黑洞"的真正内涵。相比之下，只有"优生欲望"这种精神的欲求是人类共有的，它就像宇宙中的黑洞那样能把所有人都凝聚到自己身边，并且一代代的人类前赴后继、甘为它巨大无穷的引力奋斗不止。从这个意义上说，"人间黑洞"的本质就是人类共有的优生欲望。无论是哪个种族的人、哪个民族和哪个层次的人，优生的欲望是共同的，区别只在于各人追求的目标不同罢了。因此，我们可以说，隐藏在人类社会中的"人间黑洞"也不是什么消极性的东西，正是它的存在，才使地球人类拥有那么强大的世俗生活欲望和文化创造能力，也正是它的无限膨胀的能力，才使人类建设成那么多大都市，创造出那么多文明的成果。

宇宙黑洞是宇宙世界演化的决定性力量，而"人间黑洞"却是人类无限创造力的根本动力，没有这天上和地上的

439

宇宙·智慧·文明 大起源

"黑洞",差不多就不会有天上和地上的井然秩序,也就不会拥有目前我们感觉着的这个美好的世界。

因此,我们说,人类社会中不仅存在着"人间黑洞",而且"人间黑洞"引力场的大小和密集的分布,也和宇宙中的"宇宙黑洞"的分布一样。宇宙中的小星系拥有较小的黑洞,大星系拥有较大的黑洞,大多的星系都带着维系自身的黑洞,因为黑洞是众多星系集聚到一起的根本原因和动力。"人间黑洞"的情形也一样,小社会形成较小的黑洞,大社会形成较大的黑洞,甚至凡是有人群的地方或国家形态,都有适合自身的黑洞。从这个角度论,宇宙黑洞和"人间黑洞"的性质是一样的,它们的最终"使命"都是要维持住与它们自身相适应的那个群体的运行和生活。

当然,我们也不愿排除人类的生成本身也是和人的"生理黑洞"有着直接的因果关系。首先,它由一种不自觉的吸引开始,然后按"快乐原则"实现欲望,而这一愿望本身就是人的诞生的开始。从"生理的黑洞"中生成,又从"生理的黑洞"中诞生,最终归于无机界的黑洞中去。从比较学的角度论,"宇宙黑洞"和"人间黑洞"(包括"生理黑洞"),都有共同的性质和乐趣,请看特洛伊废墟中发现的陶制女偶像(图4),她的阴部竟然画有一个"卍"字符号,这符号是旋涡星系图,它们的重叠意味着宇宙的生成过程和人类的生育过程是一样的。因此,我把这三种"黑洞"统称为"宇宙之母";正是这"宇宙之母",使我们拥有了我们自己,拥有了这个充满魅力的生活世界以及我们共同拥有的灿烂的宇宙世界。这就是我研究"黑洞"的最终结论。

注释:

① ③ ⑥ [英] 约翰·格里宾:《大宇宙百科全书》,海南出版社,2001年
② ⑤ 郭永海编著:《宇宙未解之迷》,陕西旅游出版社,2004年
④ 吴波:《巨大黑洞形成之谜》,载《科学之谜》,2007年第3期
⑦ ⑧ [英] 斯蒂芬·霍金:《宇宙简史》,湖南少年儿童出版社,2006年
⑨ ⑩ ⑪ ⑫ ⑬ 弗尔维奥·梅利亚著《无限远的边缘》,湖南科学技术出版社,2006年
⑭ [英] 斯蒂芬·霍金:《宇宙的未来》,载《预测未来》,华夏出版社,2006年
⑮ 马丁·J. 利斯:《宇宙的起源》,载《起源》,华夏出版社,2006年

第五章
"双母子"生成原理

现在，我们可以简单小结一下：

一、"道生一"的内涵

"双母子"生成论与中国古代原始宇宙生成观念的对应关系，具体表现在：

1. 无极生太极，太极生两仪。无极就是指混沌宇宙，从混沌宇宙中生成最初的"双母"，这是"太极生两仪"，"两仪"之后，宇宙万物就生成了。《易经》中利用八卦原理的这种原始宇宙生成观，虽也符合"双母子"生成原理中的基本精神，但我认为比较笼统、简单，不能完整地反映宇宙生成的基本理论，因为我在前文中已强调，它属于人文"地理"的基本原理。相比《老子》的"道"论还是有点欠缺。

2. 老子的"道"论与"双母子"生成论完全吻合。《老子》在第四十二章中说："道生一，一生二，二生三，三生万物。"老子的"道"并非中国原始宇宙概念范围中处于最高的范畴，"道"之上还有"自然"，亦即"人法地，地法天，天法道，道法自然"中的"自然"。显然，老子的"自然"就是指原始的混沌宇宙。那么，"道"是什么意思呢？老子说："有物混成，先天地生……我不知其名，故强之字曰道。""有物混成"指的就是混沌宇宙中的物质团块或星胚；"先天地生"，指的就是"双母子"，它们就在"天地"生成之前先生成了。《易经·系辞》中说："一阴一阳之谓道。"就是说，中国古代的"道"实际是指"阴阳"的结合体，有了阴并且有阳，"道"才形成，阴阳缺一则不为道。弄清了这两个最基本的概念范畴，以下的内容就好理解了："道"的生成是来源于混沌状的"自然"，也就是从"自然"的混沌宇宙中生成了"一阴一阳"的水星和金星的星胚，它们因为"阴阳"的物质属性，相遇之后不是黏连成一体，而是形成了最初的自旋和以后的旋涡星系雏形。"一阴一阳"的"道"（水星和金星）形成了，它们最基本的功能就是具有"道"的生成功能，《老子》不止一次地强调"道"与"门"、"母"、"谷"、"雌"的隐喻关系，实际上就是指"双母子"生成论中的"双母"。"道"形成之后生成了什么呢？生成了"一"。"道"生成的"一"又是什么呢？它就是从"双母"之中的"黑洞"中突然冒出来的那个很快就超越了"双母"的"子"。"子"就是"道"生的"一"，也就是后来的太阳。"道"生成了"一"，之后，紧接着生成了"二"，生成了"三"；"二"是我们的地球，"三"却是地球之外的火星。"二"和"三"生成后，"万物"也就随之生成了，所以《老子》说"三生万物"。

这里有一个小小的疑问：我们地球人类是生活在地球上的，只要地球这个"二"生成"万物"就应该生成了，为什么《老子》还要提出个"三生万物"呢？关于《老子》的"三生万物"，我是这样理解的：一方面，"三"是个吉数，所以才以"三"完成万物的生成过程，这种可能有，但我认为不是主要原因。"三生万物"的根本原因有两个：一个是我们生活的地球有了外围的一个行星的保护，"万物"才得以"生"，这是一个原因。另一个原因，也是最主要的原因，我们人类最初生活的星球可能不是地球，而是火星，即"三"。所以《老子》才说"三生万物"。究竟哪一种说法正确呢？我想在以后的章节中还要做进一步的讨论。

从以上简单的小结中，我们得出这样一个结论：《老子》的宇宙生成观并非空穴来风，无中生有，纯属个人的主观意志，它有着严密的逻辑关系和朴素而又较为原始的科学依据。也就是说，在《老子》的"道"论中，"道"是生成宇宙万物的最基本的母体，也是生成人类和人间万物的母体；因为"道"所具有的这种神奇的生成功能，才使它成为中国古代文化中至高无上的概念范畴，它的神圣地位可以和"天神"相并论，和"自然"并驾齐驱，成为宇宙间取之不尽、用不不竭的宝贵的精神资源。

二 "双母子"原理

"双母子"是生成宇宙天体和星系的"宇宙之母"，因此"双母子"的生成原理具体表现在以下几个方面：

1. "双母子"的原始星胚源自茫茫无际、黑暗冰冷的混沌宇宙，它们的相反物质属性决定了它们终将成一对"生母"；

2. "双母"在相互绕转和自旋过程中必然产生出原生性黑洞，并且从

黑洞中必然产生出未来的恒星；

3. 原生星系的"双母"的旋臂必须是对称性的偶数，它从带动的旋臂物质流中俘获新的行星和卫星，然后它的旋臂被恒星波冲散，旋臂自然消失。再生星系的旋臂数量不确定，且再生星系是一个相对开放的系统，因此它的旋臂不会轻易消失；

4. 原生星系中的黑洞，随着恒星的诞生而消失，再生星系的黑洞中不能产生恒星，它以空洞的形式伴随着星系始终，当老化的恒星集团高度集聚到星系中心，并通过挤靠、坍缩和爆发等形式最终吞没黑洞，黑洞也逐渐消失；

5. 原生态星系中的"双母"必然对称性地贴近它们共同的"孩子"——恒星，而恒星外围的第三、第四颗行星具备孕育生命成长的基本物质条件，比如水、大气、土壤和适当的温度等；

6. 原生态星系根据恒星引力大小，必然形成大质量恒星为主的引力场，依次俘获的其他行星必然控制在它的引力场的引力范围以内；而再生星系的维系、发展和促老，不是靠恒星的引力来决定，而是由处在星系中心的超大型黑洞的质量来决定；

7. 原生态星系的行星以及它们的卫星，都是被"双母子"引力场所俘获的"双母"星胚和其他不对称星胚，其中大质量的星胚成为该引力场的行

图119 从月球上回望地球

星，质量较小的星胚成为行星的卫星；而再生性星系所俘获的不是单个游弋的星胚，是现成的原生态星系；

8. 原生态星系中的"双母"之"子"必然在核心地位，由于它的转速和温度远远高于其他行星，所以它才燃烧、发光、照亮和温暖其他行星；再生星系的核心处必然是与该星系成正比的超大型黑洞，由于它超光速的空转，不仅向自己的视界拉拢逐渐靠拢来的恒星，而且使它们加速燃烧，促进恒星老化的进程；

9. 再生星系的老化过程是由旋涡星系到棒旋星系、到椭圆星系再到不规则星系，当不规则星系彻底消失后会引起星云宇宙的内敛或凝聚；而星云宇宙的生成比例往往大于消亡，一旦新的天体和星系开始生成，星云宇宙又会发生膨胀，我们目前的星云宇宙正处于这样一个膨胀期；

10. 在宇宙的三级划分中，混沌宇宙是母体，远远大于星云宇宙；星云宇宙是漂移在混沌宇宙之中的一个绚丽多彩的气囊集团，我将它称之为"宇宙卵共同体"；星云宇宙中的生成与消亡形成荒漠宇宙，而荒漠宇宙是星云宇宙内敛和膨胀的那个不确定的"奇点"。

11. 原生态星系和再生性星系中附带有一定量的宇宙尘埃和其他气体物质，它们因为有着不同的物质属性，所以未能被其他行星和天体吸收，只能处在行星或星系之间绕转，形成行星的气体物质晕或小行星带；

12. 宇宙中普遍存在的黑洞是由运动体自身产生的生成自己、维系和发展自己并促进自身老化和死亡的自身力量的自然凝聚，犹如生物世界中生物为了繁衍自己、保存自己而产生和凝聚起来的生存欲望和"社会黑洞"一样，是自然界中普遍存在的生成、消亡现象和存在的悖论。

第三部 宇宙智慧的起源

下 篇　智慧生成原理

"双母子"生成了星云宇宙，这只是我们可感知的宇宙世界的一部分；宇宙的另一部分是随着星云宇宙的诞生而诞生的宇宙生命，没有后者，我们对前者的存在一无所知。

星云宇宙的诞生对于宇宙生命的生成至关重要，甚至可以说星云宇宙的先决条件决定了宇宙生命生成的可能性；如果没有像太阳系这样一个适合于生命生成的宇宙条件，宇宙中的智慧生命就难以生成，即使是最普通的地球生命也难以存在，这是毫无疑问的。

因为人类的研究以及人类历史文明的研究严重缺陷，人从何而来？""将向何处去？""人是什么？"诸如此类的疑问在地球人类的历史上已经有数千年了，到现在为止，这种疑问并不因为进化论的创立而销声匿迹。进化论把人从神圣的神造物的位置降低到了猿猴类的位置上，神话终结了，科学诞生了，按理说一切的疑问都应该戛然而止。可是"人是什么"的千古疑问并没有因为进化论而停止，各种新的人类起源假说又从这里那里冒出来，这说明了什么呢？说明目前的人类起源假说也只是就人类而人类，从未摆脱地球环境探索人。比如进化论只是从人像猿猴这样一个外在事实建立起来的，之后所有的人学理论也只是说人像猿猴，仅说他们之间的共同性，从未看到过哪个人质疑人类与猿猴与地球动物之间巨大的差异性以及这种差异性存在的根源，包括达尔文先生也没有朝这种差异性方面想过。既然人类外形与某种动物近似就有共同起源的可能，那么人类由鱼类演化来的假说应该成立，人类是海豚的一支，恐龙的一族，甚至鸟类的一个分支也没什么大错，因为人类与这些地球动物在外形上都有共同性。人类既可以从地球动物的某些族类中演变出来，继进化论之后，又有类似的"进化论"假说涌现出来，这种新假说不断涌现的情形恐怕愈后涌现的愈快。人类起源假说的这种现状，又使我从宇宙起源的另一种模式中探索人类的起源。

从宇宙的起源到人类的起源这个学科的跨度有点大，表面地看，一个在天上，一个在地上，互不沾边，其实不然。当你读完第三部的所有文字之后，你就会知道，宇宙的起源与人类的起源并非互不沾边的两件事，而是一件事情的两个方面，它们之间的关系就像血肉一样密不可分。

因此，本篇重点讨论的问题是在"双母子"生成原理的前提条件下，宇宙的智慧生命是怎么产生的。主要解决以下三个问题：

（一）"双母子"生成条件下的太阳系，给智慧生命的生成提供了什么样的先决条件；

（二）智慧的构成及智慧生成原理；

（三）智慧与人类的地球文明。

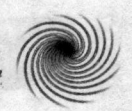

第六章
太阳生命系统及其推论

我们已经知道，星云宇宙的生成与演化，是借助于"双母子"生成原理的，有了"双母子"才有了太阳系,也才有了星云宇宙。按照中国古代的原始宇宙观念，人类的生成、起源与演变，同样经历了"道"的生成过程，也就是借助混沌宇宙中丰富多样的微细颗粒物质，首先生成了"双母"，有了"双母"，才有了"子"辈的繁衍和成长。本章在介绍中国古代人类生成观的同时，重点讨论一下在"双母子"生成条件下太阳系形成的生命系统。

一、中国传统的人类生成观

关于人类的起源和生成的理论，目前我们所熟悉的有"上帝创造说"、"女娲抟土说"、"生物进化论"以及"外星生命说"等，其中前两种说法已被第三种说法所取代，目前流行的正是达尔文提出的生物进化论，至于外星生命说只是一种说法，尚未形成强有力的理论。

达尔文提出的生物进化论虽然取代了基督教的上帝创世说，但它所面临的一个严峻挑战是，进化论难以圆说人类智慧的起源。按照进化论的生命生长程序，人类是从最低级的原始鞭毛生物到虫类、到鱼类、到爬行类动物、到哺乳类动物，再从哺乳类动物之中分化出一支高级的灵长类动物，人类就是从灵长类动物中再度跃升演变出来的。依据地球动物生长和演化的程序，进化论似乎没有什么错，但如果我们把人类和地球动物比较一下之后，问题就明显了：人类是智慧型的依赖于智慧和创造生活的宇宙高级生物，而地球动物们只是靠本能生活的普通动物，人类与地球动物最根本的区别就在于有没有智慧。这是一个根本性的问题，进化论从诞生到现在一直解决不了这一根本性的问题，说明进化论这一假说的可信度是值得怀疑的。

中国传统的哲学认为，宇宙是从原始的混沌物质或"无"中生成，人类同样是从物质的"气"中生成，这个观点出在数千年前的中国古代，不得不令人叹为观止。

"气"是一种什么物质呢？

"气"在中国古代也称之为"炁"。"气"和"炁"其实是一回事，它原

 宇宙·智慧·文明 大起源

指弥漫在宇宙中的最原始的细微物质，细微到什么程度了呢？细微到气体一样，可见又不可见。或者叫做"其小无内"。也就是说，"气"是这样一种物质形态，它无形无味，无处不在，可凝可散，可消可长；它的形体细微得不可观视，但它是构成混沌宇宙的基本物质；它的结构是宇宙中最简单的，但它可以生成宇宙万物；它的本质是一种无机的物质微粒，但它同样可以生成有机的生命和智慧的人类。因此，东汉时期的哲学家王充称"气"是生成天地万物的"元气"，也就是天地间最基本最原始的物质；战国时期的管子把"气"叫做"精气"，就是说"气"是宇宙物质中的精华。"气"这种最原始的物质和物质的精华，既生成了宇宙万物，也生成了人类。荀子说："天地，含气之自然也。"《易经·系辞》中说"天地氤氲，万物化生"。氤氲，就是一种模糊不见的"气"体物质。《春秋繁露·重政》中说："元气者为万物之本。"《庄子知北游》中说："通天下一气耳。"《黄帝内经·素问》中说："本乎天者，天之气也；本乎地者，地之气也。天地合气，六节分而万物化生矣。"这些论述和观点，都在说宇宙万物是充斥于天地之间的原始混沌的物质"气"生成的，"气"为宇宙万物之本源。

"气"同样是人类这种高级智慧生物生成的本源。《淮南子·天文训》曰："烦气为虫,精气为人。"《庄子·知北游》中认为："人之生，气之聚也。聚则为生，散则死。"《黄帝内经素问·宝命全形论》中说："人以天地之气生，四时之法成。"《类经》曰："人之有生，全赖此气。"等等。意思很清楚，中国古代的这些"圣人"们认为，宇宙万物是"气化而成"，人类这种天地的精灵也是由"气"生成，"气聚为生，散则死"。这是多么精到的生命生成命题，数千年前的中国古人已经有了这种朴素的唯物史观，认为人类既不是由神仙演化而成，也不是上帝创造出来的，而是由弥漫在混沌宇宙中的一种最原始最基本的"气"这种物质生成。

中国古代的这种"气"本源论，只是一种观点，一个命题，他们并没有做出更为精细的理论。在我看来，古人们能有这样的观点和认识就已经足够，限于当时的文明程度，他们也不可能做出更为精细的理论分析和科学试验，他们只把他们的认识和基本观点阐释出来，这已经足够，其余的事叫以后的人们去做，这符合人类社会进步的基本精神。

对于中国古代的"圣人"们提出的这一命题，我们做何解释，又怎么完善成一种令人信服的理论呢？

二、弥漫着Z物质的Z星球

要弄清宇宙生命和人类在宇宙中生成的过程，我们还是要从宇宙本身的生成过程中去寻找生命产生的可能性。

最早的星云宇宙的生成是在混沌宇宙的弥漫性物质中，用老子的话说，星

云宇宙的生成方式就是"无中生有"。星云宇宙是从"无"中生成的"有"，那么人类的原初呢，是否也是从混沌宇宙的"无"中生成的"有"呢？很显然，星云宇宙的天体可以从混沌宇宙的"无"中生成，但人类不可以从混沌宇宙的"无"中生成。人类的生成不在混沌宇宙中，而是在已经生成的星云宇宙的某个星球上。

从目前流行的地球人类的认识和人类起源观点看，人类起源于地球这一点至今仍是占据主流的思想。但我认为，人类对自身起源的这种认识是由于人类自身的认识局限所致，迄今为止的所有"创生"、"创世"学说，都是把人类的起源神秘化，而目前流行的生物进化假说相反地却把人类的起源作庸俗化处理，智慧的人类竟然是从地球上生成的猿猴中演化而来，人的地位也就和猿猴们没有本质的区别。事实上，你无论从哪个角度看人类，无论从哪个角度和地球动物们做类比，人类都不是从地球动物中分化出来的。人类就是人类，他本是一个独立的生物系统，虽然他在形体方面与地球动物们有着相似性这一点无可置疑，但在本质上人类与地球动物根本不沾边。

既然人类不可能起源于地球，那么他会起源于哪个星球？人类与地球动物有着本质的区别，那么决定人类本质属性的这种物质又是源自哪个星球，它又是怎么规定和生成人类最为本质的那个属性的呢？

首先，我们要确认一个大家共知的事实：人类这种宇宙高级智慧生物，他的最本质的属性是他拥有智慧，而地球动物们不拥有智慧，由于这个本质的区别，我们设定：地球动物就是起源于地球，而人类起源于类似于地球的另一个星球。这是因为在地球的基本物质构成中只能生成没有智慧属性的地球生物，而在人类起源的那个"类地"的星球物质中却拥有可以生成智慧生物的那种特殊物质。这样一来，我们对于地球生物的生成和人类这种智慧生物的生成的异同就比较容易接受了。

我们再假设：能够生成智慧生物的这种原始的星际物质，在整个星云宇宙形成的初期，到处都有分布，但分布的密度不一。在生成了智慧人类的那个星球上，能够生成智慧的那种特殊物质很稠密，所以才生成了人类这种高级智慧生物，而我们现在生活的地球上，在生成人类的那个历史时期，能够生成智慧的那种特殊物质的分布是很稀少的，所以在地球的那种原始物质环境中只能生成没有智慧、只靠本能生活的地球普通动物。

我们进一步假设：能够生成智慧生物的那种特殊的物质暂且称它为Z物质，而人类起源的那个星球也可称之为Z星球。于是，我们就可以获得这样一种新的人类起源理念：人类起源于那个能够生成智慧生物的Z星球，因为在Z星球上拥有一种特殊的能够生成智慧生物的智慧物

449

质 Z 物质；人类因为 Z 星球上的 Z 物质才拥有了智慧，同时也生长成了不同于地球普通生物的能够直立行走、浑身不长毛、靠自己的智慧创造自己生活的宇宙高级智慧生物。

人类既然起源于 Z 星球，为什么又跑到地球上来了呢？为什么又和地球上的普通生物们生活在一起呢？这就要求我们正式提出第四个假设：拥有智慧的人类曾经在 Z 星球上靠自己的智慧创造了极高的文明，后来由于星云宇宙的演变或太阳系的演化，Z 星球上供人类生活的物质能量基本耗尽。智慧的人类已经拥有了探知天体进化演变的基本知识，所以才依赖于他们创造的星际运输工具，从 Z 星球迁徙到了地球。从这个假设的角度出发，我们可以得出这样一个肯定的结论：人类并非地球上土生土长的"土著"生物，他是迁徙到地球上来生活的地外"侵略者"。

现在，让我们回到现实中，用我们新的发现和思考来验证一下这些假设的可信程度。

我们先看太阳系的地球。"地球的年龄已有 46 亿年，直到它 30 亿年的时候才出现有细胞核的细胞，7 亿年前，才出现多细胞生物，在 3500 万年前才出现类人猿，人类的文明史才有 5000 多年，而发达的高科技时代更是近百年的事。在'类地行星'上从孕育生命到发展成文明社会需要几十亿年的时间。只有像太阳系这样由单个恒星主宰一切的系统才能提供长期稳定的条件。其他如两个或多行恒星组成的系统则不可能保持长期稳定，使生命得以产生和发展。中心恒星的质量要求和太阳相当，如果恒星的质量太大，恒星的演化很快，它的行星系统中生命还没有孕育成功，这颗恒星就要演变为中子星或黑洞了。"① 也就是说，要选择像太阳系这种适合生命成长和生活的恒星系统是非常不容易的事。太阳系是我们地球人类目前知道的最适合生命成长的唯一的原生星系系统。

那么，银河系又如何呢？"天文学家相信，银河系千亿颗恒星中约有 400 亿颗与太阳大小差不多的恒星，这些恒星中大部分都会有行星系统，其中约有 10% 的恒星的质量和温度与太阳差不多，它们的行星系统中也有可能有一颗和地球差不多的行星，那么就有 40 亿颗恒星的附近适合生命存在……著名的美国科普作家阿西莫夫估计银河系中拥有文明社会的数目为 53 万个，平均每 50 万个恒星中有一个。"②

显然，这里指出的一个"类地行

图 120 神秘的埃及"国王谷"全景

星"上存在智慧生命的可能性问题。我认为，这种取平均数估算"类地行星"的方式有失偏颇。美国天文学家弗兰克·德雷克还提出银河系有多少文明社会星球的公式，叫做"德雷克公式"（N=RS×fP×h×f1×fi×fC×L），我认为这个公式也不科学，因为它只提出"地外文明"存在的某种概率和可能性，并没有表明这种概率和可能性产生的宇宙背景和背景物质。因此，我的看法是："类地行星"存在的可能性和"类地行星"上存在生命或存在文明社会的可能性既不能用"平均数"估算，也不宜套用某种计算公式，更不能绝对地持否定态度。智慧生物的存在是无可更改的事实，诸如我们人类的存在就是事实，但人类起源的Z星球究竟是怎样一种天体？我们只能通过假设和研究，才能知道其真实，不可能通过一个公式和某种概率的理论就可以知道。

从中国古代的老子提出的"三生万物"以及目前的天文观测和一些研究成果，我初步断定，人类起源的Z星球并非地球，而是在地球形成之前的火星。我们在尚无科学定论之前，假定人类起源的Z星球就是火星而不是地球，也不是银河系的某个"类地行星"，那么，我们的推论就有以下四个方面的理由：

1. 天文观测中发现火星上曾经存在过大量的水。"2001年以后，以我水为核心的火星探测掀起高潮，取得令人兴奋的成果。2001年美国'奥德赛'绕火星飞行，不仅探测到火星表面在历史上有水的证据，还发现火星南极有大量氢分子，间接地表明那里有冰冻水的存在。2003年欧洲空间局发射的绕火星飞行的'火星快车'探测器发现火星南极地区存在大量的冰冻水。美国2002年6月10日和7月7日发射"勇气"号和"机遇"号火星漫游车，初步的探测就发现一些证据说明火星过去曾经存在过水。'机遇'号对岩石进行探测和化验后，发现陨石坑岩层中富含硫酸盐以及球状凝结物。这些都是岩石在潮湿环境中形成的迹象。'勇气'号还发现，'哥伦比亚'小山脚下岩石中含有赤铁矿。按照地球上的赤铁矿形成和水有关的环境特点判断，可以认为火星上曾有过水。"③

火星上曾经存在水，这已经是不争的事实。水是生命的始基，是生命存在的基本条件，有了水就有生命存在的可能性。果然不出所料，"有一块1984年在南极洲艾伦山地区找到的编号为ALH84001的陨石，在1996年被分析认定是来自火星的陨石。更令人激动的是，美国科学家通过电子显微镜和扫描电镜的详细观察，发现在ALH84001中有一种碳酸盐组成的微细管状结构，其直径比人发直径的1%还小。这是36亿年以前火星上存在的原始微生物的化石。36亿年以前，地球上的生命也刚刚处于最原始的演化阶段，说明火星和地球的生命起源与初始演化似

 宇宙·智慧·文明 大起源

乎是同步的"。④

假如在火星上曾有过生命的事实是正确的,那至少说明火星上有生命的时间不会迟于地球生命,明确这一点非常重要。

2. 火星生命的起源比地球早。根据"双母子"生成论,在太阳系内,火星被俘获的时间要略晚于地球。但是当时的太阳恒星的体积还处于继续增大的过程中,太阳质量的引力和斥力比现在要小得多,因而太阳与地球和火星的距离也比现在靠得近。当地球尚未完全凝固或正在凝固的过程中,火星上孕育智慧生命的物质和环境条件已经形成了。因为火星当时的运行轨道正是现在地球运行的轨道,甚至还要靠近太阳一些。在这一行星轨道中,火星上孕育生命和智慧生命条件比地球优越,温度适宜,有大量的水,特别是火星上拥有能够形成智慧生物的Z物质,这些条件注定火星上要诞生像人类这样的宇宙高级智慧生物。人类的确像我们猜测的一样从火星上诞生了。由于这个原因,我把曾经的火星轨道、今天的地球轨道命名为"生命轨道",曾经的人类产生于这个轨道,之后的地球生物们也生成和生活于这个轨道,可以认为,太阳系的第三个行星轨道是最神奇和最具魅力的,太阳系的智慧生物和一般生物都从那个轨道上生成出来,并且发展成了今天这个样子。

现在,我们回头再看一看老子的"三生万物"的生命命题。老子为什么要说"三生万物"呢?"三"在太阳系形成初期,指的是火星,因为水星和金星是"双母"(道),"双母"生成的"一"是太阳,太阳之后的"道生二"是指地球,地球之后的"二生三"指的就是火星。一方面,太阳系当时还没有现在的规模,它还在形成过程之中,因此,火星当时的运行轨道恰好是现在地球运行的轨道,它离太阳的距离正适合生命的成长,加之有水等基本物质条件,孕育生命的星球条件是具备的。另一方面,火星上拥有最大量的Z物质,这种特殊物质的存在又是能够孕育成人类这种智慧生物的前提条件。因为在火星上首先具备人类这种智慧生物生成的先决条件,所以老子说"三生万物"。"万物"的面很广,当然包括人类本身。而"三"这个吉数除了指按顺序生成的火星,同时也在指这条神奇的第三个"生命轨道"。

3. 由于人性所能达到的极限,人类没有能力从银河系的某星球上迁徙到太阳系的地球上来。

我认为,人性的极限决定了人类所能达到的文明水平(后文专论),人类的星际迁徙能力也是有限的。比如人类从火星迁徙到地球,按目前的火星探测计划只需4年就可以到达,利用光速则只需15分钟就可以从火星上到达地球,而从银河系迁徙到地球上来,则需要25000光年。人类的文明水平是有限的,在数万光年的时空迁徙中,人类作为一种肉体生物,怎么支撑得了呢!凡

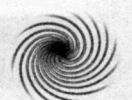

是人类从银河系的某个"类地行星"起源的说法和从银河系的某行星上迁徙来的说法都是"痴心妄想",不可能做到,只有火星离地球最近,人类也极有可能从火星上迁到地球上来生活。更重要的是,太阳系在生成过程中,火星轨道开始是处在现在地球的轨道区域内,这个区域与太阳的距离恰好形成适合生命生存的温度,也可以能保存住水。因此,人类从火星上起源然后随着轨道的推移或外扩再迁徙到适合生命生存的地球上来是最有可能的,其他的一些"现象"都可以排除在人类能力所及范围之外。

4. 还在19世纪,欧洲人就发现有火星运河,认为火星上曾存在过智慧生命。2007年第6期《大科技》登载岳明写的文章《火星上的玻璃管》指出:"从有关火星表面的照片上,科学家看到了一条条的长管子蜿蜒在火星表面。这些管子有的看起来有十几米宽,可以容下两条高速公路,有的甚至几千米宽,简直可以装得下一座城市。它们有的完全暴露在火星表面,位于火星上的峡谷或坑道之中;有的则部分被火星的地形所覆盖。这些管子都有非常规则的形状,而且是半透明或透明的,科学家们因此称它们为'玻璃管'"。其实,这些类玻璃的管子并非玻璃管,它们呈棕色,在阳光下反光强烈,管子上有很多亮点,里面还有像肋骨一样的脊。科学家们认为"这些长管子是火星上某种生命的一部分,例如外壳呼吸器等。""玻璃管的剖面基本都是卵圆形的,而且在同一处有两条通道,看起来好像双行道,这会不会是火星上的智慧生命建造的呢?它们也许是火星上的交通要道,能够允许火星生命同时向不同的方向行驶;或者它们并不是交通路线,仅是地下的火星生命用来与外界联系的工具……科学家甚至猜测,它们也许是气袋子,运输的是水蒸气……当然这些管子也可能是火星生命的住所,在火星上居住不像在地球上,火星居室需要保持温度,湿度,用来呼吸空气,以及光线强度。这就需要用密封性好的透明材料来包裹居所……在火星的一个撞击坑中还发现了平滑的管子,这些管子非常庞大,高出地面的高度可比摩天大楼。若里面是空的,几架波音747飞机在里面飞都没有问题。"科学家们不解地发问:"难道过去真的存在火星人?"

以己之见,火星上发现的这些"玻璃管"果真是火星上的智慧生命所建,那么毫无疑问,曾经建造使用了这些"玻璃管"的智慧生命就是我们人类。因为火星环境和火星上所能使用的建筑材料与地球不同,建筑的结构,样式和用途也与地球不同。当火星的生存条件的确不容人类居住的时候,火星上的人类留下了那些永久性建筑,迁徙到地球上来是生活。

另外还有两种可能性:那些建筑是未能迁徙到地球上来的那部分火星人坚持到最后的居住象征;或者,那里面还有火

453

星人在居住？出现在地球上的 UFO 和一些神秘现象都来自那些半地下式的"玻璃管"住所?!

这一切都有可能。最终的结论至迟也会在 21 世纪内得出，我们拭目以待。

三、恒星波与太阳系生命系统

人类既然起源于火星，那么，他不老老实实在火星上待着，为什么跑到地球上来了呢？人类又是怎样迁徙到地球上来的？这个问题的答案本身就藏在太阳系的成长、成熟和演化过程之中。

我们知道，太阳系在最初形成的时候，围绕新生的太阳恒星的行星只有水星和金星这一对"双母"。由于太阳恒星超过"双母"的转速和巨大的吸积能力，太阳的质量飞速增长，它所具有的引力和斥力也越后越大。大约过了 5 亿年的时间，太阳最外围的"双母"行星之一的金星所携带的引力流动带俘获了后来的地球（因地球的岁数大约是 45 亿年）；又过了 5 亿年左右，火星被地球的引力流动带俘获。火星本来就是个比较"早熟"的星球，被地球的引力带俘获不久，它就恰如其分地被燃烧的太阳光所照射，人类就在这个时期最先从火星上诞生。

既然人类诞生于火星，为什么不是生活在火星上，而是生活在地球上呢？这就与太阳恒星生成的恒星波有关。

我在前文里曾经论述过

原生态黑洞是怎样消失的：当太阳恒星不断增大，以致占据由"双母"生成的黑洞时，原生态黑洞就随着恒星的增大而消失，我把原生态黑洞消失的这种现象称之为"黑洞漫溢"，就像一盆水中放进同样大小的一个圆球时盆里的水会全部溢出一样。然而在原生态星系中形成的"恒星波"与"黑洞漫溢"不一样："黑洞漫溢"只限于黑洞的范围，当"黑洞漫溢"消失后，它的"漫溢"效应就不存在了；而由恒星的飞速成长和壮大形成的"恒星波"（科学称呼是"太阳风"）却是在发挥着连续的作用。比如在一个水面平静的池塘里，如果只丢进一颗石子，水面上只会荡漾起一圈波纹；如果在同一个位置连续地丢进石子，那里就会产生连续不断的水波；如果同一位置不是丢进的石子，而是一个产生水波的泉源，掀起的水波就会更加有力地传播到更外围的地方。原生态星系产生的"恒星波"也一样，当恒

图 121　由两个相互公转的恒星甚至黑洞可以产生强烈的引力波，"双母子"生成的太阳系，随着恒星的成熟，形成"恒星波"也是同样的道理。

星的成长和转速正比例增长时，由此引起的能量波纹也会以同样的力量和速度向外延伸，恒星的这种能量波随着恒星质量的增大而加力时，依次围绕恒星绕转的行星就会被推移到更加外围的轨道上，什么时候处于中央的恒星停止了生长，恒星质量趋于稳定，"恒星波"的推移作用也才会停止。我们的太阳系由最初的"双母子"发展到现在的九大行星的广阔时空，就是通过这种"恒星波"的推移作用，把九大行星安置在现在的轨道上的。

同样的道理，太阳系每俘获一个行星，这个行星在围绕太阳作圆周运动过程本身就形成太阳系行星轨道中的涟漪，比如水星的运行轨道就形成第一道涟漪，金星轨道形成第二道涟漪，随后依序俘获的地球、火星、木星、土星、天王星、海王星、冥王星，依次形成第三、四、五、六、七、八、九道涟漪。作为行星，它靠引力形成围绕自身的能量涟漪，而太阳恒星通过大于行星数倍的引一斥力，把各行星轨道中形成的涟漪如浪波一样逐渐向外围推移，以致太阳系各行星稳定于现在的轨道涟漪之中。可以认为，这是太阳系逐渐走向成熟和稳定的一个重要的标志。

由于原生的太阳系的这一生成特征，大约在太阳系形成后的20亿年左右的某一时段内，太阳的"恒星波"把作为"双母"的水星、金星和地球推移到了现在的运行轨道上，而把火星逐渐推出了现在的地球轨道。在这个推移过程中，火星上起源的人类已经创造了辉煌的火星文明，他们早已拥有了相关的天文知识和迁徙到外星生活的技术能力。当太阳的"恒星波"逐渐把火星推出地球轨道之前，火星上的人类已经逐步迁徙到了适宜生命生存的地球上来。之后的太阳系已经形成了围绕太阳恒星的九大行星系统，太阳恒星所能吸积的宇宙物质少了，整个太阳系的成长历程也就减缓或停止下来。太阳恒星不再成长，恒星波以及波能的推移也就发挥不出作用。因此，太阳及其九大行星的运行轨道就变成了现在的样子，特别是曾经生成了人类的火星，因为被"恒星波"推移到现在的位置上，运行轨道变了，离太阳的温暖远了，水以及养育生命的一切条件都不具备，又经历数亿年的干涸，使火星变成了现在的样子。

太阳系的生成、成熟和演变过程，实际也是太阳系生命生成、繁衍和演变的过程。因此，由"双母子"生成原理和太阳系"恒星波"的推移作用，我们可以推知太阳系行星上生命生成的诸多可能性。

1. 根据"双母子"生成原理和"恒星波"的推移作用，在水星和金星上可能有过短暂的低级生命成长的历程。这是因为太阳系的生命主要生成于地球和火星这两个行星上，也就是说，当太阳系的恒星开始燃烧的时候，其温暖只有水星和金星才能享受到，金星之外的地球和火星还无法享受到太阳的温暖；在这个时候，由

宇宙·智慧·文明 大起源

于适宜的温度和行星上本来就有的水，可能孕育出水星和金星上的低级生物，特别是金星的轨道离太阳稍远，适宜生命成长的温度保持的时间可能要长一些。但是，由于我们所掌握的常识，当太阳的热量急剧增长，恒星的全身都燃烧起来的时候，围绕太阳最紧密的水星和金星很快就被太阳的热量所炙烤，水星和金星上曾短暂存在过的低级生命尚未来得及向高级阶段发展，就被太阳的热量炙烤和蒸发掉了。从此水星和金星就像太阳炉灶中的两块烤红薯，没有生命产生和成长的可能了。

水星和金星有无生命的迹象，目前的天文科学还无法知道。只是有一点线索，1994年美国的科学家在金星上发现了大量的"城市废墟"，由此判断金星上可能存在过智慧生命，甚至人类可能就是从金星上迁徙来的等。这一发现和猜想也只能模棱两可地传说下去，真实的情况还需要对金星的科学考察才能确定。这是一种可能性。

2. 地球上至少存在过三代或三次以上生命成长的历程，这也是从"双母子"原理推导出来的。

假如说，水星和金星上曾经存在过低级的生命系统，那是因为太阳恒星还在成长的过程中恰好有一段生命适宜成长的时期，正是这一特殊的成长期内，较低级的生命曾在水星和金星上存在过。相比水星和金星，地球与火星就不一样了，这两个行星上孕育生命的时期，太阳恒星的成长已接近成熟和停止成长的末尾了；当

太阳把它的温暖照射到地球和火星上的时候，地球这颗以氢、氧、氨这类流态物质为主的行星，几乎没有陆地，它的表面几乎全是水，因此地球上的最早的生命应该从水中生成，比如考古学家们在岩石层中发现的鸟类、鱼类和水生类植物遗迹，都是在数亿年间的水中生成。这一代的地球生命繁衍了数亿年长的时间，后来因为太阳系的演变和地球地质结构的重铸，这些生命就成了岩石层中的遗迹，当然大量的地球生命演变成了后来的煤炭、石油和天然气等能源物质。我把地球上最早产生的第一代生命称之为水生生命系统，它的存在时间至少为20至30亿年，后来由于宇宙和地球的连续性灾变灭绝了。

地球的第二代或第二次生命系统的起源大致在海陆形成之后的一个历史时期，其特点是大多的动物都可以水陆两栖，发展到6500万年之前，就成了巨兽横行霸道的"巨兽时代"。最具代表性的巨兽如我们所熟悉的恐龙，除此还有禽龙、古典林龙、鸭嘴龙、薄片龙、泰坦龙、剑龙、兹母龙、雪龙、地震龙、波赛东龙、梁龙、暴风龙、中华龙鸟、非洲猎龙等一系列的大型巨兽。这个时代可以说是巨兽们的时代，同时也可以说是地球上的第二代生命系统走向极端的时代，到上述的大型巨龙们在地球陆地上横行和漫游的时候，突然灾变又发生了，地球上的第二代生命系统随着灾变的漫延逐渐从地球上消失。

456

现在我们可感知的，和我们人类生活在一起的地球动物是地球生命系统中的第三代或第三次生命起源的产物。这一代地球生命的特征是陆海空的生物系列俱全，由于繁衍时间短，体格都比较小，比如目前地球动物中的大型动物就属大象、河马、长颈鹿、狮虎以及小中的鲸鲨和空中的鹰类，这些动物和史前的巨兽们比，简直是"小巫见大巫"，不可相提并论。

从地球上的三次生命系统的发展情况看，我们的地球环境易于培育出没有智慧的大型动物和巨兽，地球上的第一代动物究竟大到什么程度，目前还不知道，但第二代动物都发展成了大型的巨兽；由第二代的"巨兽时代"的巨兽我们能不能预测一下，未来地球上的第三代动物会不会发展成巨兽或比巨兽更大的动物呢？这就要看人类的状况了。根据有些专家的预测，由于人类肆无忌惮的破坏行为，使自然的生态产生严重的失衡，据说在未来的地球生物中，唯一能陪伴人类的动物只剩下像老鼠这样繁殖力极强的小动物，一些繁殖较慢较弱的大型动物都不会存在下去。听到这样的报告，的确令人心寒，在整个地球的生态系统中，人类是多么残忍的一个种群啊，地球动物们不可能对人类说什么，但人类自身应该感到汗颜：同样都是在一个星球上生活的物种，不是它们自己没有能力生活在这个星球上，而是侵占了它们的星球并与

它们相伴的人类永远地剥夺了它们生存的权利。

任何事情都有两面性，在地球的第三代生物中，由于人类的大量繁殖和文明的成长，极大地压制了地球生物的正常成长，这恰好是个反证：在地球的第二代生命历程中，之所以产生一个巨兽时代，是因为人类恰巧在第二代地球生命的历程中不在地球上生活，对地球的生态系统没有任何的干预，导致出现了巨兽横行的时代。

这就说明，地球是个只能培育地球生物的巨大温室，它们没有智慧，只靠本能生存，如果没有其他物种的控制和调节，地球生物很容易产生巨兽和形成巨兽时代。这是被地球上的第二代和第三代生物的存在状况所证明了的。

那么，这个时期的人类到哪里去了呢？可能在第一代地球生物灭绝的时候人类随之也灭绝了；也可能在灾变到来之前，人类又迁徙到他的诞生地火星上去了，总之在这个巨大的历史空白地带，未来的科学会有更多更新的发现。

3. 火星上曾经生成了人类以及我们所不知道的其他火星生命。

火星上产生了人类的这个想法除了前述的三个理由之外，我在这里还可以补充两个理由：

理由之一：我在第九章中已经摘录和论述了相关的内容，在距今5亿年的岩石中发现的人的凉鞋印痕和凉鞋踩死三叶虫的遗迹证明，人类曾在数亿年前就在地球上活动，与之相关的人类活动遗迹还

宇宙·智慧·文明 大起源

有核反应堆等，其中的核反应堆的检测年限距今有 20 亿年之遥。这些新的发现说明，人类并非进化论所说的在数百万年的历史中才从猿类中分离出来然后逐渐进化成人类。在距今 20 亿年、5 亿年乃至 2.5 亿年的地球岩层中已经留有人类活动的遗迹。这充分证明人类不是起源于地球，而是起源于别的星球的智慧物种。从目前我们所掌握的太阳系的知识看，除地球之外，能孕育像人类这样的智慧物种的星球只有火星。这是一个理由。

理由之二：当地球上产生第一代的水生生物系统时，火星上的人类已经诞生。这是因为地球上的液态水太多，在地球上缓慢地孕育着第一代水生生物时，火星上的生命已经孕育成功；因为火星的物质构成不像地球，火星上没有像地球上一样富裕的水，从现在考察火星得到的图片资料看，火星上的水源是有限的，没有地球上

图 122 火星的表面大部分为暗红色，观测认为是粗沙组成

76% 这样大的比例。火星上水源少，陆地相对多，在有水和有陆地的相对条件中，火星上孕育生命的速度要远远大于地球。因此，地球上的第一代水生生物刚刚登陆的时候，火星人类的足迹已经在地球的陆地岩层中留下了永恒的足印。这就是地球与火星之间的不同质地和巨大差距。

假如前述的在数亿年间火星上率先诞生的人类已经在地球的陆地上登陆生活过，那么他们在地球的第二代生命系统中为什么逃之夭夭，不在地球上了呢？有几种可能：一种是数亿年间比现在还要厉害的冰河期，它把地球上仅有的一些陆地全封冻了，人类无法生存，又回到火星上去。第二种可能是同样遇到像小行星撞击地球或大型的地震、火山爆发等自然灾害。导致迁徙至地球上来生活的人类和地球上的第一代水生生物全部被毁灭；第三种可能是迁徙到地球上来的人类有了比现在还要发达的文明，为了争夺生活的区域或其他利益，人类社会发生了核大战，导致迁徙到地球上来生活的人类和地球生物全部覆灭。我认为，这三种可能性都存在，因为这三种灾变一直是宇宙的星球生物们所面临的共同的"敌人"，只要有一种灾变发生，所有的地球生物都遭殃，无一能幸免，尤其在数亿年间的废料中发现了核反应堆，因此发生了核大战的可能性也不能排除。

鉴于上述一些理由，我认为，地球

和火星上差不多在同一时期就具备了孕育生命的先决条件，只因地球与火星的物质构成不同，地球上只孕育出第一代的水生生物和第二代的巨兽，它们都没有智慧，只靠本能生活；而在火星的物质构成中大量存在能够孕育智慧生命的Z物质，加之火星上水少陆地多，火星上率先孕育产生了具有潜在智慧能力的人类。因为地球和火星之间的这一巨大差异，率先诞生并很快进入火星文明的人类，就可以自由地来到地球上生活，创造地球文明，在不留意的地球生活旅程中随便踩死一只或数只三叶虫，就像现在的人类无意中踩死几只蚂蚁一样，是件无举轻重的事。但是它对我们现代的地球人类来说，并不是无举轻重的事，正是数亿年间的人类足印，才使今天的我们知道了我们的火星同胞们在数亿年前就已经在地球上生活了，这既是我们人类的荣耀，也是我们现代地球人类寻找人类祖源的一条最有效的途径和线索。

有关人类从外星球迁徙到地球上来的事，有一位佛教寺院的住持这样说：人本来是从外星球派到地球上来考察地球的。当派到地球上来的外星人看到地球的生活条件比他们诞生的那个星球好，于是这些派来考察外星的人就不走了，永久地住在了地球上。之后，又派来第二批、第三批考察地球的外星人，他们都留在地球上不走了。再后来，又从派来考察的那个星球上迁徙来一些人，林林总总就把地球住满了。地球本不是人类的诞生地，是从外星球派到地球上考察的外星人住在地球上不走了。这种说法，据寺院住持介绍，是他们佛教寺院内部就这样传承下来的一种说法，不是他个人的看法。佛教寺院"内部"传承的这个人类来源的故事，给我们的启示是：第一，人类从火星到地球上来考察，除了火星人的航天技术非常先进之外，他们也有星际迁徙、寻找更理想的星球目标的能力，所以才一次次派火星人到地球上来考察。第二，派来考察地球的火星人，看到地球舒适的环境"不走了"，这一点很实际，表明当时的地球环境要优于火星，这一点与我们的推论相吻合。第三，人是派来考察地球不走了的故事，是佛教"内部"传承的，这一点很重要，因为很多古代神秘文化都是经过严密包装了的，比如"西方极乐"、"伊甸园"等，而这个故事是"内部"传承的，说明是未经包装的真实可信的人类来源说。第四，人类多次从火星迁徙到地球上来生活，多次被地球上的灾变所绝灭，因此就留下了像千百万年无考古遗迹这样的历史大断代。现代人类可能是在10万年至20万年间从火星迁徙来的最后一批人类。他们是经历了"前文明"的多重灾变后延续到现在的。

人类诞生的火星上不可能只诞生了人类这样一个物种，除人类之外的火星生物可能还有很多，只可惜我们现在无法知道它们曾经存在过的状况，它们可能随

着火星生命的毁灭再也无法复原了。有时候我也在遐想，人类在迁徙到地球的时候难道没带上它们的遗传基因？特别是与人类的生活比较贴近的生物群体？人类要繁殖、要饲养、要观赏、要食用，聪明而智慧的人类既然能从火星上迁徙到地球上来生活，难道就想不到带上与他们的生活密切相关的一些火星生物的种子和基因吗？有时候，我还想，也许地球上的第三代生物基因就是人类从火星上带来的，因为地球上曾发生了核大战，或是被小行星多次撞击，由此引起的次生灾害使地球上很长时间都没有生成生命的可能性，火星上的人类知道这些状况，尽其所能，带来有限的一些生物基因，在地球环境中慢慢培育，让它们繁衍。现在生活在地球上的第三代生物与第二代的巨兽们截然不同，是否第三代的地球生物即是大量从火星上带来的生物基因呢？

这当然只是一种猜想，没有事实的根据作支撑。

4. 相关的几个推论

推论一：根据"双母子"生成论，只要能与太阳恒星保持相适宜的距离，就可以得到太阳的温暖，如果有水和土壤等因素，在太阳系的其他行星上都应该能够孕育生命，比如木星生命、土星生命等等。目前，我们知道的和可以推知的是，在迄今为止的太阳系中，只有在离太阳恒星最亲近的地球与火星上曾经孕育和正在生活着属于太阳系系列的生物种群，除了这两颗行星，在太阳系的其他行星上孕育生命的可能性只是零。

推论二：由太阳系形成的生物种群可以称之为太阳系生物系统，因为它们都属于同一个原生态星系中生成的生物种群，因此在生物的生理结构方面具有很多的共同性，比如灵长类与人类之间的生理构成以及人类及整个地球生物之间的生理构成，都具有骨骼系统、筋肉血液循环系统、头颅、胸腹和四肢以及共有的消化系统，尤其是种群的繁殖与生活方式都有着无可辩驳的共同性。生物进化论正是从太阳系生命系统的这一共性特征入手建构他们的进化理论。其实，在一个相同环境条件下形成的生命系统里，各物种之间的共性是存在的，我们不能因为这一点而谎称人类就是从某某物种中分离出来的，甚至就是某某物种的变种等。很显然，这种说法是缺乏宏观思维的，特别是缺乏对生命的整体思考，就眼前论眼前造成的，这是一个方面。从另一个方面说，我们从太阳系的生命系统可以推知，与太阳系不同的原生态星系中形成的生命形式一定与太阳系的生命系统不同，特别是生物的内在结构和外在形式方面都会有很大的差异。比如，目前发现的所谓"外星人"系列中，他们的生物结构和外形都不与太阳系生命系统相似，很可能是太阳系之外的哪个原生态星系上的生命；有一部分不明飞行物也不是太阳系的人类思维所设计的，比如圆形的威力异常巨大的飞行器。目前的人类也还

没有设计和制造出来。目前的地球人类文明还没有超出"仿生学"的阶段，圆形飞行器明显与地球人类所依傍的"仿生"文明没有直接的对应关系，因此可以确定这种飞行器是来自太阳系之外的文明星球。

推论三：由于人类有限的生命历程和先天的"三性品质"的有限循环，人类创造的文明是有限的；假如太阳系之外的智慧生物也和人类一样是有限的智慧生物，那么我们可以肯定，有限的太阳系之外的外星智慧生物同样难以到达地球，或来到地球上生活。有限的智慧生物只能创造有限的星球文明，目前的人类文明并没有超出太阳系的范畴，因此，我把人类迄今的文明称之为太阳系文明或太阳系文明循环。假如在外星系上存在的智慧生物中有一种生物从生命到品性都是无限的，或是超越人类数倍的，那么这一类的智慧生物所创造的文明相对也是无限的，或是超越人类数倍的，它们就有可能在宇宙的文明系统中往返走动，甚至会控制住比它们落后的智慧物种。这种可能性是有的，但存在的几率会很小；因为只要是生物，它就会是有限的，不可能是无限的，即使是靠吸食某种宇宙能量为生的智慧生物，只要是生物，它们就不可能不死。只要有生死，就是有限的；有限的智慧生物在有限的范围内可以活动，但在数万光年、数十万、百万乃至数亿的光年中活动，那是绝对不可能的。明确了这一点，我们对于外星智慧生物袭击和侵略地球文明的担忧就可以少一些，甚至可以干脆放弃。

推论四：星云宇宙中最基本的原生态星系不一定都具有太阳系这样合理的星体结构，有些原生星系的行星比太阳系少，有些可能多，行星的多寡可以反证恒星质量的大小以及恒星的老化程度。因为原生态星系的星体结构完全与太阳系相仿的比例不高，所以所有的原生态星系中不一定都有生命生成的条件，特别是智慧生命生成的条件。目前，人们吵吵嚷嚷的关于"类太阳系"智慧生命存在的可能性推论我认为都不切实际，它们只能以推论的公式、形式昙花一现。在原生态的恒星系统中，生成智慧生物的条件非常苛刻：其一，它要拥有九大行星这样的星系规模，才能使星系的运动趋于稳定；其二，只有太阳系这样的原生态星系规模，才能产生相对应的引斥力场，才能使恒星的温度投射到具有生成生命和智慧生命条件的行星上或是"生命轨道"上；其三，处在"生命轨道"中的行星上具备能生成智慧生命的"Z物质"；其四，生成智慧生命的行星能在"生命轨道"上正常运转数亿年以上；其五，生成智慧生命的相邻行星也具备生命存在的基本环境条件。如果缺少以上诸条件中的任何一个条件，智慧生命的生成就不可能，即使智慧生命生成了，那也只能是在该行星上昙花一现，他们既没有创造高度文明的可能，也没有在星际迁徙生存的可能。

 宇宙 · 智慧 · 文明

推论五："美国宇航局的斯皮策太空望远镜可以收集到宇宙边缘的射电信息，我们现在所看到的宇宙边缘，其实从时间上就是宇宙早期，因为光线从那里到地球，要经过几十亿甚至上百亿年的旅程，我们观看到的那里传来的光线，其实是早期宇宙的天体发出的光线。这台望远镜观察到一个 80 亿光年远的类星体的喷射物中，竟然出现了石英质硅酸盐，要知道，这种化学成分可是沙子、花岗岩、我们使用的玻璃、甚至红宝石和蓝宝石的主要成分。"

"这个观察令人震惊，科学家并不否认早期天体也可能会瞬间合成一些复杂的化合物……如此看来，早期宇宙比科学家过去认为的要复杂得多，类星体的内部完全可以形成非常复杂的化学物质，那些化学物质可以组成宝石，甚至生命的出现也不是不可能。"⑤

天文学界有关宇宙边缘的类星体是"早期宇宙"的说法，我不敢苟同。按照"双母子"生成原理，星云宇宙是个由若干多的"气囊集团"组成的"宇宙卵共同体"，它是漂浮在无边无际、无始无终的混沌宇宙中。如果要论星云宇宙各星系生成的年龄或它们的早、中、晚分期，我敢肯定，越往星云宇宙中心部分的星系，它们生成的时间越早；越边缘的星系，生成的时间越晚。前述的观察发现在宇宙的"边缘"处，科学家们认为越是边缘的星系或类星体其生成时间越早，"双母子"生成论则相反，认为越是处在星云宇宙边缘的星系或类星体，其生成的时间越晚，或者它们正在生成之初，生气勃勃地成长之中，所以才放射出那么强烈的光谱信息。"双母子"生成论还认为，往往在星云宇宙边缘化的地带，星系生成的情形是非常活跃的；越是在这种活跃的生成地带，生命和智慧生命生成的可能越大。

正如我们前述的，如若人类这样的宇宙高级智慧生物往往是伴随着新的星系的生成而生成，因为在这种原生星系生成的环境中很可能分布有能够生成智慧生物的 Z 物质，只要这种特殊的 Z 物质伴随着宇宙天体的生成而广泛分布，加之有"类太阳系"这样的原生星系球星条件生成宇宙智慧生物的几率就很大。这是"双母子"生成原理做出的又一个大胆的推论，它的真伪有待今后进一步的发现和研究。

注释：
① ② ③ ④ 吴鑫基、温学诗：《现代天文学十五讲》，北京大学出版社，2006 年
⑤ 巴雅尔：《我们来自类星体》，载《大科技》2008 年第 2 期

第七章
智慧生成原理

　　仅有这么简单的一些假设和推论，我们还无法证实人类就是起源于火星上的智慧生物。我们既不能拘泥于人类已经拥有的经验知识，也不能过于简化地把人类智慧生成过程中的一些关键问题搪塞过去。因此，这一章讨论的重点是火星上为什么能生成智慧的人类以及智慧生成的基本原理。

一、智慧生物生成的可能性

　　关于形成人类智慧的Z物质，我是寻找了很久都没有结果。忽然有一天，我从一枚小枣儿身上受到了极大的启发。我掰开一枚干枣，里面已是半空，两只肥大的白虫却在枣仁里蠕动。我看这枚枣子表面上没有任何虫洞或缝隙供虫子爬进，虫子是由枣仁本身自生的。枣子是一种植物果实，虫子是一种生物，从遗传学的角度论，它们之间没有任何遗传关系，但是枣子的确能生出虫子来，这似乎不符合一般的科学常识。

　　那么，枣子是怎么生出虫子来的？科学家们对这样的细节小事似乎没做过深入的研究，我的初步判断，这与枣子本身的物质构成直接相关。由于在枣仁这种物质构成中具有能生成小白虫的某种物质成分，在一定的时间、温度和湿度条件下，枣仁里能生成小白虫的那种物质就转化生出小白虫来。诸如此类的事例还有：污水在一定条件下可以生出蚊蝇，麦粒在一定条件下可以生出蛾子或麦蚜虫。古希腊文献中大量充斥着从污垢和垃圾中产生出蛙类、鼠、蝎和其他动物的秘方。就连大名鼎鼎的亚里士多德，也认为露水和黏液相混合，就能自生出萤火虫儿，潮湿的土壤能生出老鼠[①]等。在我们的现实生活中最常见的还有污垢不洗而又常常穿在身上的脏衣服中能生出虱子来等等。

　　既然枣子在一定条件下能生出肥胖的小白虫来，那么在地球物理环境中为什么就生不出以消耗地球资源为目标的地球动物呢？在太阳系的火星上又为什么生不出以智慧为基本生活方式的智慧生物来呢？假如第一个判断在逻辑上没有什么问题的话，那么之后的判断和推理也就是正确的，它们都是逻辑判断中的真命题。也就是说，枣子自身能生出以消耗自身为目标的小白虫这种生物来，地球作为一

 宇宙·智慧·文明 大起源

个独立的物质环境系统，它同样可以生成若干种类的以消耗地球资源为目标的地球生物来（如爬行、飞行、游行生物等），而太阳系中的火星与枣子和地球的物质构成不同，它富含一种能够生成生物智慧的特殊物质，所以火星就能生成像人类这样具有智慧的宇宙高级智慧生物来。大自然的神奇也就表现在它这种能够生成万物的功能，它给我们带来这样一种启示：由于区域性的物质环境的构成不同，它所生成的生物的属性也就不同，枣子的"肚子"里是绝对生不出大象来，缺乏智慧物质的地球生态环境中同样生不出智慧的人类来，这个启示和道理似乎是不言而喻的。

接下来的问题不是论证枣子和地球生物如何生成的事情，而是需要进一步探索火星上能够生成智慧生物的基本条件。

有一种观点认为，生命是由慧星带来的。"太阳系里慧星很多，据天文学家估计，太阳系慧星多得要以亿来计数，目前已经观测到的约有2000颗。慧星每次经过太阳附近时，慧核中都有很多物质被太阳辐射蒸发出来形成慧尾。当慧星远离太阳时，慧尾就逐渐消失了，但其中的尘埃物质并没有回到慧核里，而是遗留在慧星的轨道上成为流星群。当地球穿过慧星轨道时，这些由碎块和尘埃组成的流星群，被地球的引力所吸引而穿越地球大气，形成了流星雨现象⋯⋯1986年，哈雷慧星回归的时候，苏联和欧洲的两艘宇宙飞船飞近哈雷慧星，探测到慧星在其冰层中含有有机化合物。由慧星的光谱分析知道，慧星主要由水、氨、甲烷、氮、氢、二氧化碳、甲基氨的分子组成。"②慧星上不仅拥有水、有机化合物等地球物质，还有一些地球上没有的物质。科学家们分析了一些陨石的物质构成，"分析结果表明，陨石中含有甘氨酸、丙氨酸、谷氨酸、天冬氨酸等。这些成分中，有一些是地球上所没有的，从而说明不是污染造成的碳质球粒陨石中存在有机物得以确认"。③另有专家认为，"生物只包含自然界存在的92种元素中的大约25种。其中4种元素——碳、氢、氧和氮——组成了大量的有机物"。④这就意味着，除地球之外的其他星球上，既有地球上的一些普通物质成分，又有一些地球环境中所没有的物质成分，说明宇宙中的物质成分既丰富多样又很复杂，不是我们比照地球想象的那么单一。宇宙物质的丰富多样和复杂性，为宇宙智慧生物的生成提供了诸多的物质前提条件。

另外，"星际分子的发现给宇宙生命起源提供了重要的依据和启发⋯⋯自60年代以来，射电天文学家发现来自银河系内外的星际分子共有100多种，构成地球生物的基本元素在宇宙空间的各个方向都有"。⑤这就是说，在宇宙的某些星球上都有孕育生命的可能性。但是，只有这种能构成星球生物的物质条件还不能孕育出像人类这样的智慧生物来，要能孕育出人类这种宇宙的高级智慧生物尚需另一种特殊的宇宙物质即"Z物

质"的共同合作才有可能，否则只能孕育出像地球生物这样的普通生物，它们不可能拥有人类一样的智慧。

因此，能够生成智慧人类的火星的星球条件和相应的人类属性是：

1. 在太阳系生成的早期，火星具备地球一样可以生成生物的基本环境条件，如适宜的温度、液态水、大气、有机土壤等。

2. 具备构成一般生物所需要的基本物质，如有机分子、星际物质等。

3. 同时具有富足的能够构成宇宙智慧生物的 Z 物质的存在。

4. 在适宜生物生成的星球环境中，一般的生物有机物质构成人类的物质躯体，它的结构与地球哺乳动物的结构相近，而能够生成智慧的 Z 物质构筑成人类的智慧体系。

5. 构成宇宙智慧生物的两种有机物质不是独立地完成各自的"工作任务"，而是在生成过程中高度地融为一体，分不出哪个是一般性有机物质，哪个属于生成智慧的 Z 物质。

6. 对生成人类智慧的 Z 物质的初步界定是：这种物质的属性，用人类目前界定普通物质的机械方法是无法确认的，它是一种非常精细的、晶莹剔透的、能够承担某种记忆和信息的、并且十分活跃和富足的物质微粒，它与构成生物的一般物质融合后会产生出两种母体物质都不曾拥有的第三、第四种，乃至很多种"新型物质"来，这种"新型物质"的出现就具有了人类智慧的基本属性。

7. 构成智慧生物的 Z 物质可能有很多的种类，比如 Z_1、Z_2、Z_3、Z_4、Z_5、Z_6 以至很多个 Z 物质的分类属性，不同的 Z 物质与一般的生物物质融合，形成不同的肤色和骨骼结构的智慧生物，人类的种族由此产生。

8. 具有智慧生物的智慧潜质不一定就拥有了智慧或成为了智慧生物，成为真正意义上的智慧生物的前提条件是：火星的生存条件特别差。因为基本的生存条件不具备，出于生存的需要，具有智慧潜质的智慧生物开始进行简单的劳动和工作，由此获得生命所需的食物资源。正是由于对食物的强烈需求和为此付出的劳动，开发出人类固有的智慧资源。

9. 人类对食物的渴求和对艰苦环境改造的需要引发了人类最初的劳动，而劳动奠定了人类的基本生活方式，即通过对艰苦环境的改造，生产出人类所需要的基本食品、工具、住房、衣物以及其他生产和生活用品。

10. 人类对劳动产品的享用、占有和分配以及由此产生的效应，奠定了人性的基本走向：(1) 通过劳动和合作获得生活所需的社会生活理念；(2) 尽情地享受劳动成果和赞美劳动生活的美好；(3) 为了长久地拥有这种享受而抢占弱者的劳动成果。

11. 人类三种基本的品质属性就此形成：(1) 劳动和创造成为人类世俗性品质的基本内容；(2) 享受和赞美形成人类天

性品质的基本内容；(3) 占有和抢夺形成人类恶本性品质的基本内容。

12. 由于火星的生存环境和人类原初品性的确定，决定了人类品质属性有限的循环以及人类文明的有限循环。

二、智慧物质的构成

在星云宇宙中，智慧生物既然有生成的可能性，那么智慧生物的智慧在物质形态上是一种什么状况呢？它又是如何从物质的形态转化为智慧或思维的形态的呢？

看得出，这是个非常棘手的大问题，它将智慧的物质通过一定的形式转化成智慧本身，这个过程一定是非同寻常和耐人寻味的。本文试图从智慧物质形成的三种形式探讨一下智慧的原始形态和起源。

构筑成智慧生物的智慧物质，虽与星球生物的一般有机物质融为一体，共同构筑成了智慧的人类，但智慧物质在人体内的分布还是有其特点的，它不是平均地参与到人体的各部分去，而是通过三种基本的形式分布到人体的各部分。为了叙述方便，并能和地球动物进行比较分析，我们先画出三种简单的图式，表明相关的数据，然后再做具体分析。

智慧物质在人体内与动物体内的具体分布如下：

1. 蜂窝状空壳：形成大脑的存储、处理系统。这个系统，人类与地球动物都拥有，但构成比例不同：如果将蜂窝状空壳的总数以 10 为例，则人类能达到 10，动物只拥有 1—3：

空壳量 |⋯⋯⋯⋯10⋯⋯⋯⋯|
人　类 |————10———|
动　物 |⋯⋯⋯⋯3⋯⋯⋯⋯|

→存储感觉信息→存储意识信息→分类、处理

2. 网络化分布：构成神经网络系统。这个系统，人类有，

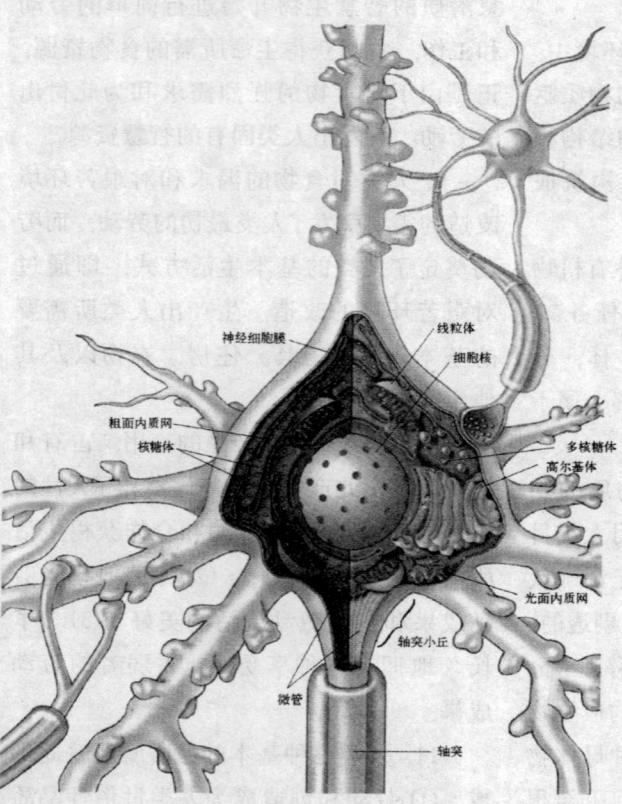

图 123　一个典型的神经元内部结构，我把它称之为"蜂窝状空壳"。

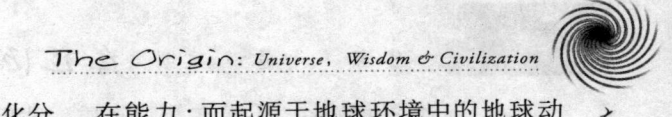

地球动物也有，如果将神经的网络化分布的总数以 10 为例，则人类的分布密度可达到 10，动物约占 1-6：

分布面 |…………10…………|
人　类 |————10————|
动　物 |…………6…………|

→感觉的生成→反射、反馈信息→往返传输

3. 弥漫性沉淀：构成身体的灵感系统。这个系统人类所独有，地球动物没有，如果将弥漫性沉淀的总数仍以 10 为例，则人类占 10，动物 0：

沉淀密度 |…………10…………|
人　类 |————10————|
动　物 |…………0…………|

→与上述两个系统形成链接，使整个身体的智慧灵感系统融为一体。

以上三个方面，智慧物质的构筑形式和各部分的分配比例，无疑是一种很蹩脚的解释方式，但是为了方便易懂，只能采取这种方式。

从以上简单的图示中我们确知：

1. 构成生物智慧的这种智慧物质，在星云宇宙中普遍存在，只因它特别精细，用现代的光谱线分析之类拙劣的手段无法捕捉到，因此我们现代人类还没有发现它的实体存在形式，但它的存在是无可置疑的。

2. 构成生物智慧的智慧物质的分布在星云宇宙中是不均匀的，因此起源于火星的人类得天独厚，获得很富足的智慧物质，他们也就拥有了巨大的智慧潜在能力；而起源于地球环境中的地球动物，未能获得更多的智慧物质，所以它们无论从形态还是生活方式方面，都没有智慧的显现。

3. 蜂窝状空壳是智慧物质在人体内的主要构成形式，它以蜂窝状的空壳形式存在于人体的大脑之中，每一个空壳都是接受和存储体外信息的仓库，一个仓库的信息容纳量至少在 1-5 万条左右。而在人的大脑中所拥有的这种蜂窝状空壳总量不止 10 亿个。目前流行的电脑就是仿照人脑的空壳以及空壳存储量设计，它以集成电路板的形式呈现。

因为人脑的空壳量特别大，接受和存储的信息量也大，并且在之后的环节中形成了信息的处理系统，因此人脑就拥有了智慧；而地球动物的大脑构造没有人类的大脑那样复杂，原因是在地球动物的大脑中，没有形成规模巨大的蜂窝状空壳，甚至可以认为地球动物的大脑是纯实体的神经网络和反映系统，因而它们只具备存储微量信息的能力，没有处理信息的思维系统。因此，地球动物是不具有智慧的普通星球生物。

4. 动物在智慧物质的拥有方面，唯一的一个优势就是拥有一定量的神经网络分布，但动物的神经网络只具有反射的功能，没有反馈的功能；而人类的神经网络系统健全不说，在一般性条件环境反射的功能基础上，还有反馈信息的功能。因此，人类在智慧物质的网络化分布方面占绝对的优势。

宇宙·智慧·文明 大起源

5. 与地球动物比，人类在智慧物质的拥有方面还有一个更大的优势，那就是智慧物质在人体的肌肉、骨骼、经络系统都有密集的沉淀和分布，它使人类的皮肤不长毛，柔润光洁，直立行走，手足都有劳动的功能；体表轮廓中闪烁着一种灵光，那是浑身都沉淀有智慧物质的表现。因此，人体需要借助衣服来保护。而地球动物除了在体表有神经网络分布外，没有智慧物质的弥漫性沉淀，因此，地球动物的身体就是实实在在的肉体，浑身长毛以御寒，对人类来说，它们只能成为人类餐桌上的菜肴。

6. 人类由于在智慧物质的获得方面拥有规模巨大的峰窝状空壳脑组织，密集的神经网络分布，弥漫性的智慧物质在体内各部分的沉淀，因此，人类从生成那一刻起，就注定是一种具有巨大智慧潜能的宇宙级高级智慧生物。他对起源地——火星的艰苦条件的改造和获取必要的生存食物资源的经历变成了劳动的过程，劳动的方式奠定了人类的基本生活方式，并且由此建立起庞大的智慧系统和文明生活体系。

三、智慧生成的动因

智慧的生成需要物质的先在条件，同时也需要智慧能够生成和产生的动力因素。上面，我们对智慧产生的先在条件已经讲明白了，现在，让我们看一看，人类这种宇宙的高级智慧生物的智慧生成的动力因素是什么。

要说到人类智慧产生的动力因素，我们就要联系到曾经流行一时的动机理论了。

动机理论作为西方心理学的一个分支，是由美国的人本主义心理学家马兹洛完善了的。马兹洛的人本主义心理学可以概括为三个方面，即需要层次论、自我实现论和高峰体验论，其中的需要层次论讲的就是人的心理动机问题。他写有一本专门的书《动机与人格》，提出关于动机方面的十六个命题。⑥我在这里无意重复他的这些动机理论，我只强调一点，即马兹洛是把人的普遍存在的动机作为人的一些最基本的需要来对待，认为动机就是需要，需要即是生命的内涵。因为这样一种最能贴近人的内在本质的认知，他又把人的这种最内在的本质需要概括为五个方面，即生理需要、安全需要、归属需要、自尊需要和自我实现的需要。马兹洛认为，人在这些最基本的需要面前，是从最低的生理需要开始逐一往上一级的需要提升的，当满足了最低的生理需要之后就朝向安全需要和归属需要依次要求满足的，如果低一级的需要满足不了，高一级的需要对他就失去引力等等。马兹洛的需要层次理论是符合人类的心理现实，它既符合现代人类的心理现实，那么它也一定符合人类原初的心理实现，这一点无可置疑。

动机即需要，需要就是生命的内涵，从这个角度考察人类原初的智慧动因，那么我们完全可以说人类智慧产

468

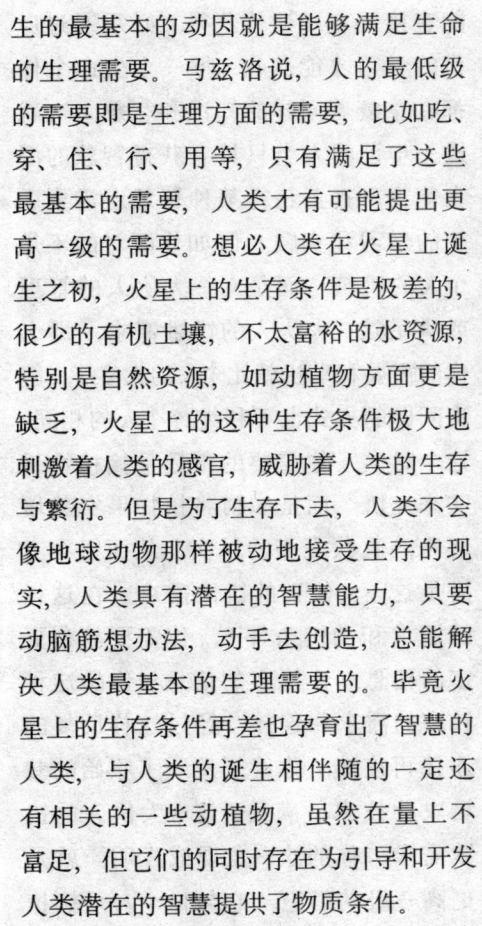

生的最基本的动因就是能够满足生命的生理需要。马兹洛说，人的最低级的需要即是生理方面的需要，比如吃、穿、住、行、用等，只有满足了这些最基本的需要，人类才有可能提出更高一级的需要。想必人类在火星上诞生之初，火星上的生存条件是极差的，很少的有机土壤，不太富裕的水资源，特别是自然资源，如动植物方面更是缺乏，火星上的这种生存条件极大地刺激着人类的感官，威胁着人类的生存与繁衍。但是为了生存下去，人类不会像地球动物那样被动地接受生存的现实，人类具有潜在的智慧能力，只要动脑筋想办法，动手去创造，总能解决人类最基本的生理需要。毕竟火星上的生存条件再差也孕育出了智慧的人类，与人类的诞生相伴随的一定还有相关的一些动植物，虽然在量上不富足，但它们的同时存在为引导和开发人类潜在的智慧提供了物质条件。

因此，我们说智慧的产生无论在它的起源地还是在现当代，其条件是一样的：第一，智慧物质的全身弥漫性沉淀；第二，具有灵敏度极高的信息传输系统；第三，具有超大规模的信息储存处理系统。这三个条件只是产生智慧或思维的一种潜质，并非智慧本身。第四，就是智慧产生的动因，它是人体某些部位产生的某种需求或是对整体生命和生活的某种欲望，比如免除饥饿的强烈欲望、御寒的欲望、渡过一条大河和解除某种困境的欲望，这些欲望都是局部的单方面产生的欲望；除此还有对生的欲望、对生活美的某种欲望等，这种欲望是长远的整体性的。总之，人的各种欲望产生后，经常性地多次重复出现，这种欲望和需求的意识和信息就被储存到蜂窝状空壳之中。当这种需要和欲望在人的潜在的智慧物质空壳中多次重复和强调，形成某种强烈的动感时，早已储存在空壳中的相关信息就会自动输出，与动感地带链接，从而形成最初的判断和思维形态。之后，诸如此类的连接次数多起来，它就由最初的判断形成某种观点和推理，比较完整的思维就这样产生了。因此，我们说智慧的潜质就像一块具有开垦和种植前景的荒地，你看准它了，产生了开垦它的欲望和要求，并且利用犁和锄之类工具与荒地形成连接。之后的反复动作就能把荒地变成如你所愿的能够种植和收获的熟地，改造荒地的过程就是把荒地变成熟地的过程，智慧的开发也是同样的道理，智慧物质构成的能够产生智慧的潜在系统已经是很完备地等在那儿了，然后需要的是某种需求与潜在智慧系统的连接，只要这种连接产生了，并且不止一次地重复，那么智慧也就在这个过程中产生了。因此，我们可以得出结论说：只要是人，无论他是最原始的人还是当代人，他都具有这种智慧的潜在能力，只要他自己根据自己的欲望设定了某种需要，主动与这种智慧的潜在能力连接，并且不断地重复实践，

宇宙·智慧·文明 起源

他就会得到巨大的智慧。刚刚站在起源风景线上的人类始祖们就是通过这种方式获得智慧的，现代人类的始祖和我们当中的智者，也是通过这种方式获得智慧的。智慧是一种资源，你能否获得就看你有没有一定的潜质，有没有强烈的需要，以及是否重复性地实践。

获得一般的智慧需要这样的条件和努力，需要高一级的智慧，同样不能没有这样的条件和努力，区别只在于获得高级智慧的动机和需求不同，希望达到的目标不同罢了。比如你饥饿了，想满足饥饿的需求，这只是你个人的单纯的一种需求，通过你个人的方式满足了需求，达到了预期的目的，这件事情就算了结了，而满足人的最低级的生理需求的智慧因此也就产生了，以后你只要重复性地使用这一智慧，饥饿的需求就会很快满足。就以我们现实生活中的生命个体来说，前辈们发明的解决个体饥饿的智慧我们不能直接拥有和遗传获得，必须通过自己的学习才能获得；每一个生命个体都在重复着同样的知识和智慧，这就进一步证明人类只具有获得智慧的潜在能力，真正获得某种智慧还需要后天的学习和实践。假如你面对的不是个人的饥饿，而是对一大伙人的管理或满足这一大伙人的饥饿需求，那么你的需要和动机就比个人的大多了，解决问题的方式也不和纯粹个人的相同。这个时候，你需要的不是采摘植物果实来充饥，而是如何将植物果实栽培起来，收获更多的果实，从而根本上满足这一大伙人的饥饿需求。在这样的需求和动机条件下，你需要获得更多的信息，让更多的信息与你的这种较高的需求相连接，经过这样反复的连接再连接，你终于发明了原始的栽培农业技术，满足了这一大伙人的饥饿需求。你的这一发现或发明，就是更高一级的智慧，它与你个人采摘植物果实充饥的智慧不能相提并论。

马兹洛说："高级需要是较远的个体发育的产物，是一种在种系上或进化上发展较远的产物。""越是高级的需要，对于维持纯粹的生存越不迫切，其满足也就越能更长久地推近。""生活在高级需要的水平上，意味着更大的生物效能，更长的寿命，更少的疾病，更好的睡眠及胃口等等。""高级需要的实现需求有更好的外部条件"；"需要的层次越高，爱的趋同范

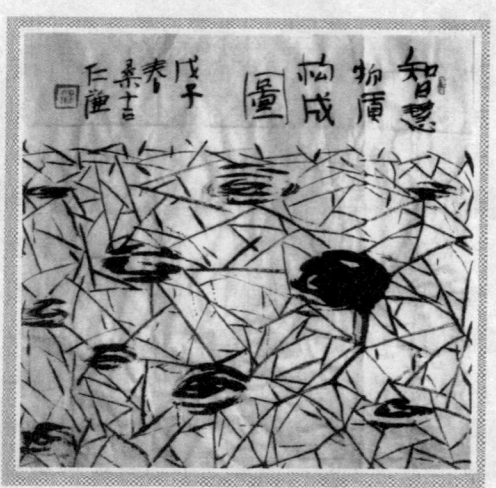

自绘图10 神经元与"蜂窝状空壳"示意图

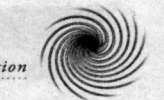

围就越广,即受爱的趋同作用影响的人数就越多,爱的趋同的平均程度也就越高。"一句话,高级需要产生高级智慧,高级智慧的不断积累就是人类走向高度文明的先决条件。地球动物没有高级需求,它们也就不能产生高级智慧;人类与地球动物相反,所以人类才是智慧性生物。地球动物与人类的区别就在于他们之间的物质构成不同,生存和生活的需求也不一样;需求的异同决定了生物能否产生智慧,有没有产生智慧的可能性。

为了更明确地阐明动机与智慧之间的内在联系,特别是人类与动物之间的严格区别,我作了个大致的划分,具体如下:

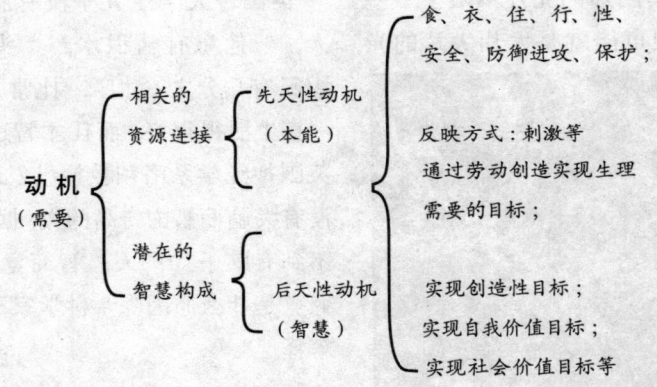

地球动物的求生方式,即是通过刺激本能实现最低级的生理需要目标,而人类的方式却不是通过刺激本能实现上述目标的,而是通过基本需求、潜在的智慧构成与相关资源的连接,并反复求索,实践后实现上述目标的;在这个过程中,人类的智慧一点一点被开发出来,并得到长期的有效积累,这就是后人能够继承和继续探索的人类的智慧资源与文明。

四、智慧生成的标志

人类规模巨大的蜂窝状空壳是智慧物质的主要集聚地,它以"空"的状态期待着外部信息的输入,当弥漫状沉淀的智慧物质和网络状分布的神经系统将体外的感觉信息和意识输入到空壳中时,空壳就会以亮的光点的闪烁表示对信息的接受程度,光点越大,表示接受信息的"喜悦"程度越高,光点越小或不闪烁,则表示对这类信息的"冷漠"态度。当蜂窝状空壳接受信息的亮点越来越密集,表明空壳储存的信息质量就越高,越有可能在它们中间产生某种智慧或原始的思维。当空壳中的信息储存在一定量时,各闪光点就由密集的光点连接成一条线,或是形成一个光片;光的线或光的片闪烁不停。只要在大脑的蜂窝状空壳中出现了这样的

宇宙·智慧·文明 大起源

闪光线或闪光片，人类最初的智慧就产生了，最原始的思维也就形成了。那个闪光的线或闪光的片就是一个发明，一种创造，就是智慧产生和形成的具体标志。如果在一个人的大脑中，这种闪烁的光线或光片越长越大，说明他拥有的智慧就比别人多；比如科学家和思想家们，在他们大脑的某些蜂窝状区域，其闪烁的光片不限于一些线或小片，很可能就是大片大片的光斑、光源，或光线组成的网络世界。举个例子说，一般人所拥有的智慧光芒就像在山野的小院落里亮着一盏灯，而大科学家或大思想家们所拥有的智慧光芒就像是一座高楼大厦里亮出的万点灯光，它不仅能照亮楼体自身，也可成为一个光芒四射的光的世界。

与之相反，并且十分有趣的一个例子是"英国一大学生几乎没有脑子，智慧却超人。"他患有脑积水，"头盖骨下的脑组织只有几分之一寸厚，比常人薄一寸多，却一直生活得很好，而且才智过人。""至今，英国神经学系洛粕教授已发现了几万个几乎没有大脑而智力奇高的人。据他说，有些'测不到有脑子'的人，智商竟高达120……这究竟是什么原因呢？科学家至今拿不出任何解释。"⑦

的确，"小脑人"、"没脑人"竟然有高智商，这是些特殊的例子，他们脑中的智慧之光是怎么产生的呢？依照目前的脑科学，恐怕不好解释。但是按照"双母子"生成原理指导下的智慧生成的可能性来解释，还是可以自圆其说的。

人脑生成的智慧，就像白糖加入水中一样，从水杯中看不出有白糖的，但实际上它已经溶解在水之中，原来的水已经不是原来的水，放入的白糖也不是放入的白糖了。在人的智慧物质空壳中源源不断地输入信息和某种意识，你也无法辨认出它们就是具有实体性质的信息和物质，它们是同样看不见的。但是，这种信息或意识积累多了就起作用，它们会连成一片，形成一些闪

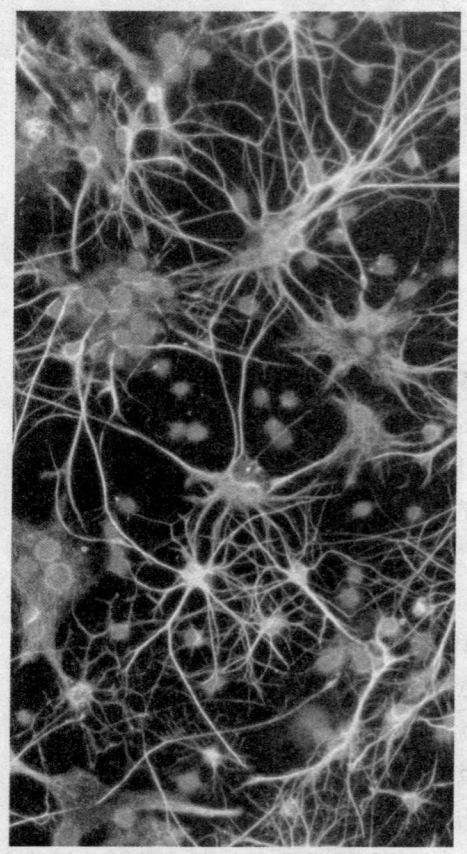

图124　在显微镜下可以看到地球动物与人类的大脑都由同样的物质构成。星形胶质细胞是大脑中最普通的神经细胞。

烁的光线、光点和光片。实际上，智慧并不是实物一样可见可触的东西，甚至不是纯物质的东西，确切一点说，智慧是处于物质和非物质之间的一种空灵得像光波一样的东西，它本身不是物质，但它产生于物质和非物质的碰撞之中。宇宙中有一种叫做"量子潮汐"的微细物质，肉眼看不见，但它们在可视状态下却像大海的海潮一样，此起彼伏，活跃得很，量子物理学认为宇宙中的很多"事务"就是由这种"量子潮汐"左右着的；智慧在人脑的蜂窝状空壳中也是一样的情形，智慧多的人，那光波也是在不停地闪烁和起伏不定的，但肉眼看不见，很多精密的仪器也观测不到。

联系到上例中的"小脑人"和"无脑人"，科学家发现他们仍然有很高的智商，生活得也很正常，这种特殊的现象作何解释呢？根据"双母子"条件下的智慧生成原理，我们可从以下三个方面来解读。

第一，作为蜂窝状空壳的大脑智慧物质有着非常丰富的藏量，但是在一般情况下，绝大多数人的蜂窝状空壳的90%是闲置的，只有10%左右的空壳在启用，这一比例是当今的脑科学也认可的。这说明两个问题：一个问题是蜂窝状空壳的质量超出我

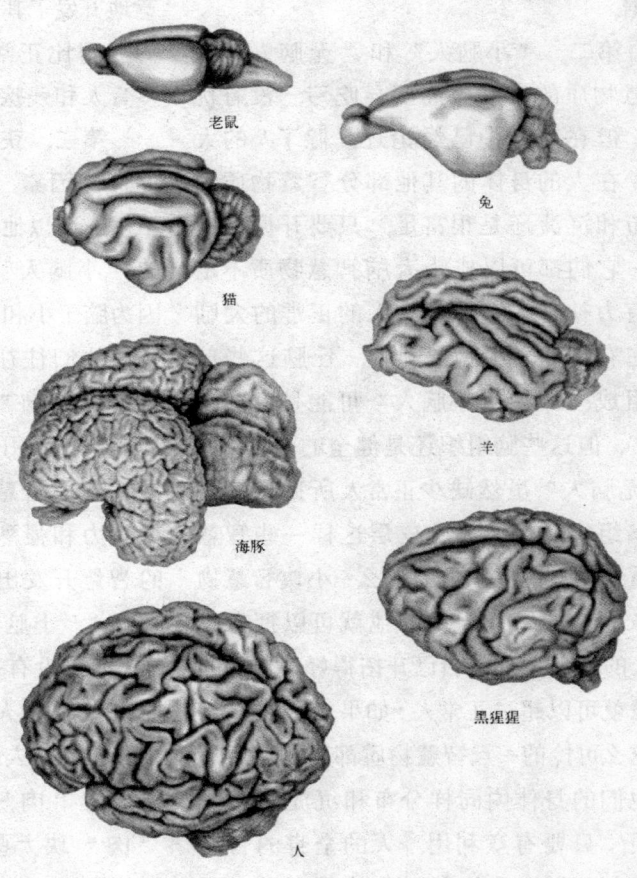

图125 地球动物与人类大脑。其重量、结构不同，但颜色是一样的，说明由同一种物质构成。

 宇宙·智慧·文明 大起源

们的想象，正常人只要启用10%左右的空壳就能很宽松地生活下去，那么这些"小脑人"只要启动了尽有的一些空壳，也能和正常人一样地生活下去。这是问题的一个方面。另一个方面，"小脑人"毕竟还是"有脑"，只要有正常人的10%的空壳物质和比例，他们就可以和正常人一样地生活，在智力方面不受一点影响，这是正常人用脑的比例所提供的一个可信数据。

第二，"小脑人"和"无脑人"在智慧物质的份额方面明显吃亏，没有优势，但在前文中已经论述，除了人的大脑，在人的身体的其他部分智慧物质的分布和沉淀还是很富足，只要开掘和利用，它们都可以成为大脑智慧物质不足的有力补充。比如说，人的正常的大脑由左右半球、中脑、间脑、丘脑这些部分组成，那些"小脑人"可能是容量少一些，但这些脑组织还是健全的；而那些"无脑人"虽然缺少正常人所拥有的这些脑组织，但像大脑皮层这样一些智慧物质还是有的，只要有这么一小块智慧物质较完善的结构组织，他就可以拥有正常人的智慧，如果自己开拓得好，他们的智慧就可以超过正常人；如果"无脑人"连这么可怜的一点智慧物质都不拥有，那么他们的身体内同样分布和沉淀有智慧物质，只要有意利用，人的全身的智慧物质都可以产生智慧，这就是人类永远高于地球动物的地方。

举例来说，盲人的脸可以当"眼睛"使，手脚和身子同样可以当"眼睛"使，人体的这些部位虽然没有眼睛的功能，但它们都有像眼睛一样的知觉系统，所以盲人的脸能"看见"想看的东西，手和脚都能看见相应的东西，耳朵也能感应到物体的存在。盲人的其他感觉系统也比常人的发达，比如嗅觉、肤觉、听觉，这是为什么呢？因为他们在视觉方面有缺陷，有意无意地开发了其他感觉系统的功能，使它们变得比正常人的还灵敏。这就是很多盲人和残疾人比正常人聪明的原因。

第三，获取智慧的动力也是一个关键性的因素。很多正常的人是有脑而不用，所以他们就聪明不起来；上例中的"小脑人"和"无脑人"，他们不因为脑子小和"没有脑子"而不用脑，所以他们往往具有超人的智力。这里有个"用脑"和"不用脑"的区别，其实用与不用的核心问题是看用脑人有没有获取智慧的某种动力。如果有某种动力和强烈需求，就肯定能将脑中的智慧开发出来，这一点对于"有脑人"、"小脑人"和"无脑人"都一样；如果没有一点动力来源和需求，不要说"小脑人"和"无脑人"，即使正常的有脑人，他们所拥有的只是一块特殊的"肉"，区别只在于谁拥有的"肉"块大些，谁的"肉"块小些，仅此而已。

因此，智慧对我们每一个人类成员来说都是公平的，只要有需求就会

有收获，绝不是因为人的脑袋大小，决定人的智慧多少。"小脑人"的脑容量小，但有某种需求，他同样可以拥有"大脑人"的智慧，甚至"无脑人"连脑子都没有，但他们同样有强烈的需求和动力，他们同样可以调动人体中潜藏的所有智慧物质，获得和正常人一样多的智慧。

五、智慧生成的三要素

亨利·摩尔根在他的《古代社会》中针对智力原理有一段非常精彩的话："人类出于同源，因此具有同一的智力原理，同一的物质形式。所以，在相同文化状态中的人类经验的成果，在一切时代和地域中都是基本相同的。人类的智力原理虽然能力有不同而有细微的差别，但对理想标准的追求则是始终一致的。因此，它的活动在人类的进步的一切阶段都是同一的。人类智力原理的一致性，实在是说明人类同源的最好的证据。"⑧摩尔根想说明的是人类的同源性决定了人类智力的同一性，比如在现代文明的源头上，东西方与各地区之间的交通不便，但世界各地的人们的文明水平基本相近和相同，这说明人类在智力方面具有同一性的特征。

摩尔根的这种说法是对的，但摩尔根并没有阐明人类的这种同一的智慧是怎么产生的，特别是智慧的同一性有什么共性的东西可让我们共享。按照"双母子"条件下的智慧生成原理，人类智慧的生成还是有规律可寻的，概括地说，大概有三方面的内容，我把它称之为"智慧三要素"。

智慧在形态上是空灵剔透看不见的，表现为具体的智慧也难以捉摸，只有通过人的双手把脑中的智慧变成可视和可触摸的文字、器具，智慧才得到转化并显现为某种智慧之物。比如我们的生理需要水，具体表现为渴，渴的这种感觉通过神经系统传到大脑的空壳中，在这里渴和需要水的信息大量存在着，按照最原始的做法，大脑指令：趴在河边把水喝进去，就可以满足渴的需求，或者用手捧水喝进去也可以满足渴的需求，这种方式虽然简便，但不是人类智慧的表现，地球的动物们凭本能都能做到这

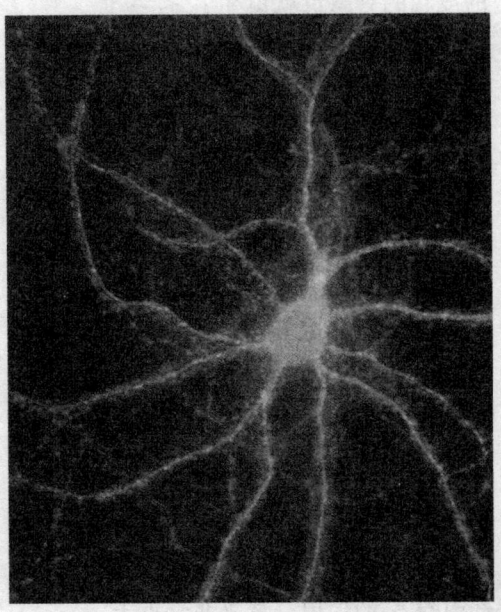

图126 接收轴突末树突触输入信息的树突，神经元发出绿色荧光

 宇宙·智慧·文明 大起源

一点。这种自然的方式不行，那该用什么方法解决这一经常性重复着的需求呢？那就寻找一个像碗一样的植物果壳充当饮器吧！但是这也不是人的创造，没有人类智慧的成分，人还是不能满足。因为人类的这一需要不仅要喝到水，而且要用饮水器把水盛起来，放到一边慢慢喝着享受。要想达到这样的需要，最好的设想就是仿照碗一样的植物果壳制造一个饮水器出来。于是选择材料，制造相应的工具，设计饮水器的形状、功能以及使人看着感到美的一些细节，都进入制造饮水器的工作之中，经过一代人或数代人的努力，一个完全不是自然物的人造饮水器终于制造了出来，人类制造饮水器的成功的智慧也就诞生了。

在这个过程中，需要是智慧生成的重要前提，没有制造饮水器的强烈需要，就不会产生制造饮水器的智慧，这是智慧生成的关键性前提，此其一。

其二，依托或仿照自然物来完成智慧的转化，这是智慧生成过程中的一个重要环节。比如我们仿照天上的飞行动物制造出飞机，仿照海生动物制造出轮船和潜艇，仿照植物果壳制造出饮水器等，这种仿照自然物来实现智慧转化的方式就成为人类文明生活中屡见不鲜的仿生学，它对人类智慧的形成起到了"穿针引线"的作用，意义非常重大。

目前可以说，我们现代文明的绝大部分文明成果都是通过仿生获得的，我们可以将迄今为止的地球人类文明称之为"仿生文明"。

其三，实现有条件的仿造，这是需要转换成智慧的第三步。比如仿照植物果壳制造的饮水用的碗，原生态的植物果壳是没有底的，不易固定，果壳里的水也是留不住的；人类在仿照植物果壳制造饮水用的碗时，就要克服自然的缺点，给它加一个底，固定和留住水的问题就解决了；如果植物果壳是容易开裂的，人造的碗也要克服开裂的缺点，让它不开裂等等，这就是有条件的仿照，不是照搬自然。有条件的仿造对于开启人类的创造性智慧是至关重要的；因为人类一开始就形成的这种创造性智慧，才使人类的一切文明不同于自然。

其四，审美的愿望。人类最早制造成的饮水用的碗，不仅要实用，而且要好看、美观，放在人面前感觉很舒服。审美的愿望也是人类智慧的原生态部分，比如仿照植物果壳制造出来的饮水用的碗，要比自然的果壳耐用、好看，具体说碗口要圆，确定的深浅适中，碗的主体部分和碗底要遵循一定的比例，碗的材料的质地、色彩以及加工的精细程度等，都具有审美的内容，这就是最初的审美观念。

其五，由上述的基本需求和一些

观念，我们就可以总结归纳出智慧生成的三要素，它们就是需要、实用和审美。需要是智慧生成的前提和动因，没有对甲事物的需要，就不可能产生出有关甲事物的智慧；我们现代人类发明犁铧是为了耕作的需要，发明飞机是为了实现上天飞翔的需要，发明轮船是为了海上航行的需要，甚至发明手电筒是为了晚上照明的需要，发明马桶或厕所是为了排泄的需要等等。实用是一切发明和创造的最终目的，也就是说，人类制造的所有产品或器具，首先是为了弥补自然的缺失和不足才发明和创造的，发明和创造的目的就是实用、耐用，如果达不到这个目的，或实现不了这样的目标，那么，人类相关的智慧就不成熟。不成熟咋办？总不能半途而废或弃之不用吧？因为在人类的生活中，这种智慧是必须要有的，而且必须成熟和完善起来。鉴于这样的原因和实际的需要，人类就不间断地进行实验和实践，最终让这种智慧成熟起来为止。正因为人类的这种顽强精神，在我们的历史上才留传下来那么多可歌可泣的创造和发明的动人故事。最后，审美也是人类先天就有的精神需要，是智慧生成的最基本因素。人类如果只追求实用而不追求美，那么，最早制造的饮水用的碗就不可能是圆的或是成比例的，我们乘坐的飞机也不可能是流线型的，我们穿着的衣服也不可能是有多种款式的，甚至我们最早所使用的石器工具也不可打磨得那么光滑受看。美是一种存在。我们很多的美学家和哲学家们，试图对美下个定义，但终也定义不了；其实，美就是智慧本身。我们离了这个原则，美的本质内涵就不容易被找到。智慧的美即是人类根据自己的实际需要而创造的。一种美如果不与实际生活相结合，它就不是美，甚至什么也不是。

　　需要、实用、审美，既是人类智慧生成的最基本的要素，同时也是人类智慧生成的最基本的原理。

注释：

① 王全年、刘毓健、李秀美：《中医圈里的生命思考》，中医古籍出版社，2005 年
②③⑤ 吴鑫基、温学诗：《现代天文学十五讲》，北京大学出版社，2006 年
④ A.W. 哈尼：《植物与生命》，科学出版社，1984 年
⑥ 马斯洛：《动机与人格》，华夏出版社，1987 年
⑦ 郭永海编著：《人类未解之谜》，陕西旅游出版社，2007 年
⑧ 路易斯·亨利·摩尔根：《古代社会》，商务印书馆，1983 年

宇宙·智慧·文明 大起源

第八章
智慧的神秘世界

　　智慧是一种没有穷尽的存在，就像粒子物质是宇宙中的无穷存在一样。智慧也是没有形状、没有声音和味道的一种不可视的巨大存在；要不是这样，你一定看见过智慧是什么样子的？也许你会坚持说：我看见过智慧是什么什么样的。你要诡辩那是你的事，可我绝对不相信。

　　过去的时候，中国古代的老子曾说，"道"是不可言说的，所谓"道可道，非常道"者是也。但是现在我要说，在一定条件下，"道"还是可以言说的，比如在本文中我说的就是"道"。眼下又说，智慧也是一种无形无味不可视的巨大存在；智慧的状态的确是这样。但我还是要说，在一定条件下智慧也是有形有味可视可触的。这里有一个基本前提，就是"在一定条件下"；那么，这个前提条件究竟是什么呢？也许，你还没有忘记前文中的内容，这个前提条件就是智慧的转化。比如饮水器具的智慧具体转化为碗，像蜻蜓一样能在天上飞行的智慧转化为飞机，能繁殖更多植物果实的智慧转化为原始的栽培农业，能使人体长期保持温暖的智慧，转化为衣服等等。智慧是一种可利用和可开采的巨大资源，而开采和加工的过程就是智慧资源的转化过程，具体加工成某种器具，那器具就是我们所得到的可视可触摸的智慧。

　　一般来说，智慧的转化有两种形态，一种是通过人的劳动中介转化成的可视可触摸的智慧，比如我们人类创造的所有的生产和生活用品、书籍、音乐和一切文化艺术形式都是；另一种是智慧自身在人体组织中显现出来的特殊的隐秘世界，比如睡眠、记忆、遗忘、做梦等，虽然我们每天都能感知到智慧显现出来的这另一个隐秘世界，但这种显现并非通过人的劳动转化而来，因此我们对智慧的这个隐秘世界一无所知。本章就以智慧的这个隐秘世界为中心论题，具体探讨一下智慧的这个隐秘世界。

　　一、意识与潜意识

　　关于意识，哲学和心理学方面都有非常全面的论述，詹姆斯和弗洛伊德甚至对意识的状态进行了非常生动的描述和科学的分类，我在这个议题中不想重复已有的科研成果和相关知识，依照智慧生成的基本原理，我只对弗洛伊德的意识论进行一番讨论。

弗氏提出的意识有三个层次，按智慧生成原理的基本观点来判断，显得有点机械和教条化。按照弗氏的理论，最表面的是意识层，最底层的是潜意识层，中间的是前意识层；它们之间的关系很不协调；意识要按现实的道德原则行事，一切都按部就班，没有商量的余地；潜意识层是要按本能原则行事，是属于野性十足的一个层次，在意识层工作状态下它是属于被压抑者；前意识处在中间作为一种过渡，扮演着"两面派"的角色。整体地看，弗氏的意识理论是一个充满矛盾和斗争的极不和谐的体系，上下动荡，左右摇摆，"内部极不团结"。这样一个极不和谐的意识体系是怎么形成的呢？按弗氏的解释，那就是作为本能的潜意识和作为理性的意识之间本来就有的不和谐斗争中形成。其实，弗氏理论的明显错误在于他把潜意识部分作为本能对待，"力比特"就是性，又是潜意识本能的动力之源。实际上，意识的形成不是作为动力源的，而是在智慧生成过程中自然生成的。一方面，意识的物质构成就是它的蜂窝状空壳，它以一种物质载体的形式出现，它的特点就是非常的绵软、空灵，就像一块不规则的海绵体，可以容纳无穷多的"水分子"；另一方面，意识的精神构成具体呈现为无穷多的信息和由加工、处理后的信息组合成的意识以及由沉淀后的意识进一步加工组合成的观念、思想等。意识的这两个方面互为依托，共存共生。人脑中本不存在潜意识、前意识和意识这样机械划分出来的意识体系，更没有以性作为动力源的本能。人从母体中诞生出来的时候，只是个具有智慧潜能的生物体，通过后天的生活熏陶和各种形式教养，人才摆脱纯生物的属性，成为"理性的动物"。假如人真有潜意识和意识的话，那也是后天学习的结果，有一种是常用的意识，它们根据个体的需要经常性地进行整理和排序，形成一种有序的整体，以闪烁不停的光点、光线和光片呈现；这一部分就是真正意义上的意识。另有一些意识是不常用的，它们被主体的自觉行为所冷漠，处在无序的混乱状态中，不常用意识并非不用就自然消失，它一直存在着，沉淀在意识仓库的黑暗角落。这一部分沉淀不用的意识就是潜意识，它本来也是意识，绝不是生物天生的本能。常用的意识是活跃的，明确有序的，闪烁着各种光亮的，比如生活的意识、工作的意识，传统教育中的各种知识信息等；不常用的潜意识是长期沉淀着的，被荒芜了的，昏暗无序的，比如很多过时的信息，被遗忘了

宇宙·智慧·文明 大起源

的知识、经验，以及时常被刺激，但一直没有表达出来的一些思想观念等。常用的意识之所以是很活跃的、明确有序的，是因为它要常用，所以时常得到整理、修整和合理的补充，才使它处于有条不紊的兴奋的工作状态中；不常用的潜意识之所以是沉淀着的无序，原因是它们的存在基本处在自然沉淀状态中，不分先后地累积和叠压在一起，就像地质学上的地层沉积一样，所以是无序的和被荒芜了的。弗洛伊德把大脑中自然沉淀下来成为潜意识的这部分意识当作本能，我认为这是不符合智慧生成原理的。意识的生成是因为智慧创造的需要才出现，因此意识是智慧创造过程诸环节中的一个环节，潜意识又是意识链条上的一种意识存在方式，无论意识和潜意识，都是创造性智慧的有机组成部分，而非动物式的本能，或具有本能的属性。弗氏把潜意识当作本能，这是在他的学说中严重自相矛盾的地方。

当然，有序的经常处于活跃和兴奋工作状态中的意识，不见得永远都这样有序和活跃，一旦它们的秩序遭到破坏，它们也会成为一团混乱无序的意识流，比如精神病患者和癔病患者大多都是这样造成的；而处在无序和死寂的沉淀状态的潜意识或不常用的意识，虽然它们被冷落，但它们的存在是确确实实的，不因被冷落而自然消失掉。在它们的"泛滥"中：一种最常见的，如"日有所思，夜有所梦"。这种"梦"是从哪里产生的？就是从不常用的沉淀着的意识层里产生的，它决不是弗氏所谓的被意识放松了镇压，偶然冒出来的头角狰狞的潜意识；另一种是行为主体受到某种强刺激之后被"搅动"起来的，它们就像沉淀在池塘底部的沉渣，被一颗石粒或一只突然冒出来的鱼给搅动了，形成一片混乱不堪的意识面。这两种意识状态都有致病的可能性，但后一种状态致病的可能性更为明显。

现在，我们回头再看看，在常用意识正常工作的状态下精神病是怎样形成的。大致有两种情况：一种是由于遗传等原因，导致智慧物质结构不合理或有先天性缺失而形成，我把这种情况称之为先天性遗传缺失症。比如在遗传基因中本身就带着不合理的或是变异了的遗传物质结构，或是蜂窝状空壳的结构分布不均匀、变形等，这种先天性遗传缺失的状况导致行为主体反映迟钝，思想不清晰，严重的有弱智或痴呆等症状。另一种是由于儿童时期的某种影响，导致行为主体接受信息偏激，或对某些信息过于敏感，导致精神秩序的紊乱。这后一种情况主要是在后天的学习和生活中形成，我把它称之为后天性精神偏激症。比如一个因夫妻关系破裂等原因导致的精神病患者，就像他们的夫妻关系一样有关夫妻关系中比较敏感的秩序被破坏导致这一层意识的秩序混乱，但在患者的言行举止中仍然离不开夫妻关系的那些内容，只是它们由原来的有序变成无序罢了。与之相同的如因迷信而导致精神病的，在他们的言词中频频出现的还是与迷信相关的神鬼之类的内容；一个在仕途中受了刺激而导致精神病的患者，要么他“离群寡居”、“不近人情”，要么尽说些与政治有关的“黑幕”背景等等。

通过以上的简单论述，我们可以得出两个基本的结论：1. 意识的“工作”有着非常连续的过程，而意识的存在状态却是比较简单的，它只呈现为常用的有序的意识和不常用的无序的潜意识两种，没有弗氏论述的那么矛盾、复杂和多次层呈现。2. 所谓的潜意识就是不常用而被荒芜和沉积下来的那一部分意识，我要强调的是这一部分意识还是意识，绝不是费氏所说的本能。假如人类不常用而沉淀下来的这一部分意识是本能的话，那么，我们就称它是本能好了，为什么还要称它是意识呢？我认为弗氏理论在潜意识的定型方面是自相矛盾，不能自圆其说的。还有，更为矛盾的是潜意识的实质如果是本能的话，那么在人的行为过程中，有很多时候，特别是一些创造性领域中，人们往往依赖于潜意识的神秘力量来解决难题，这不是在说人的决定性的智慧是出自本能的吗？既然本能决定人的创造与智慧，那么，人与地球动物的本质区别又是什么呢？

为了更明确地表达出我的观点，下面列出一个简表来说明人类与地球动物在意识方面的本质区别。

依我的理解，从意识到形成理论需要五个阶段的连续性工作方可形成较为完整的意识发展链条：

例如：

1. 意识一般：指意识产生的过程。

饿
想吃
吃
生理感觉
产生需要
生理满足
意识
生理刺激
感觉信息
处理信息

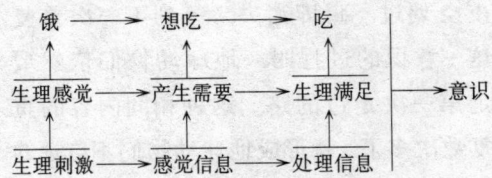

2. 意识特殊：对最初意识的信息反馈。

什么是饿？
为什么会饿？
为什么想吃？
怎么才不想吃？
吃多少才不饿？
怎么做到不饿？

3. 意识集群或意识系统：指相关的意识群体的积累。比如：

有关饿的众多意识、有关吃的众多意识、有关饱的众多意识以及有关健康、保持体力的众多意识等。这些意识集群，通过归纳、演绎、综合等逻辑形式，由最初的信息或意识转化为经验和知识。

4. 思想、观点的形成：由若干多的相同或相近的经验和知识，被归纳为某种观点或提炼成某种思想，比如饿的观点、吃的思想以及如何吃、如何保持健康体力的思想和观点。

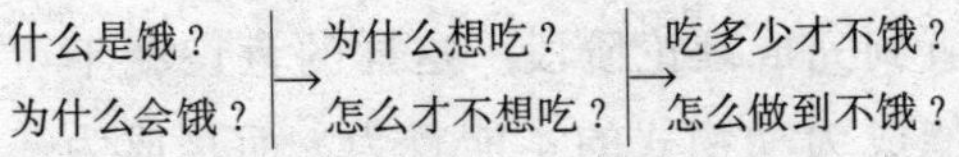

 宇宙·智慧·文明 大起源

5. 对上述零星的思想观点的整合形成相关的理论。比如有关饥饿的一般理论和不同见解；有关吃的一般理论和不同见解；有关身体、体力和健康的理论和不同观点等等。

由意识生成和连续发展的五个阶段，我们不难看出，人类和地球动物共有的是意识一般，而人类独有、地球动物没有的却是意识发展的后四个阶段。意识一般停留在它最初的生理反应阶段，再不往前连续地发展，那就像一颗流星从夜空划过，瞬即消失，等到下一次重复这一意识的过程时，地球动物们依然要走第一次走过的路。这种相同内容的重复数次多了，就形成地球动物们不自觉的本能。倘若意识有了最初的发生却不停留在最初的阶段，它要连续地发展，往前走，直到完成理论阶段，这样的意识就不可能成为动物式的本能行为，而是成为一种高度自觉的意识形态，即在众多意识基础上形成的相关知识、经验，在众多知识或经验基础上形成的思想、观念，以至系统的理论。人类之所以不与地球动物相同，之所以将最初朦朦胧胧的意识发展成为相关的知识和理论，原因就在于人类不是靠地球动物式的本能行事，而是靠超越了最初意识的理性行事。西方的学者们将人类称之为"理性的动物"、"符号动物"，而不称之为地球上的本能性动物，原因也就在此。

因此，弗洛伊德将人的潜意识界定为本能的一部分或本能自身是错误的；人类的潜意识不是本能，而是沉淀下来经常不用的那一部分意识，它依然是意识，只是为了认识和论述方便，才把它们区分开来。

因此，我们也可以给意识下个比较准确的定义：意识并非"自觉的心理活动"或"大脑的某种机能"等等，意识是不断重复着的生理需要的一种转化形式。它的开端是某种生理的刺激，中端是对这种刺激的反映和处理方式，末端是完成处理，形成最初的意识。这就是意识生成和发生演变的全部过程。

二、记忆与遗忘

如果说意识是以一种光波似的"非物质"形态沉淀于人的大脑中的话，那么我敢肯定意识的这种沉淀与之后的作用一定与人的记忆和遗忘密切相关。

"传统心理学认为记忆是过去的知识、经验在人脑中的反映，而认知心理学则认为记忆是信息的输入、储存、编码和提取的过程。一个正常成人的大脑重约1400克，分为左右两半球，大脑皮层是脑的最重要部分，是心理活动的重要器官，其展开面积约为2200平方厘米，厚约1.3-4.5厘米，结构和技能相当复杂。那么输入的记忆信息储存在脑的什么部位呢？不同的学者有不同的看法。

"持定位学说的学者认为，不同类型的记忆信息储存在大脑的不同部

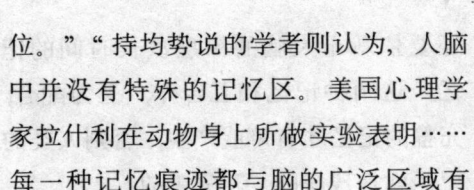

位。""持均势说的学者则认为,人脑中并没有特殊的记忆区。美国心理学家拉什利在动物身上所做实验表明……每一种记忆痕迹都与脑的广泛区域有联系,保存的区域越大,记忆效果越好。

"另有一种关于记忆的学说是'聚集场'理论。它认为,神经细胞之间形成复杂的神经网络系统,没有一种神经细胞可以脱离细胞群而独立储存信息。记忆并不是依靠某一固定的神经通路,而是无数细胞相互联系作用的结果。

"近年来,由于激光全息理论的出现,有人提出了记忆的全息解释,认为记忆储存在脑的各个部分,而每一部分都有一个全息图,因此,每人每一时刻都要死去一些脑细胞,但这并不影响记忆的储存。

"心理活动必须以一定的生理机制为基础,因此提示记忆的生理机制之谜会为记忆之谜打开一条通道。但由于生物神经系统的复杂性,有关记忆的生理机制仍然有许多问题悬而未决。"①

的确如此,记忆的生理机制至今还是个谜。前述的"定位说"、"均势说"、"聚集场说"以及"全息说",虽然也是一种说法,但我认为这些学说的前提都是在某种理论的"启发"和"指导"下形成,这种"借鸡下蛋"的理论恐怕不宜破解记忆生理机制的千古之谜,若想从根本上破译记忆的生理机制之谜,我想还是应该从记忆本身着手,解读记忆的生理机制之谜。因此,我还是借助于智慧生成原理的基本观点,将记忆划分为两大类型,即体表的感觉记忆和大脑的深层记忆,简称为浅层记忆和深层记忆。

智慧生成原理认为,人类的记忆是人类智慧的有机组成部分,记忆不仅是大脑单方面的事,同时也是所有感觉器官的事,感觉器官与大脑器官相互分工合作,共同完成记忆的工作。具体说,感觉记忆是发生在人体表面各器官上的记忆。在传统的记忆理论中,感觉器官也在分担记忆工作的说法从未有过,实际上我们人类的视觉、听觉、嗅觉、味觉、肤觉都有记忆的能力,只不过它们记忆的深浅程度不同罢了。比如我们第一次看见张三这样一个人,视觉先将张三的形象特征记忆下来,并输入大脑。过了若干时间,当张三第二次出现在我们面前时,视觉首先辨认出这人是张三,并求助大脑记忆予以确认。大脑记忆将张三的信息调出来,确证眼前这人就是张三,视觉记忆无疑了。通过第二次的确认,张三的形象更深刻地刻印到视觉记忆和大脑记忆中。当张三第三次出现时,视觉记忆一眼就认出此人是张三,无须大脑记忆确证它就能肯定。假如因某种原因,视觉记忆失灵,看不见了,张三如果第四次迎面走来,没有了视觉记忆的第一次反映,大脑记忆也就认不出他是非常

宇宙·智慧·文明 大起源

熟悉的张三。在这种情况下，张三如果有某种特殊的体味的话，嗅觉记忆可能也记忆犹新，通过张三的特殊体味认出他就是张三；张三如果有某种特殊的声音的话，听觉记忆可能也注意记忆下来了，通过张三的声音认出此人就是张三等等。也就是说，人类的记忆并非大脑单方面的事情，人体所有的感觉器官、包括人的皮肤都有记忆的功能。应该说这是一个重大的发现，它可以彻底改变人们以往的认知观念，即只有大脑才能产生记忆和智慧的观念。人的大脑诚然是人类智慧的主要发源地，也是记忆的重要器官，但我们绝不能因为大脑有这样巨大的功能而遗忘了扶助大脑产生智慧和帮助大脑更深刻记忆的所有人体感觉器官以及它们同样重要的功能。

这里有两个问题需要澄清：一个是两类记忆的记忆时间。人的感觉器官因为分布在人体的各部分，它们拥有的智慧、物质也是有限的，所以感觉记忆的记忆时间也是有限的；而大脑是智慧物质高度集中的地方，它既是智慧的发源地，同时也是记忆的仓库。由它记忆下来的信息千千万万，数不胜数；由于它的仓库性质，大脑的记忆时间就长。因此，我把感觉器官的记忆称之为浅层次的短时记忆，而把大脑的记忆称之为深层次的长时记忆。虽然人体的所有感觉器官都有记忆的功能，但它们的记忆是浅层次的短时间内的记忆，若是把一些信息记忆不忘，还要依赖于大脑的深层次长时间的记忆。这两种记忆相互合作，互为配合，完整的记忆才有可能产生，否则人类的记忆就是残缺的、不完善的。

另一问题是两种记忆的关系。大脑记忆是记忆的主体，是仓库，不仅容量特大，而且分类特细，什么时候的什么信息，只要你需要，大脑就能从它的仓库里找出来。有些信息寻找可能很困难，但只要耐心地等待和寻找，大脑总是能"记"起来。大容量的长时记忆，这是大脑记忆的优势。而分布在体表的各感觉系统的记忆，它们只是些记忆"网站"，或记忆的"前方通讯员"，它们对较深刻的信息记忆能做到"记忆犹新"，对不深刻的记忆只能是"过目即忘"。无论哪种情况，所有的感觉记忆有一大功能，那就是它们能将形形色色的体外信息源源不断地输送到大脑的记忆库中，如果没有感觉记忆的这些辛苦和劳作，大脑的记忆仓库就会是一片空白。

另外对于大脑的深层记忆，我们也不能盲目地"统而论之"，还是需要划分为这样两个方面来说。一方面，大脑的深层记忆区又可划分为两种类型，一种叫理性记忆，一种叫综合记忆。理性记忆是由若干的信息转化成意识，若干的意识又转化成观念的一种记忆。比如我们对自己民族历史知识的记忆，对人生观、对一些名人名言以及一些理论

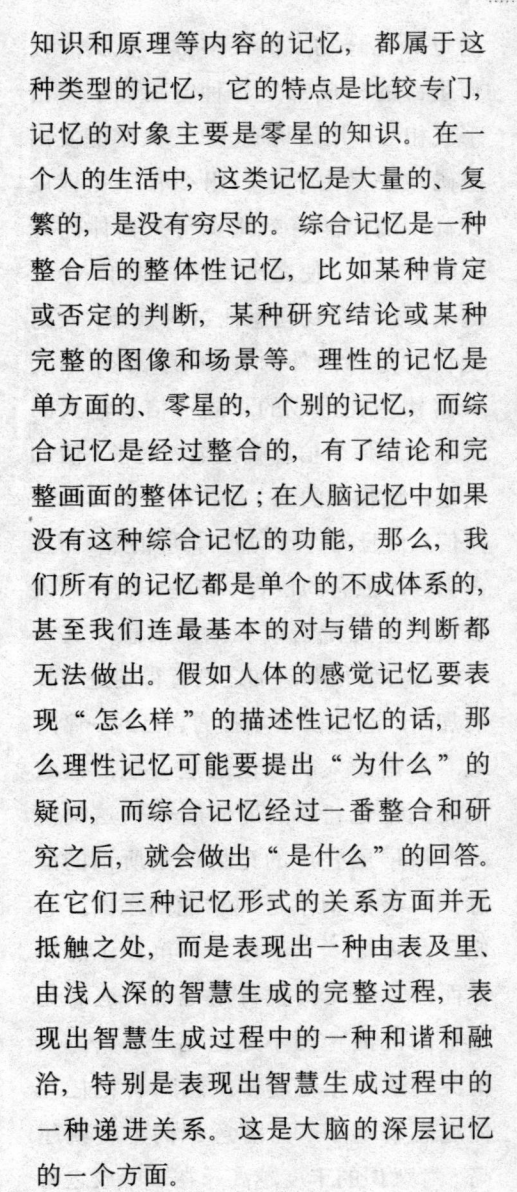

知识和原理等内容的记忆，都属于这种类型的记忆，它的特点是比较专门，记忆的对象主要是零星的知识。在一个人的生活中，这类记忆是大量的、复繁的，是没有穷尽的。综合记忆是一种整合后的整体性记忆，比如某种肯定或否定的判断，某种研究结论或某种完整的图像和场景等。理性的记忆是单方面的、零星的、个别的记忆，而综合记忆是经过整合的，有了结论和完整画面的整体记忆；在人脑记忆中如果没有这种综合记忆的功能，那么，我们所有的记忆都是单个的不成体系的，甚至我们连最基本的对与错的判断都无法做出。假如人体的感觉记忆要表现"怎么样"的描述性记忆的话，那么理性记忆可能要提出"为什么"的疑问，而综合记忆经过一番整合和研究之后，就会做出"是什么"的回答。在它们三种记忆形式的关系方面并无抵触之处，而是表现出一种由表及里、由浅入深的智慧生成的完整过程，表现出智慧生成过程中的一种和谐和融洽，特别是表现出智慧生成过程中的一种递进关系。这是大脑的深层记忆的一个方面。

另一方面，大脑的深层记忆区的信息集聚量分布是不甚均匀的。我大概区别了一下，有这样四种不同的分布区。零度记忆区：很明显，在大脑的这个记忆区域内是没有信息也没有记忆的一个空白区，按照目前脑科学的说法，人的大脑的80%的资源是闲置的，零度记忆区就是人脑的80%这一部分。有人认为人脑闲置的这一巨大区域就是潜意识区，我说这种认识是错的。潜意识区仍然是有意识的区域，而在人脑的零度区域里没有信息也没有记忆，是纯粹的天然资源区。这个认识应该纠正过来，潜意识理论迷糊了我们很多年，现在我们对它应该有个明确的清晰的认识。第二个是少量记忆区：这很明确，在人脑的一些区域内只有少量的信息积累。一个原因是这种人可能不爱学习，本来就没有多少积累；另一个原因是这可能是个爱学习的人的一个"知识薄弱"区，因为他的主要积累在别的地方，这里只有少量的信息。无论哪个原因，少量记忆区的状况就像天空下没有山峦的地平线一样，在那里的空间很辽阔而积累却很少。第三个是记忆集聚区，这里的记忆积累比较丰厚，仿佛在地平线上横呈着一些山脉，看上去有点内容，经历丰富的人或是知识积累比较多的人的记忆就是这种状态。山峦层叠，跌宕起伏，令人目不暇接。第四个是记忆的板块区。在大脑的这些区域内，记忆积累得非常饱满丰厚，正如我在前文中所说的那样，有大片大片的光波在闪烁，它们距离不远，形成一块一块的闪光区，犹如从飞机的舷窗中看到一片一片的城市夜景一般。具有板块记忆的人，要么他们是大科学家、大思想家，

 宇宙·智慧·文明

那些闪烁着光波的记忆板块就是他们不同的学理区域；要么他们是一些功力深厚的精神修炼者，闪光的板块就是他们修炼的结果。

这样划分和区别开来，给人的感觉是记忆的空间无限辽阔，就像平原的天际线永远也看不见一样。实际的情况也是这样，记忆的80%的区域内是纯天然的空白，只有20%的区域内才呈现出少量的或比较集中的一些记忆；而那些拥有记忆板块的佼佼者在人类的成员中所占比例微乎其微，即使是他们所拥有的记忆区域比之天然的记忆资源来也不会超过20%的比值。

总起来看，记忆的空间无限辽阔，记忆的形式也不外上述的几种类型，即感觉记忆、理性记忆和综合记忆，它们共同构筑成一个自然与记忆和谐相处的共生共荣的智慧生态。

相对记忆的生态构成，作为记忆对立面的遗忘就比较容易理解了，简单说，遗忘就是记忆的沉淀。

心理学家们探索人的遗忘现象，认为"遗忘是记忆痕迹的衰退"，"遗忘是新旧经验相互干扰的结果"，遗忘是"记忆检索困难"或"动机与情绪影响"导致的等等。这些说法都有一定的道理，但它们并非遗忘的真正原因。20世纪60年代，曾获得生理和医学诺贝尔奖的约翰·艾克尔爵士说的一种观点，我倒是认同。他认为："人是有形和无形精神构成的奇妙化合物，但大多数人认为，任何生命的构成都是各种电磁粒子陨击形成相互作用而构成的……大脑能发出电磁粒子是由于大脑组织有序化程度较高，因而能有效地截导来自体内外的电磁粒子，使之比较集中地向一个方向发射。"② 我同意他这种观点，人的记忆就是体内外的各种信息依序输入蜂窝状空壳形成的，同一信息输入的次数多，那个信息就被电磁粒子（假如它是记忆物质的话）敲击的次数多，不仅信息自身的物质动能得到加强，而且占据自己独有的位置；那些一次性输入后再无重复敲击或刺激的信息，其本身的势力就很弱，加之没有得到进一步的加固，它们就很难拥有自己的一席之地，被后输入的记忆层层叠压，以致沉淀到记忆仓库的最低层——这类沉淀或被层层叠压的记忆就是所谓的潜意识。潜意识不是纯本能的东西，它们还是记忆，只不过是些沉淀了的记忆而已。因此我就肯定地说，遗忘是记忆的沉淀，而不是记忆的消失。当沉淀的这种记忆越多，意味着记忆主体遗忘得越多，而潜意识的丰度就越高；潜意识的丰度越高，在梦中或之后的偶然中记起的几率也越高，几年或几十年之后的某一时刻，我们还能记忆起旧时的一些情景、一个人或一些小事情，原因就在这里。

由记忆、遗忘和潜意识之间的这

种关系，我们应该明确以下几点：

1. 意识和潜意识是客观存在的，但我所谓的潜意识并非弗洛伊德的潜意识本能，它依然是主体的记忆或意识，仅由于不常用等原因被沉淀和叠压在记忆仓库的最底层；一旦主体需要某个旧记忆时，通过不断的敲击、提醒、回忆等手段，还可以把它从深厚的潜意识中发掘出来，产生"记忆犹新"的感觉。因此，我们说记忆、遗忘和潜意识的关系就像地层和冰川的沉积一样，新的土壤和冰雪不断叠压在原有土壤和冰雪的上面，旧的土壤和冰雪就会逐渐被掩埋和下沉，以致深埋到最基层去，不断被遗忘的那些陈旧的记忆也和那些土壤和冰雪一样，一层一层被叠压在下面，深埋起来，它就形成人脑中的潜意识层。

那么，人脑中的意识层为什么不能被遗忘或掩埋呢？道理很简单，它们往往是最活跃的，时常被同类的新记忆敲击和补充着的实体，因而它们就像是些不断跳跃着向山顶攀登的俏皮的孩子，海水的上涨总是赶不上它们跳跃的步伐，它们总是领先一步，总是处在沉淀着记忆的潜意识之上。

2. 记忆和遗忘与被记忆对象的亲疏密切相关。比如在世俗生活中有一种说法叫"人去茶凉"，认为生活中有这样一种人，相互一旦离开，情义就没了，人们把这种行为当作一种不道德和不重情义的典型来褒贬。其实，从记忆和遗忘的角度论，当记忆的对象离开记忆主体时，这一记忆就会萧条下去，得不到应有的活力，在这种情况下它就会被后来的新记忆逐渐叠压，最终被掩埋起来，沉淀下去，遗忘在不知不觉中就这样发生了，"人走茶凉"也就成了自然。因此，从记忆与遗忘的角度说，"人走茶凉"的现象并不违背科学真理，但从社会伦理的角度说就是另一回事了。

从"人走茶凉"这种现象我们可以得知，记忆被遗忘的另一个原因就是因为记忆对象的长期疏远或离异造成的，特别是人际之间的遗忘就是这样发生的。明确了这一点，我们就会相信凡是注重友情的人们绝不会因为长期远离对方而导致情感上出现疏远。

3. 记忆、遗忘与学习的关系。也许，有人会误解，人的记忆不断被掩埋和沉淀的话，那么学习和搞研究的人就难以继续他们的学业了，这个矛盾怎么解决？其实，这里不存在矛盾：坚持学习和搞研究的人，他们的记忆是连续的、常新的，经常处在活跃的记忆层面上，所以经常坚持进步的人的记忆不会产生遗忘，更不会被掩埋或沉淀。相反的例子倒是忽冷忽热、时断时续的学习方法，经常会导致遗忘的出现，还有偶尔学一下然后长期不学的人，更会被遗忘关照。中国不是有句谚语吗？叫做"刀不磨要生锈，人不学要落后"；这话说得非常正确，不

宇宙·智慧·文明 大起源

学习的人的记忆就像经常不磨或不使用的刀一样，是处在锈迹斑斑的状态中；你偶尔磨一下那个锈迹斑斑的刀，似乎锈蚀没有了，但不接着磨和使用，它很快又会锈住，不见光泽。人的大脑的记忆情况和刀的情况是一样的。因此，孔子教导我们"学而时习之"，经常性重复和温习已有知识，你才可以不遗忘。

三、睡眠与梦

智慧的第三个隐秘世界就是睡眠与梦。的确，人为什么一定要睡觉呢？睡觉的生理机制又是什么？它与智慧有什么直接的关系？人又为什么要做梦？梦的生理机制就像弗洛伊德所说的那样吗？有没有别的解释？这些问题困扰着科学家，也困扰着我们生活中的每一个人。

"关于睡眠产生机理的学说很多，归纳起来大概为两类。一类可称为主动学说，即认为睡眠是一种主动过程；另一类可称为被动学说，把睡眠仅仅看成是觉醒的终止而被动地发生。"[3]从科学试验的情况看，被动学说只是把睡眠当作"觉醒状态的终止"显然有点过于简单化，而"主动学说"认为，睡眠不仅是觉醒状态的终止，而且是中枢神经系统内部一定部位的功能活动所主动造成的。提出这一学说的有科学家巴甫洛夫（睡眠抑制说）、里斯（睡眠中枢说）、皮龙（睡眠物质说）等。实际上，睡眠的被动学说和睡眠的主动学说，也是可以协调起来的。被动学说从消除上行激动系统的兴奋作用，降低觉醒水平这个方面阐明睡眠，主动学说则从引起上行抑制系统的兴奋作用，增强大脑皮层的抑制水平这个方面阐明睡眠。这两个方面是密切协调的，只有把这两个方面的消长统一起来，才能说明觉醒和睡眠的正常交替。也就是说，每一种睡眠学说，阐述了也只阐述了睡眠与觉醒的某一个方面，将它们综合起来，就能不断深入地揭开睡眠与觉醒、睡眠与梦这些难解之谜。[4]

科学家们通过脑科学和生理科学探索睡眠的原因，固然是一条可行的途径，但科学的缺陷在于过于专门和细化，缺乏一定范围的综合能力，而睡眠的成因恐怕就需要一定的综合才能解开睡眠的秘密。现在，我们换一个角度，把睡眠当作人体智慧的有机组成部分来看待，通过智慧生成原理的某些观点，我们可以说，睡眠是智慧生成过程中的必须间歇或智慧律动的节律，它并不完全是在某种生理作用下形成的，它同时也是在智慧物质或智慧自身的某种作用下形成的。假如我们提出的这一观点能够成立的话，睡眠与梦的秘密也就可大白于天下。

首先，我们有证据说明：人体器官的生理节律与智慧的运动节律是完全不同的。比如大部分的人们都相信这样一种说法，睡眠是因为人在白天劳作过于疲劳才形成的，通过睡眠人

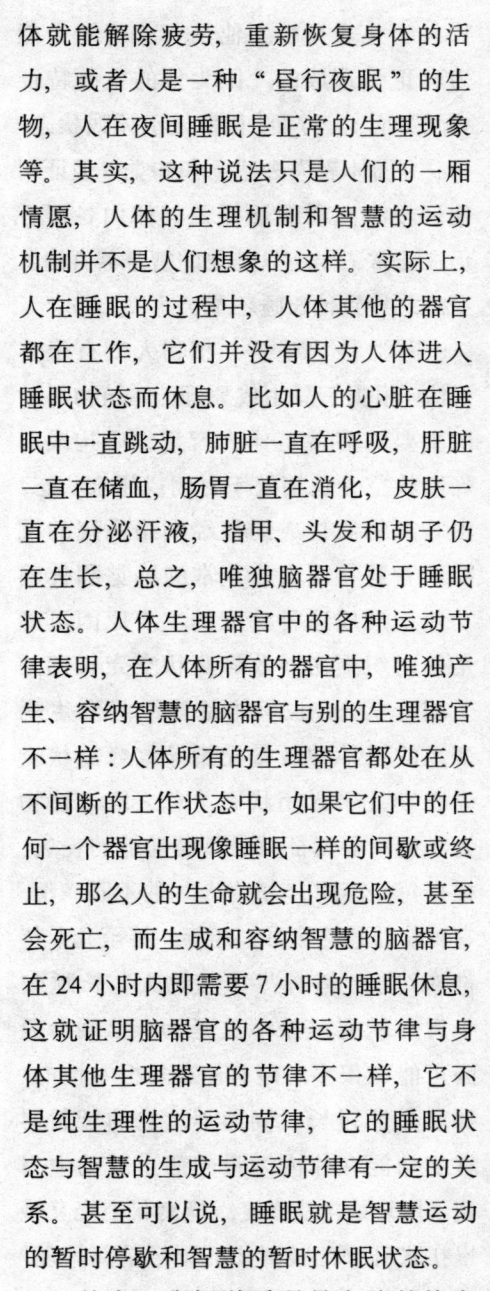

体就能解除疲劳，重新恢复身体的活力，或者人是一种"昼行夜眠"的生物，人在夜间睡眠是正常的生理现象等。其实，这种说法只是人们的一厢情愿，人体的生理机制和智慧的运动机制并不是人们想象的这样。实际上，人在睡眠的过程中，人体其他的器官都在工作，它们并没有因为人体进入睡眠状态而休息。比如人的心脏在睡眠中一直跳动，肺脏一直在呼吸，肝脏一直在储血，肠胃一直在消化，皮肤一直在分泌汗液，指甲、头发和胡子仍在生长，总之，唯独脑器官处于睡眠状态。人体生理器官中的各种运动节律表明，在人体所有的器官中，唯独产生、容纳智慧的脑器官与别的生理器官不一样：人体所有的生理器官都处在从不间断的工作状态中，如果它们中的任何一个器官出现像睡眠一样的间歇或终止，那么人的生命就会出现危险，甚至会死亡，而生成和容纳智慧的脑器官，在24小时内即需要7小时的睡眠休息，这就证明脑器官的各种运动节律与身体其他生理器官的节律不一样，它不是纯生理性的运动节律，它的睡眠状态与智慧的生成与运动节律有一定的关系。甚至可以说，睡眠就是智慧运动的暂时停歇和智慧的暂时休眠状态。

其次，我们说睡眠是大脑的蜂窝状空壳的暂时闭合。

我们知道，一切生物的生理器官都有一定的节律，科学上把这种节律称之为"生物钟"。比如人的眼睑较有节奏的开合，这样眼睛才能正常地工作；嘴也一样要有开合节律，这样才能说话、唱歌、吃东西。人的眼睛不能一直睁着，一闪不闪，人的嘴不能一直张开着，一闭不闭。如果眼睛和嘴失去它们应有的开合节律，那么处在这种状态中的人一定会犯傻生病。同样的道理，大脑的蜂窝状空壳也像人的眼睛和嘴一样，在一天的24小时内，它们也不能一直处于扩张的工作状态，作为一种生物构成的器官，在一定的工作时间后它们也会疲劳，也需要调整和休息。这是从大脑的生物属性方面说的。从智慧运动的节律来说，新的信息和意识的输入会使人的大脑记忆处于兴奋状态，记忆区域大的就处在大兴奋状态，记忆区域小的就处于小的兴奋状态，但处于兴奋这是没有任何疑问的。从这个角度说，大脑记忆的兴奋状态就是人的觉醒状态，在这种状态下，人才开始正常的工作、生活和学习。正常情况下，大脑的记忆兴奋状态可以保持12小时以上，过了兴奋期，记忆就呈现为疲劳，记忆的疲劳导致蜂窝状空壳的完全闭合，这就是智慧的另一面，即智慧运动节律的间歇，也就是睡眠。

记忆的疲劳导致蜂窝状空壳出现闭合，这有两层意思：一层意思是蜂窝状空壳的闭合就意味着所有记忆部门都"关门"、"歇业"或"下班"不"营业"

 宇宙·智慧·文明

了。举例说，人脑中所有正常工作的记忆部门，就像世界上最大最繁华的商贸大厦一样，它的正常"营业"就像开着万家灯火，呈现为一个光的组合世界，一旦"关门""歇业"了，整个大厦的绝大部分灯光都熄灭了，所有的门也关了，只有几个"看门"的灯还亮着。这时，大脑就处在睡眠状态。这是一层意思。另一层意思，记忆部门在正常工作的状态下，各部门之间既有"业务"方面的往来，也有部门之间的一种内在的链接，这就是记忆的一种整体功能，比如我们在觉醒状态下，随便问一个过去很久的人或事，我们都能随口回答对方的问题，这个秘密就在于记忆各部门在觉醒和兴奋状态下是相互链接着的，你无论提出什么问题，只要在他的记忆仓库中有的记忆都能随时提取出来，作为回答。但是，记忆各部门一旦处于"歇业"状态，各部门之间的那种内在的链接就中断，记忆部门之间的链接没了，各自都处于一种自我封闭状态中，记忆就丧失了它原有的一切功能，大脑的睡眠状态就到来了。从这个角度我们可以看出，睡眠就是记忆的暂时丧失，或者说当记忆处于极其疲惫的自我封闭状态，睡眠就产生了。

再次，我们选择几个比较典型的事例来证明睡眠是智慧运动的节律或暂时间歇这一观点。

事例一：长睡不醒的"植物人"是怎么形成的？我们知道长睡不醒的"植物人"并非死亡，他是丧失了知觉能力和记忆形成的。因为他的主要特征有两方面：一方面，长期处于睡眠状态，另一方面体表失去感觉和知觉。但证明他还没有死亡的证据是其体内各器官仍在正常工作，只是他的智慧器官出了毛病，导致他长睡不醒。

医学科学对于"植物人"有很多说法，根据智慧生成原理，"植物人"的主要病症就是作为智慧物质构成的蜂窝状空壳长期处于封闭或闭合状态，由智慧物质构成的神经网络系统的沉淀性智慧物质失去正常的感觉和传输功能。形成这种病症的主要原因可能是脑组织损伤导致蜂窝状空壳长期处于闭合状态；也可能是脑组织发生病变或缺乏某种微量元素导致蜂窝状空壳长期处于封闭状态。总之，"植物人"的主要特征就是智慧功能的丧失。根据每个不同"植物人"的不同病情，它可能昏睡几个月、几年，甚至几十年都有可能；但有些"植物人"长睡数年后却能醒过来，这是为什么呢？原因可能有很多，但有一点是根本性的，那就是通过长时间静养，它的智慧器官的功能在体内微量的静止运动中得到了恢复或自我修复，蜂窝状空壳又慢慢扩张开来，被封闭的记忆重新闪现，记忆的各部门之间重新得到链接，"植物人"也就渐渐恢复到正常的生命状态，特别是正常的智慧功能状态。

事例二："心里有事睡不着"是咋回事？表面地看，这是件生活的事，无举轻重，实际上，这件事情是有着深厚背景的，它直接影响到了智慧的器官，即记忆与蜂窝状空壳。前面我们已经说了，睡眠实际就是智慧的运动节律，是记忆失去兴奋状态后蜂窝状空壳完全处于闭合状态的结果，蜂窝状空壳的闭合状态越好，睡眠的质量就越高，蜂窝状空壳的闭合参差不齐或完全没有闭合，睡眠的质量就越低，睡眠主体"心里有事"正好是蜂窝状空壳处于后一种状态，即闭合的参差不齐或完全没有闭合。为什么会出现这种状态呢？原因就是他所关注的那"事"的记忆一直处在兴奋状态，一直刺激着那些蜂窝状空壳，令它们难以闭合，或是处于时闭时张的紧张状态之中，导致他的睡眠也出现似睡似醒的现状，这就是"心里有事"的人为什么睡不踏实，睡不好的原因。假如人在睡前心里无事，当晚的睡眠质量一定很好；在一月内、一年内乃至一生中都能保持"心里没事"，那他所有的记忆都会按时"下班"，所有的记忆部门都会一律的"闭门"谢客，因此可以说他的瞌睡一定是很香的，所谓的"心广体胖瞌睡多"的状态指的就是这种"心里没事"的人。

虽然事例二是生活中的一种极普通的现象，但它说明智慧的少许部门还处在工作状态时，人的整体的睡眠质量就难以保证，若想保证高质量的睡眠，其条件就是要求所有的记忆部门完全闭合，并且在较长时段内不受任何侵扰。

事例三：静养能代替正常的睡眠吗？这个话题有点神秘，我们知道，有些佛教的门徒们经常"坐禅"，认为"禅"的境界美妙无比；有些修道或练气功的人"静坐"，以达到修持养生的目的。那么，我要问：这些修炼静功的人们可以不睡觉吗？他们的静功可以代替睡眠吗？

不可否认，在修炼静功的人当中有这样夸口的人，说静功可以代替他的睡眠，甚至他只练功，从来不睡觉等等。其实，这种说法是没有任何根据的，谁也没有检验过夸海口的人究竟睡不睡觉，一般而言，人不睡觉就会变傻甚至死亡。

有一件事是在报纸上真实报道过的。意大利有一个得了怪病的家族，一家人中有12个成员因失眠睡不着觉而死亡，其特点是健康人的睡眠时间逐步减少，以致减少到一眼不眨，就连安眠药都失效，无法使其入睡，最终因失眠过多而死亡。这种怪病是非常可怕的。据一位解剖了最后一位死者的大脑的医生说，该男子的丘脑出现退化迹象，这种退化会使病人的大脑好像一个不能关掉的灯一样，难以停止活动。也就是说，这种怪病患者的蜂窝状空壳是一直张开着难以闭合，记忆部门一直处于无休止的兴奋状态，以致大睁着眼睛死掉。

这个事例证明人不睡觉或失眠过久就会危及生命。以静养代替睡眠的人，虽然通过坚强的意志力在控制着蜂窝状空壳的闭合状态，但那不是真正的睡眠，可能只起到一种"半睡眠"或"变相睡眠"的作用，长此以往就会影响到生命的质量和身体健康。因此，我们可以肯定地说，静养只能起到一种暂时的保养或保健作用，它却不能代替睡眠。睡眠是智慧运动过程中必须有的节律，而静养对智慧来说只起到一种保健作用，却不能代替智慧运动的节律本身。

事例四：做恶梦与做美梦是怎么形成的？梦是智慧的又一种呈现形式，弗洛伊德专门写有一本书叫做《梦的解析》，他的理论的框架还是离不开"性冲动"以及意识的三个层次之间不和谐的关系造成人的梦境等等。按照智慧生成原理解释，梦的成因还是处在大脑的蜂窝状空壳和记忆部门的不完全闭合导致形成。比如我们常说"日有所思，夜有所梦"，什么原因？就是人在白天所"思"之记忆一直处于活跃状态，别的记忆部门都进入了完全的闭合或睡眠状态，而一直被"所思"困扰着的那些记忆部门难以完全闭合。这样就出现了一些不太正常的工作状态。大部分的记忆部门因为都进入睡眠状态，切断了相互之间的链接，唯有继续活跃着的这些记忆部门还在工作着，它们的个别工作就呈现为梦境，因为它们切断了与其他记忆部门的工作链接，所以梦境中出现的人物和场景都是变形的、不完整也不正常的，这就是一般的梦境形成的原因。

而常做恶梦的人，他心里的"所思"一定也是恶的或自己愧疚的，负责恶和愧疚的那些记忆部门也像主人一样"愧疚不安"，想象着有什么意外的攻击和意外的事情发生。在大部分记忆部门进入睡眠状态的时候，这些愧疚和害怕什么的记忆部门所预测的某种征兆就演变成恶梦，很长时间以内他们都会难以摆脱，都会恶梦缠身。与之相反，常做美梦的人自然"所思"的美事很多，加上这些记忆部门的想象性发挥，美梦就会连续不断地呈现，以致让主人回味无穷。

无论是恶梦、美梦还是一般的梦，梦的形成机制还是由于大脑无数记忆部门的一少部分记忆部门不能完全处于闭合的睡眠状态而形成；有些怪梦和意想不到的人事梦，可能是刺激了潜意识层形成的，这种梦往往离奇古怪，不合常态。还有一些能预测某事或健康的梦，是相关记忆部门在睡眠状态发生链接形成的。比如在身体的某处不舒服，体内已经在酝酿着某种疾病，这种信息主人一般难以发现，但处在该区域的感觉记忆即刻能发现，并将这一信息传送到大脑记忆的相关部门。当人在进入睡眠状态的时候，获得身体某处患病的这个信息部门一直处于

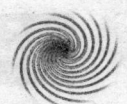

"忐忑不安"的紧张状态中，如果发现还有一些"所思"的记忆部门也处在同样的兴奋状态中，那么这两类记忆部门就主动发生链接，在反映"日有所思"的梦境的同时，把有关健康和致病的信息也传达出去，这就形成有某种预测功能的梦的生成机制。

事例五：短睡与长睡有宜于智慧吗？我说的短睡就是在不长的时间内能很快入睡并很快进入深度睡眠的状态，比如有时人很困乏，打个高质量的"困顿儿"人很快就能解除困乏，清醒起来，有时一夜睡不够6小时，只睡两三个小时，但睡眠质量和睡6小时一样好，甚至更好。这个原因就在于人在"沉睡"状态下所有的记忆部门都能处在闭合状态，几乎不出现干扰，所以睡眠质量特别高。相反，有些人爱睡懒觉，睡眠的时间一般都要超过6-8小时，甚至昏睡到11、12个小时。这样地昏睡一番之后，大多数人不是更加轻松和精神了，而是睡得更加难受，甚至迷迷糊糊，头脑反倒不清醒。这是什么原因造成的呢？是记忆部门常常被某种假象欺骗造成的。比如在睡眠状态中记忆部门都"停止营业"了，但常常有人来"敲门"，你把门打开，外面并没有人。然后把"门"再关上，刚关上"门"不久，又有人来"敲门"，如此多次反复，反倒把记忆部门弄得不得安宁。人在懒睡中往往就是这种时醒时睡的状

态，这种状态就形成那种"敲门"的假象，所以睡的时间很长，反倒睡眠质量不高，把人弄得迷迷糊糊了。

比睡懒觉更糟的状态就是睡眠无常，有时24小时地连续睡，有时几天几夜一眼不眨。这种不正常的睡眠给记忆部门造成的麻烦是记忆部门也失去正常的工作状态。每当出现这种情况，就需要很长时间的恢复和调整，否则人的精神总是处在萎靡不振之中。有些打麻将上瘾的人、酗酒者，或是夜间不睡的"夜猫子"们，都有这种嗜好，因此这些人的身体状况，特别是肤色和精神状态都没有正常人好，原因就在于此。

总之，睡眠的好坏不在睡眠的时间长短，而在于睡眠的质量和正常化。一个睡眠不正常的人难以保持旺盛的精力，自然也不能保证智慧的正常发挥。这从日常生活的侧面验证了睡眠与智慧的密切关系。

注释：

①② 郭永海编著：《人类未解之谜》，陕西旅游出版社，2007年

③④ 万文鹏、阮芳赋编著：《睡眠与梦》，科学出版社，1985年

宇宙·智慧·文明 大起源

第九章
智慧类型的根源性及天才

　　假如我们已经拥有的知识是从经验中获得，对于未知的知识必须通过假设和推论获得，那么对于表现为人类聪明资质的智慧，我们既不需要经验，也不需要假设和推论，它本是人体内的一种客观存在，只要我们能感觉到它的存在，知道它的本质属性和开发意义，我们就不会没有足够的智慧和聪明才智。

　　作为经验中获得的知识和假设、推论中获得的知识，是以人的某种精神状态而存在，随着人类对自身智慧开掘，人类已有的精神存在就会被后起的智慧所取代，在现代文明的源头上，曾经的神话被后起的宗教所取代，统治人类数千年的宗教又被之后兴起的科学思想所取代，到现在，作为假设的"上帝死了"，曾经被奉为"绝对精神"的精神倒塌了，人类在这个层面上精心建立起来的知识的宝塔倒下去，渐渐失去了存在的价值，然而作为导演这一切的人依然"存在着"。人不仅"存在着"，而且仍在"世界中"，这是存在主义者们的说法。所以，现代的西方哲学在"存在"问题上下足了功夫，力求挽回人已失去的价值和意义，实际上，西方的现代哲学也就是在这个基础上重新站立起来，开始他们新的认识活动和创造。

　　矗立在现代人类心目中的精神倒了，但是现代人类依然存在于"世界中"。既然人还"存在着"，并且在"世界中"，那么潜藏在人类智慧自身的智慧也就"存在着"。人与人类智慧的同时存在，就要求我们像认识人自身那样去认识智慧：智慧是一种毋须假设和推理的存在，只要你耐心地去接近它，循序渐进地去开掘它，你就一定会拥有相应的智慧。我们现在手中的"智慧书"之类读物，都是对已有文明的归结和阐述，而非把智慧作为本体来认识；要想获得真正的智慧，就不能把思想拘泥于已有的知识层面上，而是要直奔智慧本体，从智慧的本源处得到应得到的东西，这就是本章所要讨论的中心议题。

一、智慧与肉体的互根性

智慧深藏在人的肉体中，这是没有什么含糊的，就像遗传物质DNA渗透在人体的每一个细胞中一样。

智慧物质在人体中，就和人的骨骼、血肉一样，只要物质的人诞生了，智慧物质构成随肉体同时诞生。人的肉体和智慧是不分家的，互为依托和渗透，但你要把智慧物质从人体的血肉中提炼出来，那是不可能的。古代西方的哲学家德漠克利特曾经这样预言："人是由两种原子构成的，一种是精细、高贵、圆滑的灵魂原子；另一种是较为粗糙、暗淡的感性原子，也就是所谓的肉体。灵魂原子和肉体的结合便产生生命，反之，原子分散、人亡魂灭。"[①]德漠克利特从原子论的角度，把人体分为两部分，即灵魂的和肉体的，肉体是物质的属性，我们暂且不论，但他的这种分类方法我认为是对的。德漠克利特认为，灵魂和肉体都是由不同的原子构成，这种唯物的论述看起来很古老、很不时尚，但它也有一定的合理成分。我对人体物质的构成也是"二分"的态度，但我的看法与德漠克利特的"二分"法是有区别的。德漠克利特把肉体和灵魂相提并论，其实我认为这两个部分是不能相提并论的。一方面，构成人体的肉体物质中充满着智慧物质，它们并不能截然分开，各自独立存在；另一方面，灵魂并不是像肉体物质一样的原始物质，而是人在后天的生活中修养形成的。对人体两种物质的构成以及由此产生的精神，我们应持如下态度：

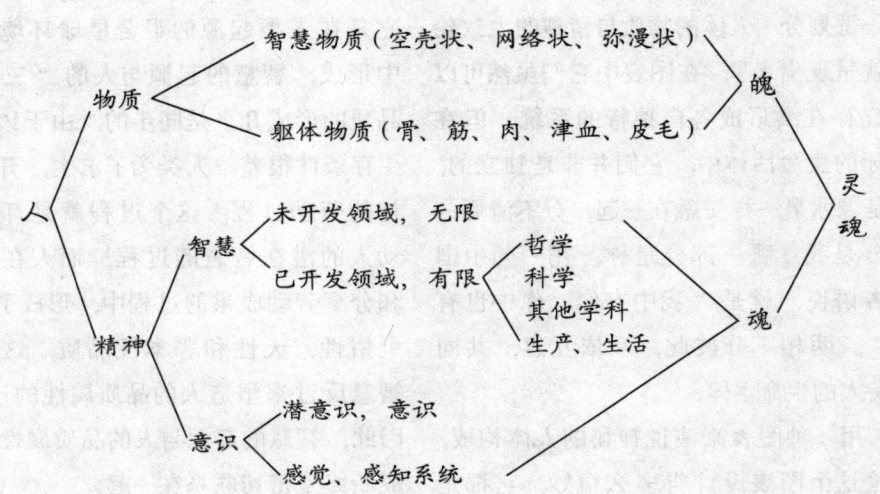

宇宙·智慧·文明 大起源

为了叙述方便，只能做个大致的图示。其中，人与灵魂是对等的，人就是灵魂，灵魂也就是人。如果把这个观念再做细分，那么人就是物质和精神，也就是魄与魂的结合体，前者是科学的主流说法，后者是个别的主观说法。在这个图示中最重要的还不是这两种说法，而是进一步的细分，其中物质这一块，我把它分成了两块，即躯体物质和智慧物质，在形式上它们是独立的，而在发挥的功能上它们却是互依互惠，共同合作的，这是一个之前没有的重要划分方式。精神这一块也分成了两部分，意识部分应是智慧的前期形式，它又分为感觉、感知系统和意识系统，这个划分并不独特，而智慧部分同样分成两部分，一部分是未开发的智慧领域，也就是智慧本体，它是一种无限的存在，而已开发的智慧领域是有限的，它具体表现为我们熟悉的哲学，科学和其他的学科知识。经过这样一番划分，人体的物质与精神的大致轮廓就呈现出来了，在图表中它们虽然可以独立存在，形成各自独特的系统，但在实际的生命活体中，它们并非是独立的，而是像水乳一样交融在一起，分不清哪一部分是我，哪一部分是你，用一句中国的古语说，就是"我中有你，你中也有我"，两相不分彼此，互依互惠，共同维持人的生命主体。

用一种图表来演说神秘的人体构成，无论这个图表设计得多么精妙，它都是蹩脚和肤浅的。但在目前的状态下不采用图表的方式又不易说清相关的条理，只能凑和用一下，在下面的论述中还会涉及。

二、智慧类型的倾向性根源

在阐述人类智慧的论题上，还有一些非常现实的方面，需要我们做进一步的讨论。比如人的智慧有没有具体的类型，如果有它是怎么形成的？天才是怎么回事，有人生来就是天才吗？还有普通人的智力开发应该怎样才合理等等。这些问题，其实都是在我们的现实生活中经常被问到的，也是一些含糊其词或见仁见智的老问题。我认为，这些问题如果不从根本上做出解释，那么这种疑问会永远持续下去。

实际上，人的智慧也是可以分类的，它的根据是人类的智慧生成原理和人的三大品质属性。

人类共有的"三性"品质属性，它是在人类起源的艰苦星球环境条件中形成，智慧的起源与人的"三性"品质的形成几乎是同步的，由于该星的生存条件很差，人类为了求生，开始最初的劳动过程，这个过程就是环境启动人的潜在智慧的过程，而人在劳动和分享劳动成果的过程中，形成了人的世俗性、天性和恶本性品质，这又是智慧反过来塑造人的品质属性的过程。因此，智慧的起源与人的品质属性的形成始终是密切联系在一起。

智慧塑造了人的品质属性的性质，那么，人的品质属性又怎样影响了人的智慧，以及使智慧有了最初的分类呢？这个过程细究起来仍然是非常有趣的。

我们知道，人的品质属性有三大类型：世俗性、天性和本性。其中，世俗性是最早形成的，它倾向于人对世俗生活的创造，务实和发明成为它最主要的品质，天性是在分享劳动成果时产生的，它的主要品格就是享受、赞美和向望更美好（啊，主啊，你赐给我们多少美好的食物……）；而恶本性品质同样是在分享劳动成果时产生，由于通过劳动获得的食物是非常甜美的，由于星球条件很差，继续得到这样甜美的食物是艰难的，因而人们就起了歹心，想把大家的劳动成果占为己有，这样，自私、妒嫉和占有欲望就形成了。人类最初的秉性是纯净无染的，像一张白纸，一杯牛奶；等到人类的三性品质形成，人类最初的那种纯净的秉性就被改变了，它变得复杂起来，不仅在最初的纯净中有了不少的杂色，而且各自的构成发生了巨大的变化。比如有人喜欢抽象思维，善于想象和天马行空，有人却喜欢务实，善于发明创造和管理，也有人从小就喜欢杀戮，善于破坏性游戏，以瓦解完美为快等等。他们的品性中之所以有如此明确的类型倾向性，最主要的原因是他们都分别受到"三大品性"不同的影响所致。比如倾向于天性品质的人是继承了天性品质的某些特点，开发出以抽象或幻想为主的某些智慧，诗人以充满激情的诗句赞美生活的美好，艺术家以独具特色的线条、图像和声音歌颂生活的美好，科学家则深入到某些专业的领域为我们创造新的技术和知识，而哲学家则游弋在知识和超越知识的形而上领空中，给我们提供非常现实的思想和无限的遐想空间；这是一种智慧的类型。另一种智慧的类型是倾向于世俗性品质。倾向于这种智慧的人没有那么多幻想或抽象的思维，他们认为玩那种"虚"的东西没多大意义，一切从实际开始，以务实为基本出发点，脚踏实地地生活，点点滴滴地进行一些创造，然后获得应该获得的，继续扩大生产，巩固自己手中的权力，提高自己的生活质量。富有世俗性智慧的人的最大特点就是不作幻想，不喜欢抽象，老老实实地创造生活，然后再享受该享受的。可以说，我们地球人类的主体就是富于世俗性智慧的人，正是他们把科学家发明的技术和知识，转化成实用的产品和进入市场的商品；也正是他们，让我们身上的衣服美起来，居住的房屋舒适起来，每天的饮食更加丰富和有营养，使用的工具更加先进，手里的钞票越来越丰厚。他们都是些什么人呢？农民、工人、知识分子、商人、企业家、发明家以及政治家和军人。除了这两种类型的智慧，还有第三种倾向性的智慧，那就是本性品质的智慧。富有

 宇宙·智慧·文明 大起源

这种智慧的人生来就有某种统治欲、征服欲，甚至杀戮欲。屠夫可以终生以杀戮为生，杀生是他们的职业或工作；毒枭也不由自主地选择以伤害别人的行为当职业，一旦他们落网，没有一点懊悔心理，认为他们的选择是"正当"的；战争狂更是把杀人当作快事，一句话可以使数万乃至数十万、数百万、数千万的人头落地，毫不愧疚，比如20世纪初的希特勒、日本军国主义及其纳粹党都是典例。

当然，人的智慧具有倾向性只是一个大概的分野和说法，实际生活中的人们都是这么"爱憎分明"，各有归属，在一定的环境条件和社会影响下，人的智慧在随时变化，人的品性也在不断地转换着角色。比如倾向于世俗智慧的人有时也会转化成一个伤害别人、利益自己的大毒枭；倾向天性智慧的诗人、艺术家乃至科学家，有时也会变成杀人犯；而有些生来就具有恶本性智慧的人，有时也会变成诗人和慈善家，等等。

总之，人类的智慧是由先天性的智慧物质和后天的社会实践共同构筑成的，它在不同人群中的表现肯定带有一定的倾向性，但我必须要明确地提出：某种智慧的倾向性或类型，除了它先天遗传的智慧物质成分有些微的差别之外，更主要的还是人们在后天的社会实践中做出的选择，而非某些人本来就是诗人、科学家和哲学家，某些人生来就是强盗、屠夫和杀人狂。一切的选择和成为某种智慧类型的人，一方面他受当时深厚的社会历史的影响，另一方面也可能与某种智慧物质的构成不同有关。有些人受了委屈要自杀，有些人受了委屈要杀人；有些人一辈子杀人如麻，有些人却终生不忍踩死一只蚂蚁。他们截然相反的行为结果恐怕与他们先天的秉赋有关，也与他们后天的社会实践和个人修养有关。

三、天才与智慧的开发

智慧首先是一种可能性的物质存在，它的呈现必须要有一个由物态向精神态的转化过程，这个过程就是获得智慧的过程。比如某些矿石中含有贵金属，通过人工开采、冶炼，排除非金属矿石，冶炼成贵金属产品，这个过程就是把含有贵金属的矿石转化成贵金属产品的过程。智慧的转化也一样，它首先以某种物质的状态存在着，通过各种形式的教育、培训和启发，使智慧的物质状态转化成不同层次和不同类型的知识或技术，从而使人们拥有相当的知识和某方面的智慧。需要特别强调的是，知识与智慧完全不同：知识是智慧的基本原料，智慧却是对相关原料加工后产生的结果。从这个意义上说，一个人拥有很多的知识却不一定拥有相应的智慧，但一个有智慧的人一定拥有很多的知识。打个比喻说，拥有很多

知识的人就像拥有很多未加工的洋芋一样，他只是一个拥有者，但是，一个拥有智慧的人，他不仅拥有很多的洋芋，而且他能把这么多的洋芋变成一盘盘美味佳肴，智慧就是从这"变"中产生出来。

由知识和智慧的这种关系，我们相应地可以解决智慧的三大难题：

1. 智慧是可以遗传的吗？

我的回答是：不是，或不可能。举一个简单的例子，世界上所有伟大的政治家、思想家和科学家，都拥有着巨大的智慧和能力，而他们的后代们为什么就没有父辈的这些智慧的遗传呢？根本原因就在于：遗传只能完成对于智慧物质结构的复制和传递，它不能完成对智慧本身的复制和传递。因此，世界上所有著名人物的后代们只拥有父辈遗传给他们的潜在的智慧物质结构，而没有遗传给父辈的智慧。这种遗传的方式就意味着：每个人类的个体，对于自身潜在智慧的拥有，只能通过自己的努力去开发；而人类作为一个整体，它在积累和拥有前人智慧的基础上，开发和挖掘更深层次的潜在智慧。只有这样，人类在整体上才会有进步，也才能建立起庞大的文明生活体系；否则，人类潜在的智慧得不到及时而有效的开发，人类逐渐也就会变成和地球动物一样的普通生物了。

2. 一般的人类个体如何获得高级智慧？

智慧的形式并非铁板一块，智慧在其发展过程中，也形成不同的层次和需求。一个人只要拥有一般的智慧，那很容易，他只需要进行社会化条件下的一般劳动就可以获得。但是，一个人若要求获得更高层次的智慧，那可就要费一番功夫了，否则是得不到的。一般而言，这需要三个方面的连续工作才可以完成，即大量采集、灌注和积累相关信息；在一般化处理过程中提升信息质量和专业化程度；对信息进行深层次的加工、处理，从而出现创造性劳动成果。一个想获得高级智慧和大智慧的人，必须做到这三个环节中的任何一个，缺一不可。

3. 天才的智慧人物存在吗？

我的回答是：存在。

所谓天才者，我理解，他所拥有的某方面的智慧物质富裕或结构合理，加之他坚强不屈的意志力和比别人多得多的勤奋，他就能成就别人无法成就的事业。比如爱因斯坦是不是天才呢？我认为是天才，当有人问爱因斯坦，你为什么这样有智慧？他笑着说：我没有什么特殊才能，不过喜欢寻根刨底地追究问题罢了。爱因斯坦的天才智慧可以概括为"追问式"。苏格拉底、柏拉图为什么要到大街上去找人"对话"？因为通过对话可以启迪他的哲学智慧，因此他们的天才

宇宙·智慧·文明 大起源

智慧的获得可以称之为"对话"或启发式。高尔基对天才有个定义，天才就是百分之一的天赋加百分之九十九的汗水。既然是天才，为什么还要付出这么多的汗水泥？那是因为天才也是从大量劳动中获得的智慧，而非天生就长成的智慧。从这个意义上说，要想获得大智慧，就需要更多更长的时间重复和连续的推动作用，没有一定量的时间保障，获得大智慧的可能也就相对变小，这似乎也成为一条开发大智慧的必须条件。

四、智慧科学的尴尬

人类关于自身为什么有智慧，地球动物们为什么没有智慧之类疑问由来已久，然而迄今为止的智慧科学依然回答不了以上的"千古疑问"。究竟是人类和地球动物们的智慧生理结构过于复杂，还是因为目前的智慧科学不够发达？我认为两方面的原因都存在，但更重要的是正如前述的我们对智慧的认识不足，研究智慧的科学也还没有找到一条比较合理和正确的途经，因而显得有点儿尴尬和无奈。

就目前我所了解的情况而言，智慧科学研究中至少存在三大误区，虽然认识到的这三点不一定能得到相关学科的认同，但我相信随着时间的推移，终有一天，智慧科学的研究者们会认识到我是正确的。

目前，在智慧科学研究领域中存在的三大误区是：

1. 从进化论的角度来建立人脑进化和演变而来的理论，我认为是错误的，至少可以认为它是这一领域中的第一个大误区；正是因为这一理论的建立，才把人脑和人类如何有智慧的课题建立在从低级动物到高级动物发展演变的生物智力进化链条上的。因为人类源自猿猴这一进化论的理论是不正确的，所以从动物进化过程中某一类爬行动物奇迹般地产生智慧的理论假设也是错误的。这是误区之一。

2. 通过地球普通动物脑的研究和试验来检证人脑的做法同样是一大误区。我在前述的智慧生成的文字中已经表明，人类与地球动物之所以有很多生理构成上的相同之处，特别在脑的构成方面也有相雷同的地方，是因为宇宙生物生理构成的基本物质是相同的，因此在一般的生理构成方面也有这很多相似性；但是人类与地球动物的本质区别在于：人类不仅源自火星生命系列之中，而且他在火星上获得的智慧物质是非常富裕的，生理构成也是非常合理的，而地球动物源自地球本土，在地球环境中，智慧物质的分布非常稀少，因而地球动物们不仅在形体方面没有获得人类一样的优势，在智慧物质以及智慧物质的构成方面可以说是缺无的。由于这一根本的原因，人类可以拥有智慧，地球动物们却不能。地球动物的生理构成中缺失智慧物质沉淀和构成这一重要环节，因此通过研究地球动物的大脑构成来研究人脑构成，这种方式作为一种类比是可行的，但作为研究人脑的起点和基本方法就不合理了，地球动物脑和神经系统中有的人脑和人体神经网络系统中都有，而人脑和人体中所蕴藏的智慧物质和智慧物质构成在球动物的脑和形体中并不存在。人类和地球动物是这样一种关系，通过研究地球动物的脑和神经网络系统，怎么能知道人的智慧产生和构成状况呢？这是误区之二。

3. 通过研究已经死亡的人脑来阐释智慧生成的根源，这种方式也会得不偿失。举一个 20 世纪发生的例子，即 80 年代以来世界上的神经生理学家们研究爱因斯坦大脑的情况。

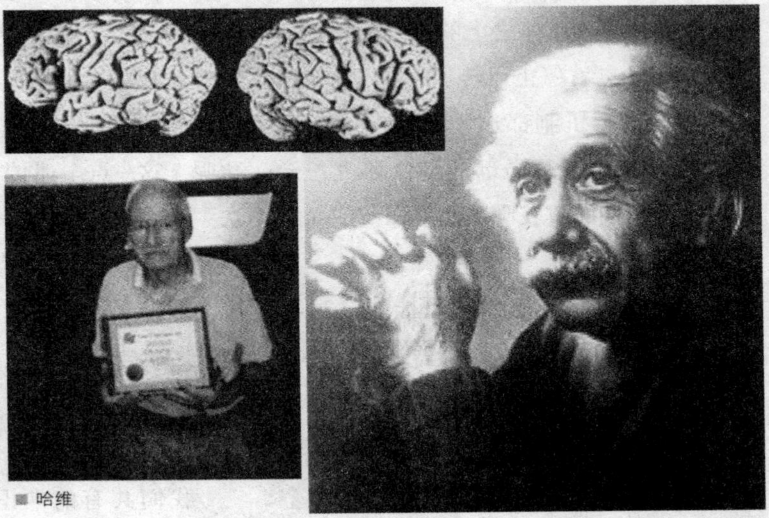

1955 年，爱因斯坦在美国的普林斯顿去世。美国新泽西州普林斯顿大学医院的病理学家哈维，将去世 7 小时后的爱因斯坦大脑从这位伟人的颅腔中取出，然后切割成 240 块，每一块上都贴上标记，以便做深入研究。哈维先取出几块样本，分给几位科学家研究，把其余的大脑样本密封保存起来。到了 20 世纪 80 年代，哈维重新启动对爱因斯坦大脑的研究，把许多大脑样本分送给法国、委内瑞拉、中国、日本等国的科学家进行研究。迄今，对爱因斯坦大脑的研究也没有什么突破性进展。比如爱因斯坦大脑的重量为 1230 克，欧洲普通男性的大脑重量都可达到 1400 克，重量方面没有什么特别，特别是脑容量越大人越聪明的说法是没有根据的。再比如，加州大学的伯克利分校的"戴蒙德小组"，对爱因斯坦大脑左右半球的 9 个区和 39 区进行了专门研究，发现他的神经胶质细胞比较多，认为这是他聪明的一个原因；另外，通过爱因斯坦和普通男性大脑的比较研究，发现爱因斯坦的大脑顶下叶区异常发达，比平均脑宽 15%，约 1 厘米，认为这是爱因斯坦数学天才的根源。英国科学家复原了爱因斯坦被分割的大

■ 哈维

图 127　爱因斯坦及其大脑（左下为哈维教授）

 宇宙·智慧·文明 大起源

脑后发现，他的大脑顶叶比常人大15%，尤其左下顶叶的神经胶质细胞比例偏高，认为这是他天才思想产生的原因等。总之，爱因斯坦去世已有50多年了，科学家们对他大脑的研究还是没有取得预期的成果。是什么原因呢？我认为：原因就出在"死脑"和"活脑"的区别，爱因斯坦活着的时候的确是一位天才的伟大科学家，他的聪明才智无人敢怀疑；但是他去世后，他的作为生物构成的躯体死了，建立在生物躯体之上的天才的思想运行机制因此也就停止运转了。物质的躯体和精神的运行机制都永远地停止运转了，我们反过来再进行局部的脑体研究，会得到什么预期的收获呢？这就像我们面对一个不知名的机器，我们只知道它由一系列不同的部件构成，但不可能知道这些部件通过什么方式使这台机器运转，并且产生出或大或小的机械功能。因此，我认为研究已经死去的脑，只能获得解剖学方面的成就，不可能获得智慧产生以及个别人为什么聪明和成为天才的可喜成果。既然在目前的智慧科学（脑科学和神经科学）研究中存在这么多根本性的误区，那么，采取什么样的态度和方式才能研究出智慧产生的根源来呢？根据人类智慧生成原理，我认为，主要应在两个方面下功夫。

第一，在遗传方面

有关这方面的常识和理论成果有很多，特别是生物遗传科学完成了人类遗传密码DNA的排序，有关遗传真相基本"大白于天下"了，这是世人尽知的实事。但是，遗传学上的这一大突破，也还没有解决所有遗传的问题，比如智慧物质构成的遗传问题，目前还没有一种确定的说法。我在前文中已经表明，人类体内的智慧物质和智慧物质构成，通过DNA可以遗传给下一代，但智慧本身是不能遗传的，这一点非常明确。那么，蕴含着智慧物质和智慧物质构成的DNA的遗传又是怎么进行的？它们在遗传过程中会不会有什么变化呢？这一点，遗传学理论有自己的说法。我想补充说明的一点是人类与地球动物在遗传过程中存在诸多不确定和可变的因素，正是这一不确定和可变的因素，决定了个体人之间智慧物质和智慧物质构成遗传的差异性，由此决定了人的聪明程度的差异性。

我们共有的常识是，人与地球动物都是通过雄雌间的性交完成遗传或繁衍后代的自然目标，然而我们忽略了的也正是这一共同性中的不同方式。地球动物遗传强基因和繁衍种群的秘密在于通过雄雌性体质方面的角逐和竞争实现的体质越强的越有可能成为强基因的传播者，这是地球动物繁衍后代的自然法则，我把它称之为"硬件式遗传"或"强化遗传"。相对地

球动物，人类的遗传和繁衍后代的方式就有着显著的不同，人类不是通过雄性间体质的比较或竞争性较量获得配偶的，而是通过兴趣、个性和情感的融洽获得配偶的。人类获得配偶的这种方式就意味着人类所强化的不是纯生理的体质，而是配偶之间融洽的感情生活，我把人类的这种遗传方式称之为"软件式遗传"或"弱化遗传"。由地球动物式的"强化遗传"和人类的"弱化遗传"可以推知，地球动物在遗传和繁衍后代方面所强化的是它们的体质，只要有健壮的体质，它们就可以在地球环境的恶性竞争中能很好地生存下去，否则就会被自然"淘汰"；而人类在遗传和繁衍后代方面所强调的是人类固有的情感和聪明，只要有情感并且聪明，人在同样激烈的竞争中也能很好地生活下去。由人类在遗传和繁衍后代方面所强调的内容看，人类的聪明或天赋与遗传的父本与母本当时的心情有关，或者说与他们当时的情感的融洽程度有关。比如遗传双方在年龄方面处在最佳年龄阶段，情感融洽，智商适中或偏高，发生性交时的气温、环境和时间等外部因素都恰到好处，尤其精卵的竞争和融合也是最理想的等等。只有在这种条件下合成的人才可能是最聪明或最具天才秉赋的；达不到以上条件或条件很不充分的情况下草率合成的人就会与父母本相反，甚至更差。由此，我们就揭开了人类遗传的又一秘密。大部分的科学家们为什么生不出比他们更具智慧的科学家呢？甚至生养出和他们的天赋相反的后代来呢？而不是科学家的农民夫妻、工人夫妇为什么又能生出大科学家、大思想家呢？最根本的秘密都在这里：即人类选择配偶的"弱化"标准和交媾过程中诸因素的影响决定人的遗传质量或智慧物质构成传承质量；只要遗传的父母本的诸状态达到最佳状态时遗传质量就高，合成的人就聪明；否则相反。由此同样可以推知，世界上出类拔萃的伟大科学家为什么在数百年内才产生一个或两个，仅从遗传学角度言，人类对自身"弱化遗传"的特性认识不足，特别是在构成遗传性质的一刹那间，最佳合成的诸条件

自绘图 11 人类的现状

宇宙 · 智慧 · 文明

不具备就草率合成，因而产生聪明的遗传概率就很低。

我这里说的仅仅是遗传的智慧物质和智慧物质构成在怎样一种状态下才能达到最佳；这种遗传的"最佳"只指智慧物质构成方面的最佳，拥有了这样的"最佳"之后能否拥有最佳的智慧，这不完全决定于先天的物质遗传，而是决定于人的后天学习和对自我的塑造。

第二，在智慧的生成方面。

智慧的获得不单纯在智慧物质和智慧物质的构成方面，更主要的是在后天的学习和实践方面，前者是先天提供的，难以改变的，而后者却是通过自身的刻苦努力获得的，而且它是"完成自我"最主要的途径和方式。

由此，再联系前面的几个"误区"的内容，我们就可以得出这样的结论：人类的智慧是在先天的智慧物质和智慧物质构成与后天的学习、需求和实践中生成出来，大的需求就会产生出大的智慧，小的需求只能产生出小的智慧，没有任何需求也就不会产生任何智慧。地球动物们没有像人类这样的需求，地球动物们也就不可能拥有像人类一样的智慧；因而通过研究地球动物的脑来检测或验证人脑的智慧，这条渠道本身就是行不通的。通过研究爱因斯坦的大脑构成来推测出人脑之所以聪明的原因，从理论上说是可以成立的，但是根据人类智慧生成原理，人类的智慧既不可以遗传，也不能按部就班地复原，更不能通过物质的一些数据指标来衡量，人类智慧是生成性的。只要人活着，并且有某方面的强烈需求，才可以生成相关的智慧来；一旦人死了，智慧就不可能生成出来；智慧生成不出来，只研究死了的大脑，是很难发现智慧生成的秘密的，特别是很难发现有人为什么聪明，有人为什么愚笨的根本原因。

注释：

① 转引自陈长勇编著：《哲学种源》，金城出版社，2006年

第十章
智慧资源及现代文明

一、智慧的资源与类型

关于智慧的最基本含义，我查了好几种工具书。智的意思是聪明，慧的内涵还是指聪明。聪明是什么？字典上说，是智力发达、思维敏捷、理解和记忆能力都很强的意思。其实，我们如果把聪明分解成单词来理解，效果可能要好一些。按照中文的说法，耳朵好使叫"聪"，眼睛好使叫"明"；耳聪而目明者，应该就是超过了一般人的人。为什么这样说呢？因为听力好就听到的多，视力好同样看到的多，听到和看到的多的人，感知的外部信息就多，肯定就是个超过一般人的人。从这个角度来看，聪明与智慧最初指的就是人的感觉系统的能力。感觉到的多，相关的信息也多，获得的信息多，形成的最初意识可能也就多，一个人获得的意识信息多，它们在大脑的空壳中形成闪亮的点或片，最初的智慧就这样产生出来。因此，《辞海》中的"智慧"条说的就比较明确：智慧就是对事物能认识、辨析、判断处理和发明创造的能力。

按照现代人类的理解，智慧是人类所拥有的一种特殊的能力，智慧的前提条件之一，只是一种具有某种认识和分辨能力的潜在的物质可能性，你想获得和拥有这种可能性，尚需自己的努力，通过感觉、意识等反馈系统，获得相应的智慧。智慧，它只是一种潜在的可能性，并非说你只要是人就一定拥有智慧。智慧只是一种存在，一种可能性，你要获得它，尚需自己的努力。

从智慧只是一种可能性存在的角度出发，我们可以把智慧这种可能性存在进一步细分为两部分，一部分可称之为自然状态的智慧，另一部分，可称之为人工状态的智慧。

作为自然状态的智慧，我们或者把它称之为生智，它是作为存在的智慧潜能本身，或者是以资源形态存在着的具有产生智慧可能性的智慧物质构成，它在智慧生物体中以自然状态存在着，就像山川下面储藏着煤和石油一样，期待着智慧生物自身去开掘。它的最突出的特征就是存在无限性，空间上的无穷大。

 宇宙·智慧·文明 大起源

做个我们比较熟悉的比喻，人类的智慧资源就像满山遍野的荒地一样，它以物质的形态存在在那里，任你去开垦，而人类智慧资源的多样性犹如各种不同类型的荒山荒地一样，呈现为山、川、坡、洼，或是蕴藏着石头、金属、钻石或黄土等等。人类自然状态的可能性与智慧物质构成的多样性表明，人类所拥有的智慧资源不仅仅是我们现代人类所拥有的这么一种类型，它要比我们所知道或所开发的智慧类型要多很多。我们现代人类所开发出来的已成为人工状态的智慧，只是能够满足我们生存需求的一些十分有限的智慧，比如开发地球生活资源的智慧，通过地球探索星际宇宙的智慧以及人类社会之间和谐相处的智慧等，说得再明确一点，我们现代人类所拥有的已成为人工状态的智慧仅仅是能够满足我们自身的十分有限的一些智慧，就像在漫无边际的荒山野谷中悬挂着几块十分稀罕的庄稼地一样，它作为熟地的田与它的生地的母体完全不成比例。

从智慧资源的可能性存在和自然状态的情形看，人类开掘自身智慧资源的前景是多么广阔，可以说这个过程是永无止境，因为人类的智慧资源本身就是没有穷尽的。

从现代人类开发自身智慧的情况看，智慧虽然不分贵贱，但有大小之别、先后之序。比如我们熟悉的科学、哲学，它们获得的是大智慧，即关于社会、人类和整个宇宙的大智慧，相对于科学和哲学的如生活中的小发明、小技巧则是小范围的小智慧，这是说智慧有大小之别。再从智慧的开发程序看，生活的智慧最先得到开发，比如我们人类的吃、住、穿、用、行等方面的智慧，是人类永恒的开发对象，即使到了现在，我们仍在为我们的生存而奋斗，我们每天所做的工作，主要是为了满足以上的需求。其次，科学的智慧紧随其后，或者与生活的智慧并驾齐驱。人类要生存，首要的条件就是要生产出充足的食物，同时还要有驱寒的衣服、取暖的房子以及完成这些工作的工具，人类在实现这个最低生存目标的过程中，科学的发明和创造也就在其中了。再次才可以是关于生存或存在的智慧，考虑人类为什么要靠这样的方式生存，而不是其他动物那样的方式，人类的这种生存方式有什么意义，能产生什么价值，将来又能达到一个什么样的目的等等。存在的智慧不同于前两者，它不能成为某种技术，也不能供给人类吃住穿用，它只是一种思想状态，一种人类独有的时空认知，或者就是人之所以成为人的一种自己无法克制的"思"的本能。正是由于人类所拥有的这种"思"的本能，才使人类超越了地球动物的生存方式和地球动物们所能感知的世界，走向"地外"生命并对"地外"生存环境进行探索。

有人总结，"西方哲学的演化展示了两种智慧类型：追问存在者的智慧和

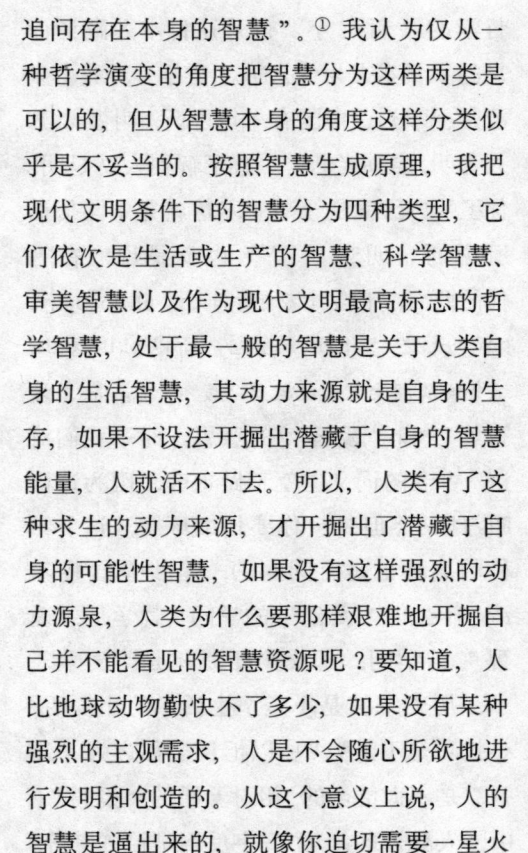

追问存在本身的智慧"。① 我认为仅从一种哲学演变的角度把智慧分为这样两类是可以的,但从智慧本身的角度这样分类似乎是不妥当的。按照智慧生成原理,我把现代文明条件下的智慧分为四种类型,它们依次是生活或生产的智慧、科学智慧、审美智慧以及作为现代文明最高标志的哲学智慧,处于最一般的智慧是关于人类自身的生活智慧,其动力来源就是自身的生存,如果不设法开掘出潜藏于自身的智慧能量,人就活不下去。所以,人类有了这种求生的动力来源,才开掘出了潜藏于自身的可能性智慧,如果没有这样强烈的动力源泉,人类为什么要那样艰难地开掘自己并不能看见的智慧资源呢?要知道,人比地球动物勤快不了多少,如果没有某种强烈的主观需求,人是不会随心所欲地进行发明和创造的。从这个意义上说,人的智慧是逼出来的,就像你迫切需要一星火种,你找来了一块蕴含着火种的火石然后用金属磨擦生出实用的火来一样。

在满足了人类最基本的生存需求和产生了相应的生存智慧之后,高于生存智慧的科学智慧、审美智慧和哲学智慧自然而然产生出来;人类中、高级智慧的产生同样不是出于"好玩"的心态,还是为了自身的生存需求。比如科学的智慧能生产出更多的食物、工具以及生活用品;审美智慧能使人创造的一切产品都合乎美的原理,使人们欣赏自己的创造,从而进行更多更美的创造;哲学的智慧能使人了解自身和自身之外的未知知识领域等。人的好奇心和勇于探险的天性品质总是引领人类走向那未知的世界,我们现有的"智慧书"之类的东西,都是人类对已有知识的归结和阐述,而非把智慧作为存在本体来认识。其实,人类与世界,与整个宇宙或物质存在之间,唯一能连接起来的天桥就是智慧。人类如若没有智慧,一切皆如地球动物那样依赖于自然的资源,依靠自然赋予的"天然工具",掘取天然的食物生活,其他的一切都不会存在,也不可能存在。而这一切较高层次的认识,是人类的多种类型的智慧或中高级智慧所承担的工作任务,而非一般求生智慧所能解决得了的。

西方现代的人本主义心理学家马滋洛创造的"需要层次论"认为,人的需求是从最低级或最基本的开始逐渐上升,最终完成"自我实现"的人格塑造。人类智慧的生成和开发过程也一样,首先是从最基本的衣食住行用开始逐渐上升,最终达到形而上的境界。一方面,这个过程符合事物发展的一般规律,即由低到高,由小到大的发展过程;另一方面,它符合人类这种宇宙智慧生物的实际,它表明人类天生并非拥有智慧,人类的智慧是通过长期的劳动和社会实践获得的。

因此,人类应永远牢记:地球动物依赖于地球上的自然资源,而人类依赖着原自自身的智慧资源;前者是可以穷尽的,后者却无穷无尽。

宇宙·智慧·文明 大起源

二、科学、美学、哲学与"双母子"效应

智慧既是人类的一种可能性物质存在，同时也是人类所拥有的某种能力，就现代人类所拥有的智慧而言，主要体现在这样几个方面：

哲学，被认为就是纯粹智慧的学问；科学，虽然也是人类的智慧，但迄今的人类文明中并没有定义科学就是智慧本身；还有美学，起源极早，但也不能代表智慧本身来说话。

在现代人类的认识中，哲学就是智慧本身，除哲学之外的其他学科也是人类智慧的结晶，但在现代人类习惯性的认识历程中，并不把哲学之外的学科和美学称之为智慧，仔细查究起来，这恐怕与哲学这位"祖师爷"的特殊地位有关。

"事实上，哲学这个词本身来自两个希腊词，意思分别是'爱'和'智慧'。因此，按照字面的意思，哲学指的就是对真理以及真理在生活中的恰当应用的满怀激情的探寻。"② "中国古代没有'哲学'这个词，我们中国古代叫做'道学'，有的叫做'理学'，也有的叫做'玄学'。'道学'就是讲'道'，实际上也是讲哲学，但是中国古代不叫做哲学。后来有的叫'理学'，'理学'就是'道学'。在魏晋的时候，大家讲'玄'，所以也叫'玄学'。我们到近代才用'哲学'这个词。这个词是从西方来的……

哲学的'哲'字，也是从日本人翻译而来的。日本人为什么叫'哲学'，我不太清楚。不过，中国有一句古话，叫做'知人者明，自知者哲'。你了解别人就是明，你了解自己就是'哲'，这就是中国俗话所说的'明哲'。"③也就是说，在古代的西方，哲学（源自希腊文的 philosophy，philo 是爱，sophia 是智慧，所以 pkilosophy 这个词从词义上来说就是"爱智"）就是"爱智慧"和"爱智"的意思。时下我们对这一古老的词义也就不做追究，因为这样叫习惯了；但是，你要仔细琢磨，这个学科的名称也是有问题的，至少是含糊不清。什么叫"爱智"的学问？哲学是"爱智"的学问，那么科学是不是？文学艺术、历史宗教是不是？生活中的小发明、小技巧是不是呢？所以把哲学称之为"爱智"是不太恰当的。相对希腊的"爱智"，中国人翻译的"哲"字反倒是恰如其分。哲，在金文和篆文中写作"悊"或"嚞"。哲是知或智的意思，也可以说哲的本义是智慧或明智。用这个词称谓这门古老的学科，我认为比较恰当，因为"哲"本身就是"知"（智）和智慧的意思。

哲学作为人类智慧的主要呈现形式，我们把哲学直接称之为"智慧"本身还是不太恰当，智慧与哲学、哲学与哲学家以及用哲理思考的其他家，他们之间还是有着严格的区别，否则就像把"爱智"作为一个学科的名称一样含糊不清。

我们知道，智慧是人体内的一种具

有某种认识和分辨能力的潜在的物质可能性形态，它的潜质具有无穷大的特征，因此可以说智慧就是一种无穷大的存在。而哲学是什么呢？哲学只是现代人类摸索开发出来的一种较为成熟的智慧形式，它只是智慧存在的冰山一角，而非智慧本身。在现代文明的初创时期，学科分工不细，哲学像一个巨大的菜篮子，大包大揽，什么都往里装。因此，在古典哲学中，我们几乎能找到人类文明的一切成果，上止天文、下止地理，应有尽有，这就是哲学为什么是"爱智"或"智慧"本身的由来。虽然，哲学的来历如此，我们过分挑剔，对它来说不免有点冤枉，但在智慧和哲学的原则性方面，我想还是应该有个严格的区分。智慧是哲学的母体，同时也是其他一切分支学科的母体，而哲学只是智慧的一分子，其他学科更是如此。这个关系的区分不是不重要，我认为非常重要，否则人们懂得了一点哲学，就认为自己已经拥有了相当的智慧。其实，懂一点哲学和拥有智慧并没有多大关系；智慧是一种无穷大的存在，它需要个人的努力和人类共同的进步才能获得其中的一小部分；哲学只是别人获得的某种智慧，你懂一点哲学并不意味着你也拥有了同样的智慧。懂一点哲学与智慧之间并没有内在的联系。

那么，哲学家与哲学以及智慧的关系又怎么样呢？智慧与哲学的关系我们已经说过了，它们是一种"母子"关系；同样的道理，哲学与哲学家之间虽不是"母子"关系，但也是一般与特殊的包容关系。"哲学知识不是积累性的，它不像科学知识那样易于进步；它不能像数学的和实证的科学和技术那样自动地进行代际传递。哲学不是科学，而是智慧；它是学习的结果，但更是思考的结果。"①因此，我们不应该把哲学称之为"爱智"或智慧本身，应该看作是一种智慧学，也就是如何获得智慧的学问。智慧是一种存在，怎么得到这存在的智慧的一些有益部分呢？我们用神学的方式、科学的方式即可得到它，但更重要的是哲学的方式，即通过哲学的"思"开掘出智慧的沃土来。因为神学的方式始终离不开神的作用，神的作用就可以把一切难题都承担起来解决了；科学的方式又是针对专门领域和具体问题的，它也解决不了整体的问题；只有哲学是针对整体的"思"，是对根源和演变的"思"；是对存在及其性质的"思"，是超越了特殊的一般的"思"。

通过哲学的方式获得相关的智慧是我们所能认识到的最佳的途径。比如通过对"自在"之物或宇宙本体的"思"，我们就可以获得有关宇宙起源和演变的知识；通过对世俗社会生活的"思"，我们同样可以建立起相关的伦理思想和社会制度；而通过对人的主体存在的"思"，我们可以发现生命存在的价值、意义以及相关的社会责任等等。哲学通过"思"的方式，把人们的注意力引

宇宙·智慧·文明 大起源

领到相关的智慧领域，让你任意地掘取那里的智慧；而掘取这些智慧资源的人不是哲学本身，而是哲学家们。哲学家又是些什么样的人呢？经济学大师赫伯特·A.西蒙说："很久以来我就认为，哲学家可以定义为对问题比对答案更感兴趣的人。"⑤ 西蒙的意思是说，哲学家就是专门寻找存在原因的人，而不完全是仅仅喜欢答案的人。如何寻找到存在的原因呢？那就是通过哲学的方式在思考，思考的翅膀会把你领进智慧的大门，让你在智慧的殿堂里任意地采选，寻找答案。

也有相反的说法。德国著名哲学家卡尔·雅斯贝尔斯在他的《大哲学家》一书中说："可能会出现这样一些假象，拿读者会要求写书的作者比较被介绍的哲学家来讲应采取一个更高的立足点，这样他须可以批评地俯视一切。我的看法刚好相反，我们没有可能来俯视这些大师，如果我们能仰视他们的话，已经算是幸事了。"⑥ 雅斯贝尔斯的这种说法，如果不是过于谦虚的话就很不准确。哲学只是智慧的"冰山一角"，而哲学家同样是哲学的一分子；如果需要仰视的话，我们仰视的对象应该是智慧和哲学本身，而不是掘取智慧，从而为哲学"添砖加瓦"的哲学家本身。所以不崇尚智慧和哲学本身，而以仰视哲学家为荣，这就是相关领域的主次关系尚未理顺而造成的。哲学家们如何获取智慧的方式是值得我们学习和借鉴的，但成为智慧的榜样或代名词是不可取的。

假如智慧是一片辽阔无垠的海洋，那么哲学家就是摇曳着一叶扁舟，在海上打鱼的渔翁。每个渔翁深入海域的程度不一样，所处的位置不一样，他们垂钓的收获也会不一样。他可能碰到了成群的金枪鱼，也许荣幸地遇上了一条大白鲸，或者是一群鲨鱼，甚至也可能捞到了一些海螺、乌龟之类贝壳动物。无论得到了什么，他出海以来总是有收获的。于是，他就坐下来对他的收获进行一番清理，描述其中比较优美的，然后进行学理分析，分析的结果就是他所获得的某种智慧，这种智慧将成为不同哲学家的不同理论或学说。假如他的这种理论或学说是从浅海中获得的，那么它就适应于浅海，不适应于深海；如果他的理论或学说是深海中获得的，同样它适应于深海，不太适应于浅海。这就像东方的哲学适应于东方人的思维，西方人的哲学适应于西方人的思维习惯一样，不是这两种哲学有贵贱之分，而是它们的起源性质不一样，适应的范围也有所限制罢了。

按照传统的思维习惯，哲学家就是智慧的代言人，那么科学家呢？社会学家呢？他们的所有贡献难道不是智慧的结晶吗？我们还是以前面那个蹩脚的比喻说明它们之间的关系：如果哲学家是智慧海洋里的垂钓者，那么科学家就是垂钓者乘坐的那小舟，如果没有舟楫的

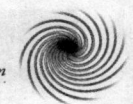

方便，垂钓者是到不了深海的；离那个垂钓的小舟很远的海岸线上，还有很多的建筑设施，比如码头、灯塔和相关的设施，它们充当着什么角色呢？那就是诸多的社会相关学科的领域，没有这些学科的基础和支持，那叶小舟和垂钓者同样到不了深海中去垂钓。

与之相关的还有两个关系，我想顺便予以澄清。

一个是哲学与科学的关系。哲学在它诞生的时候，什么都大包大揽，包括科学的胚胎，最早还是在哲学的宫室里孕育。后来，科学从哲学中分离出来，就像分娩的一个孩子，他在哲学的熏陶下发育、成长，最终开始了独立生活。现在，我们的感觉中科学很发达，哲学相对滞后，哲学似乎明显干不过科学了。这是我们看到的一种现象。

但是，千万不要误会，哲学毕竟是哲学，它不是知识，不是要操作的机器和技术，它是人类获得的智慧整体，是人脑智慧达到的某种极限。而科学始终离不开知识性、技术性，科学始终也只能在自己狭小的天地里运动，它不能像哲学那样做整体的"思"，也不能天马行空般到处乱飞。举一个简单的例子，哲学家猜想，在天地间有一种物质，其大无外，其小无内，世界万物就是这种物质构成的，这是哲学家建立的万物起源理论。面对这样一种特殊物质，科学家会怎么样呢？他肯定是束手无策。因科学通过试验证明才能获得相关知识，设备问题，试验的条件、对象，相关的学理思想的影响等，都是科学的条件限制。所以科学与哲学的学理分野是十分明显的，科学在不间断地生产着知识，而哲学通过利用和综合这些知识，达到更高层次的"思"，这就是科学与哲学之间的关系。

现在的问题是，科学似乎明显占了上风，成为了世界的主宰者，而哲学严重滞后，好像成了一种用处不大的学问。眼下的这种现象是人类世俗性品质得到进一步膨胀的结果。人类社会越是走向世俗化、科学技术相应地就越发达，这是一条基本的规律。什么叫"知识大爆炸"的时代？眼下的状况就是。"知识"能"大爆炸"，说明知识的生产量剧增，能够生产知识的社会大机器不是哲学，而是科学。科学敞开胸怀，甩开臂膀，在生产着知识，而哲学吃惊地躲在一个暗隅里，默默无闻。这种状况看起来有点"一家快乐一家悲"，但用不了多久，哲学借助科学生产的大量知识，又会"东山再起"，建立起更为深远和更为完善的思想体系，从而开掘出更多有利于人类的有益智慧来。

至于唯物和唯心的争论，现在看起来已经有点过时，科学技术如此发达，科学生产出来的新知识如此的丰富，我们还在小圈子里讨论这类狭隘的话题，当然是一种过时的思想。比如人体本身

 宇宙·智慧·文明 大起源

就是由物质和精神构成，你如果把这两者分开，那就不成其为人了。我们生活的世界也是由物质和精神构成，这个物质的一部分是自然，一部分是人工加工成的，而世界的精神纯粹就是人类智慧的体现。超越了人自身和我们创造的世界，哪有什么物质和精神的对立现象呢？我们现在的科学探测表明，目前人类所能观测到的宇宙的尺幅是 150 亿年至 200 亿年的时空，至此，宇宙的边际结构、形状还没有被科学探测明白，谈什么物质和精神的对立呢？即使在这大尺幅的宇宙时空中，哪有物质和精神的对立呢？有的只有生生不息的星云宇宙，而偌大一个宇宙的物质构成和运动，都是由于物质自身的原因，决非哪个人暗中设计或是曾有过第一次的"推动"。很明显，物质与精神对立的讨论，只是开发人类智慧资源的一种有效方式，通过这种讨论和争论，各有深入的发展，也弄清了一些实质性的问题，这对哲学的深层发展大有好处；至于谁决定谁的问题，在科学技术如此发达的今天，继续这样的话题已经没有什么实际的意义。

另外，有人还提出"唯意志论"、"唯易论"这样一些新的哲学框架，我认为都不可取。科学始终是智慧的开路先锋，而哲学始终是各种已有智慧的集大成者，我们现代人类有了这两样宝物，不怕开发不出更高层次的智慧。至于这个"派"，那个"流"，都是雕虫小技。哲学就是

哲学，它是认识的整体，已有智慧的整体，人类社会进步的整体，科学与文明发展的整体。哲学就是这样一个整体，这个整体就是宇宙中的一个存在和存在者。我们全身心关注的应该就是这个存在和存在者，而非这样的"流"或那样的"派"。

另一个是科学、美学与哲学的关系。从现代科学思想发展的短暂历史看，哲学是科学和美学的指导，是科学和美学发展的根源，没有哲学的指导和引领，科学与美学的发展就会失去方向，走进迷途。其实，这是现代文明源头上的又一个大误区。

还在人类智慧生成的初期，需求是智慧生成的动力，实现和满足需求的过程是技术产生的根源，而塑造需求对象的朦胧意识却是审美的起源，它们分别承担的职责是：需求提出生物主体需要什么，技术完成所需要的东西，而审美使所需之物美观起来。需要、技术、审美意识这三个智慧要素就这样诞生了。从此，人类的智慧就在"智慧三要素"的共同参与中源源不断地被创造出来，从智慧生成的源头上讲，人类原初的智慧形式并非哲学，而是技术和审美意识。技术生产知识、若干相关知识的积累就形成相关领域的专门科学，而若干相关领域的专门科学的进一步累积，就形成我们现在熟悉的科学学科。同样的道理，若干审美意识的积累形成最初的美的形

式，若干美的形式累积形成现代意义上的美学。因此说，科学和美学是人类原初智慧的两个翅膀，它们同时诞生，共同合作，让人类潜在的资源一点一点显现出来，最终使人类走向文明的道路。当科学和美学的知识积累到一定丰度时，人们感到现有的这两个学科知识门类还不能满足人的更高层次的精神需求，在科学和美学知识汇成的海洋上空似乎还缺点什么。于是，一个能够统领科学和美学、能够概括它们共同特质，又比它们更高一层的思想体系诞生了，这就是后来的哲学。希腊人为什么把哲学称之为"爱智"或"爱智慧"呢？通过对哲学来历的简单梳理，我们现在就明白了它的本意，哲学就是对原初的科学和美学知识进行抽象和概括而产生出来的一个新学科，可以说它是将人类已有的知识提升到了高于知识本身的一种思想境界，成为了各类知识的代表者或"集大成者"，因此也就顺理成章成为了人类所拥有的最高智慧的代名词。

现在，我们终于弄清楚它们之间的源渊关系了：科学技术和美学是人类最初开掘和创造出来的专门智慧，而哲学是概括和抽象了它们的新学科，也就成为了能够代表各种专门智慧的大智慧。在智慧发展的这一阶段，哲学扮演着一只大母鸡的角色，若干的小鸡子都安身于它的翅膀下，得到它的温暖和滋养。这就是哲学家们无所不知的那个人类智慧最辉煌的"轴心"时代。

之后的发展我们是熟悉的，随着社会的进步，特别是西方现代文明崛起之后，新诞生的现代科学和旧有的专门科学——从哲学的母体中分离出去，各立门户，流源纷呈，科学的辉煌时代又来临了，而哲学显得有点木呆，有点无奈，默默地"退居二线"，重新积累和整理现代科技的成果，以图在适当的时机"东山再起"。

很显然，哲学产生于科学和美学之后，本应是流，但它又大于源，是囊括了所有源的流。人类智慧生成和演进的这一过程，犹如生成太阳系的"双母子"，科学和美学在人类智慧的源头上扮演了"双母"的角色，而哲学是由"双母"生成的恒星太阳；科学和美学共同哺育了"哲学之子"，而"哲学之子"长大后以耀眼的智慧光芒反哺着包括科学和美学在内的一切人类知识。

这就是科学、美学和哲学的关系，也是开掘人类智慧的"双母子"生成效应。

三、人性的极限与社会控制防线

按照智慧储量无限大的特征，人类所能获取的智慧，也应该是无限大，可是人类的局限就在于人性的有限循环，在某种意义上可以说是人类自身的原因限制了对无穷智慧开发的可能性。

人类具有世俗性、天性和恶本性三大品质属性，人类的这三大品质属性并非来到地球上生活才赋予，而是从火星

宇宙·智慧·文明 大起源

的艰苦环境和劳动创造中自然形成的，是属于先天秉性。这种先天秉性的特点是自然地形成一种循环，这种循环可以认为是人性品质对于人类自身发展的一种限制，当然也是对于人类文明发展的一种限制。

人类的世俗性品质属于劳动、工作和日常的创造性活动，人类所有的文明创造成果都属于世俗性品质的功劳。而且人类世俗性品质的创造精神是没有止境，只要环境允许，它就会一如既往地创造下去，人类的天性又属于享受性品质，对于新奇事物的好奇心理，特别是对于我们生活的宇宙充满了探索精神，时刻想象着飞入太空的某一胜景，享受比地球上更好的生活。人类的天性品质使人学会了享受和探索未知，它同时也为人类的未来在苦苦寻找着出路。人类的恶本性品质也是先天性从娘胎里带来的，它表明人生来就有一种以嫉妒、占有、私欲和破坏为主要目标的秉性，它不是人们故意做出来的，而是一种不以人的意志为转移的先天秉赋。因为人类的恶本性品质，它对自己身边的人充满敌意、占有和征服心理，如果达不到这样的心理目的，它就会实施破坏和一毁俱毁的毁灭性战略。因此，人类的这一品质属性就是对人类自身发展最大的障碍和限制，虽然人类社会生活中制定了约束人类恶本性品质的道德法律规范，但是到了关键时刻，一切道德和法律规范都会失去效应，人类的恶本性品质就会疯狂地毁灭一切。人类靠世俗性品质在不断进行创造，又因恶本性品质使人类的创造变成毁灭性武器，摧毁人类的一切创造成果，好在人类还有天性品质，它在探知新奇的同时也为人类的最终归宿找到一些出路，一旦人类的生活遭到恶本性品质的毁灭性打击，人类在某星球环境中生存不下去了，就按天性品质指引的路，迁徙到别的星球上去生活。人类从起源的火星上迁徙到地球上来，也不能排除这种可能；将来有一日，人类的恶本性品质总爆发，潜藏在地球仓库中的核弹头都飞向地球的表面，就像放烟花炮一样，到那时人类的唯一归宿也就是按照天性品质的旨意离开地球，到别的星球上去生活，或者人类的绝大部分从此就从宇宙中彻底消失。

这并非故意制造的人性恶作剧，这是人类的实际，目前并没有发生这种全球性突变的事件是因为人类的新一轮文明刚刚建起，它还不可能也没能力做到这一点。但必须要相信，人类的这种品质属性的循环是无可争议的；正是由于这种品性的循环，才限制了人类文明的长足发展。从这个角度言，人类的文明也不是无止境发展的一种具有无限生机的永恒事业，它受到人性品质本身的有力阻碍，致使人类的星球文明也在一定的极限内完成一个循环。正如有的学者评价的那

514

The Origin: Universe, Wisdom & Civilization

样：文明是一个短命的社会现象，一个文明发祥了，很快社会湮灭，并被另一种文明取代，新老交替的规律无处不在。⑦

在谈到人性各层面的有机循环和人类文明的极限，我们不得不回到中国古代的道德教育和西方文化源头上的法制思想方面来。

中国古代最原始的道德本体有五个，用哲学的话说就是有五个范畴，它们分别叫道、德、仁、义、礼。关于"道"的知识，我们在前面已经论述过了，它在现代意义上就有遵从自然规律的意思在里面。而"德"的范畴纯属"地理"，是人类社会世俗生活的重要伦理标准。"道"论的是天上的事，所以我把它称为"天文"，"德"说的是人间的事，所以我把它称之为"地理"。以"德"为主的"地理"伦理标准，《老子》中也有44章的论述，但其主要的功劳还是要归功于孔子。准确地说，老子是把"天文"和"地理"融为一体的"天地人"，而孔子却是真正建立起"地理"标准即"德"的人。孔子首先把社会的人际关系理顺了，君臣父子夫妻应该是一种什么关系，通过他的学说，各归其位，自觉遵守。孔子把如何治理国与家的道理也讲清了，把个人如何提高知识修养和约束自己的行为的规范也树立起来了，孔子还把教育的重要性、受教育的重要性讲明白了，把忠孝节义的榜样树立起来了，可以说孔子的学说就是一棵最先插进泥土之中的树苗，孔子之后的道德家们所要做的工作，就是把那棵树苗保护好，给它松土、增肥、浇上水，先让它成活起来，然后再培植它成长壮大。孔子之后的儒家的徒孙们所做的就是这样一项工作，好在他们非常敬业，把孔子栽下的这棵小树苗终于培养成了一颗荫蔽雄伟的参天大树。

然而孔子的学说也不是万能的，它只是中国历史上一个时期的社会行为准则，不可能是永恒的社会规范和标准。纵观中国古代道德观念发展的历史轨迹，"道"与"德"的范畴之后，又有"仁"、"义"和"礼"的规范出现。老子说，由于世风日下，人们距离大道本有的和谐完美越来越远，人心日益丧失先天的朴淳自然了，娇情伪饰成了人们必备的假面，所以才不得不用伦理道德教育世人。当道德教育不起作用时，只好提倡仁爱，仁爱是提倡人们之间和谐社会关系的。当社会又往前发展了一个阶段，人们的仁爱之心又逐渐淡薄了，就又呼吁人们要有正义，人与人之间讲义气，讲气节。这个时期也不长久，人们的正义气节也丧失贻尽了。在万般无奈之际，只能用法规性的礼制来约束民众了。礼制是什么？礼制也就是法制。法是继道德沦丧之后出现的社会强有力的管理准则，它不同于"道"的博大，也不同于"德"的教化功能，

大起源——第三部 宇宙智慧的起源

 宇宙·智慧·文明 大起源

法是一种极具强制性的社会制约手段。

在西方文化的源头上，最早出现的文明成果就是法的学说和法典。比如《圣经》中的"我与你立约"，就是宗教式的立法和法制化管理措施；《汉莫拉比法典》却是正规的政治立法，它将国家的政治生活和人们的日常生活都容纳其中。因为西方文明中一开始就实行了法制的社会控制措施，所以西方人的法律很健全，人们的一切言行举止都靠法律的条款来调解，甚至连主人的家畜有了过失，也要追究法律责任，这就是高度法制化的西方文明。相比西方，中国的法制思想最早是由商鞅、韩非等人提倡，但在漫长的封建社会过程中未能实现法制。大致说来，中国在"三代"以前应是"道化"时期，"三代"至春秋战国主要以"德化"为主，之后提出法制的思想，但一直未能实施，直到封建社会结束后的今天，法制的思想才被提上议事日程。

非常明确的一点是，在中国古代经历道、德、法的社会控制过程，实际也就是实施天、地、人的思想过程。"道"的思想内涵与天相关，与自然密切相连，因此"道"的思想也就是"天"的思想。"德"的思想内涵与地相联系，与人间的现实生活密切相关连，因此，"德"的思想也就是"地"的思想，也就是广义的人间的思想。而"法"的古代表述方式是"礼"，"礼"的思想与"人"相联系，与人们之间的各种关系密不可分，因此可以说"礼"或"法"的思想就是关于"人"的思想。中国的古人们把管理人类的思想从"天"引到了"地"，从"地"再引到"人"，这个过程实际也就是从管理人的天性品质到管理人的世俗性品质，再到管理人的恶本性品质的过程。人的天性品质单纯，好奇性强，善于享受，不含恶意，但在人性各层面的构成中，这种品质始终不能占据人类生活的主导地位，因此很快就被非常现实的世俗化品质所取代。人的世俗化品质就像一个踏踏实实的劳动者，专心不二的创造者，除了劳动和创造别无二心。人性的这一侧面注定也不是人体灵魂的主宰者，它只能充当一个优秀劳动者的角色，继而代之的是人的恶本性品质。那么，恶本性品质为什么能支配人的日常生活呢？因为它生来就是个"坏孩子"，骨子里就是一副坏兮兮的恶相，它的贪欲心非常强烈，简直就是个贪得无厌的家伙；它不仅贪而且还很坏，它想得到什么，但又得不到时，就施坏，搞破坏，甚至杀人掠货，无恶不干。正因为人性中有这样一个极具势力的负面"坏孩子"，道德仁义的功用都拿它没办法，只好以"礼"为主的"法制"思想出来制约于它，而且法制的"法"字最终也就定格在了人性的恶本性品质这一层面上。这就是我所谓的人性的一个

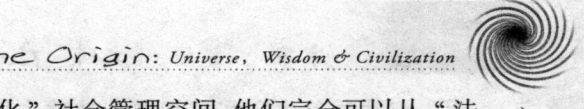

底线和人类控制社会的最后防线。从现代人类实施法制思想的历史来看，目前的社会控制已经发展到了人性的最底线，也就是整体地进入了针对人的恶本性品质的"法制"社会了。

那么，这个"最底线"和"法制"的思想是否就意味着"法制"之后的社会就是一个人类无法控制的几乎"失控"了的社会呢？那也不见得！人类社会的管理体系无疑是围绕着人性品质而转动，不同的社会制度和传统文化，选择了不同的人性侧面作为该文化的一个切入点，从而建立起相应的社会控制系统。比如西方人一开始就选择了人的恶本性品质作为管理社会的突破口，他们的"法典"和"圣经"都是建立在这一选择之上的，比如《圣经》上的"原罪"就是实行法制的前提。而东方的中国人一开始选择的不是人的恶本性品质，而是人的天性品质以及世俗品质，所以才有了道、德、仁、义、礼这样一个曲折的社会认知和管理过程。纵观东西方文明的这种选择，可以清楚地看到，人类社会的控制体系还没有发展到不保住那个"最底线"社会就失控的严重程度，东方的中国人刚刚施实"法制"的思想，在他面前还有"法制化"的巨大社会空间；西方的"法制化"历史很久远，但在他们面前还矗立着他们不曾经历的巨大的"道德化"社会管理空间，他们完全可以从"法制化"社会控制系统逐渐过渡到"道德化"管理系统。当人类管理和控制自身的这些"伎俩"都失去效应，以恶本性为底线的人一旦挣脱了控制它的桎梏或牢笼，以狰狞可怕的面貌出现在社会大众面前时，人类曾预言的那个"世界末日"恐怕就离我们的生活不远了。种种迹象表明，人类文明遭到毁灭的可能性有三：一个是宇宙演变带给人类的灾难，如行星撞击地球等；一个是地球环境带来的灾变，如地震、火山爆发等；还有一个也是最主要就是人类社会的自身带来的灾变，如战争、种族仇杀等（第二部第九章）。而引起人类社会灾变的主要罪魁祸首就是人的恶本性品质。因此，人类社会的控制系统一旦跨越了"法"的最后防线，人连死都不怕了，还会怕什么呢？社会一旦发展到了这样的地步，毫无疑问，那将是人类的恶本性充分施展其"才能"的时候，也是"世界末日"真正到来的时候了。

从人类的社会控制和人性的循环中我们可以看出，有关人的本质是社会性和社会关系的说法还是欠妥的，至少它没有将人性中的诸多悖论揭示出来。人类本应是"群居"性的智慧生物，而非大规模生活在一起的社会性动物。因为人类在"群居"的时候相安无事，既不需要道德法律的社会制约，也不需要为管理自己伤透脑筋，只要吃饱穿暖，满

517

宇宙·智慧·文明 大起源

足一般生物的生命需求和遵从地球生物的生存规则即可。一旦进入社会生活的规模之中，人类的麻烦事就多起来：种族歧视、利益冲突、征服、统治和被统治、穷富、强弱、国家、战争等等，应有尽有，把本来潜伏在体内的人性层面被提升了起来，于是就有了相应的"道"、"德"、"法"等社会控制体系。换句话说，人类的本质是"群居"性的智慧生物，只因为人类所拥有的智慧，才使人类挣脱固有的本质，走向社会生活。从"群居"到社会，再从社会生活的高度统一走向社会的最终瓦解，这似乎就是人类这种智慧生物所走的道路和最终归宿。反过来说，人类如果不挣脱"群居"的智慧生物本质而走向社会，他在地球环境中若想长久地立足恐怕也是不可能的。人类之所以成为地球上的霸主，靠的并非是人的社会属性，而是人类固有的智慧。智慧使人类走出"群居"生活，智慧也使人类建立起庞大的社会生活体系，同样还是由于智慧，人类终将自己毁灭自己。这就是潜藏在人性之中的巨大悖论，也是人的本质的一个巨大的阴影。

2006年3月12日初稿（第一、二部）
2006年10月8日第一次修改
2007年3月5日第三稿（第三初稿）
2007年8月14日第二次修改
2008年3月12日第三次修改
2009年2月第四次修改

注释：

① 周民锋：《走向大智慧》，四川人民出版社，2002年
② [美] 庞思奋：《哲学之树》，广西师范大学出版社，2005年
③ 何兆武：《西方哲学精神》
④ [意] 巴蒂斯塔·莫迪恩：《哲学人类学》，黑龙江人民出版社，2005年
⑤ [美] 迈克尔·曾伯格：《经济学大师的人生哲学》，商务印书馆，2001年
⑥ 卡尔·雅斯贝尔斯：《大哲学家》，社会科学文献出版社，2005年
⑦ 梅朝荣：《人类简史》，武汉大学出版社，2006年

参考书目

人类学

[英] 戴安娜·弗格森:《人类的传说》,希望出版社,2005
[英] 爱德华·B.泰勒著:《人类学》,广西师范大学出版社,2004
[英] 达尔文著:《人类的由来》,商务印书馆,1983
[德] 恩斯特·卡西尔著:《人论》,上海译文出版社,2004
G.埃利奥特·史密斯著:《人类史》,社会科学文献出版社,2002
王铭铭著:《人类学是什么》,北京大学出版社,2002
叶舒宪、彭兆荣、纳日碧力戈著:《人类学关键词》,广西师范大学出版社,2004
李世吉编著:《人类奥秘探索》,中国长安出版社,2006
朱泓主编:《体质人类学》,高等教育出版社,2004
[荷兰] 斯宾诺莎著:《神、人及其幸福简论》,商务印书馆,1987
[美] 汉娜·阿伦特著:《人的条件》,上海人民出版社,1999
[英] 休谟著:《人类理解研究》,商务印书馆,1972
[英] 莱斯利·史蒂文森著:《人性七论》,国际文化出版公司,1988
[美] 麦特·里德雷著:《美德的起源》,中央编译出版社,2004
夏甄陶著:《人是什么》,商务印书馆,2002
[意] 巴蒂斯塔·莫迪恩著:《哲学人类学》,黑龙江人民出版社,2005
[英] 菲奥纳·鲍伊著:《宗教人类学导论》,中国人民大学出版社,2004
庄孔韶主编:《人类学经典导读》,中国人民大学出版社,2008
北京大学陆桥文化传媒编译:《人类的十大考古发现》,中国旅游出版社,2005
尚明著:《中国古代人学史》,中国人民大学出版社,2004
《费尔巴哈哲学著作选集》(上下),三联书店,1962
李卫东著:《人有两套生命系统》,青海人民出版社,1997
高强明编著:《人类之谜》,甘肃科学技术出版社,2005
阎晓宏主编,王银春著:《人类重要史学命题》,湖北教育出版社,2000
王晓华著:《个体哲学》,上海三联书店,2002
[美] 哈伊姆·奥菲克著:《第二天性》,中国社会科学出版社,2004
弗洛姆著:《人类的破坏性剖析》,中央民族大学出版社,2000
庄孔韶主编:《人类学通论》,山西教育出版社,2005
黄昌仁、沈艾等编著:《人类之谜》,湖北人民出版社,2005

 宇宙 · 智慧 · 文明 大起源

龙海云主编:《野人怪人大悬案》,京华出版社,2005
龙海云主编:《人类大悬案》,京华出版社,2005
[美]麦克尔·赫兹菲尔德著:《什么是人类常识》,华夏出版社,2006
[英]罗伯特·莱顿著:《他者的眼光》,华夏出版社,2005
[美]卜阿西摩夫著:《人体与思维》,科学出版社,1978
[英]赫胥黎著:《人类在自然界的位置》,科学出版社,1971
林惠祥著:《文化人类学》,商务印书馆,2000
郭永海编著:《人类未解之谜》,陕西旅游出版社,2007
章波 王燕 宋敏 全俊编著:《人类基因研究报告》,重庆出版社,2006
[美]斯宾塞·韦尔斯著:《人类前史》,东方出版社,2006
郭永海编著:《野人未解之谜》,陕西旅游出版社,2007
郭永海编著:《外星人未解之谜》,陕西旅游出版社,2007
唐纳德·J.合迪斯蒂著:《生态人类学》,文物出版社,2002
史蒂夫·奥尔森著:《人类基因的历史地图》,三联书店,2006
[美]The Dia Bram Group 著:《人类始祖》,上海科学技术文献出版社,2006
吴士余主编、曹荣湘选编:《后人类文化》,上海三联书店,2004

进化学说

[英]达尔文著:《物种起源》,商务印书馆,1997
[英]麦瑞尔·戴维斯著:《达尔文与基要主义》,北京大学出版社,2005
孙天锡著:《裂谷进化论》,四川科学技术出版社,2004
张增一著:《创世论与进化论的世纪之争》,中山大学出版社,2006
[英]布莱恩·赛克斯著:《夏娃的七个女儿》,上海科学技术出版社,2005
南希著:《身体传奇》,四川人民出版社,2004
费比恩编:《剑桥年度主题讲座·起源》,华夏出版社,2006
法拉、帕特森编:《剑桥年度主题讲座·记忆》,华夏出版社,2006
[美]哈尔·赫尔曼著:《真实地带》,上海科学技术出版社,2005
彭新武著:《造物的谱系》,北京大学出版社,2005
[美]比尔·布莱森著:《万物通史》,接力出版社,2005
[美]托马斯·哈定等著:《文化与进化》,浙江人民出版社,1987
[美]迈克尔·J.贝希著:《达尔文的黑匣子》,中央编译出版社,2006
G.齐斌著:《第二次达尔文革命》,华东师范大学出版社,20074

心理学

[美]弗洛伊德著:《精神分析引论》,商务印书馆,1988

胡蒲著：《意识的起源与结构》，中国科学技术出版社，2004
沈钧贤、严喆编著：《大脑之游》，上海科学技术出版社，2007
［美］雨果·德·加里斯：《智能简史》，清华大学出版社，2007
汪云九、杨玉芳编著：《意识与大脑》，人民出版社，2003
［美］威廉·卡尔文：《大脑如何思维》，上海科学技术出版社，2007
陈兵编著：《人类创造思维的奥秘》，武汉大学出版社，1999
约翰·麦克罗恩：《大脑中的风暴》，三联书店，2003
刘思久、李锋编著：《心理学简史》，甘肃人民出版社，1985
乔冠生著：《素质心理学》，上海人民出版社，2000
孙庆和编著：《潜意识成功学》，中国物资出版社，1999
马斯洛著：《动机与人格》，华夏出版社，1987
乔治·弗兰克著：《心灵考古》，国际文化出版公司，2006

天 文

哥白尼著：《天体运行论》，科学出版社，1973
［德］恩斯特·海克尔著：《宇宙之谜》，陕西人民出版社，2005
［法］拉普拉斯著：《宇宙体系论》，上海译文出版社，1978
［德］伊曼努尔·康德著：《宇宙发展概论》，上海译文出版社，2001
［英］约翰·格里宾著：《大宇宙百科全书》，海南出版社，2001
金朝海、吴风忠编著：《天外探秘》，广西师范大学出版社，2005
何新著：《宇宙的起源》，时事出版社，2002
吴鑫基、温学诗著：《现代天文学十五讲》，北京大学出版社，2005
张宝盈著：《发现天机》，光明日报出版社，2006
江晓原、钮卫星著：《中国天学史》，上海人民出版社，2005
孟根龙著：《开放的宇宙》，知识产权出版社，2006
基普·S.索恩著：《黑洞与时间弯曲》，湖南科学技术出版社，2006
林为民著：《时间的100个瞬间》，内蒙古人民出版社，2004
［英］戴维·基斯著：《大灾难》，世界知识出版社，2001
［美］阿米尔·D.阿克塞尔著：《上帝的方程式》，上海译文出版社，2005
武伟轩著：《宇宙通史》，台海出版社，2005
李振良著：《宇宙文明探秘》，上海科学普及出版社，2005年，
［法］让·西岱著：《神秘的外星人》，甘肃科学技术出版社，2005
林清泉著：《灵魂学手记》，甘肃科学技术出版社，2005
侯书森著：《古老的密码》，中国城市出版社，1999
李松主编：《宇宙未解之谜》，人民日报出版社，2005

冯时著：《中国古代的天文与人文》，中国社会科学出版社，2006
陈珺主编：《宇宙简史》，线装书局，2003
［英］拉尔夫·伊利斯著：《宇宙的设计师》，陕西师范大学出版社，2003
严锋 王艳：《世界真的存在吗》，上海绵绣文章出版社，2007
［英］约翰·巴罗：《宇宙的起源》，上海科学技术出版社，2007
（澳大利亚）保尔·戴维斯：《宇宙的最后三分钟》，上海科学技术出版社，2007
陶同：《U进化中的宇宙》，经济日报出版社，2002
［美］G.伽莫夫：《从一到无穷大》，科学出版社，2007
［日］野本阳代：《透过哈勃看宇宙》，电子工业出版社，2007
［美］斯蒂芬·霍金、唐·库比特父著：《未来的魅力》，江苏人民出版社，1997
史蒂芬·霍金著：《时间简史》，湖南科学技术出版社，2005
史蒂芬·霍金著：《果壳里的宇宙》，湖南科学技术出版社，2005
吴翔等编著：《文明之源——物理学》，上海科学技术出版社，2006
乔奥·马古悠著：《比光速还快》，湖南科学技术出版社，2005
［美］米切奥·卡库，詹尼弗·汤普逊著：《超越爱因斯坦》，吉林人民出版社，2001
［英］斯蒂芬·霍金：《宇宙简史》，湖南少年儿童出版社，2006
P.M.贡德哈勒卡尔著：《抓住引力》，中国青年出版社，2007
李啸虎、田廷彦、匡志强编著：《力量》，上海文化出版社，2006
安东尼·黑 帕特黑克·沃尔特斯著：《新量子世界》，湖南科学技术出版社，2005
弗尔维奥·梅利亚著：《无限远的边缘》，湖南科学技术出版社，2006
墨人主编：《宇宙未解之谜》，中国戏剧出版社，2006
约翰·格里宾著：《大爆炸探秘》，上海科技教育出版社，2000
郭永海编著：《宇宙未解之谜》，陕西旅游出版社，2007
彼德·阿克罗伊德著：《飞离地球》，三联书店，2007
冯时：《中国天文考古学》，中国社会科学出版社，2007
王彤贤、刘晓梅编著：《宇宙之谜》，京华出版社，2005

历史 科学

车纪坤、李斯编著：《自然与科学之谜》，京华出版社，2005
郭伟、薛亮编著：《历史与地理之谜》，京会出版社，2005
宁维铎：《地球家园的千古之谜》，民族出版社，2004
杨言主编：《世界五千年神秘总集》，西苑出版社，2000
苏三著：《三星堆文化大猜想》，中国社会科学出版社，2004
孙燕、刘大军编著：《考古之谜》，京华出版社，2005
葛剑雄、周筱赟著：《历史学是什么》，北京大学出版社，2002

韩震、孟鸣歧著：《历史·理解·意义》，上海译文出版社，2002
何兆武主编：《历史理论和史学理论》，商务印书馆，1999
周光召等著：《智者的思考》，国防大学出版社，2002
李丽著：《可持续生存》，中国环境科学出版社，2003
后晓荣、王涛著：《科学发现历史》，北京出版社，2004
［英］W.C.丹皮尔著：《科学史》，广西师范大学出版社，2003
罗伯特·K.G.坦普尔著：《中国的创造精神》，人民教育出版社，2003
崔建林、黄华编著：《科技文明》，中国物资出版社，2005
李传龙著：《性爱神话美学》，社会科学文献出版社，2006
［苏］J.T.贝格尔著：《气候与生命》，商务印书馆，1997
［德］赫尔曼·哈肯著：《协同学》，上海译文出版社，2001
［意］马西姆·利维巴茨著：《繁衍》，北京大学出版社，2006
白露著：《地球秘境》，浦东电子出版社，2002
弗兰克斯·彭茨等编：《剑桥年度主题讲座·空间》，华夏出版社，2006
丁·波力奥编：《剑桥年度主题讲座·理解灾变》，华夏出版社，2006
利奥·豪厄编：《剑桥年度主题讲座·预测未来》，华夏出版社，2006
郭永海编著：《史前文明未解之谜》，陕西旅游出版社，2007
蓝深著：《寻找伏羲的器具》，敦煌文艺出版社，2006
［美］亨利·N.波拉克著：《不确定的科学与确定的世界》，上海科技教育出版社，2005
［法］诺查丹玛斯著：《诸世纪》，时代文艺出版社，1998
［英］阿德里安·贝里著：《大预言》，新世界出版社，1998
［美］汉斯·豪泽著：《大预言家》，内蒙古文化出版社，1998
远近编著：《谎言与预言》，四川科学技术出版社，1998
王玉仓著：《科学技术史》，中国人民大学出版社，2004
李约瑟著：《四海之内》，三联书店，1992
编写组：《自然科学大事年表》，上海人民出版社，1975
杨念群、黄兴涛、毛丹著：《新史学》，中国人民大学出版社，2004
何兆雄编著：《源》，海洋出版社，2003
赵汝清、田澍：《从亚洲腹地到欧洲》，甘肃人民出版社，2007
［美］斯塔夫里阿诺斯著：《全球通史》，上海社会科学出版社，2002
李学勤、孟世凯主编：《中国古代历史与文明》，上海科学技术出版社，2007
A.H.丹尼 V.M.马松主编：《中亚文明史》，中国对外翻译出版公司，2002
［英］汤因比著：《历史研究》，上海人民出版社，1986
菲利普·李·拉尔夫著：《世界文明史》，商务印书馆，2001
赵咏、张春林、冯启瑞编著：《世界100灾难排行榜》，中国经济出版社，1996

宇宙 · 智慧 · 文明 大起源

张成、崔之久、郭善莉著:《滇东北高山末次冰期冰川与环境》,知识产权出版社,2005
沈永平编著:《冰川》,气象出版社,2003
翁维雄、卢生芹著:《科学史的启示》,安徽省自然辩证法研究会,1983
张翅、王纯编著:《地球秘境》,花城文艺出版社,2006
倪泰一、钱发平、翟飙等编著:《山海经》,重庆出版社,2006
蓝海编著:《百慕大未解之谜》,内蒙古大学出版社,2006
尹强智编著:《北纬300线》,天津社会科学出版社,2006

神话　宗教

中国基督教协会:《新旧约全书》
段琦编著:《圣经故事》,译林出版社,1998
施正康、朱贵平编著:《圣经事典》,学林出版社,2005
[加]谢大卫著:《圣书的子民》,中国人民大学出版社,2005
吴莉苇著:《当诺亚方舟遭遇伏羲神龙》,中国人民大学出版社,2005
[英]凯伦·阿姆斯特朗著:《神话简史》,重庆出版社,2005
[英]D.M.琼斯　B.L.莫利努:《美洲神话》,希望出版社,2007
李倩、蔡茂松著:《跨越时空的对话》,兰州大学出版社,2004
张征雁著:《混沌初开》,四川人民出版社,2004
[美]苏拉米·莫莱著:《破译〈圣经〉续集》,中国言实出版社,2002
[波兰]科西多夫斯基著:《圣经故事集》,新华出版社,1988
李素平著:《女神女丹女道》,宗教文化出版社,2004
袁珂著:《中国古代神话》,华夏出版社,2004
叶舒宪著:《千面女神》,上海社会科学出版社,2004
金麦田著:《中国古代神话故事全集》,京华出版社,2004
丁山著:《古代神话与民族》,商务印书馆,2005
叶舒宪著:《中国神话哲学》,陕西人民出版社,2005
张启成著:《中外神话与文明研究》,学苑出版社,2004
张映伟著:《普罗提诺论恶》,华东师范大学出版社,2006
尹荣方著:《神话求原》,上海古籍出版社,2003
宋兆麟著:《民间性巫书》,团结出版社,2005
[英]维罗尼卡·艾恩斯著:《神话的历史》,希望出版社,2003
[美]路易斯·P.波伊曼著:《宗教哲学》,中国人民大学出版社,2006
别尔嘉耶夫著:《自由的哲学》,学林出版社,1999
[苏]谢·亚·托卡列夫　叶·莫·梅列金斯基著:《世界各民族神话大全》,国际文化出版公司,1993
周伟池著:《记忆与光照》,社会科学文献出版社,2001

[澳]加里·特朗普著:《宗教起源探索》,四川人民出版社,2003
蒋述卓著:《宗教艺术论》,文化艺术出版社,2005
徐旭生著:《中国古代的传说时代》,广西师范大学出版社,2003
陶阳 牟钟秀著:《中国创世神话》,上海人民出版社,2004
[英]罗伯逊著:《基督教的起源》,三联书店,1984
魏承恩著:《佛教与人生》,甘肃民族出版社,1991
乌格里诺维奇著:《艺术与宗教》,三联书店,1987
刘锡诚、游琪主编:《山岳与象征》,商务印书馆,2004
[英]詹·费雷泽著:《金技精要》,上海文艺出版社,2001
[法]列维·布留尔著:《原始思维》,商务印书馆,1997
谢先骏著:《神话与民族精神》,山东文艺出版社,1987
闻一多著:《神话研究》,巴蜀书社,2002

文化 哲学

[英]马林诺夫斯基著:《文化论》,中国民间文学出版社,1987
[英]爱德华·泰勒著:《原始文化》,广西师范大学出版社,2005
司马云述著:《文化社会学》,山东人民出版社,1986
杨善民 韩铎著:《文化哲学》,山东大学出版社,2003
侯书森主编:《世纪之书》,中国戏剧出版社,1999
[德]卡尔·雅斯贝斯著:《生存哲学》,上海泽文出版社,2005
[英]阿尔费雷德·诺思·怀特海著:《过程与实在》,中国城市出版社,2003
王治河、霍桂桓、谢文郁主编:《中国过程研究》,中国社会科学出版社,2004
于江泓、王黎亚:《黄帝内经》(六十集大型电视纪录片),花城出版社,2004
王大有著:《三皇五帝时代》,中国经济出版社,2005
吴少珉、赵金昭主编:《二十世纪疑古思潮》,学苑出版社,2003
方克华著:《中国古代本体思想史稿》,中国社会科学出版社,2005
赵东海、唐晓岗:《挑战中国人的传统思维》,哈尔滨出版社,2006
乐爱国著:《道教生态学》,社会科学文献出版社,2005
盖建民著:《道教科学思想发凡》,社会科学文献出版社,2005
老子著:《道德经》,三秦出版社,1995
谢宝笙著:《周易智慧》,花城出版社,2005
王赣、牛力达、刘兆玫著:《古易新编》,黄河出版社,1989
田合禄、田锋著:《周易与日月崇拜》,光明日报出版社,2004
李申著:《易图考》,北京大学出版社,2001
余斌著:《如易》,上海三联书店,2002

郭彧：《河洛精蕴注引》，华夏出版社，2006
元阳真人（上古）：《山海经》，云南科技出版社，1999
叶舒宪、萧兵、郑在书著：《山海经的文化寻踪》，湖北人民出版社，2004
穆仁先主编：《伏羲与中华姓氏文化》，黄河水利出版社，2004
牟宗三著：《周易哲学讲演录》，华东师范大学出版社，2004
北京大学哲学系、中国哲学史教研室编译：《西方哲学原著选读》，商务印书馆，1984
［奥］康罗·洛伦兹著：《攻击与人性》，作家出版社，1987
［德］马丁·布伯著：《人与人》，作家出版社，1992
陈新汉主编：《哲学与智慧》，上海大学出版社，2006
张家诚著：《东方的智慧》，当代中国出版社，2005
张汝伦著：《现代西方哲学十五讲》，北京大学出版社，2005
张志伟著：《西方哲学十五讲》，北京大学出版社，2005
廖明君著：《生殖崇拜的文化解读》，广西人民出版社，2006
［荷兰］胡伊青加：《人，游戏者》，贵州人民出版社，2007
翟振明：《有无之间》，北京大学出版社，2007

文　明

［日］福泽渝吉著：《文明论概略》，商务印书馆，1997
王震中著：《中国文明起源的比较研究》，陕西人民出版社，1998
［法］孔多塞著：《人类精神进步史表纲要》，三联书店，2003
高福进著：《文明通史》，上海人民出版社，2003
李学勤著：《中国古代文明十讲》，复里大学出版社，2003
阮炜著：《文明的表现》，北京大学出版社，2001
威廉·麦戈伊著：《文明的五个纪元》，山东画报出版社，2004
何一民、王毅、蒲成主编：《文明起源与城市发展研究》，四川大学出版社，2004
雷元星著：《文明的起点》，东方出版中心，2006
［英］戴维·罗尔著：《传说：文明的起源》，作家出版社，2000
金朝海　谢芳编著：《文明探秘》，广西师范大学出版社，2005
曹卫东、张广海著：《文化与文明》，广西师范大学出版社，2005
杨汝生待编译：《文明之旅》，时事出版社，2006
车尔夫主编：《人类古文明失落之谜全破译》，中国戏剧出版社，2003
［英］戈登·柴尔德著：《欧洲文明的曙光》，上海三联书店，2008

艺　术

封孝伦：《人类生命系统中的美学》，安徽教育出版社，2004
孙长处著：《中国艺术考古学初探》，文物出版社，2004

张亚莎著:《西藏的岩画》,青海人民出版社,2006
孙新周著:《中国原始艺术符号的文化破译》,中央民族大学出版社,1999
牛克诚著:《原始美术》,中国人民大学出版社,2004
盖山林 盖志浩著:《内蒙古岩画的文化解读》,北京图书馆出版社,2002
中央民族学院少数民族文学艺术研究所编《中国岩画》,浙江摄影出版社,1989

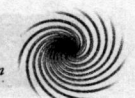

图 片 来 源

图 1,9,10,42—46,64,65,85,111,113
　　金朝海、吴凤忠编著《天外探密》,广西师范大学出版社,2005
图 2,70,71,75—80
　　叶舒宪著《千面女神》,上海社会科学院出版社,2004
图 3,123,125—127
　　沈钧贤、严 喆编著《大脑之旅》,上海科学技术出版社,2007
图 4,81,87,88,91—93
　　孙新周著《中国原始艺术符号的文化破译》,中央民族大学出版社,1999
图 5,112,121
　　史蒂芬·霍金著《时间简史》,湖南科学技术出版社,2005
图 6,11,12,28,29,36,41,52,55,57,98
　　张翅、王纯编著《地球秘境》,花山文艺出版社,2006
图 7
　　[美]迈克尔·J.贝希著《达尔文的黑匣子》,中央编译出版社,2006
图 8,47—50
　　孙 燕、刘大军编著《考古之谜》,京华出版社,2005
图 13,54,58—62,96,97,99,104,105
　　金朝海、谢芳编著《文明探密》,广西师范大学出版社,2005
图 14—27,82,83
　　盖山林、盖志浩著《内蒙古岩画的文化解读》,北京图书馆出版社,2002
图 30—32,53
　　龙海云主编《野人怪人大悬疑》,京华出版社,2005
图 33,34,51
　　张宝盈著《发现天机》,光明日报出版社,2006
图 35
　　岳南著《考古中国·三星堆与金沙遗址惊世记》,海南出版社,2007

527

图 37，66－69，84，94，95，100，105
　　牛克诚著《原始美术》，中国人民大学出版社，2004
图 38
　　王子云著《中国雕塑艺术史》，人民美术出版社，1988
图 39
　　岛子《后现代主义艺术谱系》，重庆出版社，2007
图 40
　　张恩富著《道教简史》，华龄出版社，2005
图 63（左图），74
　　尹荣方著《神话求源》，上海古籍出版社，2003
图 63（右图）
　　章波、王燕、宋敏、全俊编著《人类基因研究报告》，重庆出版社，2006
图 72
　　郭大顺著《红山文化考古记》，辽宁人民出版社，2009
图 73
　　［英］布莱恩·赛克斯著《夏娃的七个女儿》，上海科学技术出版社，2005
图 86
　　李申著《易图考》，北京大学出版社，2001
图 89，90
　　张亚莎著《西藏的岩画》，青海人民出版社，2006
图 102，103
　　王大有著《三皇五帝时代》，中国时代经济出版社，2005
图 106
　　［英］史蒂芬·霍金著《果壳里的宇宙》，湖南科学技术出版社，2005
图 107，108，114－116
　　吴鑫基、温学诗著《现代天文学十五讲》，北京大学出版社，2005
图 110，118
　　［日］野本阳代著《宇宙遗产》，电子工业出版社，2007
图 109，122
　　墨人主编《宇宙未解之谜》，中国戏剧出版社，2006
图 124
　　［英］约翰·麦克克罗恩著《人脑中的风暴》，三联书店，2003

后 记

　　一篇长文杀青，就像一项大工程告竣，心里顿觉轻松了许多。

　　但是我知道这种轻松是暂时的，文中的很多问题、很多观点还在脑海里翻腾。很多的话已经说过了，还有很多的话似乎没有说出来，这就要求我在今后更深入地学习、观察、探索和研究。一部作品只能是一个阶段学习和思考的结果，过了这个阶段，新的材料又会发掘出来，新的思考和思想又会产生出来，这是一种必然。

　　让这个即将成为过去的阶段性对话就此打住吧！

　　在这里，我要特别感谢的是我所学习、研读和参考的所有书籍的作者们，是他们收集的大量资料给了我极大的方便，是他们苦心研究的诸多成果给了我力量和启发，没有他们直接和间接的帮助，就不会有我如上的话语，因此，在找不到通讯地址和联系电话的情况下，我只能向他们表示由衷的感谢。

　　在此，我还要感谢我的文学老师颜明东先生，他的博学和"第一读者"的身份总能给我以力量，青年评论家徐平林先生，他为本书的修改提出了很好的意见和建议。青年学者朵生春先生为本书的出版做出了超凡的努力。我还要感谢所有关心和关注本书的专家、学者和朋友们，正是他们期待的目光令我克服了重重困难，完成了这一阶段的研究和撰写工作。

　　本书因为工程浩大，涉猎领域广泛，加之本人的学养很肤浅，遗漏和错误难免，恳请专家、学者和读者朋友们不吝赐教！

D. 桑吉仁谦

2009-4-19